科技馆科学教育资源创新与实践

2023年全国科技馆联合行动
优质科学教育资源项目集锦

中国科学技术馆 编

中国科学技术出版社
· 北 京 ·

图书在版编目（CIP）数据

科技馆科学教育资源创新与实践：2023年全国科技馆联合行动优质科学教育资源项目集锦 / 中国科学技术馆编 . -- 北京：中国科学技术出版社，2025. 7.

ISBN 978-7-5236-1204-0

I. N282

中国国家版本馆 CIP 数据核字第 2024EX4841 号

策划编辑	薛红玉
责任编辑	薛红玉　刘　茜　吴　微
封面设计	马　劲
排版设计	马　劲
责任校对	吕传新
责任印制	李晓霖

出　　版	中国科学技术出版社
发　　行	中国科学技术出版社有限公司
地　　址	北京市海淀区中关村南大街16号
邮　　编	100081
发行电话	010-62173865
传　　真	010-62173081
网　　址	http://www.cspbooks.com.cn

开　　本	889mm×1194mm　1/16
字　　数	1153千字
印　　张	38.75
版　　次	2025年7月第1版
印　　次	2025年7月第1次印刷
印　　刷	河北鑫兆源印刷有限公司
书　　号	ISBN 978-7-5236-1204-0/N · 339
定　　价	198.00元

目 录

北京市

河北省

山西省

内蒙古自治区

辽宁省

吉林省

黑龙江省

上海市

江苏省

浙江省

安徽省

福建省

山东省

河南省

湖北省

广西壮族自治区

重庆市

序

2023年，“奋进科普新征程”全国科技馆联合行动在中国科协科普部的指导下，由中国科学技术馆和中国自然科学博物馆学会科技馆专业委员会共同主办，全年共开展8期主题联动科普活动、4期行业交流研讨活动及全年交流总结活动，为全国科普工作者和广大公众搭建了交流学习的平台。在全年活动期间，全国科技馆联合行动各期承办单位面向科普场馆、流动科技馆、科普大篷车和农村中学科技馆等，广泛征集科学教育资源，共收到来自各地区、各场馆推荐的项目812项，并最终评选出132项优质科学教育资源，这些内容涵盖了物理、化学、生物等多个领域，形式多样、内容丰富，既有深入浅出的科学探究，也有动手实践的创新项目，集中展现了2023年度全国科技馆科普工作的丰硕成果。

如今，我们将这些优质科学教育资源汇集成册，不仅是对过去一年工作的总结与回顾，更是对未来科普事业发展的期许与展望。它将成为广大科普工作者、教育工作者以及科学爱好者的宝贵资料，为他们提供丰富的素材和灵感，推动科学教育质量和水平的提升。

在编辑此书的过程中，我们深刻感受到每一项科学教育资源背后所蕴含的智慧与付出。这不仅是知识的传递，更是科学精神的弘扬，是创新思维的激发。希望通过这本书，能够让更多的人了解科学、热爱科学，从而在全社会形成崇尚科学、尊重创新的良好氛围。

最后，感谢所有参与全国科技馆联合行动的单位和个人，正是由于你们的智慧与努力，才使得联合行动取得了如此丰硕的成果。同时，我们也期待在未来的日子里，能够继续携手共进，为推动我国科普事业的发展贡献更多的力量。

中国科学技术馆

2024年10月

北京市

火星上的“雪”

教育活动类型： 科学探究课程
项目开发单位： 北京科学中心
项 目 设 计 人： 刘萍、宋男迪、牛勇

一、活动对象

1. 年龄：11 ~ 12 岁。

2. 人数：30 人。

3. 受众分析：学生知道水的三态变化及引起变化的主要因素，能说出生活中的实例，但是关于雪的形成没有亲手做过实验，多数同学是从书本上获知下雪现象的成因。

学生具备观察、设计和开展实验的能力，能够对现象进行一定的解释；知道要基于证据得出结论，但是对于证据是否充分认识不足；对于火星的环境条件了解不多；容易受到权威观点影响，批判性思维有待提高。

二、活动目标

1. 科学观念：知道地球上雪形成的原因，知道火星的环境条件以及火星两极的白色物质。

2. 科学思维：通过对比地球和火星的环境条件，分析、判断火星是否具备下雪的条件；乐于尝试运用多种思路和方法分析问题。

3. 探究实践：运用观察、设计和开展实验等方法，探究雪形成的条件；对火星是否下雪与火星极区被白色物质覆盖的现象进行合理解释，反思探究过程和结果，发展科学解释和反思能力。

4. 态度责任：在解释火星两极白色物质的这个问题中，激发学生对火星探索的兴趣，认识到要基于证据得出结论，增强质疑和批判精神。

三、活动重难点

1. 活动重点：探究火星两极白色物质形成的过程。

2. 活动难点：理解凝结核的概念和作用；如何全面分析、判断火星下不下雪。

四、活动场地与相关准备

1. 活动场地：小球大世界展区，见下图。

2. 活动准备：教学课件、展项资源。

3. 活动教具和活动套材包：白板、激光笔，塑料瓶、纸杯、常温水、热水、冰块、冰袋、铅笔、橡皮、鱼线、毛巾等。

五、活动过程

第一阶段　问题引入

阶段目标：利用火星两极的现象引出问题，激发学生兴趣。

教育活动脚本	设计思路
老师活动 1：火星是地球的“邻居”。播放小球展项，展示火星表面。 学生活动 1：在展项上观察火星。 老师活动 2：把火星转到两极区域，引导学生注意火星极区的白色物质。提问：这个白色物质是什么？它是怎么形成的？ 学生：雪，是雪。 老师：你为什么觉得这是雪？	**设计意图** 通过观察展项中火星两极，引出问题：白色物质是什么？它是怎么形成的？学生给出假设，想去寻找证据、验证自己的想法，激发学生探

教育活动脚本

学生：因为白色物质在火星的两极上，地球的两极就有白色的雪。

老师：注意，这位同学在利用地球和火星进行类比，这是很好的思维方法。但是，你们能肯定这里白色物质是雪吗？

学生：好像还不能。

老师：不能肯定，是不是？刚才这位同学提出火星两极的白色部分是雪，这是一种假设和猜想，还没有被验证。

老师：其他同学是怎么认为的？

学生活动 2：表达自己的猜测和想法。

设计思路

究欲望，增强学生参与活动主动性。

学情分析

学生会根据已有的经验和知识做出判断。有些学生猜测白色物质是地球上常见的雪，有些学生则说不是雪，但都不能确定白色物质到底是什么。

教学策略

学生用类比的方法提出了猜想，但这是不是好的证据？引导学生去思考如何解释、验证自己的猜想。

第二阶段　探究

阶段目标：学生自主设计和开展实验，探究地球下雪的条件。

教育活动脚本

老师活动 1：现在大家有了不同意见。那么，我们怎么证明火星两极的白色部分是不是雪呢？见下图。

设计思路

设计意图

学生自主挑选材料，模拟雪的形成实验，通过亲身实践探究物质的特征和变化，认识到实践出真知，养成实证意识和质疑的精神。

学情分析

学生知道水的三态变化以及三态变化和温度的关系，但是关于雪的形成没有亲手做过实验，对现象的成因了解不深

教育活动脚本	设计思路

学生 1：可以用探测器，把白色物质带回来，进行分析。

学生 2：能燃烧吗？如果融化成水，它应该是雪。

老师：有同学提到了成分分析、做实验。可今天课上没有从火星带回来的物质怎么办？

老师：有同学猜测它是雪，我想知道火星上有下雪的条件吗？火星会下雪吗？

学生：地球会下雪，火星会下雪吗？

老师：你们知道雪的形成需要哪些条件吗？

学生活动 1：讨论雪形成的条件。有的认为水凝固就是雪；有的认为天空中水蒸气很多，凝结成雪；有的认为在冬天很冷的时候会下雪。

老师活动 2：我们来做个模拟雪形成的实验。准备塑料瓶、纸杯、常温水、热水、冰块、冰袋、铅笔、橡皮、鱼线、毛巾等材料，见下图。将 5 名学生分成一组，以小组为单位，从中挑选材料，哪组可以成功模拟雪的形成。

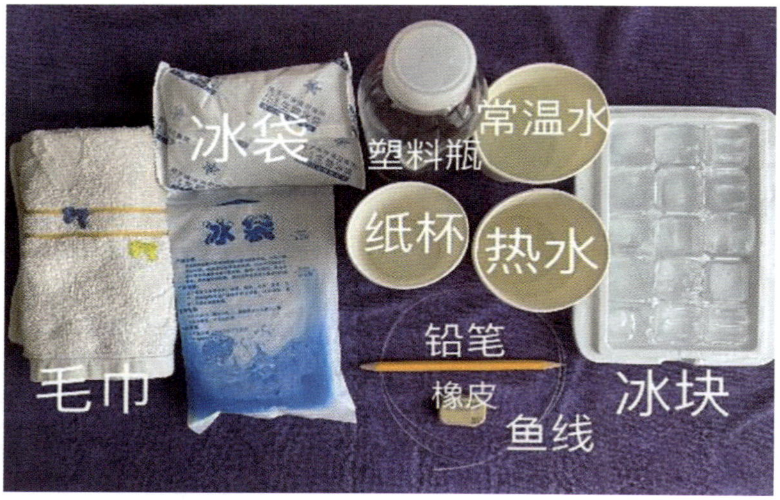

学生活动 2：各小组讨论后选择材料、进行实验。可能有如下选择：

小组 1：纸杯、常温水、冰块、冰袋。

小组 2：塑料瓶、常温水、冰块、冰袋。

小组 3：纸杯、热水、冰块、鱼线。

小组 4：塑料瓶、橡皮、冰块、冰袋。

……

老师活动 3：组织学生交流讨论，引导各小组选派一名发言代表，向其他小组介绍本组选择的材料、选择材料的原因、实验现象和结果等，其他小组进行提问或质疑。

小组 1：形成雪的话，我们想把水的温度降低，把冰块和冰袋放在纸杯旁边，水会结冰，但没有形成雪。

入。在实验中，学生通常对哪种材料模拟凝结核有困惑。

教学策略

引导学生从是否满足下雪的条件来推测白色物质是不是雪，围绕地球上下雪的条件，通过模拟实验、观察、交流，鼓励学生大胆选择实验材料，引导对模拟凝结核材料的尝试，让学生对实验现象和结果不断进行分析、反思，并得出初步结论。

教育活动脚本	设计思路

小组 2：水可能不行，我们讨论认为是水蒸气遇冷之后形成雪。塑料瓶中有空气，外面放上冰块和冰袋让它降温。

小组 3：我们的想法差不多，水蒸气遇冷后形成雪。热水可以形成水蒸气，但是降温了没有形成雪。这个鱼线不知道干什么用的。

小组 4：我们往塑料瓶中吹气，瓶中就有了水蒸气。瓶外面放了冰块和冰袋，温度低了，应该可以形成雪，但是没看到。

……

老师：现在梳理一下大家的想法。首先，当温度是零摄氏度以下，水会怎么样？可以举个例子吗？

学生：温度在零摄氏度以下的时候水会结冰，就像冬天的湖面。

老师：会结冰，但还没有形成雪是吗？云层中大量的水蒸气遇冷，温度低于零摄氏度会怎样？生活中见过吗？

学生 1：凝结成小冰晶。

学生 2：冬天窗户上的窗花就是。

老师：很好，凝结需要凝结核，空气中的尘埃、烟尘等小颗粒都是凝结核。当这些小冰晶越来越大，就会下落。低空的温度很低，冰晶不会融化，我们就会看到什么？

学生：下雪。

老师：模拟下雪的实验该怎么做呢，鱼线和橡皮是做什么用的？大家想想。

学生活动 3：再次讨论如何选择材料，交流实验现象和结果。

老师：大家知道雪形成的几个条件吗？

学生：水蒸气、凝结核、温度零摄氏度以下。

第三阶段　分析和解释

阶段目标：结合雪形成的原因和火星的条件，判断火星是否会下雪。

教育活动脚本	设计思路
老师活动：播放展项显示的是“火星表面”。大家知道了地球下雪的条件，火星上有这样的条件吗？ 老师：水蒸气、凝结核、温度三个条件，火星的条件和地球的条件进行比较。首先，火星上有很多水蒸气吗？	**设计意图** 知道地球下雪的条件后，结合火星相应的条

教育活动脚本	设计思路
学生：我知道火星有少量的水。 老师：研究表明，火星比地球干燥得多，空气中的水含量比地球少得多。这说明什么？ 学生：火星上水蒸气少。 老师：第二个条件——凝结核，也就是空气中的尘埃、烟尘等。大家看火星表面，火星大部分是什么颜色？ 学生：红色。 老师：没错，火星呈现红色一方面是由于火星土壤成分，另一方面火星上有很强的沙尘风暴，使整个星球表面看上去都被红色覆盖。那么，火星上有凝结核吗？ 学生：有的，沙尘暴。 老师：第三个条件，温度。你们认为火星的温度怎样？ 学生：火星温度很低。 老师：其实，火星平均温度是零下六十几摄氏度。 老师：说说火星满足下雪的三个条件吗？火星会下雪吗？ 学生：不满足，水蒸气少。火星不会像地球那样下雪。	件，判断火星是否会下雪，为下一步分析火星上白色物质是不是雪的这个问题做铺垫。 **学情分析** 有的学生了解火星的温度、水等条件，有的学生对火星情况不了解。 **教学策略** 老师会用知识卡片的形式引导学生了解火星相应的条件，让学生得到相关信息后自主判断、解释。

第四阶段 进一步探究

阶段目标：探究火星极区的白色物质是什么。

教育活动脚本	设计思路
老师：刚刚大家判断，火星上不会下雪。可是，火星两极的白色物质是怎么回事？它是怎么形成的？ 学生：是干冰吗？ 老师：说对了一半，干冰是二氧化碳的固体形式。比如餐厅中有些菜看起来“云雾缭绕”的，这就是干冰的效果。 学生：二氧化碳变成干冰？ 老师：是的，火星大气中有大量的二氧化碳，在火星极区的冬季，气温会降至零下一百二十五摄氏度以下，大气中二氧化碳会凝结，成为干冰降落在极区表面，形成较薄的一层白色极冠。那么，火星极冠的白色物质到底是什么呢？ 学生：干冰。	**设计意图** 判断火星不下雪后，还不能确定火星上白色物质是什么，还需要进一步分析火星环境等相关条件。 **学情分析** 部分学生对干冰和二氧化碳以及火星大气了解不多，对二氧化碳的变化比较陌生。

教育活动脚本

老师：除了干冰，还有什么呢？火星上还是有少量水蒸气的。火星极冠的白色物质是什么组成？

学生：干冰和水。

老师：是的，干冰和少量水冰。

设计思路

教学策略

利用生活中的例子让学生认识二氧化碳；通过火星知识补充，开阔思路，使学生了解火星与地球的差异。

第五阶段 反思和总结

阶段目标：反思探究过程，交流收获和体会。

教育活动脚本

老师：还有一个问题，我们通过下雪的条件和火星环境，判断火星不会下雪。这样的判断准确吗？

学生：可能也不太准确。

老师：这样的判断是理论上的，还需要探测器捕捉到的实际情况加以补充，实际情况可能和理论不同。大家课后可以再查阅资料，这里我们留下这个问题。

老师活动：最后回顾，如何分析火星两极的白色物质是什么，引导学生交流课程中实践过程、遇到的问题、收获和体会。

学生活动：回顾探究过程。认识到要利用有力的证据得出结论；尝试从多种角度、运用多种思路和方法分析问题；敢于质疑、要有实证思维和批判精神。

设计思路

设计意图

引导学生反思探究过程，交流自己的体会。让学生理解充分的证据、科学的方法和科学精神的重要性。

学情分析

学生容易缺乏质疑和批判精神，容易服从权威的观点。

教学策略

引导学生反思和质疑之前的推理过程，重新思考分析推理问题、解决问题的方法和手段。

六、实施情况与效果评估

火星上的“雪”自 2021 年 7 月在北京科学中心“小球大世界”展区正式开展以来，课程实施累计 8 次，学生参与 76 人次。根据课程调查问卷和学生反馈，学生掌握了用地球与火星的相应条件进行比较的方法，较好地用类比、推理等方法认识雪的特征和成因；有全面、辩证地分析形成火星上白色物质的各种影响因素的意识；具有一定的科学探究能力，并能够通过交流、反思探究过程和结果，改进自己的探究方案。

★ 该项目获 2023 年“奋进科普新征程”全国科技馆联合行动优质科学教育资源项目一等奖 ★

揭秘“反重力”——电磁感应主题教育活动

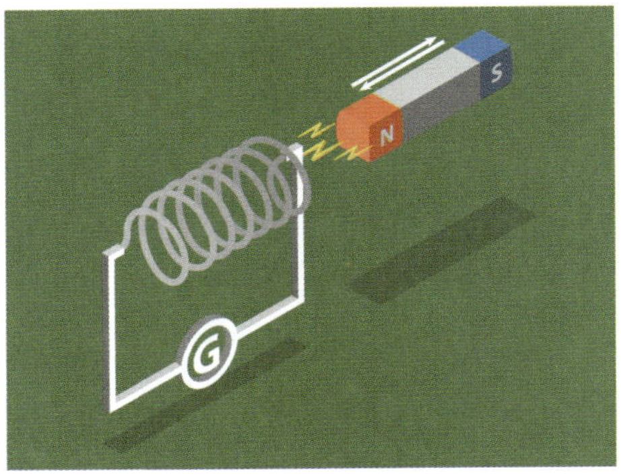

教育活动类型： 展品辅导 + 小实验

项目开发单位： 中国科学技术馆

项 目 设 计 人： 黄践、张磊

一、概述

本活动通过电磁阻尼的“反重力”现象引发学生的好奇心；在探究式学习的过程中，引导学生再现科学家进行科学研究的过程，发现神奇现象背后“电”与“磁”的相互联系；结合展品“法拉第梦幻剧场”中的四个装置，介绍电磁感应定律的发现故事，帮助学生搭建电磁学的知识体系。

二、教学对象

1. 本教育活动适宜的受众人数：2 ~ 30 人。

2. 本教育活动针对的具体教学对象：需具备一定电磁学知识，如初三年级学生或具备适当电磁学基础的观众散客、团体等。

3. 教学对象的学情分析：以初中生为例，初三学生将在物理课堂上接触电磁学知识，但在学习过程中，存在欠缺必要的抽象思维能力的可能。初中生倾向于感性认知，虽具备一定逻辑运算能力，但是仍需要具体事物的支持，对物理现象的本质认识不足，容易受到表面现象的干扰。因此在教育活动开展过程中，应当尽量地增加感性认识，逐步深化认识过程，帮助学生搭建电磁学的知识体系。

三、教学目标

1. 学科科学观念：了解“电磁感应”的发现过程，了解“电磁阻尼”概念及其相关应用。

2. 科学思维：掌握科学研究的一般步骤，观察并提出问题、猜想与假设、制定计划、进行实验、收集证据、解释和结论、反思与评价、表达与交流。

3. 探究实践：掌握控制变量法；形成一定的实验设计能力；体验团队合作。

4. 态度责任：体验电磁感应定律的提出过程，提升对科学的认同；感受法拉第等科学家的探索精神；使学生体会到科学与生活的关系，利用所学知识去解释生活现象。

四、教学重难点

1. 教学重点：电磁阻尼、电磁感应这两个概念所包含的几个要素；电磁感应原理的发现过程与相关应用。

2. 教学难点：依托探究式学习，引导学生再现科学家进行科学研究的过程，并结合展品，提升学生对重要概念、原理的认识。

五、教学场地与教学准备

1. 教学场地：中国科学技术馆电磁展区开展，若配合展品视频与教具可在学校教室开展。

2. 教学准备：铜管若干（不同粗细、不同壁厚、是否有镂空），pvc 塑料管，钕磁铁，硬币、计时器（秒表）。

3. 活动总时长：40 分钟。

六、教学活动设计与实施

1. 教学活动设计流程图

教学活动引入，反重力现象演示 → 探究实验，电与磁的相互联系 → 知识迁移，电磁感应发现史 → 电磁感应原理的表现形式与应用

2. 活动步骤以及设计意图

第一阶段：教学活动引入，反重力现象演示。通过展示不可思议的“反重力”现象，使其进入一个认知“失衡”状态，引发学生兴趣。老师演示实验，学生进行猜想，师生开展互动，进而了解学生对于相关知识的了解程度，给学生一个“电与磁相互联系”的直观感觉。

第二阶段：探究实验，电与磁的相互联系。利用实验道具进行探究并根据实验鼓励学生自己形成假设，利用实验的经验形成新知识的“顺应”。之后将电磁之间相互联系、电磁阻尼概念引出，澄清学生对于概念的一些误解，同时掌握科学问题的研究方法。

第三阶段：知识迁移，引入电磁感应发现史。引入“电磁感应”概念，讲述法拉第发现电磁感应的过程，引导学生操作展品，观察展品现象，自己提出问题。

第四阶段：电磁感应原理的表现形式与应用。结合展品归纳电磁感应的几个表现形式，进一步加强对电磁感应的几个核心要素的理解。介绍生活中电磁感应原理的应用，从科学原理拓展到实际生活，深化教育活动对科学精神的传播。

第一阶段　教学活动引入，反重力现象演示

阶段目标：进行“反重力”实验演示，引入活动主题。

教育活动脚本

老师：各位同学们大家好，首先我要给大家表演一个“反重力”实验，我手边有一枚一元硬币和一根金属管，如果我让硬币从金属管上方下落，你们猜我能不能接住这个硬币呢？（见下图）

设计思路

学情分析

实验环节学生可能产生用“摩擦力”来解释实验的错误观点。

设计意图

通过展示不可思议的“反重力”现象，使其进入一个认知“失衡”状态，引发学生兴趣。

教学策略

老师演示实验，学生进行猜想，开展师生互动，进而了解学生对于相关知识的了解程度，给学生一个“电与磁相互联系”的直观感觉。

教育活动脚本	设计思路

老师：硬币近似做自由落体运动，很快地从铜管中穿过，想要接住可有一点难度。利用大家学过的物理知识可以大致推算出下落时间，这个时间差不多是0.2秒，接下来，我用磁铁来重复这个实验。（见下图）

老师：我们可以发现磁铁的下落速度很慢，好像被施加了“反重力”一样，要等待很久才能从金属管中落下来，我可以轻松地接住这个磁铁。这是为什么呢？要成功完成这个“反重力”的实验需要什么条件呢？

第二阶段 探究实验，电与磁的相互联系

阶段目标：探索“反重力”现象受什么因素影响，利用实验进行探究。组织讨论探究成果，揭秘“反重力”现象的本质是电磁阻尼。

教育活动脚本

老师：要想知道这其中的奥秘，同学们请和我一起来探索一下这个实验。首先我们请一位同学描述下刚才的实验过程。我们都做了什么实验?

（邀请学生复述实验过程）

老师：我们发现两次实验结果不同，是因为我们一次用了磁铁，一次用了硬币，所以可能是磁铁才会发生这种现象。说明磁铁是这个实验成功的一个关键点。还有其他关键点吗，这里为大家准备了不同直径、厚度的金属管与 PVC 管（见下图），大家自己动手试一试，然后告诉我结论。

（组织学生分组进行实验）

老师：大家都自己动手做过实验了，我问大家几个问题，塑料管会让磁铁下落变慢吗？开口子的铜管现象明显吗？铜管的粗细对下落速度有没有影响，磁铁的大小、多少有影响吗？大家刚才做实验的时候有注意过这些问题吗?

老师：现在我们来设计一下实验。

（邀请学生帮助演示实验、记录时间）

（1）塑料管和铜管的差别。

（2）铜管开口和不开口的差别。

（3）铜管粗细的差别。

（4）铜管薄厚的差别。

（5）磁铁多少的差别。

（6）磁铁大小的差别。

设计思路

学情分析

学生可能提出磁铁、闭合铜管之外的其他错误要素，如电流、电阻、地球磁场等。钕磁铁有一定危险，注意保持磁铁间的距离。

设计意图

让学生开展探究实验，利用实验道具进行探究，根据实验鼓励学生自己形成假设，利用实验的经验形成新知识的“顺应”。之后，将电磁阻尼概念引出，澄清学生对于概念的一些误解，同时掌握科学问题的研究方法。

教学策略

鼓励学生自己提出假设并验证猜想，必要时可以提供引导，尽量让学生自己设计实验对照组，使用工具进行精确记录。纠正学生对于“电磁阻尼”概念的误解。

教育活动脚本	设计思路

老师：通过实验可发现，大磁铁在管壁较厚的铜管中下落最慢。现在大家觉得这个实验要想成功需要什么条件？我们之前已经得出：必须得用磁铁这一结论。还有别的吗？

学生：闭合的铜管。

（如果没有得出类似结论可以再用一些问题，引导学生进行实验并得出结论）

老师：通过实验，我们体验到的“反重力”现象其实是“电磁阻尼”作用。

老师：“阻尼”可以通俗地理解为阻力，“电磁”又是哪来的呢，大家看一下我们刚刚总结出来的两个条件，“磁”当然就是磁铁，电我们也看不到，但是我们知道铜管是导体，塑料管是绝缘体。铜管可以完成实验的原因是因为其中产生了电流。

第三阶段 知识迁移，引入电磁感应发现史

阶段目标：拓展电磁阻尼概念引入电磁感应概念。

教育活动脚本	设计思路

老师：根据我们刚才说的，当我们有了代表“电”的铜管，代表“磁”的磁铁，就能让磁铁在铜管中运动起来，进而发现了电磁阻尼这一有趣现象——电和磁会联合起来阻碍运动。电磁阻尼现象应用在什么地方呢？大家可以想一下，我们什么时候需要速度变慢呢？最明显的就是刹车了，动车组列车的刹车装置上面就有这样的装置，利用电磁装置可以减少摩擦发热，刹车更安全。

老师：实际上，电和磁不仅相互联系还能够相互转化，这其中还有一段很有趣的故事。接下来我们结合旁边的展品“法拉第梦幻剧场”来了解科学家面对未知的“电”“磁”现象，是怎么样做科学研究的。

老师：1820 年 4 月的一天，丹麦科学家奥斯特在上课时，无意中让通电的导线靠近小磁针，他突然发现小磁针发生了偏转。在此前，人们对电和磁的认识一直是单独的、孤立的，奥斯特的实验表明通电的导线会让磁针偏转，人们第一次认识到电和磁的联系。

老师：奥斯特发现电能生磁后，当时很多人受到这个实验的启发想要寻找电与磁之间的关系。在奥斯特的实验中，通电导线固定，磁针发生了偏转，那么如果磁铁固定，导线会不会偏转呢？于是，科学家法拉第就制作了展品中的第一个装置，也就是电磁旋转器（见下图）。

学情分析

学生可能在展品中不能正确地找出电磁感应的要素，产生困惑。

设计意图

通过电磁阻尼的有趣现象引入“电磁感应”这一新概念。讲述法拉第发现电磁感应的过程，引导学生操作展品，观察现象，自己提出问题。

教学策略

结合生活中实际应用和故事吸引学生注意力完成学习环节。

教育活动脚本	设计思路

我们按下电源按钮，能观察到导线围绕磁铁旋转。

老师：通过电磁旋转器，法拉第验证了奥斯特“电能生磁”的观点。他又设想：“电能生磁，磁能不能生电呢？”他觉得这两个过程是一个对称的过程，为了验证猜想，法拉第又做了第二个装置。打开右侧展品开关，右侧线圈产生磁场。左侧线圈连接检流计，可以检测在右侧线圈产生的磁场作用下，是否有电流产生（见下图）。操作后，我们观察发现，电流确实产生了，但这个电流是暂态的，指在开关开启和关闭的瞬间产生。

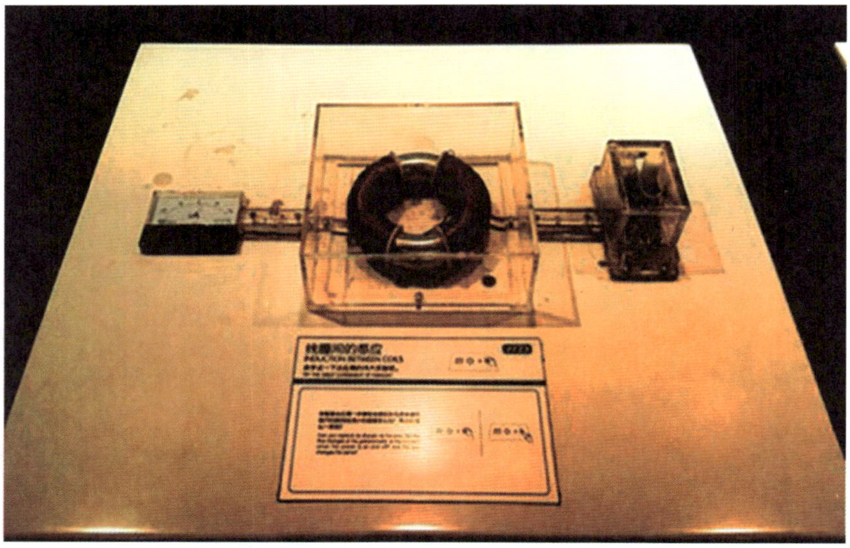

老师：为了研究电流产生“暂态性”的原因，法拉第又做了第三个装置（见下页图）。这个装置和我们之前做的实验很类似，不过他用的是线圈，原理是一样的，我们可以用我们的小块磁铁在展品上试一下。

教育活动脚本

设计思路

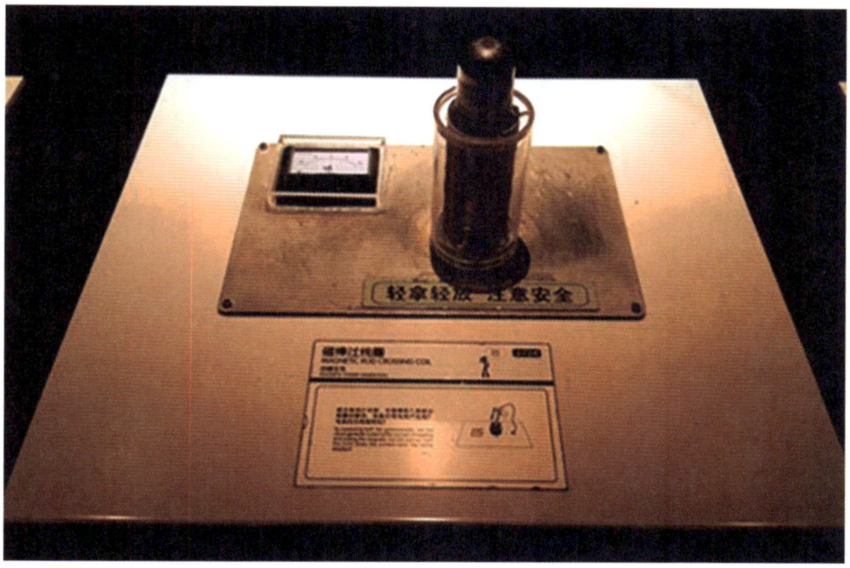

老师：操作展品中的磁棒，或者用我们的小块磁铁尝试，都可以发现，磁能生电需要线圈和磁铁之间产生相对运动。通过这个实验，法拉第验证了自己的猜想，磁场需要有变化才能让电和磁产生关系，提出了著名的电磁感应定律，闭合电路的一部分导体在磁场里做切割磁感线的运动时，导体中就会产生电流，产生的电流称为感应电流，产生的电动势（电压）称为感应电动势。在弄清磁生电的条件后，法拉第利用他的结论制造了一台小型的发电机，也就是第四个装置（见下图）。

老师：转动展品上的手柄，让铜盘不断切割 U 型磁铁的磁感线，利用万用表能观察到铜盘边缘和中心位置之间输出电压（感应电动势）。

第四阶段 电磁感应原理的表现形式与应用

阶段目标：总结电磁感应的几个核心要素，激发学生思考。

教育活动脚本

老师：现在让我们来总结一下这 4 件展品（见下图）。通过第一个装置，我们跟随法拉第验证了奥斯特电能生磁的结论；第二个装置和第三个装置，我们了解了法拉第发现变化的磁场才能生电，从而提出“电磁感应定律”的过程；第四件装置，我们让磁铁和线圈相对运动，线圈切割磁感线，就能够发电了。

老师：在展品“法拉第梦幻剧场”旁，还有电动机、发电机、旋转的金蛋等其他展品，它们展示的就是一些真实的电动机和发电机了，有兴趣的学生可以对着展品找一下，导体、磁铁、切割磁感线的运动或者说变化成什么样的形式。（可扩展到中国科学技术馆整个电磁展区）

老师：回顾“法拉第发现电磁感应”整个过程中，他根据已有的实验，一步一步验证了自己的猜想，打开了电磁学的大门，电容的单位也是以他的名字命名的。可见科学家的伟大之处并不一定是他多么的聪明博学，而是拥有探索未知的精神。

老师：今天的活动就到此结束了，体验科学，启迪创新，咱们下次活动再见。

设计思路

学情分析

学生可能在联系实际生活现象方面出现困惑。

设计意图

结合展品归纳电磁感应的几个表现形式，进一步加强对电磁感应的几个核心要素的理解。

了解生活中电磁感应原理的应用，从科学原理拓展到实际生活，深化教育活动中对科学精神的传播。

教学策略

对展品进行抽象、归纳，帮助学生把电磁感应的核心要素，及其主要应用形式。结合周边展品观察抽象化模型和事物之间的相似与不同，强调科学家的探索和努力，激发学生热情。

七、教学评价与反思

本活动曾作为中国科学技术馆“百门科学实践课”在展厅面向散客与初、高中学生团体开展，活动部分内容被《科技馆里的科学课》《科学 N 次方》等项目使用。通过对课堂和学生行为的观察，课程的趣味性、互动性强，受众参与度较高。学生普遍被电磁阻尼的“反重力”现象吸引，并在教具、展品创造的探究式学习过程中，获得“电”与“磁”之间相互联系的直接经验。

在听取学校老师和学生的反馈后，我们发现“电磁阻尼”这一概念对于部分初中学生还略微深奥，故活动开展时，电磁阻尼的“反重力”现象只作为兴趣引入，重点围绕电磁感应定律中电和磁的相互联系展开探究。

★ 该项目获 2023 年“奋进科普新征程”全国科技馆联合行动优质科学教育资源项目一等奖 ★

永无止“镜”

教育活动类型： 自然科学类课程 、科学探究

项目开发单位： 中国科学技术馆

项 目 设 计 人： 邵航、康伟、杜心宁

一、概述

本项目是基于中国科学技术馆二层探索与发现展厅“与星空对话”展项开发的适合初中学生团体物理光学学习的主题教育活动。本活动开发遵循知识整合教学理论，该理论的教学模式分为四部分：析出概念、添加概念、辨分概念和反思与梳理概念。通过角色扮演、光学小实验、动手探究等方式让学生深度理解凸透镜成像规律并了解将其规律在望远镜中的应用。

二、教学对象

1. 本教育活动适宜的受众人数：30 人 。

2. 本教育活动针对的具体教学对象：八至九年级。

3. 教学对象的学情分析：根据《义务教育课程方案和课程标准（2022 年版）》，八至九年级已经围绕“物质的运动与相互作用”这一学科核心概念展开过相关学习行为，学习了光的反射、折射、凸透镜成像特点等相关概念，但还未将学习内容与另一个学科核心概念“技术、工程与社会”建立联系，对于将光学相关科学知识转化为技术进行应用，还缺乏一定的深入理解和探索实践。

三、教学目标

1. 科学观念：了解透镜的特点及凸透镜成像规律，了解望远镜的基本结构；建立运用科学知识解决日常生活问题的观念。

2. 科学思维：通过展品和科学小实验寻找科学证据，进行科学论证，培养和提高抽象思维、总结概括等能力。

3. 探究实践：了解科学探究的一般过程，掌握观察、实证和比较已知信息的能力。

4. 科学态度与责任：形成尊重客观事实、尊重科学依据、积极探究的态度，培养独立思考与判断辨别的能力；了解科学技术已经成为社会发展的重要推动力量。

四、教学重难点

1. 教学重点：透镜的结构及凸透镜成像规律在生活中的应用。凸透镜成像规律是初中课本的重点内容，但课本中的知识较抽象，学生不容易理解。老师在教学时常使用光具座作为教具，学生获得的是间接经验，在本活动中，学生可以利用资源包动手探索凸透镜成像规律，从而获得直接经验。

2. 教学难点：凸透镜成像规律在生活中的应用，自行设计望远镜。在教材中利用透镜设计望远镜是拓展内容，大部分学生知道望远镜是由透镜组成的，但并不知道伽利略式望远镜和开普勒式望远镜的区别，这一点对于学生有一定的难度，本活动提供材料给学生自主探究创造了机会。

五、教学场地与教学准备

1. 教学场地：中国科学技术馆二层探索与发现展厅、科普活动室。

2. 教学准备：实验用具（假发、演出服装、望远镜、各种规格的透镜、手持透镜、箭头标志、烧杯、试管、水等）和教育活动资源包（“探究望远镜”记录单、透镜实验资源包、铅笔、直尺）。

3. 活动总时长：45 分钟。

六、教学活动设计与实施

1. 教学活动设计流程图

析出概念	创设情境，聚焦活动主题
↓	↓
添加概念	通过光学小实验巩固凸透镜成像规律
↓	↓
辨分概念	利用活动资源包自主探究
↓	↓
整理和反思概念	分享交流，总结提升

2. 活动步骤以及设计意图

第一阶段　激发概念

阶段目标：激发学生参与活动的兴趣和他们已有知识概念。

教育活动脚本

创设情境设定：在“探索与发现”展厅“与星空对话”展品（见下图）旁，三名学生分别利用假发、服装等道具装扮成“伽利略”“开普勒”“汉斯”三位历史人物的形象，每人手中各拿着一个望远镜，他们一出场都在说“自己发明了望远镜”。

汉斯：我是一位眼镜商，在 1608 年，我偶然发现用两块镜片叠加可以看清远处的景物，是我制造了人类历史上的第一架望远镜。

伽利略：我在 1609 年发明了人类历史上第一台天文望远镜，这台望远镜是由一个凸透镜和一个凹透镜组成的，成正立的像。我用它先后观测到了月球的高地和环形山投下的阴影、太阳黑子，以及木星的 4 个最大的卫星。

开普勒：我在 1611 年发明了开普勒式望远镜，这台望远镜是由两个凸透镜组成的，虽然成像是颠倒的，但我的望远镜视野更大，应用更广泛。

问题导入环节：学生活动时，聆听 3 位科学人物的对话，产生认知冲突，到底是谁发明了望远镜，三者所说的望远镜又有什么区别?

设计思路

学情分析

在生活中学生都使用过望远镜，也知道望远镜是由透镜组成的，但对望远镜的结构了解较少，并不知道伽利略望远镜和开普勒望远镜的区别。

设计意图

利用学生扮演科学人物之间的对话激发学生学习兴趣，并聚焦本活动的教学内容。

教学策略

让学生扮演科学人物展开对话，一方面可营造情境，激发学生学习的兴趣，另一方面通过对话的形式，让学生产生认知冲突，并巧妙地让学生了解到科学史相关内容，聚焦研究内容。

第二阶段 添加概念

阶段目标：通过 3 个有趣的小实验，巩固凸透镜成像规律，并拓展学生思路。

教育活动脚本	设计思路

实验：“大大小小的字”

辅导员活动：提供给学生几种不同的透镜，学生利用这些透镜观察纸上的文字。

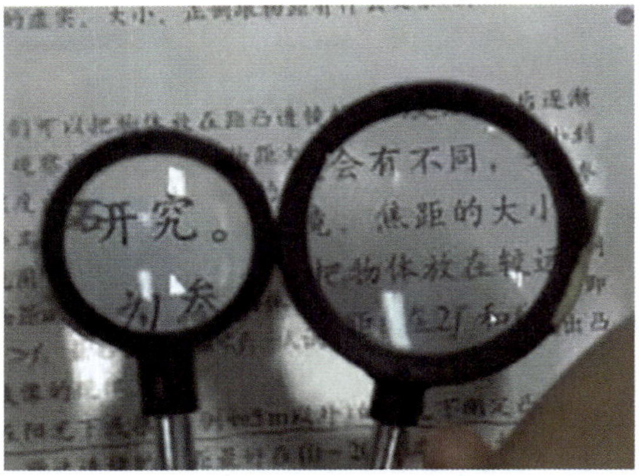

学生活动：发现文字有大有小（见上图），由此得出透镜有不同的焦距，且呈正立放大虚像（见下图）。

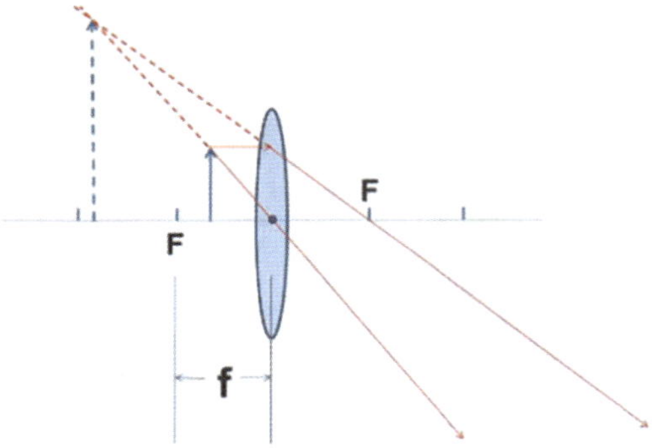

实验：放大镜秒变“照相机”

辅导员活动：用一个放大镜把窗外的景物投影在白墙上，见下页左图，让学生思考其中的原理。

学生活动：感到现象非常神奇，经过思考，由于景物在放大镜 2 倍焦距以外，所以呈现倒立缩小的像，见下页右图。

学情分析

凸透镜成像规律是初中课本的重点内容，但课本中的知识较抽象，学生不容易理解。

设计意图

通过小实验帮助学生回顾凸透镜成像规律。

教学策略

通过小实验的形式可以引起学生的兴趣，并循序渐进，帮助学生巩固应用凸透镜成像规律。

教育活动脚本	设计思路

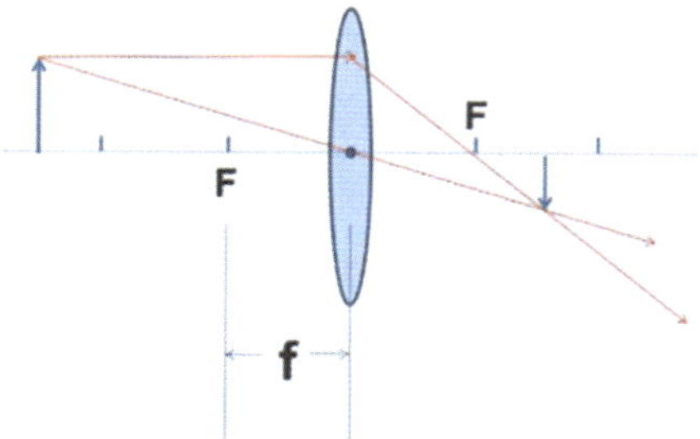

实验：“不听话的小箭头”

辅导员活动：提供透明玻璃杯、白纸、画笔、水等材料，让学生设计出“箭头调转方向”的实验。

学生活动：通过设计操作实验，发现当杯子倒入水后相当于一个凸透镜，当物体放置在 1 倍焦距和 2 倍焦距之间，呈现倒立放大的实像，见下右图。在画好的箭头前放置一个玻璃杯，见下左图。

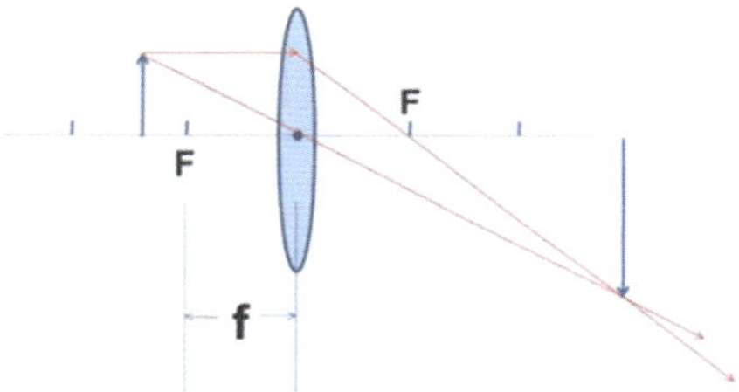

辅导员活动：通过以上 3 个小实验，帮助学生复习了课堂上所学的凸透镜成像规律。

第三阶段 区分辨别概念

阶段目标：学生利用资源包自主探究透镜并组装两种望远镜。

教育活动脚本	设计思路

辅导员活动：为学生提供教育活动的资源包，并设置任务（以小组为单位，利用透镜的特点及成像规律自行设计伽利略望远镜和开普勒望远镜）。

教育活动脚本

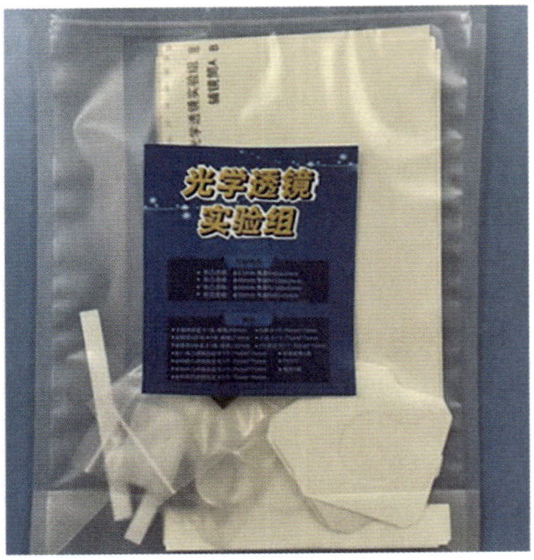

学生活动：学生自行拆开资源包，查看资源包中的物品并设计方案。

资源包中有 3 种不同焦距的凸透镜和 1 种凹透镜、透镜固定卡若干、LED 光源、镜筒折纸卡 3 张、双面胶若干，见左图。

辅导员活动：为每个学生发放记录单，记录单上有探究的内容。

（1）测量凸透镜的焦距

辅导员任务引导：要想组装望远镜（见下图），首先要了解凸透镜的焦距，材料包中 3 种不同规格的凸透镜，请测量并记录它们的焦距。

学生活动：利用课堂上所学二倍焦距法等知识进行测量并记录数据，确定 3 种透镜的焦距。

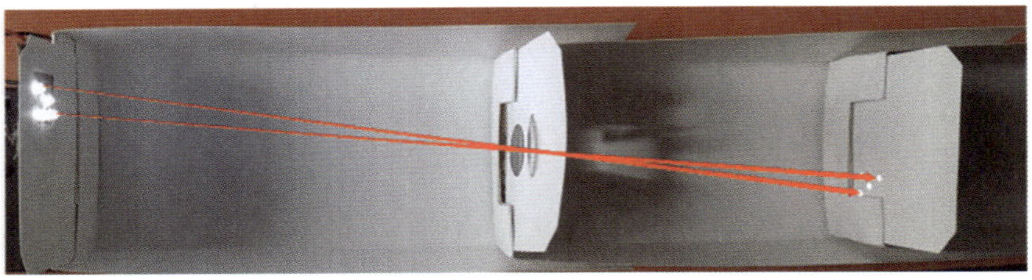

（2）凸透镜焦距与放大倍数的关系

辅导员任务引导：在已经知道了三种规格凸透镜的焦距（见下表）的基础上，透镜的焦距和放大倍数是什么样的关系呢？

学生活动：分别拿着三个凸透镜去观察纸上的文字，发现三者的放大倍数不同。通过对比发现凸透镜的放大倍数与焦距成反比，即焦距越小，放大倍数越大。

凸透镜	镜片直径（cm）	焦距（cm）
凸透镜 1	3	6.5
凸透镜 2	4	13
凸透镜 3	5	18

（3）谁是物镜？谁是目镜？

辅导员活动：我们知道望远镜至少由两个镜片组成，其中靠近物体的镜片叫作物镜，靠近眼镜的镜片叫作目镜，那么这些镜片谁当物镜，谁当目镜呢？这首先需要考虑望远镜的作用以及是哪种类型的望远镜。请同学们思考一下，望远镜的功能是什么？以及如何实现这种功能？

设计思路

学情分析

学生日常学习多为课堂学习，获得的是间接经验，很少有机会亲自动手实验，获得直接经验。

设计意图

让学生根据“凸透镜成像规律”，利用资源包自主探究并组装两种形式的望远镜，初步让学生学习控制变量的方法，并学会从实验中得出结论。

教学策略

通过记录单和老师的引导，学生自己去探索，鼓励学生进行协作，使学生获得直接经验。

教育活动脚本

设计思路

学生活动：经过思考和相互讨论，望远镜主要功能是观察远处的物体，所以一个主要作用是要把远处的物体放大。

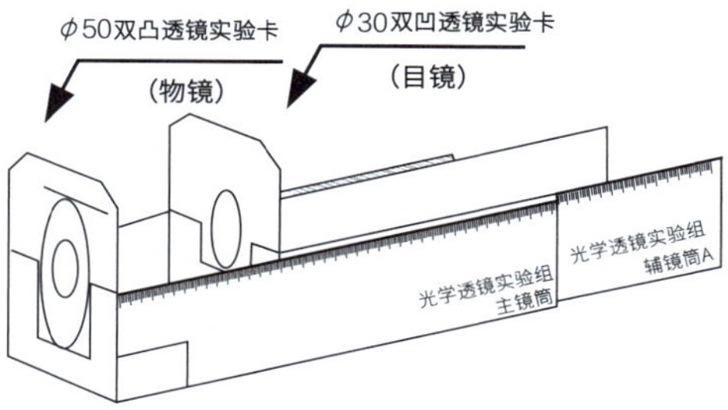

通过反复尝试并记录数据最后得出伽利略望远镜的目镜是凹透镜，物镜是凸透镜，而凸透镜 3 效果最好（见上图）；开普勒望远镜的目镜是焦距较小的凸透镜，其物镜是焦距较大的凸透镜（见下图）。

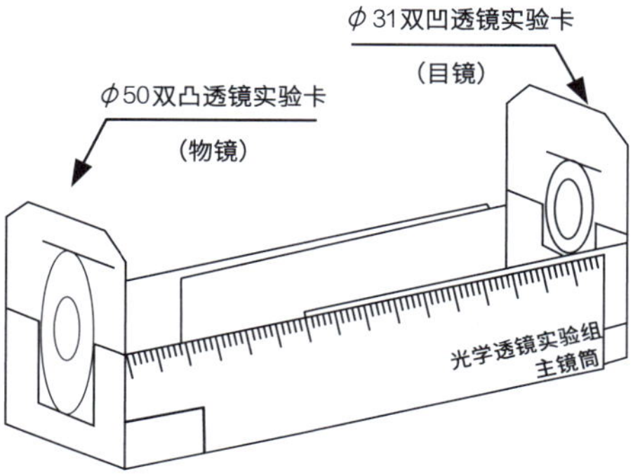

伽利略望远镜记录单：

物 镜	目镜	物镜和目镜间距离（cm）	成像效果
凹透镜	凸透镜 1	0	等大正像
凹透镜	凸透镜 2	4	缩小正像
凹透镜	凸透镜 3	5	缩小正像
凸透镜 1	凹透镜	0	等大正像
凸透镜 2	凹透镜	9	放大正像
凸透镜 3	凹透镜	12	放大正像

开普勒望远镜探究记录单：

物 镜	目镜	物镜和目镜间距离（cm）	成像效果
凸透镜 1	凸透镜 2	16	缩小倒像
凸透镜 1	凸透镜 3	19	缩小倒像
凸透镜 2	凸透镜 1	21	等大倒像
凸透镜 2	凸透镜 3	23	等大倒像
凸透镜 3	凸透镜 1	30	放大倒像
凸透镜 3	凸透镜 2	33	放大倒像

第四阶段　梳理与反思概念

阶段目标：对活动中涉及的科学概念进行梳理、整合。

教育活动脚本

辅导员活动：把学生带到中国科学技术馆探索与发现 A 厅“与星空对话”展品旁，见下图。

让各组学生分享他们望远镜的设计方案和实验过程，以便他们对科学概念进行整合，并反思在探究过程中遇到的问题及使用的科学方法。

学生活动：分享收获。

辅导员任务引导：引导学生认识到望远镜是人类的一项重要发明，对人类的生活和社会的进步产生了重大影响，但随着科学技术的进步人类将发明功能更强大的望远镜，点题“永无止‘镜’”。

请同学们回家后利用资源包自己制作一台显微镜，想一想该怎么搭配镜片。今天的课程结束了，我希望同学们通过今天的学习能认识到人类对自然界的探索也是无止境的，因此我们的学习也是无止境的！

设计思路

学情分析

学生往往愿意学习新的知识或动手制作探究，但是不注重总结和提升。

设计意图

只有总结才有提高，探究活动结束后学生需要进行总结和反思，通过辅导员的引导让学生体会科学家精神的内涵。

教学策略

通过小组分享的形式让学生进行总结，并引导学生进行知识横向和纵向的迁移，加深思考的深度和广度。

七、教学评价与反思

本节课采用学生的问卷调查和老师个人反思进行评估。

本教育活动目前已经开展了 4 次，受众 120 人，通过调查问卷的形式了解了学生们对活动的反馈。学生们认为该活动最突出的优点在于“新奇有趣”，其次是“贴近课本”，一半以上的学生认为活动内容对他们有一定的挑战，但可以引发他们的思考，并可以拓宽其知识面和增强他们的探索能力。整体来看，学生对活动的评价较好，活动深受学生的喜爱(见右图)。

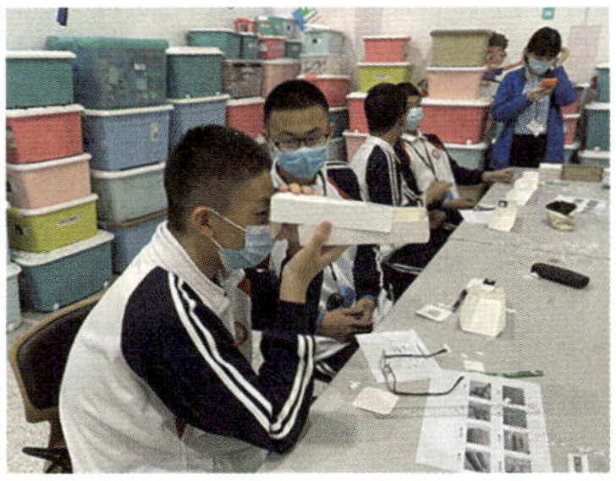

本教育活动开发知识、整合教学理论，但又不拘泥于理论。设计者认为教学理论是教育活动的基础与依据，但在实际应用理论时不应受到理论的限制，而应吸取精华，结合实际灵活运用。

本教育活动受众对象为初中学生，面向该年龄段的教育活动比较少，相应的资源包就更少，本活动开发了活动的学具“光学透镜实验组”，基础材料生产成本较低，便于批量生产，也便于学生的自主探索，这是一项适合于初中学生团体开展的教育活动。

★ 该项目获 2023 年“奋进科普新征程”全国科技馆联合行动优质科学教育资源项目一等奖 ★

"层层地球·万物相通"地球圈层主题活动

教育活动类型： 科学实验和动手制作类活动

项目开发单位： 中国科学技术馆

项 目 设 计 人： 杨博文、李俊漪

一、概述

活动主要面向小学高年级学生，围绕“地球圈层”主题，通过中国科技馆“守护地球家园”展厅主题辅导、展品探究和科学制作等环节，从地球圈层的基本知识、人类对地球的科学探索和人类与各圈层间的关系，引出对环境问题、生态和谐发展等议题的思考，呼吁用实际行动保护赖以生存的地球家园。

二、教学对象

1. 本教育活动适宜的受众人数：20 人。

2. 本教育活动针对的具体教学对象：小学高年级学生。

3. 教学对象的学情分析：这个学龄段的学生对科学知识和方法有一定积累，初步形成了自己的科学思维方式，具有较强的逻辑思维能力，可以结合生活实际对未知事物进行合理设想，总结事物间的关系，推断其内在关联。

三、教学目标

1. 科学观念：知道地球系统不同圈层的相互作用产生了各类自然现象；能认识到调整人类不合理的生产和生活方式，可以减少对地球环境的影响；初步认识常见物质的变化；能简单描述生物与生物、生物与环境之间相互依存的关系；知道技术与工程对科学发展有促进作用。

2. 科学思维：能通过分析、比较、抽象、概括等方法，展示对事物的系统、结构、关系、过程及循环的理解；

能抽象概括常见事物的本质特征，比较全面分析问题的各种影响因素；能进行初步的创意设计，并利用文字或实物表达自己的创意。

3. 探究实践：能基于所学知识，从事物的结构、功能、变化及相互关系等角度提出可探究的科学问题和研究假设，并尝试运用科学原理进行解释。

4. 态度责任：能在好奇心驱使下，表现出对现象发生原因的因果兴趣；能以事实为依据做出独立判断，面对有说服力的证据，愿意调整自己的想法，乐于与他人进行沟通交流和辩论；愿意采取行动保护环境、节约资源。

四、教学重难点

1. 教学重点：在展品参观和体验中掌握科学原理，完成学习单，并在此基础上进行发散思考；使用工具制作纸模，展示地球圈层结构，根据生活经验和展品探究成果加入自己的设计。

2. 教学难点：引导学生对展品进行自主探究，并提出合理的个性化问题；在活动中鼓励学生进行发散思考，并围绕现实问题进行分享讨论，提出解决实际问题的合理对策；在整体活动中科学运用多种媒体和现代技术进行辅助。

五、教学场地与教学准备

1. 教学场地：科技馆相关展厅、科普活动室。

2. 教学准备：课件、学习单、笔、纸模模板、剪刀、订书器、彩笔。

3. 活动总时长：120 分钟。

六、教学活动设计与实施

1. 教学活动设计流程图

第 1 步	· 以科幻小说故事作为引入，点明主题，激发兴趣。
第 2 步	· 展厅主题参观辅导和自主探究，联系生活经验从内到外了解地球圈层结构，并引入科学家精神、大型工程和时事热点，以学习单作为辅助。
第 3 步	· 通过课件互动回顾上一阶段重点内容，完成地球圈层主题纸模制作，引导发散思维，并组织展示分享，总结评价。
第 4 步	· 观看相关视频，讨论环保相关议题，提出解决实际问题的方法，升华扣题。

2. 活动步骤以及设计意图

第一阶段 故事引入，点明主题

阶段目标：由科幻故事引出活动主题，激发学生兴趣。

教育活动脚本

辅导员：同学们，大家好，欢迎来到中国科学技术馆，我是科技辅导员。我们今天的活动与地球有关，我们生活在地球的表面，那地下的世界大家见过吗?看到大家都有些犹豫了，大概地铁已经是我们平时能去到最深的地方了，还真是有些好奇土壤和岩石下面还有些什么，先听我讲个故事。

德国地质学家李登布洛克教授在一本古本中，发现了一封密码信，信中提到冰岛的一个火山口能通往地心。教授带着侄子阿克赛尔和导游汉斯，一行三人开始了冒险。他们跟随前人的足迹，从火山口下到火山底部，沿着熔岩的通道前进。地底有各种宝石，还有一片海，海岸生长了超巨型植物，海底还生存着在地表世界早已灭绝的古生物。在继续前行的路上，三人遇到了巨石的阻挡，于是他们想利用炸药打开通道，结果不慎把海岸炸开了一个缺口。三人随海水被冲到更深的地底，情况危急。所幸激烈的震动引发了火山爆发，三人被火山的气流喷出地底，终于回到地面。

故事到这里就告一段落了，看到同学们还有些意犹未尽，请大家讨论一下，这个故事是真实发生的吗?

（参与者互动）

辅导员：同学们说的都很好，有自己的思考而且有理有据。这个故事出自法国作家儒勒·凡尔纳所著的长篇科幻小说《地心游记》，确实不是真人真事。凡尔纳对同学们来说应该并不陌生，《海底两万里》《八十天环游地球》等都是他的作品，他被称作“科幻小说之父”，还被誉为“科学时代的预言家”。在科幻小说中不仅充满着作者对于未来和未知的想象，也依托着已有和已知的科学技术，比如地底的高温、岩浆的源头都是有一定科学依据的。

现在从故事回到我们今天的活动上，同学们觉得我们的地球是实心的吗?由哪些部分组成呢?

（参与者互动）

辅导员：大家的回答都非常好，能看出大家对地球已经有一定的了解。我们达成了一个共识，地球内部是分层次的，并不是像铁球那样均匀单一，那今天我们就看看地球究竟如何分层，探究地球圈层的秘密。

地球圈层是什么呢?

我们接下来就带着这个问题一起去展厅寻找答案，现在就开始今天的探索地球之旅吧。

设计思路

学情分析

此年龄段的学生对地球有一定认知，可以结合生活经验进行合理设想。

设计意图

该活动基于中国科学技术馆四层“守护地球家园”展厅开展，通过科幻故事引出活动主题，可以迅速吸引参与者注意，并且拓展了相关人文知识。

教学策略

通过讲故事引出活动主题，激发参与者的兴趣和好奇，同时活跃活动气氛，为后续活动做好铺垫。

第二阶段　体验展品，完成学习单

阶段目标：利用学习单，结合展品辅导，引导参与者自主体验展品，对相关知识进行探究，思考科学原理，并能够提出合理的个性化问题。

教育活动脚本

辅导员：同学们，我们来到了“守护地球家园”展厅，请大家在参观体验过程中填写手中的学习单（见下图），积极和小伙伴们讨论。相信在参观和体验过后，大家就会对今天的主题有更加具体和明确的理解。

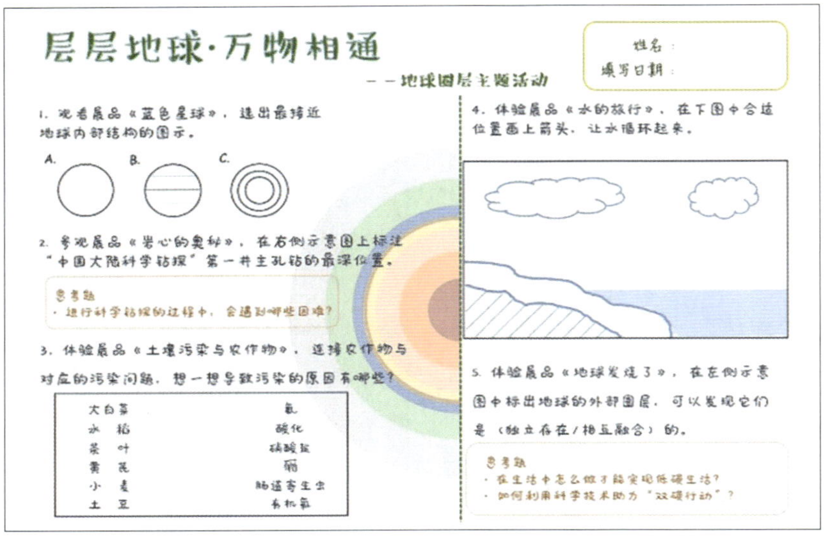
层层地球·万物相通
——地球圈层主题活动

姓名：
填写日期：

1. 观看展品《蓝色星球》，选出最接近地球内部结构的图示。

A.　B.　C.

2. 参观展品《岩心的奥秘》，在右侧示意图上标注“中国大陆科学钻探”第一井主孔钻的最深位置。

思考题
· 进行科学钻探的过程中，会遇到哪些困难？

3. 体验展品《土壤污染与农作物》，连接农作物与对应的污染问题，想一想导致污染的原因有哪些？

大白菜	氟
水稻	酸化
茶叶	硝酸盐
黄芪	镉
小麦	肠道寄生虫
土豆	有机氯

4. 体验展品《水的旅行》，在下图中合适位置画上箭头，让水循环起来。

5. 体验展品《地球发烧了》，在左侧示意图中标出地球的外部圈层，可以发现它们是（独立存在/相互融合）的。

思考题
· 在生活中怎么做才能实现低碳生活？
· 如何利用科学技术助力“双碳行动”？

重点辅导展品——蓝色星球

辅导员：我们现在看到的这个弧形的展品叫作“蓝色星球”（见右图），这个球冠屏的直径有 4.5 米，相当于一层半的楼房那么高，十分震撼。大家可以先欣赏视频，须臾间仿佛穿越浩渺宇宙，感受到自然的磅礴，生命之多彩，领略文明的璀璨。

（观看展品视频）

辅导员：请大家认真观察现在视频中对地球剖面结构的展示，我们刚才说到，地球内部是分层的，原来是像同心圆一样一圈套着一圈，层层相叠。请大家想象

设计思路

学情分析

这个年龄段的学生具有较强的逻辑思维能力，可以将具体的实物模型、展品和抽象知识相结合，并且能根据掌握的知识和信息，推断出事物内在的关联。

设计意图

通过展品体验和探究，结合学习单的问题，引导学生了解地球相关的科学知识和原理，并将具象化的展品总结梳理为抽象的结构和系统。

教学策略

该环节内容设置考虑到了义务教育阶段对应课标，在其基础上设置有一定难度的问题，鼓励学生结合已有知识和经验进行自主探究，既有一定的挑战性，也不会因为过难而打击其信心。

辅导老师在活动过程中借助互动展品，通过问题层层导入，通过对比、联系生活实际等方法加强参与者对于知识的理解。在此过程中加入对大型工程的介绍，培养学生求实求真、勇于探索的精神。

教育活动脚本	设计思路

一下，以这样的分层方式，我们从地球的不同角度把它从中间分成两个半球，看到的内部结构是否都一样呢？（见下图）

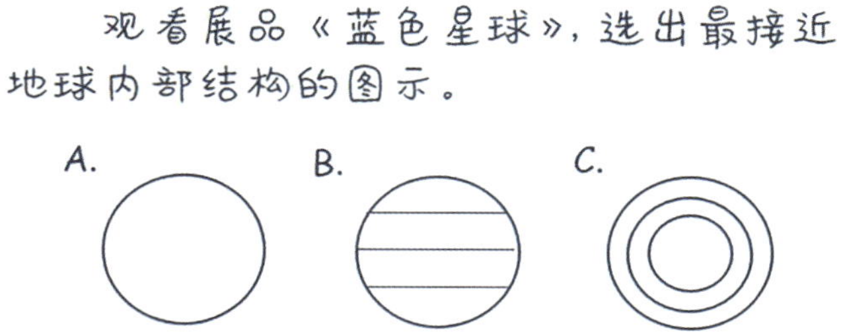

（学生互动）

辅导员：大家都说对了，我们给这一个个分层起了名字，就叫作圈层（见下图），是不是很形象？现在请仔细观察一下，地球的内部有几层呢？可以将你们的答案标注在学习单上。

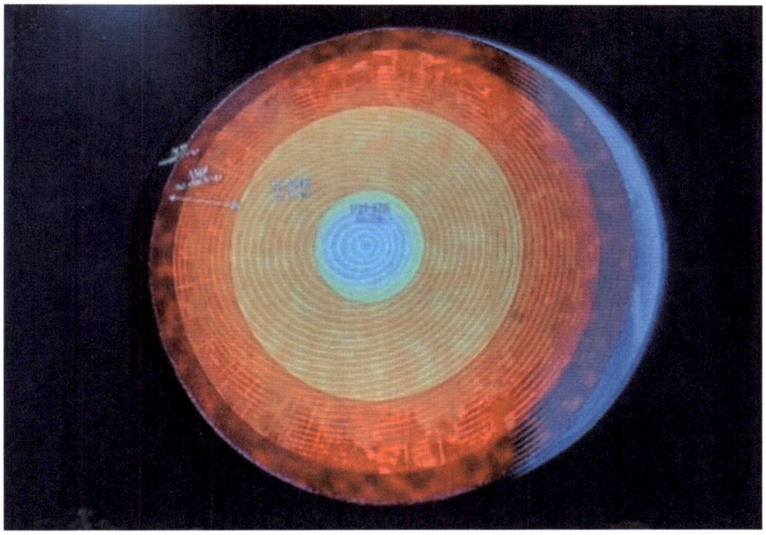

（学生互动）

辅导员：大家观察得非常仔细，地球的内部圈层从内到外分别叫作地核、地幔和地壳，地核分为内地核和外地核两个部分，温度高达 4000 ~ 6800 摄氏度。包裹着地核的一层叫作地幔，从内到外分为两部分，被称为下地幔和上地幔，上地幔顶部与地壳统称为岩石圈。岩石圈下面有软流层，一般被认为是岩浆的主要发源地。虽然说地壳是三个圈层中最薄的，但是厚度也达到了 5 ~ 70 千米，平均厚度约 17 千米，和中国科学技术馆到首都机场的距离差不多。青藏高原区域地壳最厚，可以达到 60 ~ 70 千米。但即使是这样的厚度，对于地球来说，比鸡蛋壳之于鸡蛋还薄，可想而知地球体积的庞大。

科学家是如何探秘如此庞大又高温的地球内部世界呢，难道真的能像《地心游记》的主人公一样从火山口钻进去吗？答案肯定是否定的。其实是地震波为我

教育活动脚本	设计思路

们指明了地球内部的构造。当地震发生时，产生的地震波就会传到四面八方。波的传播速度与所通过的介质的性质有关，当地面上的相关仪器接收到地震波后，就能分析出许多地下的情形，进而描绘出地球内部结构的特点。而在凡尔纳生活的年代，这些研究成果还没有出现，地球的内部圈层结构也未被揭开，所以他的作品中没有出现相关的内容是非常正常的。

辅导员：刚才有同学提出了问题，我们只能间接通过分析地震波了解地球的构造吗？能不能直接钻取一些实物呢？接下来这件展品就与科学钻探有关，我们一起看看科学家如何取得深部地球的实物资料。

重点辅导展品二——岩心的奥秘（见下图）

辅导员：岩心是研究和了解地下地质和矿产情况的重要实物地质资料，也是我们目前唯一可以取得深部地球实物资料的途径。展墙上展示的高圆柱形物体大约有 2.1 米高，这就是我们刚刚提到的岩心，这是由我国大陆科学钻探工程中最深的钻井——江苏东海县中国大陆科学超深钻，从地底取出的岩心样本，它来自 1072 米的地下。这段岩心是榴辉岩，旁边还展出了一块榴辉岩标本，它采自安徽的天柱山世界地质公园。同学们可以用手摸一摸感受一下。

（展品体验）

我们观察到岩石中有两种岩石，浅红色的是石榴子石和绿色的是绿辉石。随着人类对地球的认识不断深入，技术水平的不断提高，我们从地表的探测、观察逐渐深入到地球内部圈层查找证据，而且不断加深，获得的资料越来越丰富。

辅导员：请大家猜一猜，人类目前在地球上打出最深的井有多深呢？

（学生互动，见下图）

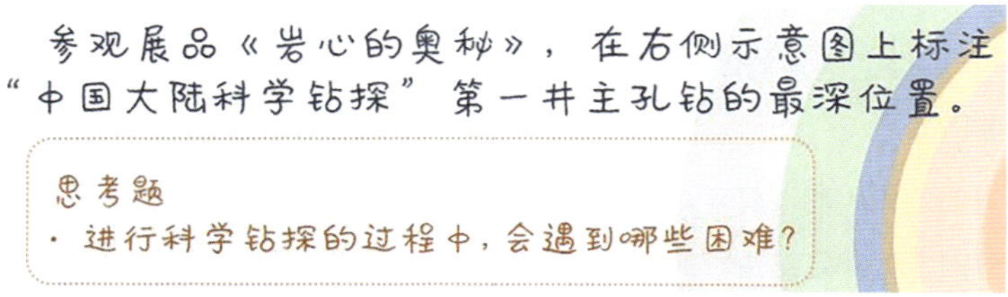

教育活动脚本

设计思路

辅导员：我国目前最深的井是位于塔里木盆地的“轮探 1 井”，井深 8882 米，实现了钻探“地下珠峰”的梦想。请大家猜一猜，人类目前在地球上打出最深的井有多深呢?

（学生互动）

辅导员：1989 年，苏联在北极圈深处的科拉半岛上钻出了科拉超深钻孔 12262 米的最大井深。根据我们刚才的了解，地壳的平均厚度是 17 千米，我们可以在学习单的图示上标注出这两个钻孔，发现只是小小的两个点。我们现在设想一下，进行科学钻探最大的困难是什么呢?

（学生互动）

辅导员：我们可以想象到，在探测地下世界的过程中，坚硬的岩石、复杂的地下水系都会带来很多问题和危险，其实地球内部的高温也是对我们重要的考验。

虽然人类现在对于地球内部的探索还远远不够，但是这些大型工程的不断突破和众多科技工作者们的辛勤付出，带给了我们探索未知的勇气和坚持探寻科学真理的精神鼓舞。

辅导员：我们对地下世界有了一定的了解，现在让我们回到熟悉的地上世界，看一看地球的外部由哪几部分组成吧。

辅导员：我们生活在实体地球的表面，在地壳表层分布的土壤与我们的关系是非常紧密的，我们种植作物、搭建建筑物都离不开它的参与。但是我们发现越来越多的土壤被污染了，想一想，土壤污染对我们人类有什么危害呢?

（学生互动）

辅导员：大家都很有生活经验，分析了很多具体的场景。除了污水，其实还有很多因素或不合理行为会对土壤造成伤害，请体验“土壤污染与农作物”这件展品。

重点辅导展品三——土壤污染与农作物（见下图）

教育活动脚本

设计思路

展台左侧摆放着小麦、大白菜、土豆等大家生活中经常食用的农作物，右侧是一台检测仪模型，上方有一个屏幕。大家可以从左侧展台上选取一种农作物模型放在检测仪上进行有害物质分析，视频中会介绍土壤污染对农作物和人体健康带来哪些危害。我们的学习单中有一道连线题可以在展品视频中找到答案，请同学们在观看视频的同时完成连线，见下图。

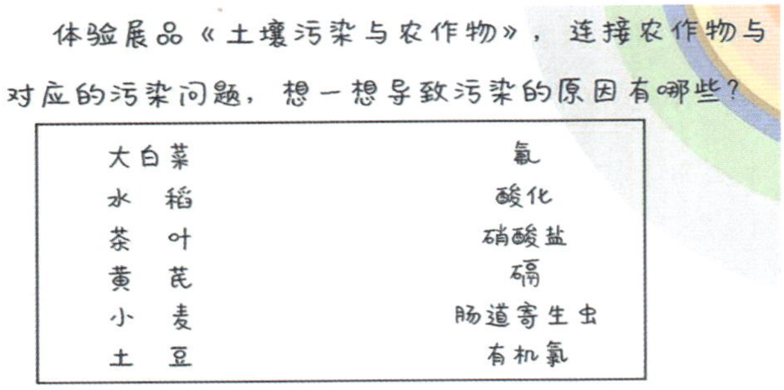
体验展品《土壤污染与农作物》，连接农作物与对应的污染问题，想一想导致污染的原因有哪些？

大白菜	氟
水　稻	酸化
茶　叶	硝酸盐
黄　芪	镉
小　麦	肠道寄生虫
土　豆	有机氯

（互动体验）

辅导员：当土壤中的有害物质过多，超过土壤的自净能力，导致土壤的组成、结构和功能发生变化，微生物活动受到抑制，有害物质或其分解产物在土壤中逐渐积累，通过“土壤→植物→人体”，最终被人体吸收，危害我们的身体健康。

刚刚我们提到很多种土壤污染的途径，其中水被提到了很多次，那么水对于地球来说，又有什么重要的作用呢？请随我继续探究下面的展品吧。

重点辅导展品四——水的旅行（见下图）

辅导员：有一种物质紧紧包裹着地球，它不仅可以改变地表形态，还维持着地球上的所有生命，它是什么呢？

（参与者互动）

辅导员：大家一下就猜出来了，就是我们刚刚提到的水，我们的生存离不开水，我们的身体成分中水的含量最高，成年人体内水分约占体重的60% ~ 70%。那么，水是在一个位置固定不动的吗？水只能停留在地表吗？水

教育活动脚本	设计思路

只有液态一种状态吗？下面我们一起带着问题体验“水的旅行”这件展品，看看水如何进行环球旅行。

辅导员：这件展品中有很多小球在模拟着水的运动，配合我们的操作，它们连续不断地上升、下降、流动。请大家仔细观察其中的布景和小球运动的方向，一起将学习单上水循环的过程用简单的小图标和箭头补充完整（见下图）。

辅导员：我看到大家画得都非常好，有蒸发、降水、地表径流等，有些细心的同学还标出了隐身的海陆间水汽输送。我想特别提醒大家，水是可以通过土壤进行下渗的，在地下会形成地下径流，不要忘记它的存在和重要作用。

我们现在都知道了，水是在一个范围内不断循环的，并且在这个过程中会改变自己的状态，天上的云和大气中的水汽其实都是变身的水，它们共同构成的水圈是连续但是不规则的，塑造了地表形态，对地球来说十分重要。在水的旅行途中它们汇成大自然中的江、河、湖、海、冰川，形成雨、雪、雾等气象现象。

自主探究环节之分享参观感想

辅导员：水维持着地球上的所有生命，但是我们对水资源的保护意识还有待提高，随意排放的污水、对水资源不合理的利用等行为都深深伤害了它们，请同学们自行探究“同饮一江水”“地下水之危”（见下图）、“水质划分”和“家乡的水质”这几件展品，并且和小伙伴们分享参观后的感想。

教育活动脚本	设计思路

（学生自主探究、互动讨论）

辅导员：同学们发现了很多有关水污染的问题，也提出了一些解决的方法，都很认真。

请大家再仔细观察展品（见下图），地球外部除了水圈，还有什么重要的系统呢?

（参与者互动）

辅导员：同学们不仅观察了展品，还能结合自己的生活经验，真是太好了。我们发现地球外部除了水圈，还有大气圈和我们所在的生物圈，它们共同构成了地球的外部圈层。但是这几个外部圈层和清晰分层的内部圈层好像不太一样，同学们发现了什么区别吗?

（参与者互动）

辅导员： 没错！地球的外部圈层并不分明，是共同发展、相互影响的。固体地球内部与表面之上的高空基本是上下平行分布的，而在地球表面附近，各圈层则是相互渗透甚至相互重叠的。各个圈层之间会相互影响，比如污水排放会污染土壤、地震会对人类活动造成危害等。其中，水圈灵动地穿梭在地表各圈层之中。

辅导员：世界气象组织发布报告，自 1980 年以来，地球上每新过 10 年都比过去 10 年的温度更高，事实证明，地球正在经历着“发烧”的困扰，也就是我们常说的全球气候变暖现象。是什么导致了这一现象呢? 许多科学家认为，温室气体的大量排放造成温室效应不断加剧，可能是全球变暖的主要原因。那么，人类的哪些生产活动会排放出大量的温室气体呢?

（学生互动）

辅导员：同学们结合自己的生活观察提出了一些猜测，是否还有其他的影响因素呢? 现在我们一起体验展品“地球发烧了”，推动台面上的 5 个手柄，观察人类活动对地球环境和气候的影响。

教育活动脚本	设计思路

重点展品辅导五——地球发烧了（见下图）

辅导员：通过展品演示，我们可以直观地了解到，人类对于化石能源以及生态资源的过度利用，正是导致温室效应不断加剧的主要因素。

体验展品《地球发烧了》，在左侧示意图中标出地球的外部圈层，可以发现它们是（独立存在/相互融合）的。

思考题
- 在生活中怎么做才能实现低碳生活？
- 如何利用科学技术助力“双碳行动”？

自主探究环节之探讨环保

辅导员：我们刚才认识了地球的圈层结构，也了解到人类与地球的共存关系。最近几年有一个与地球环境相关的词引起热议，同学们知道是什么吗？

（学生互动）

辅导员：同学们的回答都很好，就是“双碳”，指的是“碳达峰”和“碳中和”，是一个过程中的两个阶段性目标，那它们两个谁在前谁在后呢？

（学生互动）

辅导员：同学们不仅给出了正确答案，而且还能讲清思考过程，太好了！

教育活动脚本

设计思路

“碳达峰”是指某个地区或行业年度二氧化碳排放量达到历史最高值，然后经历平台期进入持续下降的过程，是二氧化碳排放量由增转降的历史拐点。“碳中和”是指国家、企业、产品、活动或个人在一定时间内直接或间接产生的二氧化碳或温室气体排放总量，通过植树造林、节能减排等形式，以抵消自身产生的二氧化碳或温室气体排放量，实现正负抵消，达到相对“零排放”。中国力争2030年前实现“碳达峰”，2060年前实现“碳中和”。

辅导员：根据刚才的介绍，同学们觉得“碳中和”是指没有二氧化碳排放了吗？

（学生互动）

辅导员：没错！事情并不是这样的。我们现在可以通过植树造林、节能减排等方式抵消排放出来的二氧化碳，随着科技发展，未来我们还可以尝试存储、转化、再利用等方式处理二氧化碳。

但是“双碳”的概念好像看起来离我们有些遥远，它和我们有什么关系？我们也可以为“双碳行动”尽一份力吗？下面请同学们自主参观“大气污染环境监测”、“碳排放印记”、“碳足迹”（见下左图）和能源展厅中的“发电乐园”、“能源与环境”（见下右图）这几件展品，并且完成学习单后面的部分。

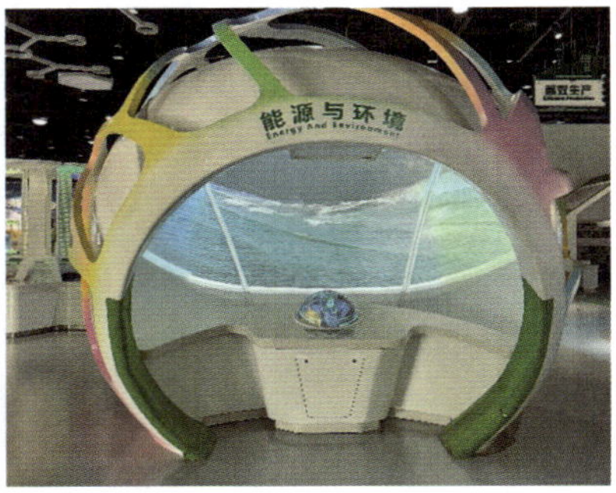

（学生自主探究、互动讨论）

辅导员：我们发现生活中的点点滴滴都在产生碳排放，所以碳排放不会清零，但是我们可以通过改变生活习惯减少碳排放，或者利用科技手段对排放出来的二氧化碳进行合理化处理。

时间过得太快了，我们在展厅的探究活动就到这里了，接下来就一起回到科普活动室，开始下一阶段的活动吧！

第三阶段 纸模制作，感悟万物联系

阶段目标：完成纸模作品制作；深入理解地球内外圈层结构和各圈层间的关系，对人与地球的关系有一定思考。

教育活动脚本

辅导员：同学们，我们刚才参观了地球和能源展厅，了解了地球的圈层结构和我们与各圈层之间的关系，也了解到了我们如何用科技手段保护赖以生存的星球。我们先一起回顾一下重要的知识，同学们还记得地球都有哪些圈层吗?

（学生互动）

辅导员：看来大家都认真体验了展品，牢牢记住了这些知识。地球的内部从内到外分为三部分，分别是地核、地幔和地壳（见下图）。

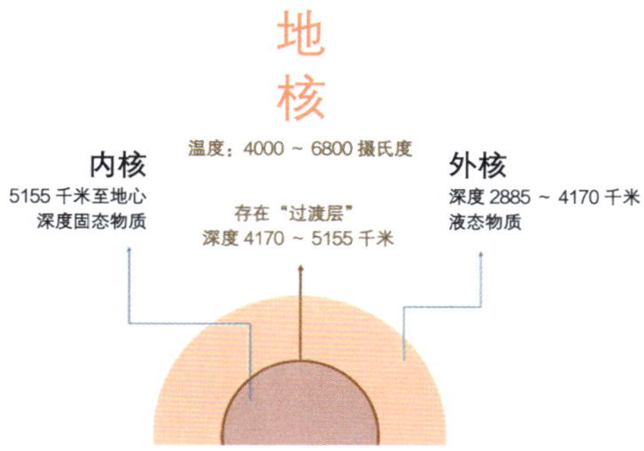

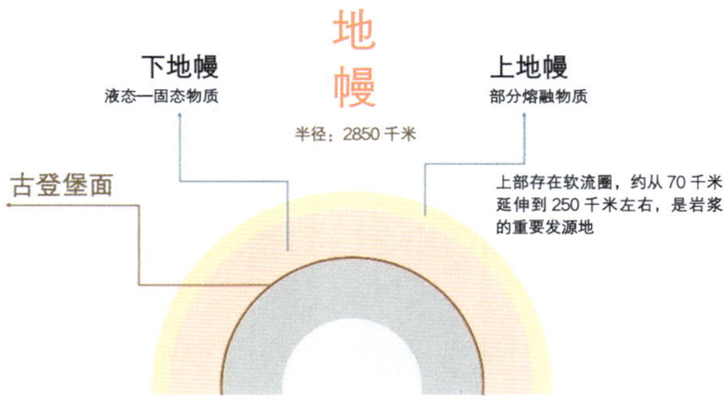

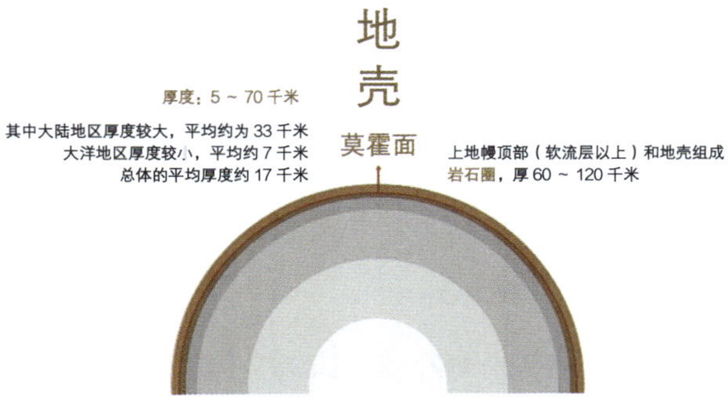

设计思路

学情分析

该年龄段的学生对结构、关系等概念有一定了解，可以总结事物间的关系；有较好的动手能力，可以较好完成剪贴、绘画等任务。

设计意图

通过科学制作活动帮助学生巩固本次活动的重点知识，形象地展示人与地球密不可分、相互影响的关系。

教学策略

用课件回顾地球圈层的相关知识，总结梳理逻辑关系；在纸模制作的过程中找到知识漏洞，培养空间想象能力和动手创造能力，同时完成作品可以带给学生成就感和信心。

教育活动脚本	设计思路

辅导员：其中，地核分为内地核和外地核，地幔也分为下地幔和上地幔，上地幔顶部与地壳统称为岩石圈，岩石圈下面有软流层，一般被认为是岩浆的主要发源地。

科学家是如何探秘如此庞大又高温的地球内部世界呢?

（学生互动）

辅导员：没错，是地震波为我们指明了地球内部的构造（见下图）。当地震发生时，产生的地震波就会传到四面八方。波的传播速度与所通过的介质的性质有关，当地面上的相关仪器接收到地震波后，就能分析出许多地下的情形，进而描绘出地球内部结构的特点。

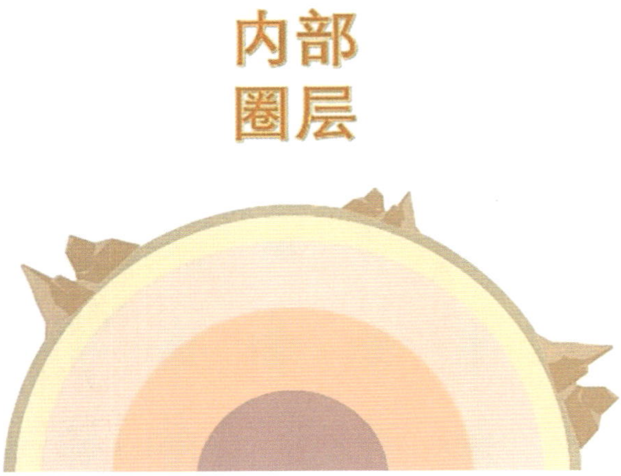

辅导员：地球的外部圈层包含了水圈、大气圈和生物圈（见下图）。水是在一定范围内不断循环的，并且在这个过程中会改变自己的状态，天上的云和大气中的水汽都是变身的水，它们还会渗透进土壤，并且在地下形成地下水，它们共同构成的水圈是连续但不规则的。

辅导员：固体地球内部与表面之上的高空基本是上下平行分布的，而在地球表面附近，各圈层则是相互渗透甚至相互重叠的。听起来好像有些复杂，不过没

教育活动脚本

设计思路

关系，接下来我们通过纸模（见下图）更加直观地感受地球各圈层之间的关系。

辅导员：请同学们先把上面的四片图案剪下来，为了方便操作可以先剪下大块再细致修剪，然后按照上面的虚线对折。将纸片按我们刚才梳理的圈层关系顺序摆放好，我会用订书器帮你们固定。最后再用彩铅绘制作品的封面，并且为每层添加合适的颜色，想一想，每个圈层都有哪些元素，可以用彩笔把它们画到对应的圈层中（见下图）。

教育活动脚本	设计思路
辅导员：大家的作品都完成了吗？最外一层是我们作品的封面，打开它就可以看到我们赖以生存的地球。继续翻开，地球的内部从内到外分别是地核、地幔和地壳三个内部圈层。再向下翻页就能看到外部圈层：生物圈、水圈和大气圈，它们相互渗透，共同发展。 下面请几位同学上台分享自己的作品，相信每位同学的纸模都有自己的独特创意。 （学生分享讨论） 辅导员：大部分同学都根据今天学到的内部各圈层的不同温度为它们涂上了颜色，当然也有一部分同学有一些独特的想法，都非常好。各圈层中都加入了有趣的元素，有的同学在生物圈画了植物、动物、机器人、工厂，甚至还有病毒，还有的同学把科幻作品中的想象画进了地球内部，真是太有想象力了！也许你们今天的想象，在未来的某一天都会成为现实。	

第四阶段　和谐共生，行动有我

阶段目标：通过图片展示，引起对自然资源不合理利用的关注，培养保护环境的意识和责任感，并讨论提出科学可行的环保建议。

教育活动脚本	设计思路
辅导员：我们生存在地球之上，各圈层环环相扣，相互交融，万物相通，我们不合理的行为对其他圈层已经造成了伤害，导致出现极端天气、物种灭绝、水资源短缺等现象，当我们伤害地球的同时，也在伤害自己。我们一起来看一段相关的视频，了解一下我们赖以生存的地球上，正在发生什么。 （观看视频，讨论分享） 辅导员：面对已经出现或者未来可能出现的问题，大家能想到什么解决的方法呢？也可以分享一下你们在生活中助力环保的实际行动。 （学生互动） 辅导员：大家说得很好，每个人的改变将会积少成多，对地球带来巨大的影响。在生活中，我们可以用洗手洗脸的水洗墩布，循环利用水资源，或是用环保袋代替塑料袋的使用等。同时，还可以通过科学手段开发水电、太阳能、风能、地热能、生物质能等可再生能源替代传统能源，减少二氧化碳排放。有些同学还提出不仅要控制碳排放，还要综合考虑环境治理问题，比如完善污染物排放检测，依法严惩污染行为。发展国家公园，保护生物多样性，提高生态环境质量等。大家的分享中有自己的思考，有对于未来的设想，都非常棒。	**学情分析** 该年龄段学生可以结合实例，说明人类不合理的开发活动对环境的影响，并能提出保护环境的建议。 **设计意图** 帮助同学们正确认识人类活动和生态环境的关系，建立保护环境的意识和责任感。 **教学策略** 通过谈论交流了解更多可行性强的环保形式，并且提出科技发展助力

教育活动脚本

在与地球万物和谐相处的过程中，我们也遇到了很多困扰，比如说如何平衡经济发展和低碳排放，如何在进行环保行动时不产生新的污染等，留给大家活动后继续查找资料，和家人朋友继续探讨。

辅导员：希望今天的活动激发了你们对地球的兴趣和好奇，在活动后可以继续对这颗我们赖以生存的“蓝星”进行探索。今天的“层层地球，万物相通”主题活动就到这里了，欢迎大家继续关注我们其他的活动，下次再见。

设计思路

减碳的议题，留给参与者思考和想象的空间。

七、教学评价与反思

教学评价和反思主要分为对学生的评价、对老师的评价和对课程本身的评价，对整体活动设计和实施进行反思，并针对不足之处提出优化方案。

学生评价表：

	自评	互评	师评
参与活动	☆☆☆☆☆	☆☆☆☆☆	☆☆☆☆☆
参与讨论	☆☆☆☆☆	☆☆☆☆☆	☆☆☆☆☆
分享收获	☆☆☆☆☆	☆☆☆☆☆	☆☆☆☆☆
提出问题	☆☆☆☆☆	☆☆☆☆☆	☆☆☆☆☆
解决问题	☆☆☆☆☆	☆☆☆☆☆	☆☆☆☆☆
完成学习单	☆☆☆☆☆	☆☆☆☆☆	☆☆☆☆☆
完成小制作	☆☆☆☆☆	☆☆☆☆☆	☆☆☆☆☆

老师及课程评价（学生评）：

辅导员严谨、专业，有亲和力	完全同意 / 同意 / 有所犹豫 / 不同意
活动形式丰富有趣	完全同意 / 同意 / 有所犹豫 / 不同意
活动内容难易适中	完全同意 / 同意 / 有所犹豫 / 不同意
展厅体验有所收获	完全同意 / 同意 / 有所犹豫 / 不同意
科学制作新颖美观	完全同意 / 同意 / 有所犹豫 / 不同意
活动氛围积极友好	完全同意 / 同意 / 有所犹豫 / 不同意
以后还想参加类似活动	完全同意 / 同意 / 有所犹豫 / 不同意

课程反思：

活动阶段	反思问题	不足之处	改进方法
课程引入	1. 活动是否对学生有吸引力?		
	2. 是否需要增加教具辅助?		
展厅辅导	1. 路线逻辑是否清晰?		
	2. 学生是否能在过程中围绕主题进行自主探究并提出问题?		
	3. 内容难度是否合理?		
	4. 学生能否独立完成学习单?		
	5. 是否需要在此环节加入其他形式的活动进行辅助?		
科学制作	1. 学生对纸模是否感兴趣?		
	2. 学生能否在规定时间内独立完成科学作品制作?		
讨论总结	1. 学生提出的问题是否与前几阶段活动有所关联?		
	2. 是否有一定的创新性和拓展延伸性?		

附件 1：学习单

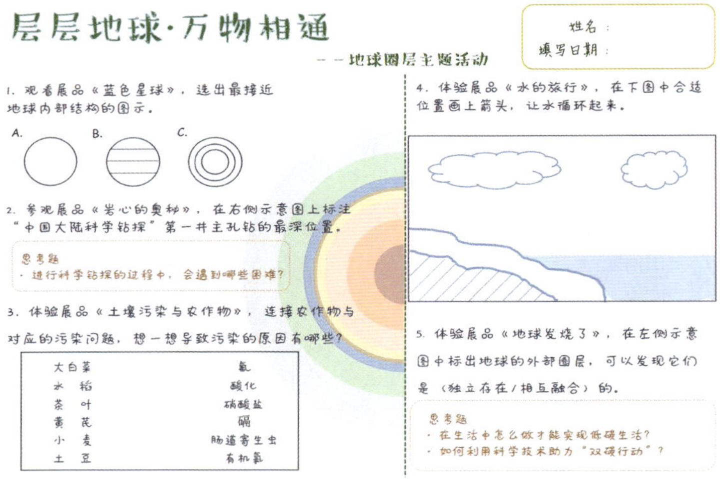
层层地球·万物相通

——地球圈层主题活动

姓名：

填写日期：

1. 观看展品《蓝色星球》，选出最接近地球内部结构的图示。

A.　B.　C.

2. 参观展品《岩心的奥秘》，在右侧示意图上标注“中国大陆科学钻探”第一井主孔钻的最深位置。

思考题

· 进行科学钻探的过程中，会遇到哪些困难？

3. 体验展品《土壤污染与农作物》，连接农作物与对应的污染问题，想一想导致污染的原因有哪些？

大白菜	氟
水稻	酸化
茶叶	硝酸盐
黄芪	镉
小麦	肠道寄生虫
土豆	有机氯

4. 体验展品《水的旅行》，在下图中合适位置画上箭头，让水循环起来。

5. 体验展品《地球发烧了》，在左侧示意图中标出地球的外部圈层，可以发现它们是（独立存在 / 相互融合）的。

思考题

· 在生活中怎么做才能实现低碳生活？

· 如何利用科学技术助力“双碳行动”？

附件 2：纸模模板

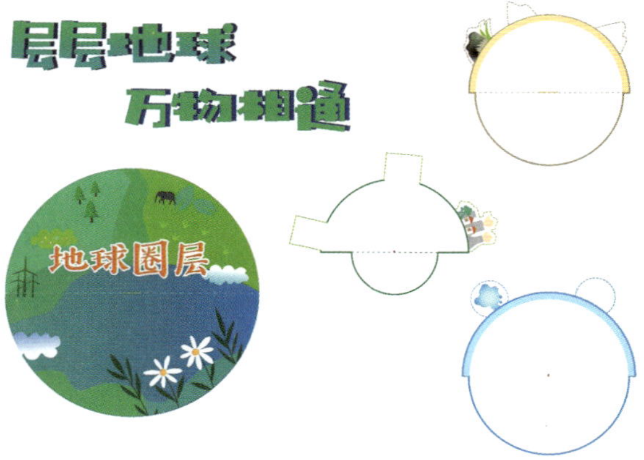

★ 该项目获 2023 年“奋进科普新征程”全国科技馆联合行动优质科学教育资源项目二等奖 ★

探秘声音三要素——声音的高低

教育活动类型：展品辅导、小实验

项目开发单位：中国科学技术馆

项 目 设 计 人：柯丹

一、概述

本活动依托科技馆展览展品“摆与琴弦”，通过引导学生操作体验该展品，直观感受声音是由物体振动产生的，同时老师提出问题：为什么不同琴弦发出的声音高低不同？进而引出活动主题：声音三要素之声音的高低，引发学生思考。学生通过两组实验探究不同长度琴弦和不同粗细琴弦对乐器发出声音高低的影响。最后，引导学生基于实验结果归纳总结声音高低与物体振动快慢的关系，然后通过声音高低在生活中的应用实例激发学生的探索兴趣，同时使学生感受到科学对生产生活的重要作用和指导意义。

二、教学对象

1. 本教育活动适宜的受众人数：30 人。

2. 本教育活动针对的具体教学对象：小学三至四年级。

3. 教学对象的学情分析：根据我国 2022 年版义务教育科学课程标准，小学三至四年级学生学习了“声音与光的传播”相关内容，能够举例说明声音因物体的振动而产生，知道声音高低的变化是由于振动的变化引起的，但并不了解声音高低与物体振动快慢之间的关系，而声音高低变化在他们平时接触到的乐器中非常常见，因此学生具备学习“声音高低与物体振动快慢之间的关系”的相关知识储备。根据儿童心理学和小学三至四年级学生的认知水平，他们正处于具体运算阶段，不具备抽象思维能力，对抽象知识的认识和理解必须借助具体的事物或动手实践的方式。同时，此年龄段的学生在学习过程中，学习兴趣和注意力很难维持，但好奇心、求知欲日益增长。因此，在教学设计中可以借助学生熟悉的事物“弦乐器”激发学生探索兴趣，通过调整弦乐器弦的长短和粗细，引导学生通过操作观察，探究弦振动的快慢对乐器发出声音的高低的影响，进而分析声音高低与物体振动快慢之间的关系。

三、教学目标

1. 科学观念：学生知道声音有高低之分、声音的高低与物体振动的快慢有关，能够解释声音的高低与振动快慢的关系。

2. 科学思维：学生能够采用控制变量法进行对比探究实验，并基于实验结果归纳总结出在拨动琴弦力度保持基本一致的情况下，不同长度或粗细琴弦发出声音高低不同的原因。

3. 探究实践：学生通过展品体验，能够提出“影响声音高低的因素是什么？”的问题，并作出相应假设；学生通过观察、对比实验结果，能够在总结归纳的过程中，准确表达实验结论和观点，并能够制作产生不同声音高低的弦乐器。

4. 态度责任：通过了解声音的高低在日常生产生活中的应用，比如向暖水壶中倒水时，通过听声音辨别水是否倒满等生活常识，感受科学技术对生活的重要指导意义；通过调整弦乐器琴弦的长短和粗细，感受声音的高低变化，激发学生探索科学的兴趣。

四、教学重难点

1. 教学重点：学生通过拨动弦乐器中不同长度和粗细的琴弦，观察探究声音高低与物体振动快慢的关系。老师通过引导学生根据两组探究实验的结果，鼓励学生通过实践、观察、分析、归纳等方法得出发出声音高低与物体振动快慢的关系。

2. 教学难点：引导学生在探究过程中运用控制变量法对琴弦长短和粗细进行调整，分别对比不同长度和不同粗细琴弦振动快慢的特点。解决对策：引导学生进行分组实验，拨动琴弦力度保持一致的情况下，第一组实验对比不同长度相同粗细琴弦振动的快慢，第二组实验对比不同粗细相同长度琴弦振动的快慢。

五、教学场地与教学准备

1. 教学场地：中国科技馆“摆与琴弦”展品旁、科普活动室或学校教室。

2. 教学准备：弦乐器教具、展品操作体验视频（可选）、两种粗细但材质和长度相同的橡皮筋若干（根据参与人数进行调整，一般两人使用一套材料，且课后需回收）。

3. 活动总时长：40 分钟。

六、教学活动设计与实施

1. 教学活动设计流程图

主题引入	实验探究 1	实验探究 2	归纳总结
声音的产生：物体振动 科技馆展品“摆与琴弦”	问题：琴弦的长度（粗细一致）影响琴弦发出声音的高低？	问题：琴弦的粗细（长度一致）影响琴弦发出声音的高低？	得出实验结论：物体振动越快时，发出的声音越高；当物体振动越慢，发出的声音越低。
问题：在拨动力度基本相同的情况下，为什么不同琴弦发出的声音高低不同？	探究 1：在拨动琴弦力度保持基本一致的情况下，对比不同长度琴弦（粗细一致）振动的快慢以及发出声音的高低。	探究 2：在拨动琴弦力度保持基本一致的情况下，对比不同粗细琴弦（长度一致）振动的快慢以及发出声音的高低。	应用拓展：暖水壶倒水

创设情境，提出问题 → 引导实验探究，严谨求实 → 归纳总结，得出结论

2. 活动步骤以及设计意图

第一阶段 主题引入（10 分钟）

阶段目标：通过展品“摆与琴弦”操作体验，引出活动主题：声音的三要素之声音的高低，并引导学生思考：为什么不同琴弦发出的声音高低不同？激发学生探索欲望。

教育活动脚本

回顾旧知，创设情境

老师：各位同学们好！欢迎大家来参加“探秘声音三要素——声音的高低”主题活动，说到声音，同学们一定非常熟悉，那你们学过乐器吗？都弹奏过哪些乐器呢？比如小提琴、吉他、笛子等。你们是如何弹奏乐器的？

学生：弹吉他的时候拨动琴弦，吹笛子上的气孔……

老师：不错，相信你们在平时都是优秀的小小音乐家。那么，你们知道声音是如何产生的吗？为什么拨动琴弦或者向笛子的气孔吹气，会发出美妙的声音呢？

你们在学校是不是和老师一起探讨过这个问题？下面我们再来复习一下，请同学们和老师一样，用一只手摸着自己的喉咙，然后说话，感受喉咙的变化，你们发现了什么？

学生：喉咙在振动……

老师：没错，我们的喉咙在发出声音的时候会振动，其实这是我们的声带在振动，那声音是不是由物体振动产生的呢？我们再来通过一个小实验来看看。

设计思路

学情分析

学生在分享乐器演奏的生活经验时，知道如何操作乐器，根据已有知识储备，明白声音是由物体振动产生的。

学生能够流畅操作体验展品，但难以快速发现不同琴弦发出的声音高低不同这一现象。

学生能够理解老师提出的问题：为什么不同琴弦发出的声音高低不同？但难以总结出琴弦长度是影响产生声音高低的因素之一。

教育活动脚本	设计思路

请同学们看这件展品，它叫作“摆与琴弦”，当老师拨动琴弦的时候，琴弦发出声音，此时琴弦在振动，而当我用手指按住琴弦，停止琴弦的振动，此时声音也就消失了，通过这个小实验，我们可以更加直观地感受到声音是由物体的振动产生的。

知道了声音是由物体的振动产生的，接下来请大家拨动展台上两组琴弦（见下图），感受不同琴弦发出的声音有什么不同?

（学生操作体验）

问题导入，引发思考

老师：同学们，通过操作两组装置的三根琴弦，你们有什么发现吗?

学生：不同琴弦发出的声音不一样，有的琴弦发出的声音较低沉，有的琴弦发出的声音较清脆；第一组琴弦发出的音符悦耳动听，而第二组琴弦发出的声音比较杂乱；不同琴弦的长短不同……

老师：同学们观察得非常仔细，我们发现用几乎相同的力度拨动不同的琴弦时，发出的声音高低不同，有的非常高亢，而有的非常低沉，这就是本次活动的学习重点：声音的三要素之声音的高低。悦耳表示发出的声音很高，而低沉表示发出的声音很低。那你们知道拨动琴弦力度基本保持一致的情况下，为什么不同琴弦发出的声音高低不同吗?

设计意图

通过摸喉咙和琴弦发声小实验，引导学生回顾旧知，直观感受声音是由物体振动产生的。

通过展品操作，引导学生发现不同琴弦发出的声音高低不同，进而引出问题：为什么不同琴弦发出的声音高低不同？点明活动主题的同时，引发学生思考。

教学策略

采用学生分享交流的方式，让学生分享操作体验展品过程中发现的现象，将学生的注意力集中在琴弦发出声音的高低变化以及琴弦的长短，且提醒学生尽可能用相同的力度拨动不同琴弦。

第二阶段 实验探究一（10分钟）

阶段目标：在拨动琴弦力度保持基本一致的情况下，通过对比不同长度琴弦（粗细一致）发出声音的高低，探究产生声音高低与物体振动快慢的关系。

教育活动脚本

本阶段探究内容为，在拨动琴弦力度保持基本一致的情况下，对比不同长度琴弦振动的快慢及发出声音的高低。

老师：刚才老师听到有的同学说，这些琴弦的长度不同，那琴弦的长度是不是影响琴弦发出声音高低不同的因素之一呢？接下来请同学们两人或三人为一组，利用老师给大家的材料来探究一下。

我们用橡皮筋充当琴弦，将它们套在木盒的两个窄边凹槽上，然后将小木板斜插入橡皮筋和木盒之间，并按顺序将橡皮筋依次卡在小木板的凹槽内。不过同学们要注意，这组实验要探究的影响因素是琴弦的长度对声音高低的影响，所以要选择规格相同的橡皮筋，也就是长度和粗细相同。这也是我们在进行科学实验中经常用到的一个方法：控制变量法。希望同学们在实验过程中要科学严谨，这样得出的结论才会科学正确。（注：图中橡皮筋两端应套在木板的两侧，已用红色标注，见下图）

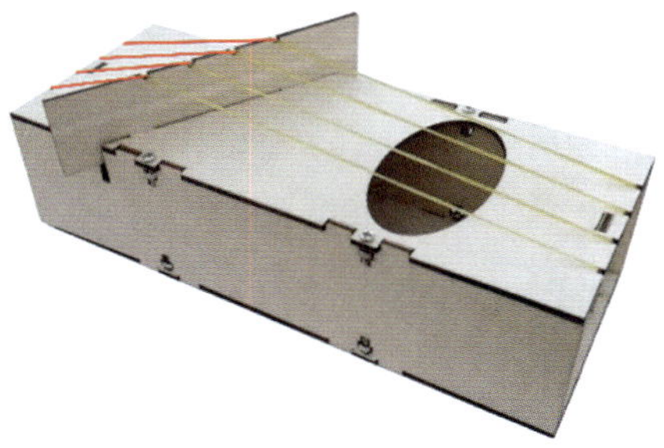

好的，同学们，你们都制作完成了吗？那么，请一位同学拿着制作好的弦乐器，另一位同学用相同的力度拨动不同长度的琴弦，观察琴弦振动快慢的同时，感受不同长度琴弦发出的声音高低有什么不同。

（学生实践探究）

学生：用相同力度拨动不同的琴弦，长的琴弦发出的声音较低沉，而短的琴弦发出的声音较清脆……

老师：同学们总结得非常好，在拨动琴弦力度保持基本一致的情况下，琴弦越长，发出的声音就越低；而琴弦越短，发出的声音就越高。那同学们观察到不同长度琴弦振动快慢的区别了吗？

学生：琴弦越长，振动越慢，琴弦越短，振动越快。

老师：同学们观察得非常仔细，我们知道声音是由物体的振动产生的，由此可以得知：物体振动越快，声音越高；物体振动越慢，声音越低。

通过刚才的探究实验，我们了解到在拨动琴弦力度保持基本一致的情况下，琴弦越长，振动得越慢，发出的声音就越低；而琴弦越短，振动得越快，发出的声音就越高。

设计思路

学情分析

在探究实验1中，学生能够正确组装弦乐器，但可能无法用基本相同的力度拨动琴弦，进而无法得出正确的实验结果。

设计意图

通过探究实验1引导学生探究琴弦长短对发出声音高低的影响，比较不同长度琴弦在相同拨动力度情况下琴弦振动的快慢，分析琴弦振动快慢对发出声音高低的影响。

通过分组探究，培养学生的合作能力。

教学策略

在探究实验过程中，提醒学生采用控制变量法，在研究琴弦长度影响因素时，保持拨动琴弦的力度保持基本一致，同时在选用橡皮筋时，提醒学生选用规格一致的粗橡皮筋。

第三阶段 实验探究二（10 分钟）

阶段目标：在拨动琴弦力度保持基本一致的情况下，通过对比不同粗细琴弦（长度一致）发出声音的高低，探究产生声音高低与物体振动快慢的关系。

教育活动脚本	设计思路
探究实验 2：在拨动琴弦力度保持基本一致的情况下，对比相同长度但不同粗细琴弦振动的快慢及发出声音的高低。 老师：那么，琴弦的粗细是否同样影响着琴弦发出声音的高低呢？在上一个实验中，老师发现在制作弦乐器的时候，有的组别选择了较粗的规格一致的橡皮筋，有的组别则选择了较细的规格一致的橡皮筋。那么请这样的两组同学一起合作，通过操作两组琴弦粗细不同的弦乐器，探究琴弦的粗细对琴弦发出声音高低的影响。 在拨动琴弦力度保持基本一致的情况下，同学们可以分别拨动两组弦乐器上对应位置的琴弦，也就是长度一致但粗细不同的琴弦，同学们知道为什么要保持长度一致吗？没错，这就是老师在上个实验中提到的一个重要的科学方法：控制变量法。 （学生进行对比实验） 老师：好的，你们都观察到粗细不同的琴弦振动快慢和发出声音的高低有什么不同了吗？ 学生：在拨动琴弦力度保持基本一致的情况下，粗的琴弦振动较慢，发出的声音较低沉，而细的琴弦振动较快，发出的声音较高亢。 老师：相信同学们刚才都进行了非常科学严谨的实验，得出的结论非常正确。也就是说，在拨动琴弦力度保持基本一致的情况下，对于相同长度的琴弦，琴弦越粗，振动越慢，发出的声音也就越低；琴弦越细，振动越快，发出的声音也就越高。	**学情分析** 在探究实验 2 中，学生能够找到和本组琴弦粗细不同的组别，并进行合作探究，但可能不会通过拨动两组弦乐器上对应位置的琴弦，来进行声音高低的对比。 **设计意图** 通过探究实验 2 引导学生探究琴弦粗细对发出声音高低的影响，比较不同粗细琴弦在相同拨动力度情况下琴弦振动的快慢，分析琴弦振动快慢对发出声音高低的影响。 通过分组探究，培养学生的合作能力。 **教学策略** 在探究实验过程中，提醒学生采用控制变量法，在比较琴弦粗细对发出声音高低的影响时，提醒学生保持琴弦长度一致，也就是在两组琴弦粗细不同的弦乐器上，拨动对应位置上的琴弦。

第四阶段 归纳总结（10 分钟）

阶段目标：通过归纳总结实验探究阶段的实验结果，得出“物体振动越快，声音越高；物体振动越慢，声音越低”的实验结论。了解声音的高低在日常生活中的应用，感受科学无处不在，激发对科学的探索兴趣。

教育活动脚本

归纳总结，得出结论

老师：通过前面的实验，我们发现无论是琴弦的长短还是粗细对琴弦发出声音的高低都有影响，那你们注意到当拨动不同长度的琴弦或者不同粗细的琴弦时，琴弦的什么受到了影响呢？

学生：琴弦振动的快慢不一样。

老师：没错，它们对琴弦振动的快慢产生了影响，由此可以得出声音的高低与物体振动的快慢有关，当物体振动越快时，发出的声音就越高；当物体振动越慢时，发出的声音就越低。同学们现在知道展品“摆与琴弦”中，不同琴弦发出的声音高低不同的原因了吗？

学生：因为用相同力度拨动琴弦时，长的琴弦振动较慢，发出的声音也就较低沉；短的琴弦振动较快，发出的声音也就较高亢。

应用拓展，回归生活

老师：同学们说得非常正确，其实乐器发出声音高低的影响因素还有很多，比如弦的材质、扎的松紧程度等，感兴趣的同学可以在活动结束后继续探索。

其实，声音的高低在我们日常生活中的应用无处不在，比如向暖水壶倒水时，可以通过听声音判断水是否倒满，有同学能够解释一下其中的原理吗？

（学生思考并回答）

老师：是的，当往水壶里加水时，倒入的水与壶相互撞击，发出声音，但因为壶内空气多，空气柱较长，类似于较长的琴弦，振动较慢，发出的声音就比较低沉，继续往水壶里加水，水壶里的空气柱变短，振动就会变快，声音也就变得清脆。所以，当向水壶倒水时，声音比较悦耳的时候，说明水壶就快灌满了。

除了这个生活小常识，声音的高低在其他方面也有很多应用，比如分辨蜜蜂到底是出去采蜜还是采蜜归来等，同学们可以在生活中继续探索声音的奥秘，希望大家在日常生活中做一名小小科学家，不仅善于发现问题，同时也会用实验来解决问题。本次活动就到这里，同学们再见！

设计思路

学情分析

在归纳实验结论时，学生可能难以抓住振动快慢这一要点，很难得到物体振动快慢与产生声音高低的关系。

学生在解释通过听声音辨别水壶里的水是否倒满的原理时，可能存在困难。

设计意图

引导学生通过归纳总结第二、三阶段的实验结果，得出“物体振动越快时，发出的声音越高；当物体振动越慢，发出的声音越低”的实验结论。

通过介绍声音高低在生活中的应用实例，将实验结论回归生活，学以致用，让学生感受到科学技术对生活的重要指导意义，激发科学探索的兴趣。

教学策略

通过提问当拨动不同长度的琴弦或者不同粗细的琴弦，琴弦的什么受到了影响？引导学生关注琴弦振动的快慢，进而得出实验结论。

通过学生交流和老师总结的方式，对听声音辨别水壶里的水是否倒满的原理进行阐述，并采用前面实验中琴弦的长短做类比，加深学生理解。

七、教学评价与反思

本活动尚未开展，拟采用教学评价的方式主要有三方面：

一是学生反馈，学生参与实验探究的积极性，以及归纳实验结论的能力。二是老师自我反思，活动包括“展品引入—实验探究—归纳总结—生活应用”等过程，流程较顺畅且完整，但相对于学校科学教育，缺乏系统性和完整性。三是同行评价，通过说课、示范课的方式与同行老师进行交流研讨，对活动进行改进。

★ 该项目获 2023 年“奋进科普新征程”全国科技馆联合行动优质科学教育资源项目二等奖 ★

“与自然共生 创蓝色未来”地球一小时主题活动

教育活动类型： 展品互动＋动手制作

项目开发单位： 中国科学技术馆

项 目 设 计 人： 桑晗睿、韩迪、陈婵君

一、概述

该活动采用了项目式教学法，以如何兼顾城市发展与生态保护为主题，以“地球一小时”节能活动为背景，包含两节课。第一课：通过创设“传统城市防涝改造”这一情境任务，让学生化身城市规划师，在动手实验发现问题、一步步解决城市防涝中的难题过程中，认识我国海绵城市的建设理念，感悟我国在水资源方面的成果；第二课：先通过展品体验，帮助学生了解我国在绿色能源方面的成果，然后带学生认识电表，最后再通过课后记录家庭水电表活动，直观地看到自己节电节水的成果，引导学生以实际行动为环保节能助力。

二、教学对象

1. 本教育活动适宜的受众人数：6 组。

2. 本教育活动针对的具体教学对象：9 ~ 12 岁学生。

3. 教学对象的学情分析：该年龄段的孩子能举例说明一些实验现象，能使用模型解释有关的科学现象和过程，能掌握创造性思维的基本方法，能基于所学的科学原理提出有一定新颖的、合理的观点，开展初步的创意设计。

三、教学目标

1. 科学观念：了解海绵城市的建设理念，理解“渗、滞、蓄、净”的概念；了解我国的发电方式，知道各自的发电原理；知道什么是毛细现象；会读水电表。

2. 科学思维：能根据模型实验解释有关的科学现象和过程，基于所学的科学原理提出有一定新颖的、合理的观点；能根据对城市改造的阶段性的成果和展品体验，进行抽象和概括，总结出海绵城市建设的“渗、滞、蓄、净”4 个关键词和各种发电方式的原理。

3. 探究实践：利用项目式教学法，通过引导学生提出问题、猜测假设、实验验证，使学生学会自主探究的方法；能根据情境创设使用道具搭建模型实验，提出问题，针对现有问题进行合理猜测与假设，并制定开展初步的创意设计。

4. 态度责任：在实验过程中，使学生了解我国在环保节能方面的努力；在体验过程中萌发好奇、好问、反思的积极情感和态度，感受所学知识在解决实际问题中的应用。

四、教学重难点

1. 教学重点：通过实验帮助学生理解海绵城市的建设理念、认识“毛细现象”，通过展品互动帮助学生认识我们的发电方式。

2. 教学难点：如何引导学生自主探究海绵城市的建设理念。

五、教学场地与教学准备

1. 教学场地：中国科技馆四层太空秀场和“同构能源格局”展厅 。

2. 教学准备：硬纸板、橡皮泥、花泥（或土）、清水、玻璃缸、吸管、透水布、塑料薄膜、毛细管、红墨水、彩笔、卫生纸、剪刀、胶带、铅笔、多媒体课件、学习单。

3. 活动总时长：第一阶段海绵城市，时长 45 分钟；第二阶段发电乐园，时长 30 分钟；总时长 75 分钟。

六、教学活动设计与实施

1. 教学活动设计流程图

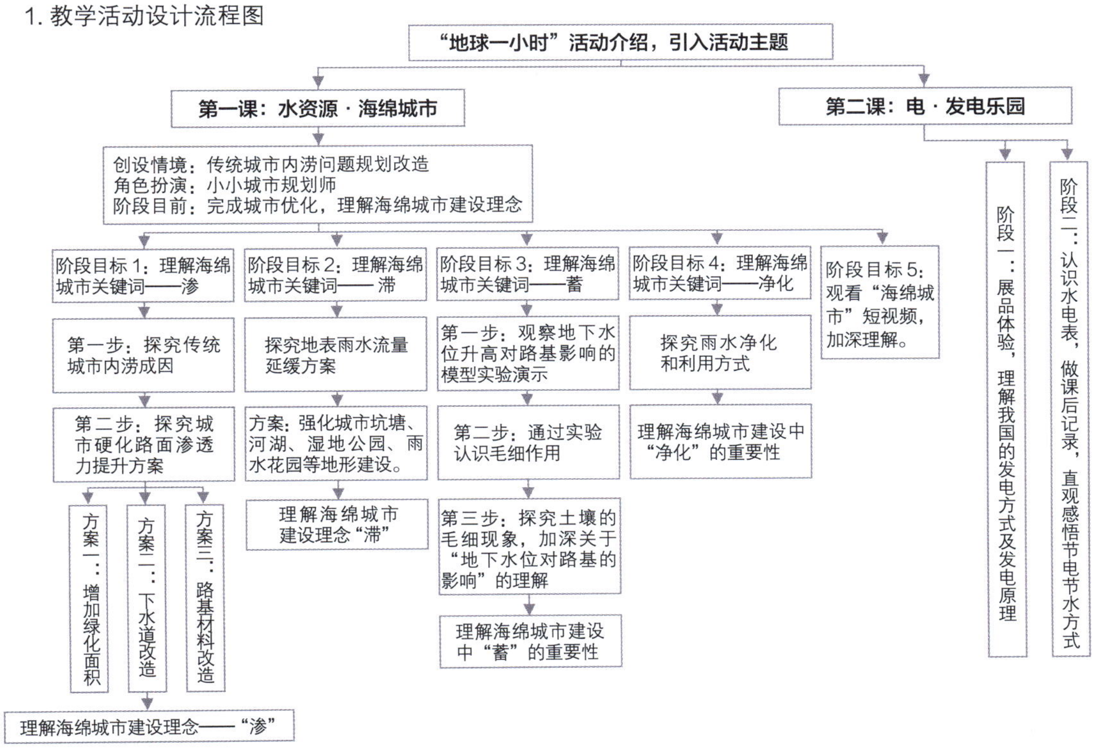

2. 活动步骤以及设计意图

开场互动阶段目标：利用问题引入的方式，让学生了解活动主题。

教育活动脚本	设计思路

创设情境

老师：同学们好！我是中国科技馆的老师。大家知道“地球一小时”这个活动吗?

学生回答。

老师：为了应对全球气候变化，世界自然基金会（World Wide Fund for Nature 或 World Wildlife Fund）提出了这项全球性的节能活动，提倡在每年三月的最后一个星期六，企业、商户、个人家庭等会在当地时间二十点三十分的时候关上不必要的电灯及耗电产品一小时。当然“地球一小时”活动的真谛，并不是指望用一小时的应景关灯来节约多少能源，而在于激发全世界，大到国家，小到个人，承担起保护地球的责任。号召我们在追求社会发展的过程中，也要重视生态保护，绷紧节能降耗这根弦。

问题导入

老师：马克思有一句名言“人创造环境，同样环境也创造人。”大家是如何理解这句话的呢?

学生回答，老师点评。

老师：人类的发展使得环境在一定程度上遭受破坏，而环境的破坏必然也会阻碍人类的进步。改革开放以来，我国经济得到了飞速发展，但伴随而来的是对环境的污染。好在我们意识到了这一问题，在生态保护方面也作出了很多努力。近十年来，我国最突出的实践成果就是经济发展有了大提高、生态环境有了大改善。我们是如何兼顾的呢？在生态保护、节能降耗这方面我国都有哪些举措?

学生思考，各抒己见。

学情分析

此年龄段的学生对“地球一小时”认识不深，更多是认为关灯一小时就能环保节能。

设计意图

该活动是基于“地球一小时”环保节能活动为背景开发的，通过问题引出活动主题，可以迅速吸引学生注意。

教学策略

通过“地球一小时”活动的说明，帮助学生了解活动真谛。

通过提出问题，激发学生兴趣，了解该活动的主题，为下面的内容做铺垫。

第一阶段　水资源·海绵城市（时长 45 分钟）

阶段目标：通过情境创设、角色扮演，培养学生搭建模型实验的动手能力，和观察、思考、提出问题、针对现有问题进行合理猜测与假设的能力，在一步步解决实际问题的过程中，探究海绵城市建设。

教育活动脚本	设计思路

问题引入，引出主题

老师：大家提出了很多例子，看来大家都关注了环保问题。那我也来举一个例子，关于水资源的。城市内涝是近些年经常出现的问题了。大家是否发现近些

教育活动脚本

年身边新建很多公园，或者绿化设施？是否还发现城市中的水泥地好像变少了，更多的是碎石铺装的沥青路面或者砖砌路面？这些在很大程度上都和生态环境的保护有关系。公园、绿化设施增多还好理解，大家猜一猜路面变化跟环保会有什么关系？

学生思考、猜测并回答。

老师：大家是否听说过“海绵城市”？谁知道什么是“海绵城市”？（见下图）

学生思考、猜测并回答。

老师：关于海绵城市，大家给出很多解释，到底谁说得更准确呢？让我们带着疑问开始第一阶段的活动。

创设情境，角色扮演

老师：接下来，我们将化身小小城市规划师，以小组合作的方式完成我对城市的建造要求。

角色扮演：小小城市规划师。

情境创设：近些年，城市旱涝灾害频发，中华人民共和国住房和城乡建设部对国内 315 个中心城市开展调研后发现，自 2008 年以来，有 213 座城市都发生过不同程度的内涝积水现象，其中 159 座城市的最大积水深度都超过了 500 毫米，然而待积水退去，土壤蓄水量却很少，常出现逢雨必涝、旱涝急转的情况（与当地发生的内涝案例举例）。这些灾害使城市经济遭受重大损失，已成为当前城市发展不可忽视的问题。现请各位城市规划师设计一套具有生态系统功能和能减少洪涝灾害的城市规划方案，缓解城市现状。

道具准备：结构紧致的硬纸板、餐巾纸、透水布、A4 纸、牙签、橡皮泥、

设计思路

学情分析

城市内涝作为热点事件，大多数学生深有体会，但海绵城市的建设对于该年龄段的学生来说，却遥远且难以理解；

这个年龄段的学生能举例说明一些实验现象，有一定的逻辑思维能力，能使用模型解释有关的科学现象和过程，能掌握创造性思维的基本方法，能基于所学的科学原理提出有一定新颖的、合理的观点，开展初步的创意设计。

设计意图

利用创设情境、角色扮演、动手实验的形式，激发学生兴趣。

通过运用观察对比、抽象与概括等方法，鼓励思考，引导学生在一步步解决实际问题的过程中，理解海绵城市建设理念。

教学策略

该阶段采用项目式教学法，从“内涝”这一社会问题着手，创设情境，更容易吸引学生主动参与学习过程，提升学生社会责任感。

在这一阶段，老师不再是知识传授者，而是以阶段成果点评和提问的方式引导学生自主实践探究、小组合作、分析和解决实际问题。通过实验挖掘“海绵城市”

教育活动脚本

塑料薄膜、花泥（模拟土壤）、玻璃缸、清水、吸管、小镊子、剪刀、小勺子、毛细管、红墨水、彩笔、胶带、铅笔。

老师引导：要想优化改造，就得先了解造成城市洪涝灾害的原因，然后有针对性地规划。让我们先来重现传统城市的规划方式。

阶段任务之一：理解海绵城市改造关键词——渗

第一步：探究传统城市水泥路面内涝成因

老师：大家请选择，在传统城市建设中，最常见的是哪种路面类型？（见下图）

学生：第三张水泥路面。

老师：是的。由于结构紧致、耐磨性高、路面使用时间长等优点，用水泥路面进行铺装在传统城市建设中最为常见。现在请每组分别采用结构紧致的硬纸板模拟水泥路面，用花泥模拟土壤，打造一座模拟城市。

设计思路

的设计理念，加深理解，并锻炼自己的思考和解决问题的综合能力。

在活动内容的设计上，先让学生创设传统城市建设模型实验，观察发现排水系统的弊端和内涝成因，思考并提出解决方案。

然后，通过老师引导一步一步优化完成对城市“渗—滞—蓄—净”的优化，最终理解海绵城市的建设理念。

教育活动脚本

设计思路

实验道具：结构紧致的硬纸板、牙签、橡皮泥、塑料薄膜、花泥（模拟土壤）、玻璃缸、清水、剪刀。

实验步骤：首先将花泥放置玻璃缸底部模拟土壤，再将硬纸板完全覆盖在花泥上方模拟水泥路面；然后用橡皮泥将纸板四周密封好，可以用纸板裁剪一些城市装饰固定在“水泥路面”上，完成传统水泥路面城市建设；随即在鱼缸顶部铺上一层保鲜膜，用牙签扎少量的小孔（见下左图），在保鲜膜上倒入一小杯水模拟小雨（见下右图），观察雨水渗透情况；最后将纸板上的积水全部倒出，再次观察雨水渗透情况。

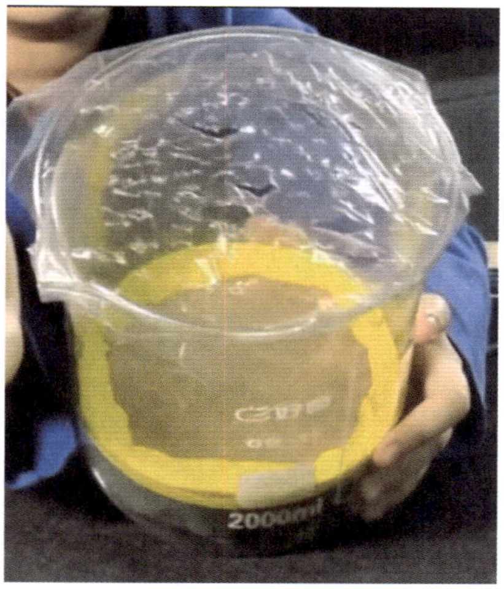

实验现象描述：见下图，整个城市的路面渗水能力差，积水严重且无法排出，出现城市内涝；将积水人工排出后，花泥几乎是干的，没有蓄水。

引导学生思考讨论造成城市内涝的原因。

老师小结：在大自然中，雨水落在土地上，由于土地质地松软，雨水会被土壤快速吸收，不但没有内涝土壤还可以将吸收的水细润植被、湿润空气。但在传

教育活动脚本	设计思路

统城市设计中，为了满足城镇化建设需求，大量农田、湿地及河道等原有的蓄水地形被占用，取而代之的是城镇建筑设施和硬化处理的道路。我们发现由于水泥路面结构紧密，路面雨水很难快速渗入地下，无法排出，从而造成了内涝。如果把“路面上的雨水”直接倒出，还会发现纸板下的花泥大部分都是干的，土壤蓄水量很少，地下水无法得到补充，水资源浪费。由此可见，目前的城市铺装设计会造成逢雨必涝、旱涝急转的情况。

第二步：探究硬化路面渗透力提升方案

提出问题：如何改善城市逢雨必涝，旱涝急转的情况呢?

学生猜测与假设：加强城市绿化面积，提升路面透水能力。

老师：是的，可以从源头将雨水留下来，渗透到地下，这就是海绵城市的第一要点：“渗”。如此一来，不但可以减少城市内涝，还可以补充地下水的不足，净化水质，改善城市微气候。具体要怎么做呢?

小组讨论，猜测与假设，设计方案。

（1）增加城市绿化面积

实验方法：纸板挖洞，露出花泥，模拟湿地、耕地、林地、草地等地形，观察小雨和中雨时，城内积水问题。

实验现象描述：雨水渗透很快，地下水得以补充，内涝情况有所缓解。

阶段点评引导：出现大面积的绿化，但没有考虑城市发展所需的建筑用地的设计方案。引导学生通过查阅资料，得知城市总体规划时，绿地一般占城市建设用地比例 8%~15%，按比例重新调整城市路面后，雨水渗透速度明显变慢，内涝情况增多。

老师小结：城市要发展不可能都变成绿地，通过刚刚城市路面规划实验，发现增加小比例的绿地用地后，地下水得以补充，小雨不易积水，但雨量大时，渗水速度慢，还是出现城市内涝情况；且增大绿地面积会压缩现有的城市发展用地。

再次提出问题：如何兼顾城市发展和生态保护问题?

小组讨论设计修改方案。

问题引导：除了采用增加绿地面积的方式，剩下那部分必须要硬化的路面是否可以改善?

（2）水泥路面下水道改造实验

实验方法：在路面两侧打几个下水管道，用吸管模拟排水渠。

实验现象描述：小雨量降水实验时，雨水会通过排水渠迅速排走，或者在绿地处蓄水下渗。城市不易积水，但雨水排出后，除绿地附近外其他花泥依旧是干的，土壤蓄水量很少，地下水补充不明显；模拟较大雨量降水时，下水道排水量跟不上，依旧出现积水情况，硬化路面消纳水的速度较慢，水排出后花泥依旧是干的，土壤蓄水量很少。

教育活动脚本	设计思路

老师小结：加上下水管道，一定程度上缓解了城市内涝；但雨量稍大，受限于下水管的排水量和绿地的蓄水能力，依旧出现内涝。以上两种情形下的土壤蓄水能力依旧很差，因此采用下水道排水方案，逢雨必涝、旱涝急转的问题有所缓解，但依旧未得到很好的改善。

提问引导：面对这种问题，大家还能怎么优化既可以减少内涝，又能增加土壤蓄水能力，避免旱涝急转的局面?

小组讨论并设计方案。

（3）路面材料改造实验

实验方法：改变路面结构，选用质地稀疏的材料（如餐巾纸）做路面，测试透水性，并替换硬纸板，再次模拟降雨。

实验现象描述：相对只有两侧下水口的设计，这次改变了路面材质后，路面渗水能力明显增强，内涝的情况缓解，雨水下渗速度明显，花泥也可以消纳和留存一部分雨水。

老师小结：做完上面的实验不难发现，不同材料的渗水性是不一样的。我们可以通过改变路面材料加强雨水下渗。相对于结构紧密的硬纸板，这次实验中选用的材料比如纸巾等内部缝隙很大，结构稀疏，吸水能力很好，因此内涝情况明显好转。事实上，在海绵城市的建设中我们也是这么做的。这是路面的对比图（见下图），以前的城市建设中多采用水泥、石板路面，现在则变成了透水沥青、透水砖等，从图片上就可以看出这种路面缝隙很大，更利于雨水下渗。

教育活动脚本	设计思路

阶段任务之二：理解海绵城市改造关键词：“滞”

老师：虽然前面关于“渗”的设计增加了城市路面的透水率，减少了地表径流，但这种毕竟还是属于慢排法。一旦遇到暴雨等极端天气时，下渗速度跟不上，仍然会形成城市内涝，影响我们的正常生活和安全。

提问引导：如何延缓短时间内在地表形成的雨水径流量呢?

小组思考讨论，提出规划方案并实验验证。

老师点评并小结：我们可以通过微地形调节，让雨水先慢慢地汇集到一个地方，用时间换空间。具体怎么做呢? 比如加强对城市坑塘、河湖、湿地公园等水体的保护与生态修复，根据地形特点修建人工湿地、雨水花园等。降水多的时候，积水可以顺着地势流入其中，为蓄滞周边区域的雨水提供存放空间，慢慢消纳城市雨水。这就是海绵城市的第二要点——滞。

阶段任务之三：了解海绵城市改造的关键词：“蓄”

老师：大家也发现了，到目前为止我们一直在解决的问题就是如何把雨水留住。但土壤的透水能力毕竟有限，如果降水持续时间较长会怎样呢? 我们演示一下。

（1）演示地下水位升高对路基的影响

实验道具：餐巾纸、牙签、橡皮泥、塑料薄膜、花泥（模拟土壤）、玻璃缸、清水。

实验方法：给模拟城市进行长时间的降水，观察地下水位及路面变化。

实验现象描述：雨水持续灌入，花泥容水量满后，花泥下面的水位会慢慢升高。模拟路面的卫生纸开始慢慢变形。

实验小结：通过实验，我们发现当水持续汇入时，地下水位会慢慢升高，这又会带来哪些危害呢? 比如一直升高直至没入路基。要知道在诸多影响道路使用寿命的因素中，水是最为重要的自然因素，各种地面水和地下水除对路基有严重的危害外，对路面也有非常不利的影响，正如实验中变形的卫生纸。可能大家会觉得这种淹没路基甚至地面属于极端情况，概率不高。其实地下水位过高即便在路基以下也是很严重的，比如毛细作用的影响。

（2）认识毛细作用

老师：大家是否听过毛细现象? 所谓毛细现象就是，当液体和固体接触时，受力的影响，液体总有向固体浸润的趋势，眼见为实，我们来做一个小实验。

实验道具：毛细管、滴管、红墨水。

实验步骤：将毛细管用透明胶带粘成一排（此步骤需要在实验开始前的道具准备阶段完成），放在水牌架上；随后用滴管吸取红墨水，滴在毛细管底端；随即将水牌架由竖直状态慢慢放平，观察毛细管内的现象，根据毛细管内红墨水上升速度和高度控制水牌架的倾斜角度。

教育活动脚本	设计思路

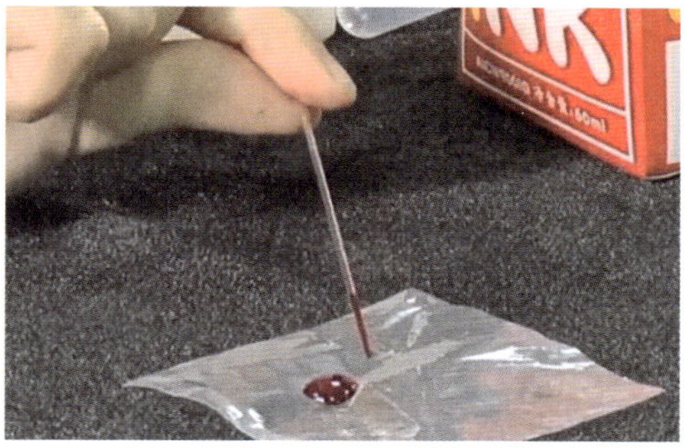

实验现象描述：毛细管内的红色墨水会自动上升，见右图。

老师小结：通过实验，我们看到当墨汁与毛细管接触时，在表面张力、内聚力和附着力的共同作用下，可以使水分在毛细管中上升到一定的高度，这就是毛细现象。而且毛细管越细现象越明显。

老师引导同学们分组试验，看看地下水位过高时，对路面的影响。

（3）探究土壤的毛细现象，理解“蓄”的重要性

实验道具：餐巾纸、牙签、橡皮泥、塑料薄膜、花泥（模拟土壤）、玻璃缸、清水、红墨水、彩笔。

实验步骤：首先，将花泥放入容器中；然后将餐巾纸覆盖在花泥上方模拟路面；进而在容器底部倒入适量的水，水不超过花泥的一半，观察水在花泥中的毛细现象。

实验现象描述：花泥接触水后，水会沿着花泥内部的缝隙慢慢向上爬升，直至将上方的卫生纸浸湿。

老师小结：由于土壤和花泥一样，内部结构就像一个个小小的毛细管，接触水时就会产生毛细现象。通常情况下，土壤会通过吸取地下水的水分调节土壤湿度，但如果水位过高，在毛细作用下，水分就会上升进入路基内部，使路面结构层强度降低，导致路面整体破坏，路表出现剥落、松散、坑槽等，影响路面的使用质量。

问题引导：由此可见，一味地雨水下渗对道路路基强度和稳定性是存在潜在风险的，面对这种情况，大家又有什么好办法吗？

分组思考讨论，尝试提出解决方案。

老师点评和小结：这就是我们要讲的海绵城市的第三个要点——蓄。当土地透水能力有限时，我们可以在透水铺装的透水基层内设置排水管或排水板以疏导地下水资源，避免对路面的影响，同时还可以配套地下蓄水池、塑料模块等方式，把雨水蓄起来再利用。

阶段任务之四：了解海绵城市改造关键词：“净化”

老师：最后我们来谈谈雨水的利用，既然要利用，就必须要考虑这些水的干净程度。我们是如何净化这些蓄起来的雨水呢？现在较为熟悉的净化过程分为三个阶段，首先，通过土壤的渗透就起到一定的净化功能；其次，植被、绿地系统、水体如湿地等，也能对水质产生净化作用；最后，我们还要对它们进行人工净化

教育活动脚本	设计思路

处理，如生物净化。这些处理过后的雨水一部分用于绿化浇灌、日常生活，一部分经过渗透补给地下水，多余的部分就经市政管网排进河流。如此一来，不仅降低了城市内涝出现的概率，也减少了雨水第一时间对水源的直接污染。

老师：通过这一系列的探究，现在大家明白“海绵城市”到底是如何做的了吗?

学生尝试根据模型试验进行抽象和概括。

活动总结

老师：海绵城市是新一代的城市雨洪管理概念。在传统的城市建设模式下，处处是硬化路面，降雨时采用的是“快速排除”和“末端集中”的方式，主要依靠管渠、泵站等设施来排水。结果却是排水速度跟不上，造成逢雨必涝、旱涝急转的情况。为了加强生态环境保护改善现状，国家提出了“海绵城市”这一概念。简单说就是要把城市看作海绵一样，下雨时可以吸水、蓄水、渗水、净水，需要时再将蓄存的水“释放”并加以利用，以解决城市内涝、雨水收集再利用、黑臭水体治理等问题，从而提升城市生态系统功能和减少城市洪涝灾害的发生。

视频引入，加深理解

播放“海绵城市”教学短视频，加深学生理解。

活动小结：为了方便大家理解，我们只是通过让大家完成城市规划这个小项目，了解海绵城市规划的几个方面。实际上，在海绵城市的建设中，还有很多其他措施。总之，海绵城市的建设始终遵循生态优先等原则，将自然途径与人工措施相结合，在确保城市排水防涝安全的前提下，最大限度地实现雨水在城市区域的积存、渗透和净化，促进雨水资源的利用和生态环境保护。

第二阶段 电·发电乐园（时长30分钟）

阶段目标：通过参观“同构能源格局”展厅，参与“发电乐园”的展品互动，认识不同的发电方式，了解我国在绿色能源方面的成果。

教育活动脚本	设计思路

问题导入

老师：上节课我们探究了海绵城市的建设方式，了解了我国在城市发展与水资源保护和利用的措施。今天这堂课，再来了解一下在发电方面，我们国家又做了哪些努力吧！让我们到展厅里去寻找答案吧！

学情分析

该年龄段的学生对发电方式有了解但认识不

教育活动脚本	设计思路

展品体验

（1）带领同学参观“同构能源格局”展厅，“发电乐园”展品。

老师：这件展品叫作发电乐园（见下图）。一提到发电方式，我相信大多数同学第一反应都是燃烧煤炭，也就是火力发电。火力发电是利用可燃物在燃烧时产生的热能，通过发电动力装置转换成电能的一种发电方式。在这件展品中，我们将代表不同煤量的小球放入投球口，可以看到随着煤量的增多，能量柱越高，这也就代表着发电量越高。但是火力发电所用到的煤、石油等都是不可再生资源，面临着资源枯竭危机，同时无论是开采煤炭过程，还是火力发电的排放物均会破坏自然环境，对环境造成严重污染，所以我们就要探索新的发电方式。

老师：你们知道除了传统的火力发电，我们还有哪些发电方式吗?

学生发言。

老师：大家说得很好，我们一起看看它们都是如何发电的。

老师：这是风力发电，利用自然风发电。

老师引导学生自己按下启动按钮，推动推杆，体验展品，观察并描述现象，尝试总结规律。

老师小结：通过体验展品，我们可以发现随着风速变快，能量柱越高，这也就代表着发电量越高。

用同样的方式引导学生体验水力发电、光伏发电和核能发电。

老师小结：水力发电就是利用水流来发电。我们可以在不同的位置安装“水坝”建造“水电站”，通过体验可以看到随着水位落差增大，能量柱越高，代表发电量越高。

光伏发电就是利用太阳光发电。转动手轮，改变“太阳位置”，我们可以看到不同的太阳位置，发电量也不同。再来转动滚轮，移动云朵遮挡太阳，可以看到当云朵遮挡太阳时，能量柱下降，代表发电量降低。

深，充满了强烈的好奇，但缺乏探究原因的条件和动力。同时对抽象概念难以理解。

该年龄段的学生知道要如何环保，但很难付诸实践。

设计意图

通过展品互动帮助学生了解我国的发电方式，感受我国在绿色节能方面的举措。

通过认识水电表，帮助学生从身边的小事做起，为节能环保做努力。

教学策略

先带领学生认识传统发电方式，了解其弊端；

再通过展品互动，帮助学生了解水力发电、风力发电、太阳能发电、核能发电，使抽象的概念形象化，更容易理解。

先利用问题，引出该阶段的内容；

最后，再通过学习水电表，帮助学生将知识与实践相结合，通过定时观察水电变，真实地看到自己的努力，激发他们的主动性。

教育活动脚本	设计思路

最后是核能发电，它的能量密度是化石燃料的几百万倍。我们将核反应堆模型分别放在底座上进行组装，可以了解到堆芯、压力容器和安全壳的结构和作用。同时，我们还可以了解到1千克铀－235的发电量与2700吨标准煤的发电量相当，足够6000户家庭用一年。

老师：通过这些展品的体验，是不是对我国的发电方式了解得更充分了？

（2）通过帮助学生认识水电表，引导其以实际行动为环保节能做努力。

老师：了解完国家在水、电方面的举措，结合我们自身，在日常生活中，我们能做些什么来给地球减负呢？

学生思考并回答。

老师：大家都提到节约水电，说得很好！比如我们可以将淘米水留着浇花、洗澡淋浴时间不要太长、洗手涂肥皂的时候关掉水龙头，还有养成随手关灯、关电源的小习惯，不要频繁开关空调，空调的温度尽量保持在26℃，不要太低等。可是这些看上去都是很小的事情，真的可以节约水电吗？能省多少呢？想要知道答案很简单，在一段时间内，通过记录家里的水电表，就可以得出答案。大家可以试一试。不过你们会读水表和电表的示数吗？

我这里先给大家介绍几种读水表示数的方法：

通过字轮和指针的联合方式显示读数（见右图）

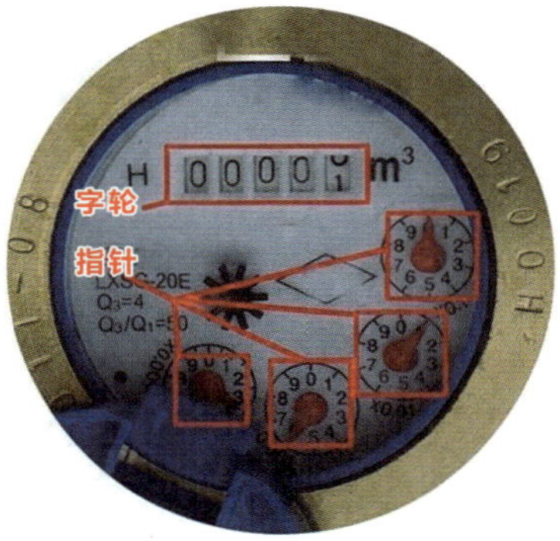

读取黑色字轮读数：

万位：0

千位：0

百位：0

十位：0

个位：1（这里接近1，算作1）

读取红色的指针部分：红色指针的读数，出厂时检验用，我们不必关心。

得出结果：1吨

通过纯指针的显示方式读取（见右图）

黑色指针读数：

千位（×1000）：2

百位（×100）：2

十位（×10）：6

个位（×1）：1

教育活动脚本	设计思路

读取红色指针读数：红色指针的读数，出厂时检验用，我们不必关心。

得出结果：2261 吨。

智能水表的计数盘显示（见下图）

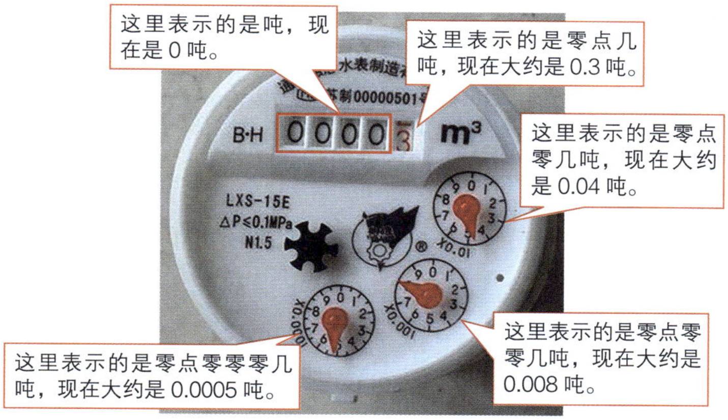

介绍完水表的读法，我们再来看看电表。

现在大多数家庭安装的是智能电表，今天就来教一教智能电表（见下图）的读法。

从外观上看，每隔几秒钟（默认是 5 秒）屏幕就会更新显示页面。另外，在壳体上还有一个按键可以使用，每按一下也可以更新显示页面。

当前页为：当前总电量为 0.00 千瓦时，这一屏是大家最关注的，也就是家里的表用了多少度电！这是一块新表，所以显示为零字，家里的都会有读数的。

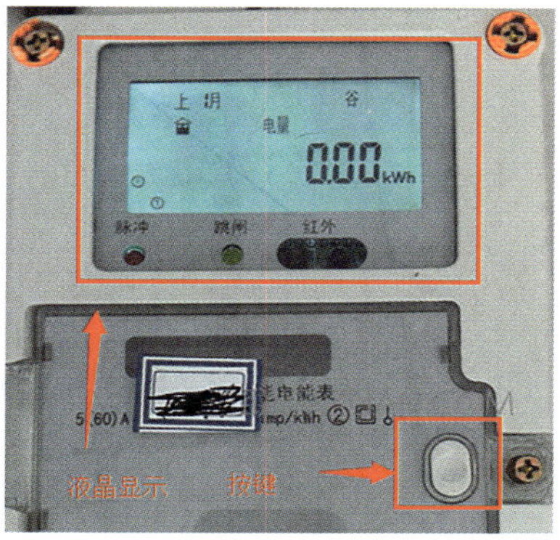

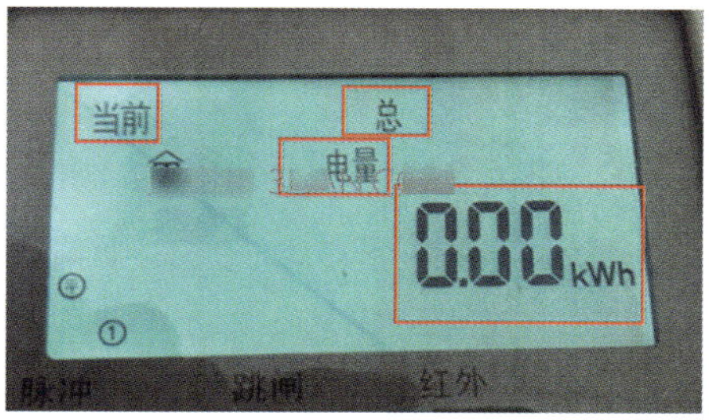

老师：现在大家应该都学会如何读水表和电表了，我就给大家留个小作业，看看你能为节约水电做出哪些努力。

活动结束后，大家可以在家长的陪同下去看看自己家里的水电表，记下它的示数；以 15 天为限，按照以前的生活方式不变，15 天后再记录一次水电表的示数（尽量选在与今天相同的时间去读表），算出该阶段用的水电量；然后再以 15 天为限，按照更环保低碳的生活方式再记一次，算出该阶段用的水电量。把这些数据都填写在学习单上，对比一下，看看大家节约水电的小成果。

教育活动脚本	设计思路

老师：当然，除了节约水电，我们平时还要注意做好垃圾分类、多乘坐公共交通工具、使用环保节能家电等，养成绿色低碳的生活方式。小朋友们，保护我们美丽的地球家园，人人有责，希望大家从现在做起，让我们携手同行、科学用能，共建世间碧水蓝天。今天的活动就到此结束啦，欢迎大家继续关注我们！

活动学习单见下图：

七、教学评价与反思

1. 评价

（1）学生参与度提高：采用项目式教学法，通过利用热点的社会问题进行情境创设、角色扮演的方式，激发了学生兴趣，能更积极地参与到活动中。

（2）合作能力提升：学生在小组中相互合作，共同解决问题，培养了他们的合作能力和团队意识。

（3）能主动学习：学生不再依赖老师的直接指导，而是通过老师引导和自主思考和合作解决问题，提高了他们的主动学习能力。

2. 反思

（1）团队分工不够均衡：在团队合作过程中，部分内向型学生因任务分工不均衡，没能积极参与团队工作。

（2）学生能力不均衡：在选择问题时，可能考虑到了学生的挑战性，但对部分学生来说，问题难度过高，导致他们在团队合作中存在困难。

3. 改进措施

强化团队合作意识，课程难度设计进行渐进式设置，活动结束后，对学生的合作表现进行评价和反馈，帮助他们更好地理解合作学习的意义和方法。

★ 该项目获 2023 年“奋进科普新征程”全国科技馆联合行动优质科学教育资源项目二等奖 ★

植物学家的年轮考察记

教育活动类型： 展项辅导 + 动手做

项目开发单位： 中国科学技术馆

项 目 设 计 人： 辛尤隆

一、概述

《植物学家的年轮考察记》课程深度融入展品，并配套了 PPT、教案、材料包等资源包。作为“科学家体验营”系列课程中的一节，本课程分为五个阶段：第一阶段问题导学，引入探究的主角——巨杉。第二阶段基于问题的学习和基于真实情境的教学，整体介绍展品巨杉。第三阶段介绍植物学家研究树木年龄的研究方法，角色扮演成小植物学家。第四阶段用小树盘作为样例探究圆盘法取下的树盘结构、年轮与年龄、气候、南北方向。第五阶段学习迁移，引导学生探究巨杉的年轮密码并进行探讨。

二、教学对象

1. 本教育活动适宜的受众人数：10 ~ 20 人。

2. 本教育活动针对的具体教学对象：三至四年级学生。

3. 教学对象的学情分析：2022 年义务阶段科学课程标准三至四年级中指出，要举例说明水、阳光、空气、温度的变化对生物生存的影响。该学段的学生拥有对环境影响生物生存的基本认识，但直接经验和实践活动较少。因此，此次科学实践课可以帮助学生更好地理解课标要求掌握的核心概念。

三、教学目标

1. 科学观念目标：掌握树木结构以及各部分的作用：树心、木质层、形成层、表皮；了解树木的年轮表达出的信息：年轮与年龄、判断南北方向、气候环境之间的关系；简要了解“巨杉”的相关知识；了解植物学家研究树木的研究方法：生长锥法和圆盘法。

2. 科学思维目标：学会提出感兴趣的问题、做出简单的猜想，在老师的指导下提出研究方法，再得出结论；掌握从年轮中获取信息的方法，使用观察、测量、比较、推理等科学方法。

3. 探究实践目标：在老师指导下，能围绕年轮做出猜测，尝试多角度多方式认识树木；简单了解和实践科学家的科学研究方法，像科学家一样进行研究。

4. 态度责任目标：在活动的过程中感受科学与实际生活的紧密联系；认识到生命的奇妙，激发对植物探索的兴趣，使大家萌发热爱大自然的情感，增强环保意识；呼吁大家爱护树木，保护森林。

四、教学重难点

1. 教学重点：了解树木的结构并了解年轮表达出的信息；年轮与年龄、判断南北方向、气候环境这三者的关系。

2. 教学难点：用年轮判断南北方向（涉及北半球等问题）。

五、教学场地与教学准备

1. 教学场地：中国科技馆 2 层“探索与发现”B 厅“巨杉”展项旁、展厅内教育活动空间或科普活动室。

2. 教学准备：年轮切片、贴纸（年龄、南北、气候条件、结构、植物学家贴纸）、笔 。

3. 活动总时长：40 分钟。

六、教学活动设计与实施

1. 教学活动设计流程图

2. 活动步骤以及设计意图

问题导学	· 引入探究的主角——巨杉
展品教学	· 基于问题和真实情境的教学 · 整体介绍展品巨杉
角色扮演	· 介绍植物学家的研究方法 · 角色扮演成小植物学家
实践探究	· 使用小树盘材料包进行探究实践 · 研究树盘结构、年龄、气候和方向
学习迁移	· 引导学生探究巨杉的年轮密码 · 老师、学生之间讨论交流

第一阶段　问题导学

阶段目标：老师提出问题，激发学生探究兴趣。

教育活动脚本

老师：体验科学，启迪创新。同学们好，欢迎来到中国科技馆，我是你们的小辛老师。想问问同学们，你们知道世界上最大的树是什么树吗？

学生：银杏树。

学生：榕树。

学生：杉树。

老师：有同学说对了，就是我身后的巨杉，巨杉有多大呢？我们一起来看看展品说明牌上的一张照片（见右图），巨杉居然大到一辆汽车居然可以穿过它，是不是很不可思议？

老师：（指着展品）它就是巨杉，位于美国加利福尼亚中部的国家杉树林。巨杉是植物界的巨人，当今地球上最大的生物单体。这些巨杉的树龄有些超过 3000 年。巨杉的最大树高有 95 米，最大树干底径超过 11 米，因此它有个霸气的称号，叫“世界爷”。

老师：说到这，同学们是不是已经按捺不住了？那接下来，我们就一起来探秘一下我们眼前的这棵巨杉吧。

设计思路

设计意图

这部分主要是让学生对这种巨大、古老的巨杉产生兴趣，感叹大自然的神奇，激发学生的兴趣，引入主题。

学情分析

学生被记忆的通常是直观、形象、能激起兴趣与情感的事物。

教学策略

问题式导学，提出问题，激发兴趣。

第二阶段　展品教学

阶段目标：观察巨杉实物，尽量让学生提出研究问题——科学家如何知道它活了 2550 年？

教育活动脚本

老师：在我们面前的这个庞然大物（见下图）就是一个巨杉标本了。它也是来自美国加利福尼亚中部的国家杉树林附近。这棵巨杉活了 2550 多年，不过，这个年龄在它的家族中也只不过是青壮年。它是在 1979 年冬季的一场风暴中被刮倒的，原树高 65 米，根部直径达 5 米。大家面前的这块标本是从距地面 30 米处截取的，直径大约 3.8 米。3.8 米有多长呢，我们可以张开双臂试一试，有没有同学想试试。

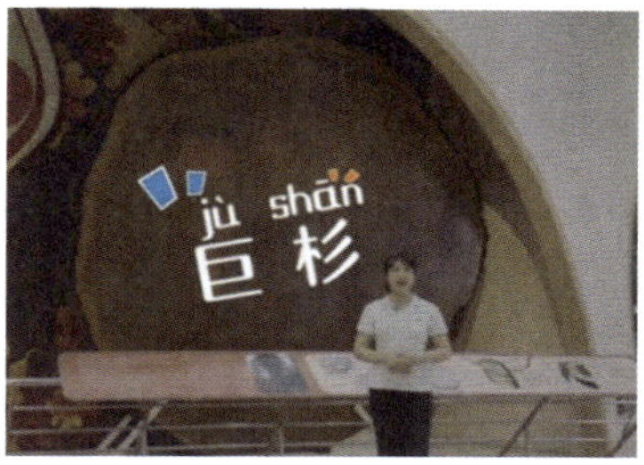

设计思路

设计意图

让学生感受真实巨杉的大小，从而激发学生对年轮、植物学家的兴趣。

学情分析

学生容易受事物的外

教育活动脚本

学生：我想试试……（老师请两位同学张开双臂大致比画一下）

老师：我们发现需要三位同学张开双手才能抱住哦！所以真的是很大。现在我想考考同学们，这么大的树，植物学家最先会想到什么问题呢？

学生：树的年龄！

老师：没错！植物学家肯定想知道它的年龄，这是一切研究的基础。那科学家是怎么知道它活了 2550 多年呢？

学生：年轮吗？

师傅：没错，就是年轮。请同学们一起来观察这棵巨杉上的纹路。这上面一圈一圈的有深有浅的圆圈图案就是年轮。年轮里隐含了大量信息，它被誉为森林中的气象站，但这些信息就像森林密码一样，是植物学家通过不断的研究慢慢解开的。现在你想知道这棵巨杉告诉我们的森林密码吗？那接下来，我们的同学们都化身植物学家，跟小辛老师一起来探索吧。

设计思路

在显著特征影响，主要依靠物体的形态去感知与判断。

教学策略

基于真实情境的教学。用展品看真实的巨杉，引发继续探究的兴趣。基于问题的学习（PBL 教学法）。

第三阶段 角色扮演

阶段目标：了解植物学家的研究方法和研究工具，进行角色扮演体验。

教育活动脚本

老师：同学们知道植物学家会用什么方法研究一棵树的年龄呢？

学生：不知道。

老师：有两种研究方法，一种是活树样本采集，叫生长锥取样。就是将一根空心的锥子插入树主干当中，取出一段来研究（拿出生长锥道具进行演示，见下左图）。同学们肯定觉得这样是不是就破坏树木生长了。其实不会的。树主干虽然会有一个长条的小窟窿，但窟窿会随着时间慢慢长好的。

另一种方法就是对已经枯萎的树木进行样本采集，叫圆盘取样法（拿出一个小树盘，见下右图）。巨杉这件展品就是圆盘取样法取下来的，这样便于我们研究这棵巨杉带给我们的森林密码。由于巨杉太大，信息太复杂，我们先用小树盘的标本给同学们来探究，就是小辛老师手上的小树盘，给每个同学都发一个。

设计思路

设计意图

介绍植物学家的研究方法，引导学生像植物学家一样去研究树木，树立科学家职业理想。

学情分析

被记忆的通常是直观、形象、能激起兴趣与情感的事物。

教学策略

用科学家的研究工具来告诉学生如何研究，并进行角色扮演。

教育活动脚本 | **设计思路**

（给每位同学发放小树盘）

老师：老师这还有精美的小贴纸，上面写着树木结构、年龄、气候条件、方向等名称。

老师：现在同学们都化身为小小植物学家了，准备好了吗？（给每位学生贴植物学家的贴纸）

学生：准备好了！

老师：接下来，我们一起探究树木圆盘的秘密，将你的发现用贴纸贴上去哦，记录下你作为小植物学家的研究结果。

第四阶段 实践探索

阶段目标：用探究式学习的方法掌握树盘的年轮密码。

教育活动脚本

老师：首先我们一起来探秘一下树木的结构。一棵树盘分为几个组成部分呢？同学们仔细观察你们手上的小树盘。

学生 1：3 个。

学生 2：4 个。

老师：有的小植物学家说对了，接下来我们首先观察树木结构。

（1）树木结构：树心

老师：小植物学家们，现在都拿到了小树盘，那现在大家可以看看各自手里的小树盘，告诉小辛老师，你们知道树心在哪吗？

学生：在中间。

老师：树心位于最中心处，树心的旁边叫作心材。随着木质层边材的老化，便转化为心材，树干大部分都是心材。没错，就是这个很小的圆圈处，我们给它贴上“树心”贴纸。

（2）树木结构：木质层

老师：树木都是围着树心一圈圈生长的，那么接着向外数，这一层是什么呢？

学生：木头。

老师：这一层就是木质层。边材中有许多木质管，把水分从根部输送到树身各处，此层通常较心材浅色。我们给它贴上“木质层”贴纸。

（3）树木结构：形成层

老师：我们接着向外数，这一层是什么呢？大部分还是木质层，那木质层的最外层呢？还是木质层吗？

设计思路

设计意图

掌握年轮相关知识，并及时加以运用；利用标本自主探究。

学情分析

逐渐掌握事物之间的联系性与事物本质属性，而形成特定的思维方式；能够运用语言符号和象征符号来认识外部世界。

教学策略

探究式教学，进行逐步的探究。

教育活动脚本	设计思路

学生：不是。

老师：现在我们数到形成层啦。这一层十分薄，是树干的生长部分，在整个树木生存周期形成层的细胞不断分裂，向内外分别形成木质部和韧皮部。我们给它贴上“形成层”贴纸。

（4）树木结构：表皮

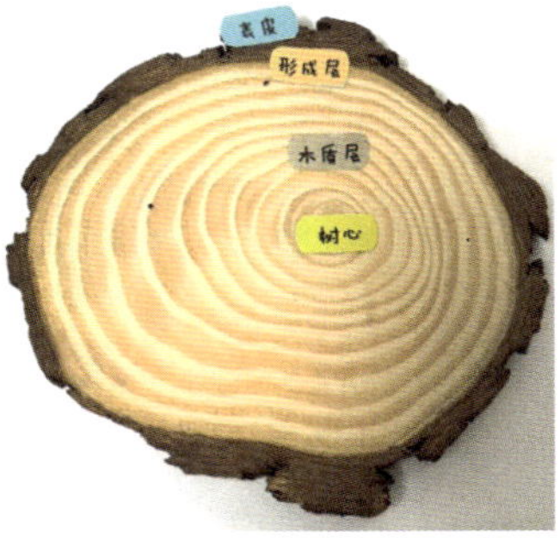

老师：那最外层深褐色的一层是什么呢?

学生：掉了很多皮下来。

老师：没错，作为小植物学家们，是不是一眼就看到它了！这是树木的最外层—表皮。表皮是树干的表层，可以保护树身，并防止病害入侵。我们给它贴上“表皮”贴纸。

老师：（总结）将树木圆盘由内向外数，树总共分为四层，分别是树心、木质层、形成层、表皮（见上图）。正因为形成层是在外侧，所以树木是沿着最外侧一圈圈地生长的。

老师：我们接着学习了解年轮与年龄。

老师：小植物学家们，现在已经知道了树的结构，那现在大家可以看看各自手里的小树盘，告诉老师，你们从这棵小树盘中还读出了什么信息呢? 有的小植物学家说，看到有很多很多个圆圈，那究竟有多少个圆圈呢? 我们一起来数一数吧。

学生：怎么数呢?

老师：数深色的圆圈有多少圈。老师刚刚数了一下深色圆圈，共有 14 圈，那么这代表什么意思呢?

学生：这是年轮！

老师：没错。接下来，小辛老师就给大家讲讲，为什么小树盘上会形成这么多的年轮。

年轮的形成是四季交替变化的结果。树是一圈圈生长的，从树心向外一圈一圈生长。春天比较温暖，形成层的养料充足，长出的颜色就比较浅。而到秋天，天气变凉了，形成层的养料变少，长出的颜色就慢慢变深了。冬天颜色最深，因此多数温带（比如中国）的树种一年形成一个年轮，所以年轮的数量就表示树年龄的大小，一个圆圈代表一岁。

所以现在请同学们数数你们的小树盘的年轮圈数，贴上树桩名字和年龄的贴纸。你们都认识它了，就给它取个名吧，再写上它的年龄哦。

老师：我们再来了解一下年轮和气候。

老师：小植物学家们现在已经知道了树的年龄，那这些粗细不均的年轮代表着什么呢?

教育活动脚本 | **设计思路**

学生：是什么?

老师：年轮的生长受树木生长环境因素的影响，因此，它能反映出历年来气候变化的情况。就一棵温带的树木而言，一个特冷或干旱的夏天的年轮生长量，要比一个温暖和雨量适中的夏天年轮的生长量要小。在高山森林的上界和北半球高寒地区的森林北界，温度是影响树木生长的关键因子，宽年轮表示暖年，窄年轮表示冷年。干旱地区的树木对降水量反应敏感，年轮的宽窄往往反映年降水量的多少。所以在优越的气候条件下，树木生长得好，木质层增加的多，年轮也就较宽；反之比较窄。（见上图）

学生：明白了!

老师：所以请找到贴纸“气候条件优越”“气候条件恶劣”。将两个贴纸分别贴在最宽的年轮处和最窄的年轮处哦!（见右图）

老师：我们最后认识一下年轮与方向。

老师：现在我们已经知道了年轮可以告诉我们这么多的信息，除了上面年龄、生长环境等信息，还能告诉我们什么呢?

学生：辨别方向!

老师：没错! 看树木的年轮能辨别方向，你们可能都在书里看过。因为北半球南边的日照多，树木生长快，细胞排列疏松，而年轮较密的就会向着北方。要是在野外迷路了看树墩你就会知道自己所处的方向。我们现在生活在北半球。

在北半球，树的南面向着太阳，有更多的阳光，所以年轮长得宽。树的背面相反。因此，年轮密的位置是朝北，疏的位置朝南。

学生：明白了!

老师：找到贴纸“南”“北”，分别贴在年轮稀疏处和年轮紧密处哦!（见右图）

第五阶段　学习迁移

阶段目标：将小树盘的年轮密码成功迁移至巨杉的年轮密码，引发探讨。

教育活动脚本

老师：太棒了！同学们都化身为小小植物学家，用圆盘法来探索了一棵树的年轮密码。现在同学们已经掌握了如何探索的方法，那么巨杉应该也就不在话下了。身后的巨杉，你们能看出它的年轮密码了吗?

学生：我可以了。

老师：那我来考考同学们。树心、表皮、形成层、木质层分别在哪里?

学生：在这里（同学们用手指出来）。

老师：这棵巨杉生在北半球，哪里是指向南方，哪里是指向北方呢?

学生：这里是南，这里是北（同学们用手指出来）。

老师：看来同学们都研究得很到位，已经具备探究树木秘密的能力了。剩下的年龄和生长环境秘密，同学们可以自己好好再看一看，数一数，看看是不是2550 岁。

老师：这需要花费不少的时间哦。科学研究可不是一日之功，需要有追求真理、严谨治学的求实精神，还要有淡泊名利、潜心研究的奉献精神。如果有立志做一名科学家的同学，一定不要害怕科学研究麻烦、繁琐，一定要求真务实，潜心研究。同学们之间可以互相讨论讨论，然后告诉老师、家长你们对巨杉的发现。

老师：那今天我们的巨杉一课就到这里结束了，谢谢各位同学们的参与，我们下次再见！

设计思路

设计意图

总结并引导学生学习迁移，举一反三，探究真实的巨杉。

学情分析

逐渐掌握事物之间的联系性与事物本质属性，而形成特定的思维方式。

教学策略

迁移学习。将对小树盘的研究迁移至巨杉，并引发学生之间、学生与家长之间的探讨。

七、教学评价与反思

通过直播课和录播课的形式在全国多个省市进行授课，反响强烈，见下图。

★ 该项目获 2023 年“奋进科普新征程”全国科技馆联合行动优质科学教育资源项目二等奖 ★

量古测今

教育活动类型：自然科学类课程

项目开发单位：北京科学中心

项 目 设 计 人：赵冉、苗秀杰

一、概述

《量古测今》以生活中常见的测量问题为主线，以“如何能不用尺子测得桌子的宽度和长度”为任务驱动，以“怎样能测的更精准”为问题驱动，引导学生在解决真实情境的真实问题中，体验提出问题、分析问题、解决问题的探究过程。活动结合古今中外测量发展史，引导学生了解测量方法和测量工具的演进历史就是解决问题“怎样能测的更精准”的过程。最后通过复原中国古代测量工具“记里鼓车”，打破惯性思维，想办法实现对桌子的精准测量，在感悟中华文明博大精深、提升民族自豪感的同时，锻炼学生的创新思维。

二、教学对象

1. 本教育活动适宜的受众人数：15 ~ 30 人。

2. 本教育活动针对的具体教学对象：三至四年级。

3. 教学对象的学情分析： 学生已有一定的数学知识基础，认识常见的长度单位，例如：厘米、米、千米，已经体验过物体长度测量的过程，已形成初步的量感和空间观念。但对长度单位的由来，测量发展历程还不太了解，特别是我国古代具有代表性的测量工具发明。学生有一定的科学学习基础，可以从日常生活中发现和提出问题，并基于已有经验和所学知识，制定探索分析和解决问题的方案，但在探究过程中的反思意识和创新思维还需要加强和锻炼。

三、教学目标

1. 科学观念：了解古今中外的测量演进历程，能够说出常见的长度单位及其由来；了解随着社会和科技的发展，测量也越来越精准。

2. 科学思维：能基于测量中出现的问题，进行分析和反思，突破现有思维定式，创新解决问题的方法。

3. 探究实践：能运用多种方法对长度进行测量，整理分析测量数据；能反思探究的过程和结果，从中发现问题、分析问题，在引导下提出解决方案；能根据模型图制作记里鼓车的简化实物模型，并能说出其中的部分原理。

4. 态度责任：感悟中华传统文化的博大精深，增强民族自豪感；通过活动养成自主探索的创新精神，在小组活动中善于合作、乐于分享；了解社会、科技的发展对测量技术和测量结果的影响，进而理解科学、技术、社会的关系。

四、教学重难点

1. 教学重点：学生利用已有学科知识、生活经验，小组合作完成不用尺子测量长度的任务。在提出问题、分析问题、解决问题中锻炼学生的科学探究能力和创新思维。

2. 教学难点：复原和制作中国古代测量工具“记里鼓车”，完成统一测量方法和测量单位两次方案优化，进而了解社会发展与科技进步的关系。

五、教学场地与教学准备

1. 教学场地：教室，有桌椅、投影或电视。

2. 教学准备：视频短片（古今中外测量演进历程）、教具（积木零件、模型图、直尺、A4 纸、铅笔、橡皮）。

3. 活动总时长：90 分钟。

六、教学活动设计与实施

1. 教学活动设计流程表

课堂环节	设计流程
环节 1：	导入主题，发布任务
环节 2：	初次探究，提出问题
环节 3：	分析问题，再次探究
环节 4：	动手实践，完成任务
环节 5：	评价反思，分享总结

2. 活动步骤以及设计意图

第一阶段 导入主题，发布任务

阶段目标：提出与长度、测量相关问题，了解学情，聚焦测量长度的主题。创设情境，发布如何能不用尺子测得桌子长度和宽度的驱动任务，引发思考，启迪创新思维。

教育活动脚本	设计思路
老师活动： （1）提问你们都知道哪些长度单位？能说出哪些物体的长度？你是怎么知道的？引导学生分享，引发学生对测量长度的关注。 （2）发布核心任务。如果学校需要制作一批课桌的防尘罩，但是没有尺子，你能通过什么方式测出桌子的长和宽呢？导入驱动性任务，引发思考。 **学生活动：** （1）根据生活经验和学习经历回答问题，能够说出自己的身高，体育课要求跑 50 米，操场一圈是 400 米等有关长度的经验和测量场景。 （2）思考任务并讨论，提出可以用已知长度的绳子，可以用鞋子，也可以用自己的身体测量长度等，产生想试一试的兴趣。	**学情分析** 学生已有一定的数学学习基础，认识常见的长度单位，也体验过测量长度的过程，但以往的学习经历都是使用尺子测量长度，任务要求不用尺子，一方面打破惯性认知，启迪创新思维，另一方面也调动了学生的好奇心和探究欲。 **设计意图** 开篇点题，在引发学生积极性，调动学生主观能动性的基础上，了解学情，同时发布本节课核心驱动任务：没有尺子我们如何测量？启发学生思考，为后续环节开展做铺垫。 **教学策略** 采用任务驱动法，激发学生的探究欲，引导学生对“不用尺子，还能有什么方法测量长度”进行思考。

第二阶段 初次探究，提出问题

阶段目标：引导学生设计初步解决方案，通过对比测量结果发现因测量方式不同，测量结果不同，无法得到精准的测量结果，进而提出驱动性问题“怎样才能测的更精准？”

教育活动脚本	设计思路
老师活动： （1）发布任务。根据大家的提议，每小组自主设计 3 种以身体为单位的测量方法，测量指定桌子的长度和宽度。 （2）各小组测量时，给予适当指导。 （3）引导各组学生分享、对比测量结果。 **学生活动：** （1）小组讨论并设计测量桌子的方案。 （2）各小组分别设计了用手、小臂、脚长、拳头等身体部位为测量单位的方案，进行测量并记录结果。 （3）分享各组的设计方案，对比测量结果。发现因测量方式不统一，测量结果不同，无法得到精准的测量数据。 （4）提出问题“怎样才能测的更精准？”	**学情分析** 通过上一阶段的思考，学生已经产生了多个不用尺子就能测量长度的想法，迫切需要实践验证。在本环节中选取其中一种，通过实践，发现测量方案存在问题，设计解决方案并不能一蹴而就，还需继续探究和调整。 **设计意图** 设计不用尺子就能精准测量长度的方案，由于打破了惯性思维，不容易一下想到，需要老师逐步引导。本环节作为完成核心任务的第一个脚手架，在启发创新思维的同时，引导学生明确探究问题“怎样才能测的更精准？” **教学策略** 1. 任务分解法：将有难度的任务简单化，分步骤引导和培养学生分析问题、解决问题的能力，帮助学生搭建完成任务的脚手架。 2. 通过小组合作的学习方式，培养学生勇于表达、善于倾听、接纳他人建议的合作意识与合作精神。

第三阶段　分析问题，再次探究

阶段目标：观看古今中外测量演进历程视频，反思、分析上一方案中的问题，修改方案，统一测量方法再次实践，发现测量单位不同，测量结果不同，再次思考“如何才能测的更精准？”

教育活动脚本	设计思路
老师活动： （1）播放古今中外测量演进历程中用身体部位测量的视频，结合视频组织学生对如何完成核心任务展开讨论。 （2）引导学生思考在上一环节中都做了哪些尝试，哪些方式是可取的，哪些是不可取的，引导学生梳理实践中的发现，进一步推进核心任务。 （3）引导学生结合反思优化解决方案并实践。 （4）引导学生对比测量结果。 **学生活动：** （1）观看视频，了解古今中外各种测量方法和长度单位的由来，反思自己设计的测量方案。 （2）在引导下分析所设计测量方案的优缺点，认为用手掌和小臂测量较为方便，用脚长和拳头测量容易产生误差等。 （3）学生们提出用手掌作为各组统一的测量方式，进行实践并记录结果。 （4）对比测量结果，发现测量数据分别 4 个手掌、4 个半手掌、5 个手掌等，结果并不相同，进而发现不同测量者手掌长度不同，无法得到精确的数据。 （5）思考如何调整方案，“才能测得更精确”，提出要统一测量单位。	**学情分析** 学生通过上一阶段的实践对如何实现精准测量已经有一定的见解和思考，明确了要统一测量方法，但对是否使用同一方法就能实现精准测量还需要进一步实践。 **设计意图** 本环节是老师为帮助学生完成核心任务设置的第二个脚手架。让学生了解到除了测量方式的选取会影响测量结果，还关注到测量单位的制定也会影响测量结果。 **教学策略** 通过分析比较、测量验证让学生再次体验分析问题、解决问题的探究过程，锻炼学生的探究能力。

第四阶段　动手实践，完成任务

阶段目标：引入中国古代测量工具“记里鼓车”，并复原制作。使用记里鼓车统一测量单位，完成测量桌子长和宽的核心任务，解决“如何才能测的更精准”的核心问题。

教育活动脚本	设计思路
老师活动： （1）引导学生分析讨论用身体部位测量的优缺点。 （2）引导学生回想上一环节中提到的中国古代测量工具“记里鼓车”，分析记里鼓车的优势。提出各组能否尝试利用记里鼓车完成任务。 （3）介绍记里鼓车的结构，发放记里鼓车模型图和材料，引导学生制作记里鼓车。 （4）引导学生如何利用记里鼓车完成测量任务。	**学情分析** 学生已经基本形成了解决问题的思路，但对如何实践还不太了解。 **设计意图** 老师设计第三个脚手架——“活动任务：用

教育活动脚本	设计思路
（5）老师变出尺子，测量桌子长和宽，与学生测量结果做对比。 **学生活动：** （1）学生分析出用身体测量不太方便，在实际操作中有局限性，并且每个人的身体部位长度不同，容易导致测量不够精准。 （2）在老师的引导下回想记里鼓车的特点，提出记里鼓车既能提供统一的测量方式和测量单位，操作也更便捷，适合实际测量。 （3）提出想用记里鼓车来测量桌子的长和宽。 （4）在老师的引导下，制作记里鼓车，并通过调整每次敲鼓齿轮转动的圈数，缩小了测量单位的长度，完成测量。 （5）测量出结果，与老师用尺子测量的结果做对比，完全一致。	记里鼓车测量桌子长度”，引导学生完成任务，并解决“如何才能测的更精准”的核心问题。 **教学策略** 通过动手制作，将概念转化为实践，锻炼学生用工程思维解决实际问题。

第五阶段　评价反思，分享总结

阶段目标：老师引导学生分享本次活动的感受，通过对比几次测量的过程，结合古今中外测量演进历程，了解社会科技发展对测量方式、精准度的影响，锻炼学生的总结能力和反思意识。

教育活动脚本	设计思路
老师活动： （1）老师提问在完成任务的过程中有何感受? （2）引导学生对比几次测量任务，结合古今中外测量史，总结如何测量更精准的过程。 （3）引导学生了解社会、科技水平提高，对测量精准度的影响，从而理解科学、技术、社会之间的关系。 **学生活动：** （1）分享感受，感悟中华文明的博大精深。 （2）对比几次测量任务，总结出中外古今测量史就是“如何测的更精准”的发展过程。随着社会和科技不断发展，测量技术的不断进化，测量结果越来越精准。 （3）在引导下感悟社会与科技发展对测量技术的影响。	**学情分析** 学生对测量的发展历程有了一定了解，但对社会、科学、技术之间的关系还不太了解。 **设计意图** 通过分享感受、活动回顾，感受中华文明的博大精深，同时对测量的认识不仅停留在使用上，也增加了对测量历程发展的了解。 **教学策略** 通过问答法和分享法，对活动进行回顾和反思，帮助学生完成态度责任的提升。

七、教学评价与反思

本次教育活动的效果评估贯穿于整个活动中，包含形成性评估和总结性评估两方面。科技辅导员采用《老师评价量表》观察学生在活动中的表现，评估学生对知识的掌握程度与教学目标的达成度，根据学生的实际情况对活动进行把控和适时的调整，保证学生学习效果。设置出一般、中等、优秀三个评分等级，对学生进行评价打分。

在教学结束后，通过访谈、活动调查问卷等形式，从学生、学校老师、家长多方面进行反馈，收集建议，有效跟踪学习效果。通过《活动调查问卷》反馈，活动的五星满意率为 98.3%，其中有 95% 的学生认为活动非常有趣，96% 的学生感觉在活动中有收获，98% 的老师评价活动与校内课程衔接紧密。在访谈中，很多老师表示课程涉及了多个学科内容，能让学生在活动中活学活用，既丰富了校内的学习资源，又真正锻炼了学生解决问题的能力和创新意识。

★ 该项目获 2023 年“奋进科普新征程”全国科技馆联合行动优质科学教育资源项目二等奖 ★

探秘地球的亲密伙伴——月球

教育活动类型： 动手制作类活动

项目开发单位： 中国科学技术馆

项 目 设 计 人： 叶肖娜

一、概 述

活动从对月球的认知引入，引导学生走进科技馆，开展“月球仪”和“月相”展品观察和探索活动，发挥学生主观能动性，在体验中直观了解月球的地形地貌和运行规律，并提出猜想和假设。之后，通过引导学生实验、动手制作、探究和分析，验证月相的成因和规律，从相对运动的角度了解日、地、月运行系统，及相关天文现象原理。最后，让学生通过课后观测记录月相变化，加深学生对月球的认识，对探月工程产生好奇，激发学生进一步探索宇宙的兴趣。

二、教学对象

1. 本教育活动适宜的受众人数：20 人。

2. 本教育活动针对的具体教学对象：10 ~ 12 岁学生。

3. 教学对象的学情分析：10 ~ 12 岁学生对周围事物有较强的好奇心，对知识的认知逐渐脱离孤立，开始具有自主思考能力和辩证思维，愿意通过观察、实验、猜想、分析等方式验证自己的观点。根据上述特点，结合义务教育小学科学课程标准，该年龄段对月球和“月相变化有一定认知”，活动通过引导学生进行探究和分析，在活动中学习科学知识，体会探月航天精神。

三、教学目标

1. 知识与技能：了解月球的地形、地貌等基本信息；初步认识月球的自转、公转周期及其特点；能够运用学习结论，独立完成简易三球仪的制作。

2. 过程与方法：通过观察月球仪，知道月球的地形地貌，运用自己对月球的认识，对月球正面和背面不同地形地貌进行初步的成因分析；基于对月球公转、自转的认识，学生通过月相展品体验，利用所学知识和已有经验，对月相的成因和规律进行猜想和建立假设；通过模仿月球、地球的公转和自转探究实验，学生通过亲手制作简易三球仪，经过观察、比较来验证自己的猜想和假设。

3. 情感、态度与价值观：通过对月球的探索，学生经历与同伴合作、交流，愿意不断改进、分享自己的学习成果，感受科学探究的快乐和成就感，激发对宇宙太空的探索兴趣；通过观察、探究、记录、学习月球的自然现象，学生体会科学方法在自然科学探索中的应用，意识到正确的科学方法和良好的科学态度在科学探索和研究中发挥的重要作用；通过介绍我国探月工程和登月计划，引导学生养成关注时事热点的习惯，进一步感悟航天精神，提升民族自豪感。

四、教学重难点

1. 教学重点：学生利用简易材料设计模拟月球的自转和公转，并设计三球仪的相对运动对比探究实验，直观认识地球和月球自转和公转现象；在探究过程中，老师鼓励学生克服困难，不断改进设计制作方案，并通过观察、记录、分析、归纳等方法得出结论；学生意识到观察、记录等科学方法对科学探索的重要影响。

2. 教学难点：设计难易适中并能够吸引学生的探究问题，引导学生围绕探究问题对核心概念“月球的自转和公转”进行探究；引导学生在探究实验中通过对比、分析得出结论；引导学生运用实验结论设计制作属于自己的三球仪，并分析和求证。

五、教学场地与教学准备

1. 教学场地：科技馆“太空探索展厅”“探索与发现展厅”、科学活动室。

2. 教学准备：学习记录单、教学 PPT、篮球、手电筒、“月相仪”老师演示教具，“三球仪”学具材料：卡纸、剪刀、彩笔、圆规、羊角钉。

3. 活动总时长：45 分钟。

六、教学活动设计与实施

1. 教学活动设计流程图

本节课是作为校内科学课程的拓展与延伸，教学设计围绕核心概念“月球的自转和公转”展开，以探究式学习方式为主，融入观察探究、实验和制作探究、测试验证等多种类型探究活动，通过由浅入深的探究问题引导学生自主学习，并通过不同探究活动直观了解天体运动自然现象。

本设计的教学过程分为五个阶段。

（1）问题引入：通过提出“月球”相关问题激发学生兴趣和好奇，同时活跃活动气氛，继而引出活动主题，为后续活动做好铺垫。

（2）体验展品：通过学习单引导，观察探索展品“月球仪”，进一步了解月球的地形地貌，以促成学生利用已有认知和经验结合可见的展品进行猜想，对月球不同地形地貌进行初步的成因分析，初步探索月球的公转和自转规律。本阶段，学生对月球有了进一步认识，为学生下一步学习做准备。

（3）实验探究：结合展品“月相”，认识月相，通过实验演示，观察和分析月相的成因和规律；通过猜测和制作“三球仪”，探索和求证日、地、月相对位置的变化规律。

（4）应用拓展：让学生将月球和实际生活相联系，让学生对世界和我国探月工程有基本认知，激发学生的爱国情感和自豪感，意识到科学技术的重要性。

（5）总结与评价：对课程进行总结回顾，通过成果分享、自评、互评、老师点评等方式对学生学习成果进行点评。

2. 活动步骤以及设计意图

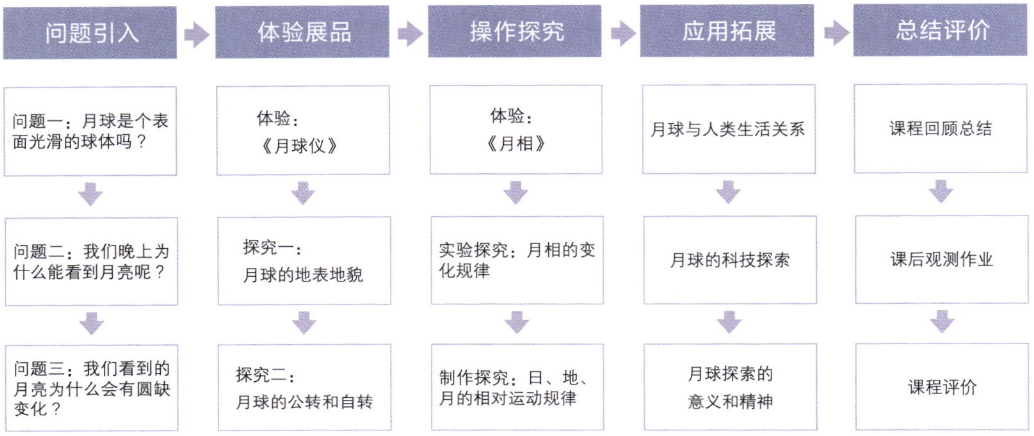

第一阶段　问题引入：点明主题

阶段目标：由提问引出活动主题，激发参与者兴趣。

教育活动脚本	设计思路
辅导老师：同学们，大家好！欢迎来到科技馆参加今天的“探秘地球的亲密伙伴月球”主题活动。 辅导老师：我们今天的活动与月球相关，在正式开始之前，我想问大家几个问题：月球是个表面光滑的球体吗？我们晚上为什么能看到月亮呢？我们看到的月亮为什么会有圆缺变化呢？	

教育活动脚本

（学生互动）

辅导老师：大家的回答都非常好，能看出大家对月球有一定的了解。那今天我们就进一步了解月球的地形地貌（见右图），探究月亮圆缺变化的成因和规律，了解太阳、地球、月球之间的相对运动规律吧。

设计思路

学情分析

此年龄段的学生对月球有一定认知，可以结合生活经验进行合理设想。

设计意图

该活动基于展厅开展，通过问题引出活动主题，可以迅速吸引参与者注意。

教学策略

通过提出问题引出活动主题，激发参与者兴趣和好奇，同时活跃活动气氛，为后续活动做好铺垫。

第二阶段　体验展品

阶段目标：通过观察和体验，了解月球的地形地貌等基本信息，初步探索月球的公转和自转规律。

教育活动脚本

辅导老师：首先，我们看“月球仪”这件展品（见下图）。相信在参观和体验过后，大家就会对月球有更加具体和明确的理解。（学生观察月球仪）

设计思路

学情分析

学生对月球有一定了解，但并不全面和准确。学生对月球的运动规律、相关影响不是很了解，或者无法将原因和具体现象相联系。

教育活动脚本	设计思路

辅导老师：通过观察，大家发现月球的地形地貌有什么特征？

（学生观察月球仪，说出月球表面情况：颜色灰暗、凹凸不平、标注有环形山、山脉、月海、探测器等。）

辅导老师：在这个过程中大家可以填写手中的学习单（见附件 1），并且思考讨论上面的问题。月球是地球的天然卫星，是我们肉眼可见的星球。它的直径约是地球的 1/4，体积约是地球的 1/49，距离地球约 38 万千米。从人类记忆伊始，月亮就悬在夜空中，引发人们的无限遐想。通过观察，我们发现月球本身不发光，也不透明，而我们之所以能看到月亮，是因为其表面反射了来自太阳的光。从地球上看，月球上面有阴暗的部分和明亮的区域，这又是为什么呢？

（学生互动）

辅导老师：大家说的没错，这是因为月面不同地方对阳光的反射情况相差很大。亮区是高地和环形山，比如月球仪上的高加索山、反射的光线多，叫月陆；暗区是平原或盆地等低洼地带，反射的光线少，叫月海，比如静海、雨海等。早期的天文学家在观察月球时，以为发暗的地区都有海水覆盖，因此把它们称为“海”。

辅导老师：此外，同学们还有什么发现呢？

（学生互动：我们发现月球表面有很多坑坑洼洼的地方）

辅导老师：大家观察得很仔细，科学家推测，由于月球没有大气层的保护，月球的“抵抗力”较差，各种陨石、小天体可以长驱直入砸向月面，所以月球表面凹凸不平。也正因为没有保护层，月球表面昼夜的温差很大，白天最高 127℃，夜间最低 −180℃。

辅导老师：同学们在观察的时候，我们还能发现在月球的一侧标记有很多的月球探测器，而另一侧则非常少，同学们想想这是为什么呢？

（学生互动）

辅导老师：同学们，我们知道地球是有公转和自转的，那么月球呢？

（学生互动）

辅导老师：作为一个天体，月球和地球一样，也有公转和自转，大家知道月球的公转和自转方向吗？月球公转和自转的周期又是多少呢？我们一起转动体验下吧。（见右图）

（学生互动体验）

辅导老师：对！月球的公转和自转方向都是自西向东，月球自转周期和绕地球公转的周期相等，约为

设计意图

激发学生兴趣、引出展品，充分发挥学生的主观能动性，让学生了解月球基本信息后，进一步认识月球作为一个天体的运动规律。在观察过程中思考和分析月球的公转自转规律所产生的影响。

教学策略

本教学环节部分内容比较抽象，需要引导学生在观察的基础上分析。先了解学生对月球的认知情况，然后引导学生通过观察，直观了解月球的地形地貌，进一步猜测月球公转自转规律，随后通过引导，让学生思考这一运动规律产生的影响，并与实际生活相关联。

教育活动脚本

设计思路

27.32 天。月球公转时在离心力的作用下重心外偏，但在地球的引力作用下重心又向内偏。月球就在这两种力的作用下完成绕自己的轴心自转。

辅导老师：月球这种公转和自转周期相同的特点，会产生怎样的影响呢?

（学生观察，谈想法）

辅导老师：对，这使我们在地球上永远只能看到月球的一面，我们称为月球正面，而另外一面总是背向地球，我们称之为月球背面。大家猜猜哪面是正面，哪面是背面呢?

（学生互动）

辅导老师：通过观察可以发现，月球正面和背面有显著不同，正面有很多月海，背面则有密集的陨石坑（见下图）。我们还可以发现，正面有很多探测器标注，而背面较少，这是由于探测月球背面较困难。

第三阶段 实验探究

阶段目标：认识月相，通过实验演示，观察和分析月相的成因和规律，通过制作“三球仪”，探索和求证日、地、月相对位置的变化规律。

教育活动脚本

辅导老师：我们对月球的基本情况已经有了初步了解，但我相信同学们对月球的最初认识还是因为月亮在天上的圆缺变化，那么大家知道月亮为什么会有圆缺变化吗?

（学生讨论）

设计思路

学情分析

部分学生平时对月相变化也有基本了解，

教育活动脚本

辅导老师：接下来，我们一起走近这件展品“月相”（见上图）。一起观看月亮的圆缺变化吧。

我们站定后按下“开始”按钮进行观测。通过观测发现，我们在地球上以我们自己作为参照物，月亮的圆缺变化好像就是一个半明半暗的球在转身。其实，月相是指地球上看到的月球被太阳照亮的部分，而月亮的圆缺变化就是月相的变化。

辅导老师：大家平时有没有注意到月相变化的规律呢?

分小组演示、讨论、记录月亮到底是怎样变化的？每组找两位同学。

拿着手电筒的 A 同学代表太阳，发出的是太阳光。拿着篮球的 B 同学代表地球，B 同学看到的就是地球人看到的天空，篮球代表月球。

第一步：太阳落山，B 背对着 A，B 向前方伸展手臂将篮球举起稍微高过头顶。A 站在几米远的地方，用手电筒照射篮球。B 观察篮球，并将看到的记录下来（一个完全被光线照亮的篮球——满月，一般发生在每个月的农历十五）。

第二步： B 向左稍微转动身子，保持手臂伸直，A 用手电筒一直照射篮球，B 观察篮球，并将看到的记录下来（篮球的右边有了缺口，处在阴影里 ，一般出现在每个月的农历十八左右）。

第三步：B 继续向左转动使身子刚好侧身对着 A，A 继续让手电筒照射篮球，B 观察篮球，并将看到的记录下来（光刚好照亮了篮球朝光的一面，反射的光泽呈现一个半圆——一般出现在每个月的农历二十二左右）。

第四步：B 继续向左转，观察篮球，并将看到的记录下来（篮球上的阴影越来越多。左边变亮，变成了弯月—— 一般出现在每个月的农历二十五左右）。

第五步：B 向左转动，使手臂伸向正对着手电筒的方向，A 继续照射篮球，B 观察篮球，并将看到的记录下来（篮球全是暗的——新月，一般出现在每个月的初一）。

第六步：B 保持手臂的姿势继续左转，再次看到弯月后停下来，B 观察篮球，并将看到的记录下来（篮球的右边是亮的——一般出现在每个月的月初）。

设计思路

但并不明白月相成因和规律，需要进一步学习。

设计意图

在了解月球公转自转规律的基础上，通过此环节，让学生认识到月相的成因和规律，通过猜测和制作“三球仪”，探索和求证日、地、月相对位置的变化规律。

教学策略

采取体验、实验演示、大胆猜测和制作分析的方法让学生和生活实际相结合，便于学生理解，帮助学生加深对月相的认识。

教育活动脚本

设计思路

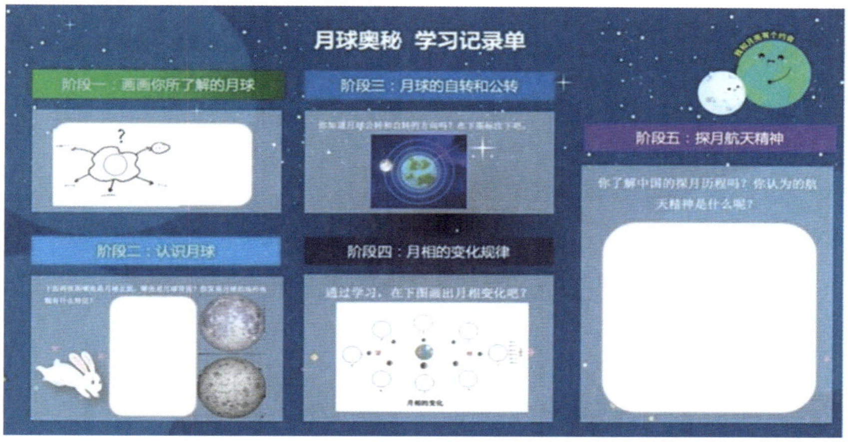

辅导老师让学生对照自己填写的学习单（见上图），通过演示“月相仪”教具（见下图）来进行学生结论的验证。

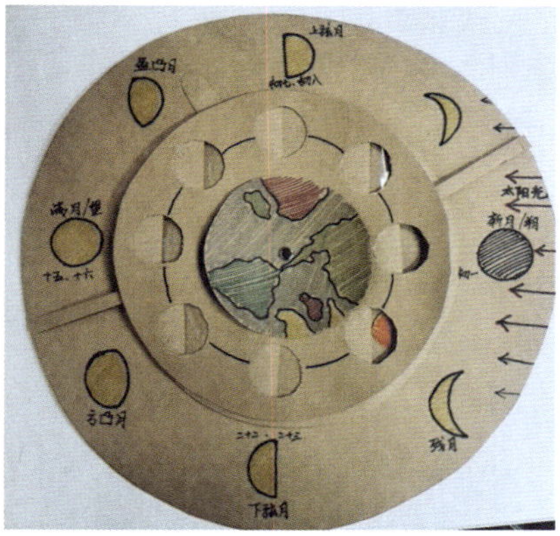

辅导老师：（老师转动月球转盘，使月球在太阳和地球之间）同学们看，此时我们能看到月亮吗?

学生：月球被太阳的照射面背向地球，看不到月亮。

老师辅导：对！我们称此时的月亮为“新月”或“朔月”；（老师继续转动月球转盘）之后我们能看到一个小月牙，以后每天月牙都一点点变饱满，逐渐变成半个月亮，然后是一轮满月，之后又变成朝另一侧的半个月亮，然后又变成月牙，最后消失。而到下个月，又看到一次这样的变化，这就是一个“朔望月”的循环，新月—峨眉月—上弦月—盈凸月—满月—亏凸月—下弦月—残月—新月。由于月球的天体运动，太阳、地球、月球三者的相对位置在一个月中会有规律地变动。当太阳、月球、地球三者相对位置不同时，地球上的人们去看月亮被照亮的部分，就能看到不同的月相变化（见下图）。

辅导老师：为什么刚才我们要逆时针旋转?

学生：因为从北极上方的太空看地球和月亮，月亮就是逆时针绕着太阳转。

辅导老师：那我们现在如果在南半球看月亮呢?

学生：他们跟我们脚对脚，看到的月相刚好相反。

辅导老师：正是!

教育活动脚本

设计思路

辅导老师：月相是最天然的日历，古人就是通过它来记录日期的。这台天上的日历循环一次就是一个月。

学生：那一个月要多少天呢?

辅导老师：粗略讲是 30 天。但是，如果每个月规定为 30 天，用不了多久就会出问题。月圆的日子离农历十五越来越晚，一年以后，月圆的日子就跑到了农历二十一左右，这说明 30 天太长了。月亮圆缺一次介于 29 天和 30 天，大约是 29 天半。

辅导老师：（转动教具月球转盘，使地球位于月球和太阳之间）同学们想一想，当地球处于太阳和月球中间时，不就把太阳光挡住了吗，这时候怎么还是满月呢? 刚才做篮球模拟实验时，同学们为什么把篮球举过头呢?

学生：怕遮挡阳光。

辅导老师：现在同学们拿出卡纸、剪刀、彩笔、羊角钉，制作一个简易的“三球仪”，同学们尝试着自己组合、拼插试一试，看看怎样能更合理地展现它们之间的相对运动变化。

（学生猜测后制作，见下图）

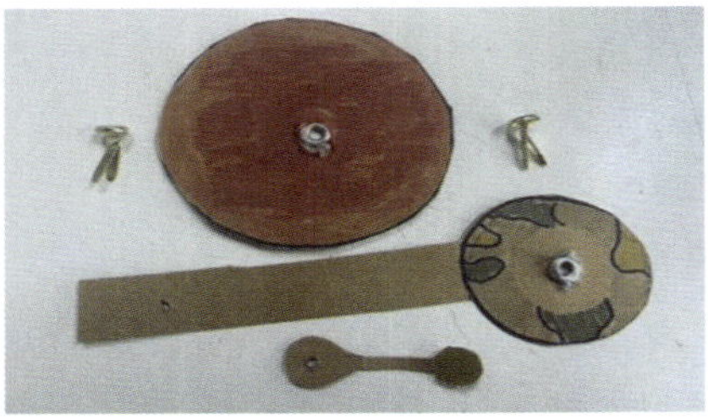

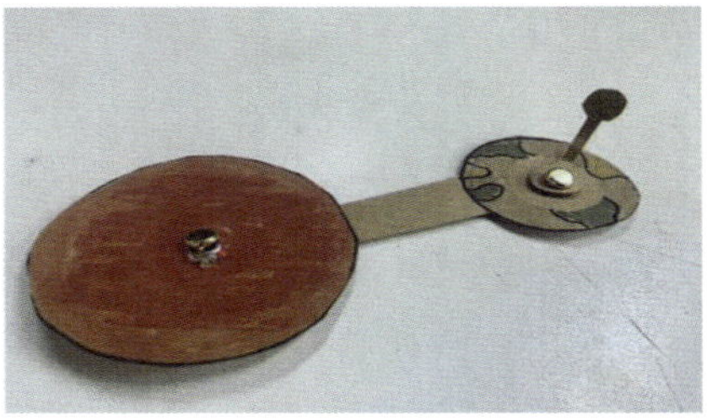

辅导老师：如下面这张图。月球轨道（白道）和地球轨道（黄道）有一个夹角，从相对于地球轨道的俯视角度看，好像日、地、月在一条直线上，其实月球的位置通常要偏离这条直线一点点。当然，也有时，月球正好转到三者在一条直线上，这时，月食就发生了。如果没有夹角，就像篮球和你的头在同一高度，每个月就会发生一次月食了。

学生：原来如此!

辅导老师：而且发生月食的时候，月亮的阴影和光亮的分界线是一个圆弧形，那刚好是地球的影子，也证明了地球是圆形的。

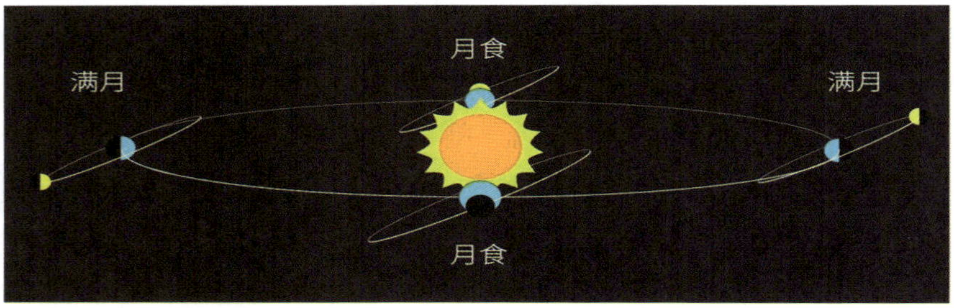

第四阶段 应用拓展

阶段目标：月球和我们人类生活的关系，了解人类探索月球的航天精神。

教育活动脚本

辅导老师：由于月球在天空中非常显眼，再加上规律的月相变化，自古以来就对人类文化、生活、产生重大影响。如“嫦娥奔月” 文学艺术、 “中秋赏月” 风俗传统，以及宗教信仰、哲学思想、历法编制等。

以前，我们只能通过远距离观察，了解月球的相关信息和规律，但现在，通过月球探测器，我们可以更加清晰详细地了解月球情况。月球是第一个人类登陆过的地外天体。1969 年，美国的“阿波罗 -11 号”实现了人类首次载人登月。与此同时，我国探索浩瀚宇宙的脚步也从未停歇，2004 年，我国开启探月“嫦娥工程”，发射了“嫦娥”系列探测器，并计划 2030 年前实现载人登月。

设计思路

学情分析

部分学生并不了解月球探索和人类生活的关系，部分学生听说过探月工程，此时对学生进行简单介绍，学生基于对月球知识的学习会对探月工程有基本认知，有助于后续在生活中继续关注相关内容。

设计意图

让学生将月球和实际生活相联系，让学生对世界和我国探月工程有基本认知，激发学生的爱国情感和自豪感。

教学策略

让学生初步了解我国探月工程，进而对探月工程产生好奇，继续探索科学知识，了解航天精神。

第五阶段 总结评价

阶段目标：总结本节课核心内容“月球的自转和公转”，加深学生印象；通过课后观察、学习、记录，激发学生继续探索太空科学的兴趣；通过自评、互评和老师点评，学生能够根据评价内容有针对性地改进提高。

教育活动脚本

设计思路

课程回顾和总结：学生分享课堂收获，结合自己的制作，阐述月球公转和自转、月相变化等知识，对所学知识加深巩固。

课后观测作业：每晚拍摄月球，并如下图做好月相变化周期记录，制作属于自己的月相仪。

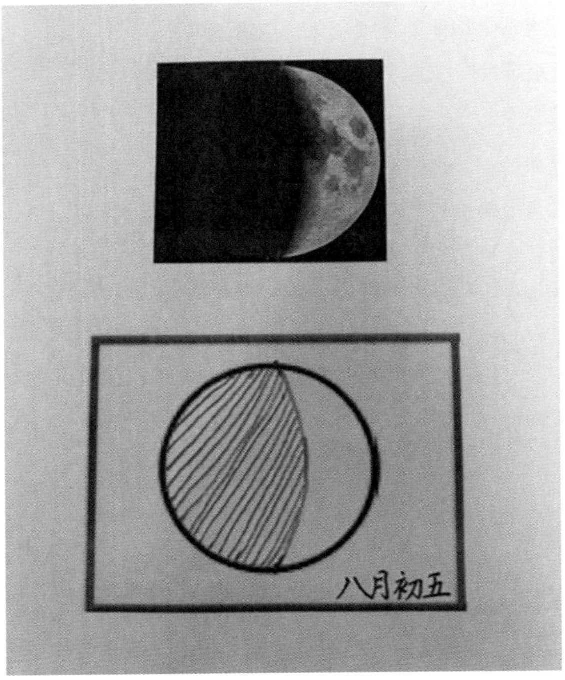

课程评价（见下表）：（1）自评与互评。对自己和同伴的作品和学习表现进行打分评价。（2）老师点评。对学生的学习态度、知识掌握程度、作品完成度、合作交流能力等多维度进行评价，鼓励学生勇于分享，并形成严谨的科学研究态度，鼓励学生像科学家一样思考，遇到困难不气馁。

评价指标	评价标准	自我评价	同伴评价	老师评价
科学知识	知道月球的表面特征，了解月球的公转自转特点和月相变化规律	☆☆☆☆☆	☆☆☆☆☆	☆☆☆☆☆
科学探究	能通过探究实验，观察、对比、分析得出结论	☆☆☆☆☆	☆☆☆☆☆	☆☆☆☆☆
科技作品	设计制作三球仪，并能够实现简易展示、分享和说明	☆☆☆☆☆	☆☆☆☆☆	☆☆☆☆☆
团队协作	愿意与他人合作完成探究任务，乐于接受意见并改正	☆☆☆☆☆	☆☆☆☆☆	☆☆☆☆☆

七、教学评价与反思

实施情况：2022 ~ 2023 年，课程在科技馆进行试点，本项目形成教育资源包后，面向公众进行科技馆线下和线上授课，目前累计授课 10 余次，累计参与人数 2570 人。课程试点情况见下图。

效果评估：

（1）受众反馈。本项目通过问卷收集了学生意见，学生样本的年龄层包括 9 ~ 14 岁青少年，学生问卷中反馈的对活动各方面的评价较好。其中，在活动内容方面，最突出的优点在于“新奇有趣”，93.30% 的学生做出了此项评价，而在活动时长上，76.67% 学生建议拉长活动时间。可见，活动内容对于部分学生可能较多。但值得注意的是，建议拉长活动时间的学生，以 10 岁以上学生为主，在实际活动开展过程中，10 岁以上学生在接受知识和反馈互动问题时较顺畅，学具的制作进度和完成效果最好，学生的成就感较强。

（2）专家评价。开发团队在课程设置上贴合课标，以“参观 + 体验 + 实验 + 探究”的互动形式，以“探究式学习”为主的教学方法，引导学生探究科学知识，学习科学方法，并将探索创新、平等宽容、团结协作的科学精神培养贯穿活动始终。让学生结合活动中的探究性问题，引发思考，并从实践中获得直接经验，提升学习效果。

开发团队在资源包活动学具和实验教具设计上，遵循了结构简单、操作方便、现象明显等设计原则。在形式和功能上，活动学具适用于学生的课堂操作，而实验教具采用了生活中极易获取的材料，更适用于学生课下自行操作。在活动学具材料的选择上，团队成员选用了价格低廉的纸质材料，在实际操作中，既保证可操作性又兼具艺术性，便于学生课后回家二次开发和制作，让学生获得了多元化的操作体验。

（3）个人反思。每位学生对知识的接受程度和进度不一致，所以课程需要在学龄上进一步划分，做好需求和反馈调研工作。

★ 该项目获 2023 年“奋进科普新征程”全国科技馆联合行动优质科学教育资源项目三等奖 ★

剪纸的智慧

教育活动类型： STEM 类综合科技活动

项目开发单位： 北京科学中心

项 目 设 计 人： 连洁、田园、孔慧珺

一、概述

《剪纸的智慧》是北京科学中心研发的“探索传统文化中的智慧”系列课程之一。本节课程基于传统剪纸技艺中折叠剪纸的方法，结合“轴对称图形”的相关知识，引导学生在自主探索剪纸步骤的过程中，锻炼发现问题、分析问题、解决问题的能力，并进一步加深对“轴对称图形”等相关概念的理解。课程从寻找剪纸作品的共同点引入，激发学生的学习兴趣，随后以任务驱动的方式，引导学生通过小组合作，观察剪纸作品、动手实践、探究出剪纸的对折次数与重复图案数量之间的规律以及折叠剪纸的基本步骤，并完成符合要求的剪纸作品。本课旨在培养学生的动手探究能力、空间几何想象能力、科学思维水平以及对传统文化的热爱。

二、教学对象

1. 本教育活动适宜的受众人数：15 ~ 20 人。

2. 本教育活动针对的具体教学对象：小学高年级学生。

3. 教学对象的学情分析：（1）学生生活经验。剪纸是中国传统民俗活动的重要组成部分，中国剪纸也入选了人类非物质文化遗产代表作名录。小学高年级学生在日常生活中通过校内外的活动或媒体等渠道对剪纸有一些了解，但不够全面。因此，利用剪纸这一相对熟悉的主题开展教学活动能够激发学生的学习兴趣，保证学生有较好的参与度。（2）学生已有知识基础。小学高年级学生已经学习过轴对称图形的相关知识，能够找出长方形、正方形等简单图形的对称轴，但对于找出较复杂图形的对称轴，以及剪纸与轴对称图形之间的联系还不熟悉，本课程可以帮助学生对课内知识进行拓展和活化应用。（3）学生已有能力基础。小学高年级学生的动手能力较强，基本可以熟练使用剪刀进行剪纸的操作，并具备了一定的探究能力，可以通过观察物品的形态，分析呈现形态的条件或方法，但是对于数据的记录与分析还不够熟练，总结归纳的能力有待锻炼。在课程中，老师可以在探究环节中对上述内容重点关注，进一步培养学生的科学思维与科学探究能力。

三、教学目标

1. 科学观念：学生能够对复杂图案进行拆解，找出对称轴；了解折叠剪纸的一般步骤；知道纸张对折的次数每增加一次，重复图案的数量就会增加一倍。

2. 科学思维：学生能够基于纸张对折次数获得的重复图案的数据进行简单分析，建立证据与解释之间的关系，利用归纳能力总结出纸张对折次数与重复图案数量之间的规律，并对折叠剪纸的方法进行抽象概括和描述解释，能够使用科学的思维观察思考事物或现象。

3. 探究实践：学生可以根据老师给定的任务，以小组合作的方式，把通过动手实践得出的数据进行分析归纳，总结出对折次数与重复图案数量之间的规律，并制作出符合任务要求的剪纸作品。

4. 态度责任：培养学生基于实证的科研态度；在小组活动中培养团队合作意识；引导学生了解中华优秀传统文化，主动探索其中的科学奥秘，鼓励学生学习、传承传统文化技艺，帮助学生建立文化自信。

四、教学重难点

1. 教学重点：老师需帮助学生明确完成折叠剪纸任务的思路及需要解决的核心问题，并引导学生进行简单的科学探究活动，探究纸张对折次数与重复图案数量之间的规律，最终指导学生按照任务要求制作出剪纸作品。

2. 教学难点：老师要启发学生通过动手实践及时记录对折次数和所获得的重复图案的数量，并对数据进行简单分析，归纳总结相应的规律——纸张每对折一次，重复图案的数量增加一倍。

五、教学场地与教学准备

1. 教学场地：场馆实验室 。

2. 教学准备：学习单、马克笔、正方形红纸、安全剪刀、 教学 PPT、铅笔、橡皮（具体数量根据学生人数准备，每人一份）。

3. 活动总时长：40 分钟。

六、教学活动设计与实施

1. 教学活动设计流程图

环节	内容
课堂引入	展示剪纸作品，介绍剪纸在中国传统文化中的重要地位，引导学生观察思考剪纸作品的共同特点，引出轴对称图形的概念。
知识铺垫	启发学生回忆轴对称图形的相关知识，引导学生找出上环节展示的剪纸作品的对称轴，巩固课内所学并为后续环节做铺垫。
布置任务	要求学生完成一次剪出 16 个连续重复图案的剪纸任务。帮助学生明确完成任务的思路及要解决的核心问题。
制定方案	指导学生以小组合作的方式，通过动手实践，记录分析数据，总结出纸张折叠次数与重复图案之间的规律，讨论制定出完成任务的方案。
实施方案	指导学生根据制定的方案，按照步骤完成剪纸任务。在过程中，根据出现的新问题，调整方案，直至顺利完成任务。
分享总结	组织学生分享交流作品，并回顾总结本节课程的主要内容和收获。

2. 活动步骤以及设计意图

第一阶段　课堂引入

阶段目标：激发学生兴趣，引出课程主题，帮助学生增加对剪纸的了解，培养文化自信，锻炼学生通过观察现象归纳总结的科学思维能力。

教育活动脚本	设计思路

老师活动：

（1）展示精美的剪纸作品（见下图），引起学生的兴趣。

（2）老师提出问题，引导学生回忆关于剪纸已知的内容。在学生回答的基础上，老师补充介绍中国剪纸的起源、特点、应用等基本内容，丰富学生对剪纸的了解，培养学生的文化自信。

（3）老师引导学生回答问题："仔细观察这些剪纸作品，你发现它们有什么共同的特点？"并在学生积极回答后，进行归纳总结，可以将剪纸作品对折，使学生能够真正体会到剪纸作品图案重合的特点。

（4）老师进一步引导学生思考："剪纸的图案可以重合，我们曾经学到过相关的概念，大家还记得叫什么吗？"

学生活动：

（1）欣赏剪纸作品。

（2）分享交流关于剪纸的了解，认真倾听其他同学和老师关于中国剪纸的介绍，丰富对剪纸的了解。

（3）在老师的引导下，思考并回答问题描述剪纸作品的共同特点（每幅剪纸作品都存在图案重合的现象）。

（4）在老师的启发下想到"轴对称图形"。

学情分析

小学生在日常生活通过校内外活动或媒体等渠道对剪纸有一些了解，但还不够丰富。因此，利用剪纸开展教学活动能够吸引学生兴趣，保证学生有较好的参与度。

设计意图

通过展示精美的剪纸作品，吸引学生的注意力。通过提问引发学生思考，激发学生的学习兴趣，锻炼学生通过观察现象归纳总结的科学思维能力。

教学策略

认知同化：老师引导学生根据已有的认识基础围绕剪纸进行分享交流，使学生原有认知得到丰富和发展。

讲授演示

老师通过实物、图片、视频等资料对本课程所涉及的剪纸相关内容进行讲授和演示。

第二阶段 知识铺垫

阶段目标：帮助学生巩固加深轴对称图形相关知识的理解，引导学生用科学思维观察思考生活中的物品或现象。

教育活动脚本

老师活动：

（1）老师提出问题“什么是轴对称图形？”

（2）老师根据学生的回答，再次强调轴对称图形的特点，即对称轴两边的图形完全一样。

（3）请学生以小组为单位找出上一环节中展示的剪纸作品中的对称轴。

（4）请学生分享结果，提出“你们想不想自己动手制作剪纸作品？”向下一教学环节过渡。

学生活动：

（1）在老师的引导下回忆关于轴对称图形的知识，即“如果一个平面图形沿着一条直线折叠后，直线两旁的部分能够互相重合，那么这个图形叫作轴对称图形，这条直线叫作对称轴”。

（2）学生组内分工协作，找出每幅剪纸作品的对称轴并用马克笔标记出来。

（3）展示标记的对称轴。在分享过程中核对答案，再次加深对找出对称轴方法的运用。

（4）在老师的引导下进入下一环节。

设计思路

学情分析

学生已经学习过轴对称图形的相关知识，能够找出长方形、正方形等简单图形的对称轴，但对于找出较复杂图形的对称轴，以及剪纸与轴对称图形之间的联系还不熟悉。

设计意图

将教学活动与学生的已有知识建立联系，巩固加深对课内所学知识的理解，培养学生使用科学思维观察思考生活中的物品或现象。

教学策略

搭建“脚手架”：老师以问题为导向，引导学生回顾课内已学的轴对称图形的相关概念，与剪纸建立联系，激发学生探究兴趣，并为下一环节做好铺垫。

第三阶段 布置任务

阶段目标：通过任务驱动的方法，激发学生的探究兴趣，引导学生以小组合作的方式明确完成任务的思路及需要解决的核心问题。

教育活动脚本

老师活动：

（1）老师布置任务：本次剪出 16 个连续重复图案的剪纸作品。

（2）老师引导学生思考“完成这个任务需要哪几个步骤？”让学生小组内简单讨论后，结合轴对称图形的知识，分享可能需要的步骤。老师可以在小组间观察和指导学生的讨论，并鼓励学生提出合理的想法。

设计思路

学情分析

学生对于剪纸有一定了解，但是对于符合具体要求的剪纸步骤还不太明晰，对事物进行抽象概括

教育活动脚本	设计思路
（3）老师组织小组之间分享组内讨论结果，并进行归纳总结。提出问题：这些步骤当中，最关键的步骤是什么？ **学生活动：** （1）进行小组讨论，思考完成任务需要几个步骤。在小组讨论过程中，学生可以自由交流和提出各自的想法。 （2）小组派代表分享讨论结果，最终得出完成作品的步骤包括：设计图案、对折纸张、绘制图案、剪出图案、整理纸张。 （3）小组讨论思考老师的问题，得出结论：“关键步骤有两个”，一是对折纸张的次数直接影响重复图案的数量，是关键步骤，需要明确 16 个重复图案需要对折几次；二是剪纸的时候要留好连接的部分，才能保证图案是重复的。	和描述解释的能力还有待锻炼提升。 **设计意图** 布置任务是学生完成探究活动的前提。该环节中，学生在老师引导下，通过科学化的思维模式思考问题，清晰完成任务的思路，找出需要解决的核心问题，为制订方案打好基础。 **教学策略** 任务驱动：老师提出剪纸任务，即一次剪出 16 个重复图案的剪纸，激发学生的兴趣，启发学生理清思路，并找出完成任务的关键要解决的问题，即明确纸张的对折次数。

第四阶段 制订方案

阶段目标：老师启发学生尝试不同的对折次数，通过数据的记录和分析进行归纳总结，找出对折次数与重复图案数量之间的规律。在此基础上，制订出完成任务的方案。

教育活动脚本	设计思路
老师活动： （1）在小组间观察和指导学生的讨论，引导学生通过动手操作，找出“需要对折几次才能一次剪出 16 个连续重复图案？”并将尝试过程中的数据记录在学习单的表格里。 （2）老师组织学生分享交流结果，并给予点评。 （3）老师鼓励学生通过分析表格里的数据，总结归纳出“纸张对折的次数与重复图案数量之间的规律”。 （4）老师观察和指导学生制定剪纸作品的方案。 **学生活动：** （1）进行小组讨论“需要对折几次才能一次剪出 16 个连续重复图案？”自	**学情分析** 学生具有较强的好奇心和求知欲，动手能力较强，具备一定的探究能力，但是对于数据的记录与分析还不够熟练，基于分析总结归纳的能力有待锻炼。本环节中老师需要对上述内容重点关注，进一步培养学生的科学思维与科学探究能力。

教育活动脚本	设计思路
由交流，提出自己的想法，并通过动手操作，记录下对折不同的次数以及出现的重复图案的数量，找出答案。 （2）各组分享交流答案“需要对折 4 次，才能剪出 16 个连续重复图案”。 （3）在老师的指导下，结合学习单上记录的数据，分析总结出规律：对折次数每增加一次，重复图案的数量就增加一倍。 （4）小组综合探究的结果，制定出各组的方案，并重点注明方案中每个步骤需要注意的细节。	**设计意图** 制订方案是学生自主探究的重要环节，重在培养学生知识技能的迁移转化能力，以及对问题分析、解决的能力。在小组讨论和分享环节，还可以初步锻炼学生的表达交流能力。 **教学策略** 任务驱动：通过上一环节，老师帮助学生明确解决的关键问题是“需要折叠几次才能一次剪出 16 个连续重复图案？”学生需通过小组合作探索出答案并总结出规律。 **探究教学** 老师引导学生开展探究活动，尝试记录不同对折次数以及得出重复图案的数量，总结出纸张对折次数与重复图案数量之间的规律。在此过程中引导学生利用收集到的数据进行分析，得出探究结论并进行交流分享。

第五阶段 实施方案

阶段目标：锻炼动手操作能力以及发现问题、解决问题的能力，感受传统文化的魅力。

教育活动脚本	设计思路
老师活动： （1）观察指导学生按照制定的方案步骤，一次剪出 16 个连续重复图案的剪纸作品。 （2）老师要提醒学生注意操作的细节，如果出现图案不连续的情况，要引导学生思考，调整方法，直至完成任务。	**学情分析** 学生有较强的动手能力，基本可以熟练使用剪刀，可以按照步骤完成操作。

教育活动脚本	设计思路
学生活动： （1）根据方案，按照步骤设计图样、折叠 4 次、绘制图样、剪出图样、整理纸张，一步步完成任务，一次剪出 16 个连续重复图案的作品。 （2）制作过程中，可能会出现图案不连续的情况，要及时分析问题，调整方案。比如，要沿对称轴的方向画图，沿开口处剪，留好足够的连接部分等。	**设计意图** 指导学生实施前面环节中制订的方案。检验方案的可行性和呈现效果，及时调整方案，直至完成任务要求。 **教学策略** 活动指导：老师为学生提供充足的材料，并促使学生都积极参与并按照正确的步骤实施方案，及时调整方案，按要求完成任务。

第六阶段　分享总结

阶段目标：引导学生总结归纳本课程的要点，加深学生对课程内容的理解，锻炼学生科学表达和总结归纳的能力。

教育活动脚本	设计思路
老师活动： （1）组织学生分享作品，并互相点评。 （2）带领学生回顾本课程内容。 （3）引导学生从知识、方法、思维、感受等方面用一句话总结本次课程的收获。 **学生活动：** （1）在老师的组织下分享剪纸作品，并互相评价。 （2）在老师引导下，回顾本课程内容。 （3）自由发言表达自己的收获。如学会了剪纸的基本步骤；知道了纸张对折次数每增加一次，重复图案的数量就增加一倍；剪纸很有意思，我想学习更多的剪纸方法；学会了通过记录数据、分析数据、总结出规律，等等。	**学情分析** 学生可以根据探究结果表达自己的观点，但是提炼精简、总结的能力还有待锻炼提升。 **设计意图** 作为课程的最后一个环节，老师帮助学生一起总结和梳理课程内容，加深学生对课程内容的理解，锻炼归纳总结、表达交流的科学思维能力。 **教学策略** 知识的精细加工：老师引导学生概括提炼课程的要点和收获，加强巩固本课内容。

七、教学评价与反思

1. 教学评价

本课程的教学评价采用过程性评价和终结评价相结合的方式进行。

（1）过程性评价：在课程实施过程中，老师采用观察法，对学生的表现进行记录，并给予适时的引导。一是，在小组讨论时是否能够积极参与并对剪纸的方法进行抽象概括和描述解释；二是，剪纸操作时是否能够通过尝试不同的折叠方法，通过数据的记录和分析进行归纳总结，找出折叠次数与图案之间的关系。

（2）终结性评价：在课程结束后，老师采用问卷调查（见下表）的方式，从知识、思维、能力等方面收集学生的反馈，了解课程目标的达成情况。

项目内容	获得星级（自评打分）
我知道了折叠剪纸的基本步骤	☆ ☆ ☆ ☆ ☆
我进一步理解了轴对称图形的相关知识	☆ ☆ ☆ ☆ ☆
我能够通过动手操作，找出折叠次数与重复图案数量之间的关系。	☆ ☆ ☆ ☆ ☆
我可以自己动手完成剪纸作品	☆ ☆ ☆ ☆ ☆
我对剪纸有了更加丰富的了解	☆ ☆ ☆ ☆ ☆
我认为剪纸技艺体现了中国人的智慧	☆ ☆ ☆ ☆ ☆
我很喜欢本节课的内容	☆ ☆ ☆ ☆ ☆
我认为本节课的内容难度适中	☆ ☆ ☆ ☆ ☆
我愿意把本节课的内容分享给身边的父母、同学、朋友	☆ ☆ ☆ ☆ ☆
我在本节课还有哪些收获：	

2. 教学反思

本课程把中华优秀传统文化中的剪纸技艺与科学教育相融合，把弘扬优秀传统文化渗透于学科教学之中，让学生在巩固加深科学知识的同时，了解传承优秀传统文化。教学内容难易适当，由浅入深。注重引导学生自主探索、思考、归纳总结，学生互动积极，课堂氛围较好。

在教学中，老师采用了自主探索、小组合作、全班交流等多种教学组织形式，为学生创造了自主学习、合作交流的机会。老师敢于大胆地让学生去探索、尝试。在这节课中，老师不仅是知识的传递者，还成为学生自主探索获取知识的引导者，引导的内容不仅包括科学探索的方法、思维，还包括传统文化的价值，鼓励学生传承弘扬传统文化，建立文化自信。

★ 该项目获 2023 年“奋进科普新征程”全国科技馆联合行动优质科学教育资源项目三等奖 ★

冰壶项目知多少——冰壶对对碰

教育活动类型：活动辅导，动手做

项目开发单位：中国科学技术馆

项 目 设 计 人：张磊巍、康伟、叶肖娜

一、概述

介绍冰壶项目的历史和比赛规则，通过展品辅导探究摩擦力对物体运动状态，通过探究实验研究摩擦力对物体运动轨迹的影响，从而了解冰壶运动中摩擦力的奥秘。最后通过动手制作冰壶、进行小组对抗赛，深入感受冰壶运动魅力和奥运精神。

二、教学对象

1. 本教育活动适宜的受众人数：40 人以内 。

2. 本教育活动针对的具体教学对象：8 ~ 12 岁儿童。

3. 教学对象的学情分析：冬奥会刚刚结束，小学中高年级学生，对冰壶运动有一定了解。多版本小学科学教材中，中高年级引入摩擦力概念。学生对冰壶运动中摩擦力的原理不了解。

三、教学目标

1. 科学观念：了解冰壶项目；了解摩擦力对冰壶运动的作用；进行简易的冰壶制作。

2. 科学思维：通过探究实验，在观察、提出猜想、设计实验、分析数据中培养科学思维。

3. 探究实践：通过了解冰壶项目的起源，吸引学生关注；通过探究学习，带学生了解冰壶项目应用的科学原理和背后的精神含义。

4. 态度责任：对奥运项目会及周边历史产生兴趣；激发学生对冰雪运动的热情。

四、教学重难点

1. 教学重点：了解冰壶项目和奥运精神，了解冰壶运动中摩擦力的原理。

2. 教学难点：通过展品体验和探究实验，了解冰壶运动中的摩擦力原理。鼓励学生在了解冰壶项目背后科学原理的同时，感受奥林匹克永不言弃的精神。

五、教学场地与教学准备

1. 教学场地：教室。

2. 教学准备：PPT 课件、“冰壶对对碰”材料包。

3. 活动总时长：40 分钟。

六、教学活动设计与实施

1. 教学活动设计流程图

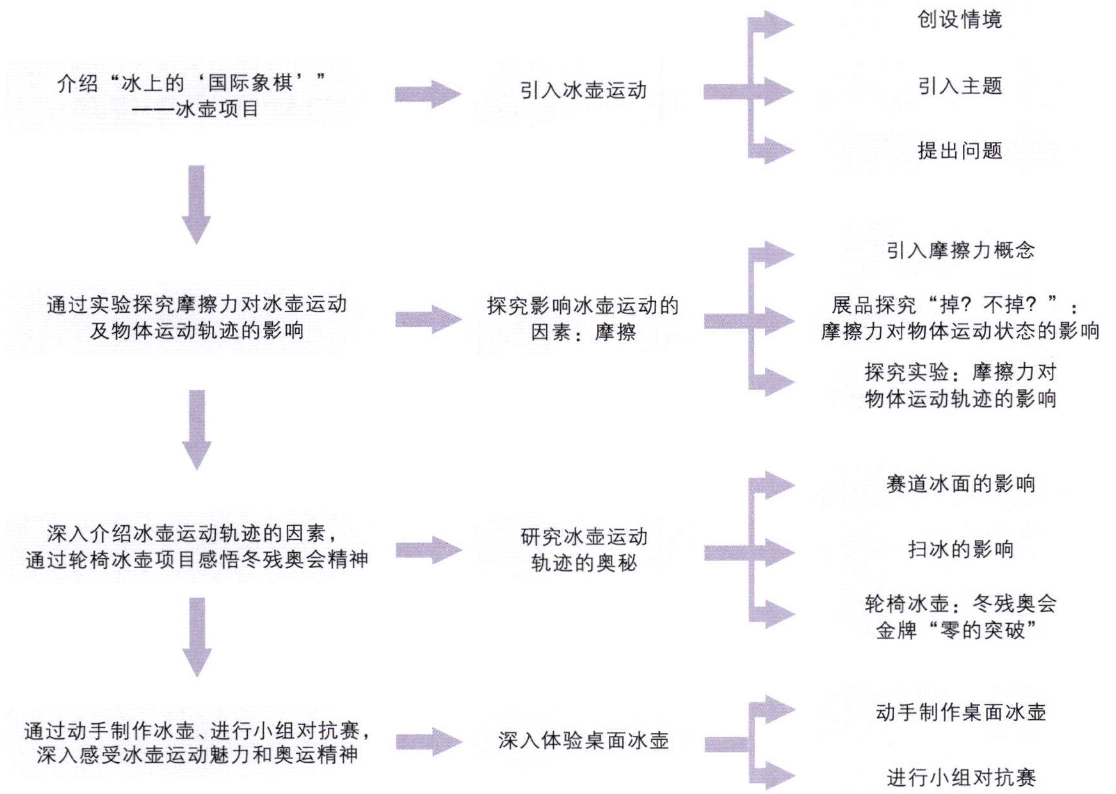

2. 活动步骤以及设计意图

第一阶段　介绍冰上的“国际象棋”——冰壶项目

阶段目标：介绍冰壶运动和比赛规则。

教育活动脚本

引入冰壶运动。

第一步，创设情境。

老师：同学们，有个问题想考考大家，有一项冬奥项目被喻为冰上的“国际象棋”，你们知道它是什么吗？

学生 A：……

学生 B：……

老师：大家想一想，国际象棋有什么特点呢？是不是需要强大的智慧，战术和强大的心理。冰上的“国际象棋”，说明这项运动需要运动员在具备体能、技术以外，还需要具备战术、心理和运动智能。这项运动就是冰壶。

第二步，引入主题。

（1）冰壶起源

老师：冰壶运动，是一种投掷性竞赛项目，又称掷冰壶，冰上溜石。比赛时以队为单位，每队 4 人参赛。说到冰壶，它的历史非常悠久，起源于 14 世纪苏格兰，16 世纪就有了冰壶比赛。在 1998 年的第 18 届冬奥会上，冰壶首次成为正式比赛项目。

（2）冰壶比赛规则

老师：那么冰壶怎么玩呢？我们一起来看一个简单的小视频，我们看到，投掷队员会半蹲在冰面上滑行，轻轻旋转冰壶控制出手方向。两名队友在冰壶前用特制的冰刷“扫刷”冰面（见下图）。

运动员需要把对方的石冰壶击走，并把自己队的石冰壶留在比赛场地的圆心中。

两队队员依次投掷，每人掷两个冰壶，先是双方一垒，之后是二垒、三垒和队长。

设计思路

设计意图

通过简单介绍冰壶运动和比赛规则，引入活动主题。

学情分析

小学中高年级学生，对冰壶运动有一定了解。

教学策略

通过提问和介绍冰壶项目，激发学生学习兴趣。

教育活动脚本	设计思路

两队所有队员投完后，以圆垒圆心为中心点，出于圆垒边线范围内、位置最接近中心点的一方得分；若该队有多颗冰壶都位于圆垒范围中、且位置比对手所有冰壶更接近圆心，则每颗冰壶都可以获得 1 分。评分规则见下图。每场比赛进行 10 局，10 局过后得分最多的一方获胜。

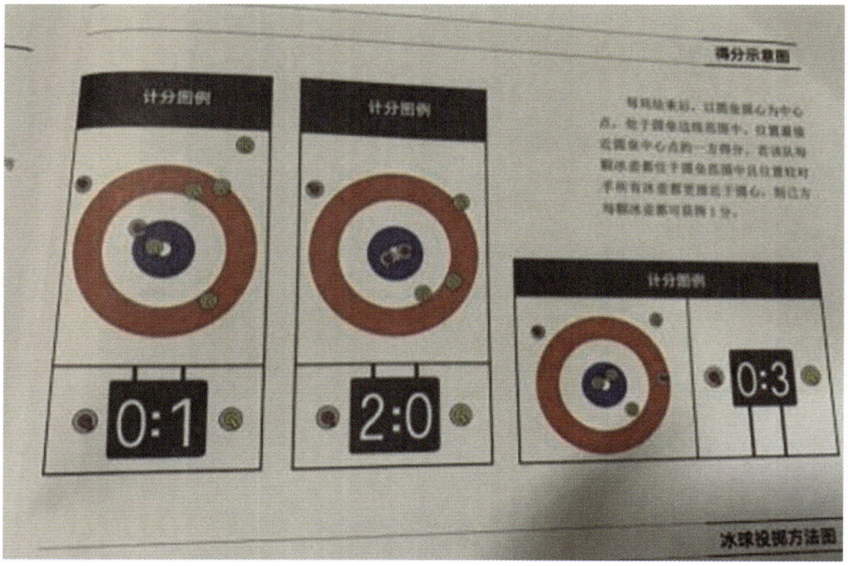

第三步，提出问题。

老师：想必大家都注意到了，在冰壶前进过程中，会有两名运动员手持冰刷，在不停地擦冰面。为什么要擦冰面呢？这样做对冰壶前进又起到什么作用呢？接下来让我们一起来了解一下。

第二阶段　通过实验探究摩擦力对冰壶运动及物体运动轨迹的影响

阶段目标：通过展品辅导探究摩擦力对物体运动状态的影响。

教育活动脚本	设计思路

探究影响冰壶运动的因素：摩擦力。

首先，引入摩擦力概念。

老师：请大家回想一下，在刚刚的视频中，队员刷冰以后会让冰壶立即停止还是滑得更远呢？

学生 A：滑得更远。

学生 B：推出冰壶以后，擦冰面好像让冰壶滑得更快了。

设计意图

通过展品辅导和实验探究研究摩擦力对于物体运动的影响。

教育活动脚本	设计思路

老师：大家观察的都非常仔细。当刷冰方向变化时，冰壶前进的方向变不变呢？

学生：变了，走的不是直线。

老师：由此我们可以知道，刷冰的目的是改变冰壶前进方向和速度。请大家回忆一下，物体运动方向改变，说明了什么呢？

学生：说明它受到了力的作用。

老师：是的，根据牛顿第一定律，任何物体都要保持匀速直线运动或静止状态，直到外力迫使它改变运动状态为止。冰壶运动的速度和方向改变，说明它受到了力的作用。这是什么力呢？请大家跟我一起来看。冰壶在冰面上滑行时，在竖直方向会受到重力、支持力，它们是一对平衡力。在水平方向上会受到什么力？冰壶向前滑动会受到什么力呢？

学生：摩擦力。

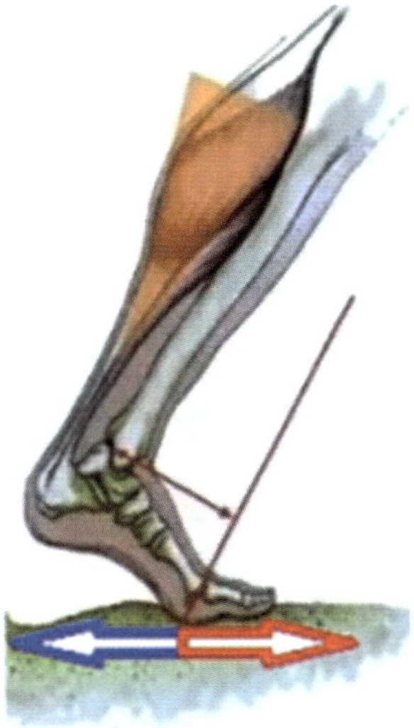

老师：当冰壶在地面上滑动时，会受到摩擦力。摩擦力在生活中非常常见，给大家举一个例子，人们为什么能够正常向前行走呢？我们的脚和地面之间发生了什么呢？

学生 A：由于摩擦力。

老师：是的，人们之所以能够向前行走，是由于摩擦力的作用。脚向后蹬地的同时，地面给人一个向前的摩擦力。起到一个“推动”作用，让人们可以向前行走。（见右图）

那么摩擦力除了能够起到让物体“动起来”的作用，它是否可以让物体“停下来”呢？

在中国科学技术馆就有这样一件展品，它可以在“运动”的状态下让物体保持不动，这是真的吗？让我们一起来看一看。

下一步，展品探究“掉？不掉？”即摩擦力对物体运动状态的影响。

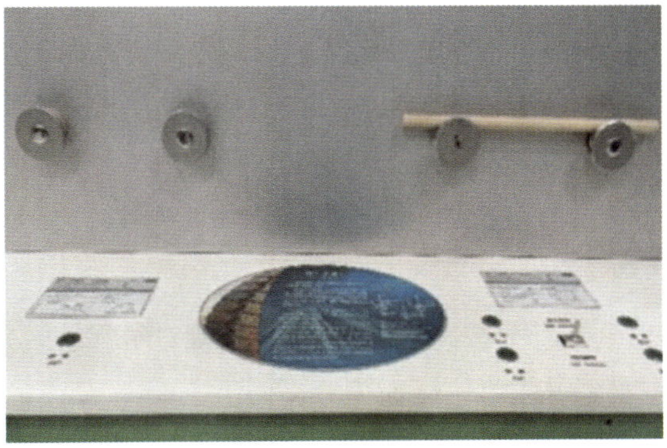

老师：请大家跟我一起来到中科馆主展厅探索与发现 A 厅，这里有一件非常有意思的展品（见右图）。这里有两组转轮，它们有什么不一样吗？

学生 A：按下按钮后，我发现两组转轮旋转的方向不一样。

学情分析

小学中高年级学生，对冰壶运动有一定了解，对其中的科学原理却不甚了解。

教学策略

通过展品辅导，让学生了解摩擦力对物体运动的影响。

教育活动脚本	设计思路

老师：是的。左侧一组转轮，两个转轮向内转动、速度相等。右侧一组转轮，可以改变转动的方向，两个转轮既可以同时向内转动、又可以同时向外转动。我手中有一根木棒，如果我们把木棒放在左侧转轮上，会发生什么呢?

学生 A：木棒掉下去。

学生 B：木棒保持静止，掉不下去。

老师：请大家动手试一试。将观察结果记录下来填入表格。（表格如下）

	转轮旋转方向	转轮旋转速度	木棒运动状态
左侧转轮	向内转动	不改变	
右侧转轮	向外转动	快	
	向外转动	慢	
	向外转动	快	
	向外转动	慢	

老师：好，经过测试，我们发现。（1）将木棍放在左侧转轮组后，按动按钮启动装置，发现木棍没有掉下来，木棍在两个转轮上来回往返运动。（2）将木棍放在右侧转轮组后，调节两个转轮的转动方向和速度，当两个转轮均向内转动时，改变速度，木棍不会掉下来。（3）当两个转轮均向外转动时，无论速度如何变化，木棍很容易掉下来。这是为什么呢?

学生：由于摩擦力的作用。

老师：是的，木棍的运动状态受摩擦力影响。

木棍放在转轮上，当转动转轮时，在水平方向上，木棍只受到转轮对它的摩擦力。木棍和转轮发生相对滑动，所以这种摩擦力是滑动摩擦力，只与摩擦系数和压力有关。所以转轮转速对于木棍受到的滑动摩擦力大小没有影响。

我们来看左侧转轮组，按动按钮启动装置，两个转轮向内转动，木棍有向外滑动的趋势，因滑动摩擦力方向与滑动的方向（或相对滑动趋势的方向）相反，于是木棍左侧受到方向向右的摩擦力 f_1、右侧受到方向向左的摩擦力 f_2。如果木棍更靠近左端（左端伸出木棍的长度更长），那么左端滑轮给木棍的压力更大，于是摩擦力 f_1 更大，会让木棍会向右端移动；反之，如果木棍更靠近右端，那么右端滑轮给木棍的压力更大，于是摩擦力 f_2 更大，会让木棍会向左端移动。于是木棍会在转轮上做往复运动。

老师：接下来我们看右侧转轮组，当两个转轮向内运动时，转速对摩擦力大小没有影响，所以木棍会在转轮上做往复运动。

当两个转轮向外转动时，于是木棍左侧受到方向向左的摩擦力 f_1、右侧受到

教育活动脚本

设计思路

方向向右的摩擦力 f_2（见下图）。如果木棍更靠近左端，那么左端滑轮给木棍的压力更大，于是摩擦力 f_1 更大，会让木棍会向左端移动，掉了下来；反之，如果木棍更靠近左端，摩擦力 f_2 更大，会让木棍会向右端移动，掉了下来。所以，两个转轮均向外转动时，木棍都很容易掉下去。

通过这件展品，我们发现摩擦力的“威力”非常大，既可以让物体“动”又可以让物体“不动”。

第三步，开展探究实验，研究摩擦力对物体运动轨迹的影响。

老师：摩擦力还会对物体运动产生哪些影响呢？让我们通过以下实验一起来研究一下。我们选择直径 58 毫米下表面光滑的沙狐球球饼作为滑块，观察它在不同摩擦系数表面的滑动轨迹。（见下图）

设置三种材质表面，普通木板表面、涂有润滑油的玻璃表面和均匀撒有细石英砂颗粒的玻璃板。将滑块从斜面上固定的高度、轨道中心位置滑下，观察测试滑块在三种材质的水平面上的滑行距离、滑行时间、偏离中心距离（运动轨迹）。

将观察结果记录下来填入以下表格。

表面材质	滑行距离	滑行时间	偏离中心距离
普通木板			
涂油玻璃板			
撒砂玻璃板			

教育活动脚本	设计思路
经过实验，我们发现： （1）滑块在普通木板上可以滑行的距离是？滑行时间是？滑块几乎是沿轨道中心位置向前滑行、偏离中心不太明显。 （2）滑块在涂有润滑油的玻璃板上滑行时，由于太过光滑，滑块会一边旋转、一边向前滑动，滑块走线可能会弯曲，但可以滑行更远的距离、更长的时间。如果想让滑块停在一个目标区域范围，由于摩擦力太小，在不触碰滑块的情况下，有一定难度。 （3）滑块在撒有细石英砂颗粒的玻璃板上滑行时，滑行距离比在木板上更远，滑行时间更长，走线弯曲程度比在光滑玻璃板上更小。 通过以上实验可以说明，摩擦力会影响物体的运动轨迹，比如物体是走直线还是曲线，还会影响物体的滑行距离。	

第三阶段 了解影响冰壶运动轨迹的因素，通过轮椅冰壶项目感悟冬残奥会精神

阶段目标：结合探究结论深入了解影响冰壶运动轨迹的因素，通过轮椅冰壶项目，感悟冬残奥会精神。

教育活动脚本	设计思路
研究冰壶运动轨迹的奥秘。首先研究赛道冰面的影响。 老师：让我们把目光再次聚焦到冰壶运动中。当冰壶在冰面上滑动时，摩擦力对于冰壶的运动轨迹起着至关重要的作用。比赛使用的冰壶一般是由不含云母成分的花岗岩精心雕琢而成，外表面经过了钻石打磨抛光工序，因此其表面圆滑无比。与冰面发生摩擦的界面在其底部，冰壶底部并不是一个完整的平面，而是一个弯曲且向中间凹陷的面，直接与支撑面发生接触和摩擦的面是一个环状的薄面，宽度只有 3 ~ 5 厘米。 大家想一想，冰壶在冰面上滑行，冰面赛道是光滑的吗？ 学生：不是。 老师：非常好。制冰师每次在制冰时，会先开着制冰车平整冰面，然后在光滑如镜的冰面上喷洒水珠，每一颗水珠通常在 2 ~ 3 毫米大小，这些水珠遇冷凝结成冰粒，被戏称为“鹅卵石”。在冰上铺设小冰粒，这样可以减少冰壶底部与冰面的接触面积，减少摩擦，使冰壶速度加快。所以冰壶并不是在冰面上滑行，而是在这些“鹅卵石”上滑行。此外，如果是光滑的冰面，冰壶的走线太过弯曲，球员很难将它赶向圆垒。 其次研究扫冰的影响。 老师：请问大家冰壶得分的关键是什么？	**设计意图** 根据以上实验结论，深入了解冰壶运动轨迹和摩擦力的关系。通过轮椅冰壶项目，引发学生情感共鸣，感悟冬残奥运动员自强不息的精神。 **学情分析** 小学中高年级学生，对冰壶运动有一定了解，对其中的科学原理却不甚了解。 **教学策略** 通过介绍轮椅冰壶项目，激发学生情感共鸣。

教育活动脚本	设计思路

学生：尽可能接近圆垒圆心。

老师：那么怎么才能让冰壶滑向圆垒圆心呢?

学生：向着圆心沿直线推出。

老师：摩擦力不变和匀速直线运动只是理想情况，沿直线推出冰壶，它未必可以滑出我们想要的运动轨迹。有研究表明，与没有任何干扰相比，在冰壶前方大力地扫刷冰面，能让冰壶向前多行进数米的距离，这又是为什么呢?

学生：……

老师：其实，摩擦力是影响冰壶运动的重要因素。在赛道的表面洒上水珠，让运动员可以通过扫冰（俗称“擦冰”）来改变冰壶与冰面的摩擦力。冰壶在行进的过程中，一旦速度变慢，就会开始朝一个方向偏转，路径也变成弧线。如果是逆时针偏转，冰壶就会旋向左边。如果是顺时针，就会旋向右边。当运动员用冰壶刷“疯狂”地摩擦冰面之后，冰壶的运动轨迹就呈现出了不同的结果。摩擦产生的高压使冰壶前方的冰面变暖，形成了一层非常薄的液体薄膜。融化的冰起到了润滑剂的作用，使冰壶前缘的摩擦力变小，冰壶的旋转角度变小，从而让它行进的路径变得更直。由于摩擦力变小，冰壶也可以向前滑行更远的距离。运动员还可以通过摩擦赛道表面不同的位置，巧妙改变不同区域的摩擦力，控制冰壶的运动轨迹，来打出弧线球，使得冰壶从夹缝区挤进营垒区得分。所以擦冰可以使冰壶滑行更长的距离，在一定程度上可以改变冰壶的运行轨迹。因此我们经常会看到扫冰队员本着“大力出奇迹”的信念，将自己的重量压在刷子上，以此增加对冰面的压力。在冰壶前进的过程中，通过擦冰来修正冰壶的运动轨迹和距离，让冰壶尽可能地滑向圆垒圆心。

随着比赛的进行，冰面上的颗粒会逐渐被擦掉一部分，冰面颗粒被磨平，冰壶和冰面的摩擦面积也会增大，看似微小的改变，也会影响冰壶的运动速度和轨迹。在奥运级别的比赛中，几毫米之差就能决定出胜负。顶级运动员会不断根据变化来调整投壶和扫冰的策略，在对大量细节的掌控当中进行博弈和较量，见微知著，这正是冰壶运动的魅力之一。

了解轮椅冰壶：冬残奥会金牌“零的突破”

老师：大家知道实现中国代表团冬残奥会金牌“零的突破”的是哪个项目吗?

学生：……

老师：就是轮椅冰壶。轮椅冰壶与冰壶项目也有很多不同之处。比如轮椅冰壶队伍中必须有 1 名女运动员，冬残奥会上只设 1 枚金牌。掷冰壶时，轮椅置于两条轮椅线中间，轮椅冰壶运动员坐在静止的轮椅上，以特制的投壶推杆卡住冰壶后，手臂及手腕发力通过推杆将冰壶推出去。冰壶项目与轮椅冰壶最大的区别是，轮椅冰壶不允许刷冰，运动员出手后就没有了补救的机会，这大大增大了比赛的难度，也考验运动员的综合素质。

相比男女冰壶，轮椅冰壶选手要想保持击打的准确，要付出更多的努力和

教育活动脚本	设计思路

艰辛，每一次的击打，每一次的失误，甚至每一次的跌倒，选手们都没有倒下，站起身来，从头再来，一个微笑了之，一切重新开始。最初训练时，中国轮椅冰壶运动员不知道国外的队伍如何训练，就自己摸索训练方法。比如用皮筋绑着自行车轮胎，对着草练习，一天推杆上千次。器材坏了舍不得扔，杆头裂了就用胶水粘上接着用。寒冷的冰面、长期的坐立，近 20 千克重的冰壶，每天长达 6 小时的练习……轮椅冰壶运动员从事的这项体育运动要比健全人付出更多。（见下图）

在 2018 年韩国平昌冬残奥会轮椅冰壶决赛中，中国队获得金牌，实现了我国参赛冬季残奥会历史上金牌和奖牌零的突破。这是自 2002 年我国踏上冬残奥会征程以来跨出的历史性一步，书写了我国冬残奥运动发展的新篇章。运动员们的精彩表现和优异成绩体现了“卓越、友谊、尊重”的奥林匹克价值观和“勇气、毅力、激励、平等”的残奥价值观，展现了残奥运动员在肢体受限的情况下，仍然坚持运动、追求卓越的可贵品质。（见下图）

第四阶段 通过动手制作冰壶、进行小组对抗赛，深入感受冰壶运动魅力和奥运精神

阶段目标：动手制作冰壶、进行小组对抗赛，感受冰壶魅力。

教育活动脚本

本阶段制作桌面冰壶。

老师：想必大家一定都迫不及待想要体验一下神秘而优雅的冰壶运动。今天我们就制作一款桌面冰壶，一起感受一下冰壶的魅力。请大家从木板上取下零件（见下图），将它拼装成为一个冰壶。

老师：好了，大家拼完之后，这样的冰壶可以动吗？好像底部摩擦力不太够，滑不起来。接下来，请大家把玻璃球安装在冰壶中（见下图）。请大家在安装的过程中，调试一下，玻璃球既要卡在冰壶内、不能脱落，又要灵活滚动。

设计思路

设计意图

通过动手制作冰壶、进行小组对抗赛，提升活动趣味，让学生感受冰壶魅力。

学情分析

小学中高年级学生，对冰壶运动有一定了解，对其中的科学原理却不甚了解。

教学策略

动手制作冰壶、进行小组对抗赛，将该部分活动推向高潮。

教育活动脚本	设计思路
老师：冰壶做好啦，接下来，我们需要制作一个冰壶赛道。请大家在贴纸中取下圆环，粘贴成为营垒。（见下图）	

老师：制作完毕（见下图）后，请四位小朋友一组，两组同时进行冰壶比赛。请大家团结协作，商量投壶策略，看一看究竟哪一队可以取得胜利。

七、教学评价与反思

本活动结合科技馆特色利用展品体验，深入探究摩擦力对物体运动状态的影响。使用控制变量法设计探究实验，研究摩擦力对物体运动轨迹的影响。自主设计制作桌面冰壶材料包，让学生亲自体验冰壶运动的乐趣。

★ 该项目获 2023 年“奋进科普新征程”全国科技馆联合行动优质科学教育资源项目三等奖 ★

我是氢燃料汽车工程师

教育活动类型： 项目式学习

项目开发单位： 中国科学技术馆

项 目 设 计 人： 于悦悦、符灏

一、概述

课程采用项目式学习教学，以“将纯电动汽车改造为氢燃料汽车”为总目标，以学习单为索引，将总目标分为三个阶段性任务“为什么要研发氢燃料汽车”“如何将电车改造为氢燃料汽车”“未来氢燃料汽车发展需解决的问题”，引导学生逐步掌握氢燃料汽车的优势、原理和发展方向，培养学生跨学科思维能力和解决实际问题的能力。

二、教学对象

1. 本教育活动适宜的受众人数：10 ~ 20 人 。

2. 本教育活动针对的具体教学对象：10 ~ 15 岁青少年。

3. 教学对象的学情分析：该年龄段学生对汽车有初步了解，能够理解不同类型汽车动力装置，及其不同能量形式和转化，具备一定的分析、对比、总结的能力，但是对于动力装置内在的科学原理不甚清楚。通过项目学习，结合展厅展品、活动教具、学习单等脚手架，能够对汽车动力装置有一个客观、系统的了解，并能够在老师引导下，从“碳中和”的角度，分析各种动力汽车的优劣势，理解氢燃料车的核心部件——氢燃料电池的工作原理，并在氢燃料电池的原料和产物的基础上，对学习单所提供的电车结构进行增改设计，得出较为合理的设计结果。

三、教学目标

1. 学科科学观念：五 ~ 六年级要求知道自然界中有多种表现形式的能量转换，声、光、热、电、磁都是自然界中存在的能量形式。而一种表现形式的能量可以转换为另一种表现形式，即自然界中的能量可以相互转换；了解汽车的动力装置是将其他能量转化为机械能。不同动力的汽车在能量转化的过程，产生的尾气是不同的；八年级要求知道电流的产生是因为电子的移动，且电流的方向是电子移动的反方向。持续产生电流需要电路有电流，且为通路；九年级要求知道水的组成，并知道电解水产生氢气和氧气的实验。

2. 科学思维：对比各种汽车的动力装置，从“碳中和”的角度分析其产生的尾气的差异，增强学生理性的对比分析能力；本教案采用项目式学习的方法，立足具体的问题，培养学生利用理性的分析，掌握解决问题的一般步骤：明确问题—确定目标，分解任务—查找资料—任务探究—试验验证—迭代优化，运用跨学科的思维，综合解决实际问题的能力。

3. 探究实践：从电动车动力装置出发，通过体验教具、初步设计、综合设计的路径，探究解决氢燃料汽车动力装置的设计。

4. 态度责任：认识到氢能具有清洁、高效、易存储的优势，未来颇具发展前景。认同我国能源发展的战略和规划，了解氢能被确定为未来国家能源体系的重要组成部分，激发青少年助力国家能源格局发展而研究氢能的热情。

四、教学重难点

1. 教学重点：氢能源的优势。老师需重点结合“碳中和”目标这一大背景，引导学生理解氢能源相比其他传统能源的优势，进而理解“碳中和”目标对能源行业的深刻变革。氢燃料电池的原理。氢燃料电池是一种化学电池，通过氢和氧的化学反应产生电。老师需引导学生理解其原理，促使学生理解电的本质，也为设计氢燃料电车这一课程目标提供基本思路。

2. 教学难点：汽车动力系统设计。需要老师具备相应基础知识，了解汽车的基本结构，知道其中的关键部件。

五、教学场地与教学准备

1. 教学场地：教育活动场地，中国科技馆“同构能源格局”展厅。

2. 教学准备：“电解水制氢－氢燃料电池”原理展示教具、学习单、笔、动手做学具材料。

六、教学活动设计与实施

1. 教学活动设计流程图

总任务：设计制作氢燃料汽车

- 任务一：为什么研发氢燃料汽车。分析氢燃料的优势，重点从“碳中和”方向。
- 任务二：如何将电车改造为氢燃料汽车。参照电动车，了解氢燃料汽车如何产生动力。
- 任务三：分析未来氢燃料汽车发展需解决的问题。

2. 活动步骤以及设计意图

第一阶段 布置项目（15分钟）

阶段目标：完成任务一“为什么要研发氢燃料汽车”，从我国目前应用的能源结构现状，从“碳中和”的角度，分析对比现在各种动力来源汽车的优劣势。

教育活动脚本

本阶段创设情境环节。

老师：同学们大家好，欢迎大家参加本期“我是氢燃料汽车工程师”的教育活动，这堂课，我们大家都是汽车工程师，需要在现有电动汽车的基础上改造、设计、制作一辆氢能源汽车。

本阶段问题导入环节。

老师：在改造、设计、制作氢能源汽车之前，我们需要了解现在的汽车动力系统分为哪几类，为什么要研究氢燃料汽车。然后需要了解氢能源汽车的核心部件——氢燃料电池的工作原理，将氢燃料电池合理的安装在汽车上。最后通过此次研究和探索，我们分析讨论出未来发展氢燃料汽车需要突破的技术方向。

首先进行本次项目的任务一：为什么要研究氢燃料汽车?

目前市面上大多数的汽车按照动力系统分，大概可以分为燃油车、纯电动车、油电混动汽车、（氢）燃料电池汽车。这几类汽车最大的区别就在于能量形式和发电方式的不同。燃油车主要是依靠汽油或者柴油在内燃机内燃烧，产生热能，然后通过热力发动机将热能直接转换为机械能，进而为汽车提供动力。而纯电动车是将蓄电池中的化学能通过放电过程转换为电能，为汽车供电，进行转化为汽车的动能。油电混动汽车则包含两套动力系统，既有内燃机又有蓄电池为其提供动力。而燃料电池汽车，以氢燃料汽车为例，则是将氢气燃料的化学能转化为电能，为汽车供电。这几种类型的汽车，本质的区别其实是能源类型及能量转化方式的不同。

下面我们通过参观科技馆“同构能源格局”展厅，来了解我们国家的能源格局，包括现有能源结构、采用的发电方式、储电方式等。

（参观“同构能源格局”展厅，重点讲解能源印记、能源与环境、发电乐园、能源天平、电池家族这几件展品）

老师讲解：提到能源，我们都会想到它和人类有着密不可分的关系，是推动人类利用和改造自然的重要助力。人类的发展历史，也是一段能源发展的历史。当原始人第一次使用火，人类对于能源的掌控发生了质的飞跃。

（1）能源印记

前面的展品是能源印记，它就通过互动投影的方式展示了不同能源时代人类利用能源的场景。首先在背景墙上我们可以看到四个能源场景的简笔画，分别为

设计思路

学情分析

小学五、六年级和初中生对于汽车、能源等有初步的了解，但是对于其中的逻辑关系和系统掌握上比较欠缺。但是可以通过具象的、有逻辑的讲述，可以使学生形成一个较为系统全面的认知。

设计意图

将总目标细分为三个阶段性任务，任务一先通过参观展品的方式对能源、我国主要能源方式、储能方式、电化学电池等有整体的了解。并通过对比分析得到氢能的优势，以及发展氢燃料电池的原因。

教学策略

通过设置项目任务引起参与者的兴趣，通过展品的实际参观体验，具象且系统的展示我国能源现状。最后通过表格化的对比分析，能够较为清晰的得出氢能的优势。

教育活动脚本	设计思路
“柴薪时代”“煤炭时代”“油气时代”“新能源时代”。每幅画上都有一个互动点，当我们触摸互动点，就会播放动画，演示不同时代的能源构成和利用情况。“柴薪时代”演示人类早期钻木取火、围火取暖和烤制食物等过程。“煤炭时代”演示工人向火车内添加煤炭，煤炭燃烧产生蒸汽驱动火车向前行驶。“油气时代”展示钻探机开采石油，汽车、轮船行驶的场面。“新能源时代”展示风能、太阳能、核能等新型能源的发电过程及利用方式。 从展品中，我们不难发现，从树叶、木柴，到煤炭、汽油，人类不断更新着可供燃烧的能源，伴随着这一过程发生了几次科技革命，催生出了火车、汽车与飞机，尤其是电能，几乎照亮了每一处人类涉足的土地。可以说，是能源的发展促使了人类的发展。然而，不论是树叶、木柴，还是煤炭、石油，它们都是有机物，伴随着燃烧，释放出的除了能量，还有大量二氧化碳和其他污染物质。它们在推动人类现代化进程的同时，也带来了诸多环境问题。 （2）能源与环境 前面的展品是能源与环境，通过这个展品我们可以了解过去的一段时间，人类对化石能源的粗放式利用带来的环境危机。同学们可以点击身份确认，驾驶仪穿越到曾经发生严重污染事件的城市，例如伦敦烟雾事件等，将城市现在和污染事件时的情况做对比，同时接入了高分卫星采集回来的实时数据，同学们可以观测到这些城市的实时气象数据。 从这个展品中我们发现人类对能源的不合理利用带来了全球变暖、酸雨、雾霾等一系列严重的问题。那么，面对层出不穷的环境事件，人类应该如何应对呢？2015 年，全球近 200 个缔约方签订了《巴黎协定》——把全球平均气温较工业前水平升高控制在 2.5℃之内。为了达到这一个目标，全球各国需要在 2070 ~ 2080 年实现“碳中和”。什么是“碳中和”？“碳中和”其实是指国家和地区通过产业结构调整和能源体系优化，调控二氧化碳的排放总量，最终实现二氧化碳在人类社会与自然环境中的产销平衡，构建一个“零碳社会”。2020 年 9 月 22 日，习近平总书记在第七十五届联合国大会上提出：“中国将提高国家自主贡献力度，采取更加有力的政策和措施，二氧化碳排放力争于 2030 年前达到峰值，努力争取 2060 年前实现碳中和。”这一承诺，充分凸显了我国生态文明建设的战略定力和大国担当。但是要实现这一承诺，对于发展中国家的我们，需要付出更大的艰辛和努力。首先就是能源结构的调整和创新。要想实现“碳达峰”和“碳中和”的目标，我们首先需要搞清哪些地方产生的碳排放比较高。基于 2017 年的数据统计，碳排放占比前四大行业依次是供电与供热、钢铁冶炼及加工、非金属矿产、运输仓储及邮电，合计占全国碳排放总量的 80%，其中供电与供热占到了 44%。从这些数据当中，我们会发现电力减排成为重中之重。那么在发展电力方面，我们采取了什么举措呢？ 在传统发电方式之外，我们国家积极研究采取了几种新的发电方式。	

教育活动脚本	设计思路

（3）发电乐园

前面的展品是“发电乐园”，在这里梳理出了几种主流的发电方式，包括火力发电、风力发电、水力发电、太阳能发电和核能发电，通过展台上的互动方式，我们可以知道每种发电方式发电量的影响因素以及每种发电方式的优势和不足，例如风力发电受地势和天气影响较大，太阳能发电受天气影响较大等。而且，在现阶段的中国，各种发电方式中，火力发电仍然占据着绝对优势，根据国家统计局“第四次全国经济普查系列报告”显示，火电仍然占据着全国电力 60% 以上的比重。作为最成熟的发电行业，火电在未来一段时期，可能仍会是主要的电力来源。基于以上原因，“碳达峰”的目标不能一蹴而就。

不同能源产生电量的效能有什么区别呢？下面我们详细了解一下，各种能源的能量密度。

（4）能源天平

“能源天平”这件展品展示了不同能源的能量密度差异。

我们可以看到展示台上方放置有一架天平，天平的左侧代表核电站的主要燃料——1 千克铀——235 的发电量。然后选择一种能源的发电量，分别是 450 吨标准煤的发电量、整个三峡水电站 24 分钟可发电量、13 台 1000 千瓦的风机在七级大风下持续工作 10 天的可发电量和 10 个足球场面积的太阳能板 1 个月的发电量，将同种能源的发电量砝码模型依次放置在天平右侧托盘中，进行平衡实验，观察天平中间蓝色能量条的变化，以及该能源的发电量与 1 千克铀——235 发电量的差异。接着选择多种能源的发电量组合放入右侧托盘，探究不同能源发电量的组合与 1 千克铀——235 发电量的差异。

通过操作与观察，我们可以发现 1 千克铀——235 能发电 800 万度，相当于 2700 吨标准煤的发电量，或者三峡水电站 32 台发电机组发电 0.8 小时的发电量，或者 13 台 1000 千瓦的风机在七级大风下持续工作 1 个月的发电量，或者 10 个足球场面积的太阳能板 3 个月的发电量。

通过对比我们发现，核能的能量密度最高，但是核能的安全要求特别高，核能的利用依赖核电站，灵活性较小。还有一种能源，氢能，能量密度也非常高，远高于其他常见的能源形式。从燃烧放热角度来看，1 千克氢至少相当于 2.7 千克（3.7 立方米）汽油、2.8 千克（338 立方米）柴油、2 千克 [3.35 立方米（标况）] 天然气或 33.3 千瓦时电量。

（过渡）

我们国家新能源技术的发展还面临一个问题，就是储能。像太阳能发电和风能发电，比较依赖自然环境，发电量不稳定，这就和人们日常生活比较稳定的电量需求产生了矛盾。如太阳能发电，白天太阳光照强度高、时间长，发电量大，而夜间则发电量少；而人们白天的电量需求较小，夜间比较大，那么能否将太阳能板白天的发电量储存起来用到夜间呢？这就涉及将能量储存起来的问题。

教育活动脚本

设计思路

目前我们国家的储电站，主要是以抽水蓄能为主，还有压缩空气储能、飞轮储能，但压缩空气储能、飞轮储能的技术发展还不成熟、灵活性偏低。较为灵活的储能方式且发展比较成熟的就是电化学储能，就是利用蓄电池。

（5）电池家族

我们面前的这件展品叫作“电池家族”，它为我们详细介绍了磷酸铁锂电池、镍镉电池、三元材料锂电池、固态电池、镍氢电池、石墨烯电池六种电池的特性。

这些蓄电池被广泛应用在汽车上，通过充电过程将电能转化为化学能储存起来，在行驶汽车时，通过放电过程将化学能转化为电能。电化学储能近些年发展迅速，但由于成本较高，电池寿命只有五年左右，并且废旧电池处理面临诸多环保问题。

还有一种较为新的，发展还不太成熟的储能方式，就是“氢气储能”。新能源产生的电可以在电能盈余时用于制氢，以氢储电。当需要用电时，可以使用这些储藏起来的氢发电，并且整个过程中没有碳的排放，全程只有水的产出，整个过程较为环保。

好，关于展品的参观讲解就到这了，下面我们回到教室，按照学习单，继续完成项目。

（带领学生回到教室）

下面我们结合刚刚的展厅参观，分析、思考“为什么要研发氢燃料汽车？”，并按照要求填写到学习单（见下表）上。

能源类型	能源获取方式	能否作为汽车动力系统		能量密度（排序，1代表最高）	实际碳排放量（高、中、低、无）
		否，请注明原因	是，请注明作为汽车动力系统时的能量转化过程		
核能					
太阳能					
风能					
石油、天然气					
电能					
油电混动					
氢能					

通过对比分析得出，从“碳中和”的角度出发，最适合作为汽车动力来源的是氢能，能量密度高且无碳排放，且易储存运输，具备清洁、高效、易储存运输的优势。

第二阶段 了解原理，深入探究

阶段目标：完成任务二“如何将电车改造为氢燃料汽车”，通过活动教具了解氢燃料汽车的工作原理，然后了解电动汽车的动力系统，并将电动汽车的动力系统改为以氢燃料电池供电的动力系统，完成氢燃料汽车动力系统设计示意图，并结合所给教具完成氢燃料汽车的制作。

教育活动脚本

任务二：如何将电车改造为氢燃料汽车。

老师：通过完成任务一，我们知道了氢能的优势。那么，作为氢燃料车工程师，我们要如何将氢能用作汽车的动力来源呢？我在这里给大家提供了一个目前常用电车的结构示意图（见下图），大家可以先设想一下，我们要对这辆电车的哪些部分进行改造，才能让这辆车可以用上氢能。

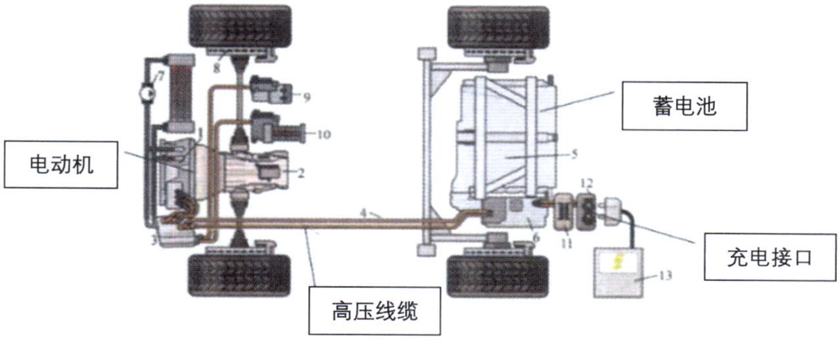

老师：大家都有各自的初步想法，有同学认为可以燃烧氢气来为车辆供能，就像我们油车的内燃机一样。这个想法非常好。不过氢能还有一种更加安全、高效的转化方式。接下来，就让我们一起了解氢燃料电池是如何工作的。在这个过程中，同学们可以继续思考自己的设计方案可以如何细化、改进。

（为学生演示氢燃料电池教具，见右图）

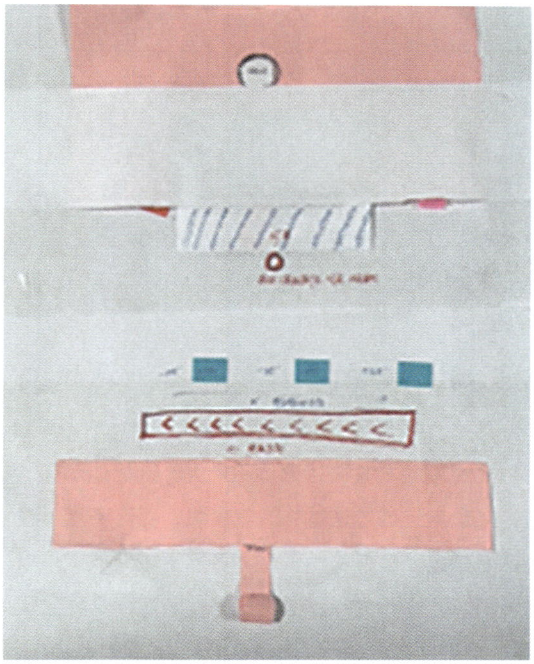

设计思路

学情分析

小学五、六年级和初中生对于汽车有初步了解，但不清楚具体结构，直接上手设计难度较高。因此任务二先提供电车的基本结构，在此基础上进行改造，降低了难度。

此外，他们对电解水和氢燃料电池相关内容不够了解。因此需要模型进行辅助理解，同时通过亲自绘制流程图加深认识。

设计意图

通过将任务分解成氢燃料电池设备、储氢设备、供氧设备、设备总体排布等几个重点任务，让学生逐步接触新知识，达成循序渐进加深认知的目的。同时，以学生的自主设计，让学生在整个过程中不断内化所学知识，增强学习效果。

教育活动脚本	设计思路

老师：这是一个电解水制氢合并氢燃料电池的示意模型。我们先了解电解水制氢的基本原理，就很容易理解氢燃料电池的工作原理了。

纯水通入直流电，在酸性电解质环境中，正极附近的每 2 个 H_2O 失去 4 个电子，产生 $4H^+$，剩下的氧元素生成一个氧气 O_2。H^+ 在负极附近获得电子，电子使 2 个 H^+ 结合成为氢气（H_2）。在这个过程中，直流电起到提供电子的作用，最终生成的产物是氧气（O_2）和氢气（H_2）。

氢燃料电池则是电解水制氢的逆反应。正极通入氢气，氢气在电解质中失去电子，产生 H^+。负极通入氧气，氧气与 H^+ 结合重新生成水。在这个过程中，氢气失去的电子从正极流向负极，电子的流动产生电流。氢燃料电池直接将化学能转化为电能，原料是氢气和氧气，副产物只有水。

接下来，同学们可以参考这个模型，绘制出氢燃料电池原理示意图，来帮助自己记忆和理解其中的原理。

（学生绘图，见下图）

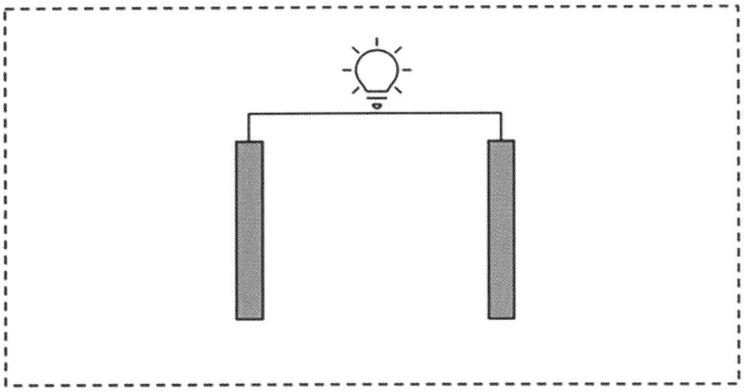

老师：通过了解氢燃料电池，同学们觉得在设计中，可以直接将电车的电池替换成氢燃料电池吗?

学生：不能。

老师：没错。因为氢燃料电池与之前了解到的其他化学电池不同，不能单独用于储能，而是需要消耗氢气来转化成电能。也就是说，我们的车内需要设计可以储存氢气的位置。

（通过“能源世界”氢能展板了解氢气的储存方式。如无展板，在教室中通过资料讲解的形式完成）

老师：氢气的密度大约只有空气的 1/14，直接存储体积过大，运输成本高，还需使用各种方法来提高储运效率。最直接的方法是将氢气压缩，提高密度、减小体积，称为高压气态储氢。高压气态储氢会使用储氢瓶。目前主流储氢瓶是以铝合金 / 塑料作为内胆、外层用碳纤维进行包覆的Ⅲ型、Ⅳ型储氢瓶，这种储氢瓶的结构强度高、重量更轻。

教育活动脚本

还可以将氢气液化储存。在低于 −252.76℃的极低温环境中，氢气会液化。此时的液氢密度是氢气密度的 790 倍，也远高于高压氢气的密度。但由于氢气液化的过程耗能大、对储氢容器的绝热性能要求高。

除了存储、运输氢气的“本体”外，还可以利用化学方法，将氢气制备成更加稳定的含氢化合物，当需要用氢时，再将这些化合物进行脱氢处理，得到氢气。比如钠、镁、锂等化学性质活泼的金属元素，可以在特定条件下“吸附”氢原子。还可以将氢气制成氨、甲醇等含氢化合物，满足化工领域用氢需求。

同学们可以思考一下，在汽车内使用哪一种存储方式较为合适？如果使用其中一种存储方式，需要哪些配套设备呢？接下来我们回到教室中，完善我们的设计方案。

（回到教室中，协助学生设计，见下图）

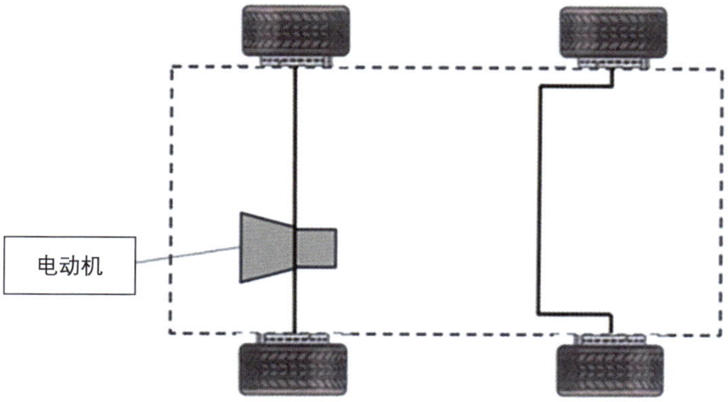

老师：通过刚刚的学习，我们完善了一部分设计。参考氢燃料电池的原理，有没有同学发现，我们的设计还缺点什么？

学生：氢燃料电池还需要氧气。

老师：没错。我们还需要思考氧气的来源。氧气是否需要单独制备呢？其实我们可以直接从空气中获得氧气。不过，空气中不止有氧气，还有别的气体影响氢燃料电池的工作效率，所以，我们的车中还需要别的装置来解决这个问题。将你的想法补充在设计图上。

（学生修改设计）

老师：现在我们的氢燃料汽车的各个关键部分都有了。但是我们还需要考虑一下各个装置的排布。比如，如果储氢罐在后方，氢燃料电池在前端，我们还需要为它们设计合适的连通管线。考虑这个因素，再完善一下自己的设计。

（学生修改设计）

老师：大家都基本完成了自己的设计。设计是否合理还需要实践来验证。老

设计思路

教学策略

通过设置项目任务引起学生兴趣。通过完成设计成果内化所学知识，在电解水和氢燃料电池的基础上，对氢能作为动力源的实际应用有更综合、全面的认知。

教育活动脚本	设计思路

师这里准备了一套小车零件，大家可以按照你自己的设计选择零件来组装一个小车，看看最后能不能组装成功并运行起来。

（学生进行拼装）

老师：大家都完成了自己的氢燃料电池小车，小车都运行起来了吗？如果没有，思考一下哪里出现了问题。进一步改进自己的设计并再次拼装试试。

（学生完成氢燃料电池小车的制作）

老师：现在大家的小车都动了起来。老师这里还有一种小车的设计（见下图，图片来源于网络，仅供参考），大家看看跟自己的小车有什么区别？

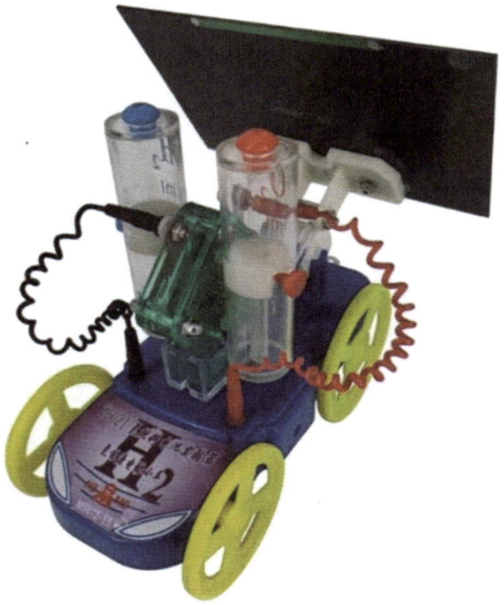

学生：小车直接用电解水产生氢和氧，没有储氢设备。

老师：没错。大家想一想，这样的方式能不能在真正的汽车上实现呢？

学生 1：能。

学生 2：不能。

老师：单从原理上看，是有可能实现的。但是在实际应用中，我们需要考虑，车载的电解水制氢的效率能否支撑起车辆的实际使用。这就要从电解水技术、车辆的载荷、续航等很多方面进行考虑了。

第三阶段 汇报分析

阶段目标：完成任务三“分析未来氢燃料汽车发展需要解决的问题”，结合氢燃料汽车动力系统设计示意图和氢燃料汽车模型，以思维导图的形式思考未来氢燃料汽车需突破的技术方向，并完成设计图的展示和汇报。

教育活动脚本	设计思路

老师：大家最终都完成了自己的氢燃料小车，不过每个人的设计都不一样。接下来大家都可以来介绍一下自己的小车。

（学生介绍自己的小车，老师点评，参考案例见下图）

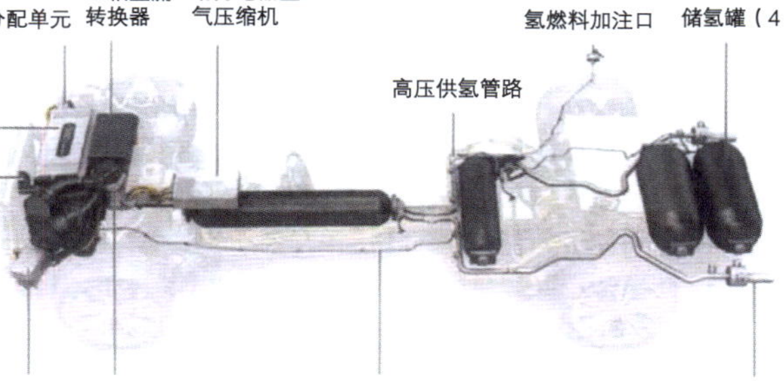

老师：大家的小车都非常好。不过，目前在实际生活中还很难见到真正的氢燃料车。这说明氢燃料车的应用还存在一定的困难。我们可以根据各自的设计，想一想可能存在哪些问题制约了其发展。

任务三：分析未来氢燃料汽车发展需要解决的问题

学生：氢气太难制造了。

老师：这确实是一个问题。目前我们国家氢气的制备绝大多数还是从煤炭、天然气等化石能源中获得，而只有少部分利用了电解水。这就导致氢气在制备的过程就产生了大量的排放，不利于“碳中和”目标，也不能发挥氢能零排放的优势。为了解决这个问题，还要进一步研究电解水的技术。一方面要更多的使用由可再生能源产生的“绿电”制氢，来实现氢能应用过程中的零排放；另一方面，还要让电解水的效率达到甚至超过传统制氢方法，这样大家才会更多地去使用电解水制氢。同学们还能想到什么吗?

学生：加氢气不像充电那样方便。

老师：没错。油车有加油站，电车有充电站，但目前加氢站还很少。想要广泛使用氢燃料车，就得同步建设很多加氢站。那加氢站里的氢从哪里来呢？是不是还要有更完善的运输方式？比如像汽油那样用车辆运输，或者像天然气那样通过管道运输。这些都需要很多基础设施的支持，也是氢能未来发展的一个重要方向。同学们还想到什么了吗?

学生：氢气太危险了，大家都不愿意用。

教育活动脚本	设计思路

老师：氢气确实是一种易燃易爆的气体，在发生交通事故的时候，如果储氢设备被破坏，就有可能造成很大的危害。因此还需要进一步研究车载储氢技术，并针对氢燃料车设计车辆内的保护措施，提高车辆的安全性能。不过，氢气非常危险已经是很多人根深蒂固的想法，即便车辆已经足够安全，很多人可能还是会对氢燃料车望而却步。因此，我们还需要向大众普及更多与氢燃料车技术相关的知识，以打消公众的疑虑。大家还有什么想法吗?

……

老师：我们可以将刚刚讨论的内容总结一下并绘制成思维导图。

（学生绘制思维导图）

老师：通过今天的活动，我们当了一回氢燃料车工程师，了解了目前最前沿的能源之一，氢能。相信大家一定有不少收获。本次活动就到这里，感谢大家的参与，再见。

七、教学评价与反思

请通过个人成长评价表（见下表）对自己在本次活动中的收获进行评价。其中，A 代表“完全清楚”，B 代表“基本清楚”，C 代表“不太清楚”，D 代表“完全不清楚”。

评价维度	评价内容	A	B	C	D
科学观念	我了解了汽车的不同动力来源以及它们的优劣势。				
	我理解了电解水制氢的原理。				
	我理解了氢燃料电池是一种化学电池，其中氢和氧化学反应能产生电。				
	我了解了电车和氢燃料车的动力系统的基本组成，以及二者的异同。				
科学思维	我明确了，在进行汽车动力系统的设计时，需要经过：明确使用何种能源—明确此种能源产生动力的基本原理—根据原理构思所需的基本结构—优化结构布局—试验验证等基本步骤。				
	有时候，通过试验，会发现设计不适用，需要重新修改设计方案，直到试验成功。				
态度责任	我理解了“碳中和”目标，并理解其对能源的生产和应用产生重大影响，也会对我们的生活带来很多改变。				
	我了解了氢燃料车的未来前景，知道新技术成果的广泛使用还需要突破很多瓶颈，包括产品性价比、相关配套设施、公众认知度等等。				

★ 该项目获 2023 年“奋进科普新征程”全国科技馆联合行动优质科学教育资源项目三等奖 ★

材料天地之布料的秘密

教育活动类型： 学习单 + 观察实验 + 动手做

项目开发单位： 中国科学技术馆

项 目 设 计 人： 李彬彬、桑晗睿、陈婵君

一、概述

本活动以布料为主题，利用学习单将“辨物识材、观察实验、量身定制”三个版块进行串联，让学生了解布料的原材料、种类、织造结构等科学知识以及在航天领域等特殊利用方向，通过实验、动手制作等形式，培养学生科学探究方法，激发学生的创新意识协作精神。

二、教学对象

1. 本教育活动适宜的受众人数：20 人左右。

2. 本教育活动针对的具体教学对象：7 ~ 10 岁学生或亲子家庭 。

3. 教学对象的学情分析：小学一至四年级学生拥有很强的好奇心和求知欲，对于科学有初步认识，乐于问问题、找答案，喜欢探究和实践，有基于一定知识和逻辑发表自己看法的意识，大胆表达，但耐心和注意力持续时间较短、正确使用工具等问题需要老师及时提醒和指导。

三、教学目标

1. 科学观念：认识生活中常见的布料，例如棉布、丝绸、麻布、毛料等，了解棉花、蚕茧、苎麻等原材料，知道生活中除自然纤维外还存在化学纤维，了解两种材料制作的布料的区别和用途。

2. 科学思维：能在老师指导下观察不同布料，利用工具通过口述、画图等方式表达自己的想法，比较布料之间外在特征的不同点和相同点，对布料及原材料进行分类，分析布料的特征及结构。

3. 探究实践：通过显微镜观察实验辨别不同布料的纱织粗细、织造方式、支数、密度等特征，通过画图、贴样布、标记等方式在学习单上体现不同布料的区别，从而进行科学分析；掌握工具的使用方法，初步具有参与技术与设计实践的意识和技能；运用基本的记录、绘画等学习方法，对学习过程和结果进行总结和反思，养成良好的学习习惯。

4. 态度责任：在好奇心的驱使下，对常见的物料和工具等物品表现出直觉兴趣，愿意倾听他人的想法，乐于分享和表达自己的想法，树立协作意识，能如实记录和报告观察与实验信息，了解科学技术对人类生活的影响。

四、教学重难点

1. 教学重点：能够通过活动体验了解到生活中看似普通的布料也蕴含着丰富的科学知识，通过实验操作过程探究不同布料的特点，在设计制作中培养学生的创新意识和动手能力。合理分配家长和孩子各自需要完成的任务，以及共同协作完成的工作，在科技场馆教育活动中融入家庭教育。

2. 教学难点：家庭在服装设计与制作过程中可能遇到困难，老师要及时给予指导和帮助。

五、教学场地与教学准备

1. 教学场地：本活动开展于中国科技馆主展厅四层“创客空间”，其他活动场地需满足具有一定人数完成动手制作条件、多种物料摆放的桌椅、多媒体设备等。

2. 教学准备：PPT、棉花、蚕茧、羊毛、苎麻、棉布、麻布、丝绸、毛料、化纤布料、装饰物、剪刀、粉笔、魔术贴、显微镜等工具和材料。

3. 活动总时长：40 ~ 60 分钟。

六、教学活动设计与实施

1. 活动流程图

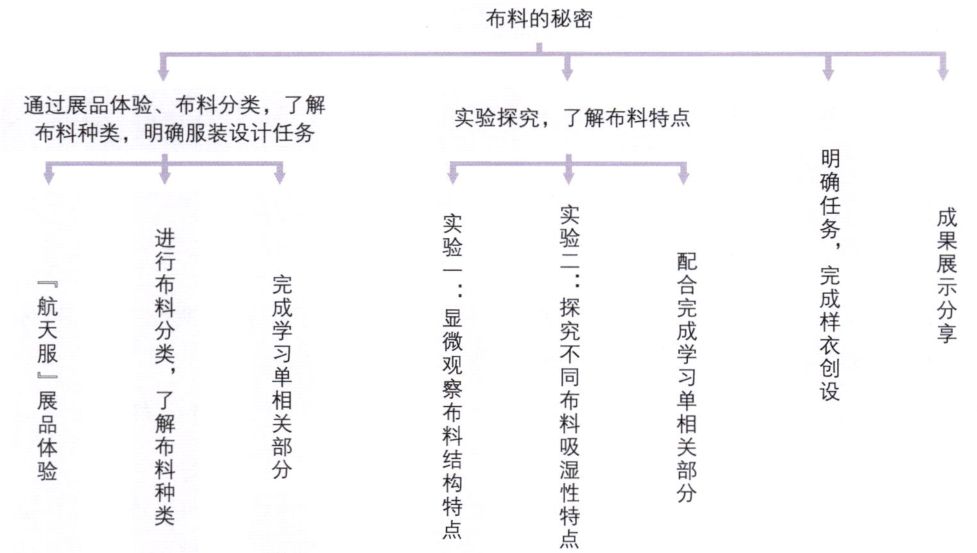

2. 活动具体内容

第一阶段　以任务驱动，了解布料种类，明确服装设计任务

阶段目标：知道舱内工作服的布料特点；通过对布料的观察、触摸等感官体验，结合实际生活应用，认识布料的类别、原材料；完成相应的学习单目标。

教育活动脚本	设计思路

本阶段创设情境。

通过 PPT 展示中国航天员舱内工作服、消防服、中国传统服装、日常着装四类服装。

老师：各位家长和小朋友大家好，欢迎参加“我是小小服装设计师”的活动。大家看大屏上展示出了四种不同样式的服装（见下图），它们都是谁的衣服呢?

学生：航天员的衣服、我们穿的衣服、消防员穿的衣服以及古人穿的衣服。

老师：小朋友们回答很正确，今天我们有一项重要的任务就是要设计制作衣服，小朋友和家长都要发挥自己的创意尽情展示才华哦！衣服可以用不同颜色不同材质的布料拼接缝制而成，知道不同布料的特点和应用范围，才能根据不同职

设计意图

知道航天员舱内航天服的布料特点。

知道日常生活中常见的布料种类。

明确本次活动设计任务。

学情分析

孩子知道布料可以做成衣服、家纺用品等，但是对布料的来源、具体种类，特别是优缺点并不了解。

活动一开始就明确任务能够激发家长的兴趣，吸引家长对活动的期待值。

教学策略

以任务驱动，吸引受众参与，激发好奇心和求知欲。

接触多种布料实物，通过观察、触摸等感官体验进一步认识布料。

利用讨论、分析、分类等科学方法到教学过程中，让家庭观众特别是家长学习这些科学方式方法，利用到家庭教育中。

教育活动脚本	设计思路

业或环境进行服装设计。比如屏幕上航天员的舱内工作服具有阻燃的特点，消防员的消防服有耐火性、耐热性、隔热性等特点，古人的服装看上去十分挺括厚重，现代人的服装非常舒适柔软，不同服装所使用的布料蕴含了哪些科学知识呢？下面我们就先了解一下吧！

本阶段任务导入。

家庭任务一：将布料初次分类。

老师：请家长和孩子一起打开材料包（见下图），里面有很多色彩斑斓的布料，还有一些植物和蚕茧，以及学习单、笔和样布。我们的第一个任务是请家长和小朋友相互讨论，将这些物品进行分类。

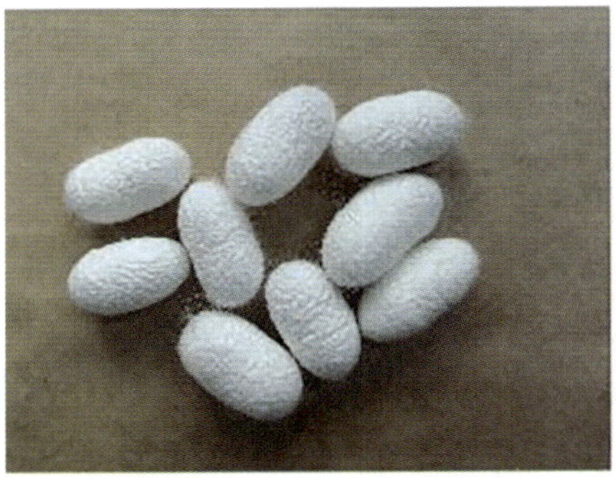

预想家长和小朋友将布料进行分类的情况：1. 按照布料的薄厚分两类；2. 按照布料的颜色划分；3. 按照对布料的原材料；4. 其他。

下面由每组家庭的小朋友依次讲解一下你和家长是按照什么标准将布料进行分类的，老师根据具体情况给予反馈。

老师：布料在服装、家纺、家居装饰等方面是必不可少的材料，市面上的布料种类非常多，可大致分为天然纺织纤维和化学纺织纤维两个大类。常见的布料品类有棉布、麻布、真丝、毛织物、人造纤维、合成纤维等，合成纤维属于化学纺织纤维，比如常见的有涤纶、锦纶、腈纶、氨纶、维纶等。其实各个品类下还

教育活动脚本

设计思路

有很多不同种类的布料，下面请大家看屏幕（见下表），我们一起了解几种常见的布料材质。

序号	类别	原料	优点	缺点	用途
1	棉布	棉花（棉纱线）	轻松保暖，柔和贴身、吸湿性、透气性甚佳	容易出现褶皱，不挺括	内衣、衬衫、裙子、制服、运动服、裤子、睡衣、牛仔服、风衣、冬季外衣
2	麻布	亚麻、苎麻、黄麻、剑麻等麻类植物纤维	强度极高、吸湿、导热、透气性甚佳	穿着不甚舒适，较为粗糙，生硬	衬衫、手帕、窗帘、家纺
3	丝绸	蚕丝（桑蚕丝、柞蚕丝、蓖麻蚕丝等）	轻薄、合身、柔软、透气、色彩绚丽有光泽，穿着舒适	易生褶皱、容易勾丝、不够结实、不能机洗	睡衣、夏季衬衫、女士上衣、裙装、围巾
4	毛料	羊毛等	质地厚实，手感柔软，富有弹性，斜纹粗犷、保暖性强	洗涤困难，扎皮肤	毛衣、外套、呢大衣
5	腈	丙烯腈	弹性好、抗晒性强、抗菌、手感柔软、蓬松	易起球、高温下会出现软化现象、吸湿性差	被称为“人造羊毛”
6	氨纶	聚酯类纤维	弹性非常高、不起皱、穿着舒适、不易褪色	吸湿性差、耐热性差、不单独使用	紧身服、运动服、

其实，在涤纶、腈纶、维纶等其他合成纤维中加入阻燃剂，使纤维具有阻燃性，大多数阻燃剂是以磷为中心元素的化合物，其作用是在燃烧温度下分解生成不挥发的玻璃状物质，包覆在纤维聚合物的表面，形成厚厚的保护层，最终实现阻燃的目的，就像刚才我们看到的舱内工作服和消防服都具有阻燃的特点；而中国古代的丝织物品中像绢、罗、绮、绫、锦等，它们以蚕丝为主要原料，织物外观瑰丽多彩，花纹精致高雅，基本组织为缎纹、斜纹。现代服装布料种类繁多，特别是随着科学的进步很多化学纤维替代了价格较高的丝绸和毛皮，就像腈纶被称为“人造羊毛”一样。一件衣服还可能含有棉和氨纶两种甚至两种以上材料织造而成，不仅穿着舒适还具有了弹力、透气等特点，满足人们的不同需求。大家可以观察一下材料包中的衣服标签（见右图），在成分表中列出了原料和所占比例，在您挑选衣物时可以为您提供关于布料的准确信息。

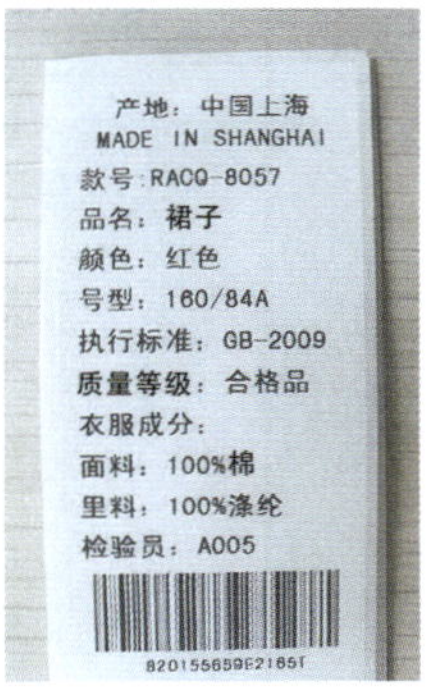

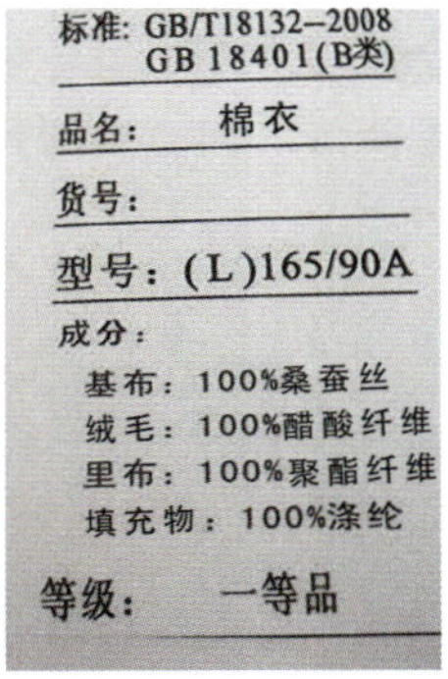

教育活动脚本	设计思路
家庭任务二：回顾学习内容，完成学习单和二次分类。 老师：我们了解了常见的一些布料知识，请家长和小朋友打开学习手册第一页，按照名称、原料、应用三个板块，将样布贴到学习单对应的位置，将布料进行第二次分类，看看大家是否记住了我们学习的知识内容。 了解了常见的布料种类和特点，那么我们面前的这些布料到底分类对不对呢？下面咱们通过实验一探究竟吧！	

第二阶段 通过实验进一步了解布料的特点

阶段目标：通过实验探究不同天然纤维与化学纤维布料支数、吸湿性等特点，从科学角度了解布料。

教育活动脚本	设计思路
家庭任务三：家长和小朋友共同完成关于布料的科学探究实验并填写学习单中的实验目的、过程、结论等内容。 实验一：观察不同布料中纤维的粗细程度和织造特点。 实验材料和工具：棉布、麻布、丝绸、毛呢布料、放大镜。 实验过程：用肉眼和显微镜分别观看每种布料使用的纱线粗细，以及织造的花纹样式，如下图所示。	

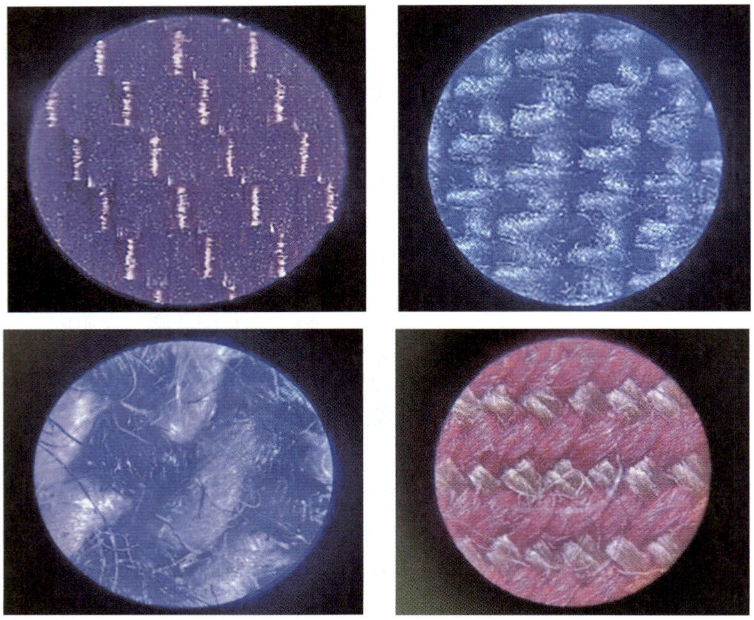

教育活动脚本

实验结论：丝绸、棉线和麻纤维都比较细，毛布料中的毛线相对粗一些，这些纱线经过不同的经纬交织方式织造出各式各样的微观结构。（见下图）

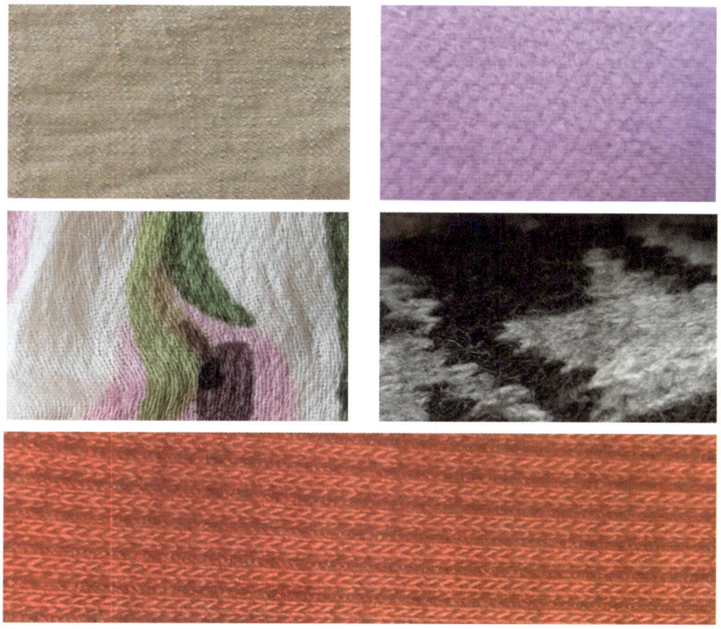

实验二：观察不同布料的吸湿性特点。

实验材料和工具：化学纤维布料、棉布、麻布、丝绸、毛（呢）布料、水、滴管。

实验过程：将水滴在布料上观察水渗透的速度。

实验结论：麻布和棉布吸湿性快于丝绸和毛呢布料，不同的化学纤维布料还有防水的功能。（见下图）

设计思路

设计意图

观察不同布料的支数和吸湿性并进行对比，分析原因。

思考布料的特殊功能给我们生活带来便利，这是科技发展的结果，科技改变生活。

学情分析

1. 实验探究是深受家长和孩子喜爱的环节，现象明显效果直观，能及时准确判断成因。

2. 实验过程简单，操作性强，家长和孩子参与程度高，不会有束手无策的感觉。

教学策略

实验采取了观察法、对比法。

教育活动脚本	设计思路
老师：通过刚才的实验我们了解了部分天然纤维和化学纤维布料之间的特点和区别，其中涉及一些名词解释，比如“支数”，它是指度量纤维或纱线粗细程度的计量单位；“密度”是指每平方英寸中排列的经纱和纬纱的根数。有些布料吸水速度快，可以让皮肤保持干爽；有些布料密度大，透气性强。现在很多布料都是混纺，在织造时融合了科学技术，还有涂层布料，使其具有“三防”防水防油防污的特点。可以说科学使布料的功能多样化，也为生活带来了方便。接下来就开始我们的动手做环节！	

第三阶段 设计创作样衣

阶段目标：家长和孩子共同完成主体服装的策划设计，相互协同制作样衣。

教育活动脚本

老师：在活动开始时，我们认识了航天员的舱内工作服、消防服、中国传统服装以及我们的日常穿着的衣服，现在请家长和小朋友可以讨论后确定一个主题，将设计文稿（见下图）绘制在学习单上并完成制作。

特殊情况说明：本活动如在学校科学课上开展则动手做环节可省略，或让学生作为探索实践尝试在家完成；由于活动当天是“父亲节”，因此建议孩子与其他家庭成员一起为爸爸设计一件围裙，能够让父亲在厨房中大显身手。以下为活动现场照片。

设计思路

设计意图

体验服装设计师职业，完成创意服装设计制作任务。

培养学生的创新、审美意识，使学生体会科学能使生活更美好。

为家庭搭建展示家长和孩子才艺的平台，鼓励自由创作与表达。

学情分析

服装设计师的职业对于普通公众来说并不熟悉，家长和学生对这部分任务缺乏经验，可能出现思路不清晰的情况。

动手做的过程中需要用到剪刀，需要辅导老师时常提醒安全事宜，要求家长陪伴完成。

教学策略

讨论；绘画；动手制作。

教育活动脚本

设计思路

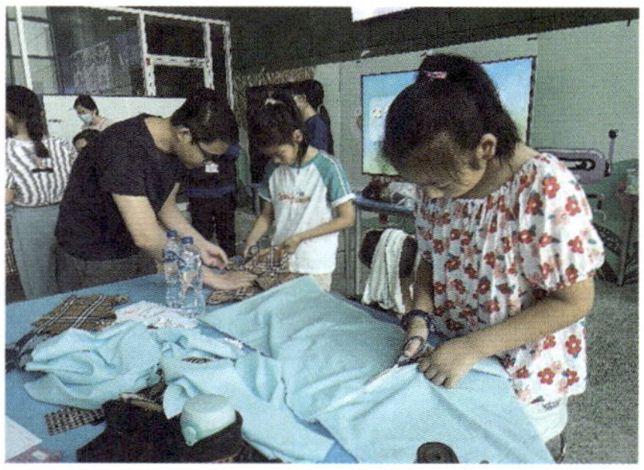

第四阶段 活动尾声

阶段目标：分享设计思路进行成果展示。

教育活动脚本

家庭任务四：请小朋友向大家介绍自己和家长的创作思路并进行作品展示。（见下图）

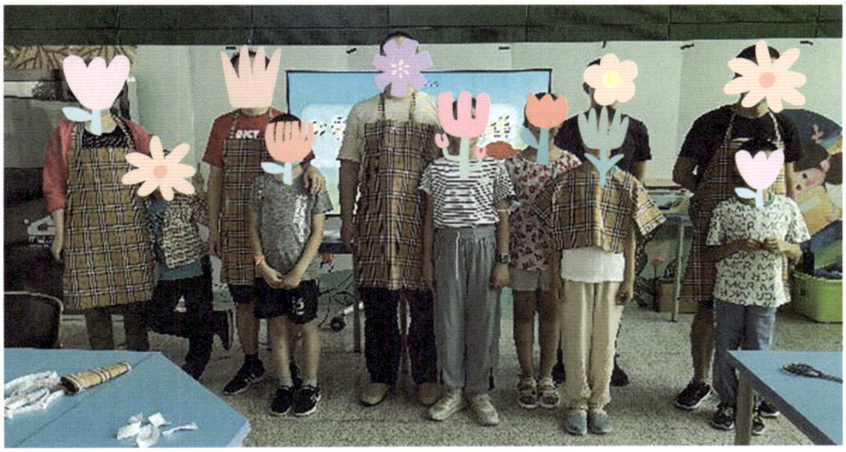

设计思路

设计意图

家庭作品展示，锻炼小朋友的表达能力；家长分享自己参与活动的感受。

学情分析

有些小朋友可能胆怯或不善于表达，需要辅导老师和家长的鼓励。

教学策略

分享、讲述。

教育活动脚本	设计思路
老师：每组家庭基本都完成了动手制作的任务，首先请小朋友为大家介绍自己和爸爸妈妈的创作理念，然后请爸爸妈妈分享你们参与活动的感受。 家长：本次活动参与性很强，布料主题联系生活，平时确实很少关注成分，以后买衣服会多留意。 家长：我和孩子非常喜欢服装设计和制作的环节，我们平时也会自己改造一些旧衣服，但是重新设计这个还是很有难度的，但是也非常有挑战性。 老师：非常感谢各位家长和小朋友对我们活动的肯定和喜爱，也希望大家留心观察生活，生活处处都有科学。我们下次再见！	

七、教学评价与反思

1. 评价

（1）学生参与度提高。采用项目式教学法，通过利用服装设计的情境创设、小裁缝的角色扮演方式，激发了学生兴趣，能更积极地参与到活动中。

（2）合作能力提升。孩子亲子合作过程中，通过沟通、协作解决问题，提升了亲子关系，强化了陪伴的理念。

（3）能主动学习。学生不再依赖老师的直接指导，而是通过老师引导和自主思考和合作解决问题，提高了他们的主动学习能力。

2. 反思

团队分工不够均衡。在亲子合作过程中，部分孩子因家长过于强势，没能积极参与活动制作。

3. 改进措施

强化亲子合作意识，课程难度设计进行渐进式设置，活动结束后，对孩子的合作表现进行评价和反馈，帮助他们更好地理解合作学习的意义和方法。

附录：

活动学习单

1、连一连（找出它们的原材料）

特点

棉布 ________

麻布 ________

丝绸 ________

涤纶 ________

2、看一看（粘贴布料观察结构）

3、画一画（设计服装款式图）

4、量一量（测量填写尺寸数据）

基本尺寸		设计尺寸	
身高：	cm	衣长：	cm
体重：	kg	袖长：	cm
肩宽：	cm	肩宽：	cm
胸围：	cm	胸围：	cm
腰围：	cm	腰围：	cm

开始裁剪制作吧！

★ 该项目获 2023 年“奋进科普新征程”全国科技馆联合行动优质科学教育资源项目三等奖 ★

我是空间站设计师

教育活动类型： 展品辅导 + 动手做

项目开发单位： 中国科学技术馆

项 目 设 计 人： 李嘉琪

一、概述

本教育活动依据《义务教育小学科学课程标准（2022 年版）》中关于“宇宙中的地球”相关学科核心概念展开，采用项目式学习的教学方式通过学生角色扮演空间站设计师，完成了解太空环境特点与空间站相关知识的任务，感悟科学家精神，产生探索宇宙的兴趣。

二、教学对象

1. 本教育活动适宜的受众人数：8 组亲子家庭。

2. 本教育活动针对的具体教学对象：5 ~ 8 岁儿童。

3. 教学对象的学情分析：5 ~ 8 岁儿童形成了初步的运算结构，开始获得逻辑思维能力，能够联系熟悉的物体或场景发现问题、解决问题，开始能够在具体实物基础上建立简单的思维。可以通过这一年龄段观众身边的场景，启发他们发现问题，解决问题，在活动中可以使用一些实物教具，帮助他们借助事物的具体形象进行联想思维。

三、教学目标

1. 知识与技能：了解太空的环境特点；了解航天员工作与装备相关内容；了解中国空间站的构成与功能。

2. 过程与方法：通过角色扮演空间站设计师引入主题，采用项目式学习方法，通过完成任务获取相关科学知识。利用展品辅导和制作立体折页学习单的方式，让观众加深对太空与空间站的认识，进一步引导观众理解太空探索的意义。

使用观察、对比、分析的方法，让学生获得知识基础。通过提问、交流的方式，培养观众思维能力和表达能力。利用动手制作，让观众手脑并用、获得直接经验，直观了解太空相关知识，激发学生对宇宙探索的好奇心。

3. 情感、态度与价值观：激发太空探索的好奇心；启发学生产生科学技术的发展对拓宽人类认知的思考；体会以航天精神为代表的科学家精神，树立民族自豪感与爱国情怀。

四、教学重难点

1. 教学重点：知道太空环境的特点与地球环境的区别，了解航天员的工作内容与我国天宫空间站基本情况，培养宇宙探索的好奇心。

2. 教学难点：太空环境特点及形成原因等相关知识有一定理解难度，针对不同年龄段观众认知能力及水平的差异，老师要适当辅助引导、调整知识内容、调节难度。项目式学习的任务分解要符合受众年龄段认知水平，培养其探究解决问题的意识。

五、教学场地与教学准备

1. 教学场地：中国科学技术馆儿童科学乐园“神奇宇宙”展区和科学秀场。

2. 教学准备：儿童白大褂、PPT、立体折页图纸、剪刀、胶水、水彩笔等。

3. 活动总时长：40 分钟。

六、教学活动设计与实施

1. 教学活动设计流程图

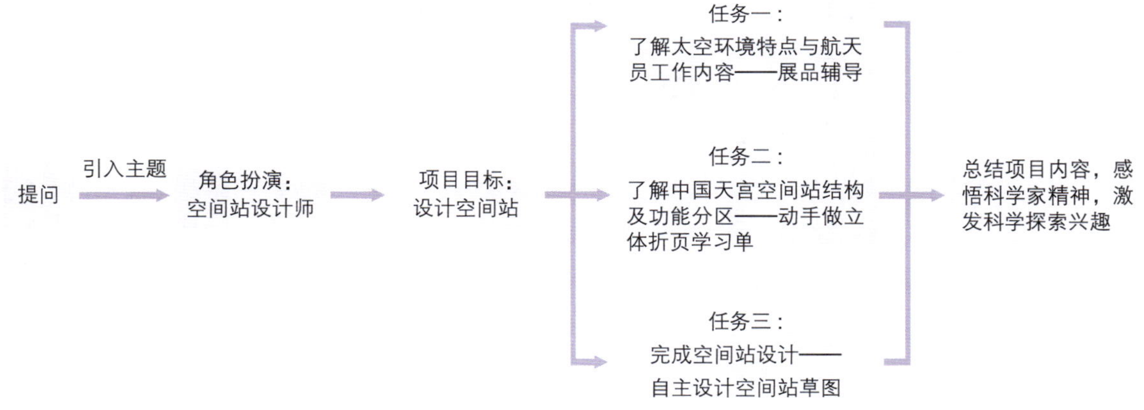

2. 活动步骤以及设计意图

第一阶段　引入主题，了解航天员工作与太空环境特点相关内容

阶段目标：通过问题引入主题“空间站设计”。通过角色扮演方式开启项目式学习，前往“神奇宇宙”展区进行展品辅导，简单了解太空环境知识。

教育活动脚本

老师：欢迎各位小朋友来到儿童科学乐园，首先老师想问大家几个问题，小朋友们你们知道在太空中工作的人叫什么吗？他们在太空中工作和休息的场所在哪呢？

学生：航天员，在空间站。

老师：没错，航天员就是乘坐航天器进入太空飞行的人员，他们之中有的是驾驶员，有的是科学家，还有的是工程师等。通过他们的工作，我们可以进一步揭开关于宇宙的奥秘。而他们在太空中长期工作和生活的场所就是空间站。空间站也是一种在近地轨道长时间运行的载人航天器。那么空间站是什么样子呢？太空和地面工作环境是一样的吗？小朋友们能不能也设计一个自己的空间站呢？别着急，现在请大家更换好衣物，我们马上要变身成为空间站设计师，通过完成3个任务来解答这些问题吧。

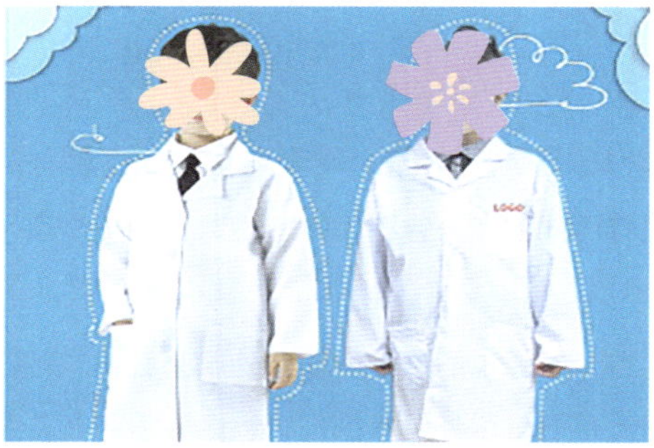

（请家长协助小朋友穿上研究人员制服，进行角色扮演，见右图）

老师：各位设计师们，在开始设计空间站之前，我们需要先研究哪些问题呢？比如太空和地球一样吗？空间站有哪些功能呢？请大家一起完成下面的任务吧。

任务一：了解太空环境特点。

（前往展厅对“空间站的一天”进行展品辅导，展品见下图）

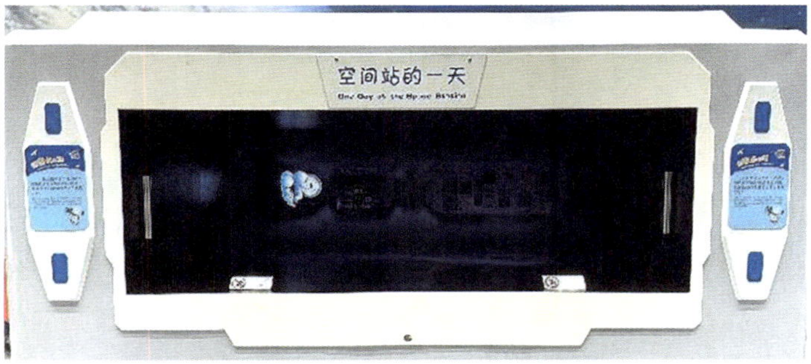

老师：请大家跟随我前往儿童科学乐园的“神奇宇宙”展区，我们通过展品“空间站的一天”了解太空环境的特点。大家看这个大屏幕，上面播放的动画片展示的就是航天员在空间站生活一天的场景。现在请大家仔细观察，思考第一个问题：航天员们是站在空间站的地面上吗？

学生：不是，是飞起来的。

老师：为什么能飞起来呢？

学生：因为太空没有重力。

老师：没错，太空是微重力环境，因此会产生失重的感觉。失重并不是由于

设计思路

学情分析

5～8岁儿童直接理解知识程度有限，通过角色扮演的方式，更容易激发兴趣加深记忆与理解。

设计意图

通过提问引入活动主题。利用展品辅导创设情境，让大家了解航天员工作内容与太空环境相关知识。

教学策略

利用展品辅导，使用提问、举例、对比的方法，让观众熟悉活动内容，迅速进入活动主题。

教育活动脚本	设计思路

重力消失或大幅度变小，而是因为空间站在进入轨道后，来自地球的引力全部用来提供空间站绕地球运行所需的向心力。此时空间站内物体处于失重状态，物体对支持物的压力小于物体所受重力，因此轻轻一碰就会“飞”起来。所以在太空中的生活会有很多有趣的地方，比如在空间站中航天员要睡觉时，会钻进固定在舱壁上的睡袋，防止身体飘来飘去误触操作按键。航天员的食物要符合不掉渣、不破裂的要求，吃饭时动作要缓慢、仔细，因为稍不留神食物就会飘起来，这时就要用手把它们“捕捉”回来。长时间在微重力环境中生活会引起肌肉萎缩，所以航天员要坚持锻炼，拉力带、室内自行车等器械都是他们的好伙伴。航天员在外出进行出舱活动时，必须用安全系绳将自己和舱体牢牢连接，防止飘走。这些都是失重环境下造成的独特生活方式。

除了微重力，太空与地球上还有哪些不同呢？第二个问题，大家看动画里的航天员穿了几种航天服装以及它们都在哪些场景出现呢？

学生：两种，一个白色的戴着面罩，在太空中和返回的时候；一个蓝色的看起来很普通，在空间站里穿的。

老师：大家观察得很仔细，白色戴面罩的这件叫作舱外航天服，它可以保护航天员在太空中免受宇宙射线、微陨石、紫外线等的伤害，同时它还具备生命保障系统和通信系统。它能帮助航天员适应太空中温度的急剧变化，使航天员有合适的温度、氧气和压力，就像在地面上一样舒适。蓝色的这件叫作舱内工作服。飞船入轨后，飞船内的环境适宜人的生存，而且舱外航天服相对笨拙，不利于航天员进行工作、运动等必要的活动，所以航天员会换上这件舱内工作服，它还具备监测人体心跳、血压等生理指标的功能。

各位设计师们，现在我们总结一下太空环境特点：微重力、射线强、温度变化大等，所以接下来我们设计空间站的时候要考虑到这些因素。

第二阶段　动手制作，了解中国空间站的功能结构

阶段目标：通过动手制作立体折页学习单，了解我国天宫空间站结构与功能；绘制空间站设计图，巩固教学活动中对知识的理解。

教育活动脚本	设计思路
任务二：制作天宫空间站立体折页学习单，了解空间站布局设计。 老师：各位设计师们，我们刚刚基本了解太空环境的特点。相信大家已经有想法了，除了环境因素，空间站的功能设计也是很重要的，大家觉得空间站应该包含哪些功能呢？	**学情分析** 空间站的组成结构对于5～8岁学生在理解上有一定难度。将二维平

教育活动脚本

学生：可以吃饭、睡觉、锻炼身体、工作……

老师：是的，要想设计好空间站的分区，我们可以找一些案例参考。比如我们中国的空间站大家知道是什么吗？

学生：天宫空间站。

老师：真棒，那么接下来请大家跟随我一起制作一个天宫空间站立体折页学习单，让我们详细了解一下我们国家的空间站构成。

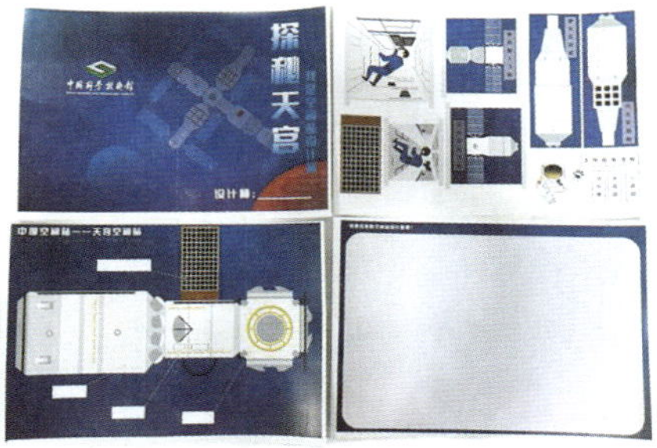

（老师分发立体折页图纸材料包、剪刀和胶水等工具，见右图）

老师：首先我们简单了解一下天宫空间站。中国天宫空间站是由一段核心舱及两段实验舱以T字型布局组成。请大家拿出这张图纸（见下图），大家看这个上面画的就是天和核心舱。它是天宫空间站的核心部件，全长16.6米，最大直径4.2米，重量22.5吨，设计在轨使用寿命10～15年，是迄今我国发射的最大航天器，标志着我国载人航天事业进入长期在轨飞行阶段。

那么天和核心舱具体的用途有哪些呢？大家看图上最右边的球状结构是节点舱，它是天宫空间站的“交通枢纽”，正面和下方的对接口负责对接飞船、

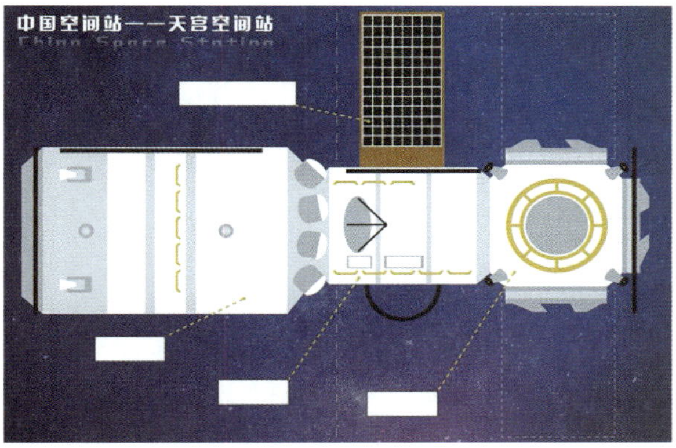

实验舱等，两侧的停泊口负责实验舱的长期停留，它上方有金色扶手的地方就是航天员的出舱口。实验舱里航天员们可以进行空间科学实验和技术实验，而神舟载人飞船用于航天员天地之间往返运输。现在请大家拿出零件图纸（见下图），我们把问天实验舱、梦天实验舱、神舟载人飞船和出舱活动的宇航员粘贴或者插入切口的位置。

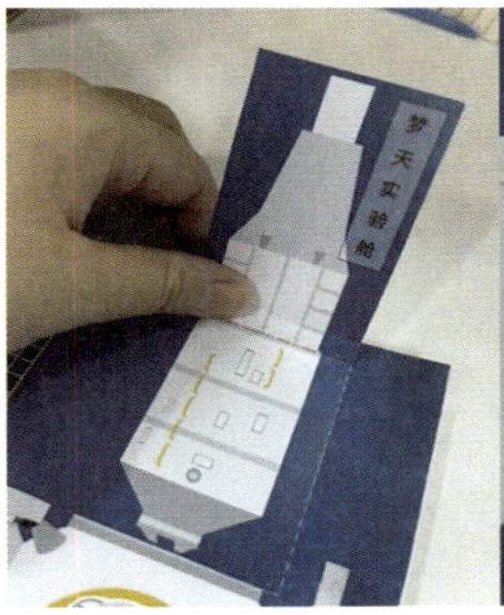

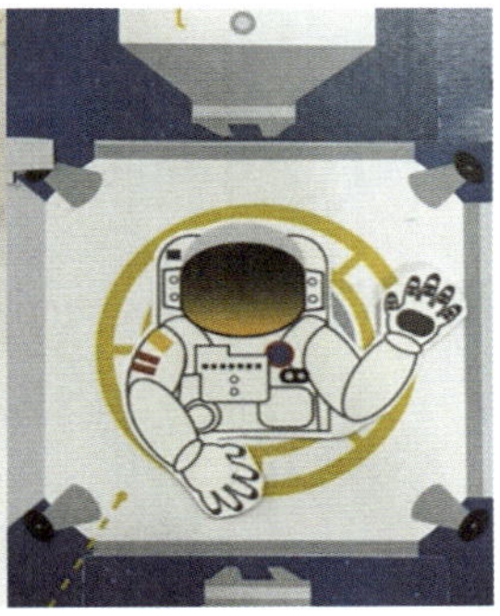

设计思路

面学习单改为三维立体折页，可以让该年龄段学生对空间站构成建立直观认识。

设计意图

利用动手制作立体折页学习单的方式，在做中学，了解天宫空间站基本情况，提升学习的趣味性。学生自主完成新的空间站设计图绘制，对活动所学知识进行巩固。

教学策略

动手做的活动方式让观众手脑并用，获得直接经验。自主完成空间站设计图绘制的任务可以提升学生利用活动所学知识自主创新的能力。

教育活动脚本

设计思路

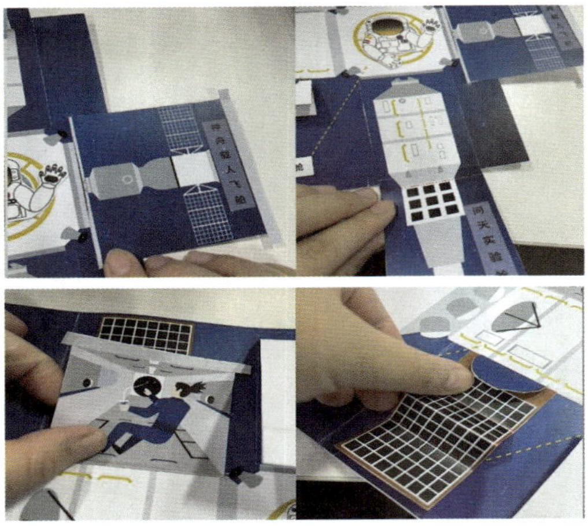

现在我们来看中间位置的小柱段（见左图），这里主要是航天员生活和休息的场所。请大家找出航天员生活场景的零件，把它安装在上方。

接下来请大家找到太阳能电池板的零件（见左图），折叠后安装在下方，这个太阳能板是柔性可折叠的，这样可以节省空间。

最后我们来看左边的大柱段，它有两个作用：控制飞行和进行实验。请大家找出航天员工作场景的“零件”，把它安装在上方。我们看大柱段的最左边是资源舱，用来存储航天员需要的物资。同时它还可以对接来送货物的天舟货运飞船，请大家把货运飞船也安装在左边的位置。

现在，我们的“天宫空间站”已经搭建完成了（见下图）。真正的天宫空间站早在 2022 年就已搭建完成，2024 年，天宫空间站有望成为全世界唯一在轨运行的空间站。

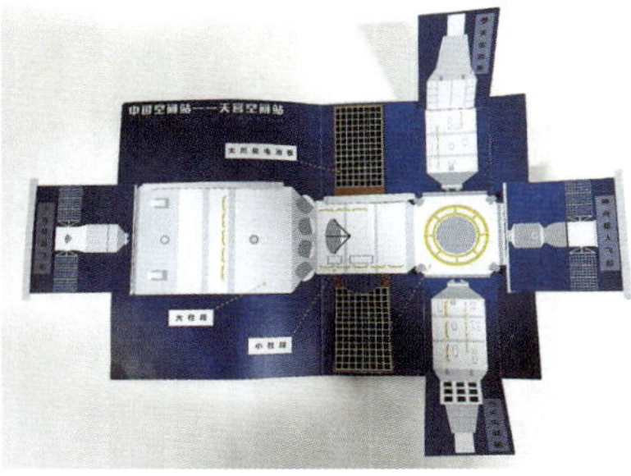

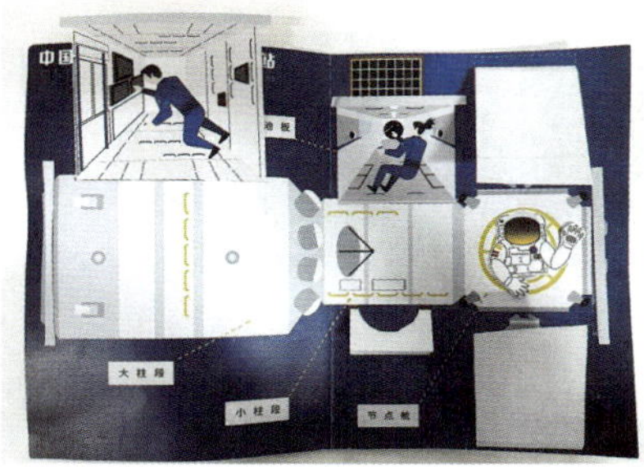

任务三：绘制空间站设计图。

老师：各位设计师们，我们通过前两个任务了解了太空环境特点和我们国家空间站的构成，那如果大家来设计，能不能设计出不一样的空间站呢？请大家拿出这张图纸（见下图），把我们自己设计的草图画出来吧，然后把设计图和刚才制作好的立体折页粘起来，合并成我们的设计手册。

所有工作完成后，请各位设计师上台展示并介绍一下自己的设计作品，我们大家一起讨论一下，看看谁的作品最有创意！

（作品展示，交流讨论）

第三阶段　归纳总结

阶段目标：通过讨论与交流，回顾整个课程，感悟科学家精神

教育活动脚本

老师：小朋友们，我们今天了解了许多关于太空和空间站的小知识，让我们回忆一下我们今天做了什么呢?

学生 1：学习了太空环境。

学生 2：了解了中国空间站。

学生 3：画出了设计图。

老师：小朋友们说得很好，你们觉得设计空间站容易吗?

学生：不容易。

老师：是的，真正的空间站建设比我们刚才要做的复杂得多也困难得多，许多技术需要自己去钻研和创新，这些都离不开广大科学家们的辛苦付出。面对困难不放弃，面对失败不气馁，而这些就是特别能吃苦、特别能战斗、特别能攻关和特别能奉献的载人航天精神。在“科学家精神”的指引下，我们的科学家制作出了很多航天器帮助我们国家在宇宙的探索之路也越走越远。

希望小朋友们通过这次活动可以掌握设计的方法，学习科学家们的精神，并对太空探索产生兴趣，也许未来的航天专家就会在你们之中诞生呢!

那么今天的活动到此结束，感谢大家的参加。

设计思路

学情分析

对于 5 ~ 8 岁学生，他们的思维正在经历从具象到抽象过渡阶段，通过老师引导把复杂问题进行拆分解决，培养学生解决问题的能力。

设计意图

归纳总结活动内容。培养学生掌握项目研究的方法，鼓励学生树立宇宙探索的好奇心。

教学策略

通过讨论和总结，加深学生的印象。

七、教学评价与反思

1. 评价：本活动中，在展品辅导和制作立体折页学习单的任务的过程以老师评价为主，更直观了解学生对知识的掌握程度。在空间站设计图展示环节采用学生互评，充分调动参与者积极性。

2. 反思：本活动采用项目式学习的方法，将“设计空间站”的大问题拆分成三个小任务，把复杂抽象的问题具象化可以帮助低年龄段学生更好理解教学内容。采用角色扮演的方式创设情境，更容易带来沉浸式体验。活动中采用了展品辅导、动手制作相结合，提升趣味性也能达到“做中学”和“玩中学”的效果。在实行过程中也存在一定局限，如低年龄学生能否更好理解太空失重环境的概念，对于动手能力较弱的学生在制作立体折页学习单时难度也较大等问题，在后续课程改进中还需要继续思考。

★ 该项目获 2023 年“奋进科普新征程”全国科技馆联合行动优质科学教育资源项目三等奖 ★

河北省

诗词里的科学：传颂千年的声音

教育活动类型： 科学讲堂 + 实验

项目开发单位： 河北省科学技术馆

项 目 设 计 人： 张静、张传祥、周优

一、活动对象

1. 年龄：7 ~ 9 岁。

2. 人数：20 人。

3. 受众分析：“声音的奥秘”是苏教版小学科学三年级（下）中的内容，本课程适合该年龄段进行学习。声音是生活中无处不在的现象，“声音的奥秘”中的大部分道具又都是生活中常见的，这一课程对本年龄段的学生来说较好理解。同时，三年级的孩子已经有了一定的诗词学习的基础，对于“诗词里的科学”这一概念有较清晰的认知。7 ~ 9 岁孩子的好奇心和求知欲日益增长，因此，对于生活中无处不在的声音现象可以进行探究和较为系统的学习。

二、活动目标

1. 科学观念：对于声音这种生活中的常见现象具备具象的认识，了解声音的传递的不同形式。对于生活中的简单现象产生原理形成初步的认知观念。

2. 科学思维：初步掌握重组思维。能够在解决问题的过程中分析大问题的构成，拆分成多个小问题进行解答；初步掌握发散思维，能够对声音的现象举一反三。对声音的特征进行总结，并在特征外展开想象；能够对问题进行假设和分析。

3. 探究实践：能对于具体的现象进行分析和比较，能够对于问题基于经验和知识提出假设。能对于大问题的各个阶段分别指定简单的探究计划。能通过实验验证假设，初步具有总结概括的能力；初步形成一整套解决问题的实验方式；能够通过制作简单的辅助工具解决问题。

4. 态度责任：认识到科学学习过程中应该实事求是，如实记录和反馈实验探究的信息。对于中国传统文化有更深入的了解，增强文化自信。

三、活动重难点

1. 活动重点：

（1）不同的诗词引入不同的环节，体现科学与艺术的融合。

（2）介绍传统诗词背后的基础物理知识，实验探究声音如何产生、传播、接收的基本原理。

（3）介绍生命探测器、超声波医学检测等实例，意识到科学技术对人类生活的重要影响。

（4）课上进行实践、手工制作。课后发放留声机音乐盒手工小制作，提高动手能力。

2. 活动难点：

（1）如何将物理学中抽象的声波现象简化为易于本年龄段孩子接受的知识。

（2）引导学生，让学生归纳、总结结论。

（3）声波应用的介绍和未来畅想。

四、活动场地与相关准备

1. 活动场地：展厅、多功能厅。

2. 活动准备：预先准备活动音视频、PPT，准备摆放教具。

3. 活动教具和活动套材包：编钟模型、鼓、彩色石头、水盆、纸杯、棉线、钢尺、激光笔、真空罩、闹钟、音叉以及所需视频，手工八音盒材料包，见下图。

五、活动过程

第一阶段　引入："万籁此都寂，但余钟磬音"

阶段目标：从古代音律之美引入主题，提出问题："我们为什么能听到这么美丽的声音？"

教育活动脚本

老师活动：用玩具编钟演奏一段音乐（见右图）。并由编钟引出古代音乐之美，讲述古人对于声音之美的追求和思考。

提出问题：我们为什么能够听到如此美丽的声音?

将大问题转为三个小问题来解答：声音是如何产生的？声音是如何传播的？声音是如何接收的。并在之后一一解答。

设计思路

设计意图

由传统文化之美引出声音的主题。并提出问题让学生思考。

学情分析

学生通过小型编钟演奏音乐而进行感悟，现象直观，效果明显，具有动手操作的动力。

教学策略

通过古诗词和古乐器引入主题，生动活泼引起兴趣再开展教学。

第二阶段　声音的产生："醉和金甲舞，雷鼓动山川"

阶段目标：由古诗引入声音的产生，并通过实验解答声音是如何产生的。

教育活动脚本

老师活动：由"醉和金甲舞，雷鼓动山川"的诗句引入敲鼓发声，并用准备好的鼓进行敲鼓实验。为让实验更明显，可将彩色石头放在鼓面上，体会振动发声。

钢尺发声实验。钢尺上绑上激光笔，体会钢尺振动发声。

音叉敲击振动实验，见下图。音叉敲击后放到水盆中，水珠飞溅验证振动发声。

手摸声带，验证振动发声。

设计思路

设计意图

引出声音是如何产生的主题，并进行实验探究。

学情分析

同学们对于声音的现象有一定的生活认知基础，实验教具也是生活中常见的，对于实验探究来说十分有利。

教学策略

通过生活中常见的现象，提取出声音产生的共性，并解答声音产生的问题。

第三阶段　声音的传播：“马蹄隐耳声隆隆，入门下马气如虹”

阶段目标：由古诗引入声音的传播，并通过实验解答声音是如何传播的。

教育活动脚本

老师活动：由“马蹄隐耳声隆隆，入门下马气如虹”的诗句引入马蹄声的传播。讲述古时军人伏地听马蹄声的故事，提出疑问为什么趴在地上听马蹄声比站立的姿势听马蹄声要传得更快?

让同学们侧耳趴在桌上敲击桌面，见下图，体会声音和平时有什么不同。并引导得出答案：声音的传播在不同介质中有不同的效果。

为了进一步验证，让同学们动手进行“土电话”制作，见下图，验证声音在固体（棉线）中的传播和平时气体中有什么不同?并通过土电话一对一、一对多和多对一的传话游戏，体会不同情形下的声音传播效率。

真空罩中的闹钟发声实验，体会真空中和空气环境下同种发声的不同的现象。并得出结论。

设计思路

设计意图

将大的问题拆分成小的问题，依次解决。

学情分析

敲课桌的游戏可能很多同学都玩过，背后的原理引人思考。

教学策略

让同学们将生活中的小游戏与科学原理结合起来，并解决大问题。

第四阶段 声音的接收："与君歌一曲，请君为我倾耳听"（5分钟）

阶段目标：介绍人耳接收声音的基本原理。

教育活动脚本	设计思路
老师活动：不只是古人，很小的孩子也知道听声音用的是耳朵，但对于耳朵结构同学们不是很了解，通过视频介绍人耳结构和外耳、中耳、内耳的不同功能。 人耳朵和留声机的形状、电子设备喇叭的功能进行比较，见下图。 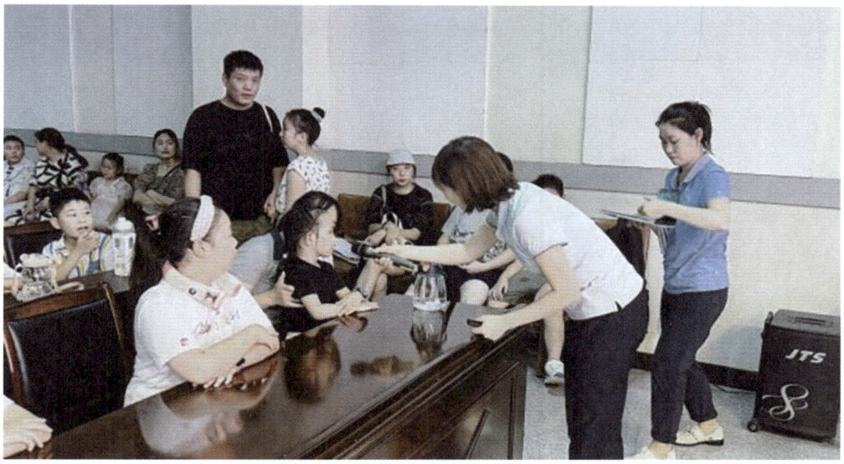	**设计意图** 对于声音的接收进行探讨学习，并通过电子喇叭和耳朵功能对比，体会电信号和声信号的转化。 **学情分析** 在同学们对于外耳部分比较了解的情况下，适合提高认知，对于耳部结构加深了解。 **教学策略** 从常识说起，转化为更深层的知识。

第五阶段 综合扩展："嘈嘈切切错杂弹，大珠小珠落玉盘"

阶段目标：在解决了"我们为什么能听到这么美丽的声音"的问题之后，进一步思考"不同的声音"，了解不同频率声音的奥秘，以及生活中关于声音的应用，对未来科技的展望。

教育活动脚本	设计思路
老师活动：由"嘈嘈切切错杂弹，大珠小珠落玉盘"的诗句引出不同的声音。同一种乐器声音有高有低，不同的乐器有不同的声音，并进行思考。 通过音叉共振实验，体会不同频率的声音。 介绍利用声学知识研发的前沿科技产品，包括声波生命探测仪和医学中的超声波检测、农业中的声波助长仪。 让同学们畅想未来还可以用声音的知识创造哪些发明。	**设计意图：** 对于声音进行充分的扩展，主要是引起同学们的思考，通过学到的声音知识畅想未来科技应用。

教育活动脚本	设计思路
课程结束时，发放八音盒手工制作，让孩子们回去制作。（现场图片见下图）	**学情分析：** 对于声音背后的科学有了一定程度的认识后，适合进行应用扩展和深层思考。 **教学策略：** 从生活中常见的乐器说起，引起对于不同声音的思考，并通过已有的声波应用产品进行思维的启迪和发散。

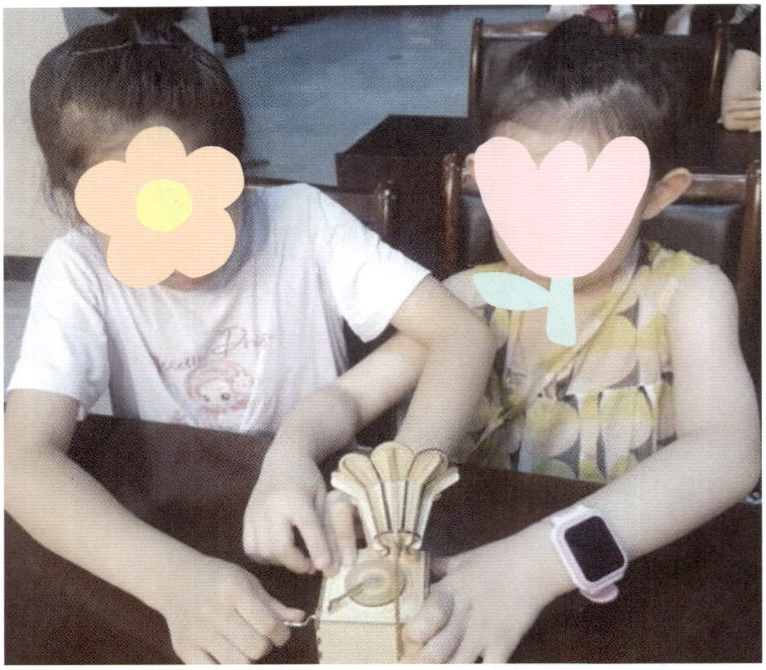

六、实施情况与效果评估

实施情况：“诗词里的科学”作为河北省科技馆的新兴传统文化系列课程，是我们开发科普活动的一次重要尝试。科学与艺术的融合让这堂科学课引人注目，在活动开展以来，收获了学生和家长的一致欢迎。

效果评估：我们设计了三种调查问卷，除了参与课程的学生和家长进行打分评价以外，我们邀请了十八名科学教育相关的老师、辅导员对于本堂科学课给出评价。

上课学生评价：学生们整体非常满意，对于声音的产生、传播的原理，96% 以上的学生给出了“非常了解”的反馈；对于趣味性，95% 以上的同学给出了很有趣的评价；对于传统文化与科技融合的形式，98% 以上的同学给出了“效果很好，希望多举办此类活动”的选项。

家长评价：家长们整体给出了较高评价，教案内容逻辑性、形式与内容创新程度满意度在 96% 以上，家长对于科学原理阐释明确性、前沿科技创新成果应用、与日常生活结合度、动手实践、整体效果满意度在 95% 以上。他们表示本次活动将中国的传统文化和科学知识融合到一起，形式新颖独特，让孩子们加强了文化自信；活动中的实验、手工制作等都很有趣，既锻炼了孩子的动手能力让他们亲身体验科学的奥秘，还增进了亲子交流，希望此类活动能够多举办，并表示有机会的话能够到各个小学开展。

科普行业相关老师、辅导员评价整体较好，认为我们的课程形式新颖，将物理学知识生动有趣地进行了探究。在形式上比较新颖，尤其是对于传统文化和现代科技的融合，让其不再是一堂简单的科学课，而是注重“将艺术之美融入科学，将科学之美发散到其他学科”的综合性课程。老师们认为，课程中的动手实践内容比较丰富，可以让孩子在探究中获得知识，是一种好的教学方式。

对于不足之处，受访老师和上课学生们也提出了相应的意见，主要体现在课程内容较多，部分内容没有突出重点，我们也在逐步进行改进。

三种调查问卷见下图：

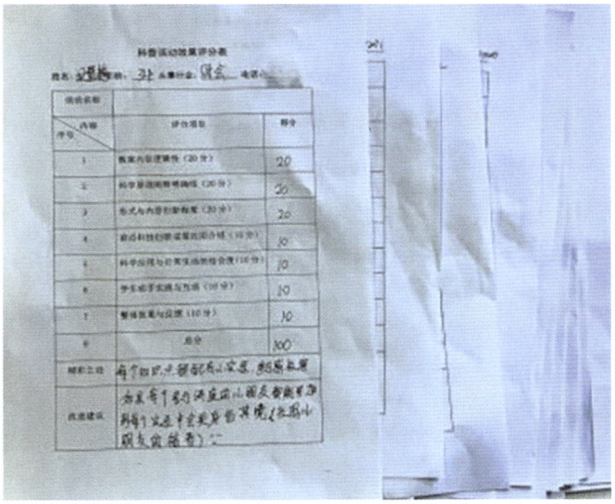

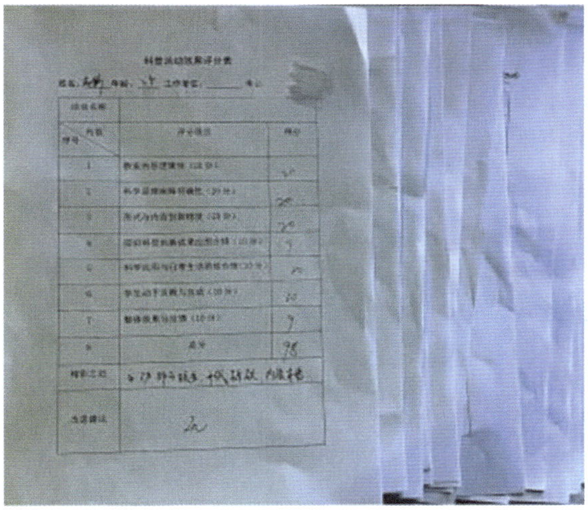

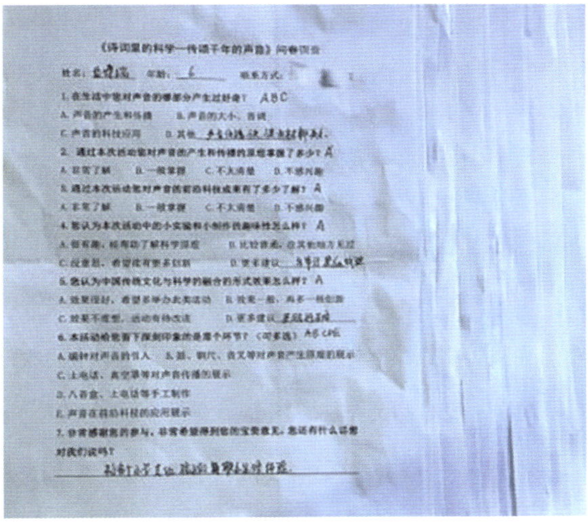

★ 该项目获 2023 年“奋进科普新征程”全国科技馆联合行动优质科学教育资源项目二等奖 ★

借镜观形之平面镜成像特点及应用

教育活动类型： 科学实验和动手制作类活动

项目开发单位： 河北省科学技术馆

项 目 设 计 人： 马华、徐明霞、韩冰

一、活动对象

1. 年龄：8 ~ 10 岁。

2. 人数：10 ~ 15 人。

3. 受众分析：光的反射知识不在小学科学课讲授范围内，但学生已从一年级语文课本中读过《猴子捞月亮》的故事，知道了水面上的月亮是假的。然而，语文课中并未详细讲解水面上的月亮是如何来的，镜面成像的特点，以及平面镜成像的其他应用。这个年龄段的学生认知能力处于具体运算阶段的前期，有强烈的好奇心，且具备一定的逻辑推理能力和动手操作能力。

二、活动目标

1. 科学观念：知道光在空气中沿直线传播，知道光遇到物体会发生反射，平面镜成像就是光的反射作用结果。

2. 科学思维：能在老师指导下观察并描述实验现象，从简单到复杂逐步深入探究事物。通过观察和实验来获取证据，培养科学实证思维。

3. 探究实践：初步了解运用实验来探究光的反射、平面镜成像特点等科学知识，初步具备使用材料包、动手制作“潜望镜”和“万花筒”的能力。

4. 态度责任：乐于观察、实验、总结科学现象；实事求是，敢于表达观点；培养动手制作能力，善于合作分享。

三、活动重难点

1. 活动重点：了解光的反射现象以及平面镜成像特点，制作万花筒和潜望镜。

2. 活动难点：学习光的反射现象、平面镜成像特点及其应用。

四、活动场地与相关准备

1. 活动场地：河北省科学技术馆镜子世界展区。

2. 活动准备：A4 纸、激光笔、镜子、白板、电脑以及实验材料包，见下图。

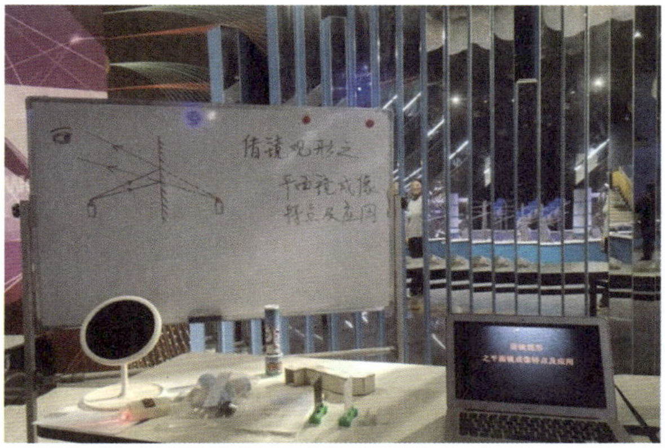

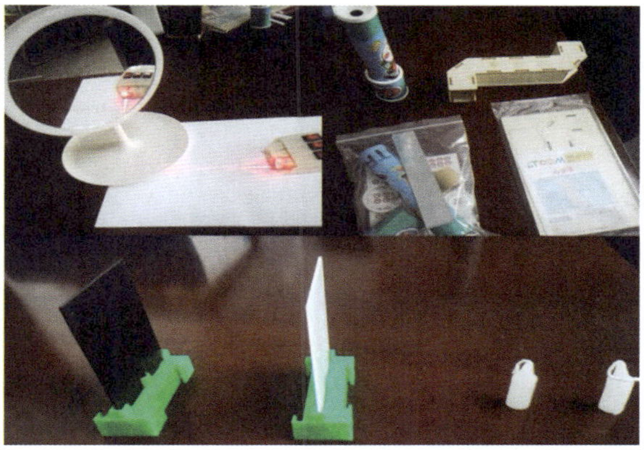

五、活动过程

第一阶段 引入

阶段目标：故事引入，提出问题，引发学生思考。

教育活动脚本

老师活动1：讲述“猴子捞月”故事，并提问“为什么抓不住水里的月亮”，见右图。

设计思路

设计意图

受众年龄较小，用故事引入的方式吸引学生注意力，引起学生兴趣，鼓励他们跟着辅导员老师思考。

学情分析

学生已经在一年级课本

教育活动脚本	设计思路
学生活动 1：根据生活经验，学生认为水里的月亮是假的。 老师活动 2：解释井里面为什么会出现假月亮，并引出光的反射现象。	上学过《猴子捞月》这个故事，但并不了解故事背后的科学原理，有探索欲望。 **教学策略** 通过熟悉的故事引入，激发学生兴趣，提出相关问题，鼓励学生探究，引出光的反射。

第二阶段 实验探究

阶段目标：通过观察光的反射实验，探究一条入射光线是否只有一条反射光线，反射光线和入射光线是否在同一平面内以及平面镜成像的特点。

教育活动脚本	设计思路
实验一：探究光的反射 老师活动 1：将 A4 纸垂直放在平面镜上，通过激光照射镜子，发现在纸上出现了一条光线，见右图，解说光的反射现象。提出问题：“如果将 A4 纸分别前折、后折，折后区域还会有光线出现吗？” 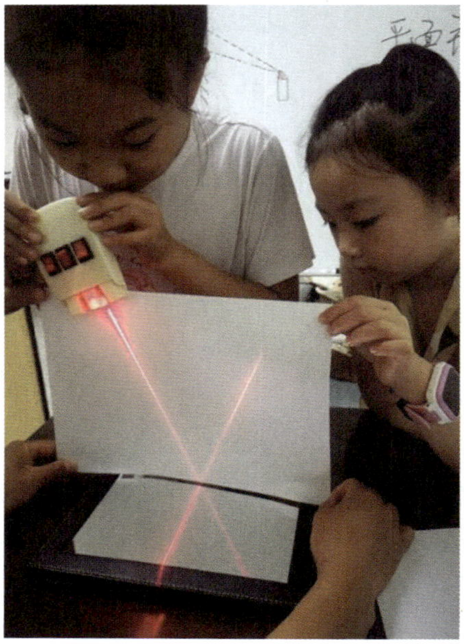 学生活动 1：学生自由讨论并分享自己的观点。 老师活动 2：分别将 A4 纸后折、前折垂直放在镜子的上方，用激光笔照射，引导学生观察并记录折后区域是否有光线。 学生活动 2：描述并记录观察到的实验现象。 老师活动 3：老师归纳总结光的反射规律。（一条入射光线只有一条反射光线；反射光线和入射光线在同一平面内）	**设计意图** 通过观察提问的形式进行实验可以调动学生探究过程中的主观能动性，培养积极观察与交流的能力。 **学情分析** 学生处于低年级，科学基础较薄弱，但对镜子、激光笔和 A4 纸等生活办公用品可以开展实验，充满好奇和探究欲望。 **教学策略** 通过具体的实验探究，引导学生验证自己的观点正确与否。

教育活动脚本

实验二：“吹不灭的蜡烛”

老师活动 1：通过猜谜游戏引出镜子，接着引导学生观察、描述“镜子迷宫”展项（见下图）；提出探究任务，引导学生观察和描述平面镜成像特点。

学生活动 1：观察体验展项；在老师引导下，通过调整蜡烛位置、多角度观察和用光屏替换蜡烛完成平面镜成像实验并准确描述出平面镜成像特点。

老师活动 2：归纳平面镜成像的特点，即平面镜成正立、等大的虚像，物到镜面的距离和像到镜面的距离相等。

设计思路

设计意图

通过展项体验、科学实验和动手做等多元化的方式，引导学生逐步探究问题背后的原因。

学情分析

学生已有一定的动手能力，对于光的反射现象也有一定的了解，有一探究竟的好奇心。

教学策略

谜语导入，展项体验，循序渐进地提出探究任务，让学生反复经历科学探究的一般过程。学生探究时，老师尽量避免知识点灌入，而是提供引导，让学生自己去体验、思考和总结，充分发挥主观能动性。

第三阶段 动手制作

阶段目标：在前一阶段认识平面镜成像特点基础上，引入科学小制作，通过对“多个平面镜摆放角度不同，成像有何特点”的推理分析和实验探究，引出“两个平面镜平行、上下摆放可以从下方看到上方物体，从而进行潜望镜制作”和“三个平面镜呈 60° 摆放可将小颗粒反射形成对称图案，制作万花筒。”

教育活动脚本

老师活动 1：用图片展示谍战剧中平面镜的一些应用，并提问如何用两面镜子实现潜望镜的功能?

学生活动 1：对镜子进行组合、摆放，上、下放置两面镜子，这两面镜子或在同一竖直方向或错开一定距离，镜子或平行或垂直或呈其他角度放置。

设计思路

设计意图

引导学生通过自主实验获取“直接经验”，认识到平面镜成像的特点

教育活动脚本

老师活动 2：认可学生的整体思路，并指出潜望镜的制作就是需要上、下两个平面镜，使光经过两次反射而进入观察者眼中，引导学生正确摆放两面镜子。提供潜望镜材料包。

学生活动 2：制作潜望镜，见下图。

老师活动 3：展示提前准备的花朵，引导学生观察花瓣结构特点，并提问：通过合理摆放三面镜子，能否将小颗粒变成"花"？

学生活动 3：观察花瓣，找到花的特点是对称图形。

老师活动 4：引导学生思考平面镜成像与花两者的共性（对称），鼓励学生合理摆放镜子，把小颗粒通过成像，形成与花相似的对称图形。

学生活动 4：将三面镜子按不同夹角摆放，当夹角为 60 度时，将一颗小桃芯放中间，就能得到像花一样的图形。

老师活动 5：总结学生探究过程和结果，并提供万花筒制作材料包。

学生活动 5：制作万花筒，见下图。

设计思路

并探究其应用，培养实证的科学思维和方法。

学情分析

学生已了解平面镜成像特点，对于其应用探究充满好奇，且具备一定的逻辑推理能力和动手操作能力。

教学策略

情境引入的策略——通过影视剧中镜子的使用引入平面镜成像特点和广泛应用；设置问题的策略——通过提问：两面镜子如何摆放实现从下方观察上方情况的功能，一个小颗粒如何通过（三面）镜子变成一朵"花"，引发学生思考和动手实验。

第四阶段 活动拓展

阶段目标：进一步拓展平面镜应用，培养学生的发散思维。

教育活动脚本

老师活动 1：告知学生利用镜子可以变魔术，即把 4 面镜子，两两组合，呈一定角度摆放，会呈现让像消失不见的效果。

学生活动 1：学生们尝试镜面的摆放方式，并试验，再改变，再试验。

老师活动 2：引导学生将 2 面镜子呈 90 度组合，再将 2 面镜子并排摆放，镜面相对，寻找可以隐身的特定位置。

学生活动 2：学生亲身体验隐身，见下图。

设计思路

设计意图

通过科学摆放，可以用 4 面镜子将人隐身，实现类似魔术的效果，向学生展现科学的趣味性，激发学生的探索欲望，培养发散思维。

学情分析

学生在上述实验中已了解平面镜成像的规律和 2 面、3 面镜子的成像应用，对于 4 面镜子的摆放、成像抱有好奇，尤其是被告知 4 面镜子可以将人隐身后，更加愿意进一步探索。

教学策略

采用对比的策略，前两次实验都是通过平面镜成像，利用像做到观察或呈现对称图形的效果，而这次实验却要把像消失，强烈的对比与不可思议的实验效果，引发学生思考和探究。

六、实施情况与效果评估

借镜观形之平面镜成像特点及应用教育活动于 2023 年 6 月起在河北省科学技术馆正式开展（现场照片见右图），课程累计实施 10 余次，学生受众 150 人，其他观众近 200 人，受到广泛好评。

采用“表现性评价”和现场采访方法对学生在实验探究、科学制作和交流讨论中的表现进行考察，本教育活动的教学目标基本实现，学生既获取了关于光的反射和平面镜成像的科学知识，也基本掌握了逻辑推理、实验探究的科学方法，培养了实证的科学思维。

★ 该项目获 2023 年“奋进科普新征程”全国科技馆联合行动优质科学教育资源项目三等奖 ★

山西省

科学有曰之沃辛顿射流

教育活动类型：科学实验与动手制作类课程

项目开发单位：山西省科学技术馆

项 目 设 计 人：刘统达、王雁飞、张晓肖

一、概述

本教案以《人民日报》热评的“天津大爷爱跳水”为切入点，将新闻热点事件与科学现象相结合，把“科学思维”与“探究实践”的科学方法及相应的科学思想作为重点，在“5E教学法”的基础上进行创新升级，强化了二次“探究—解释”，将“探究与解释”相融合，以探究式学习为主要教学方法，以动手实验、交流讨论相结合的活动形式，引导学生进行“猜想→实证”的科学探究，形成“具象→抽象→具象”的科学认知，初步了解和运用“控制变量”与“实证”的科学方法，塑造从“感性认识→理性认识”的科学思维。

二、教学对象

1. 本教育活动适宜的受众人数：10人。

2. 本教育活动针对的具体教学对象：小学五、六年级学生。

3. 教学对象的学情分析：这个年龄段的学生已经简单了解物体占据空间、力可以改变物体的形状等科学知识，也可以对力和物体运动的关系作出简要分析，日常生活中会接触到一些跳水的视频，但不能详细解释物体落入水中为什么有的水花大，有的水花小。此年龄段的学生认知能力处于“具体运算阶段”的末期，思维方式开始从具体形象思维逐步向抽象逻辑思维过渡，且与直接经验、生活经验相联系；另外，这一年龄段已开始进入“青春期”，更有“猜想”，独立、挑战甚至动手操作的意识也更强。

三、教学目标

1. 科学观念：认识物体有多种运动形式，力可以改变物体的运动状态；了解物体落入水中溅起水花大小与其重量、形状、下落速度都有关。

2. 科学思维：初步了解并运用分析、比较、抽象、概括、推理、类比和基于证据进行分析、判断的科学思维方法。

3. 探究实践：初步了解并运用通过观察和实验发现和分析问题的方法，收集、记录和分析数据的方法，针对问题设计实验方案并根据实验情况调整方案的方法，控制变量的实验方法。

4. 态度责任：可以将学到的科学方法和科学思想应用于日常生活、社会实践，培养敢于质疑、勇于求真、理性思维、基于实证的科学态度。

四、教学重难点

1. 教学重点：了解物体落入水中溅起水花的大小与物体的重量、形状、下落速度都有关系；初步了解并运用科学思维与探究实践的方法，特别是“猜想”“推理与实证”“控制变量”等科学方法及相应的科学思想。

2. 教学难点：如何通过具体、形象的科学现象和探究实践过程，引导学生进行有依据、有逻辑的“猜想”和“实证”，实现抽象的科学思维与科学认知；如何培养敢于质疑、执着求真、理性思维、基于实证的科学态度和科学思想。

五、教学场地与教学准备

1. 教学场地：山西省科学技术馆科学教室。

2. 教学准备：电脑、手机、笔、学习单以及实验器材（见下表）。

序号	物品名称	数量	序号	物品名称	数量
1	大石头	5个	8	橡皮泥	多个
2	小石头	5个	9	水	
3	高水槽	2个	10	油	
4	乒乓球	5个	11	糖	
5	蜡烛	3个	12	高清摄像头	
6	小石板	3个	13	低水槽	2个
7	中水槽	2个			

3. 活动总时长：45分钟。

六、教学活动设计与实施

1. 教学活动设计流程图

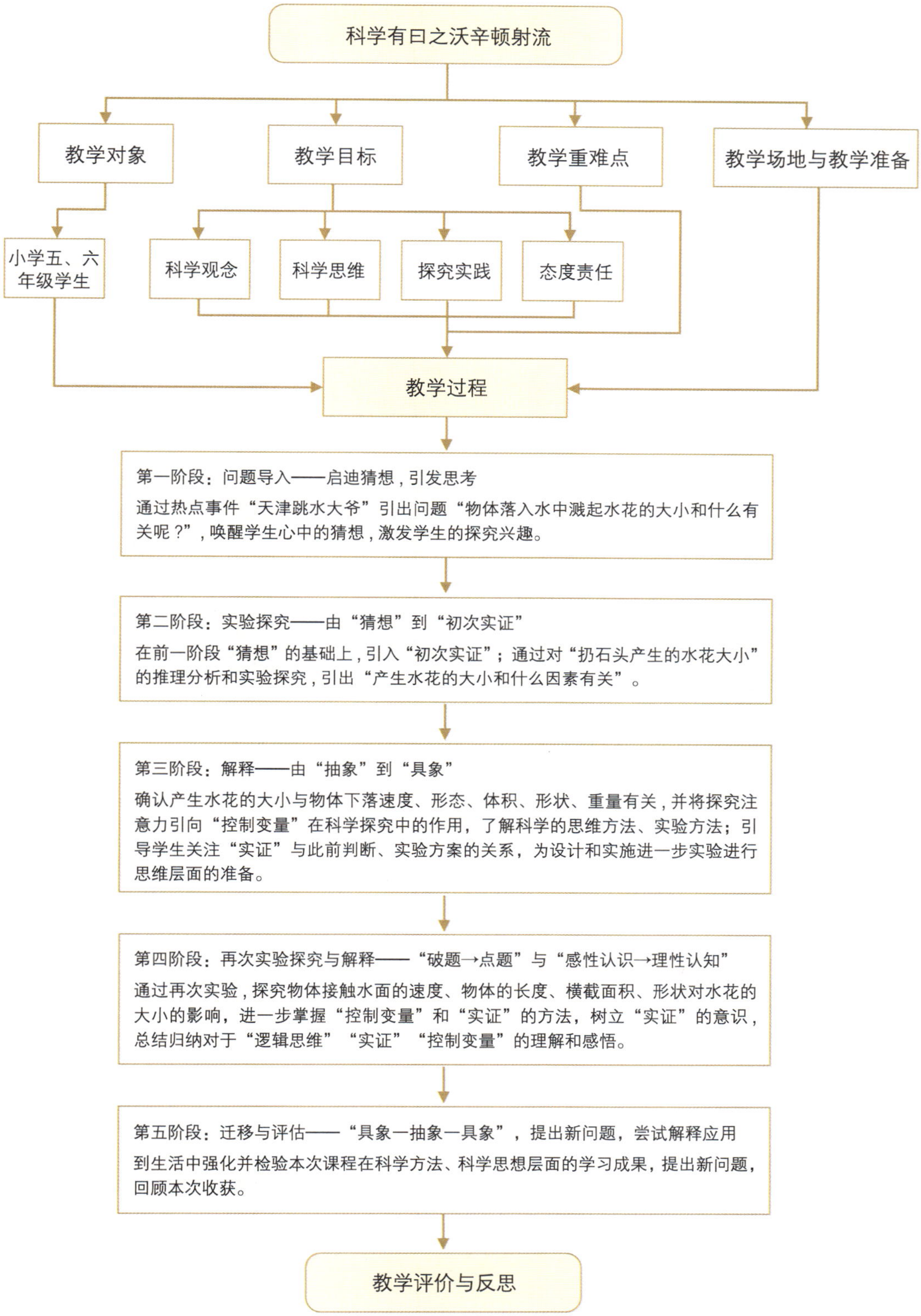

2. 活动步骤以及设计意图

第一阶段 问题导入——启迪猜想，引发思考

阶段目标：引出问题“物体落入水中溅起水花的大小和什么有关呢？”，唤醒学生心中学科学的热情，激发学生的探究兴趣。

教育活动脚本	设计思路

本阶段创设情境环节。

老师活动：通过近期《人民日报》热评的“天津大爷爱跳水”事件（见下图），对比过往跳水运动员的比赛视频来进行分析猜想，再引导学生做扔石头的小游戏，将游戏现象结合日常生活中的经验，提出问题：“物体落入水中溅起水花的大小和什么有关呢？”

学生活动：根据自己所学知识和生活经验提出不同的见解。

见解一认为跳水运动员用一些特殊的姿势，可以改变水花的大小；

见解二认为跳水运动员需要很瘦小，可以压住水花，像小石头一样。

老师活动：观看跳水运动员视频，观察水花大的和水花小的姿势有什么区别，见下图，引导学生发表自己的观点。

学生活动：学生们展开讨论，各自阐述观点及其理由和依据。以学生们现有的知识、科学实验经验和生活经验，无法通过语言来证明说法的准确性，因此形成了问题、悬念和挑战。

学情分析

学生们基本都看过跳水比赛，在河边扔过石头。根据生活经验知道物体掉入水中都会有水花，石头扔进去都可以溅起大量水花，为什么跳水运动员可以做到几乎没有水花呢？生活经验和跳水运动员的结果，形成认知冲突。

设计意图

通过观看跳水比赛视频，和动手现场扔石头，引出“为什么石头扔进去会有大量水花，跳水运动员能做到几乎没有水花”的疑问，引发学生对两种观点的思考和讨论，激发通过猜想和实验的探究欲望。

教学策略

“启迪猜想”的策略——由于有生活经验在先，许多学生不会轻易表示出质疑，而扔石头的结果符合日常生活经验，引出部分学生对跳水运动员没有水花的原因进行猜想。

第二阶段 实验探究——由“猜想”到“初次实证”

阶段目标：在前一阶段“猜想”的基础上，引入“初次实证”；通过对“扔石头产生的水花大小”的推理分析和实验探究，引出“产生水花的大小和什么因素有关”。

教育活动脚本

本阶段创设情境环节。

老师活动：在上一个阶段的猜想中，同学们都表达了自己的观点。但是猜想不能解决问题，大家有什么办法来证明自己的观点吗？有的同学说“做实验”，这是一个好办法！

老师活动：模拟“跳水”比赛，鼓励学生自主设计不同的实验方法，探究水花产生大小与重量、形状、下落速度的关系。

学生活动：通过之前对“物体下落对水花产生大小”的分析和讨论，学生们对于球的重量、体积与下落速度的关系已有不同的预判。学生们选用各种大小不同、重量不同的物体，设计和进行实验。

老师活动：要求学生记录实验结果及数据。记录数据应包括：每个物体的重量、形状、下落速度，引导学生通过数据分析各种因素对实验结果的影响。

学生活动：学生采用不同的实验方法并出现不同的实验结果。

可能出现的实验过程：

实验 1 让蜡烛做自由落体运动落入水中，观察水花。

实验 2 让小石板做自由落体运动落入水中，观察水花。

实验 3 让乒乓球做自由落体运动落入水中，观察水花。

实验 4 将小石板和乒乓球摞在一起，然后一起做自由落体运动落入水中，观察。

实验 5 ……

（实验中呈现的不同现象见右图）

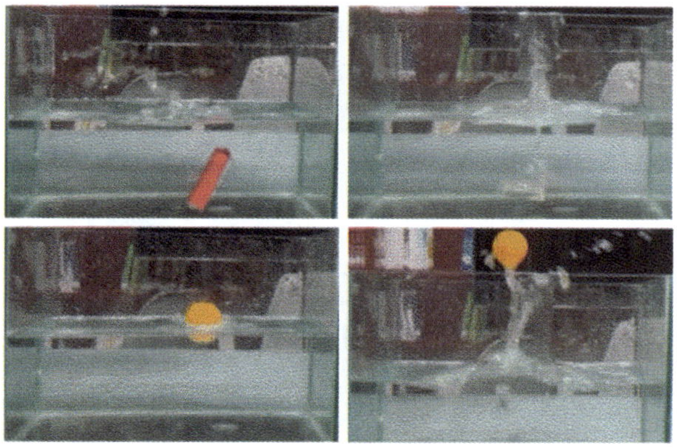

上述实验结果表明物体的重量、形状、多少均对水花大小有影响。与此同时，既有一些学生的实验未能得出有意义的结果，也有一些学生所用东西的大小、重量、形状都不一样，“无意识”地发现了“控制变量”的科学实验方法。有的学生会发现还有其他因素可能影响实验结果，说明学生已经考虑到排除其他因素对实验的干扰，设法保证实验的可对比性。

设计思路

学情分析

这一年龄段的学生在做出判断和设计方案时，虽然会有一些依据，但思维方法往往有一些缺陷，比如，依据表面的“因果关系”即做出判断、确定方案，未能考虑或排除其他影响因素。

设计意图

通过“产生水花的大小和什么因素有关”的讨论和实验，一是引导学生意识到“产生水花大小”的核心是“物体与其质量、形态（含体积、形状）、速度的关系”；二是利用前一阶段的初次猜想，引导科学、理性地进行思维判断和实验设计；三是通过探究的过程，逐步树立依据实践来验证判断和设计方案科学性、可行性的意识。

教学策略

①猜想、思考的策略——引导学生进行有依据、有逻辑的质疑、分析、推理和提出见解，逐步养成理性思维的意识和方法；②实验探究的策略——通过实验过程及结果，引导学生验证自己或对方的观点、设计方案正确与否，并对思维方法、设计方法进行反思。

第三阶段 解释——由“抽象”到“具象”

阶段目标：确认产生水花的大小与物体下落速度、形态（体积、形状）、重量有关，并将探究注意力引向“控制变量”在科学探究中的作用，了解科学的思维方法、实验方法；引导学生关注“实证”与此前判断、实验方案的关系，为设计和实施进一步实验进行思维层面的准备。

教育活动脚本

本阶段创设情境环节。

老师活动：引导学生讨论，通过前面实验的过程和结果有什么发现。

学生活动：通过讨论归纳了发现物体体积、形状、下落速度对水花大小影响明显，特别是小石板和蜡烛。

老师活动：通过上述分析可以看出，大多数同学已经初步学会有依据、有逻辑的思考了，并且有一定的“实证”意识。目前的发现和推论是否准确呢？在现有“实证”还不够直接、不够充分的情况下，部分同学有质疑，这是很正常的质疑也有一定必然性，看来还要做进一步的探究。在上一阶段的三轮实验中，为什么许多同学后两轮实验获得了有意义的结果？通过实验的设计和实施过程，大家有什么收获？对下一步探究有什么启发？

学生活动：关于取得实验成功的原因和收获，被提及最多的是①尽量选用相同的物体和条件进行实验，以排除不可比的因素；②在可能影响的多个因素之中，一次测试中只改变其中一个因素而保持其他因素不变；③要详细记录实验中的各种条件、数据和结果，从中可以分析出许多有意义的数据；④通过推理分析得出的见解、设计的方案，即使显得很有道理、很有依据、很有逻辑性，但最终还是要通过实验的过程和结果来证明是对是错、是否可行。（现场照片见下图）

设计思路

学情分析

通过前一阶段的讨论和实验，学生们已发现水花的大小与下落速度、形态、重量有关，但有的学生尚未意识到实验方法的不准确性。对于原先分析判断方法、实验方案中的一些问题，有的学生已认识到了，有的尚未认识到，有的只是模糊的感觉，尚未形成清晰的认识，有的学生虽进行了数据记录与分析、“控制变量”和“实证”的操作，但尚未形成自觉的意识。

设计意图

通过讨论交流，①分析水花大小与物体下落速度、形态、重量的关系；②分析自己和其他同学推理判断、方案设计、实验的过程与方法，从中发现是否科学、合理之处；③了解“控制变量”和依据数据进行分析的方法在科学实验中的作用；④关注并初步意识到判断、设想与“实证”的关系。

教学策略

引导学生回顾此前推理

教育活动脚本

老师活动：保持其他因素不变而只改变一个因素，并测试它对于水花大小的影响，这就是科学家们在实验中常用的“控制变量法”，这是同学们在实验中自己发现并学会运用的！“最终还是要通过实验的过程和结果来证明是对是错、是否可行”，这可是一个了不起的收获呀！这是一个非常重要的科学方法、科学思想——用“实证”的方法来进行科学探究，并以“实证”为标准来检验判断是否准确和设计方案是否可行。同学们说得很对，下一步对于重量、形状、速度的探究，也要采用“实证”和“控制变量”的方法。还是要通过实验的过程和结果来证明是对是错、是否可行。

设计思路

判断、实验设计与实施的过程及方法，把发表、讨论的过程，变为分析、反思、深化认识和交流学习的过程，并成为研究方法、思维方法得到启发、梳理和升华的过程。

第四阶段 再次实验探究与解释——“破题→点题”与“感性认识→理性认知”

阶段目标：通过再次实验，探究物体接触水面的速度、物体的长度、横截面积、形状对水花的大小的影响，进一步掌握“控制变量”和“实证”的方法，树立“实证”的意识，总结归纳对于“逻辑思维”“实证”“控制变量”的理解和感悟。

教育活动脚本

本阶段创设情境环节。

老师活动：设计与探究“控制变量”实验，引导学生进行观察和讨论。

学生活动：学生采用不同的实验方法并出现不同的实验结果。跳水一般会按照跳台、跳板距水面高度分组进行比赛，该做法控制了高度因素，保证下落高度一致。以下实验均控制物体从相同高度落下。实验材料为透明水槽、水、橡皮泥（可用蔬菜等可塑的材料代替）。

学生了解到控制变量法后可能做到的实验：

实验 1 相同的横截面积、高度、形状不同的物体（球体、锥体、柱体），见下左图。

实验 2 相同高度、不同横截面积的柱体（小、中、大），见下右图。

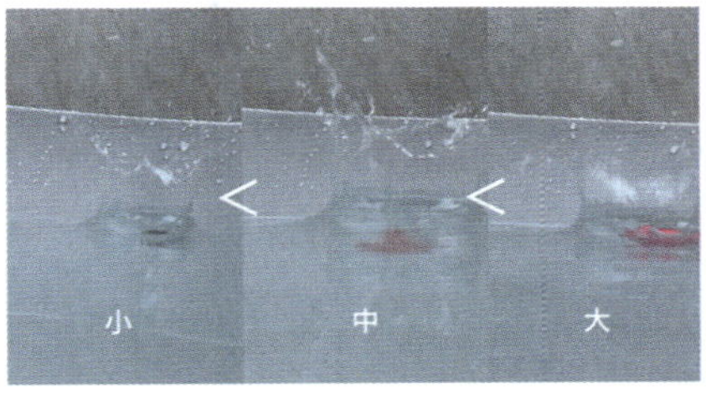

设计思路

设计意图

引导学生通过自主设计的实验获取“直接经验”，得到物体接触水面的速度、物体的长度、横截面积、形状对水花的大小的影响；同时，促进对于“控制变量法”“实证”的进一步理解和运用；由此进一步意识到科学探究过程中的科学方法、科学思想。

教育活动脚本

实验 3 相同横截面积、不同高度的柱体（短、中、长），见下图。

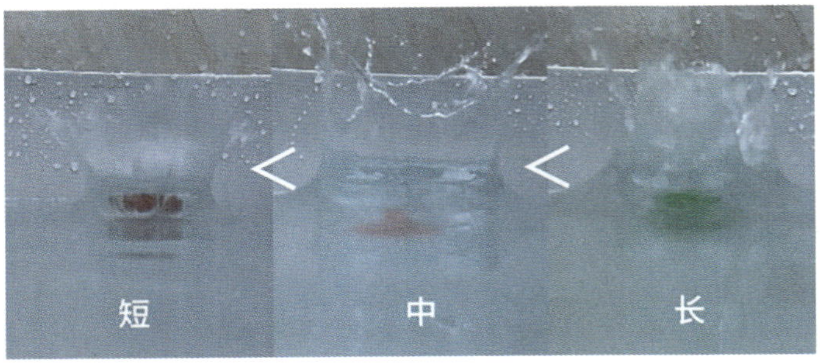

实验 4 ……

老师活动：刚才激起水花实验我们简单分为三个过程。第一个过程是运动员刚与水面接触，此时可以简化成一个碰撞过程，速度越快撞击力度越大，同时水受到力的作用会大致沿着物体表面形状运动，从而造就了朵数与高度不同的水花（见下图）。

由此你们想想影响水花的因素有几个？

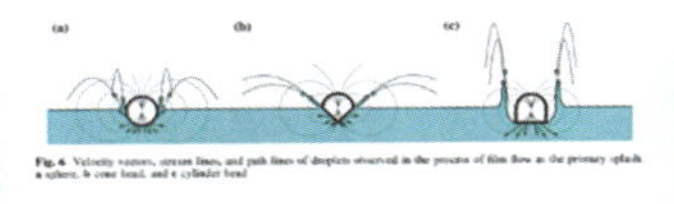

学生活动：共有两个，一个是物体下落面的形状，另一个是接触水面时的速度，该因素由下落高度决定。

老师活动：接下来第二个过程就是运动员持续下落至水面以下，此时会将水往两边挤压，形成一个空腔。而相同条件下，速度越快的物体在单位时间内，造成的空腔越大。（见下图）

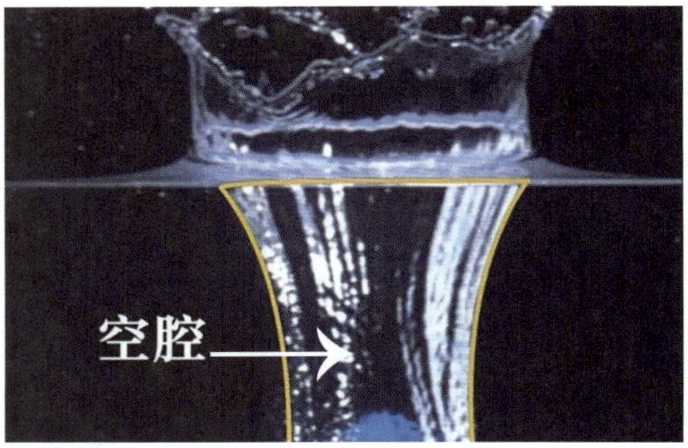

设计思路

教学策略

高科技拍摄策略——实验过程需要用高清摄像头进行慢动作录制与回放，可以更清楚地看到实验效果，运用“控制变量”和“实证”的方法，得出精准的科学结论。

教育活动脚本	设计思路

学生活动：所以，刚才实验中，长度越长、横截面积越大的物体，造成的空腔体积也会越大，水花就更大。

老师活动：最后就是第三个过程是被压开的水会回填空腔。

学生活动：我知道了，由于周围力量的影响会给前面那波水花“额外”的能量，使水向上喷的更高。

老师活动：没错，这形成第二段的射流叠加起来的高度，即沃辛顿射流，这个射流的高度一般会高于第一个过程造成的水花。

学生活动：由上可知，物体接触水面的速度、物体的长度、横截面积、形状共同决定水花的大小、朵数、高度。

老师活动：你们可以再次做实验，并且再次用高清摄像头慢动作录制下来，认真看看，是不是你们发现和总结的结论。（见下图）

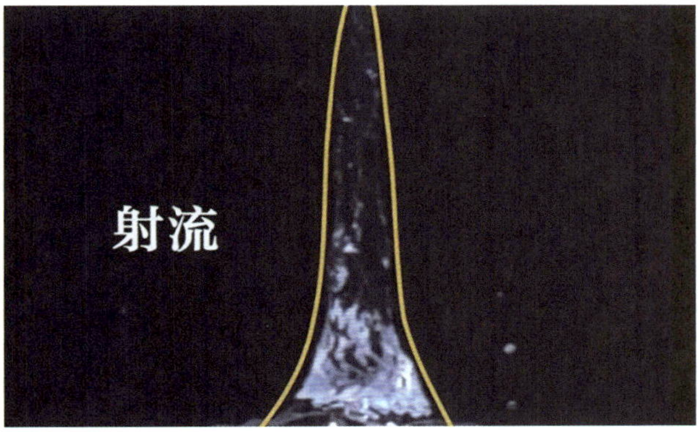

学生活动：再次进行探究实验和互相解释，理解沃辛顿射流原理，通过“控制变量法”和“实证”的科学方法，从“感性认识→理性认知”，掌握科学原理、科学方法、科学思想。

第五阶段 迁移与评估——“具象→抽象→具象”，提出新问题，尝试解释应用到生活中

阶段目标：强化并检验本次课程在科学方法、科学思想层面的学习成果，提出新问题，回顾本次收获。

教育活动脚本	设计思路

本阶段创设情境环节。

老师活动：引导学生们回顾整个思维探究、实验探究的过程。

学生活动：发表并听取其他同学的观点。学生介绍自己在思维探究、实验探究中的思考、判断（包括设计）、再思考、再判断的过程及其原因，同时注意聆听其他同学的观点。

学情分析

学生们经过上一阶段的“再次探究与解释”，已经从宏观层面初步理解了

教育活动脚本	设计思路

老师活动：提出新问题“是不是我们知道了这些就可以完美的去跳水呢？”实际上，在跳水运动中，想要做到完全“零水花”是不可能的，即使是肉眼看到“没有水花”的情况，在摄影机下依旧可见端倪。但是，体育运动的魅力，就在于人类不断突破身体极限的毅力与韧性。中国运动员们凭借着不断的训练和努力，将每个动作都做到精益求精，用精湛的技术为观众们呈现出了完美的“水花消失术”，相信在未来的日子里，运动健儿们一定能取得更加优秀的成绩，在世界体育史上留下属于中国的名字。此外，如果我们仔细观察陨石坑，会发现中心会有凸起，这也是一种沃辛顿射流现象（见下图）。

学生活动：通过本次学习，我查阅资料后发现，生活中还有许多地方也有沃辛顿射流，它的应用范围非常广泛，包括喷气式发动机、火箭发动机、水下推进器、气体分离、喷雾器、涡轮增压器等。

老师活动：接来下来有一个更好玩的，其实我们日常生活中还有一个每天都会发现的问题也离不开沃辛顿射流哦，就是蹲马桶。现在你们结合所学的内容，想一想我们该如何减小沃辛顿射流影响，享受一个不被水花打扰的蹲坑体验呢？

学生活动：通过今天的学习，我们想到几种方法。首先产生沃辛顿射流需要物体进入水中时有一定的初速度，我们只需要减小这个初速度，就能避免水花的产生，所以我们需要拉出一整个长条的便便不要中断，让便便一点一点进入水中就可以避免水花的产生；其次从实验来看，面积更大的大理石产生的水花比细长的蜡烛要大得多，所以便越细，越不容易溅起水花；我们还可以从跳水运动员身上找灵感，运动员们为了减小水花，入水时的手势很讲究，整个身体如同尖锥一样，也就是说，要想水花小，便便的形状也很重要，尖锥形的最佳；最后，根据实验研究，当物体表面附有疏水油膜时，在水中会产生更大的空腔，产生更大的沃辛顿射流，所以减少便便中油的含量也对减小水花很有帮助。

“逻辑思维”“控制变量”“实证”科学概念，但对于自己和同学们在本课程各个阶段、“猜想→实证”各个环节中的具体思维、实验方法及其观念意识是否科学，尚未有清晰的认识。

设计意图

引导学生们通过回顾和交流自己在各个阶段分析问题、设计与实施实验的方法及其思维过程，加深对于“逻辑思维”“控制变量”“实证”的理解；在此前“具象→抽象”的基础上，再经过本阶段“抽象→具象”的过程，巩固并强化学生在科学方法、科学思想层面的学习收获。

教学策略

引导学生回顾此前推理判断、实验设计与实施的过程及方法，把发表、讨论的过程，变为分析、反思、深化认识和交流学习的过程，并成为研究方法、思维方法得到启发、梳理和升华的过程。

科学有曰之沃辛顿射流学习单：

	你的猜想与设计	猜想依据
实验预想	你认为哪些因素影响溅起水花的大小？	为什么你认为是这些因素影响呢？
第一次实验	选用道具	实验结果
	是否和你的猜想一样呢？	相同或者不同的原因是什么
第二次实验	选用道具	实验结果
	是否符合预期？存在哪些问题？	第二次实验中的问题是如何发现的？ 其他同学的实验和意见对你有什么启发？
第三次实验	选用道具	实验结果
	是否符合预期？原因是什么？	第三次实验中的问题是如何发现的？ 其他同学的实验和意见对你有什么启发？
从上述实验和分析讨论过程中，你学到了什么？		
对于如何设计科学实验、如何分析思考问题、如何证明一种观点的正确与否有什么启发？这些启发今后可以用在哪些地方？		

七、教学评价与反思

科学有曰之沃辛顿射流截至目前在山西省科学技术馆开展 9 次，受众人数 73 人。活动地点选择在科技馆展厅，能够充分利用展厅场地和展品功能，通过深度发掘展项更有利于教育活动的进行，现场氛围更为轻松，有利于调动学生的积极性。

1. 科学方法和科学思想的渗透

通过不同的科学方法和科学思想解决不同的问题，意在通过课程了解沃辛顿射流原理的同时，潜移默化的初步了解“逻辑思维”“控制变量”“实证”的科学方法和科学思想，同时运用所学到的知识尝试解决生活中的其他问题。

2. 教学形式的多样化

以学生熟悉的跳水这一运动项目引出主题，可以把枯燥的教学、晦涩的科学原理变成具有容易开展的探究活动，并且通过探究不断深入，使课程内容层层递进，利于学生在趣味和探究中掌握相关的知识与方法。

3. 突出学生的自主地位

该教育活动与学校的授课形式相比，更加注重学生动手参与环节，并且以课标为核心，在课标基础上展开了深入的探究，使学生在已有认知的基础上，学会通过实验证明猜想，掌握“控制变量法”这一实验方法，进而将复杂的问题简单化，让学生认为“科学其实并不难”，可以通过不同的形式将科学展现出来，从而培养学生的创新能力，培养实验求真务实的科学态度，树立解决问题、探究钻研的科学精神。

★ 该项目获 2023 年“奋进科普新征程”全国科技馆联合行动优质科学教育资源项目一等奖 ★

以“偏”概全

教育活动类型： 科学课程

项目开发单位： 山西省科学技术馆

项 目 设 计 人： 吴翔、王雁飞、张晓肖

一、教育活动概述

该教育活动以光学中“光的偏振”现象为主题，对接小学科学课程标准中 5 ~ 6 年级“声音与光的传播”相关内容，结合 5E 教学法，通过引入、探究、解释、迁移和评价等环节，在基于 5E 教学模式的学习中探究光的偏振现象，通过设计实验了解横波与纵波的区别，并将课堂上学习的知识迁移到实际生活中来，通过为汽车挡风玻璃设计偏振膜减少司机的眩光干扰，从而学习从理论到实践的应用，提高解决实际问题的能力，并潜移默化的掌握对比、观察、转化、理想模型等科学方法。

二、教学对象与学情分析

1. 本教育活动适宜的受众人数：10 ~ 15 人。

2. 本教案所针对的具体教学对象：11 ~ 12 岁。

3. 学情分析：该阶段的学生认知发展正处于“具体运算阶段”，已经具备一定的自主探究能力和逻辑思维能力，但是缺乏系统化的思维意识，很难通过体系化的方法流程去解决有关问题。该年龄段的学生通过小学科学中“声音与光的传播”一章的学习，认识了自然光并知道光是沿着直线传播，并且知道无线电波、可见光、红外线都是电磁波，对光是一种电磁波有一定的了解。但是大多都只有文字、图片等间接经验，难以建立光与电磁波、振动之间的逻辑关联，缺乏深入系统的探究以及在实际应用中解决问题的直接经验。

三、教学目标

1. 科学观念目标：初步认识光是一种电磁波；了解横波与纵波的特点和区别，了解光的偏振原理。

2. 科学思维目标：引导学生通过猜想假设与实验，能基于“光是横波还是纵波”的问题，构建实验方案，解释其中的科学原理；在教学过程中潜移默化的建立逻辑思维。

3. 探究实践目标：激发学生对科学探究的兴趣；在基于问题的实践探究中去掌握观察、对比、转化、理想模型等科学方法；体会科学家严谨求实的科学态度；培养学生的动手实践能力。

4. 态度责任目标：认识科学技术与实际应用的相互关系以及对社会发展的重要意义。深入体会物理学与生活的密切联系，体会到物理就在我们身边，理解偏振光对人类生活的重要作用和影响。

四、设计流程

引入：魔术“穿墙而过”。

探究：第一步，建立光是一种电磁波的概念；第二步，实践理解横波与纵波的形式；第三步，提出问题“光是横波还是纵波？”；第四步，猜想验证。

解释：运用所探究的知识，结合逻辑思维理解，对魔术进行释疑。

迁移：应用迁移，通过生活中的应用实践理解偏振原理与作用。

评价：拓展评价，发散思维，尝试举一反三。

五、教学重难点

1. 教学重点：理解横波与纵波。

2. 教学难点：引导学生从微观角度理解光的偏振现象。

六、教学场地与教学准备

1. 教学场地：机械师摇篮工作室。

2. 教学准备：透明盒子、偏振片、小球、彩虹圈、救生绳、激光笔、LED 手电筒、玻璃，挡板等实验器材。

七、时间安排

1. 教育活动总时长：50 分钟 。

2. 教育活动实施的时间点：周末、节假日。

八、教学过程

第一阶段　引入——小球穿墙

阶段目标：设计魔术，激发兴趣，引入主题。

教育活动脚本

本阶段引入环节。

自制小球穿墙魔术装置，通过神奇的实验现象激发学生的兴趣，快速引入教育活动主题。

准备亚克力透明管子一个，偏振片两片，偏振方向垂直放置，见右图。然后遮挡透明管子两端，让学生观察该装置，发现中间有一道隔开的墙，然后从管子一端放入小球，倾斜该装置，学生发现小球穿墙而过。然后让学生从正面观察，发现墙不见了。两个角度呈现的不同效果，让学生对中间的物质产生好奇，从而引出下一个探究环节。

设计思路

学情分析

学生已学习了光学和电磁波的相关内容，并通过生活中的电视、手机等途径对光和电磁波有一个模糊概念，但课本上的知识大都是间接经验，并且较为零散、模糊。

设计意图

偏振片对于学生来讲还比较陌生，往往在生活当中接触到但并没有注意过，所以用偏振片做一个魔术装置，可以让学生直观感受并且快速进入主题。

教学策略

通过轻松的魔术游戏激发学生兴趣，活跃课堂气氛，快速明确课程主题。

第二阶段　探究——光的偏振现象

阶段目标：通过探究与实践，认识波的种类，进一步关联探究光的偏振现象。

教育活动脚本

通过学生对科学家观点的分组站队支持，引出理解偏振光原理的初步概念：光是一种电磁波。

教学过程：首先再现科学家争论，引导学生建立波的概念。

设计思路

学情分析

学生对波有一定的基础认识，但不够具体。所以通过对光与波的历史

教育活动脚本

通过视频讲述科学家对于光的矛盾之争和探究历程，让学生自行选择支持哪一方的科学家观点，并在讨论中建立光与波的联系。

引出问题：你们见过哪些波的传递？那么光波是什么形态的呢？

学生并不明确横波、纵波的传递形态和区别，这里只要学生进行猜想，为后面的实验探究做铺垫。

随即猜想讨论。

通过游戏认识不同波的形态，从而猜想光的波形。

给学生分组发放绳子和彩虹圈，引导学生想办法将绳子或彩虹圈的波浪从一端传递到另一端，让学生在玩耍中自主认识波的类型：横波与纵波。

学生将绳子上下挥动，观察波形的形状和传递方向，用绳子模拟出横波的形状，见下左图。通过彩虹圈游戏，模拟纵波的传递方向，见下右图，让学生理解纵波的形状和传递方式。

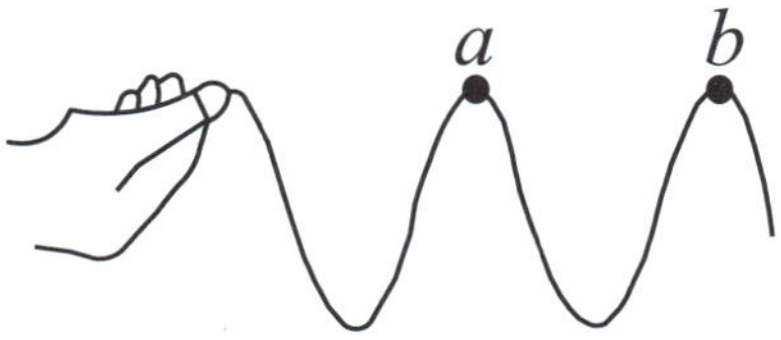

引出下一个探究环节：那么你们觉得光是横波还是纵波呢？

学生分组猜想验证。

猜想 1：认为光是横波，分为小组 A。

猜想 2：认为光是纵波，分为小组 B。

设计思路

故事，快速唤起学生的知识回顾。接下来只要求学生通过自己的理解来猜测什么是横波什么是纵波。该年龄段学生具有一定的归纳总结能力，能够从现象中找出规律。

设计意图

让学生根据研究的问题和情境，将其通过游戏转化成易于研究的、能反映事物本质特征的模型，加深对光波的理解。

教学策略

通过互动体验，找出规律，建立初步设计理念，从而为后续进一步探究验证做铺垫。

第三阶段　进一步探究——实验验证猜想

阶段目标：通过实验和游戏理解光是横波还是纵波。

教育活动脚本

实验引入：拿出两片相同规格的偏振片，提前用箭头标好偏振片的偏振方向，将两片偏振片中的一片固定在 LED 手电筒，另一片旋转，记录箭头的旋转方向与透过光的明暗对比。

学生发现：偏振片会遮挡一部分光的传递，并且两个偏振片互相垂直时光线最暗。

设计思路

教育活动脚本	设计思路
理想模型法。 A 小组：上下抖动绳子的时候，分别用两片挡板在垂直和水平方向摆出一条缝隙，观察绳子传递的波是否能通过缝隙。（见下图） B 小组：抖动彩虹圈，用挡板制作出缝隙，观察彩虹圈产生的纵波能否传递出去。 实验现象：横波遇到与传播方向垂直的缝隙时被阻挡，但是纵波没有。 与刚才的偏振片实验建立联系，初步得出基于感性认识的结论：光是一种横波。 	**学情分析** 关于光波的传递形状学生并未接触，但是可以通过简单的道具和概念进行转化，并且利用该方法进行偏振光的微观解释。 **设计意图** 让学生通过实验和游戏了解相关的理论知识，在此基础上引导学生自主探究。 **教学策略** 彩虹圈和健身绳都是有趣的玩具，老师不灌输概念，而是让学生在玩耍中观察规律，进行总结。

第四阶段　解释——从现象到原理

阶段目标：通过现象入手，联系刚才的游戏和实验，尝试从波的传递角度理解光的偏振。

教育活动脚本	设计思路
学生带着刚才得到的结论，从光波的微观角度，尝试解释引入环节的魔术奥秘。 实验现象：LED 手电筒的光通过两个偏振片后变暗，见下图。 原理探究：那么在这其中，光波是怎样被两个偏振片阻挡掉的? 引导学生联想上一环节的内容，自己用绳子以及画图的方法进行原理解释。 解释：两片偏振片的透振方向相同时，光的振动方向与手中偏振片的透振方向一致，光只被一部分偏振片阻挡，此时光线最强。反之，互相垂直时，光线最暗。 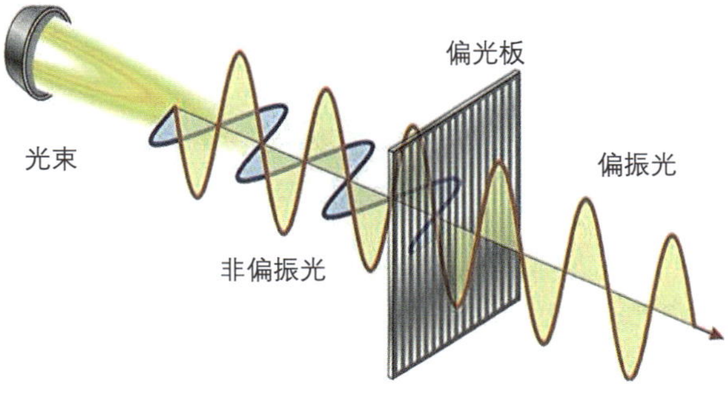 	**学情分析** 学生对横波纵波已经有了一定了解。通过解释现象，可以使学生强化理解。 **设计意图** 让学生在理解的基础上进行解释，有助于进一步掌握概念，强化理解。 **教学策略** 老师只提出问题，让学生自行通过语言、道具、画图等方式进行解释。

第五阶段 迁移——从原理到应用

阶段目标：通过迁移，联系理论与实践。

教育活动脚本

为学生创设生活情境：当司机在夜间行驶的时候，会被各种灯光影响视线，造成眩光效果，给驾驶带来不便。那么有什么办法既可以看清前方路面情况，又可以避免眩光呢？

学生分组讨论交流，思考解决问题的方法。

教学过程：

准备一面玻璃当作挡风玻璃，让学生站在玻璃后面模仿司机。其余学生用LED灯光从不同角度照射有偏振膜和无偏振膜的玻璃，进行体验。

用LED手电筒光和玻璃模拟车灯和挡风玻璃，用可以改变透振方向的偏振膜进行验证。

设计思路

学情分析

学生已经具备了一定逻辑思维和关联思维，但是平时学习时大多数认知来源于间接经验，缺乏理论与应用之间的实际关联建立。

设计意图

选取生活中的实际问题进行迁移，通过情境模拟可以激发学生的兴趣。

教学策略

老师通过简单的道具进行模拟，通过自主实验来体验理论在生活中的应用。

第六阶段 评价——进一步拓展，评价学习效果

阶段目标：通过进一步拓展和解释，评价学习效果。

教育活动脚本

引导学生思考：LED手电的光和太阳光有什么区别？自然光和偏振光的区别？

让学生通过所学的知识和方法，运用自己的逻辑思维和理解进行阐释。

提示：由太阳和日光灯等普通光源发出的光包含着垂直于传播方向上沿一切方向的振动，并且各个方向的强度都相等。而通过偏振片得到的光只沿着固定方向振动，像这种在垂直于传播平面上只沿着某个特定方向振动的光，称为偏振光。

除此之外，偏振光还能应用在哪些地方？

（1）手机屏幕，电脑屏幕，计算器是用的液晶显示，也是偏振光。

设计思路

学情分析

学生具备一定的归纳总结能力，通过归纳总结可以较好地对学生的学习成果进行评价。

教育活动脚本	设计思路
（2）太阳镜。太阳光很强烈时，可以借助偏振太阳镜阻挡掉偏振强光。 （3）探测外部星体。因星体周围的尘埃而散射的光是偏振光，探测到偏振光就能知道星体。 （4）光纤可以利用两个不同的偏振态来提高传输信号的速度。 （5）目标检测。有时候强度特征不明显的物体用普通拍照技术看不出来，但是偏振图片就非常明显，常用于军事。 （6）质量检测。一些塑料产品是双折射材料，加在两个正交的偏振片中能看见不同的颜色。 （7）疾病诊断。病变细胞和正常细胞在光照射下偏振状态不同。	**设计意图** 选取生活中的实际问题进行拓展，举一反三，开拓思维。 **教学策略** 老师通过问题进行引导，学生通过讨论交流进行归纳总结，检验学生的学习效果。

九、评估与反思

1. 科学方法的渗透：通过不同的科学方法解决不同的问题，意在通过课程了解相关知识的同时，潜移默化的掌握一些诸如类比、假设、论证、模拟等科学方法，能够解决生活中的其他问题。

2. 教学形式的多样化：以神奇的魔术引出主题，可以把枯燥的教学变成具有趣味性的吸引、探究活动，并且通过探究的不断深入，使课程内容层层递进，利于学生在趣味和探究中掌握相关的知识与方法。

3. 突出学生的自主地位：本节课更注重与学校的授课形式相比，更加注重学生的参与和动手环节，并且以课标为核心，在课标基础上展开了深入的探究，使学生在已有认知的基础上，学会用实验证明猜想，将复杂的问题细化简单化这一技能，让学生认为科学其实并不难，可以通过不同的形式将科学展现出来，从而培养学生的创新能力，实验求真理的科学态度，树立解决问题、探究钻研的科学精神。

★ 该项目获 2023 年“奋进科普新征程”全国科技馆联合行动优质科学教育资源项目二等奖 ★

食醋中的科学

教育活动类型： 科学实验和动手制作类活动

项目开发单位： 山西省科学技术馆

项 目 设 计 人： 李静、王苗

一、概述

本课程以醋的基本知识为核心内容展开，主要包括学习醋的起源和发展历史，醋的基本种类；了解醋的酿造工艺流程，尝试制作果醋；掌握醋的主要功效三大部分。

二、教学对象

1. 本教育活动适宜的受众人数：10 人。

2. 本教育活动针对的具体教学对象：小学五年级学生。

3. 教学对象的学情分析：醋作为一种常见的调味品，与人们的生活息息相关，学生对醋的基本知识已经有初步的认识与了解。五年级的学生在语文课程的学习过程中已经了解过我国古代朝代的变更历史，因此日常生活经验和已有的历史和语文等知识为本课中有关醋的起源、发展历史及基本种类的学习奠定了知识基础。另外，五年级学生已经初步掌握了分析、比较、概括等方法，已经初步具备重组思维、发散思维等思维方式，能如实记录和报告观察与实验的信息，具有基于事实表达观点的意识，这为课程中果醋的制作以及实验的观察与记录奠定了思维方式与动手实践的能力基础。

三、教学目标

1. 科学观念：学生能够了解醋的起源和发展历史。学生能够认识有关醋的基本特性及醋的常见功效。

2. 科学思维：学生通过分析、比较、概括等方法，描述醋的味道及颜色等基本特性。学生初步掌握重组思维、发散思维等思维方式，能如实记录和报告观察实验信息，具有基于事实表达观点的意识，能够运用较准确的科学词汇，运用分析、概括等方法，分析果醋制作的实验结果，得出结论。

3. 探究实践：通过醋的实物展示，引导学生结合日常生活经验，运用感官描述醋的味道和颜色等基本特性。学生亲自动手制作果醋，了解醋的制作的流程，课后在观察实验结果时运用较为准确的科学词汇对果醋的颜色、散发的气味等进行描述，如实记录果醋的变化过程，引发学生的思考和探究。学生在老师提问与观看有关醋的酿造等相关影像资料中能够发现和提出问题，并在学习相关知识和动手实践的过程中解决问题，逐步形成团队合作精神和实践探究精神。

4. 态度责任：学生将所学知识内容与日常生活实践和经验相结合、相联系，在做中学，在学中做。始终保持对科学知识的好奇心与兴趣，不盲从，不迷信权威，以事实为依据做出独立判断。乐于尝试运用多种思路和方法进行探究和实践，认识到科学、技术、社会、环境之间是相互影响的，将所学知识运用于实践当中，解决实际问题。

四、教学重难点

1. 教学重点：学习醋的起源、发展历史、基本种类、基本功效等基本知识以及了解醋酿造的流程及发酵现象。

2. 教学难点：学生在老师引导下，利用常用工具简单制作果醋，并在课后按要求观察和如实记录实验信息，成功制作果醋。

五、教学场地与教学准备

1. 教学场地：山西省科学技术馆。

2. 教学准备：苹果、小刀、玻璃瓶、纱布、细绳、食用盐、研钵，见下表。

教学材料、工具及设备汇总表		
材料、工具及设备	数量	规格
苹果	6 个	
原蔗糖	1 袋	
玻璃瓶	11 个	200 毫升
小刀	6 把	
纱布	3 包	
细绳	11 条	20 厘米
食用盐	1 袋	
研钵	1 个	

3. 活动总时长：40 分钟。

六、教学活动设计与实施

1. 教学活动设计流程图

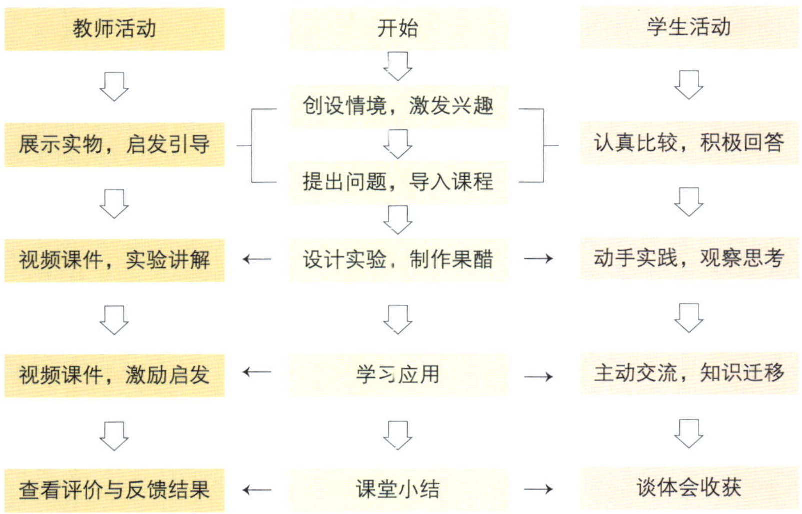

2. 活动步骤以及设计意图

第一阶段 学习醋的起源、发展历史及基本种类

阶段目标：学习醋的起源和发展历史，了解醋的基本种类。

教育活动脚本	设计思路

本阶段创设情境。

山西醋名冠中华，清徐醋香飘三晋。山西老陈醋是中国四大名醋之一，山西人和醋有着深厚感情。引导学生结合日常生活经验观察和品尝桌上碟中不同种类醋的颜色和味道，见下图。

本阶段问题导入。

老师：同学们，大家吃饭时吃醋吗?

学生 1：老师，我吃饺子时蘸醋了。

学生 2：老师，老师，我今天吃了喜欢的糖醋丸子，菜里有醋。

学情分析

1. 学生在已有语文、历史知识的基础上，学习有关醋的起源和历史发展过程，进一步感受我国的醋文化历史悠久，传统文化博大精深。

2. 学生在老师引导下，结合日常生活经验，运用感官观察并描述不同种类醋的颜色及味道，深入学习醋的种类等基本知识。

教育活动脚本	设计思路

老师：非常好，大家平时都吃过醋，那你们还记得自己吃的是什么醋？它们都是什么颜色吗？

学生 1：陈醋，深褐色。

学生 2：陈醋，和我面前的这个颜色一样。

老师：看来大家都是地道的山西人。那除了陈醋，大家还知道什么醋呢？

学生 1：米醋。

学生 2：果醋。

学生 3：药醋。

老师：嗯，大家知道的还真不少呢。现在在你们的面前有 3 种醋，大家先观察一下它们分别是什么颜色呢？

学生 1：老师，我的这杯醋是深褐色的。

学生 2：我的醋是浅黄色的。

学生 3：我的醋是黄色的。

老师：非常好，接下来大家可以尝一尝碟中的醋，再说一说它们是什么味道的。

学生 1：老师，我的醋是酸的味道。

学生 2：我的是酸酸甜甜的，很好喝。

学生 3：我的也是酸甜的。

老师：通过刚才的观察和品尝，我们知道了醋有不同的种类。那大家知道我们山西最有名的是什么醋呢？

学生：山西老陈醋。

老师：没错，顾名思义，陈醋是陈年的醋，是酿成后存放较久的醋。那大家知道山西陈醋是拿什么酿制的吗？

学生 1：高粱。

学生 2：麦子。

学生 3：大米。

学生 4：小麦。

老师：同学们很棒。我们熟悉的山西老陈醋是以高粱、麸皮、大麦、大米等为主料酿造的。那大家知道果醋是以什么原料酿造的吗？

学生：老师，是以水果为原料吧，因为我刚才尝的醋是苹果味道的。

老师：非常棒，同学们果醋是以水果，包括山楂、桑葚、葡萄、杏、葡萄、苹果、西瓜等为主要原料酿制成的。

老师：醋因酿制材料和工序不同，而分为不同的种类。比如大家刚刚尝到的

设计意图

围绕本阶段课程学生将要了解有关“醋的基本知识”创设情境，情境的选择以学生在日常生活中切身观察过醋的颜色和品尝过醋的味道为切入点，唤醒学生的日常经验，激发学生的学习兴趣，使得学生深刻感受到所学内容与日常生活息息相关，所学内容更加通俗易懂。

教学策略

运用实物等教学资源，引导学生直观展现和感受有关醋的基本特性。

结合学生的日常生活经验，指导学生在感性认识的基础上，深入学习有关醋的起源、发展历程、种类等基本知识。

教育活动脚本 | **设计思路**

米醋通常是以谷子、高粱、糯米、大麦、酒糟、红枣、柿子等粮食和果品为原料酿制。大家可以课下上网或图书馆查阅各种醋的材料。

老师：同学们，通过刚才的学习我们知道了醋有多种类型，那醋是什么时候诞生的呢?

学生：老师，我之前看过一个故事，说山西的醋已经有 3000 年的历史。

老师：这位同学非常棒，接下来我们一起探讨醋诞生于何时，它又是如何发展的？（见下图）

相传夏商时期，酒圣杜康的儿子杼娃成功酿造醋。

春秋战国时期，宫廷中已经有了制作“醋”的部门。

秦汉时期，醋成为大众化的调味品。汉代，醋的制作广泛传扬。

三国两晋南北朝时期，醋的制作工艺得到提升，种类增加到几十种。

唐宋时期，醋这个名称第一次被提及，并且成为必不可少的调味品。

元朝，大街小巷都有卖醋的小店，还开设了提高酿醋工艺的课程。

明清时期，醋的种类和口味得到了极大的丰富。

山西老陈醋、镇江香醋、保宁醋、永春老醋，被称为中国四大名醋。

第二阶段 醋的制作

阶段目标：简单了解醋酿造的流程并尝试制作果醋。

教育活动脚本

本阶段创设情境。

组织学生观看有关山西老陈醋酿造的视频，了解醋酿造的工艺及流程。

本阶段问题导入。

老师：同学们，视频中高粱等原料经过一道道工序慢慢地成为我们常用的山西老陈醋，大家觉得神奇吗?

学生：神奇，老师。

老师：那大家想亲自动手制作醋吗?

学生：想。

设计思路

学情分析

学生在老师指导下，利用常用工具制作果醋，体验简单的制醋流程和工艺。学生通过对醋的基本知识的学习，以及课堂上亲自动手制作果醋，课后在观察实验结果时能够运用较为准确的科学词汇对果醋的颜

教育活动脚本

老师：通过前面的学习我们知道果醋属于醋的一种类型，那接下来让我们一起制作一种简单的果醋。

首先，清洗玻璃瓶并消毒（见下图）。老师为了方便大家使用，你们桌子上的瓶子都已经在消毒柜里经过了高温消毒（100 摄氏度消毒 20 分钟）。

然后清洗苹果。大家可以用桌子上的食用盐清洗掉苹果表面的蜡和残留农药。（见下图）

随即将原冰糖捣碎备用。（见下图）

设计思路

色、散发的气味等进行描述，并且具有基于事实表达观点的意识，能如实记录和报告实验信息。

设计意图：

通过提问、观看山西老陈醋酿造的短视频，激发学生对于醋酿造工艺的好奇心和兴趣，使得学生对醋的酿造流程有初步了解与认识。

教学策略：

运用影像资料等教学资料，直观展现醋的酿造流程。学生通过观察、探究实验多种途径，探究和认识醋的酿造技术。

教育活动脚本

设计思路

接着将苹果对半切开，去芯并切成薄片。（见下图）

准备在玻璃瓶底部铺一层冰糖，再放入一层苹果，以此类推，将瓶子铺满。（见下图）

教育活动脚本

设计思路

铺完盖上细密的纱布 4 ~ 6 层，用橡皮筋或细绳将瓶口扎紧，放在阴凉通风处，室温需要在 20 ~ 25℃。（见下图）

最后，每天摇晃瓶子，让生成的液体浸泡每一片苹果，观察并记录实验现象。

老师：同学们，由于果醋的制作需要 30 天左右，大家下课后可以将今天制作的果醋带回家，按照下面列表中的时间观察有何变化。课后老师会建立一个有关实验变化观察的微信沟通交流群，我们每周二上午 9 点进行讨论，大家将观察到的实验现象及实验的疑惑及时发到群里，我们一起探讨。

	状态	气味	其他
第一天			
第五天			
第十天			
第十五天			
第二十天			
第二十五天			
第三十天			
备注：实验状态主要观察瓶中苹果的颜色变化，是否出现发霉现象等。气味主要闻一闻是否有酒精味道和醋的味道产生。			

教育活动脚本	设计思路

老师：同学们，老师这有一瓶已经制备好的果醋，大家可以两两一组来进行观察品尝。

老师：大家观察到了什么?

学生 1：老师，颜色是淡黄色。

学生 2：老师，闻起来有淡淡的酸味。

学生 3：老师，尝起来有淡淡的酸甜味。

老师：同学们非常棒。大家在生活中还在哪闻到过酸味呢?

学生 1：老师，我奶奶蒸馒头时，刚发好的面是酸的。

学生 2：老师，垃圾桶时间长了有酸臭味。

老师：同学们都很细心。大家知道为什么他们会有酸味吗?

学生 1：老师，时间长了就会发酸。

学生 2：老师，是发酵。

老师：回答得非常好，发酵现象同学们在初中生物课本中将深入学习，今天老师先为大家简单介绍。广义的发酵是指利用生物体（包括微生物、植物细胞、酵母菌等）的代谢功能，使有机物分解的生物化学反应过程。比如酿酒、酿醋、面团的发酵、酸奶的制作等。

老师：同学们，我们今天共同制作了果醋，课后大家可以根据自己的爱好，与爸爸妈妈制作其他类型的果醋，比如葡萄醋、山楂醋等。

第三阶段 归纳总结，拓展延伸

阶段目标：学习醋的主要功效，发现醋的妙用。

教育活动脚本	设计思路
本阶段创设情境。 山西人吃醋有多夸张，人人都是“醋坛子”。 本阶段问题导入。 老师：正如视频中我们看到的，同学们过年时和爸爸妈妈去钟楼街打过醋吗? 学生：打过，老师。 老师：同学们，大家喜欢吃醋吗? 学生：喜欢。	**学情分析** 学生能够运用归纳、总结等基本的学习方法，对本节课有关醋的基本知识进行总结和反思。

教育活动脚本

老师：那大家知道我们为什么喜欢吃醋呢？吃醋都有哪些好处呢？

学生：老师，吃饺子时蘸醋味道香。

老师：很好，醋除了有同学们刚才说到的作用外，还有很多功效。醋含有丰富的维生素和矿物质，如维生素 C、维生素 B 等。醋还富有氨基酸和多种有机酸，具有促进新陈代谢、增强免疫力和预防疾病的功能。许多人喜欢吃醋，那是因为醋是一种多功能的调味品，它可以增加食物的口感和风味，为菜肴增添独特的酸味。

老师：同学们大家平时喜欢吃的什么菜里是必须加醋的呢？

学生：糖醋里脊、糖醋丸子、醋熘土豆丝。（见下图）

老师：非常好，醋除了有食用价值外还有其他的功效。同学们，秋冬季节时我们有时会在家熬醋，大家知道是为什么吗？

学生：老师，因为醋有消毒的功效，可以杀灭房间内的病菌，预防感冒。

老师：这位同学回答得非常好，所以我们现在又学习到一个醋的新用途，那就是醋具有杀菌消毒的功效。

老师：同学们在家帮忙清洁过卫生吗？大家是否见过当家里的冰箱有污垢不好清理时，家长会用兑了醋的水清理，这是为什么呢？

学生：老师，醋可以帮忙去除污垢。

老师：对，醋还具有清洁和去垢的作用，通常我们可以用于清洁家具、地板和家电。此外，醋还具有抗菌、镇痛和抗炎的特效，可以用来制作草药浸泡剂、草药膏、药膏和药用酊剂但要由专业人士操作。

老师：同学们，经过今天的学习，大家是否发现醋对于我们的日常生活来说真的很重要，它不仅可以食用，同时也很多其他用处。醋还有很多其他功效有待我们发现，大家课后可以继续留意醋在日常生活中还有哪些其他的小妙用。

接下来让我们一起回顾一下今天的课堂上都学习了哪些知识？

学生 1：老师，醋的起源和历史。

学生 2：老师，老师，不同种类醋的味道和颜色。

学生 3：老师，我们还制作了果醋，回家后需要继续观察变化。

设计思路

设计意图

通过向学生展示“山西人吃醋多夸张，人人都是‘醋坛子’”的有趣视频，激发学生对于醋的功效知识点的探讨兴趣，进而引导学生进一步探讨醋在日常生活中的其他妙用的好奇心。

教学策略

结合学生的生活经验，通过提问、图片展示、视频观看等方式，引导学生关注醋在生活中的实际运用，使得学生在以后的生活中可以更加全面、科学地认识醋，使用醋。

教育活动脚本	设计思路
学生 4：老师，老师，醋有很大的作用。 老师：同学们非常棒，我们今天学习的有关醋的知识总结非常全面。另外，醋不仅在我们国家有，其他国家也有自己特色的醋，感兴趣的同学们课后可以比较我国的醋和国外的醋有何区别。好的，今天的课程就到这里，非常感谢大家的到来！	

七、教学评价与反思

1. 本课程在创设情境时，结合学生的生活经验，贴近学生的生活实际，使得所学内容更加通俗易懂。

2. 课程以学生为主体，注重培养学生自主探究能力，通过让学生尝一尝、看一看、想一想、说一说等一系列活动，充分调动学生的积极性。

3. 课程关注学生科学观念、科学思维的培养，鼓励学生尝试运用多种思路和方法进行探究和实践，让学生认识到科学、技术、社会、环境之间是相互影响的，将所学知识运用于实践当中，解决实际问题。

4. 学生在果醋制作过程中，有发霉现象产生，这是由于杂菌的影响，引导学生去除杂菌，继续等待发酵。

5. 在发酵结束后，有学生制作失败，没有制作出果醋，引导学生一步步分析发酵失败的原因。

★ 该项目获 2023 年“奋进科普新征程”全国科技馆联合行动优质科学教育资源项目三等奖 ★

美丽的分形

教育活动类型： STEM 类综合科技活动

项目开发单位： 山西省科学技术馆

项 目 设 计 人： 王苗、李静

一、概述

课程从学生感知菜花、大树和树叶各个部分结构相似的特点入手，逐步引出分形的概念，进而通过了解生活中的分形，激发学生的兴趣。接着通过欣赏图片，引导学生初步形成总结归纳的数学思维，了解数学的跨学科应用；通过动手创作培养学生的动手能力、合作精神和创新意识。最后通过亲身体验分形艺术的形式，让学生体验数学之美，激发学生学习数学的兴趣。

二、教学对象

1. 本教育活动适宜的受众人数：10 人。

2. 本教育活动针对的具体教学对象：小学六年级学生。

3. 教学对象的学情分析：六年级学生身心的发展处在由幼稚趋向自觉的转折期，观察能力增强，对生活现象开始有所思考，具有一定的创新意识和总结归纳意识，能够提出一些相关的数学问题，并喜欢动手操作。此外，学校课程中已经学习过根据比例放大和缩小的知识，具有理解分形自相似性的基础。

三、教学目标

1. 科学观念：通过对现实世界中分形的观察，初步了解分形的概念。通过对曼德勃罗集合的观察，归纳总结分形的特点。了解分形的应用，感悟分形之美。

2. 科学思维：通过对曼德勃罗集合的观察，引导学生根据对已知现象的观察，逐渐形成归纳总结的数学思维能力，构建数学逻辑体系。

3. 探究实践：形成对分形结构的好奇心和想象力，主动参与探究活动，培养学生的动手能力和合作精神，发展其创新意识。通过观察分形结构在生活中的应用，理解数学对工程实践的指导作用。

4. 态度责任：在好奇心驱使下，表现出对分形进一步探索的兴趣。初步感悟分形与现实世界的交流方式，以及分形对技术、工程、艺术等之间的影响，初步形成跨学科的应用意识和实践能力。逐步养成从数学角度观察现实世界的意识与习惯，培养其好奇心、想象力和创新意识。

四、教学重难点

1. 教学重点：了解生活中的分形及其特点；了解分形的应用。

2. 教学难点：激发学生对分形进行探究的兴趣。通过对曼德勃罗集合的观察，引导学生逐渐形成归纳总结的数学思维能力。引导学生初步形成跨学科的应用意识和实践能力。

五、教学场地与教学准备

1. 教学场地：山西省科学科技馆。

2. 教学准备：白纸，彩笔，剪刀。

3. 活动总时长：40 分钟。

六、教学活动设计与实施

1. 教学活动设计流程图

激发兴趣，引入教学	通过近距离观察菜花、大树、树叶等身边事物，感受分形的奇特。通过观察大自然的分形图片，激发学生对分形的兴趣。
探究分型特点并了解其应用	在学生感知自然事物的基础上观看曼德勃罗分形图，抽象出分形图的特点，通过了解分形的应用，让学生进一步认识分形。
动手创作并展示分形	引导学生按一定的规律设计分形图案。然后通过给予方向，自主设计分形图的方式，激发学生好奇心和求知欲，锻炼学生动手能力，培养其合作精神，启迪其创意意识。
体验分形	通过“直接经验”进一步感知分形，体会数学之美，激发其深入学习数学的兴趣。

2. 活动步骤以及设计意图

第一阶段 激发学生兴趣，引入教学内容

阶段目标：让学生了解分形，并通过观看大自然分形图片，激发学生继续探索分形的兴趣。

教育活动脚本

本阶段创设情境。

老师：同学们，上午好，欢迎来到山西省科学技术馆科学课堂。上课前，老师先问大家个小问题，同学们喜欢吃菜花吗?

学生：喜欢。

老师：那大家观察过菜花吗?

学生 1：老师，菜花是白色的。

学生 2：菜花整体呈圆形。

学生 3：菜花可以分成一小朵一小朵的。

老师：同学们观察的都很仔细。老师今天带来了一颗菜花（见下图）。大家每人从上面掰 1 个小枝，观察每个小枝与大菜花之间有什么相同？什么不同?

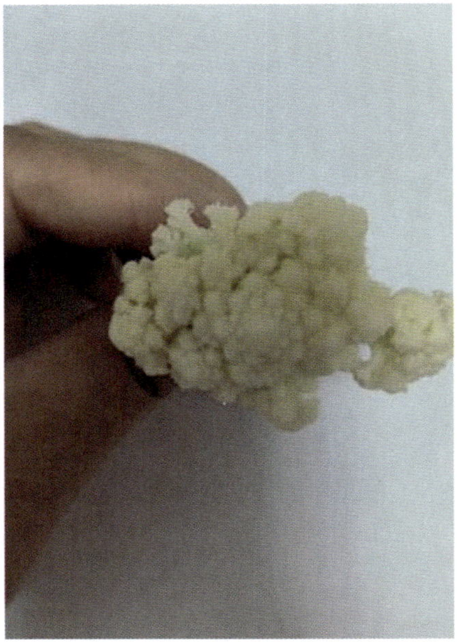

学生：小枝上的菜花和大的菜花形状很像，只是小了好多。

老师：从你们拿到的小枝菜花上再掰下 1 个小小枝，观察其与小枝和大菜花有什么相同和不同?

学生：老师，这个小小枝上的菜花与小枝和大菜花形状相似，只是大小不同。

设计思路

学情分析

六年级学生的观察能力进一步增强，有强烈的好奇心，且已经有根据比例放大和缩小的数学知识基础，能理解分形的概念。

设计意图

分形对于学生是一个陌生而又抽象的概念，但是却真真实实存在于我们的身边。选择菜花、大树、树叶等我们身边常见的事物引入，通过学生亲历掰菜花，观察树叶的过程，感受分形的奇特。通过观察大自然的分形图片，进一步激发学生对分形的兴趣。

教学策略

通过近距离观察菜花、叶子和大树，引导学生归纳总结分形的概念。通过观看大自然的美妙分形，激发学生进一步认识和探索分形的兴趣。

教育活动脚本

设计思路

老师：非常棒，同学们的观察非常仔细。小枝菜花、小小枝菜花都是大菜花的缩小版。我们来看这张图片（见下图）。

老师：同学们从树上看到了什么?

学生 1：树叶。

学生 2：树枝。

老师：非常棒。大家看到的树枝有没有分叉?

学生：分叉了，而且分叉后的小树枝还会分叉。

老师：分叉的树枝与大树枝有什么相同点吗?

学生：他们的形状相似。

老师：非常棒。我们再看看你们手中的叶子（见下图）。同学们能说出它的叶脉之间的联系吗?

教育活动脚本

设计思路

学生：主叶脉上有分支，分支上又有小分支，且他们的形状相似。

老师：同学们观察得非常全面。

本阶段问题导入环节如下开展。

老师：通过观察菜花、大树和树叶，大家发现了什么相同点?

学生 1：它们都可以再分。

学生 2：它们与本体分开后，其形状与本体相似。

老师：同学们总结得非常好。在数学上，一个几何形状，可以分成数个部分，且每个部分都近似是本体缩小后的形状，称为分形。分形在大自然中广泛存在，如鹦鹉螺、罗马花椰菜、松果、冰晶、新冠病毒、太阳花、闪电、卫星地图、神经元、血管、卫星云图、壁虎的脚、河流、水滴下落的瞬间等（见下图，图片源于网络）。

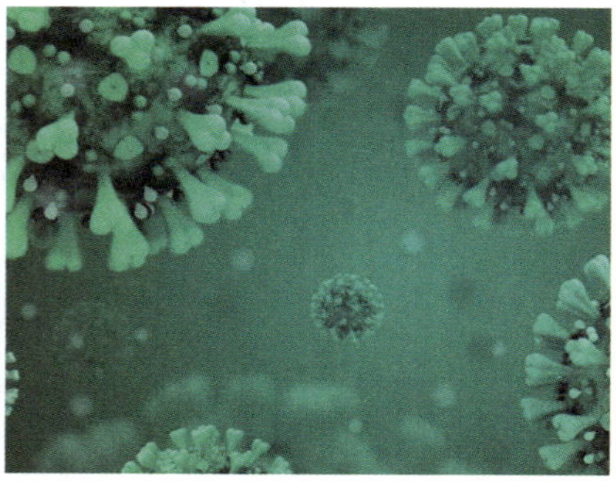

教育活动脚本

设计思路

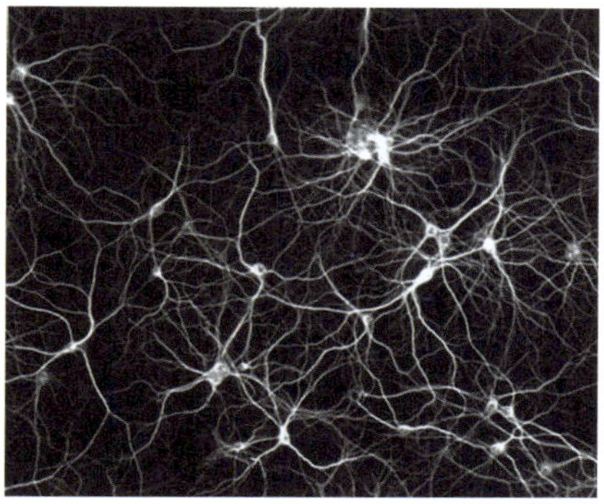

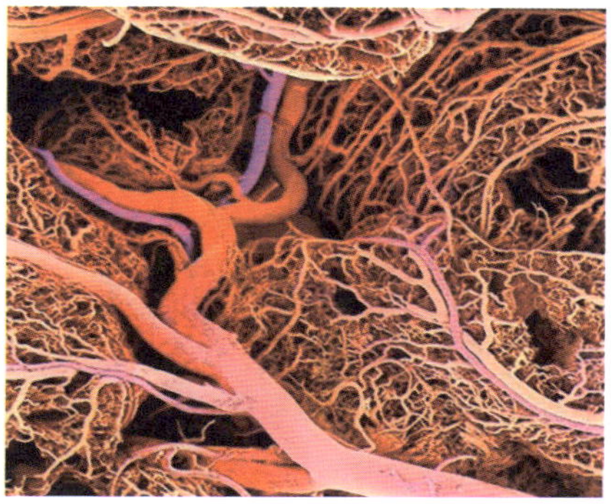

第二阶段　探究分型特点并了解其应用

阶段目标：引导学生探究分形的特点，并了解分形的应用。

教育活动脚本

首先我们探究分型特点。

老师：分形是在 20 世纪初，英国数学家刘易斯・弗莱・理德查森在研究英国海岸线的时候第一次发现。在 1975 年，曼德勃罗总结了数百年来关于分形的思想及数学上相关的结论，首次提出了“分形”一词。他用高超的计算机可视化构造来说明分形的特点，我们来感受一下。

老师：曼德勃罗集合是人类有史以来发现的，最神奇美丽的几何图形，因此也被科学家称为是“上帝的指纹”。通过观看视频，大家发现了什么？

学生 1：老师，“蓝宝石”很漂亮。

学生 2：老师，图案里面的每个细节都与图案整体形状相似。

学生 3：好神奇，老师，图案能被一直不断放大吗？

老师：嗯，同学们真聪明。曼德勃罗集合中任意截取一截放大后（见下图），我们会发现它总是与本体的形状是相似的，我们把分形的这种性质称为自相似性。简单的理解就是，自己的任何一个部分都相当于整体的缩小版。自相似性是分形最重要的一个特点。另外，它的形状可以一直重复下去，且这种重复可以无限延伸，形成一个无限大的图形。也就是说，分形还具有无限重复性的特点。

我们再来了解分形的应用。

教师：分形的发现，解释了生活中的很多现象，比如，我们肺部形态就是分形，使一个很小的肺就能供氧气与二氧化碳快速交换，从而支持生命体存活。血管的形态本质上就是分形，它能在占据很小空间的情况下，把血液输送到身体的每一处。分形也因此被应用到了数学、计算机科学、工程技术、生物医药、气象水文及艺术设计等众多的领域。

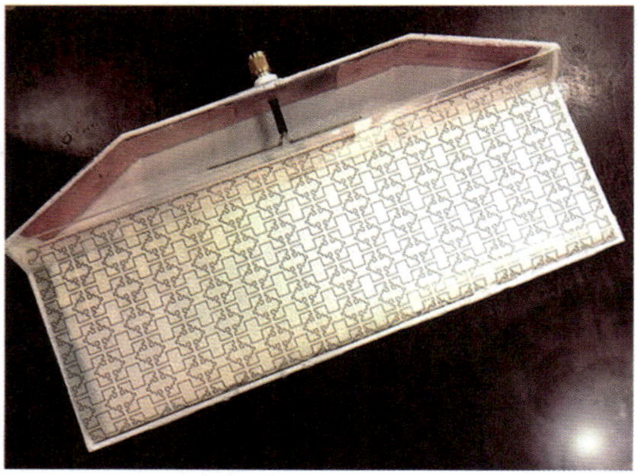

左图为分形天线内部。因为分形的应用，我们的手机才摆脱了那些明显的天线，成为这种精致的样式。

设计思路

学情分析

学生对生活现象开始有所思考，在老师的引导下，有一定的总结能力，对跨学科知识在生活中的应用了解不够。

设计意图

引导学生总结出分形的特点，并了解分形的应用，初步形成跨学科的应用意识，理解数学对工程实践的指导作用。

教学策略

在学生感知自然事物的基础上观看曼德勃罗分形图，抽象出分形图的特点，通过了解分形的应用，让学生进一步认识分形。

教育活动脚本

设计思路

下图为分形流体分布，出现在大气湍流、天气预报、污染物的迁移等领域。

下图显示的是换热设备（散热器、燃料电池、微反应器、分配器、集热器、管壳式换热器、纺锤体和硅 / 锗纳米复合材料）。由于分形结构具有温度均匀性的优势，基于此，工程师们对芯片散热片进行了大量的优化研究。

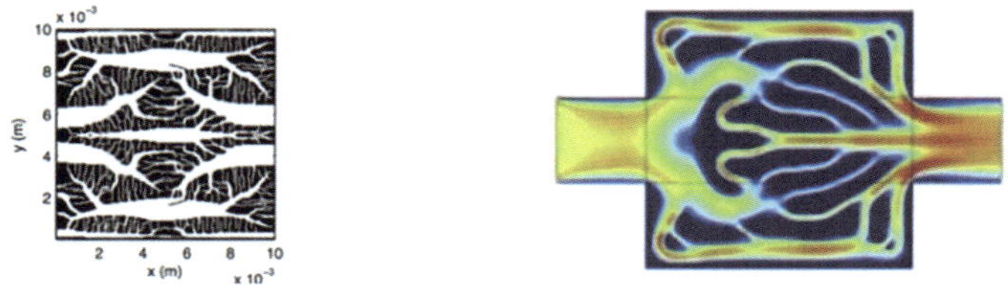

除以上内容外，生活中还有很多用到“分形”的情形。如肺部 CT 图像（见下图），用于理解和解决各种肺部疾病。

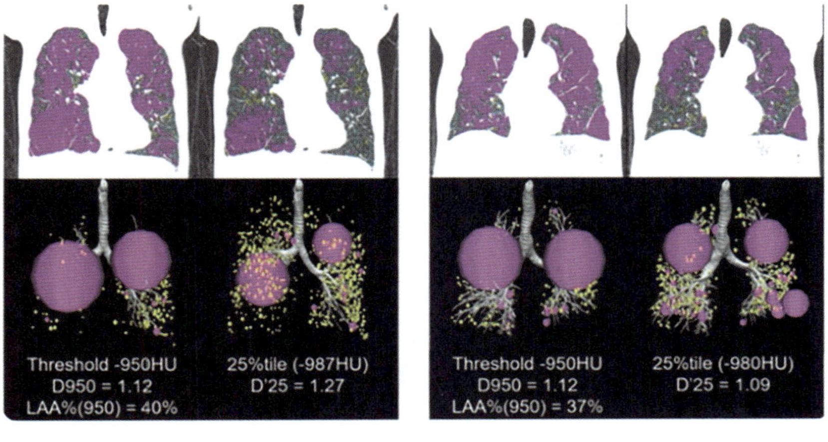

教育活动脚本	设计思路

悉尼歌剧院艺术设计

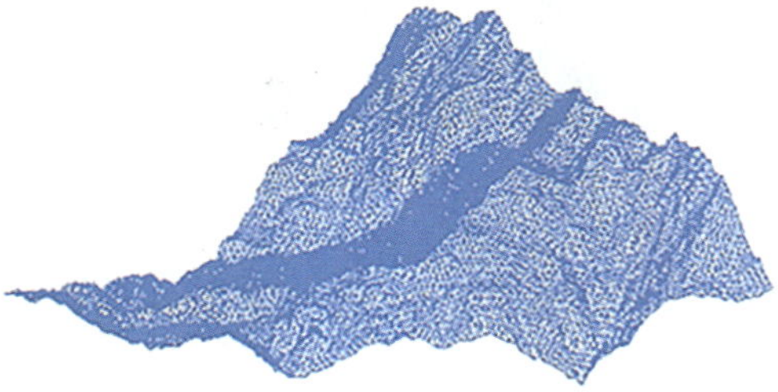

电影中的特效

分型艺术图

（以上图片源于网络）

第三阶段 动手创作并展示分形

阶段目标：引导学生按一定的规律设计分形图案，培养学生创新意识。

教育活动脚本

老师：我们认识了分形，了解了分形的特点和应用，那同学们会自己设计简单的分形吗？现在，我们也来当回科学家，先来绘画一个简单的分形图案。大家先绘制一个正方形，再把正方形 9 等分，去掉中间的小正方形。然后，对剩下的 8 个正方形进行相同的操作，如此反复 3 次（见下图）。

（等待学生绘制图形，并做指导）

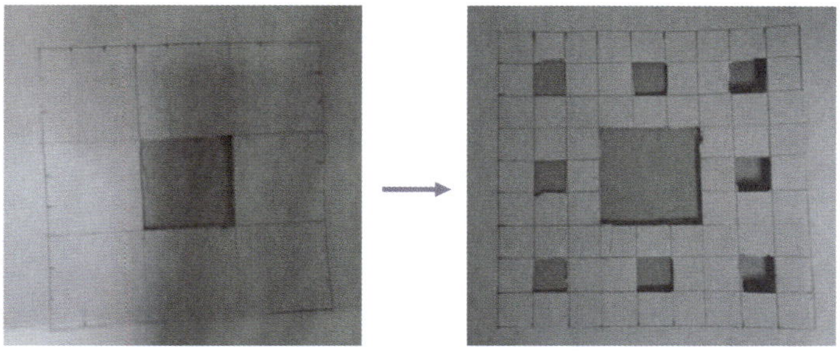

老师：大家相互看看得到的图形。在我们得到的图形中有相似的基本图形吗？

学生：有，基本图形是中间去掉小正方形的图形。

老师：非常聪明。这就是 1915 ~ 1916 年，波兰数学家谢尔宾斯基构造的一种分形——谢尔宾斯基“地毯”。目前，它被广泛应用于计算机图形学中进行图像压缩和加密，也被用于物理学中研究材料的纳米结构等。

老师：同学们绘制得非常好，看来大家都有科学家的潜力。现在老师让大家当回设计师，大家 2 人一组，尝试用一个三角形，设计分形。桌子上有水彩笔，可以对设计好的图形进行涂色。

（等待学生绘制图形，并做指导）

老师：做好的小组派代表为大家讲述创作的思路与自己作品中的基本图形。

（每组分别展示自己的设计方法和基本图形，作品见下列图片）

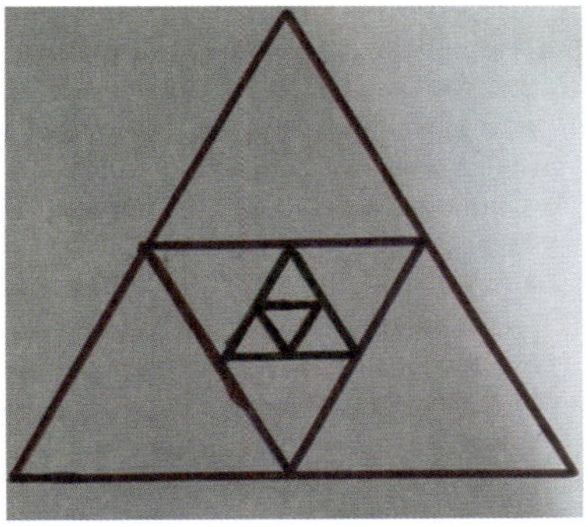

设计思路

学情分析

学生对于感兴趣的事物喜欢去探索和思考，喜欢动手操作，且有一定的创新意识。

设计意图

引导学生按一定的规律设计分形图案。然后通过给予方向，自主设计分形图的方式，激发学生好奇心和求知欲，锻炼学生动手能力，培养其合作精神，启迪其创新意识。

教学策略

通过给予方向，自主设计分形图的方式，培养学生创新意识。

教育活动脚本	设计思路

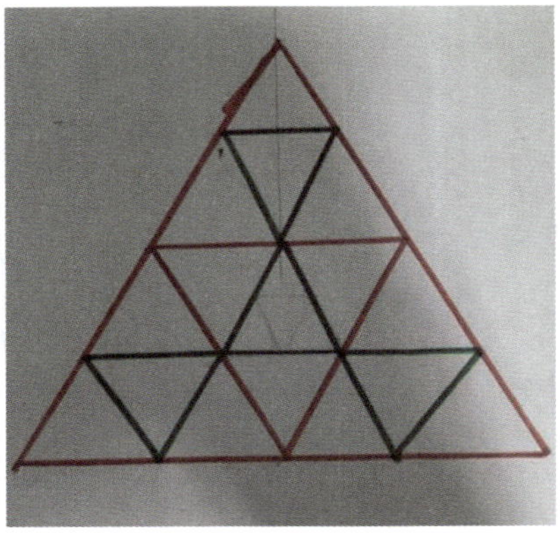

老师：同学们的思维非常活跃，设计非常精彩。我们今天的设计体验到此结束，有兴趣的同学可以课下交流或创作。现在老师带大家体验更精彩的分形。请大家跟随老师移步数学展厅。

第四阶段 体验分形

阶段目标：通过亲身体验展项“分形艺术”，让学生感受数学之美，激发学生学习数学的兴趣。

教育活动脚本	设计思路
老师：伽利略曾经说“数学是上帝描写自然的语言”；随着科技的进步，计算机已经渗透到了我们生活的各个领域，数学家把聪明给了电子计算机，计算机也使数学变得更美。 分形艺术是借助计算机强大的运算能力，将摄像头捕捉到的图形进行不断地迭代，再结合作者的审美及艺术性塑造而产生的图画。它搭起了科学与艺术的桥	**学情分析** 学生好奇心强，喜欢亲身参与体验。

教育活动脚本

梁。这是数学展厅“分形艺术”展项（见下图），在贴有地标的点站一个人，挥舞双手，观看屏幕上的分形图案。大家可以排队依次体验，然后相互分享自己的分形。

生活中从来不缺少美，唯一缺少的，就是发现美的眼睛。数学一直以一种润物细无声的缜密与温婉渗透在我们的生活中，只要你细心观察，勤于思考，勇于探索，就一定会发现数学漂亮的内核。

设计思路

设计意图

通过“直接经验”进一步感知分形，体会数学之美，激发其深入学习数学的兴趣。

教学策略

采用体验科技馆展项“分形艺术”的方式，使学生从亲身体验中获得直接经验，切身感受数学之美。

七、教学评价与反思

数学给人的感觉是“严谨”“枯燥”，学校的教学中更多强调的是数感、量感、逻辑能力等，很少把数学之美、数学跨学科应用等展示给学生。

分形几何的研究对象是不规则几何形态物体，它看似高深，实则与我们的生活息息相关，加之分形现象的展示可以弥补学校教育的不足，它可以展示数学之美，揭示数学对其他学科的指导作用，激发学生深入探究数学的兴趣。

在课堂上，学生的热情很高，面对精美的设计，不时有学生发出赞叹声：“哇，真美。”在制定方向自主探究的环节，学生相互协作，大胆创新，每个小组都创作出了不同的作品。在讲述环节，学生自信表达，清晰讲述出了自己的创作思路及分形作品的基本图形。

回顾本节课，我觉得最大的特点就是让学生在亲身体验中感知分形，在视觉盛宴中总结归纳，让学生真切地感受到了“数学之美”，激发了学生对数学的兴趣，同时培养了学生合作精神、创新意识和动手能力。

在动手创作环节中指明方向以三角形为主体设计分形，是在多次课堂中总结出来的。一方面，三角形是最简单的几何图形，便于低年级学生在课堂上短时间完成，另一方面，三角形又是能拼成最多同学们所熟知的几何图形，便于学生发挥想象进行创作。课堂效果显示，以三角形为主体进行创作，既能把控课堂时间，又能最大程度发挥学生的想象力，取得了良好的效果。

★ 该项目获 2023 年“奋进科普新征程”全国科技馆联合行动优质科学教育资源项目三等奖 ★

内蒙古
自治区

火箭梦之旅

教育活动类型：科学实验课

项目开发单位：内蒙古科学技术馆

项 目 设 计 人：王智玮、李景乐、马亚韬、石佳玉

一、教学内容

本教育活动主要以探究火箭的升空原理为主要内容，在活动形式方面采用了情境引入、探究实验等具有趣味性强、参与性强等特点的多样化教学形式。通过解决“如何让纸火箭（火箭模型）飞起来”的问题，将学生自主动手学习（制作纸火箭模型）与探究实验（如何让纸火箭飞起来）结合，在探究中发现问题，解决问题，进而理解火箭的升空原理，理解火箭发动机的基本结构，了解我国航天事业取得的成就，激发对航天科技的兴趣，对祖国航天事业的热爱。

二、学情分析

教育活动的辅导对象为 10 ~ 12 岁的儿童，对事物充满好奇。知觉的有意性和目的性有了一定的提高，已具备一些初级逻辑思维能力，因此在辅导的过程中采用了丰富多彩、形式多样的教学模式，进而激发孩子们的学习兴趣和探索欲望。但此年龄段的学生对相关航天知识缺乏系统了解，解决问题能力有待提升，因此结合馆内长征系列展品——火箭的动力，开展展品互动与动手制作、实验探究相结合的特色教育活动。

三、教学目标

1. 科学观念：核心概念围绕小学科学课程标准中“物质科学”领域的“力的作用与运动”，让学生了解火箭升空的力学原理——牛顿第三定律；了解火箭系统中最重要的系统：动力系统—火箭发动机的基本结构（以固体火箭发动机为例）。

2. 科学思维：能够在互动体验中，通过观察、比较、分析、概括和表达等科学探究活动，巩固知识技能，灵活地进行迁移，提升学生对科学、技术、工程是相互影响与促进的认识。

3. 探究实践：学生了解火箭升空的力学原理，能够独立完成纸火箭模型（以下简称纸火箭）的制作及调整，解决如何让“纸火箭（火箭模型）飞起来”的问题。通过独立拆解、拼装固体火箭发动机模型，学生着重了解火箭的动力系统——火箭发动机的基本结构。（以固体火箭发动机为例）

4. 态度责任：引导学生了解我国航天事业取得的成就，激发对航天科技的兴趣，对祖国航天事业的热爱。弘扬“两弹一星”精神，学生心中播下了“中国梦、航天梦”的种子，提高综合科学素养。

四、教学重点和难点

1. 教学重点：了解火箭升空的力学原理—牛顿第三定律；了解火箭发动机的基本结构。

2. 教学难点：通过解决如何让“纸火箭飞起来”的问题，了解火箭升空的力学原理；独立完成纸火箭的制作及调整。

五、教学准备

1. 教学场地：科技馆展厅、教室、实验室、表演台、影院、科普报告厅、户外、校园、社区、科研机构等。

2. 教学准备：长方形卡纸 3 张（180 毫米 ×90 毫米）；胶带纸一卷；双面胶一个；A4 卡纸一张；长条气球 1 个；打气筒 1 个；小号纸杯 1 个；吸管 1 根；普通圆气球 3 个；自备铅笔一支，剪刀一把。（见下图）

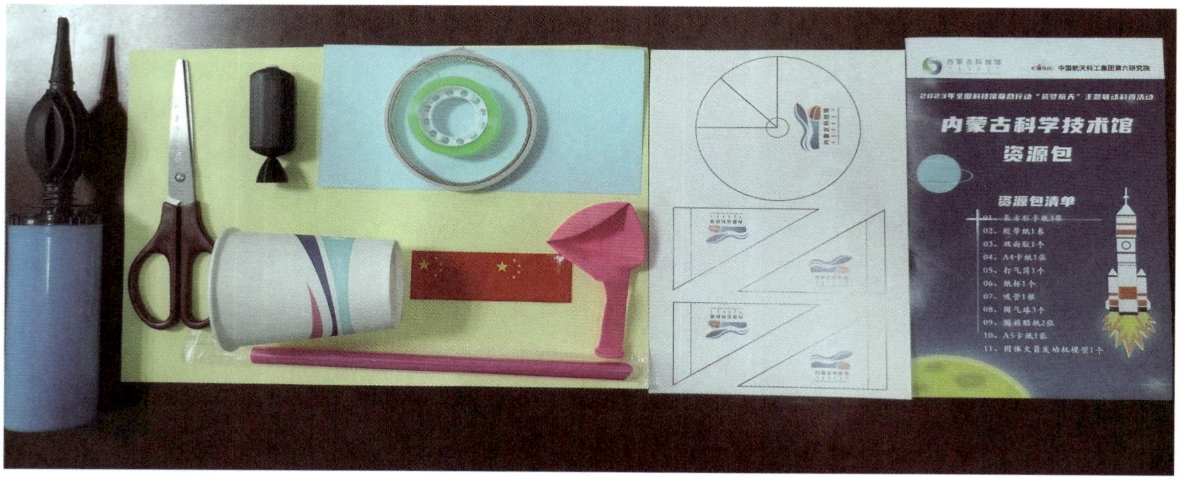

六、知识原理

1. 火箭升空的力学原理——牛顿第三定律。

2. 火箭发动机的基本结构。

七、教学过程

第一阶段 引入

阶段目标：通过视频，创设情境，引出主题，设置任务。

教育活动脚本

辅导员：中国第一颗人造卫星叫什么名字？

学生：东方红一号。

辅导员：有没有同学知道运载东方红一号的火箭是什么型号？

学生：长征一号。

辅导员：1970 年 4 月 24 日，长征一号运载火箭在酒泉卫星发射中心发射，现在我们就通过视频走到 1970 年，走进那个时候“航天人”的故事（播放视频，视频见 PPT）。

学生：通过视频，了解航天事业起步的艰辛，了解“两弹一星”精神。

辅导员：其实在 1965 年，航天人就开始研制固体发动机了。当时，内蒙古环境艰苦，素称“一天进嘴四两土，白天不够晚上补”（见下图），大家在这种环境下开展研制工作，但是他们说“不管环境艰不艰苦，只要国家需要就干”。正是这种热爱祖国，艰苦奋斗，自力更生的精神，研制出了长征一号的第三级固体火箭发动机，最终推动“东方红一号”卫星具备环绕地球飞行的第一宇宙速度 7.9 千米 / 秒。也就是说它 1 秒钟可以飞行近 8 千米，这个速度也被称为第一宇宙速度或环绕速度。那么火箭究竟为什么能升空？又怎么能具备这么高的速度，推动卫星进入预定轨道的呢？

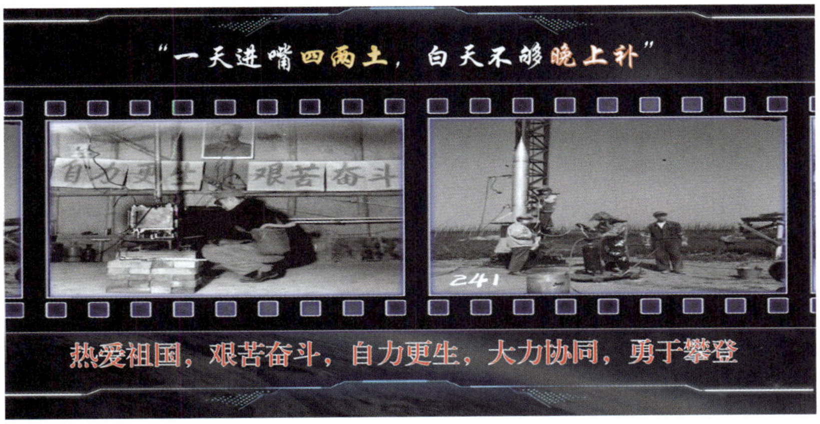

角色扮演，设置任务

辅导员：要想了解这些问题，请同学们扮演航天工程师的角色，利用我们生活中常见的材料制作一支简易的纸火箭，完成“让纸火箭飞起来”的任务吧！

设计思路

设计意图

通过观看视频，了解航天故事，将建立教学情境、设置问题、角色扮演相结合，激发学生对学习任务产生兴趣，了解航天事业发展历程及“两弹一星”精神。

学情分析

10 ~ 12 岁的学生在知觉的目的性有了较大提高，可通过设置情境、提出问题来引发关注。

教学策略

密切结合航空发展历程，以故事为引入吸引学生参与，以任务驱动的形式发挥学生学习的主观能动性，在体验的过程中获得直接经验，同时了解“两弹一星”精神。

第二阶段 让纸火箭飞起来

阶段目标：完成“让纸火箭飞起来”的任务。在纸火箭的制作、试飞、调整的过程中，了解、运用力学原理牛顿第三定律。

教育活动脚本	设计思路

辅导员：在之前的视频中，大家是否仔细观察了火箭是如何升空的呢？

学生：描述火箭升空过程。

辅导员：我们发现火箭升空过程是向下喷出高速运动的气体（火焰），这时会产生反方向的推力来推动火箭上升。

如何用生活中的材料来模拟这个过程呢？请同学们找一找材料包中的材料。

学生：找材料包，发现气球、打气筒，给气球充气、放气，把气球口松开时，气球的空气向外喷，见下图。

辅导员：观察一下气球的喷气方向与气球的飞出方向有什么关系吗？

学生：试验后发现，方向相反。

辅导员：为什么会这样呢？这里我们先解释一下什么是作用力与反作用力。请大家看向我手中的乒乓球，当我松手时，乒乓球落在地上，此时乒乓球会反弹起来。如果我用力越大，乒乓球会被弹得越高。其实这时乒乓球与地面之间就产生了作用力与反作用力，乒乓球给地面向下作用力的同时，地面也会给乒乓球向上的反作用力，向下的力必然会产生向上的反作用力。那么，同学们，你们知道有一位 17 世纪非常伟大的科学家吗？对，是牛顿，这就是牛顿提出的“牛顿第三定律”，即两个物体之间的作用力和反作用力，在同一直线上，大小相等，方向相反。也就是说，刚才气球内的空气向外喷，气球也是获得了喷气的反作用力，而向喷气的反方向飞出。

既然气球喷出的气体能带动气球飞起来，是不是也能带动纸火箭飞起来呢？现在我们就来一起验证一下牛顿第三定律，能否让纸火箭飞起来。

设计意图

通过自主制作纸火箭，并在试飞升空过程中针对问题对纸火箭进行调整，提升学生运用知识解决问题的能力，激发相关领域的好奇心，同时进一步验证火箭的升空原理，加深印象。

学情分析

具备一定的动手能力，但运用知识解决问题的能力有所欠缺，需要老师适度引导，增强其信心。

教学策略

注意复杂问题的拆分和简化，采用适度引导，逐个击破的方法，可增强学生学习的信心，同时在每步之中给予学生足够的动手、体验空间，便于他们发现问题，找到解决方法，进行验证。

教育活动脚本	设计思路

学生：先制作纸火箭，将长方形卷成圆柱体，用双面胶粘起来，作为纸火箭的箭身，与气球粘起来，接下来试飞。在试飞中发现问题。

问题一：火箭难控制。

辅导员：为什么会产生这样的现象呢？

学生：气球的出气口不固定，左右乱动。

辅导员：那怎么去改进呢？大家可以再找一下材料包。有吸管，我们可以把吸管与气球的出气口用透明胶固定一下（见下图），这次再尝试一下。

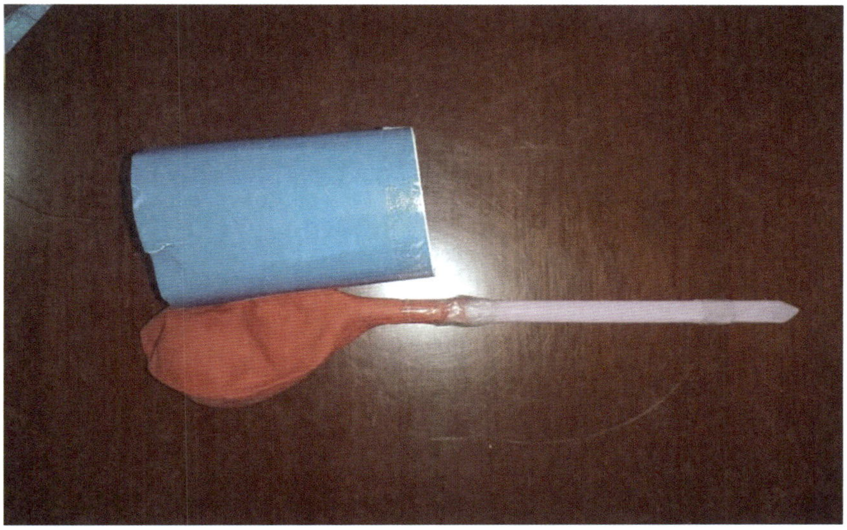

问题二：平稳性差。

辅导员：我看有的同学说平稳性比较差，那么怎么办呢？

同学：下移重心。

辅导员：我们可以下移重心。

第一步：用铅笔在纸杯上面插孔，气球吸管插入纸杯。（见下图）

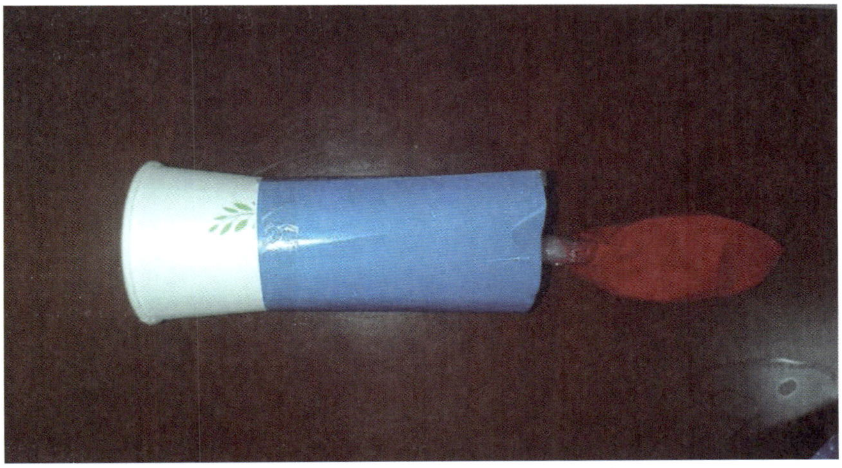

教育活动脚本	设计思路
第二步：在上方套入圆柱体（火箭箭身）。 学生：尝试制作、试飞。 问题三：飞行轨迹不够直。 辅导员：有的同学说火箭的飞行轨迹不够直，我们想一想，飞镖是不是飞行轨迹比较直，它后面有尾翼（见下图）。  引导学生把尾翼加在圆柱体的箭身上试一试。用材料包中的卡纸剪出小三角形，再用双面胶粘在上面，与箭体平行贴，发现的确是飞行轨迹变直了一些；如果改变尾翼与箭体的角度，有一定的倾斜，会有不一样的结果。 学生：自行探究并交流。 辅导员：实验证明，加入尾翼的确会使火箭的飞行轨迹更直，并且如果尾翼的倾斜角度较大的话，还会让火箭在飞行的时候旋转起来，改变它的飞行姿态。 辅导员组织学生试飞，看看谁的飞得最高。 学生们一起进行飞行实验。 验证结果：应用牛顿第三定律的确可以让纸火箭飞起来。 问题四：完善外形。 辅导员：现在“纸火箭”的外形还有待完善，请大家拿出材料包中的圆形纸片，按照实线剪出，在扇形处贴双面胶，粘贴成圆锥后，放在火箭的头部，贴上国旗贴纸，外形更完善。（见右图、下图）  	

第三阶段 解释说明（5 分钟）

阶段目标：通过演示实验及模型拆解，了解火箭发动机的知识。

教育活动脚本

辅导员：大家可以在课后改变火箭的长度、重量继续探究纸火箭的飞行高度。现在我们已经完成了“让纸火箭飞起来”的任务，那如何“让纸火箭飞得更快、更远”呢?

学生回答：猜想，提出方案，并交流。

老师进行纸火箭喷射演示实验。取底部有小孔的塑料瓶，向饮料瓶中喷入酒精 3、4 下，摇匀，放在支架上，在饮料瓶上端放纸火箭，在饮料瓶底部小孔处点燃，纸火箭快速喷射而出。

辅导员：我是怎么让火箭飞得更快、更远呢?

学生：猜想原理。

辅导员：（解释原理）其实是酒精的燃烧。因为饮料瓶中的酒精与空气混合，遇火燃烧，生成了水、二氧化碳和大量的热，使瓶中产生高压气体，推动纸杯快速发射。（见下图）

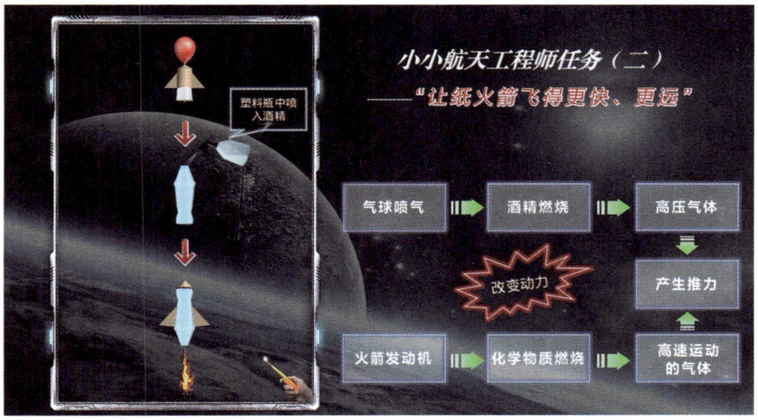

设计思路

设计意图

通过实验演示，学生猜想，了解固体火箭发动机所涉及的科学原理。

学情分析

经过上一阶段，学生已经解决了让纸火箭飞起来的问题，但对火箭的动力产生的原因还不了解。

教学策略

老师通过实验演示，让学生更加深入更加全面地拓展所学内容，理解火箭发动机所涉及的科学原理。

第四阶段 知识迁移（10 分钟）

阶段目标：通过拆解“火箭发动机”模型，对知识进一步迁移。

教育活动脚本

辅导员：实际上火箭的发动机也是这样的原理，在发动机内部装入化学物质，通过燃烧产生推力，进而推动火箭升空。根据内部装入燃料的不同，火箭发动机可以分为液体火箭发动机和固体火箭发动机。刚才实验中的酒精就是以液体（酒

设计思路

教育活动脚本

精）的燃烧为纸火箭的动力来源的。火箭的发动机就相当于火箭的“心脏”，是火箭的动力系统。请大家看向我手中的模型（见右图）。

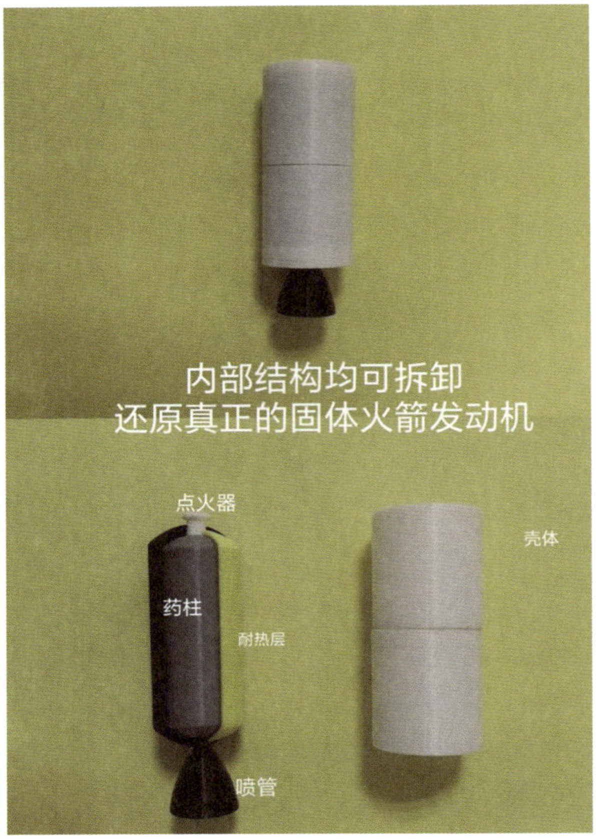

简单来说，固体火箭发动机主要是由壳体、药柱、喷管组件和点火装置等组成。模型的最外面是壳体，中间的中空圆柱体是药柱，是由推进剂与少量添加剂制成的，类似于大家都玩过的“窜天猴”中的火药。点火装置用于点燃药柱；而下面的喷管则会使燃气加速膨胀产生推力，还能改变燃气喷射的角度，从而实现推力方向的改变。

1963 年，当时固体火箭发动机研制基地就建在内蒙古呼和浩特市。60 年后的今天，我国目前自主研制的整体式固体火箭发动机（见下图），推力可达到 500 吨级，处于世界领先水平，这是非常值得骄傲的成就。

设计思路

设计意图

通过“火箭发动机”模型拆解，真正认识火箭的“心脏”——火箭发动机的基本结构，扩充航天知识内容，了解航天事业发展进程。

学情分析

经过上一阶段，学生对火箭的动力已自主形成初步认识，对于现代火箭的动力来源还缺乏进一步的了解。

教学策略

老师通过模型拆解，让学生更加深入全面地拓展所学内容，理解火箭发动机的结构，了解航天事业发展进程。

第五阶段　知识拓展（5 分钟）

阶段目标：通过体验“火箭的动力”展项，对知识进一步巩固。

教育活动脚本

辅导员：请同学们在课后自行体验“火箭的动力”（见下图）这个展项，它展示的是“长征 2F”系列的助推器中采用的液体发动机技术，在课后同学们可以详细了解它的工作原理，同时在体验展项过程中，也来验证火箭升空的力学原理——牛顿第三定律。

学生：体验展项，自主学习。

希望通过本次课程能让同学们对航天领域感兴趣，将来为祖国的航天事业贡献自己的力量！

设计思路

设计意图

把展项作为课后研究的资源，充分发挥了科技馆的资源优势，也让学生课程中所学到的知识以生动的方式得到巩固。

学情分析

学生在学习结束后，需要进一步巩固所学知识，并拓宽知识面。

教学策略

通过自主探究展项，巩固课堂所学内容，印象更加深刻，同时拓展更多的航天知识。

八、实施情况与课程评价

课程完成后，开展课后评价，邀请学生填写问卷调查（见下表），为以后的改进提供建议。

姓 名		学 校		年 级		性 别	
评估内容					非常满意	较满意	不满意
1. 活动的总体满意度							
（1）知识性							
（2）趣味性							
（3）亲和力							
2. 您对本次活动的意见和建议							

九、综合评价

本课邀请北京科普教育专家金声教授等六位专家组成评审组进行评审（见下左图），从课程的科学性、严谨性等方面把关。课程结合了专家的建议进行多次修改，修改后在呼和浩特市苏虎街小学分校进行了试讲（见下右图），在试讲中了解教学过程中学生的各方面情况，从学生的表现进行评价，提升课程质量。

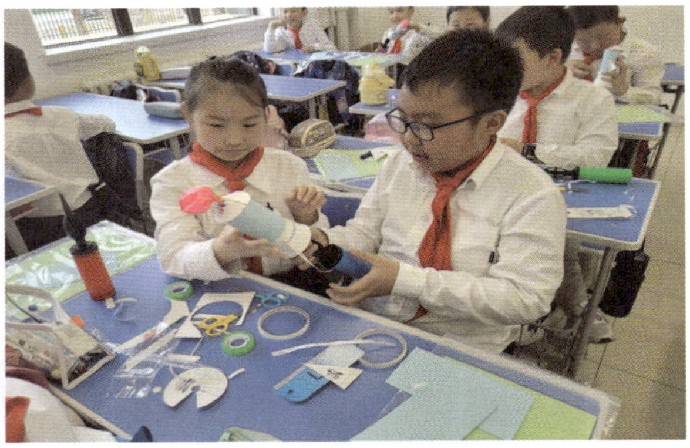

改进后，《火箭梦之旅》参加了全国科技馆联合行动“筑梦航天”主题联动“同上一堂航天科学课”，本课程也是专门为此次活动开发设计的，旨在让同学们运用生活中常见的物品，运用科学思维，化繁为简，探索航天知识。值得一提的是原创配套资源包中，与中国航天科工集团第六研究院联合开发的固体火箭发动机模型为全国首创。

在直播课开始前，对来自全国各科技馆及小学 120 名科学课老师进行了培训。直播课上，共计全国 101 所学校的学生参加了直播活动，受众人数超过 5100 人，为全国各大场馆、学校提供了 2500 套资源包，新华网直播量近 33 万。

直播课后走进内蒙古鄂尔多斯市，开展“筑梦航天鄂尔多斯站”活动，并受邀参加福建省科技馆联合行动“筑梦未来”大型科普活动，共计受众近 2000 人。课程深受全国各地的同学、老师们的喜爱，活动现场照片见下图。

★ 该项目获 2023 年“奋进科普新征程”全国科技馆联合行动优质科学教育资源项目二等奖 ★

辽宁省

我们的“翅膀”向太阳——太阳翼

教育活动类型：实验和制作

项目开发单位：辽宁省科学技术馆

项 目 设 计 人：李玥

一、概述

本教学内容将物质科学、数学、技术与工程相融合，依托苏教版六下“开发新能源”一课，结合展厅展品“卫星模型”和“火箭模型”，以梦天实验舱成功发射为背景，创设情境，从太阳翼大、火箭存储空间小的矛盾点切入，引导学生认识什么是太阳翼，了解太阳翼尺寸巨大的原因，重点利用折纸实验探究太阳翼的折叠，从而引发联想，期望学生们从工程设计者的角度出发，思考如何在太空建造太阳能发电站。课程重点强调了太阳翼在收缩机构设计上是功能与结构相统一的。一方面，大面积的太阳翼为航天器提供充足的电能，另一方面，提升太阳翼的折展比便于太阳翼的装载与展开。

课程借助展品、视频、实验，加深学生对航天科技的了解，发挥团队合作与分享机制，重在帮助学生学会发现问题、分析问题、解决问题的思维模式，设计探究实验，得出结论，提高学生用综合知识解决实际问题的能力。同时，课程采用课上探究与课下延伸教学相结合，基于已掌握的知识，课后查阅资料，完成太空太阳能发电站的设计蓝图。期望学生们站在工程设计者的视角，充分畅想未来科技，创设自己的设计蓝图，激发学生对航天科技的热爱。

二、教学对象

1. 本教育活动适宜的受众人数：8 ~ 20 人。

2. 本教育活动针对的具体教学对象：六年级学生。

3. 教学对象的学情分析：六年级的学生们对卫星、空间站有一定的了解，学习过光的色散实验，知道简单的电路知识，熟悉比例尺的数学概念。他们有一定的逻辑推理、分析问题、设计实验的能力，喜欢动手操作，对航天科技充满兴趣，具有一定的发散思维与重组思维等创造性思维的能力。

该学段的学生已经处于思维意识的成形过渡中，他们有想法，比起倾听别人的想法，更愿意去表达自己的观点。有些学生会有浅尝辄止的想法，做事情缺乏足够的耐心与细心。

三、教学目标

1. 科学观念：基于太阳能可以转化为电能的科学原理，知道太阳翼面积大，可以为空间站提供充足的电力；通过折纸数学实验，提升折展比，体会科学家在设计太阳翼折叠问题时的探究历程。

2. 科学思维：培养学生通过具体情境下的具体问题，可以全面分析问题的多种因素，可以运用控制变量的科学实验、理解归纳推理和演绎推理的方法，提出有理有据的观点的能力；培养学生明确问题、分析问题、解决问题的良好思维习惯；基于事物的结构、功能，基于可查阅资料，可以发散思维、突破思维定式，提出初步的创意设计，并可以利用图、文进行表达。

3. 科学探究：根据研究题目，可以制定比较完整的探究计划，设计控制变量的实验方案；可以运用分析、比较、推理、概括等方法得出科学探究的结论，判断结论与假设的一致性。

4. 态度责任：善于团队合作，借助团队的力量共同完成任务，在团队中可以起到正向良好的作用；了解科学与技术之间的相互影响，产生对航天科技的好奇与热爱。

四、教学重难点

1. 教学重点：太阳翼折叠方式的探究。

2. 教学难点：培养分析问题、归纳总结规律、发散并突破创新的思维。

五、教学场地与教学准备

1. 教学场地：展厅和教室。

2. 教学准备：太阳能实验箱（太阳能实验板、太阳能装置、3 块大小不同的太阳能挡板、数字式照度计、多用电表、带有小风车和电灯泡的负载、导线若干）、A4 纸、剪刀、红蓝彩笔、直尺、折纸展示教具、昆虫标本模型、放大镜、多媒体。

3. 活动总时长：60 分钟。

六、教学活动设计与实施

第一阶段 情境导入，明确任务

阶段目标：激发学生的参与和探究兴趣，引出探究的任务。

教育活动脚本

老师活动：

（1）借助展品，创设情境。

2022 年 10 月 31 日 15 时 37 分，梦天实验舱搭乘长征五号 B 遥四运载火箭，在中国文昌航天发射场发射升空，约 8 分钟后，梦天实验舱与火箭成功分离并准确进入预定轨道，发射任务取得成功。11 月 1 日 4 时 27 分，梦天实验舱成功对接于天和核心舱前向端口，整个交会对接过程历时约 13 小时。

观察 1：观察“火箭模型”展品（见下图），找出梦天实验舱所搭载的是哪个型号的火箭，搭载在火箭的哪个部分。

观察 2：观察梦天实验舱、中国空间站和其他航天器的图片，观察“卫星模型”展品，找到它们的太阳能电池帆板。

提问 1：这些太阳能电池帆板在造型设计上有什么共通之处呢？引导学生了解航天器的太阳能电池帆板面积巨大，像一对翅膀，因此得名“太阳翼”。

（2）明确探究问题。

提问 1：我们的长征五号 B 遥四运载火箭模型按照 1 : 25 的比例制作，利用卷尺，按照比例尺来测算一下，整流罩和火箭直径为多少？

设计思路

学情分析：

六年级学生对航天内容比较感兴趣，认识火箭、卫星和空间站，知道太阳能电池是将太阳能转化为电能的设备，但对于太阳翼的折叠了解不多。

教学策略：

通过观察和归纳，得出太阳翼的共同特点是面积大。利用工具实际测量，利用比例尺进行计算，让数据更加直观，强化认知冲突，明确探究任务。

教育活动脚本	设计思路

提问 2：根据测算结果可知，整流罩长度约 20 米，直径约 5 米。那梦天实验舱单个太阳翼就有 27 米长，面积像一个大三居室，有 138 平方米，为什么太阳翼设计会这么大？它是怎样被装进去的呢？

学生活动：

（1）观察“火箭模型”展品，找出长征五号火箭模型，通过火箭发射演示，知道梦天实验舱搭载在火箭头部的整流罩内。

（2）观察“卫星模型”展品和航天器的图片，找到太阳能电池帆板，通过观察会发现，很多航天器，包括人造卫星、空间站，使用的太阳能电池帆板的尺寸比本体要大得多，就像是一对“翅膀”，太阳能电池板也由此而得名“太阳翼”。

（3）明确探究问题。

第二阶段　探究影响太阳能电池发电效率的因素

阶段目标：通过探究实验，找出影响太阳能电池发电率的因素。

教育活动脚本	设计思路

老师活动：

（1）提供实验材料（见下图），认识太阳能电池板，引导学生提出影响太阳能电池板发电效率因素的假设。

设计意图：

搭建脚手架，衔接校本科学课太阳能小车实验，了解为什么航天器要设计面积巨大的太阳翼。

学情分析：

学生对于本环节控制变量的实验方法比较熟悉，实验器材容易操作，可以较容易提出合理假设，相较于学校实验，本实验既可以观察风车转速的现象，还可以实际测量电流的数值。

教学策略：

利用实验的数据与结论，说明航天器太阳翼面积大的原因。

教育活动脚本	设计思路

（2）观察并引导学生设计实验并进行实验，组织分享与交流实验结果。

（3）解释说明。

很多航天器，包括梦天实验舱的太阳翼设计尺寸巨大，可以满足航天器用电量越来越多的需求，同时有的航天器的太阳翼设有调节机构，可以自动调节太阳翼的方向，保证阳光的直射，实现光电最大的转换率。

学生活动：

（1）利用材料，组装太阳能小风车，认识太阳能电池板。

（2）提出假设：①受光面积大，风车转速快，小灯泡亮起，电流大；②受光角度为 90 度，风车转速快，小灯泡亮起，电流最大。

（3）根据假设内容，设计控制变量实验。

（4）分享与交流实验的结果。

（5）用实验结果来分析，航天器的太阳翼该如何设计。

第三阶段　探究太阳翼的折叠问题

阶段目标：学会计算太阳能电池板的折展比，认识其多种折叠方式。

教育活动脚本	设计思路

老师活动：

（1）提出问题。通过实验可知，航天器的太阳翼巨大，与其自身发电量需求有关。那这么大面积的太阳翼是如何装入火箭内进行运输的呢？

（2）解释说明。一般的太阳能帆板由 2 ~ 4 块太阳电池板组成，电池板之间由铰链连接，由于火箭尺寸等限制，太阳翼在发射前折叠后用弹簧压缩，再用火工机构将其锁紧。

（3）明确探究。如何设计太阳翼呢？为学生提供 A4 卡纸，让学生动脑思考如何折叠。

（4）向学生介绍：太阳能帆板折叠后的面积与展开面积之比，叫作折展比。从工程设计的角度考虑，折展比越大越好。

设计意图

通过分析太阳翼的设计要求，找到 1 ~ 3 种折叠的方法，并且在折叠方式上呈现有逻辑性的递进关系。

通过折纸操作，提升学生动手能力，培养学生耐心与细心。

让学生体会航天工程师会利用折纸、借鉴动物翅膀来设计太阳翼的思路。

教育活动脚本

（5）学习三浦折叠法（见右图），认识几种不同的折叠方式（见下图）。

（6）带领学生用放大镜观察昆虫的折叠翅膀，观看昆虫翅膀展开与收起的视频。分享折纸与昆虫翅膀结构的特点，鼓励学生分享是否有更具有创意的想法，引导学生了解工程设计师如何把折纸与对昆虫翅膀的研究融入到太阳翼的设计当中。

学生活动：

（1）知道太阳翼需要折叠后再装入空间有限的火箭内。根据太阳翼的设计特点，需要考虑折叠后尽可能小，展开后尽可能大；还有要收放自如；减少折叠中的损耗。

设计思路

学情分析

学生们已经学习过比例尺的数学概念，对于折展比是比较容易理解的。学生动脑思考快，动手操作能力弱。

教学策略

1. 通过动手操作，多次试错的经验，观察与归纳出设计太阳翼折叠方式的规律特点。
2. 通过动手操作、动脑思考，体会航天工程师们为了解决太阳翼的折叠问题，都会考虑到哪些思路。

教育活动脚本

设计思路

（2）学生首先可尝试对折再对折的折叠方法，并自行检验，是否符合设计要求。

通过检验要求发现，如下图这样的折叠方式就是错误的，不能实现收放自如的目标。

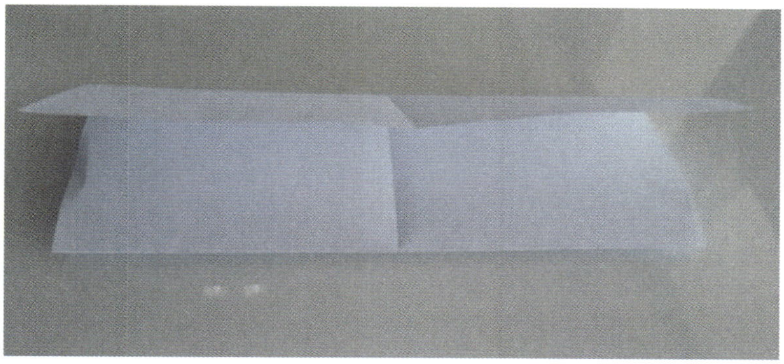

（3）下图是改进后的折叠方式。折叠后与展开后的比例为 1:4，也就是折展比是 1:4。

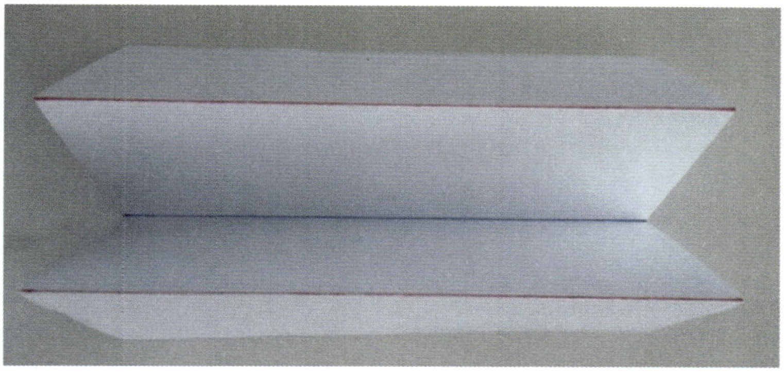

（4）继续思考如何提升折展比？同学们提出像折纸扇一样，360 度旋转的方式，见下图。

常规折纸扇的方式也不能实现收放自如。由中心旋转，便于收缩，考虑到了

教育活动脚本	设计思路

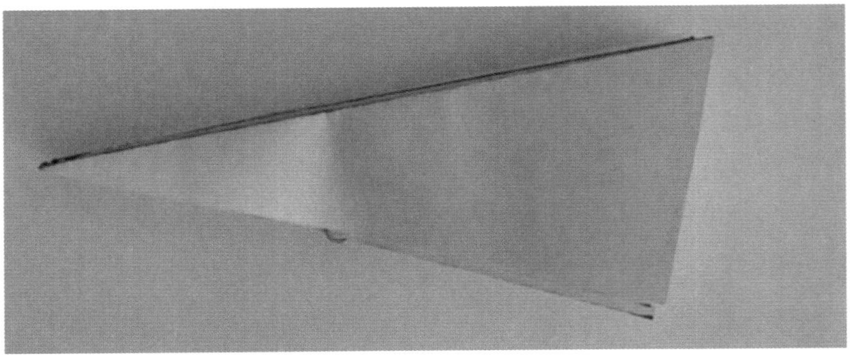

多边形，比如六边形，或者圆形。尝试折叠后如上图。

展开后如下图。这样中心旋转式六边形的折叠法，折展比可以提升到 1:16。

梦天实验舱的柔性太阳翼可以卷起来，按压后展开计算折展比，折展比大小与中心卷轴的直径有关，见右图。

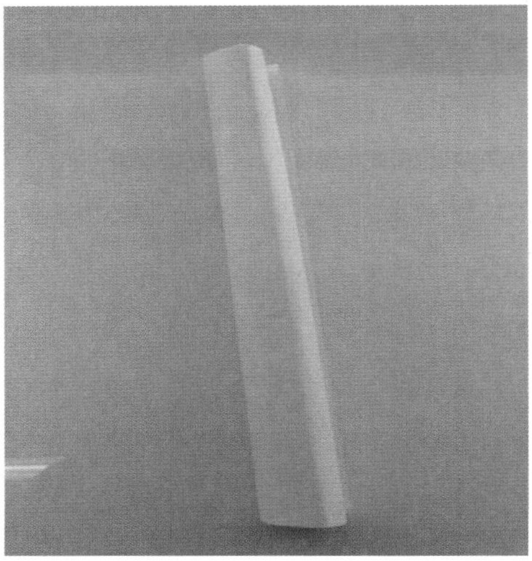

（5）学习三浦折叠法，认识其他两款不同的折叠方式。

（6）归纳总结。折叠的纹理可以很复杂，像昆虫的翅膀。于是用放大镜观察部分翅膀可折叠的昆虫标本，再借助视频来直观观察。

第四阶段 提出太空太阳能发电站的设想

阶段目标：观看实验，找到地球与太空利用太阳能差异的原因，设计自己的太空太阳能发电站并绘制设计图。

教育活动脚本

老师活动：提出问题并布置任务。

问题 1：为什么太空中的航天器都会用到太阳能来发电，而地球上的太阳能发电站却并不常见呢？

问题 2：我们知道地球上的常规能源会有消耗尽的一天，如果想充分利用太阳能来为地球发电助力，同学们有什么办法吗？组织学生讨论如何实现目标。

课后任务：以太空太阳能发电站总设计师的身份，结合课上内容，课后查阅资料，设计一份自己的创意蓝图（见下图）。

学生活动：

（1）根据已有的知识经验，可以知道地球上有昼夜更替；地球有厚厚的大气层，会吸收和反射部分太阳光。因此，地球上太阳能的利用效率要低于太空。

（2）设想到太空建造太阳能发电站，结合已有的经验，提出自己的一些想法，分享后大家都会有一个自己的构想。

（3）课后以太空太阳能发电站总设计师的身份，查阅更多资料，设计一份自己的创意蓝图。

设计思路

设计意图

刘慈欣说想象力促进科技的发展，希望借助这项设计太空太阳能发电站的任务，激发学生的想象力。

学情分析

想象是基于对现实的认知，是发展需要的合理拓展。但此学段有的学生缺少想象的空间，有的学生天马行空。

教学策略

先从地球与太空利用太阳能的效率不同的问题切入，学生会比较容易联想到去太空建造太阳能发电站。鼓励学生多查找资料，合理想象，基于现实又突破现实，有创造性提出畅想。

教育活动脚本	设计思路

七、教学评价与反思

本教学活动实施 1 个月有余，受众达 100 余人，深受家长与学生的喜爱。学生们对于能够将动手与动脑、学习与思考相结合的问题式学习充满浓厚的兴趣，尤其是在他们在探究太阳翼的折叠时，会提出很多有创意的想法，再通过担任太空太阳能发电站设计师收获满满的成就感。课程能够达到最佳效果，与家长和学校的后续引导与关注密切相关。在课后的回访中，很多家长反馈孩子们会将课堂的方法活学活用，对航天科技和数学学习的兴趣有所提升。

★ 该项目获 2023 年“奋进科普新征程”全国科技馆联合行动优质科学教育资源项目二等奖 ★

制作骰子

教育活动类型： 课内延伸教育

项目开发单位： 辽宁省科学技术馆

项 目 设 计 人： 李玥

一、活动对象

1. 年龄：10 岁。

2. 人数：8 ~ 24 人。

3. 受众分析：四年级的学生对正方体物品很熟悉，他们有一定的逻辑推理、分析问题、设计制作的能力，喜欢动手操作，对将所学变为所用充满兴趣，具有一定的重组思维与发散思维等创造性思维的能力。四年级的学生已经处于思维意识的成形过渡中，他们有想法，比起倾听别人的想法，更愿意去表达自己的观点。有些学生会有浅尝辄止的想法，做事情缺乏足够的耐心与细心。

二、活动目标

1. 科学观念：认识什么是正方体，什么是正方体的面和棱。通过找到折纸数学实验，提升折展比，体会科学家在设计太阳翼折叠问题时的探究历程。

2. 科学思维：培养学生明确问题、分析问题、解决问题的良好思维习惯。基于事物的结构、特征，提出设计方案，并制作成品。

3. 探究实践：运用分析、测量、推理、概括等方法，分析结果，找到规律，得出结论。能在老师引导下，设计图纸，完成制作。

4. 态度责任：愿意分享自己的想法，乐于倾听他人的观点，充分发挥团体智慧，完成任务。

三、活动重难点

1. 活动重点：绘制图纸，完成骰子的制作。

2. 活动难点：培养分析问题、归纳总结规律、发散并突破创新的思维。

四、活动场地与相关准备

1. 活动场地：科技馆展厅和教室。

2. 活动准备：魔方、彩色卡纸、直尺、铅笔、橡皮、水彩笔、拼搭百变积木、正方体的展开图、6 个同等大小的正方形、白色打印纸、双面胶、透明胶、剪刀。

五、活动过程

第一阶段 情境导入，明确任务

阶段目标：激发学生的参与和探究兴趣，引出探究的任务。

教育活动脚本	设计思路
观察展品并提问题：魔方是什么形状的？观察一下，它有几个面，几条棱，棱的长度如何？ 总结：正方体是由 6 个完全相同的正方形围成的立体图形，所有的棱长度相等。 明确探究问题：骰子和魔方同样都是立方体。我们今天就用卡纸来制作一个骰子。	**设计意图** 通过展品学习，认识正方体，知道正方体有 6 个面，12 条棱。从魔方过渡到制作骰子，激发兴趣，明确任务。 **学情分析** 四年级学生对骰子和魔方都非常熟悉，对于面和棱的名称有点陌生。 **教学策略** 通过观察、测量和归纳，得出正方体的概念。无论是魔方还是骰子，都是生活物品，通过生活中的物体来认识数学概念，易于激发学生学习兴趣。

第二阶段 探究正方体的展开图

阶段目标：通过动手实践，逻辑推理，找出正方体的展开图及其规律。

教育活动脚本

老师提问：想要制作一个骰子，就是要制作一个带点数的正方体，那如何制作一个正方体呢？制作出 6 个相同的正方形吗？

学生：不太知道。

老师展示一个正方体，并将其展开，为学生展示一种正方体的展开图。

探究阶段 1：随意拼搭

为每个同学分发一套百变拼搭积木片，让学生自己动手拆分组合，试着找出正方体的展开图，并记录下来。

探究阶段 2：找出规律

老师提问：6 个连在一起的积木片（见下图）能够组成 1 个正方体吗？

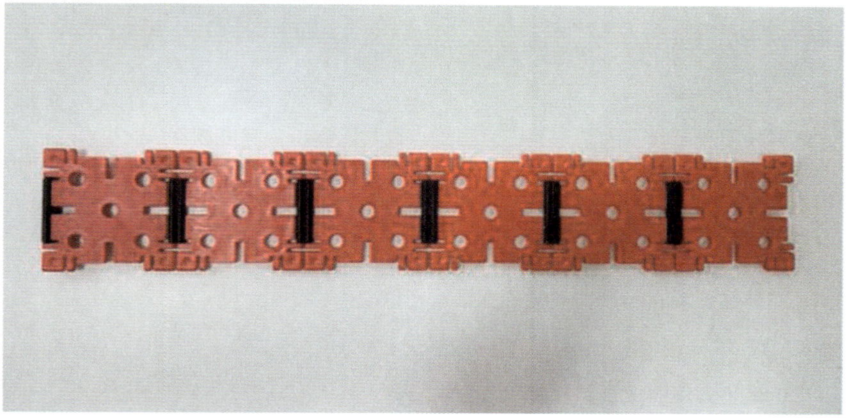

学生回答：不可以，可以拆下来 1 块，放在任意正方形的上面。

老师再问：5 个连在一起的积木片能够组成 1 个正方体吗？观察正方体，分析最多几个正方形连在一起可以围成 1 个正方体？

学生回答：5 个也行，正方形的身体部分最多可以 4 个正方形连在一起。剩余的 2 块只能分别放在上面和下面的位置。

分析总结：这样的结构是 1-4-1 的结构，上面和下面的分别像正方体的头和脚，中间的 4 连块就像身体。

老师再问：如果身体剩下 3 块可以吗？如果变成 2 块、1 块会怎么样？

探究阶段 3：完成实践

学生动手实践，最后共同总结出 11 种正方体的展开方式。

设计思路

设计意图

通过观察和推理，多次试错和动手实践找出正方体的展开方式，通过汇总，最后认识 11 种正方体的展开图，重在观察和推理的过程，感受平面展开图组合成立体正方体的过程，每个人不需要全部完成 11 种展开图，汇总过程中认识即可。

学情分析

学生不太善于观察和推理，需要老师逐步提问，帮助发现规律。

教学策略

逐步引导，循循善诱，帮助学生认识正方体展开图的规律。

第三阶段 发现骰子的点数规律

阶段目标：通过观察骰子，找到骰子点数的规律。

教育活动脚本

老师活动：已知正方体有6个面，上下、左右和前后的三组面分别互为对面。观察画在白板上的一个骰子的点数，试着找出骰子的点数规律。

学生：感觉好像没有什么规律。

老师提示：我们先来看1点，找出1点的对面点数是多少?

学生：是6点。因为有1点的时候，对面的6点是无法露出来的。

老师再问：1对6，那么剩下的4个数字是怎样的呢?

学生：2对5，3对4。

老师提问：这三组数字有什么规律吗?

学生：每组数字相加之后的和都是7。所以，这就是骰子点数的规律了。

设计思路

设计意图

铺垫认识正方体的对面的概念。通过观察，找出骰子点数的规律。

学情分析

本环节主要是观察与推理。四年级的学生可以完成，只是有的会快些，有的会慢些。

第四阶段 画出骰子的制作图纸，并完成制作

阶段目标：根据任意一种正方体展开图绘制骰子的制作图纸，画上点数与图案，并完成制作。

教育活动脚本

老师提问：下面选择任意一种正方体展开图，绘制出骰子的图纸。在这里需要考虑哪些问题呢?

学生回答：考虑骰子的大小，也就是正方体的棱长为几厘米合适。

通过测量与讨论，学生会发现2厘米太小，4～6厘米比较合适。

老师提问：那如何画图呢？是画6个单独的正方形吗?

学生回答：不是，4个或3个连在一起的，可以画一条长的线段，再进行等分来绘制。

老师提问：绘制图纸，是不是只要画出一个展开图就可以了呢？老师演示，一个展开图组合成一个正方体。

学生发现：一个展开图组合成一个正方体是无法粘合在一起的，那么就需要留出粘胶的位置。

老师提问：需要留多少的粘胶位置呢?

学生通过展开图组合正方体学生可以发现，两个共用一条棱的地方，只留一个粘胶的位置即可。

设计思路

设计意图

在知识铺垫的基础上，锻炼学生分析问题、解决问题的能力，提高学生的动手能力。

学情分析

学生们缺乏独立分析问题的能力，很多学生处理问题的过程中会存在不同的问题。动手操作能力参差不齐。

教育活动脚本

有的学生回答：找到共用的棱，选择 1 个留出粘胶位置。

有的学生回答：可以每个边都留出粘胶的地方，多余的在粘贴过程中剪掉即可。

老师提醒：还要记得找好对面，画上骰子的点数。

讨论之后，学生开始动手制作，制作过程见下图。提示学生可以利用直尺来折出折痕，粘胶的时候要把粘胶位置藏在正方体的内部。

最后学生完成制作，并进行展示。

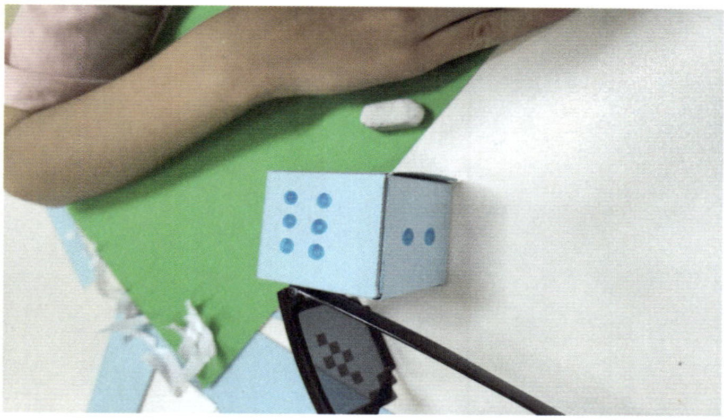

设计思路

教学策略

先讨论清楚细节问题，再让学生动手操作。

六、实施情况与效果评估

本教学活动实施 3 个月有余，受众达 200 余人，深受家长与学生的喜爱，学生们对于能够将动手与动脑、学习与思考相结合的问题式学习充满浓厚的兴趣，尤其是在他们在绘图与制作的过程中，体会满满的成就感。在课后的回访中，很多家长反馈孩子们会将课堂的方法活学活用，对数学学习的兴趣有所提升。

★ 该项目获 2023 年“奋进科普新征程”全国科技馆联合行动优质科学教育资源项目三等奖 ★

吉林省

小小工程师——钢轨建造

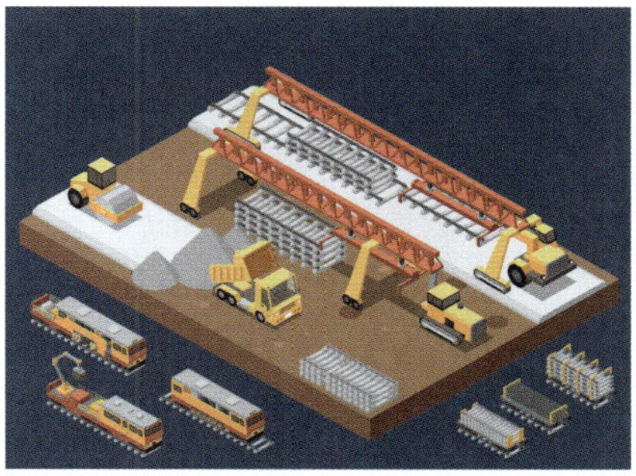

教育活动类型： STEM 类综合科技活动

项目开发单位： 吉林省科技馆

项 目 设 计 人： 李金柏、史佳鑫、杜莹

一、概述

这节课是针对小学科学课程标准三至四年级技术工程领域所设计开发的。整个活动引导学生通过对比观察、提出质疑、探究实验等方式认识轨道的种类、了解轨道的发展历史，结合设计轨道、搭建轨道、自主改良等自主探究方式，让学生快速提升探究兴趣，进入学习状态。整个活动以轨道的结构和轨道的发展为基本知识点，结合做假设、猜想论证、实验论证等科学方法，使学生了解轨道的特点、轨道进步历史以及“发展”的概念，并结合展品“轨道的构造”“复兴号”更加直观地了解中国高铁在高速发展的同时，轨道的相应变化。

二、教学对象

1. 本教育活动适宜的受众人数：20 人 。

2. 本教育活动针对的具体教学对象：小学三至四年级学生。

3. 教学对象的学情分析： 此年龄段的学生已经对火车有了初步的认识和了解，但对火车轨道的发展以及火车轨道的构造尚不明确；此年龄段的学生具有一定的观察、总结的能力，可以在线索的引导下，完成对信息的提炼、分析、总结；此阶段学生好奇心强，动手能力强，喜欢展现自我，有较强的分享欲，但会忽略其他人的发言，缺少耐心。

三、教学目标

1. 科学观念：知道轨道发展的历史，了解轨道的结构；知道机械是依据科学原理设计、制造的物品。

2. 探究实践：进一步培养学生用科学的方法思考、解决问题的能力；培养学生学会利用科学的语言总结实验结果的能力；能根据实验得出轨道的不同特点，进一步培养学生对实验现象推理、总结的能力。

3. 科学思维：对未知的事物保持好奇心和探究热情，对火车轨道的发展感兴趣；能按照要求进行合作探究，认真完成预定的任务。

4. 态度责任：了解社会需求是科技发展的动力，技术推动着人类社会的发展与进程；了解科学知识在日常生活中的应用。

四、教学重难点

1. 教学重点：了解火车轨道的发展以及结构与特点；利用科学的语言总结实验结果。

2. 教学难点： 根据探究得出轨道各发展时期的不同特点，培养学生对实验现象应具备条件的猜想能力。

五、教学场地与教学准备

1. 教学场地：科技馆活动教室。

2. 教学准备：学生材料包（拼图、路基、轨枕、鱼腹型轨道、T 型轨道、工字型轨道、小火车、航空杯）、老师用具（路基、轨枕、鱼腹型轨道、T 型轨道、工字型轨道、小火车）、教学 PPT、学习单。（见下图）

3. 活动总时长：40 分钟 。

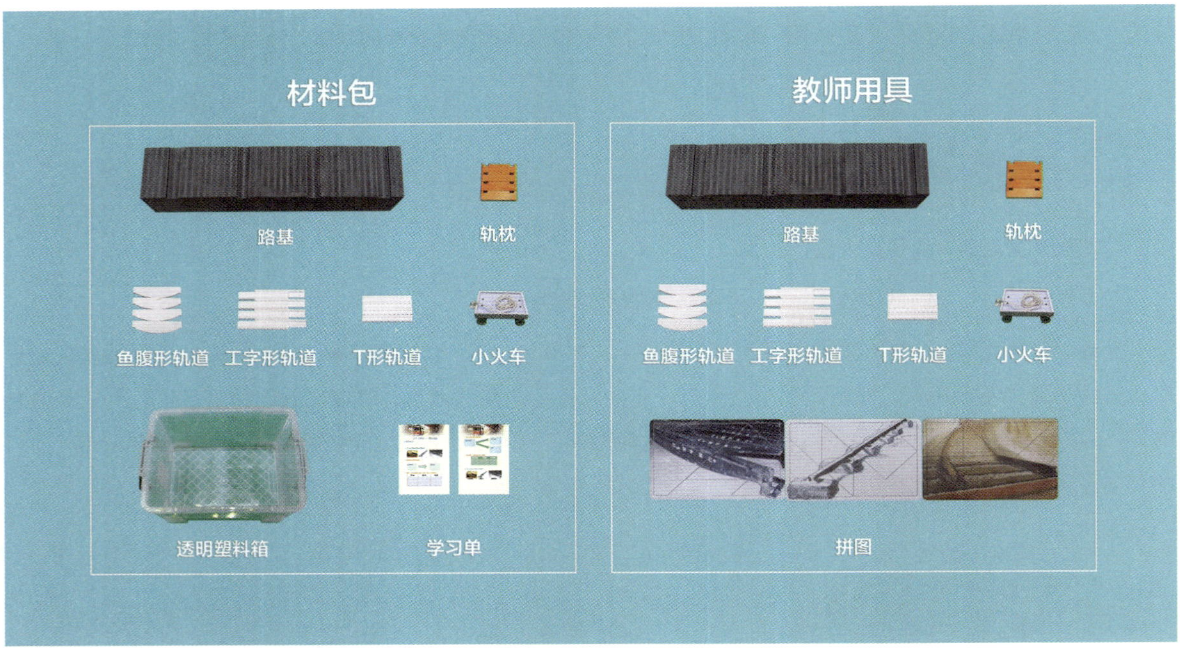

六、教学活动设计与实施

1. 教学活动设计流程图

小小工程师——钢轨建造

- **第一阶段：问题引入，提出猜想**
  - 1. 提出问题“出门旅行会选择什么样的交通工具”，引出今日课程主题——轨道。
  - 2. 拼图游戏，猜测三种轨道的出现顺序。
- **第二阶段：探究轨道的结构**
  - 1. 选择资源箱。——学生随机选择 1 个轨道资源箱。
  - 2. 认识资源箱当中的铁路结构。
    - （1）路基
    - （2）轨枕
  - 3. 轨道拼搭比赛。——发现每组修建不同轨道的速度不同。
  - 4. 观察并记录三种轨道的特点。
    - （1）第一种轨道：零件少，截面形状是工字型。（工字型轨道）
    - （2）第二种轨道：下面是半圆形的，零件少，轨道长度很短。（鱼腹型轨道）
    - （3）第三种轨道：截面是 T 型，下面有加固装置，零件很多。（T 型轨道）
  - 5. 明确在拼搭速度上最优质的轨道。
- **第三阶段：探究轨道的运行能力及稳定性**
  - 1. 火车运行稳定性实验。——利用小车和水杯对比观察车辆的运行速度及稳定性。
  - 2. 对比观察。
    - （1）运行速度的快慢。
    - （2）运行的是否平稳。
  - 3. 找出优质轨道。
- **第四阶段：交流总结**
  - 1. 找到最优质的轨道。——工字形轨道
  - 2. 总结三种轨道的出现顺序。
    - （1）最先出现的是——鱼腹形轨道。
    - （2）第二个出现的是——T 形轨道。
    - （3）一经发明就沿用至今——工字形轨道。
- **第五阶段：评价 + 相约科技馆**
  - 1. 学生自评。
  - 2. 教师评价。
  - 3. 参观科技馆展品。
    - （1）轨道的结构
    - （2）复兴号

2. 活动步骤以及设计意图

第一阶段　问题引入，提出猜想

阶段目标：激发学生兴趣，确定探究主题。

教育活动脚本

老师：大柏老师想问大家一个问题，如果出去旅行，你会选择什么交通工具呢？

学生：火车、飞机、汽车……

老师：同学们说了非常多的交通工具。在这些交通工具中，有一个交通工具是中国人出行时最常选择的，那就是火车。火车的发展有着悠久的历史，从早先的矿场拉煤车，到现如今的中国高铁，那大家知道火车能够平稳运行的主要原因是什么吗？

学生：有轨道。

老师：对，没错！火车和轨道是一对分不开的好兄弟，正是轨道坚固且平稳，火车才能满足平稳运行的基本条件。大家看到的火车轨道都是什么样子的呢？

学生：长条的、非常的坚硬、表面很平……

老师：同学们观察得都非常仔细，轨道非常的坚硬，表面很平。其实随着火车的不断演变，与它相适配的轨道也有着一系列的发展。那火车的轨道都经历了哪些演变，同学们知道吗？

学生：不知道。

老师：接下来同学们就化身成为轨道工程师来让我们一起来了解一下。我给三组同学，各分发一个拼图，看哪一组最先完成拼图。（拼图一至三见下图）

学生：拼图。

老师：好啦！大家都拼完啦，接下来每组可以展示一下本组的拼图。

学生展示拼图，见下图。

设计思路

学情分析

此年龄段的学生对火车轨道有着一定的了解，但对其结构尚不明确。通过问题以及拼拼图的方式可以带动学生积极性。在能力方面，学生思维能力逐渐成熟，能够在老师的引导下与小组成员进行合作。

设计意图

通过生活中常见的小问题引入，调动学生积极进行思考，循序渐进让学生运用已有知识经验进行解答，通过拼图游戏让学生们以问题为导向进行下一步探究。

教学策略

以生活中常见的问题引导学生思考、激发探究兴趣，为下面的课程内容做铺垫。

教育活动脚本

老师：其实这三组拼图所展示的就是三个不同时期的轨道。大家以组为单位通过这三张图片猜测一下它们出现的时间顺序，为这三种轨道排序。

学生排序。

老师：同学们有很多不同的排序方式，到底轨道是按照什么顺序发展的呢？而这三种轨道在结构和运行上有着哪些特点？哪一种轨道才是最优质的轨道呢？接下来我们就来探究一下。

设计思路

第二阶段 探究轨道的结构

阶段目标：以任务为导向，通过探究了解三种轨道在结构上的差异，找寻最优质的轨道。

教育活动脚本

老师：大家面前有三个资源箱，在这三个资源箱当中分别对应的是拼图中的三种轨道，一会儿每组同学可以选择一个资源箱搭建一条从 A 点到 B 点的轨道，使资源箱中的火车能顺利从 A 点运行到 B 点（提前给出下方的路基，以此规定路线）。那哪一组先选择资源箱呢？大家还记得刚刚的拼图游戏吧！在游戏中完成最快的一组先进行选择。

学生选择资源箱，见下图。

老师：现在大家都已经选择完资源箱啦！我们先不要着急动手搭建，先观察一下资源箱中的物品，可以发现资源箱中呈现横条的道具叫作轨枕，其他的则是轨道的零件，在搭建时我们必须保证轨枕安装在路基上。接下来大家就可以以组为单位动手搭建啦！看哪一组搭建的速度最快，用时最少。（老师记录三组搭建轨道的时间）

设计思路

学情分析

本阶段的学生通过前面的问题已经初步激发探究欲望，结合该年龄段学生乐于动手制作的特点，可以自主探究出结果，但往往动手时会忽略观察和思考，需要老师进行适当引导。

设计意图

通过观察、创设情境、模拟体验激发探究兴趣，引导学生自己得出结论，将“间接经验”转化为“直接经验”；培养学生在动手实践过程中的实验、观察、记录的能力和团队合作的精神。

教学策略

通过模拟体验等方式让学生自己观察、选择、体验、思考问题，老师作为观察者和引导者，引导学生自主探究。鼓

教育活动脚本

学生搭建轨道，见下图。

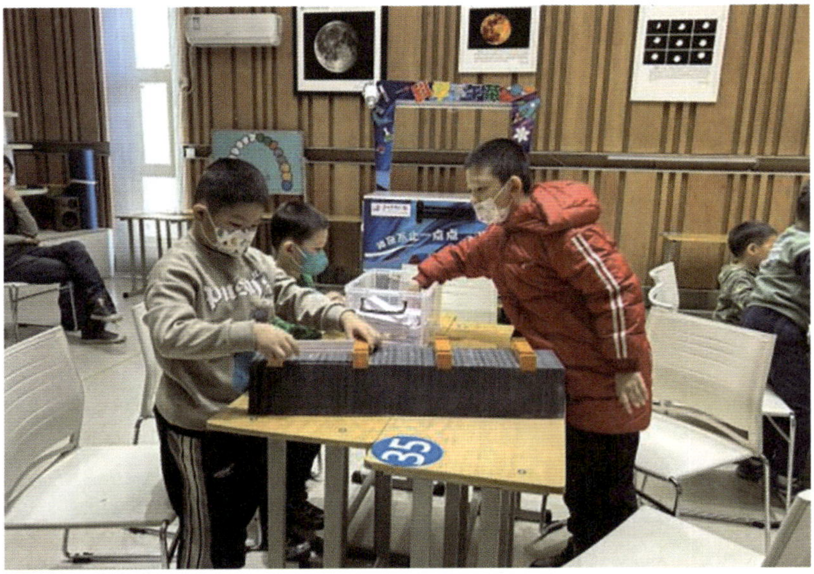

老师：现在三组都已经搭建完毕啦，通过刚刚的实验我们发现第三组搭建得最快（工字形轨道），第二组第二名（鱼腹形轨道），第一组第三名（T形轨道）。明明这三组都是轨道，为什么搭建的时间是不同的呢？这其中蕴含着怎样的原理呢？接下来给大家五分钟的时间自行观察这三种轨道，看看它们有着怎样的特点并写在学习单上，找一找搭建时间不同的原因。

学生：第三种轨道（工）的形状是工形的，零件少。第二种轨道下半部分呈现出半圆形，零件也很少，轨道的长度也很短。第一种轨道截面是字母T形，在它下面有一个加固装置，零件非常多。

老师：同学们总结得非常好！通过观察我们可以发现这三种轨道的结构和形状是不同的（见下图）。通过对比可以发现，第一组轨道的长度非常短，要想组成一条铁路需要将很多小段搭建在一起，所以非常消耗时间。同时轨道的下边非常像鱼的腹部，因此这种轨道被称为鱼腹形轨道。第二组轨道下方有一个加固装置，在搭建时非常消耗材料，而它就像它的形状一样被称为T形轨道。第三组的轨道搭建时间最短，材料也最简洁，它的截面是工人的工字，因此也被称为工字形轨道。那大家认为就安装速度和难易程度来看哪一种轨道是最优质的呢？

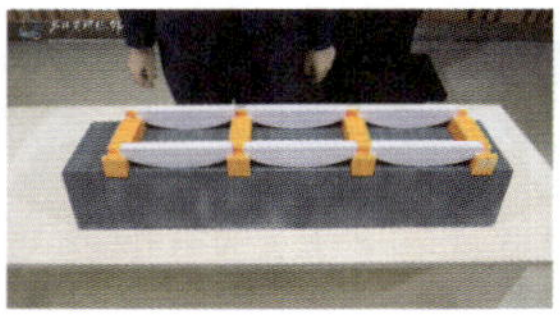

学生：工字形轨道。

老师：现在就搭建时间来看工字形轨道确实是最优秀的，但是一条轨道实际优秀与否还是需要看火车在上面运行时是否安全、平稳。

设计思路

励学生多思考，充分调动学生的积极性，使其发挥想象力，激发学生的开放性思维。

第三阶段 探究不同轨道的运行能力及稳定性

阶段目标：以任务为导向，通过游戏自行探究了解三种轨道在运行能力上的差异，找寻最优质的轨道。

教育活动脚本

老师：在大家的资源箱当中可以看到有三节小火车，接下来我们就利用这三节火车来进行稳定性实验。我们拿出三个杯子放在小火车上，并向其中加满水。接下来给大家一分钟的时间让火车从 A 点运行到 B 点，看哪一组用的时间最快，撒出去的水最少。

学生进行实验，见下图。

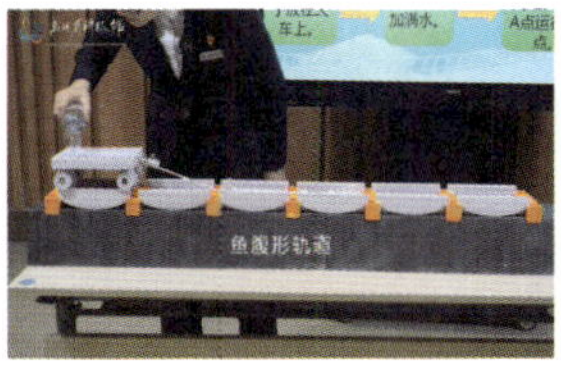

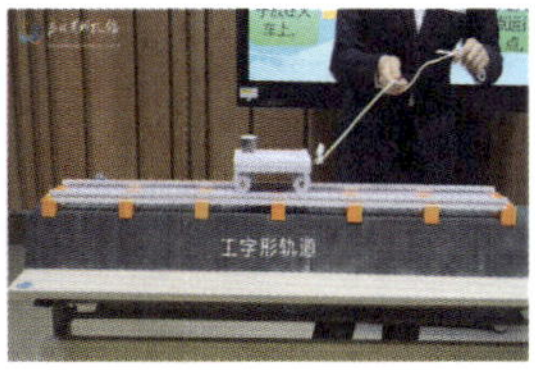

老师：通过刚刚的实验我们发现，T 形轨道和工字形轨道运行时间差不多的同时，水的含量也是差不多的。而鱼腹形轨道上的火车在运行的过程中非常不平稳，撒出去了很多水。这是什么原因造成的呢？接下来给大家几分钟的时间再一次观察这三种轨道，并把观察到的特点记录在学习单上。

学生进行观察。

老师：时间到，大家发现了什么呢？

学生：工字形轨道和 T 型轨道中间的连接缝隙很小，而鱼腹形轨道由于长度短，在搭建铁路时，缝隙很多容易卡住车轮，所以在运行时非常不平稳。

设计思路

学情分析

本阶段的学生对轨道的知识已经有了初步的认识，结合前面所学习的内容，已经建立起提出疑问、实验求证、改造模型的概念，但是对于三种轨道的稳定性并不能清晰明确，所以需要老师加以引导。

设计意图

让学生建立举一反三的概念，通过前面课程的学习，对接下来未知的问题，能够建立解决问题的框架。同时了解“发展”的思想，了解所有事物都是具有前进性和曲折性的。

教学策略

通过模拟体验让学生自己体验、思考问题，老师作为观察者和引导者，引导学生自主探究，激发学生的开放性思维。

第四阶段 交流总结

阶段目标：分享小组探究成果，总结轨道特点。

教育活动脚本

老师：非常好！由于鱼腹形轨道的长度短缝隙多，因此运行起来非常的不平稳。那结合两个探究实验我们分别发现了三种轨道的哪些特点呀?

学生进行总结。

老师：通过两轮探究实验，我们发现了轨道在结构以及运行能力上的特点，那同学们觉得哪一种轨道是最优质的轨道呀?

学生：工字形轨道！

老师：发展是为了满足更高的需求和越来越好的生活。那接下来大家可以根据发展的理念将这三种轨道再一次地进行排序。

学生进行排序，见上图。

老师：可以发现，同学们已经找到了轨道发展的正确顺序。其实这三种轨道是随着火车的不断进步也一点一点地在演变的，最先出现的是鱼腹形的轨道，但是就像同学们实验中得到的结论那样，它的长度很短，想要搭建成铁路非常消耗时间，同时在搭建时有非常多的缝隙，火车运行会非常颠簸甚至会出现脱轨的情况。而随着时间的推移取代它的 T 形轨道就出现了，T 形轨道非常平稳，但是在搭建时必须固定底座，火车才能平稳运行，并且非常消耗材料。随着科技的不断进步，铁路工程师们把 T 形轨道的底座变成了固定的底座，也就变成了工字形轨道，平稳的同时又能节省材料，因此从研发出来后一直沿用至今。

设计思路

学情分析：

本阶段的学生对轨道的结构已有全面的了解。但在分享发言时，多数学生急于分享自己的成果，而忽略了倾听其他人的发言，缺乏从倾听中收获知识的能力。

设计意图：

通过实验让学生自主得出“事物的发展过程中总是会伴随有前进性”的结论，通过小组间交流分享，帮助学生总结轨道的先进特点。

教学策略：

在分享过程中，提出一些具体问题，提高学生对于细节的关注，同时验证对已学知识的掌握情况。在倾听过程中，鼓励学生用记录关键词的方法，收获更多知识。

第五阶段 评价、相约科技馆

阶段目标：评价学生能力，了解学生的学习效果。

教育活动脚本

老师分发调查问卷。

学生讨论、交流、分享。

老师引导学生完成活动后评估问卷，查验学生学习单完成效果。

老师：通过今天的学习希望同学们了解我们的火车轨道在不同时期的发展以及特点。同时也希望通过今天的学习让同学们明白，当面对一个问题，提出猜想的同时要利用科学的方法解决问题。

相约科技馆：

1. 体验展品轨道的构造。通过对比观察，体验四种轨道（槽型铁轨、双头铁轨、工字型钢轨、磁悬浮列车的磁悬浮轨道）并了解轨道的发展历史及其特点。

2. 体验展品复兴号。将课程内容中基础知识与前沿科技进行结合，让学生了解高科技迅速发展背后的故事。

设计思路

学情分析

学生自我评价可能会关注自己做得好的地方，忽略自己不足的地方。

设计意图

通过自我表现和调查问卷作出自我评价。

教学策略

引导学生认真完成学习单和问卷。

七、教学评价与反思

馆内授课老师全程参与学生的课程实践，记录学生过程中的表现。每次课程结束学生填写课程评价表和课程满意度调查表，记录课程过程中的收获、困惑、反思，馆内授课老师回收记录表，填写学生活动中存在的问题和改进建议，作为过程性评价的内容。在课程结束后，老师还通过访谈、测试、提问等方式了解学生对这部分内容的掌握情况。

★ 该项目获 2023 年“奋进科普新征程”全国科技馆联合行动优质科学教育资源项目二等奖 ★

黑龙江省

基因的秘密

教育活动类型： 展品辅导

项目开发单位： 黑龙江省科学技术馆

项 目 设 计 人： 刘迪、艾俊、李宏

一、概述

《基因的秘密》资源包是以黑龙江省科学技术馆“人与健康”展区的“基因树”展品为基础开发的展品辅导拓展类教育活动。

项目逐步深入，环环相扣。以学生自主探究为主，老师引导为辅助。学生通过生活中常见的有意思的谜题产生探究意愿，在探究的过程中了解“是基因决定我们的一些特征”“基因在哪里？”“基因有什么用？”“基因是如何遗传的？”“基因、性状的概念”，等等。学习利用模型，大胆质疑，小心求证，并将掌握到的遗传规律应用于生活，课后老师通过学生完成学习单与家庭树卡片的情况进行分析，完成教学评估。

二、教学对象

1. 本教育活动适宜的受众人数：每次 20 人。

2. 本教育活动针对的具体教学对象：年龄 10 ~12 岁。

3. 教学对象的学情分析：该学段学生具备了一定的生物学知识储备，根据教育部《义务教育小学科学课程标准（2022 版）》，已经通过科学课的学习以及生活经验，初步了解了动物能够产生后代；能够说出细胞是生物体的基本组成单位；能够描述和比较动物后代与亲代的异同。学生对于生活中常见的遗传学现象有一定的认知，对于自己与父母在外貌等方面的相似或者不同之处非常感兴趣，并有想解开这些疑问的好奇心。但是由于没有清晰的遗传学知识作为支撑，无法利用遗传学规律解释他们日常生活中遇到的遗传学现象。本活动，就好像是知识的脚手架，通过一些新知识的学习，将原本散落的知识点串联起来，弥补学生知识的不足，使他们对遗传形成比较清晰的理解。

三、教学目标

1. 科学观念：围绕“动物能繁殖后代，使它们得以世代相传”，以及《科学教育的原则和大概念》中“生物体的遗传信息会一代代地传递下去”的核心概念。了解同一种生物也存在个体差异。对于细胞的微观结构产生认识，简单了解什么是基因及其存在细胞中；理解基因型与表现型的关系；围绕“植物和动物都能繁殖后代，使它们得以世代相传”这一核心概念，了解父母可以将一些性状遗传给后代，他们非常相似，但也会有细微的不同。了解简单的遗传规律；可以借助庞纳特方格这种工具，根据父母的基因型推理出子女可能具有的基因型和表现型。

2. 科学思维：能基于所学的知识，运用分析、比较、推理、概括等方法得出科学探究的结论，发展学习能力、思维能力、实践能力和创新能力。

3. 探究实践：复杂的微观结构和系统可以被可视化、被建模，并用来描述其功能或相互作用；能基于所学的知识，用科学语言、统计图表等方式记录整理信息，表述探究结果；通过探究，运用逻辑推理解决问题。

4. 态度责任：对生活中的现象保持好奇心和探究热情，表现出对事物的结构、功能、变化及相互关系进行科学探究的兴趣；运用科学的方式搜集、记录、整理信息，经历“观察—探究—思考—内化”的过程完成科学探究活动，在科学探究中能以事实为依据，分享彼此的想法；学习科学家的精神，学习科学的思考方法。

四、教学重难点

1. 教学重点：人类能够繁殖后代，后代从其亲生父母那里获得了一系列性状的现象叫作遗传现象。子女与父母的基因相似但不完全相同，每个人拥有不同的遗传信息，所以可能具有不同的表现型。通过父母的基因型能够推理出子女可能出现的基因型和表现型。

2. 教学难点：对于《义务教育小学科学课程标准（2022 版）》中“能够描述和比较动物后代与亲代的异同”等知识点的扩充，理解显性基因、隐性基因以及它们所呈现出的表现型。如何引导学生通过分析、综合、比较、概括、推理等思维方法，根据父母的基因型推理后代可能出现的基因型。学会构建并使用模型，分析并解释数据。

五、教学场地与教学准备

1. 教学场地：黑龙江省科学技术馆二楼展厅“人与健康”展区。

2. 教学准备：人物面部模型、细胞模型、染色体模型、眼皮形态片、白板、学生套材包、学习单、庞纳特方格板、彩色方块、家庭树卡片、显微镜、人的口腔上表皮细胞切片、基因盲盒、剪刀、透明胶、双面胶、卡纸、扭扭棒、彩色小棒、黏土、吸管、记号笔。

3. 活动总时长：40 分钟。

六、教学活动设计与实施

第一阶段 猜猜看

阶段目标：导入环节，激发学生的学习兴趣，引发学生的探究欲望。（“吸引——引入问题”）

教育活动脚本

老师活动 1：展示四张道具头像，见下图。

请同学们观察道具头像，一对双眼皮的父母，双眼皮小男孩 A，单眼皮小男孩 B，根据眼皮形态的特征，猜一猜 A 和 B 谁才是这对父母的孩子呢？

请同学说出他的理由。

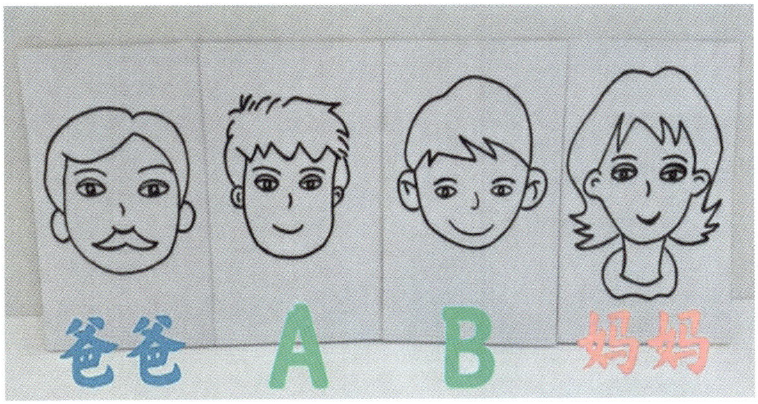

学生活动 1：观察并推测。

学生 1：因为父母是双眼皮，所以他们的孩子理应是双眼皮。

学生 2：那也不一定呀，我爸爸妈妈都是双眼皮，可我是单眼皮呀，所以单眼皮的小男孩也可能是他们的孩子。

……

（通过道具引发学生思考，学生经历“观察—思考— 讨论”产生进一步探究的意愿。）

（谁说的对呢？父母的眼皮形态与子女的眼皮形态有什么关系？）

老师活动：引导学生思考。

双眼皮父母的孩子一定是双眼皮吗？双眼皮父母能生出单眼皮的孩子吗？

（通过对道具的比较和老师的引导，学生会思考父母的眼皮形态与子女的眼皮形态有什么关系？）

老师活动：总结。

谁的答案正确呢？我们可以问一问科技馆的“基因树”展品，它会告诉我们正确答案。

（老师不需要纠正学生的错误观点，带着这些疑问，带领大家进入活动的主题，学生自己提出问题，有主动探究的欲望。）

设计思路

设计意图

通过“猜猜看”的小游戏，引导学生根据外貌猜测哪三个人是亲子关系，经过讨论与判断，引发学生的猜想，父母的某些性状是否一定会遗传给子女。学生观察并比较自己或他人从父母那里遗传来的特征同时能够在老师的引导下自主提出相关问题为下一阶段的探究做准备。

学情分析

在老师提出问题后，学生会根据日常生活经验去判断问题的答案，往往不够准确，大部分同学会认为双眼皮的父母的孩子一定就是双眼皮，同时也会对自己与父母外貌的一些显著差异感到奇怪，老师可以在学生的疑惑中引导学生继续学习。

教学策略

老师通过充满趣味性的游戏，请同学们猜测答案，在轻松幽默的氛围下引导学生们进行猜想与讨论、交流与对比，明确本次活动要探究的主要问题，在这一过程中，老师不必给出固定答案，也不必着急纠正学生的错误概念。

第二阶段 “基因树”的回答

阶段目标：了解“基因树”展品的操作方法和功能，讨论使用展品时需要提供的条件。学生设置条件、制定计划、得出结论。学生对展品产生好奇心并且想要探究其原理。（操作——探索并实践）

教育活动脚本

老师活动 1：介绍并演示“基因树”展品，见下图。

学生活动 1：观察并思考。

观察老师的演示。

思考使用“基因树”展品时需要提供哪些条件，能够得出什么样的结论。

……

（通过老师演示，让学生了解为父母输入某种性状的表现型，就可以得出子女可能出现的表现型）

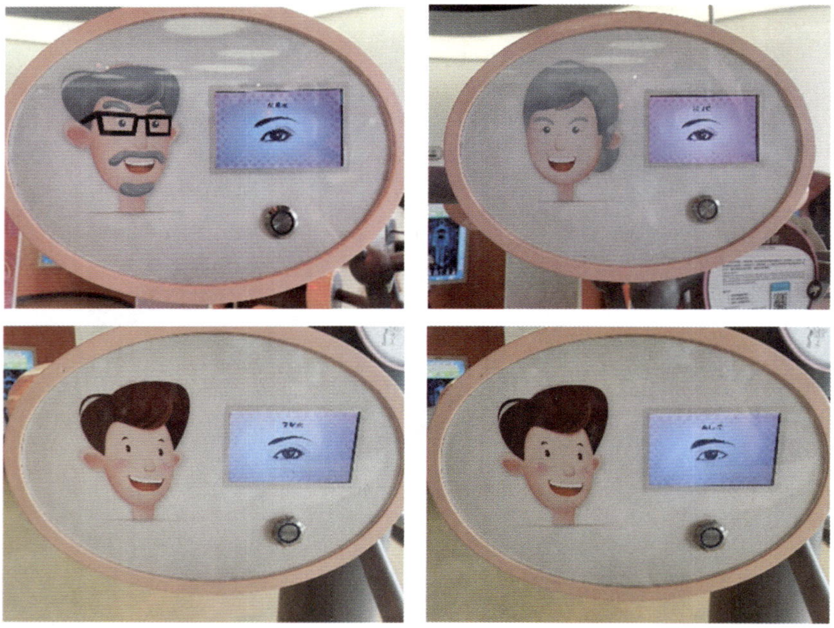

老师活动 2：引导学生解决问题。

老师：请你利用“基因树”展品解决刚才的问题。

学生活动 2：制定计划并实施。学生操作“基因树”展品，得出结论。

（老师引导学生自主提出感兴趣的问题，学生分组制定计划并对展品进行操作，这样能够使学生进一步了解“基因树”展品并产生想要探究展品背后原理的意愿）

老师活动 3：引导思考。

设计思路

设计意图

老师通过“基因树”展品的操作与演示，让学生学会如何制定计划、利用展品解决实际问题。了解该展品的功能，同时也促使学生产生疑问，“基因树”为什么能够预测结论？它的结论是否正确？用这些问题来激发学生的探究，并让学生有验证这些问题的想法。

学情分析

学生在该阶段往往会根据以往的生活经验去判断问题，同时也会好奇“基因树”这件展品是如何实现其功能的。

教学策略

老师进行展品的操作演示，学生们通过观察引发思考，学生在老师的指导下利用展品解决实际问题，在了解展品功能的同时为下一阶段的教学做准备。

教育活动脚本	设计思路

老师：通过操作展品，你找到的答案是什么？这与你预想的结果一致吗？

学生活动 3：说出自己发现的结果和感受。

学生：同一对父母生出的孩子有不同的眼皮形态，不仅可以生出双眼皮的孩子，还能生出单眼皮的孩子。

老师活动 4：总结。

老师：在引入环节中同学们的不同答案都是正确的。

老师活动 5：提问。

老师：你认为是什么决定了子女的眼皮形态呢？

学生活动 4：猜测，并说出理由。

学生 1：是父母的眼皮形态决定的。

学生 2：不完全取决于父母的眼皮形态。

学生 3：有一些我们看不见的东西决定的。

……

老师活动 6：引入基因这个概念，介绍相关背景知识：形态是基因决定的。

老师：子女的眼皮形态其实是由父母的基因决定的。

（老师引导学生带着这些疑问进入下一阶段，学生自己提出感兴趣的问题，更有主动探究的动力。）

第三阶段　什么是基因

阶段目标：了解“基因树”展品的操作方法和功能，讨论使用展品时需要提供的条件。学生设置条件、制定计划、得出结论。学生对展品产生好奇心并且想要探究其原理。（操作——探索并实践）

教育活动脚本	设计思路

老师活动 1：提出问题。

老师：既然子女的一些特征是由父母的基因决定的，那么基因在哪里呢？

学生活动 1：猜测并回答。

学生：基因在我们的身体里。

学生：决定眼皮形态的基因在眼皮里。

……

设计意图

老师指导学生利用显微镜观察人体细胞，了解细胞基本结构。学生通过观察细胞模型教具，清楚地了解细胞中遗传

教育活动脚本

（老师提出问题，学生根据以往的知识储备思考、分析并回答，为后面的推理与解释做准备。）

老师活动 2：引出细胞的概念。

老师：要想知道基因在哪里，我们首先要来看一看组成人体的基本结构。你知道它是什么吗?

学生活动 2：思考并回答。

学生：是细胞。

……

老师活动 3：带领学生利用显微镜（见下图）观察细胞结构。

组织学生分组观察人的口腔上表皮细胞切片。引导学生观察细胞的各个部分。对学生的答案进行纠正与补充。

学生活动 3：观察并思考。

学生 1：能够看到细胞外侧起到保护作用的部分（细胞膜）、中间大部分的内容（细胞质）……

学生 2：我们并没有看到基因呀？基因在细胞的哪里呢?

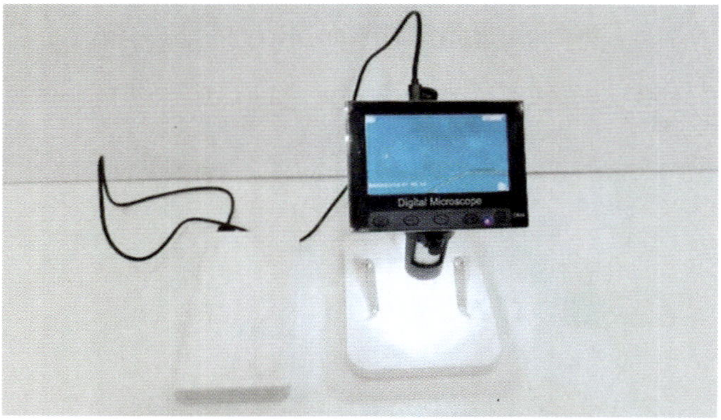

老师活动 4：展示细胞模型教具（见下图），引导学生观察。

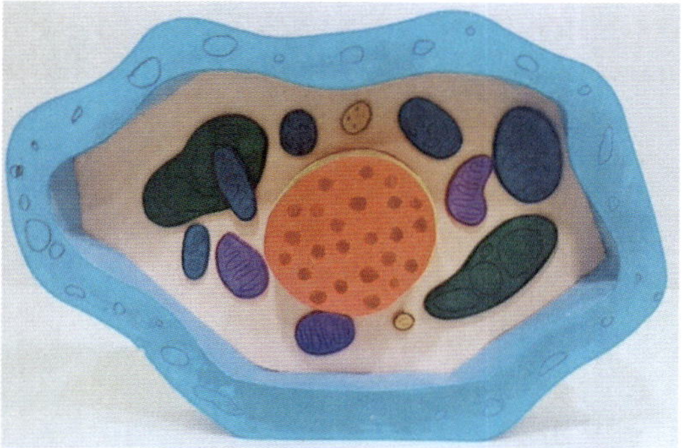

老师：便携式显微镜让我们了解了细胞内部的大体结构，但是还不够清晰，我们可以借助这个超大的细胞模型研究一下。

学生活动 4：在细胞模型中，观察到基因存在的位置即染色体。

学生通过观察发现，细胞核、染色体、DNA、基因之间的关系。

设计思路

物质之间的关系。老师利用眼皮形态卡片，引导学生讨论显性基因和隐性基因对性状的影响。学生根据老师的引导和提示进行思考、讨论与总结，利用基因盲盒完成任务，理解基因遗传的过程。老师根据模型教具和相关知识来修正学生的理解。

学情分析

学生通过学校科学课的学习，知道了人体的基本组成单位是细胞。学生对于性状的了解基本都来源于生活经验，但是对于细胞的结构，尤其是细胞核中遗传物质的结构和功能、基因型和表现型等术语了解得比较少。通过老师的引导，学生利用辅助材料，自己进行推理和总结，这样能够加深学生对这些科学概念和术语的理解，有利于他们将这些概念应用到实际生活中。

教育活动脚本	设计思路

老师活动 5：将学生们的发现做出总结，基因存在于染色体上，是具有遗传效应的 DNA 片段。

老师：人的体细胞中染色体是成对存在的，一条来自爸爸，一条来自妈妈，我们可以简单理解成孩子的基因一部分来自爸爸，一部分来自妈妈。

（老师提出问题，学生根据以往的知识储备思考、分析并回答，为后面的推理做准备。学生通过利用显微镜观看细胞切片、观察细胞模型教具，更加清晰地了解染色体、DNA、基因的关系）

学生活动 5：产生疑问并开展讨论。

学生：既然孩子的基因既有来自爸爸也有来自妈妈的，那么谁的基因说的算呢?

老师活动 6：解释，引出显性基因、隐性基因。

老师活动 7：展示眼皮形态卡片教具，见下图，引导学生思考、解释定义。

老师：显性基因与隐性基因是怎么影响眼皮形态的呢?

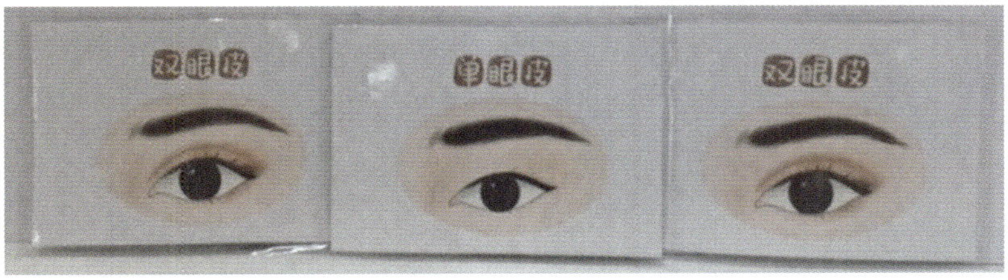

学生活动 7：观察并思考显性、隐性基因与表现型的关系。

观察单、双眼皮的基因型，见下表。对双眼皮、单眼皮基因型进行比较与讨论。

学生 1：必须有两个 a 才能是单眼皮。

学生 2：只要有 A 就是双眼皮。

学生 3：A 基因比 a 厉害。

……

基因型	表现型
AA	双眼皮
Aa	双眼皮
aa	单眼皮

教学策略

老师在介绍、解释科学概念和术语之前，先让学生给出他们的解释。老师让学生观察细胞切片、模型教具，推理并讨论相关知识点，帮助学生将他们的探究过程与相应的科学概念联系起来。学生通过对眼皮形态卡片的观察、思考、讨论，总结出不同的基因型对应哪种表现型。最后利用基因盲盒了解遗传的过程。老师通过设置问题链，引发学生进行逐步深入的探究与解释，帮助他们构建、论证其解释。

教育活动脚本	设计思路

（通过观察眼皮形态的基因型，了解什么是显性基因、隐性基因、基因型对应的表现型等问题）

老师活动 8：引导学生探究。

老师：显性基因和隐性基因是怎么通过父母遗传给孩子的呢?

学生活动 8：利用基因盲盒（见下图）进行探究。

学生：（1）了解基因盲盒的使用规则。

（2）学生自行分组，每个小组分别从 A、B、C 三种盲盒中选择一个。

（3）从父亲和母亲的基因盲盒中分别随机抽取一根代表眼皮形态基因的小棒，将两根基因小棒结合在一起，粘在盲盒学习单子女基因型的位置上。将这份基因的基因型写在学习单上，同时判断出子女眼皮形态的表现型。（见下图）

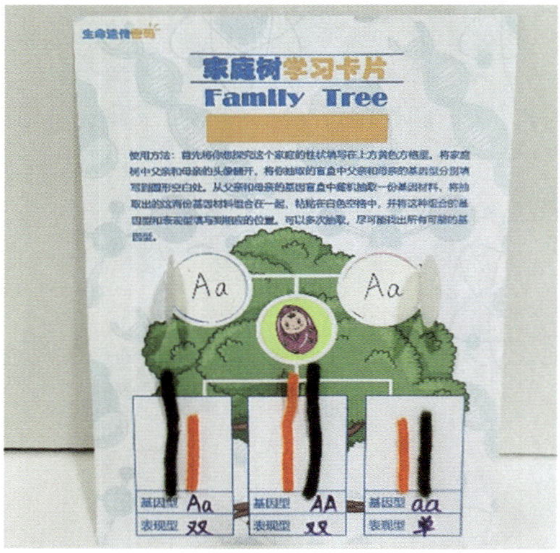

老师活动 9：指导与辅助。

老师：请同学多次操作，尽可能多地抽取出不同的基因型。

学生活动 9：展示与讨论。

学生拿到同种类盲盒的小组派代表展示本小组的成果。

教育活动脚本	设计思路

对比并讨论。

结论 1：双眼皮的父母可能生出单眼皮的子女也可能生出双眼皮的子女。

结论 2：同一对父母的子女有可能具有不同的基因型和表现型。

老师活动 10：利用染色体模型（见下图）总结。

老师：如果父亲给孩子的是 A 基因，母亲给孩子的也是 A 基因，那么孩子的基因型就是 AA，表现型是双眼皮。

老师：如果父亲给孩子的是 a 基因，母亲给孩子的也是 a 基因，那么孩子的基因型就是 aa，表现型是单眼皮。

●如果父亲给孩子的是 A 基因，母亲给孩子的是 a 基因，那么孩子的基因型就是 Aa，表现型是双眼皮。

●如果父亲给孩子的是 a 基因，母亲给孩子的是 A 基因，那么孩子的基因型就是 Aa，表现型是双眼皮。

（学生利用基因盲盒作为辅助工具，掌握父母将基因遗传给子女的过程，得到结论）

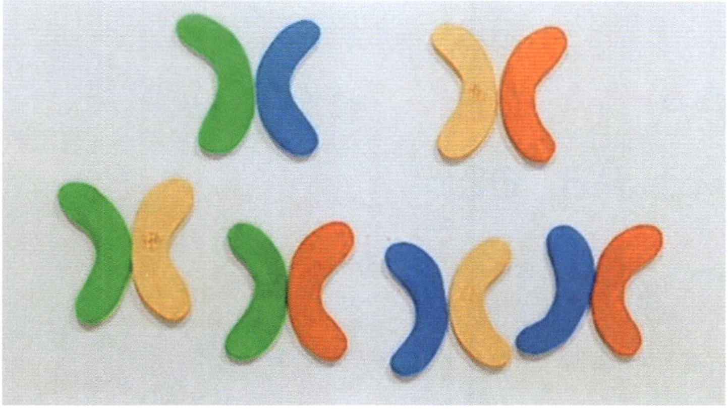

第四阶段 智慧的结晶

阶段目标：让学生学会建立模型并进行数据分析；会利用庞纳特方格解决实际问题。（迁移——建模并推理）

教育活动脚本	设计思路

老师活动 1：引入庞纳特方格的概念。利用庞纳特方格通过父母的基因型得出子女有可能出现哪些基因型。

教育活动脚本

老师：我有一个神奇的工具，不用像你们刚才那样抽盲盒配对就可以得出结果，并且能更准确、更快捷地利用父母的基因型去推理子女的基因型，这就是庞纳特方格板。（见下图）

学生活动 1：使用庞纳特方格来呈现两个选定的亲本眼皮形态的基因型，并写出其后代可能出现的基因型，以及每种基因型的表现型（见下图），验证自己刚才的结果是不是在方格中体现。通过基因型来推理子女可能出现的表现型。学生发现庞纳特方格的神奇。

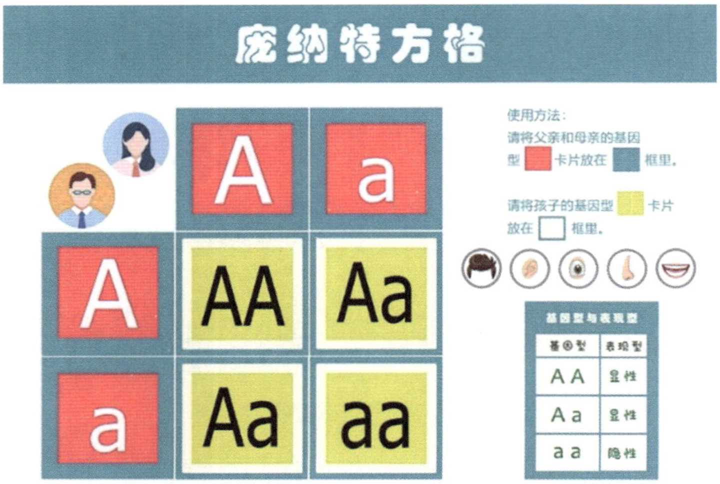

设计思路

设计意图

老师演示模型，学生推理后代可能出现的表现型；老师解释与纠正后，学生通过构建和使用模型来描述基因从父母传递给后代的因果关系以及由此可能会产生的表现型。让学生学会利用庞纳特方格建立简化的遗传学模型。学生在学习之后能够通过构建模型、分类、分析、推理得到正确结论。

学情分析

学生有了前面的知识储备，能清晰地了解遗传是如何发生的，为如何根据父母的基因型利用庞纳特方格来推理子女可能出现的表现型提供了支持。学生在这一过程中要运用理性和逻辑思维，设计、计划、整理与解释数据、分析、推理，最终得出结论。

教学策略

老师向学生展示染色体模型，学生思考父母如何将基因遗传给子女和产生的结果以及现象。老师帮助学生理解庞纳特方格如何使用，引导学生应用所学的知识和方法。老师引导，学生积极参与，设计并实施探究，建立模型、解决问题，得出结论。

教育活动脚本	设计思路
（老师展示教具，学生在老师的引导下进行思考，推理出后代可能产生的基因型以及后代可能出现的表现型） 老师活动 2：介绍相关背景知识。 老师：庞纳特方格工具是一代一代的科学家通过无数次实验推理、总结出来的。其实科学上的发现和发明距离我们并不远，我们现在所做的探究、思考、推断的过程和科学家当初的经历都是一样的，只不过他们比我们做了更多的试验、经历了更多的失败。我们要学会像科学家一样思考，学习科学家不畏困难的精神，努力学好科学知识，学会利用科学知识和方法去解决实际问题。 老师活动 3：引导学生思考并探究。 老师：你还能利用庞纳特方格解决哪些遗传问题呢? 引导学生思考头发的曲直、耳垂的形状等性状。 学生活动 2：利用庞纳特方格板进行探究。 自行设定某一对父母头发的曲直、耳垂的形状等性状的基因型，利用庞纳特方格板，推理出子女可能出现的表现型。 老师活动 4：总结。 （学生在老师的引导下，通过操作与思考，能够对简单的遗传规律了解得更加透彻并解决实际问题，同时也能够解释活动之初学生们的疑问。老师向学生介绍科学家的事迹，鼓励学生像科学家一样思考，学习科学家探求真理、不畏困难的精神。）	

第五阶段 动手动脑解难题

阶段目标：学生利用套材包中的材料，完成学习单、基因遗传模型的制作和展示等内容。（评价——总结与评估）

教育活动脚本	设计思路
完成学生套材包中的任务。填写学习单以及制作基因遗传模型。 老师活动： 老师：性状是如何从父母传递到后代的？通过这次活动，你学到了什么？	**设计意图** 老师引导学生对本次活动进行总结；学生通过对套材包中工具的使用，任务的完成，检测对前几阶段学习内容理

教育活动脚本

学生活动：思考并总结，完成学生套材包中的学习单（见下图①）和基因遗传模型（见下图②）的制作并能够讲述、展示自己的作品（见下图③④）。

总结、回答老师问题。

学生：我了解了什么是基因和染色体。

学生：学会用庞纳特方格推理后代的表现型。

……

（老师引导学生对本次活动的内容进行梳理与总结，有利于学生利用套材包中的工具独立完成学习任务）

①

②

设计思路

解的程度，同时也可以检验学生是否达到了学习目标。学生要学会构建因果关系，并且会运用概念和模型解决实际问题。

学情分析

通过前面几个阶段的学习，学生已经掌握了相应的知识点和建立模型的方法。这些内容可以支持学生完成学习单和模型的制作与展示等相应内容。

教学策略

老师引导学生利用套材包的材料和所学的知识以及方法去解决实际问题，是对学生在本次活动中学习成果的检验与复习。学生要明确自己的目标、学会制定计划、选用最适用的方法和工具完成任务，并能够在其他人面前展示自己的结果。鼓励学生掌握自己的学习情况并评价其进步。

教育活动脚本	设计思路

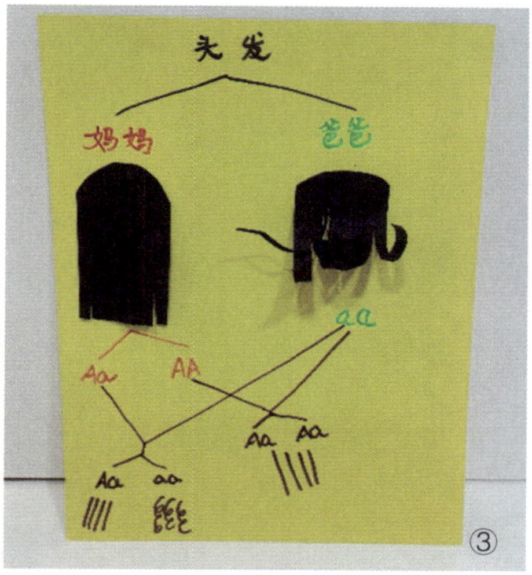

③

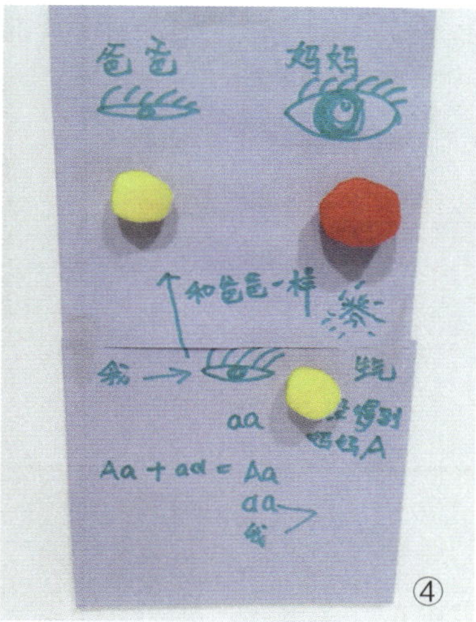

④

七、教学评价与反思

描述课堂教学评价的方法与评价工具。教学评价应紧密围绕教学目标。在反思中，要总结本堂课的教学效果和教学经验，分析亮点和创新之处。可通过专家评语、学生反馈、老师个人反思等体现。

本资源包是展品辅导类活动，展品生动有趣，活动内容与每个人都息息相关，随着活动的进行，一点点将遗传的奥秘揭开，受众群体在了解了相关知识后，可以利用工具建立模型去解决生活中的实际问题。本活动能帮助学生回忆已有的知识，提供更多背景知识，学会科学方法，体验探究的过程，帮助他们更好地学习。充分发挥科技场馆的优势，紧紧围绕科学大概念，与中小学科学课程标准相结合，结合科技馆展品，对学校科学课程进行补充，引导学生利用科学方法解决实际问题。学生能够从观看展品表象转变为致力于回答“是什么”以及“为什么”。学生更注重的是如何以科学的态度去思考问题、如何用探究的方法去解决问题并学会相应的技能，本活动深受老师、家长和学生的好评。

★ 该项目获 2023 年“奋进科普新征程”全国科技馆联合行动优质科学教育资源项目二等奖 ★

“蜂”狂探“蜜”

教育活动类型： 自然科学类课程

项目开发单位： 黑龙江省科学技术馆

项 目 设 计 人： 王翠

一、概述

蜜蜂是生活中常见的一种小昆虫，学生们从书本上知道蜜蜂的勤劳，也品尝过甜甜的蜂蜜，但却因它蜇人的尾针而退避三舍，只能成为教科书里的“好朋友”，更鲜有人产生近距离接触蜜蜂甚至饲养蜜蜂的想法。黑龙江科技馆出于维护展厅蜜蜂展品需要，在科技馆庭院内设置了小型养蜂场，还有养蜂专家，这是极好的让孩子接近蜜蜂、接受自然教育的好资源，于是我们开发出这样一个教育活动。

在角色体验的过程中拓宽见识，在玩乐中进行劳动实践，在游戏中进行科学探究，三个环节相辅相成，本活动适合科学体验经历一般的学生；对于有更高要求的学生团体，我们还有其他更为深入的研究类课程。

二、教学对象

1. 本教育活动适宜的受众人数：10~15 人。

2. 本教育活动针对的具体教学对象：9~12 岁。

3. 教学对象的学情分析：心理和认知发展规律分析：9 岁儿童处于三年级，是低年级向高年级的过渡阶段，具有一定的观察和操作能力。

知识方面分析：该阶段学生具有一定的阅读能力、分析能力和思考能力，经过一定时间的科学课学习，对于生物和环境有一定了解，但尚未用此解决实际问题。

能力分析：在老师指导下经历过科学探究过程，刚刚尝试制定简单探究计划。

心智发展分析：好奇心强，思维活跃，按照皮亚杰的认知发展理论，9~12 岁的儿童已从具体形象思维向抽象逻辑思维过渡，但在一定程度上还需要借助具体形象的支持，仍习惯于模仿实际动作。

三、教学目标

1. 学科科学观念目标：了解蜜蜂和蜂蜜的相关科学知识，将我们原有的一些知识应用于新收获知识的解释和应用方面。如了解通过实验的办法对相似事物进行分类，能简单描述蜜蜂和蜜蜂的典型特点和主要特征。

2. 科学思维目标：通过交流、分析、归纳等方法，概括出蜜蜂的一些基本特征；通过实验的方法去类比研究不同种类蜂蜜的异同；在活动过程中达到逐步养成科学思维的目的，形成基本的科学态度和社会责任感，逐步树立正确的世界观、人生观和价值观。

3. 探究实践：实践性是义务教育阶段新课标对于学生学习科学课程的基本要求。本活动中孩子会体验摇制蜂蜜的过程，通过这种生产劳动和社会实践的结合活动，让学生从熟悉却没有经历过的日常生活出发，亲身经历探究与实践活动而进行科学学习，能够有效发挥实践的独特育人功能。

4. 态度责任：通过活动帮助学生产生并保持对自然的探索之心，从亲近蜜蜂这种小生命来亲近大自然，逐步走向亲近科学的目的。初步了解人类活动会对小蜜蜂的生活产生影响，延伸到人类活动对于生物产生影响，从而产生社会责任感。

四、教学重难点

1. 教学重点：要让学生经历一个比较完整的学习过程，通过体验和实践了解科学知识，产生社会责任感。

2. 教学难点：体会科学探究的过程，利用小仪器、小工具进行简单的科学实验，产生科学思维，知道运用一定的方法进行科学研究。

五、教学场地与教学准备

1. 教学场地：科技馆室外养蜂场。

2. 教学准备：养蜂专用蜂帽、防护服装、防护手套等，养蜂人专用小工具（蜂扫、刮蜜刀等），摇蜜机，不同种类蜂蜜、小实验瓶、取样棒、PH 试纸、波美度仪、学习单、记录笔等。

3. 活动总时长：每个阶段 20 分钟左右，总时长 60 分钟左右。

六、教学活动设计与实施

1. 教学活动设计流程概念图

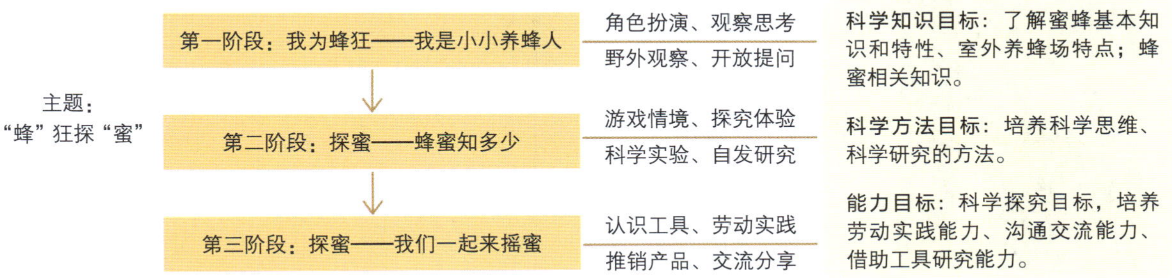

2. 活动步骤以及设计意图

第一阶段　我为蜂狂——我是小小养蜂人

阶段目标：本项目采用的是一种小组学习的形式，通过角色扮演的趣味性增加团队的成员凝聚力。使学生在真实情境下，了解真实的蜜蜂世界。

教育活动脚本

1. 创设情境：“科技馆室外养蜂场的养蜂人即将退休，现在要招募小小养蜂人，勇敢的你快来加入吧！”

在科技馆发布招募通知，组织适当年龄段的散客学生或者学生团体组织活动小组参加此次活动，用真实的情境引发学生参与兴趣。

2. 问题导入：你想近距离接触蜜蜂吗？你了解养蜂场为什么如此布置吗？知道蜜蜂如何进出蜂箱吗？你想见到蜜蜂家族新生命的诞生吗？充满吸引力的问题和即将发生的惊艳体验活动将学生们的热情完全点燃。

小养蜂人们穿戴上养蜂的衣服、帽子、手套后，引导他们进入情境，产生进一步研究蜜蜂的愿望。（见下图）

3. 观察和思考：这个环节的研究场地是开放的，问题是开放的，研究方式是开放的。科技馆的辅导老师会因势利导引导学生观察；具有三十多年经验的专业养蜂人会解答学生的疑问，指导学生规范操作，保护学生的安全。（见下图）

设计思路

学情分析

小学 9 ~ 12 岁是告别低年级、走向高年级的阶段，学生具有一定的观察和操作能力，经过科学课的学习具有一定的昆虫相关知识，存在很强的好奇心，并有了一定付诸实践的能力。

设计意图

在城市生活的学生们虽然在知识方面具备一定的储备，但是需要接触大自然，将以往习得的知识放在自然系统中去研究和学习。

设计意图

活动中学生会了解自己的家乡生活着我国唯一的地方优良蜂种——东北黑蜂，无论是从基因种群的优越性还是价值上都是其他的蜂种望尘莫及的，只有黑龙江这种优质的生态环境资源才能孕育这种独特的生物资源瑰宝，学生会对家乡生态环境和动物资源优势无比的自豪，产生强烈的家乡自豪感。

教育活动脚本

4. 学生开放式提问：在这个环节中孩子对自己感兴趣的环节展开研究和提问，比如他们会了解蜜蜂是否需要“吃饭”“喝水”？没有鲜花的季节，蜜蜂会不会饿死？温度对于蜜蜂的生活有什么影响，冬天蜜蜂会不会冻死呢？蜂箱是密不透气的吗，假如没有氧气，蜜蜂能活吗？（见下图）

社会生态方面，学生们会了解到蜂群“一山不容二虎”等蜜蜂分工。了解农药导致蜜蜂传毒粉的恶性循环。

5. 老师引导：在解答这些问题之后，辅导老师在把这些问题的解释与环境因子中的水、空气、食物和生物的关系这个概念关联，原本比较抽象难懂的生态学理论，由于亲身的体验与验证，而变得更加具体形象了。

6. 老师引导：引入东北黑蜂的情况介绍，让同学对比观察东北黑蜂和普通蜜蜂的外形区别，以及感受蜂蜜的对比体验，让学生了解家乡独特的东北黑蜂资源。

设计思路

教学方法

提问引导、探究体验、野外观察。

教学理念

体验式学习、多感官学习。

老师教学策略

引导、提问、展示、教授。

学生学习活动

观察、思考、提问、实践。

第二阶段 探蜜——蜂蜜知多少

阶段目标：前一个阶段对于蜜蜂和养蜂场有了大体的了解，现在要针对具体和细节的部分——蜂蜜，展开更加细致的研究，让学生了解科学探究都能用到哪些方法，如何用科学思维、借助科学仪器开展科学研究。

教育活动脚本

小游戏创设情境：让几名同学蒙上眼睛，另外的同学拿出几个装着不同种类蜂蜜的小瓶子，让对方猜是什么？

问题导入：市面上的蜂蜜有许多的种类，槐花蜜、枣花蜜、椴树蜜、百花蜜等。你品尝过哪些蜂蜜呢？颜色有什么区别？口感有什么不同？你有什么区分鉴别的好办法吗？

设计思路

教育活动脚本

开展探究活动：

（1）用五官去感受蜂蜜。

让学生利用自己的感官，用鼻子闻、嘴品尝、眼睛看等方式去“感受”不同种蜂蜜的特点，培养他们调动感官进行描述和判断的能力。参与者根据体验结果完成学习单。（见下图）

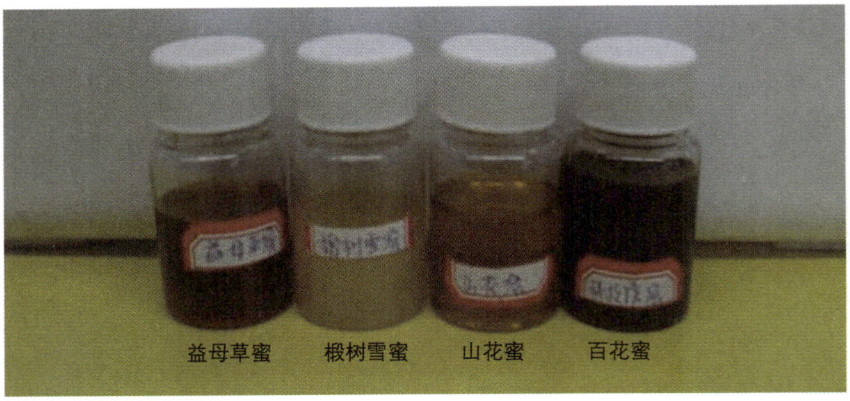

（2）蜂蜜是酸性还是碱性?

学生尝试用 ph 试纸测试稀释后的蜂蜜的酸碱性，学习借助小工具进行科学探究。（见下图）

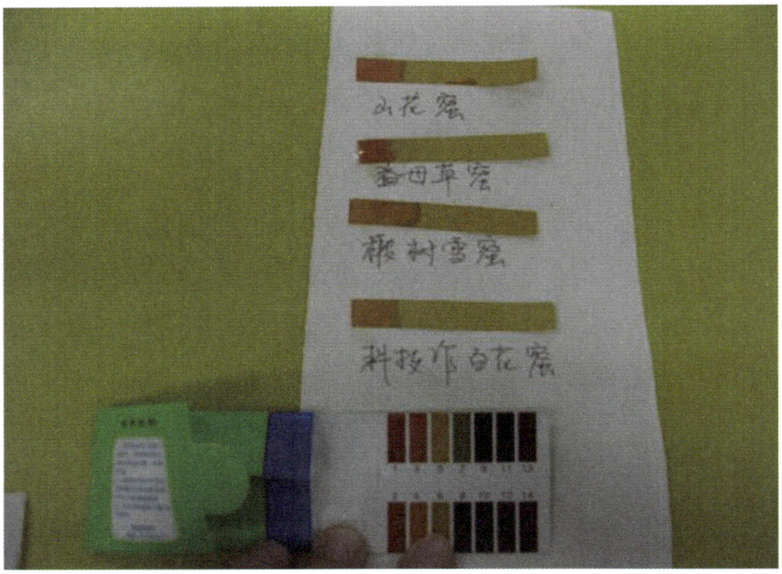

（3）测量蜂蜜的波美度。

我们在购买蜂蜜的时候，商家常常吹嘘自己的蜂蜜波美度高是好蜂蜜，蜂蜜的外包装也常常写着 41 度或者其他多少度。那么究竟什么是波美度呢?

通过养蜂人的介绍同学们知道了波美度即为蜂蜜的浓度，辅导老师向同学们

设计思路

学情分析

整合孩子原有相关的碎片化知识、间接性经验，增加新的经验收获，向系统化和直接经验转变。

设计意图

协助学生们用发现的眼睛观察周围的世界，遇到事物可以问些“为什么？”“怎么区分？”，培养孩子们乐于思考的科学思维。

教学策略

经历观察—思考—实验—总结的过程，使得孩子自己得到收获。

教学方法

科学体验、探究实践。

教学理念

体验式学习、情境教学。

老师教学

展示工具使用方法、引导借助工具研究。

学生活动

科学探究自主探索、科学实验。

教育活动脚本	设计思路

介绍了一种新仪器——波美度仪可以简单直接地检测不同蜂蜜的浓度情况。学生们自行对比研究老师为其准备的不同浓度蜂蜜，并记录在学习单里。（见下图）

（4）其他学生自发探究问题。

在探究的过程中，鼓励参与者自行探究他们感兴趣的有关蜂蜜的内容，比如有的同学用面巾纸研究蜂蜜是否加水，有的同学研究蜂蜜的味道为什么会不一样……在自主探究的过程中孩子们会收获更多。

第三阶段 探蜜——我们一起来摇蜜

阶段目标：通过摇蜜这种生产劳动和社会实践的结合活动，让学生在实践中了解科学知识，亲身经历探究与实践活动而进行科学学习，发挥实践的独特育人功能。

教育活动脚本	设计思路
（1）问题创设情境：大家通过体验养蜂人的工作了解了照顾蜜蜂是一件辛苦的差事，但这也是一份甜蜜的事业，你怎么看呢？ （2）问题导入：大家都知道蜜蜂会采集蜂蜜，并且以蜂蜜为食物。蜜蜂把蜂蜜都储存在什么地方呢？ （3）老师引导：老师和养蜂人会引导学生观察蜜脾，认识蜜脾，在养蜂专	**学情分析** 这个阶段的学生具有一定的专注力，但是注意力也不容易保持太久，经过上个阶段的观察和

教育活动脚本	设计思路

家的介绍下认识割蜜刀、蜂扫、摇蜜机等工具（见下图），并尝试使用工具对蜜脾进行预处理。

（4）观察发现：小朋友们会对蜜蜂的生活环境有了新的认识，同时了解蜂王在蜂群中的特殊地位，蜂蛹的形态，蜜脾是怎样储存蜂蜜的，“玩中学”，让学习变得主动和自然。（见下图）

（5）学生实践活动：学生在养蜂专家指导下分工协作，在巢储框里的蜂蜜先用刮刀拨开表面，然后用摇蜜机将蜂蜜一点点摇出。孩子们都对摇蜜机这种机器感到很好奇，感叹过去的养蜂人如此的智慧。（见下图）

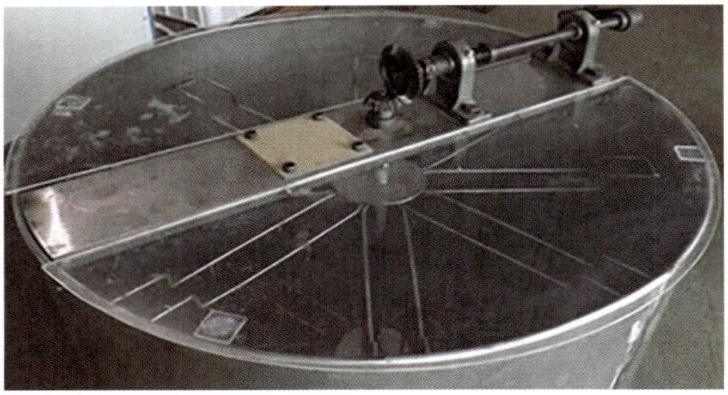

体验可能产生新鲜感减退的感觉，这时增加新的动手体验环节。

设计意图

承上启下的环节，经过第一环节的观察蜂箱和蜜脾很容易将注意力过渡到蜜脾下面的蜂蜜问题，取出蜂蜜后也会自然而然过渡到蜂蜜的品尝和鉴定等环节。

教学方法

探究、实践、归纳总结。

教学理念

体验式学习、情境教学。

老师教学

引导、提问、展示。

学生活动

劳动实践、探究、成果分享、交流展示。

教育活动脚本	设计思路
（6）老师讲解：老师会借着这个机会讲解摇蜜机摇出蜂蜜的原理，它和甩干桶一样借助了离心力的帮助。（见下图）	

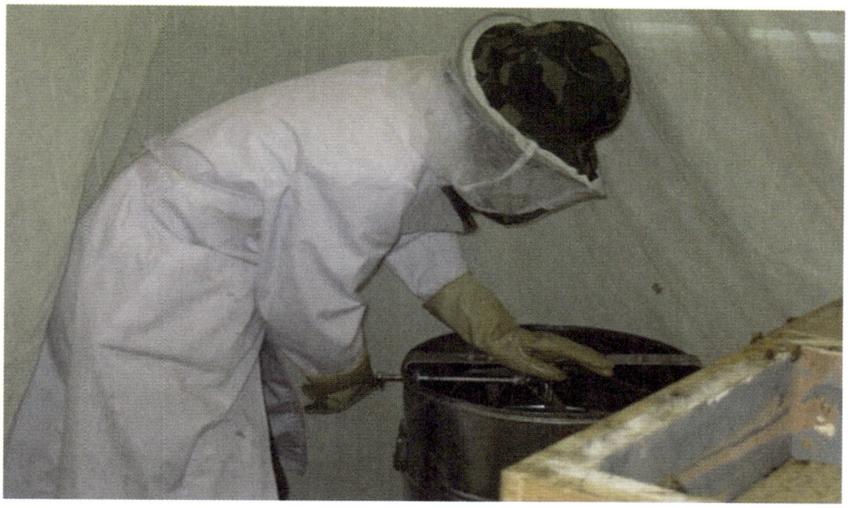

（7）学生售卖自己成果：学生品尝自己创造的胜利“果实”——蜂蜜，体会劳动的乐趣，纷纷表示这是自己吃过最香甜、最浓醇的蜂蜜，并且他们自发地向家长和周围人推销自己的蜂蜜产品，纯天然、无添加。由于是自产自销，销售热情十分高涨。

（8）最后学生们带着自己的成果合影留念，交流自己的收获和心得。

七、教学评价与反思

本主题活动开发研究最新版本的小学科学课课程标准，针对学生最喜欢什么、哪些方面是亟待提高的等问题，有针对性地设计了本项目。项目围绕着在自然中学习的理念，让孩子在大自然的体验之中，发现生命和自然之间的和谐。

我们设计了学习单、观察记录表、制作了进行活动前和活动后的问卷，以此作为判断孩子们参与效果的评价手段之一。当然参加自然体验的活动，孩子们现场的表现就是最好的活动说明，我们有目的性地提问和观察，也发现了活动存在一些需要改进的地方，比如在我是小小养蜂人的环节，学生们思维过度发散、秩序性不好操控等问题，这些方面我们仍然在整理和制定教学策略，希望让活动效果达到最好。

★ 该项目获 2023 年“奋进科普新征程”全国科技馆联合行动优质科学教育资源项目二等奖 ★

基于工程技术的项目式探究课程——探“乐”寻声

教育活动类型：STEM 类综合科技活动

项目开发单位：黑龙江省科学技术馆

项 目 设 计 人：艾俊、冯子娇、魏宏艳

一、概述

项目设计以黑龙江省科学技术馆常设展品——钢琴（搭载自动演奏系统的透明钢琴）这一乐器为研究对象，结合小学科学课程标准核心概念“物质的运动与相互作用”，创设生动的故事情境，综合利用感官探究钢琴的发声原理，采用多种教学方法和丰富的探究形式，包括拆钢琴、数琴弦、设计机械传动装置、对不同琴弦的数据化分析和模拟音板探究等全方位由浅入深的研究，充分调动学生对该项目的学习兴趣，获得直接经验“声音有高低和强弱之分”“声音高低和强弱的变化是由于振动的变化引起的”，并以此为基础融合工程与技术指标对乐器进行实用性纵向的拓展探究，激发学生的自主学习能力及创造力。

二、教学对象

1. 本教育活动适宜的受众人数：10 ~ 20 人。

2. 本教育活动针对的具体教学对象：小学四至五年级 。

3. 教学对象的学情分析：小学阶段的学生大多数对于乐器接触广泛，大部分中高年级学生已经具有一些基本的乐理知识储备，对自己熟悉的乐器表现出强烈的兴趣与探知欲。这个阶段的孩子向往自由，并且已经开始形成集体意识，他们乐于帮助别人解决问题，对各种挑战任务总是充满了热情与信心，内心有较强的交流欲望，以及完成任务的迫切感。

三、教学目标

1. 科学观念：能举例说明声音因物体的振动而产生；能举例说明声音在不同物质中可以向各个方向传播；

能知道声音有高低和强弱之分，声音高低和强弱的变化是由于振动的变化引起的；能制作能产生高低、强弱的不同的声音简易装置。

2. 科学思维：知道琴槌敲击钢丝弦产生声音；了解琴键与琴槌之间的机械传动结构；能归纳总结常见产品或工程的主要外在特征；能拆开简单产品并复原；能举例说出一些技术产品所涉及的科学概念或原理。

3. 探究实践：了解乐器的相关核心概念和科学知识，比如钢琴的结构，琴键与琴弦的对应关系；探究发现敲击不同形态的钢丝弦可以得到不同音高，钢琴的音高由钢丝弦振动的频率决定，音板对于声音的影响；掌握踏板对钢琴演奏的辅助作用以及影响响度的因素；以及自选乐器的相关知识。

4. 态度责任：培养音乐兴趣，提高审美能力，陶冶高尚情操，尊重艺术劳动。保持与发展青少年想要了解世界、喜欢尝试、乐于探究事物奥秘的欲望。培养学生实事求是和勇于探索的精神，培养科学的态度、科学精神和科学价值观。通过器乐学习，使学生在积极主动参与演奏实践过程中，感知音乐，表现音乐，创造音乐，享受音乐。

四、教学重难点

1. 教学重点：本项目在任务环节综合利用感官对探究展品——钢琴进行看、拆、听、摸、按、数、敲、踩和对比试验多种探究方式完成教学目标的相关内容，引导学生根据任务要求，有效探究是本项目的重点。

2. 教学难点：学生按照任务卡上的研究与规划，搜集信息。整合信息得到结论的过程是本项目的难点。

五、教学场地与教学准备

1. 教学场地：项目实施场地按照不同环节的需求，安排在黑龙江科学技术馆展厅（大兴安岭展区）和二层半的青少年工作室开展。

2. 教学准备：项目以情境式角色扮演的形式开展，包括道具、材料和教学环境准备等；服装：各种动物头饰和角色扮演服装；场景板：模拟森林场景的图片展板，模拟舞台布置场景；投影：播放森林动画图片及音乐。

3. 活动总时长：3 课时（每课时 40 ~ 60 分钟）

六、教学活动设计与实施

第一阶段

阶段目标：以动画电影《动物狂欢节》主人公 + 角色扮演引入故事情境，完成任务链，帮助主人公修复钢琴。在任务中探索声音的产生及其三要素在钢琴上的体现与操作。（共 35 分钟）

教育活动脚本

（1）情境搭建：参与者装扮成大森林里的小动物，来到“大森林”。大森林里要举办动物狂欢节，可是钢琴手觅音熊的钢琴坏了，他的朋友们决定陪着觅音熊去森林之心寻找修复钢琴的方法。

（2）钢琴的秘密：参与者来到布置好的场地“森林之心”。觅音熊带着朋友们来到森林之心找到水晶钢琴，在精灵老师的帮助下探索钢琴的秘密，集齐修复卡，帮觅音熊修复钢琴。

任务一：钢琴的大箱子里面有什么？

参与者通过拆、看、摸、数的方式认识音板与琴弦。

你看到了什么	形状或数量	它是做什么用的呢？

任务二：钢琴是怎样发出声音的呢？

通过聆听与观察知道琴声是由弦槌敲击钢丝弦产生的。

按下琴键后声音是怎样产生的呢？	画一画（钢琴内部）

任务三：为什么钢丝弦的长短粗细不同呢？

对比敲击不同长度、粗细、松紧钢丝弦得到不同的音高，了解音高由钢丝弦震动的频率决定。

分类	琴弦的粗细（以 + 的多少来表示，+ 越多，弦越粗）			
琴弦	+	++	+++	++++
声音高低				

任务四：钢琴踏板有什么用处？

开展弱音踏板探究实验，知道声音大小取决于振幅大小并分别了解三个踏板对演奏的辅助作用。

设计思路

设计意图

利用孩子们对动物世界的好奇心，通过情境、服装及道具引导参与者融入情境，将他们带入故事发生地——大森林，让孩子在帮助别人的过程中完成任务，发现自身价值，增强自信心。

学情分析

小学阶段的学生普遍对于乐器接触广泛，特别是高年级生具有一些基本的乐理知识储备；可塑性强，极易受到环境的影响，求知欲发展得快，有强烈的情绪体验，并乐于帮助别人解决问题，逐渐开始形成集体意识。

教学策略

以故事书和角色扮演相结合的方式开始，让参与者迅速置身故事情境中，增强好奇心与参与欲望。

任务环节综合利用感官拆、看、听、摸、按、数、敲、踩和对比实验、模拟实验多种探究方式，丰富任务过程。

教育活动脚本

设计思路

踏板位置	左（弱音踏板）	中踏板	右（延长音踏板）
声音变化			

（3）修复钢琴：（大屏幕显示修复进度格）

小动物们将得到的修复卡放入信箱，观看屏幕上钢琴修复进度，最终成功修复觅音熊的钢琴。

第二阶段

阶段目标：随着故事情节继续发展，参与者能结合上一阶段研究钢琴的各种方法，学以致用，以小组形式选择乐器并进行独立探究，加深对乐器及声音相关知识的理解。（共 25 分钟）

教育活动脚本

（1）情境搭建：觅音熊为了感谢动物朋友们帮忙修复了钢琴，邀请大家带着乐器参加狂欢节。可是小动物们没有乐器，他们决定向森林之心的精灵老师寻求帮助！

（2）最喜欢的乐器：在精灵老师的引导下，小动物们决定制作自己的专属乐器。他们参观森林之心的乐器屋，自行研究选择的乐器（小提琴、吉他、笛子、鼓）完成任务获得专属材料卡，换取制作乐器的工具和材料。

任务一：你选择的乐器有哪些主要的部分呢?

任务二：它是怎样发出声音的?

任务三：怎样做能在你的乐器上得到不同音高的音呢?

任务四：你能操作出声音大小不同的音的吗？（高年级）

任务五：你选择的乐器上声音增强装置吗？（高年级）

（3）小动物们完成任务领取材料卡。

设计思路

设计意图

衔接上一个情境，将故事延续。应用之前学到的探究方法及乐器基本理论独立探究自选乐器，作为一种不重复的复习方式。

学情分析

小学生向往自由，对于各种挑战任务总是充满了热情与信心，以小组为单位完成任务时，会产生一种比较强烈的交流欲望，以及完成任务的迫切感。

教学策略

提供相应的演奏视频，参与者通过分析不同乐器的演奏方式及演奏效果得到关键信息。

第三阶段

阶段目标：能够整合之前接收到的有效信息，在制作前有清晰的思路，有的放矢地选择材料，能够根据实际情况调整方案，制作出符合要求的乐器。（共 40 分钟）

教育活动脚本

情境搭建：精灵老师向小动物们展示森林之心材料库。

为了狂欢节上更好的演出效果，建议大家制作能够发出不同音高并带有扩放装置的乐器。（高年级）

设计乐器：小动物们根据已有的材料，画出专属乐器的设计图，阐述自己的设计灵感。

制作乐器：小动物们根据自己的设计图纸和精灵老师准备的材料库，预估要用的材料，并使用材料卡换取材料制作乐器，经历测试——调整——再测试——再调整的科学研究过程。

分享收获：小动物们能够将自己的设计理念、材料选择意图、独特制作方式等以产品推介的形式和大家分享，以得到更多的设计灵感和改进意见。

设计思路

设计意图

让孩子们了解工程类活动的完整过程，培养孩子们的想象力及将想法变成现实的能力。

学情分析

小学生面对众多材料表现比较盲目，经常无目的地做某个步骤或使用某些材料。

教学策略

让参与者通过明确问题—收集资料—方案设计—选择方案—选择材料建构模型—测试修改—分享阐述自己的设计，做到有效引导。

第四阶段

阶段目标：知道所扮演的小动物的生活习性，并在舞台上选择适合的位置，能够大胆地展现自己的制作成果，并在表演中增强自信心。（共 20 分钟）

教育活动脚本

情境搭建：布置森林小舞台，以及森林背景多媒体。觅音熊带着小动物们来到森林音乐厅，小动物们在舞台上找到自己的位置。

森林之音：小动物们在真实舞台共同演奏一首欢快的森林之音。

发放纪念奖章：精灵老师为小动物们发放动物狂欢节纪念奖章！

设计思路

设计意图

鼓励参与者在渲染后的舞台表演，增强自信心。

学情分析

具有一定的模仿及从众心理。

教学策略

以表演、鼓励和奖励为主。

七、教学评价与反思

原有项目已经开展，经过老师的活动效果评估、对学生和家长的访问，我们发现项目某些细节不够完善、几个阶段的衔接不够自然和紧密。

1. 当前阶段项目评估概况

评估类别	不足之处	特色
项目目标	—	有细致的目标和明确的定位
项目内容	部分环节时间安排过于紧凑	结合故事情境，各部分衔接流畅，以小学生乐器学习为基础，探究内容新颖
项目过程	受活动场地限制，没有完全封闭的教室，易受观众影响	发挥孩子们的主动性；启发式，引导式探究；情境教学，科学、工程、技术、数学、艺术通过项目融合，鼓励孩子表达自己
情感态度	个别环节男生、女生投入情况不一样	孩子们积极参与、热情高、合作互助意识增强，提高了乐器学习的兴趣
项目效果	创作环节有效思考时间过长，需要重新设置引导条件	获得了全新的活动体验，加深对乐器的认识，科学探究能力增强，提高了艺术素养，满意度高
辅导老师情况	工作强度略大，高峰期需增加人员	善于学习、热情、工作踏实能将专业知识和先进教育理念融入活动中，创新意识强
项目长期收益	加深对乐器的认识、增强乐器学习的兴趣	

2. 针对评估不足之处，计划从以下方面完善项目。如调整细节，让项目更加丰满和完善。以及梳理脉络，细化目标，让项目更加系统化。通过改造，每一阶段的活动都会有多种形式的多个内容进行支持，犹如一棵大树主干引导下的若干分支，紧紧地围绕着项目目标。

★ 该项目获 2023 年“奋进科普新征程”全国科技馆联合行动优质科学教育资源项目三等奖 ★

上海市

少年侦探团

教育活动类型： STEM 类综合科技活动

项目开发单位： 上海科技馆

项 目 设 计 人： 徐瑞芳、王益熙、郭奕辰

一、概述

“少年侦探团”是一个以“探案解谜”为主题的 STEM 类综合科技活动。活动创设模拟了一个“密室游戏”中的犯罪现场，让学生以小组为形式组成“少年侦探团”，并通过“指纹识别、叶片对比、墨迹分离”三个环节的实验探究，一步步揭开“小偷”的真面目，最终“破案”。

活动突出跨学科综合性探究，注重培养学生解决实际问题的能力。活动在教案文本开发的基础上，采用 PPT 课件、动画科普视频、教学难点视频等多媒体技术手段丰富资源内容和形式，以便学生快速进入角色，更为直观地理解科学知识。不仅如此，活动还专门开发了老师手册、学习单、教具资源包和学生材料包等，有利于中小学课后服务实施与推广。

二、教学对象

1. 本教育活动适宜的受众人数：30 ~ 40 人 / 场，3 ~ 4 人为一组。

2. 本教育活动针对的具体教学对象：三至五年级学生。

3. 教学对象的学情分析：这个阶段的学生在认知上有一定的自然科学基础，能够独立操作甚至设计科学实验，验证自己的假设；在心理上有很强的好奇心和探索欲，能够通过一定的引导实现自主探究；有一定的团队协作意识，便于活动以小组的形式展开。

三、教学目标

1. 科学思维：学生能够在观察模拟犯罪现场后，对现场留下的线索做好记录，并进行初步的推理分析和假设。

2. 探究实践：学生在“破案”过程中掌握不同“证据”的提取与研究方式（指纹识别、叶片对比、墨迹分离）。

3. 科学观念：学生了解到寻找证据并科学验证是探究真相的重要方式，且部分证据进行推理验证后，需要反思结论的可靠性和充分性，可以查阅更多资料、搜集更多信息，以便掌握更多破案线索。

4. 态度责任：学生了解到刑事侦查、痕迹物证、数据分析等工作的艰辛。现实中的案件侦破离不开破案人员专业的侦察技术和一丝不苟的工作态度。

四、教学重难点

1. 教学重点：对指纹、叶片、墨迹线索的特征提取与分析。

2. 教学难点：墨迹分离实验及结果对比。

分析：“墨迹分离”实验环节涉及的毛细现象、色谱法等知识点，学生尚未在校内科学课程内系统学习。虽然缺少相应的已知概念，但是学生可以通过实验现象观察、动画视频辅助等较好地理解并掌握。

五、教学场地与教学准备

1. 教学场地：科学教室。

2. 教学准备：老师在学生到达之前先布置一个模拟的犯罪现场。在活动教室内另辟一块空间，使用警示带重现一个“犯罪场景”，可以围住 2 ~ 3 平方米的面积。在模拟的犯罪现场放置 3 个线索：粘有指纹的标签纸；树叶；手写的赎金条。此外，准备好相关的教具资源包和学生材料包。（见下图）

3. 活动总时长：60 分钟。

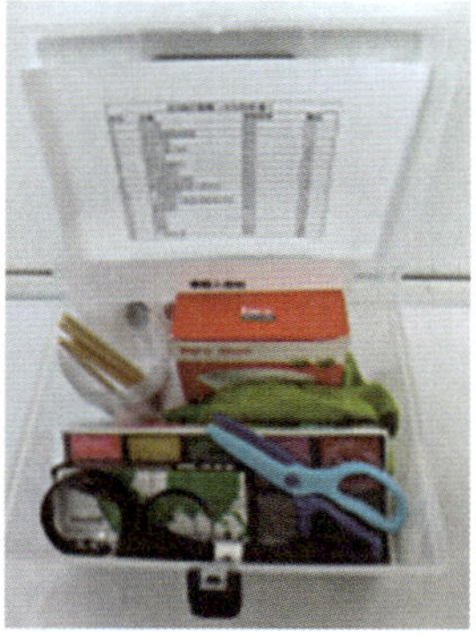

六、教学活动设计与实施

1. 教学活动设计流程图

情境引入，布置模拟犯罪现场，讲述故事背景，学生找寻线索 → 探究实践，根据发现的指纹、树叶、赎金条等线索，展开对比、实验 → 分享总结，学生反思结论的可靠性和充分性，进行推理判断

2. 活动步骤及设计意图

第一阶段 情境引入

阶段目标：学生能够在观察模拟犯罪现场后，对现场留下的线索做好记录，并进行初步的推理分析和假设。

教育活动脚本	设计思路

本阶段开展的创设情境。

老师在学生投入探究之前，给学生讲述故事背景，布置给学生破案任务（假设学生已进入一个密室游戏空间，需要在1小时内破解B123星球某博物馆镇馆之宝被偷案件，找出真正的小偷后才可以离开密室，完成游戏挑战。目前案件排查到5位可疑人员）。老师需要给学生讲明注意事项：不要进入模拟的犯罪现场（见下图），在有限时间内观察记录现场所能查看到的线索。

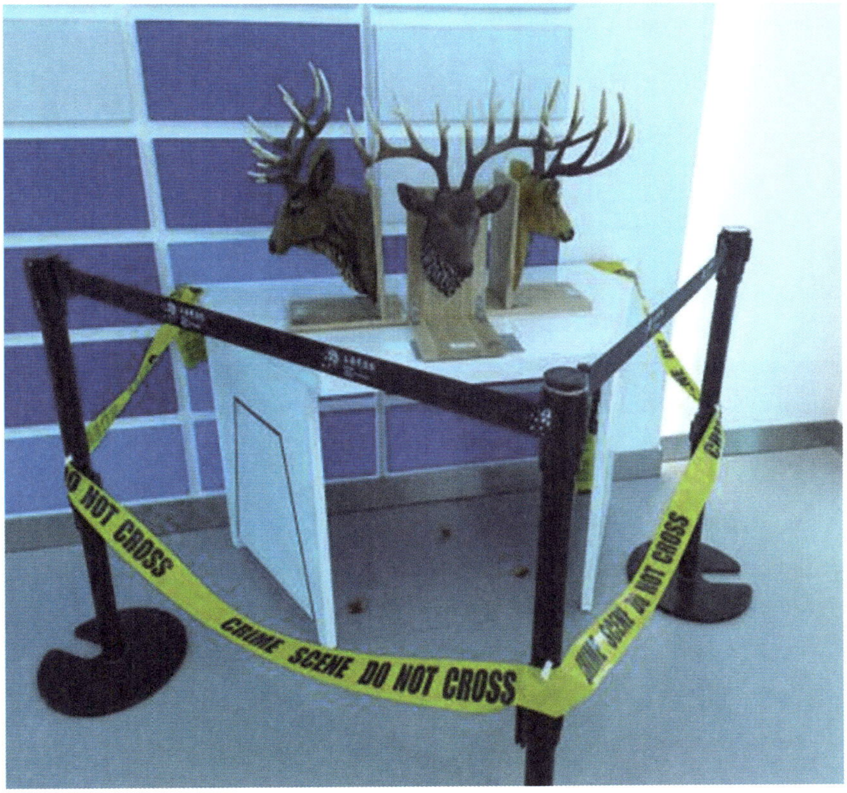

问题导入环节如下所示。

现场能够找到哪些线索?

学情分析

这个阶段的学生在心理上有很强的好奇心和探索欲，能够通过一定的引导实现自主探究。

设计意图

通过创设情境让学生快速进入角色，明确活动目标和任务，做好现象观察和记录。

教学策略

创设游戏情境，激发学生好奇心和探求欲。

教育活动脚本	设计思路

线索 1：粘有指纹的标签纸。

线索 2：树叶。

线索 3：手写的赎金条。（见下图）

老师引导学生分享找到的线索，做好记录。

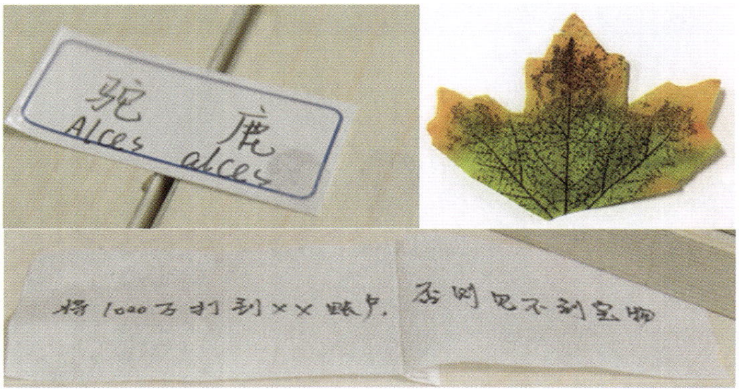

提问：为什么调查者要用警示带围住犯罪现场？（因为线索不能被破坏或者被改变，如果线索发生改变就有可能导致调查分析结果出现错误）

第二阶段　探究实践

阶段目标：学生在“破案”过程中掌握不同“证据”的提取与研究方式（指纹识别、叶片对比、墨迹分离）。

教育活动脚本	设计思路

本阶段创设情境如下文所示。

指纹识别。老师发放学生材料包，引导学生采集自己的指纹。每个学生用食指按压印泥，并将食指按在指纹采集卡上。当学生得到清晰的指纹后，老师可以传达一些信息：我们的手指有一定的纹路，将油墨沾在手指上可以留下一个清晰的纹路，并且这些纹路是独一无二的，我们可以根据人们留下的指纹区分不同的人。一般指纹包含斗形纹、箕形纹和弓形纹（见下图）。其中斗形纹占到 65%，箕形纹占到 30%，弓形纹占到 5%。引导学生观察分析自己指纹的类型。

学情分析

这个阶段的学生在认知上有一定的自然科学基础，能够独立操作简单的科学实验，来验证自己的假设。

教育活动脚本

老师活动：拿出“警方”在“犯罪现场”展品标签纸上提取的“嫌疑人”指纹（见下图①），以及采集的5位可疑人员的指纹（见下图②），让学生研究这些指纹，并确定其所属的类别。

学生活动：通过对比观察，判断哪位嫌疑人与犯罪现场发现的指纹属于同一类型，填写《犯罪嫌疑人调查单》——指纹。

①

②

提问：我们有足够的证据来指认哪一位是此次案件的小偷吗？（由于身处密室游戏中，道具材料有限，无法进行指纹专业鉴定，因此在这个阶段仅能发现有三个嫌疑人的指纹与现场小偷留下指纹具有相似的纹路，所以我们不能提出一个较明确的结论。学生需要收集更多的证据，进行更充沛的分析，来使结论更具说服性）

叶片对比。

老师活动：拿出在“犯罪现场”发现的叶子。引导学生思考小偷是如何在现场不小心留下叶子的？（是粘在鞋子上，或是从外套的口袋里或外套的帽子上掉落等）随后告诉学生：根据“警方”初步调查，这些叶子不是来自近邻区域，要确定叶子所属植物的品种还需对叶片形态进行具体分析，从而可以推导出叶片所属的植物在哪个方位。由于5位嫌疑人的住址方位已经确定，运用《叶片分析的分叉检索表》，根据地理方位缩小嫌疑人的范围。

设计思路

设计意图

引导学生对指纹、叶片、墨迹线索的特征提取与分析。

教学策略

学习单作为支架，辅助学生认识指纹的类型、观察植物叶片特征、分析墨迹分离的现象，开展对比实验，分析实验数据，记录实验结果。

教育活动脚本	设计思路

老师引导学生阅读《叶片分析的分叉检索表》（见下表）的使用说明书，确保学生能理解运用这个工具。通过检索表来研究叶子，推理出小偷可能来自的地理方位，并与嫌疑人住址方位进行对比排查。让学生在《嫌疑人数据分析卡》做好记录。（注意：树的类型是 #10-B，糖枫）

1. A. 针状 .... 松树
   B. 非针状 .... 转到 2
2. A. 尖端是锥形的 .... 杜松
   B. 非锥形 .... 转到 3
3. A. 细（窄小）而长 .... 垂柳
   B. 不长（一英寸宽）............ 转到 4
4. A. 椭圆形或者鸡蛋状 .... 杨白蜡
   B. 非椭圆形或者鸡蛋状 .... 转到 5
5. A. 心形 .... 油桐树
   B. 形状不规则（部分）............ 转到 6
6. A. 圆形 .... 白杨树
   B. 非圆形 .... 转到 7
7. A. 叶片下面的部分是毛茸茸的 .... 榛子树
   B. 任何一面都不是毛茸茸的 .... 转到 8
8. A. 黄斑点 .... 紫薇树
   B. 无斑点 .... 转到 9
9. A. 黑绿 .... 黄杨
   B. 柔软的绿色和橙色 .... 转到 10
10. A. 5 部分 .... 红枫
    B. 3 部分 .... 糖枫

树叶分叉式检索表的说明：

（1）观察从犯罪现场采集到的树叶。

（2）开始第 1 步，观察树叶是不是 A 针状或者 B 非针状，如果选择 B，那么转移到检索表的第 2 步，因为它不是松树叶。

（3）根据检索表的顺序继续这些步骤，根据选择和观察直到完成对比。

教育活动脚本

设计思路

老师活动：引导让学生通过《植物分布图》（见下图）找到糖枫所在的区域（位于博物馆的西面区域），根据“警方”提供信息，5位“嫌疑人”中有4位都来自博物馆西面区域。引导学生自主填写《犯罪嫌疑人调查单》——叶片。

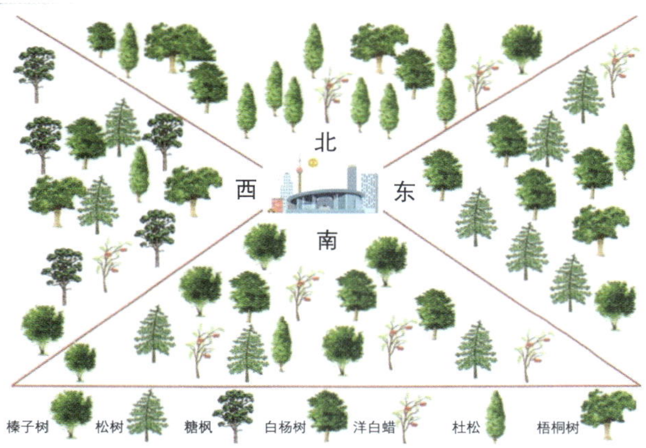

（4）墨迹分离。

老师活动：引导学生，手写笔迹可以提供一定的线索，例如字体大小、倾斜程度、文字间距等。然而，虽然赎金条有手写笔迹，但是手写分析具有一定的难度，需要专业鉴定。除了笔迹，可以引导学生分析赎金条带来的另一个重要线索——墨迹。

空白色谱测试实验。老师引导学生把咖啡过滤纸剪成长约8厘米左右的纸条带，准备杯子并在杯子中注入1/4的水。用胶带将过滤纸条的一端固定在木棒上，将之悬挂在杯子中，使另一端刚好能接触到水，如右图所示。观察过滤纸条带的变化，并对现象进行讨论。

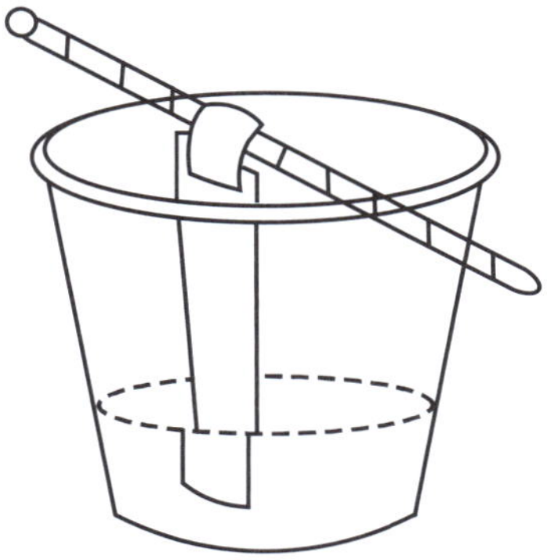

问题导入：为什么水会顺着过滤纸条向上移动？

当水与纸条接触时，由于纸的多孔性质，水会被吸入纸的纤维中，并不断向上运动。这种现象被称为“毛细现象”，即液体在细管状物体或多孔物体内部，由“液体与物体间附着力”和“因液体分子间内聚力而产生的表面张力”组合而成，令液体在不需施加外力的情况下，流向细管状物体或细缝的现象，属于一种液体界面现象。这种神奇的现象使得液体克服地心引力而上升。

墨迹分离实验。老师给学生展示收集到的5支笔（每位“嫌疑人”各随身携带了一支笔），并告知每一支笔标记了代表“嫌疑人”的数字。学生依次用笔

教育活动脚本	设计思路

在 5 张纸条带上划出一条横线，随后悬挂在水中进行测试，见下图。需要注意的是标记线不能触碰到水，当水在纸条带上往上升并经过墨迹时（约 3 分钟），让学生做好现象记录。

问题导入：

（1）黑色笔为什么能分离出其他颜色?

在制作黑色墨水时，工厂会将几种颜色的颜料混合在一起。使用色谱法可以将油墨分离成原始的颜料。

（2）为什么一些墨水比其他的墨水在纸上移动的更多?

可能的回答包括：①纸上的油墨量；②纸在水中的时间长度；③油墨中颜料的重量。

（3）为什么一些墨水似乎没有分离开?

油墨不溶于水，水不能分离油墨混合物。如果使用酒精或其他溶剂，就有可能将油墨分离成其他颜色的颜料。

赎金条墨迹对比实验。老师将赎金条切成若干份带字的纸条带（确保每一组有一份），让学生对赎金条上字的墨迹进行测试，并认真观察现象。与前面 5 支笔的墨迹效果进行比较，发现有 2 支笔和赎金条墨迹分离效果几乎一致。老师引导学生自主填写犯罪嫌疑人调查单——墨迹。

第三阶段　分享总结

阶段目标：学生了解到寻找证据并科学验证是探究真相的重要方式，且部分证据进行推理验证后，需要反思结论的可靠性和充分性，可以查阅更多资料、搜集更多信息，以便掌握更多破案线索。

教育活动脚本

老师活动：分发《嫌疑人数据分析卡》，引导学生根据 3 张《犯罪嫌疑人调查单》（见下表）的记录对信息进行综合判断，找出“嫌疑人”的编号（1 号），并请学生代表复盘整个案件的推理与线索分析过程，让学生了解到寻找证据并科学验证是探究真相的重要方式。现实中的案件侦破离不开破案人员专业的侦察技术和一丝不苟的工作态度，值得我们学习。

嫌疑人编号	指纹	叶片	墨迹
嫌疑人 1	√	√	√
嫌疑人 2	√		
嫌疑人 3		√	
嫌疑人 4	√	√	
嫌疑人 5		√	√

设计思路

学情分析

小学中高年级的学生具备一定的团队协作意识，能够通过小组合作配合完成任务。

设计意图

通过反思讨论，学生了解到寻找证据并科学验证是探究真相的重要方式，以及刑事侦查、痕迹物证、数据分析等工作的艰辛。

教学策略

通过让学生复盘案件的推理与线索分析过程，巩固所学知识点。

七、教学评价与反思

围绕教学目标，“少年侦探团”活动的课堂教学评价主要采取了诊断性评价、形成性评价和总结性评价三种方法。

诊断性评价主要在活动正式开展探究前，为了确定学生的学习准备程度，由于该活动涉及探案线索，因此老师只能将这一环节设置在情境引入部分，通过观察学生对模拟犯罪现场线索的观察和记录情况，引导他们进行简单的推理猜测，初步了解学生认知情况。

形成性评价主要目的是改进完善教学过程。首先确定每个环节的目标和内容，分析要点并设计了活动过程学习单，用以阶段检测学生的分析结果，便于老师同学生一起改进巩固教学。随后进行平行性测试，设置学生分享反思环节，对学生所学知识加以复习巩固。

总结性评价主要是对教学效果做出评价，设计相应的结果分析表单，用以检测学生学习成果。此外，活动曾在长三角老师培训活动、上海市教委－上海科技馆馆校合作项目中进行演示授课，老师综合评价较高，也提出了优化建议，如建议设置更多环节、涉及更多学科的探究环节，适合不同年龄段人群。

该活动的亮点和创新之处有：1. 注重情境式教学，创新引入“密室探案”游戏形式调动学生好奇心和探求欲。2. 注重跨学科探究，培养学生解决实际问题的能力。3. 注重实施与推广，设计教具资源包、学习材料包应用于馆校合作项目。

★ 该项目获 2023 年“奋进科普新征程”全国科技馆联合行动优质科学教育资源项目二等奖 ★

江苏省

植物的“血管”

教育活动类型： 自然科学类课程

项目开发单位： 南京科技馆

项 目 设 计 人： 许妍

一、概述

该课程设计主要依照义务教育科学课程标准“生物体的稳态与调节”的内容，同时结合苏教版《科学》三年级下“植物的一生”和四年级下“用根、茎、叶繁殖”中的教学内容，紧密联系本馆一楼少儿科普体验展区的展品“植物的养料运输”，围绕“植物的血管”这一主题，通过观察法、实验法、讨论法等研究茎的结构特点，以及茎内导管、筛管的运输作用，引导学生一起探索植物怎么“喝水”。

二、教学对象

1. 本教育活动适宜的受众人数：20 人以内。

2. 本教育活动针对的具体教学对象：三至四年级学生。

3. 教学对象的学情分析：这阶段的孩子总是对未知事物充满好奇，并且他们在生活中已经认识了一些常见的植物，知道植物会开花结果，有根、茎、叶的基本结构。但他们对植物的器官组成，以及每种器官和组织部分的位置、功能其实并不了解，也没有系统学习过。通过本节课的学习，希望可以帮助学生建立起植物学学习的第一步，让他们清楚了解植物的基本组成部分，知道植物的生长需要水和养料，并且深入学习、探索植物是如何利用导管“喝水”的。

三、教学目标

1. 科学观念：认识一棵树由哪些部分组成；知道植物的生长需要水分和养料；简单了解植物茎的基本结构及各部分的作用。

2. 探究实践：通过茎的输导功能实验，观察，对比，探究植物茎内的导管具有传输水分和无机盐的功能。

3. 科学思维：注重观察、思考、发现、总结的过程，让学生学会像科学家一样思考，用科学的方法去解决问题。

4. 态度责任：领悟保护森林和爱护绿色植物的重要意义。

四、教学重难点

1. 教学重点：了解植物茎内导管和筛管的不同之处，明白植物是如何“喝水、吃饭”的。

2. 教学难点：如何结合展品理解植物茎内导管和筛管的位置、它们各自的作用以及运输方向的区别。

五、教学场地与教学准备

1. 教学场地：一楼“植物的养料运输”展品旁或三楼创客工坊教室内。

2. 教学准备：提前做好“塑料袋扎盆花”，“变色百合”或“变色草莓”的实验，材料备用；准备本节课的实验材料（白板、白板笔或磁贴、剪刀、小刀、手持放大镜、实验记录单、新鲜白百合或新鲜草莓）。

3. 活动总时长：40 分钟。

六、教学活动设计与实施

1. 教学活动设计流程图

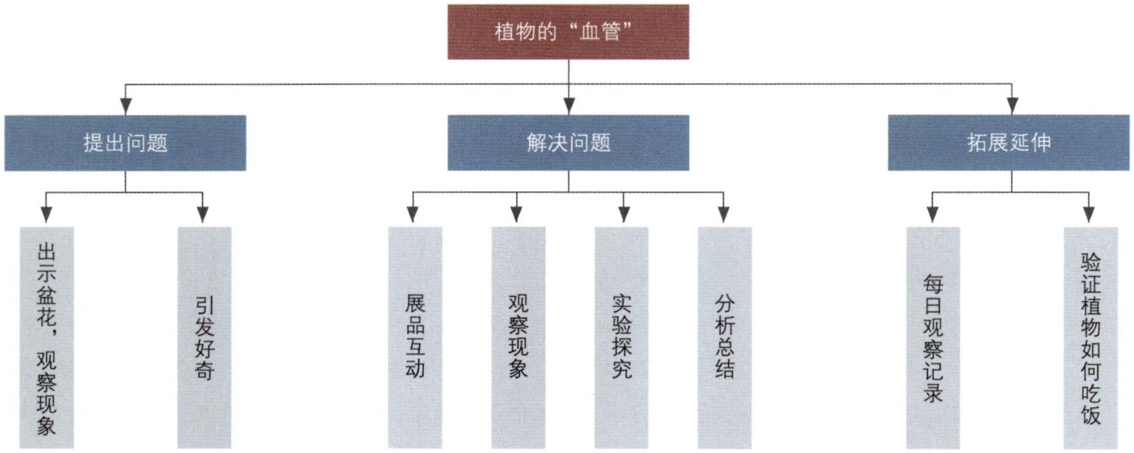

2. 活动步骤及设计意图

第一阶段　提出问题

阶段目标：让学生观察扎有塑料袋的两盆不同的花，通过对比塑料袋上有无小水珠的现象，提出“小水珠究竟是从哪里来的”疑问，引入新课学习。

教育活动脚本

创设情境，提出问题：老师出示盆花，见下图。一盆正常保留根、茎、叶的结构；另一盆剪掉叶子，只保留茎和根。提前把这两盆花浇足水，然后用两个干燥的塑料袋分别把盆花扎起来。要求将花的茎部和以上的部分紧紧包扎起来。上课时，打开塑料袋，请学生仔细观察能看到什么。

学生发现：有叶子的那盆花，有一些小水珠沾在塑料袋内壁上。而没有叶子的那盆花，则塑料袋上无水珠附着。

老师提问：这些小水珠是从哪来的?

学生猜想：浇花时沾上的；是从叶子里散发出来的水汽变成的；是从土里蒸发出来的……

（因为塑料袋是扎在茎部以上的，所以水珠不可能是从土里蒸发出来的。）

老师先不做解答，让学生保留疑问，带着问题进入下面的学习。

设计思路

设计意图

通过让学生观察、对比提前做好的实验，引发他们思考“究竟塑料袋上的小水珠是从哪来的”。

教学策略

联系生活实践，主要采取情境式教学，并辅以互动问答来引导学生思考。

第二阶段　解决问题（展品体验+实验探究）

阶段目标：通过先体验展品，再进行对比探究实验的过程，让孩子深刻认知茎中导管的运输作用。

教育活动脚本

（1）玩转展品

老师提问：一棵树由哪些部分组成?

学生观察展品：树根、树干、树枝和树叶，其中树干和树枝统称为“茎”。（可以画图辅助教学，让学生直观了解植物“根、茎、叶”的组成）

老师提问：一棵小树由小长大，它需要什么?

学生思考：需要水、营养物质……

老师总结：没错，小树的生长和我们人一样，也需要“喝水、吃饭”。小树生长需要的水分和无机盐是根从土壤里吸收来的，而有机养料则是由树叶进行光合作用产生。

设计思路

设计意图

如果为了直接揭示科学概念而人为提供解决问题的明确方法和步骤去认识植物、研究植物的话，学生虽然能够获取一定的科学知识，但这些知识结构比较零散，一旦面对真实情境中的问题，很难将这些零散

教育活动脚本

老师提问：那小树根部吸收的水分和叶子产生的养料，是如何到达它身体的各个部分的呢？

带着这个疑问，老师带领学生体验展品（见右图）。（如果进校或者在三楼授课，可以采取播放展品视频的方式）

学生观察展品演示现象，发现：树干和树枝部分出现红、蓝两种颜色的 LED 灯闪烁。经过观察发现，红色的 LED 灯是从上往下闪动，而蓝色的 LED 灯正好相反，它是从下而上的闪动。

老师总结：两种 LED 灯代表了植物茎干中的两种运输通道。它们就像“血管”一样，把植物生长所需的水和养料运送到植物身体的各个部分。红色代表的是筛管，它从上往下运输叶片光合作用产生的有机养料；蓝色代表的是导管，它从下往上运输根从土壤里吸收的水分和无机盐。

（2）实验探究

为了证明植物的茎有输导功能，老师设计如下对比探究实验。

需注意：由于草莓是应季水果，所以实验一、实验二可选做一个。其中实验一或实验二部分提前一天做好备用，实验三上课时进行。

实验一：变色百合

材料：新鲜白百合花一朵、清水、色素、透明花瓶。

实验步骤：在花瓶中装入清水，把色素滴到花瓶中。将白百合花像平时一样放入到调配好的色素水中。在一天之内不断观察，见下图。

实验现象：在色素水中的白百合花渐渐变色。（如果实验现象不明显，可以加大色素的量）

现象解释：这个变化就是刚刚说的百合茎中的导管，通过毛细现象进行水分的吸收。添加色素是为了让大家看到的实验现象更加明显。

设计思路

的知识进行系统的整合，真正有效地解决问题。

所以需要充分发挥科技馆场馆优势，从展品联系生活，引发学生疑问，引导学生主动思考，并解决实际问题。这一过程中注重老师的引导性和学生的主观探究性，从而更好地帮助学生吸收知识。

教学策略

通过玩转展品、实验对比的活动形式，辅以多感官学习，融合互动教学、探究教学等教学方法，让学生了解植物茎中导管和筛管的重要运输作用。

教育活动脚本

设计思路

实验二：变色草莓

材料：带枝条的完整草莓一棵、清水、绿色色素、透明玻璃杯。

实验步骤：在杯中装入清水，把绿色色素混入水中。将草莓整棵放到调配好的色素水中，见右图。在几天之内不断观察草莓表面颗粒的颜色变化，直到颗粒颜色变绿为止。

实验现象：草莓筋与表面的颗粒都变绿啦。

现象解释：我们平常食用的草莓是由花托发育而成的，其内部一根根的白筋与草莓表面的颗粒相连，并向它们输送水分和营养。草莓会变色是因为白筋在“喝水”的时候也将色素带到了草莓的各个部位。

实验三：对比实验

材料：实验一中的变色百合或实验二中的变色草莓、新鲜白百合或新鲜草莓、剪刀、小刀、放大镜。

实验步骤：（以变色百合为例）

①将新鲜白百合的枝条进行横切和纵剖。（见下图）

②用剪刀、小刀将实验一中的变色百合的枝条进行横切及纵剖，用放大镜观察两种百合枝条的切面。

实验现象：观察变色百合枝条的横切面时，发现切面上有许多小红点，说明茎的木质部被染红了，此处有输导功能的是导管。

观察变色百合枝条的纵剖面时，发现有一条像“血管”一样的红色条状纹路。

这个实验可以证明：水和无机盐的运输是通过茎内的导管运输的，运输的方向是从下到上。

实验步骤：（以变色草莓为例）

教育活动脚本

将变色草莓和新鲜草莓连同枝干一起纵剖开，观察草莓及枝干切面的颜色变化。

实验现象：色素水通过草莓内部的白筋抵达表面颗粒，说明白筋负责向表面颗粒输送水分和养料。

老师总结：通过以上实验，证实了茎在根和叶之间就像一座桥梁，通过茎内的导管能把根吸收的水分和无机盐从下往上传送到叶子里去，当然也可以传送到花、果实等部分。因为它的作用类似于人类身体内的血管，所以它们也被称为植物的“血管”。

（3）解决疑问

老师带领学生回顾开头的盆花实验，并解答。

老师再次拿出盆花，通过上述内容的学习，让学生总结回答“塑料袋上的小水珠究竟是从哪来的”。

（盆花根吸收的水分通过导管运送到叶片后，经过植物的蒸腾作用，由叶片气孔释放到空气中，然后再在塑料袋上冷凝形成小水珠。）

设计思路

第三阶段 拓展延伸

阶段目标：在本课中老师主要带领学生探索了植物是如何利用导管“喝水”的，在课后部分需要学生自己进行探索植物是如何“吃饭”的。

教育活动脚本

老师引发思考：俗话说“树怕扒皮”，那被扒了皮的树（植物）还能活吗？

学生实验验证：在生长健壮的一株月季上，选取枝、叶、花蕾基本一致的两根枝条，在花蕾绽放前做如下处理：

（1）在甲枝相同位置环割一圈，并剪去割口处以上的叶子。

（2）让乙枝自然生长。

（3）一段时间内不断观察月季的生长状态并记录，分析原因。

设计思路

设计意图

由于生物类实验所需时间都比较长，所以仅凭课堂上 40 分钟很难完整探究植物茎中筛管的作用。本环节作为拓展延伸为课后补充，帮助学生了解筛管的重要性。

教学策略

通过长时间的对比实验，锻炼学生自主观察实验现象并分析原因的能力。

七、教学评价与反思

1. 教学评价设计

评价表				
项目	标准	自评	组评	师评
学习积极性	积极参与展品体验，积极动手和回答问题			
团队合作能力	与小组成员积极交流，合作完成任务			
自主思考探究能力	积极思考，在实验环节中愿意总结现象			
总结与反思能力	能完整总结出实验现象，并根据现象分析			

2. 教学反思

该课程目前共实施过 26 场次，受众 236 人。活动中学生普遍能较好地完成，观察到现象，并能总结出植物茎内导管和筛管的区别。生物科学实验由于贴近生活，所以一般学生都会比较感兴趣，就像本节课的“变色百合”和“变色草莓”的实验，当辅导员拿出变了色的花或者草莓时，总能很快吸引学生的注意力。但这类实验也有对应的缺点，比如：草莓是应季水果没法每节课都能用它做实验；“塑料袋扎盆花”和“变色百合”等实验耗时长，至少需要提前一至两天完成。而且由于实验耗时长，在课堂上辅导员只能带领学生探究植物如何通过茎内导管“喝水”。至于筛管的作用，即植物是如何“吃饭”的这部分内容由于课时限制，需要学生进行课后的探索。但课后探索需要激发学生的兴趣，这样才能促使他们在回去后继续思考，提出假设，并动手验证，实际开展起来有困难。为了解决这一难题，后期计划将该课设计成“植物养料运输”的系列课程，这样每一节解决一个问题，既能保证实验课上开展，也能保证学生当堂对知识点的吸收、掌握。

★ 该项目获 2023 年“奋进科普新征程”全国科技馆联合行动优质科学教育资源项目三等奖 ★

土壤研究所

教育活动类型： 自然科学类课程

项目开发单位： 南京科技馆

项 目 设 计 人： 张媛媛

一、概述

该课程设计主要依照义务教育科学课程标准“人类活动与环境”的内容，同时结合本馆一楼少儿科普体验展区的展品“土壤的奥秘”，围绕“土壤”这一主题，通过观察法、实验法、讨论法等研究土壤的组成，以及土壤的分类和不同土壤适合哪种植物生存，引导学生探索土壤的奥秘！

二、教学对象

1. 本教育活动适宜的受众人数：20 人以内。

2. 本教育活动针对的具体教学对象：三年级学生。

3. 教学对象的学情分析：该阶段的孩子对于土壤都已经有一个基础的前概念，例如知道土壤里有沙子、腐烂的植物，对他们所了解的事物进行研究更能激发同学们的兴趣。通过本节课的学习，希望能够帮助同学们对于土壤有更全面的了解，知道土壤对于人类的重要意义，确立保护土壤的意识。这节课将以“控制变量”“对照实验”为重要基础展开，要求学生能够知道科学实验具有严谨性，再深入探究土壤与植物之间相辅相成的关系。

三、教学目标

1. 科学观念：通过本节课的学习，引导学生科学正确地认识土壤，了解土壤的组成与分类情况，对人与土壤的关系有正确的认知。

2. 科学思维：本节课要求学生先大胆尝试分类，再进行实验验证结果是否正确。通过实验现象分析砂土、壤土、黏土的透水性、吸水性以及保水性，并据此推理出不同土壤适合种植什么植物。

3. 探究实践：了解控制变量的重要性，并懂得如何操作以达到控制变量的目的，掌握正确的科学方法。在实验中学会合作交流、分析现象、总结归纳，加强学生分析和汇报的能力。

4. 态度责任：引导学生在课堂中积极发言、积极思考。通过学习认识到土壤环境与人之间的密切关系，领悟保护土壤和植被的重要意义。

四、教学重难点

1. 教学重点：实验观察砂土、壤土、黏土的吸水性、透水性与保水性，根据实验结果分析适宜的植物。

2. 教学难点：理解吸水性、透水性、保水性的意思，通过实验思考并分析实验现象，通过现象推导出土壤种类与不同植物的关系。

五、教学场地与教学准备

1. 教学场地： 南京科技馆“土壤的奥秘”展品旁、教室。

2. 教学准备： 提前做好“土壤分层观察瓶”，挖取一些新鲜的土壤备用； 准备本节课的实验材料 。

实验一：三个同大小的透明杯子、滤纸、滴管、砂土、壤土、黏土、铲子、记录单。

实验二（拓展实验）：方形盆、小托盘、土壤、带草的土壤（或购买草皮）、洒水壶 。

3. 活动总时长： 40 分钟。

六、教学活动设计与实施

1. 教学活动设计流程图

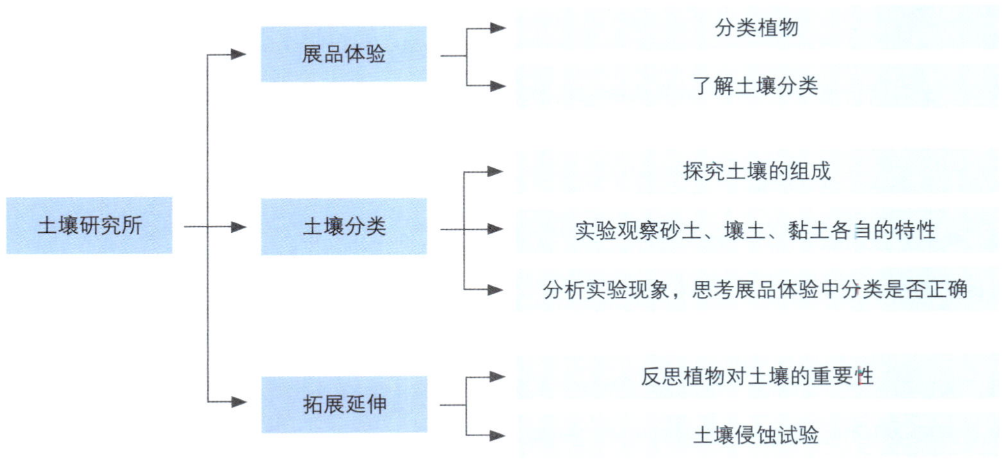

2. 活动步骤及设计意图

第一阶段　展品体验

阶段目标：通过体验展品，对不同土壤与植物的关系产生初步思考。

教育活动脚本

本阶段的创设情境：说明本节课主题是“土壤”，营造土壤研究所的氛围，带同学们体验“土壤的奥秘”这件展品（见下图）。

开展问题导入的情况如下。

老师提问：同学们，今天我们研究的主题是“土壤”，在开始实验前我们先来当一回小农夫。老师这里准备了许多不同种类的植物模型，有水稻、柳树、仙人掌、沙棘树、月季、柠檬树等各种植物，下面请同学们把它们种到土壤中。

（每位学生随机发放一种植物模型）

老师提问：我们发现这件展品把土壤分成了三种，分别是砂土、壤土、黏土，那它们有什么区别呢?

（学生观察展品回答问题）

老师总结：通过展品我们发现砂土的颗粒较明显，土质疏松；黏土由硅酸盐矿物在地球表面经风化作用后形成，表面看起来比较光滑、细腻；壤土则处于砂土和黏土中间，是理想的农业土壤。

（学生动手种植，老师在一旁引导）

老师引导：一方水土养一方人，不同土壤适合种植的植被也不同，刚才小朋友们种植的是否正确，植物到底能不能存活呢？下面我们到实验室一探究竟！

设计思路

学情分析

学生对于科技馆展品都有很强烈的好奇心，通过展品结合种植互动调动学生兴趣。

设计意图

在学生已经对土壤有一定了解的情况下展开对土壤的研究，通过直观的触觉、视觉、互动游戏来帮助学生认识土壤的特性。

教学策略

充分发挥科技馆场馆优势，联系展品，让学生了解展品背后的科学。

第二阶段 实验探究

阶段目标：了解土壤的组成，根据实验分析不同土壤的特性。

教育活动脚本

本阶段得创设情境：老师提前准备好土壤分层瓶（见下图），静置一晚以上时间，确保能清楚地看到分层，可以多准备几个方便学生观察。

开展问题导入的情况如下。

老师提问：土壤对人类对地球非常重要，今天我们就来好好研究一下土壤，首先我们要知道土壤的组成部分有哪些?

学生猜想：沙子、腐烂的植物……

（老师出示土壤分层瓶，分发给同学们观察，需提醒同学们不要摇晃瓶身）

老师引导：为了同学们能够更清楚地观察到土壤的组成部分，老师提前制作了一个土壤分层瓶。挖取一些土壤放到瓶中，再倒入水搅拌，静置一段时间，土壤会分成几层，我们来看看土壤里到底有些什么。

（带领同学们从上往下有顺序的观察，并在板书上简单绘制标注名词帮助同学记忆）

老师总结：通过观察我们可以看到土壤由砂石、粉砂、黏土、腐殖质组成，腐殖质是由植物和动物的遗骸组成的，黏土是最上面一层看起来很细腻的土壤，砂石、粉沙是破碎岩石形成的细小颗粒。那除了这些肉眼能看见的，土壤中还有些什么呢?我们可以想一想，我们常说土壤能够给植物提供养分和什么?

学生回答：水。

老师提问：怎么证明土壤中有水呢?

学生思考：用手摸一摸……

老师引导：那我们用纸巾包裹着土壤搓搓看，纸巾变怎样了?

学生尝试并回答：变软变皱。

老师引导并总结：变软是因为有什么？水分。

老师引导：土壤是由很多颗粒组成的，颗粒和颗粒之间的缝隙会存在什么呢?

设计思路

学情分析

通过展品体验，学生对砂土、壤土及黏土有了初步的了解。

设计意图

让学生了解不同土壤的组成及不同土壤各自的特性。实验过程强调科学的实验方法，互动、观察、实验要多过老师直接说出的内容，引导学生自己探索出结果。锻炼学生动手、合作、观察思考与总结的能力。

教学策略

通过玩转展品、实验对比的活动形式，辅以多感官学习，融合互动教学、探究教学等教学方法。

教育活动脚本	设计思路

学生回答：空气。

老师引导并操作：下面我们挖取一块土壤放入水中，观察到出现了什么？（气泡）这些就是土壤中跑出来的空气，所以土壤中还有水和空气。

老师总结：刚才我们观察的土壤是我们这座城市中普通的壤土，土壤是很复杂的混合物，它们的主要成分大体是相同的，但是不同土壤却呈现出很大的差异，下面我们就通过实验观察一下砂土、壤土、黏土这三种不同土壤各自的特性。

为了直观地观察到砂土、壤土、黏土各自的特性，进行对比探究实验，并填写记录单（见下表）。

（需注意：提前打印记录单，通过记录单帮助孩子梳理不同土壤的特性）

	吸水性	保水性	透水性
砂土			
壤土			
黏土			

实验步骤：准备三个同样大小的透明杯子，在每个杯子上放一张滤纸，在三张滤纸上分别放置同样多的土壤，往每份土壤上都倒入同样多的水（提前往水中滴入色素，帮助现象更明显），如下图，观察现象。

教育活动脚本	设计思路

实验现象：如下图所示，滴入砂土中的水大量流走，砂土本身没有存住水；滴入黏土中的水很少流走，大量水分积聚在黏土中；壤土介于二者之间。

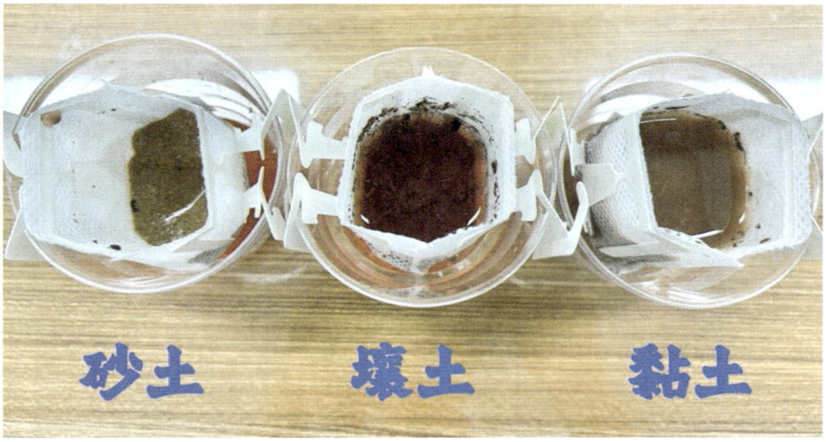

现象解释：砂土颗粒大，透水性好，保水性差，吸水性差；黏土颗粒小，透水性差，保水性好，吸水性好；壤土颗粒介于两者之间，所以透水性、保水性、吸水性都适中。

老师引导学生分组领取材料进行实验，以小组形式汇报记录结果。

老师总结：通过实验，可以清楚地观察到砂土、壤土、黏土各自的吸水性、保水性、透水性不同，据此我们可以引导学生分析不同土壤适合种植的植物。例如，透水性好的砂土，无法留住水分，对于水的需求量很大的植物在这里无法生存，而多肉植物、仙人掌就可以在这里存活。土壤本身没有什么“好”或“坏”之分，但对植物来说有适不适合之分。鼓励同学们根据记录单自己说一说，学会分析实验结果。

老师引导回顾：这节课开始时，同学们都种植了各自的植物到土壤中，经过学习，大家觉得自己选择的土壤合不合适呢？下面我们一起回到展品旁，为小树苗找到对的土壤。

第三阶段　拓展延伸

阶段目标：了解土壤侵蚀，反思植物与土壤相辅相成的关系。

教育活动脚本

本阶段得创设情境：在本课中老师主要带领学生探索了土壤的组成，学习了控制变量的实验方法，观察了砂土、壤土、黏土各自的特性，根据土壤对于植物的重要性，在时间充足时或下个课时中，老师需引导学生思考植物对土壤的重要性。

开展问题导入：老师引发思考，通过学习我们知道了土壤对于植物非常重要，那植物对于土壤是不是必要的呢？如果土壤光秃秃的没有植被会怎么样？

学生思考：会不美观，会土壤流水……

老师带领学生开展：土壤侵蚀实验。

实验步骤：在控制变量的基础上，准备同样多的两份土壤（一份土壤，一份带植被的土壤或使用草皮）平铺在小托盘上，将托盘微微倾斜放置到两个方形盆中，在同一高度用洒水壶分别往两份土壤上洒同样多的水（模拟自然环境中的雨水）。洒水结束后，轻轻撤走装有土壤的托盘，对比两个方形盆中留下的土壤（留在盆中的默认是被冲走的土壤）。

实验现象：无植被的土壤被水冲刷后流失了很多，有植被的土壤很少被冲走。

现象解释：植物的根系非常发达，就像一双双手紧紧抓着土壤，能够起到固定土壤的作用，避免水土流失。

老师总结：通过实验，可以清楚地观察到，植被对于土壤非常重要，能够起到固定作用。同时植物死亡腐烂后成为腐殖质，会将营养补充给土壤，植物也是土壤的组成部分之一。在我国的东北地区、西北黄土高原地区存在比较严重的土壤侵蚀现象，其中既有自然因素的影响，比如水力、风力，也有人为因素的影响，乱砍滥伐、采矿、修路等行为都移动了大量土体。面对土壤侵蚀现象如果不管不顾，后果将不堪设想，土壤不仅是动植物生存的基础，也是人类赖以生存的根本，肥沃的土壤需要百年乃至千年才能形成，为了可持续发展，我们要了解土壤侵蚀并做出改变，为共筑绿色家园而努力。

设计思路

学情分析

通过学习，学生掌握了土壤的分类及不同土壤特性，知道了选对土壤对植物的重要性。

设计意图

本环节作为拓展延伸为课程作补充，在已知土壤重要性后，要求学生反思植物对于土壤的重要性。

教学策略

通过对照实验，直观地让学生看到实验结果。

七、教学评价与反思

1. 教学评价设计

评价表

项 目	标 准	自评	组评	师评
学习积极性	积极参与展品体验，积极动手和回答问题			
团队合作能力	与小组成员积极交流，合作完成任务			
自主思考探究能力	积极思考，在实验环节中愿意总结现象			
总结与反思能力	能完整总结出实验现象，并根据现象分析			

2. 教学反思

（1）本节课程主题“土壤”与学生生活紧密相关，通过互动游戏、展品体验、实验探究、小组合作等形式充分调动了学生兴趣，课堂氛围很好。

（2）本节课强调对照法、控制变量法，学生在实验过程中体验到了实验的严谨性，掌握了正确的科学实验方法。

（3）课程设计中以学生为主体，把课堂还给学生，老师引导为主，引导学生思考、实践与总结，学生参与度很高，且分享环节中每个小组都能根据实验现象反思自己种植的植物是否正确。

（4）实际教学中发现内容比较饱和，40 分钟很难完成全部内容。经过调整，删除了对于土壤组成的部分探究，将重点放在了土壤的分类，时间基本可控。

（5）种植植物时默认了学生对于这些植物已有认知，实际授课中发现有部分学生对于植物所知甚少，考虑对植物模型作筛选，尽量选择该年龄段学生基本了解生活习性的植物，例如水稻、柳树、仙人掌等特性较明显的植物，避免授课中在这个环节过多解释消耗时间，也容易磋磨学生积极性。

（6）课程设计为 40 分钟，以探究为主，如果课时延长或增加一个课时，后续会完善拓展延伸环节，进一步引导学生认识到保护土壤的重要性。

★ 该项目获 2023 年“奋进科普新征程”全国科技馆联合行动优质科学教育资源项目三等奖 ★

蜗牛为什么要分泌黏液？

教育活动类型： 自然科学类课程

项目开发单位： 南通市海门区科技馆

项 目 设 计 人： 何倩倩、李霞、马佳莹

一、概述

本课程从如何养好一只蜗牛出发，围绕蜗牛的结构、生活习性、食性以及最重要的蜗牛黏液对蜗牛的作用展开。进而了解软体动物的特征，学会辨认软体动物。学生观察蜗牛，并给蜗牛喂食，找出蜗牛身体各部分结构和功能，结合蜗牛实体开展 3 个探究实验，通过实验现象探秘蜗牛黏液的作用，透过现象看到背后的本质。进一步认识蜗牛内部结构和特征，举一反三学会辨认软体动物。

二、教学对象

1. 本教育活动适宜的受众人数：每节课 10 ~ 20 人。

2. 本教育活动针对的具体教学对象：一至二年级学生。

3. 教学对象的学情分析：该学段学生能在老师的指导下，利用工具盒多感官观察后以口述、画图等方式描述事物的外在特征，所以在观察蜗牛过程中，利用放大镜等工具，摸一摸，再画一画蜗牛的特征。初步具备根据问题提出假设的能力，做出蜗牛黏液作用的猜想。可以做简单的探究实验并得出结论。在好奇心驱使下，对事物产生兴趣，用更多视角去认识事物。

三、教学目标

1. 科学观点：认识蜗牛的基本组成结构和作用；了解蜗牛的生活习性，学会如何饲养蜗牛；能准确表达蜗牛黏液的作用；学会辨认软体动物。

2. 探究实践：学会用放大镜以及五感进行观察，会用画图的方式描绘蜗牛特征；根据经验，能够对蜗牛黏液作用和生活习性做出猜想，通过实验探究，分析和总结得出蜗牛黏液作用。学习经过观察、对比对事物进行分类。

3. 态度责任：养成观察的好习惯，对身边的动植物产生好奇心，有继续探索背后知识的兴趣，从动物习性角度去养护和保护动物。

四、教学重难点

1. 教学重点：如何养好一只蜗牛，蜗牛黏液的作用，软体动物的特征。

2. 教学难点：蜗牛黏液的作用。为了更深入了解黏液的作用，先从蜗牛结构分析，做出猜想，再通过实验现象让学生实际观察对比得出结论。

五、教学场地与教学准备

1. 教学场地：配有多媒体演示屏幕的多功能教室。

2. 教学准备：蜗牛套盒、放大镜、透明 PVC、沙子、水槽、美工刀、水果蔬菜 、学习单。

3. 活动总时长： 40 分钟。

六、教学活动设计与实施

1. 教学活动设计流程图

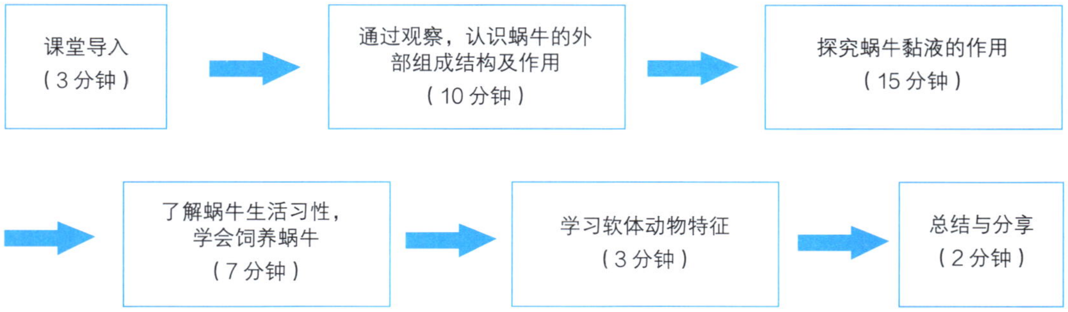

2. 活动步骤以及设计意图

第一阶段 猜谜语，课堂导入

阶段目标：通过谜语引出活动要认识的对象，增加趣味性。

教育活动脚本

本阶段创设情境情况如下。

老师：很多小朋友都去过动物园，请你们开火车说一说在动物园里看到了什么动物？每个小朋友说一个，从第一个小朋友开始。

学生：猴子、大象……

开展问题导入。

老师：我们今天要学习的动物是什么？先看一个小谜语：没有脚，没有手，背上房子到处走。有谁把它碰一碰，赶紧躲到房里头。（找举手最快的小朋友回答）

学生：蜗牛

老师：你对蜗牛的了解有哪些？说一说。

学生：下雨天会爬出来，身上有壳……

设计思路

学情分析

这个阶段孩子喜欢游戏和谜语等教学方式，在玩中学。

设计意图

抓住孩子注意力，引出课题。

教学策略

猜谜语。

第二阶段 通过观察，认识蜗牛的外部组成结构及作用

阶段目标：动用工具和五感观察，概括蜗牛的结构，并通过结构推测和学习这些结构的作用。

教育活动脚本

本阶段创设情境情况。

给学生分发白玉蜗牛，先让学生讲一讲对蜗牛的前期认识，再用科学口号“要想认识它，就先观察它”启发学生进一步观察蜗牛并学习蜗牛身体各个部分的结构和作用。

观察工具：放大镜、五种感觉器官

观察顺序：从上到下，从头部到尾部

观察方式：看一看、摸一摸、喂食

观察步骤：

第一步观察各个部分的形状 / 颜色 / 硬度等。

设计思路

学情分析

能在老师指导下，观察具体事物的构成要素，通过口述、画图等方式描述事物的外在特征；能利用材料和工具，通过口述、绘画、画图等方式表达自己的想法。

教育活动脚本

第二步触摸角和身体，感受身体表面。（见下图①）

第三步喂食，观察嘴部和牙齿。（见下图②）

第四步观察蜗牛如何爬行，模仿爬行。

①

②

老师：要更深入地认识蜗牛，还记得我们的科学口号吗?

学生：要想认识它，就先观察它。（给每位小朋友发蜗牛套盒：2 只蜗牛，2 片黄瓜）

老师：请小朋友们从上到下 / 从头到尾仔细观察，在观察过程中可以用放大镜看、用手摸等。回答问题：蜗牛有哪些组成部分？它们的形状、颜色、触感、软硬度?

用手摸一摸它身体的各部分，你有什么感受，蜗牛有哪些反应?

给蜗牛喂食，它们有牙齿吗？蜗牛有脚吗？它是如何爬行的？你能用手模仿一下爬行的动作吗?

师生共同总结：蜗牛有壳、四个角、身体、嘴巴等。壳是棕褐色的、硬，有花纹、螺旋形，用来保护身体；上面一对长触角顶部有眼睛，伸缩自如，可以辅助眼睛去识别环境；下面一对短触角是嗅觉功能；牙齿和舌头是结合在一起的，叫作齿舌。蜗牛很小，牙齿却多，有几万颗牙齿；蜗牛爬行时，头往前伸，最后用身体带动壳往前移动。它的腹部肌肉能进行爬行，称为腹足。（见下图）

设计思路

设计意图

用科学的、最直接的方式观察来获得信息，学会正确观察。

教学策略

直接观察 / 肢体模仿。

第三阶段 探究蜗牛黏液的作用

阶段目标：学会用实验探究方法收集信息并得出结论。

教育活动脚本

本阶段创设情境情况如下：

请学生观察蜗牛爬过的路径以及触摸蜗牛身体，让学生知道蜗牛是会分泌黏液的，提出问题，通过三个实验进行蜗牛黏液作用的探究。

开展问题导入。

老师：蜗牛为什么要分泌黏液，有什么作用呢？

实验一：蜗牛趴在套盒盖子上，把套盒垂直和倒立放置，观察现象。（见下图）

老师：蜗牛有掉下来吗？用手轻轻扒拉一下，会掉下来吗？黏液在这里发挥了什么作用呢？

学生：蜗牛没有掉下来，蜗牛的黏液就像胶水一样，可以增强吸附的作用，把蜗牛身体黏在其他物体上，让它可以在很多地方上爬行。

实验二：蜗牛放在锋利的刀刃上，观察现象。（见下图）

老师：蜗牛爬过刀刃的过程中有受伤吗，刀痕上有什么？黏液在这里发挥了什么作用呢？

学生：没有受伤，且刀刃上有很多分泌的黏液。蜗牛分泌的黏液可以避免蜗牛的身体和刀刃直接接触，从而保护自己。

设计思路

学情分析

孩子可以在老师引导下做简单的实验，并且收集信息做实验猜想，推断出结论。

设计意图

锻炼学生科学思维和探究实验能力，探秘蜗牛黏液的作用，玩中学。

教学策略

实验探究。

教育活动脚本

实验三：让两只蜗牛分别在光滑材料和沙子的路面上走，观察两只蜗牛的爬行状态以及爬行时留下的痕迹。（见下图）

老师：有什么不同？黏液在这里发挥了什么作用呢？

学生：在光滑材料上行走留下的黏液少，沙子上留下的多。分泌黏液，可以增加身体的润滑，减少爬行时的摩擦力。

师生总结：蜗牛分泌黏液的作用主要是为了保持身体湿润、保护身体不受伤害、减少摩擦力、吸附作用等。

设计思路

第四阶段 了解蜗牛生活习性，学会饲养蜗牛

阶段目标：通过如何养蜗牛来了解习性，从实践出发，理论指导实践。

教育活动脚本

本阶段创设情境情况如下。

从如何养好一只蜗牛开始，创造实践基础，要养好蜗牛，就要涉及环境、温度、饮食习惯、繁殖等核心内容。一起搭建蜗牛的家。

开展问题导入。

老师：你们觉得养好一只蜗牛需要考虑哪些要素？（联系蜗牛结构特征和分泌黏液原因）

学生：环境、温度、食物……（让小朋友根据日常经验推测一下蜗牛喜欢的环境和温度，比如什么季节能看到蜗牛，以及蜗牛在哪些地方容易被发现等）

老师：蜗牛视力不太好，那么它喜欢光亮的地方还是阴暗的地方呢？蜗牛又喜欢吃什么呢？（播放视频：各种食物放在一起，观察蜗牛会选择哪种食物）

学生：喜欢阴暗潮湿的环境；喜欢吃青菜、水果……

老师：蜗牛怕什么？

学生：干燥、盐等。

设计思路

学情分析

学生能够认识身边事物，描述特征和生长环境，懂得用理论知识指导实践。

设计意图

从实践中来，到实践中去。

教学策略

师生共同探讨，模型创建。

教育活动脚本	设计思路

师生总结：蜗牛不能缺水，所以喜欢潮湿的环境；蜗牛视力不太好，不能太阳直射，喜欢阴暗；蜗牛喜欢在腐殖质多、疏松的土中生活，这类土比较有营养，蜗牛可以汲取到养分和补充钙质。

养蜗牛启发：窝里铺上椰土和沙子，定期喷水，放在背阴的地方，定时补充钙质。（见下图）

蜗牛在 25 ~ 28 摄氏度中生长最好（就是大家可以穿一件长袖的程度，小朋友对温度度数没有概念）；蜗牛喜欢吃水果、青菜、面包，不喜欢吃辣椒和糖果。

养蜗牛启发：冬天需要放在温暖的地方。盐会让蜗牛脱水而死，所以在养蜗牛的时候，大家不能往蜗牛身上撒盐哦，也不要喂盐度很高的食物。

第五阶段 学习软体动物特征

阶段目标：拓展知识，通过蜗牛了解软体动物特征。

教育活动脚本	设计思路

本阶段创设情境情况如下。

画一画蜗牛特征。观察蜗牛内部结构，用分析、类比的方法，总结软体动物特征，学会辨认软体动物。

开展问题导入。

老师：请小朋友们想一想，生活中有没有和蜗牛特征相似的动物呢?

学生：扇贝、田螺……

老师：判断以下哪些动物是软体动物?

老师总结：软体动物有以下特征，第一，身体柔软不分节；第二，有外套膜，包裹软软的身体，起到保护的作用；第三，大多有壳，由外套膜的分泌物堆积形成，行走缓慢；第四，运动器官为足，有不同的形状，比如蜗牛的运动器官是腹足、章鱼的运动器官是触手、文蛤的运动器官是斧足。

学情分析

能够做简单的分类、类比，概括特征，举一反三。

设计意图

以小见大，从蜗牛窥见整个软体动物特征。

教学策略

绘画、类比。

第六阶段 总结与分享

阶段目标：总结性评价，巩固课程，深化主题。

教育活动脚本

本阶段创设情境情况如下。

老师提问，学生上台分享（活动照片见下图），通过搭建的蜗牛的家分享总结课程收获。

开展问题导入。

（1）蜗牛是什么动物？它们有哪些特征？

（2）蜗牛有哪些组成部分？作用是什么？

（3）蜗牛的生活习性有哪些？如何养好一只蜗牛？

（4）蜗牛为什么要分泌黏液？通过哪些实验证明？

（5）你打算如何做好养护，定期分享发送到活动群。

设计思路

学情分析

学生愿意表达自己的想法，也愿意倾听他人，能够反思和总结。有态度和责任感。

设计意图

巩固知识，拓展延伸，强化态度与责任。

教学策略

口头分享交流。

七、教学评价与反思

在课程过程中，通过学习单（见下图）填写来评价学生所学内容，这个年级孩子因为年龄比较小，实验探究是老师设计的，只需要通过学生是否能从实验中得到启发检测学生的科学思维和探究精神以及知识本身。

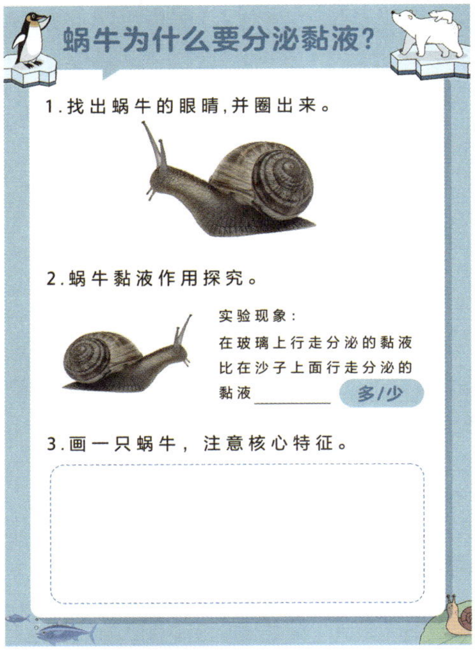

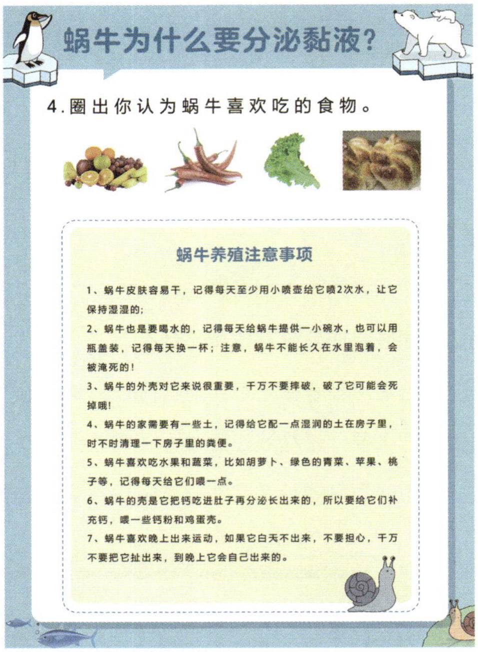

同时让学生搭建蜗牛的家本身就是对围绕蜗牛知识的检测，学生后期任务是将蜗牛养护好，老师定期回访学生养护情况，见下图。学生回家给父母讲解蜗牛养护技巧。 养护期间通过互相交流经验获得态度责任感上的学习。

神奇平衡鸟

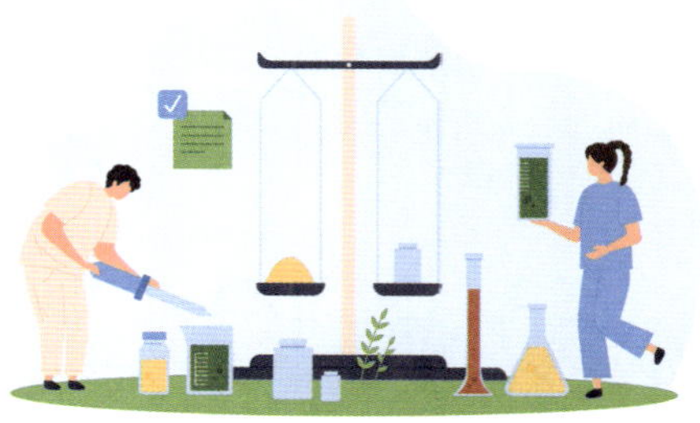

教育活动类型：科学实验和动手制作类活动

项目开发单位：苏州青少年科技馆

项 目 设 计 人：徐春英

一、概述

《神奇平衡鸟》是采用 5E 教学法开发的针对小学三至四年级学生开展的科学活动。从奥运会平衡木视频和各种类型的平衡鸟引入，引发学生认知冲突，引起学生对平衡鸟为什么能平衡的探究兴趣；接着让学生设计并实施多个和平衡有关的有趣的探究活动，进而得出平衡和重心有关的结论；再通过总结多个探究实验的结论了解重心的概念；然后通过所学的平衡知识制作一个牙签平衡鸟并能够调整改进作品的平衡效果；最后通过快问快答和展示介绍本次活动的作品，既了解了学生对本次活动的掌握程度，也锻炼了学生的表达能力。该活动趣味性强、结构完整、 学生参与性高，比较容易理解和掌握。

二、教学对象

1. 本教育活动适宜的受众人数：20 ~ 30 人。

2. 本教育活动针对的具体教学对象：三至四年级学生。

3. 教学对象的学情分析：该年龄段学生对平衡有初步的认识，但对重心的概念没有准确的认识，并且该年龄段的学生思维活跃，求知欲旺盛，具有强烈的动手意愿，因此在活动中设计了多个自主探究、自主设计探究方案等环节，充分调动学生的积极性、参与性和主动性。

三、教学目标

1. 科学观念：掌握重心的概念；理解平衡的关键在于重心的寻找。

2. 科学思维：能在老师引导下，观察并描述如何寻找重心以及重心高低和稳定性的关系；能通过实验现象总结解释简单的科学现象；了解生活中处处是科学。

3. 探究实践：能提出假设并制定简单的探究计划；能运用分析、比较、推理、概况等方法分析结果，得出结论；能学会动手制作平衡鸟，并且能发现作品的不足并改进。

4. 态度责任：了解科学的学习与实践要实事求是；锻炼学生与他人合作、交往和分享的能力，同时提高语言表达能力。

四、教学重难点

1. 教学重点：了解平衡的关键在于重心。

2. 教学难点：卡纸平衡鸟和牙签平衡鸟的制作。决定平衡鸟是否能平衡的关键在于平衡鸟的重心在支撑点上或支撑点的正下方。通过探究环节的实验可以让同学加深理解并调整平衡鸟的重心，达到平衡的目的。

五、教学场地与教学准备

1. 教学场地：科技馆展厅、科普活动室等。

2. 教学准备：多媒体设备、PPT、几种不同类型的平衡鸟、彩色卡纸（A5）40 张、笔 20 支、回形针两盒、剪刀 20 把、棉线（长 50 ~ 60 厘米）6 根、科学小丑纸偶 6 个、小燕尾夹 12 个、小吸铁石 24 个、直尺 20 把、各种不同大小的长方形积木若干、超轻黏土 20 小包、牙签一包。

3. 活动总时长：40 分钟。

六、教学活动设计与实施

1. 教学活动设计流程图

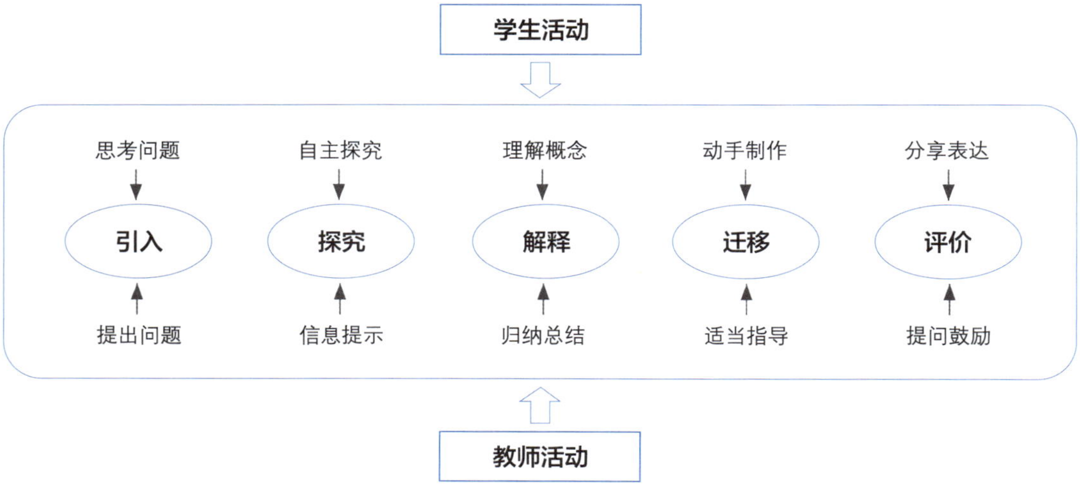

2. 活动步骤以及设计意图

第一阶段 引入（5 分钟）

阶段目标：通过展示各种平衡鸟，引发认知冲突，激发探究兴趣。

教育活动脚本

本阶段创设情境：请学生观看一段奥运会的平衡木表演视频，欣赏运动员精彩的平衡木表演。

问题导入：运动员为什么能够在这么窄的平衡木上完成各种高难度动作呢？

展示：各种类型的平衡鸟（见下图）。平衡鸟能以尖尖的嘴巴停在一根棍子上，而且不论怎么碰它，旋转它，虽然它会摇摇晃晃，但仍然可以稳稳地停着，这情境会让孩子感到不可思议：一只鸟怎么可能只以尖嘴停在一个点上？它是否也能停在其他地方呢？请同学们试试把鸟放在手指上，哇！神奇的平衡鸟真的立在同学们的手指上了！

引出主题：平衡鸟平衡的秘密。

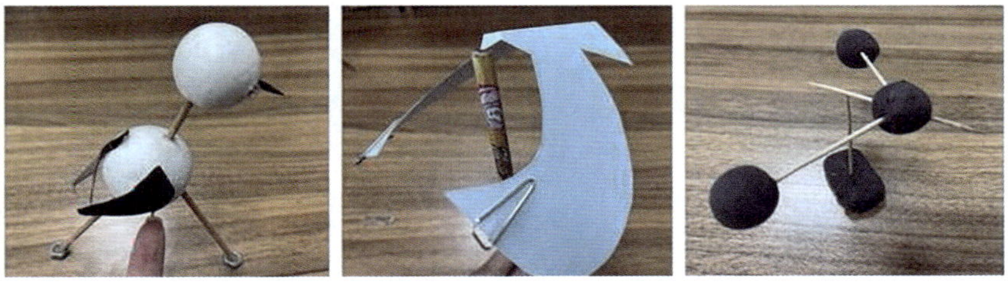

设计思路

设计意图

通过平衡木视频引入平衡的话题，再通过各种平衡鸟的展示，引发学生的认知冲突，激发探究兴趣。

学情分析

学生能理解平衡，但对平衡鸟为什么能用小小的嘴巴支撑身体感到新奇。

教学策略

展示平衡鸟可以让同学上来展示，停在棍子、桌子、手指等地方都可以。

第二阶段 探究（时长：18 分钟）

阶段目标：通过实验提出问题、分析问题、解决问题并获得相应的知识。

教育活动脚本

今天我们一起来探究平衡的秘密。那么平衡到底是和什么有关系呢？让我们一起通过实验来找找答案吧！

实验一：平衡的尺子

材料：铅笔、尺子。

设计思路

教育活动脚本

实验目标：把尺子放在一个竖着的铅笔上保持平衡。

实验现象：请学生观察尺子和铅笔接触的点在尺子的什么位置。

实验结论：尺子和铅笔接触点在尺子的中心位置，尺子能保持平衡。（见下图）

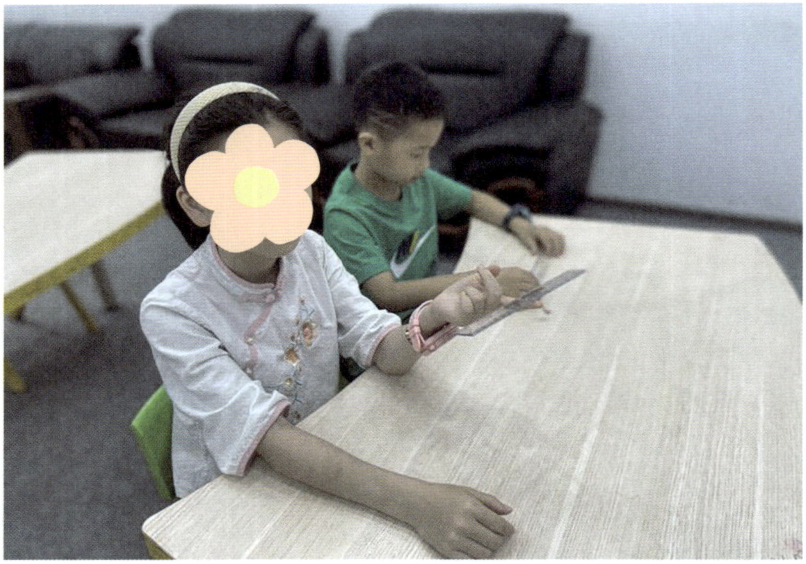

实验二：吹倒积木

材料：不同大小的长方形积木。

实验内容：用积木搭两个房子，一个上大下小，一个上小下大，如下图所示，看看你能吹倒哪座房子?

提问：为什么上大下小的房子容易倒?

实验结论：上小下大的房子比较稳固。

实验三：走钢索的小丑

材料：小丑纸偶、棉线、回形针、燕尾夹、磁铁。

实验目标：让小丑纸偶立在棉线上并能行走。

设计思路

设计意图

通过探究实验，观察有趣的现象，得出简单的科学结论。

学情分析

学生对如何保持平衡有一定的概念，但对重心的概念不太了解，对重心高低和稳定性的关系也没有清晰的概念。

教学策略

在实验的过程中可以适当地给提示，但主要还是让学生自己思考，充分调动学生积极性、参与性和主动性。

教育活动脚本

设计思路

实验内容:（请学生自己思考并试验）给纸偶下方增加重物，加什么，加多少，怎么加，请学生自己思考并解决。

学生展示：请学生表演走钢索的小丑并介绍探究过程。（见下图）

实验结论：给小丑纸偶的两个脚或手都加上同样重量的重物，小丑能在棉线上行走或倒立。

实验四：卡纸平衡鸟

材料：卡纸、铅笔、剪刀、回形针。

实验步骤：对折卡纸，用笔画出小鸟一半的轮廓；用剪刀沿线剪下来（剪刀注意安全）；折出小鸟向下勾的嘴巴；把小鸟嘴巴放在手上或者木棍上，观察小鸟能否保持平衡；用回形针夹在鸟的翅膀上调整平衡鸟的姿态。

学生展示：请学生展示自己制作的卡纸平衡鸟。（见下图）

实验结论：左右翅膀上的回形针数量和位置要一致，翅膀上的回形针数量越多，平衡鸟的尾巴就翘得越高。

第三阶段 解释（2分钟）

阶段目标：让学生了解重心的概念，重心越低越稳固。

教育活动脚本

科学概念：重心是物体各部分重力的集中点，以重心当支点时，物体会呈现平衡的状态。一般来说，物体的重心越低，越稳固，因此上重下轻的物体很难站得稳，而上轻下重的物体不容易推倒。（教学场景见右图）

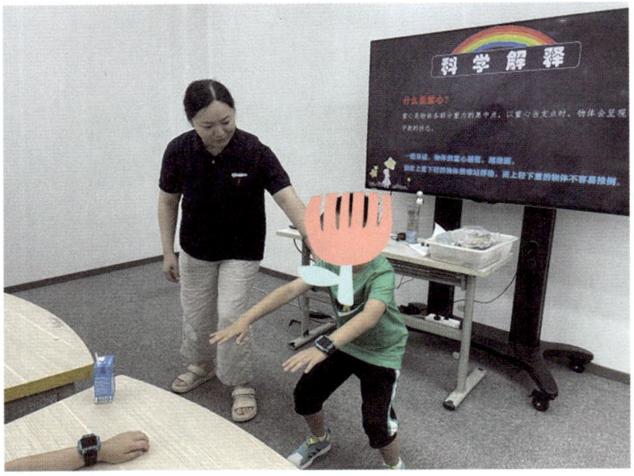

设计思路

设计意图

通过前面的探究实验现象解释重心的概念，让学生更容易接受和了解科学概念。

教学策略

结合实验现象和结论解释科学概念。

第四阶段 迁移（10分钟）

阶段目标：让学生了解重心的概念，重心越低越稳固。

教育活动脚本

布置任务：利用手边的材料制作一个牙签平衡鸟。

分发材料：牙签、超轻黏土。

制作步骤：用超轻黏土做出三个差不多的小球；用两根牙签分别插上一个小球，不插穿；再用一根牙签插上第三个小球，插穿，让小球置于三分之一处；让前两个一头插小球的牙签另一头分别插在第三个小球的两侧，一个平衡鸟就完成了；用剩下的黏土做一个底座，再把一个牙签插在底座上；找到平衡鸟的重心，把它轻轻地放在底座牙签上，一个牙签平衡鸟就完成了。（制作过程见右图）

设计思路

设计意图

通过牙签平衡鸟的制作加深对重心寻找以及平衡的了解。

学情分析

学生接触理论知识较多，动手实践的机会不多。

教学策略

让学生独立完成，锻炼动手能力，最后利用活动所学内容能自主调整平衡鸟的姿态。

第五阶段 评价（5 分钟）

阶段目标：通过快问快答和小制作展示评价学生本次活动的学习情况。

教育活动脚本	设计思路
快问快答环节。请快速回答下列问题： 问题 1：直尺的重心在哪里？ 问题 2：什么样的房子不容易倒？ 问题 3：怎么才能让小丑纸偶在棉线上自由移动呢？ 问题 4：如何让卡纸平衡鸟的尾巴翘起来？ 问题 5：牙签平衡鸟的重心怎么调整？ 展示作品环节。请同学展示自己的作品并介绍它。 发奖品环节。给回答问题正确和作品完成度高的同学发小奖品。	**设计意图** 通过快问快答和小制作的展示评价本次活动的效果。 **学情分析** 学生的知识接受程度不同，动手能力也不同。 **教学策略** 完成得好的同学要表扬，不够好的同学也要鼓励。

七、教学评价与反思

本活动的知识点较为简单，通过最后的快问快答环节可以了解到基本所有学生都能理解和掌握。在探究环节学生也基本都能完成，有些动手能力较弱的学生可以让小组内动手能力较强的学生帮助一下，也能锻炼与他人合作、交往的能力。通过最后的展示作品环节可以发现基本所有的学生都能完成牙签平衡鸟的制作，有的学生敢于表达，还能和同学分享自己制作中的过程、趣事等，因此最后的展示环节必不可少，既能评价本次活动的开展情况，还能锻炼学生的语言表达能力。本活动内容丰富、形式新颖、结构完整、学生参与度高，材料简单、场地要求较低，是一个能在科技馆、社区、学校等各种环境中开展的活动，值得推广。

★ 该项目获 2023 年“奋进科普新征程”全国科技馆联合行动优质科学教育资源项目三等奖 ★

浙江省

奇思妙想实验室之神奇的大气压

教育活动类型：科学实验探究类活动

项目开发单位：浙江省科技馆

项 目 设 计 人：叶影、叶洋滨、黄荣根

一、概述

《奇思妙想实验室之神奇的大气压》实验探究活动，是浙江省科技馆团队自主策划研发的奇思妙想实验室系列趣味实验课，面向小学六年级学生，对接浙教版科学八上 2.4《大气的压强（第一课时）》的知识，进行拓展延伸，帮助学员提前学习和了解大气压的相关知识。主要在科技馆周末公益课、科技馆小达人活动、趣味科学手工坊等助力“双减”活动中开展。课程围绕大气是有压力的这一核心知识点开展，发挥学生的主体作用，通过“创设情景→提出问题→做出假设→实验验证→解决问题→应用实践”的模式展开教学。通过一系列实验在感悟大气压强的“神奇”的过程中，激发学生的学习兴趣，体验大气压强的存在，了解大气压力在日常生活中的应用，培养学生的实验能力和归纳概括能力。

二、教学对象

1. 本教育活动适宜的受众人数：12 人。

2. 本教育活动针对的具体教学对象：六年级学生。

3. 教学对象的学情分析：根据儿童认知发展理论，六年级的学员（12 岁以上）处于形式运算阶段，不受具体事物的内容的局限，能把形式与内容分开，进行抽象的逻辑思维，即能运用符号进行命题演算，能根据假设进行逻辑推理。在这一阶段里，尽管儿童少年并未意识到某些形式运算结构的存在，但能运用这些结构去解决实际问题。

通过一至五年级科学课的学习，六年级的学员基本已经养成了收集资料、做好记录、提出假设、设计方案进行验证等初步科学探究能力，具备了根据学习单，自行设计实验，进行归纳总结的能力。

在生活中，这个年龄段的学员在日常生活中已经累积发现了一些和大气压相关的例子和现象，但由于空气看不见摸不着，导致学员没有将现象和抽象的大气压强产生联系，大气压的存在很容易被忽略。本活动加强了实验环节和自主性讨论，帮助学员加强对学生大气压的认识，鼓励学生设计实验以证明体验大气压强的存在，通过一些生活实例和信息赠予加以巩固和延伸。整个活动要注意通过极具说服力的实验和情景的巧妙设计在直观现象和抽象结论中间架起思维推理的桥梁，从已知到未知，从未知到已知，从具体到抽象，从现象到原因，以加强学生运用所学知识解决实际问题的能力。

三、教学目标

1. 科学观念目标

（1）力是改变物体运动状态的原因。

（2）通过实验认识大气压强，知道大气压强产生的原因、大气压强的变化及其对生活的影响。

2. 科学思维目标

（1）能够以日常获得的经验事实为基础，设计证明大气压存在的对比实验，知道空气也是有重量的，对大气压强的原理进行概括。

（2）能基于证据与逻辑，运用分析与综合、比较与分类、归纳与演绎等思维方法，建立证据与解释之间的关系并提出合理见解。能从不同角度分析、思考问题，提出新颖而有价值的观点和解决问题的方法。

3. 探究实践目标

（1）能够针对科学问题进行合理猜想与假设；制定实验计划并搜集证据，分析证据并得出结论；对现象进行合理的解释，发展科学解释能力；准确表达观点，反思探究过程与结果。

（2）寻找大气压存在的证据，能说出几个证明大气压强存在的事例。

（3）能用大气压强的知识解释一些简单的生活现象。

4. 态度责任目标

（1）在活动中保持好奇心和探究热情，乐于探究和实践，勇于发表自己见解；在小组合作中，能尊重他人的情感和态度，善于合作，乐于分享。

（2）要让物理走进生活，联系实际生活中的方方面面，仔细地观察生活，了解生活，认识生活，体验生活，从生活走向物理，从物理走向社会，能够以乐观、积极的心态应对变化，迎接挑战。

四、教学重难点

1. 教学重点：通过实验认识理解大气压的现象；知道大气压强的变化及其对生活的影响。

2. 教学难点：合作设计和大气压有关的实验，做好记录，进行归纳总结。

五、教学场地与教学准备

1. 教学场地：科技馆创客空间教室。见下图。

2. 教学准备：多功能白板一体机、白纸、气球、集气瓶、打孔橡胶塞、导管、天平支架、熟鸡蛋、锥形瓶、火柴、蜡烛、托盘、清水、易拉罐、橡皮泥、大号塑料瓶、美工刀、橡胶款马德堡半球、打气筒、标签纸、学习单、评价表等。（备注：活动以实验探究为主，器材均为日常物品，简单便携易寻，在家也可以进行实验探究。）

3. 活动总时长：60 分钟。

六、教学活动设计与实施

1. 活动采取 PBL 项目式教学法，围绕认识和理解大气压这一任务展开，教学活动设计流程为：创设情景→提出问题→做出假设→实验验证→解决问题→应用实践。

2. 活动步骤以及设计意图

第一阶段 创设情境（5 分钟）

阶段目标：利用吸盘挂钩进行演示，创设情境，激发学生兴趣，提出挑战任务，引入教学内容。

教育活动脚本	设计思路
创设情境：将吸盘挂钩按压在玻璃上，见下图。邀请学员拉一拉吸盘，并在吸盘挂钩上挂重物，提出问题，为什么吸盘上没有涂上胶水，却可以紧紧粘在墙壁上？是什么神秘的力量呢？	**学情分析** 吸盘挂钩日常生活中非常多见，许多同学只是观察到了这个现象，但

教育活动脚本	设计思路
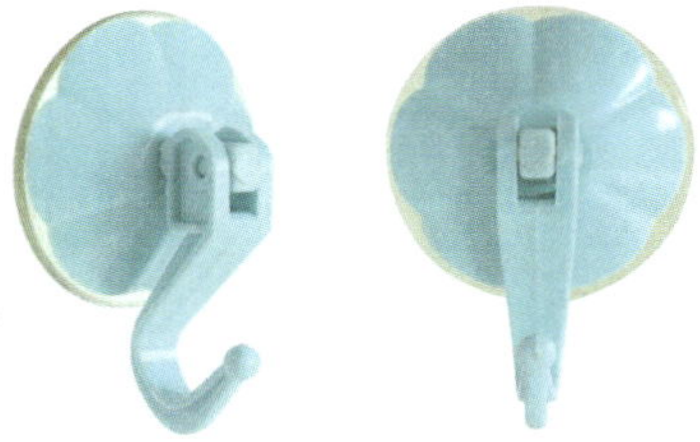 问题导入：提出问题任务，谁能解开吸盘挂钩的原理？ 学员讨论：因为有空气。 老师提问：空气看不见，摸不着的，空气有重量吗？为什么说因为有空气吸盘才能吸住？你们能利用材料包里提供的实验道具和任务单设计出相应的实验吗？	是对于吸盘为什么能牢牢吸住的背后原因并没有进行进一步思考和探索。 **设计意图** 通过吸盘挂钩提出问题，是什么发挥了作用？ **教学策略** 通过动手实验，感受大气压强的存在，使学生对大气压由感性认识上升到理性认识。

第二阶段　提出问题——如何进一步验证大气压的存在（10 分钟）

阶段目标：完成“空气有重量吗？”这一实验任务。

教育活动脚本	设计思路
创设情境：我们生存的地球周围被厚厚的空气包围着，包围地球的空气层又叫大气层，空气也有重量的，不如一起来开动大脑证明空气的重量吧？ 问题导入：一起制作气球天平。见右图。 将气球充气至一样大小，可以发现天平支架两边平衡，往其中一个气球继续充气，观察现象。这时天平向个头 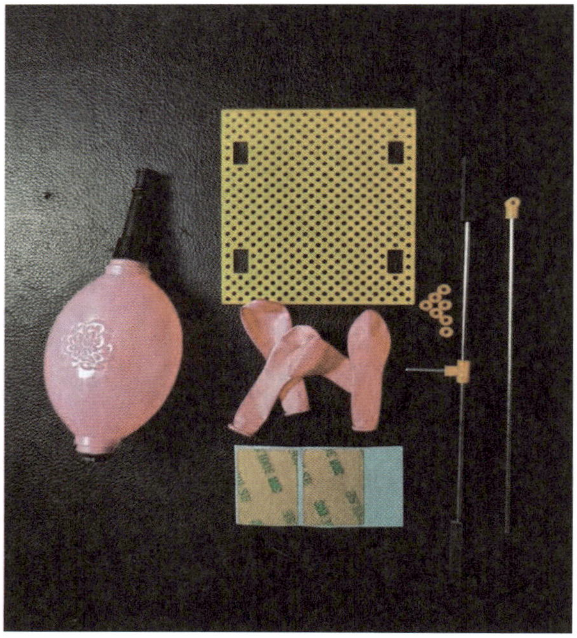	**学情分析** 学员们的积极性和兴趣点已经被激发起来，提出自己设想的给气球称重的方法。 **设计意图** 通过实验证明空气有重量和压力，进而引出大力压强的概念。

教育活动脚本

大的气球一侧倾斜，个头大的气球内空气更多，证明空气也有重量。现象见下图。

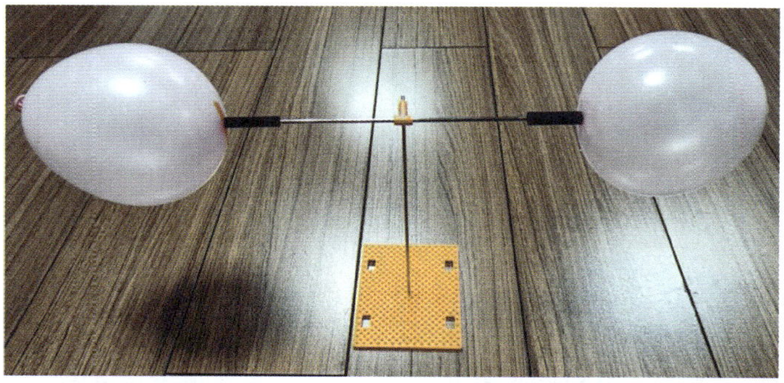

知识拓展：经科学测量，空气虽然是看不着、摸不着的，但它也是有重量和压力的。它的重量是以单位体积计算的，每立方厘米是 0.00129 克。

设计思路

教学策略

学生分组讨论，以团队合作的形式开展气球天平实验。

第三阶段　作出假设 + 实践探索（30 分钟）

阶段目标：通过实验进一步学习和了解大气压强，知道大气压强是指在地球表面上，由大气压力引起的单位面积重力。

教育活动脚本

创设情境：见上图，引出著名马德堡半球实验的故事。

1654 年，德国马德堡市的市长为了让大家相信大气压的存在，专门准备了一次实验。市长将两个直径 30 多厘米的铜质空心球密封合拢，抽成真空后，在

设计思路

学情分析

学员已经通过实验归纳出空气有重量，但是对什么是大气压缺少一个直观的了解，需要通过实验进一步验证探究。

教育活动脚本

球的两边各拴上马匹进行“拔河”，竟然用 16 匹马拉也没能拉开。他的实验结果，证实了空气压强的存在。

学员总结：大气对浸在它里面的物体产生的压强叫大气压强，简称大气压或气压。空气能够流动，大气压强也可以向四面八方传递。

问题导入：想一想还有哪些证明大气压强的实验？利用提供的材料套包，各组自行讨论和操作大气压强实验吧！见下图。

团队实验一：自动瘦身的易拉罐

实验材料准备：玻璃碗 1 个、平底玻璃饭盒 1 个、易拉罐 1 个、尼龙手套 1 双、冰水一瓶、热水一瓶，见下图。

设计思路

设计意图

让学员能够提出自己的设想，并通过实验去记录、验证。通过亲身体验、亲身实践得以领悟“直接经验”，养成质疑、求真、实证的科学态度、科学精神等。

教学策略

问题引导——设计实验、演示、观察、体验的环节，设计不同的大气压强实验，在演示或体验之前让学生先发表对于实际效果的预判，并进行讨论；小组分工协作，根据实验参数利用控制变量法设计实验方案。

教育活动脚本

设计思路

实验步骤

1. 戴好尼龙手套，往其中一个平底玻璃饭盒里倒入适量冰水（冰箱冷藏水即可），见下图。

2. 往易拉罐倒入大半罐开水，这里请注意防护，不要被烫伤，见下图。

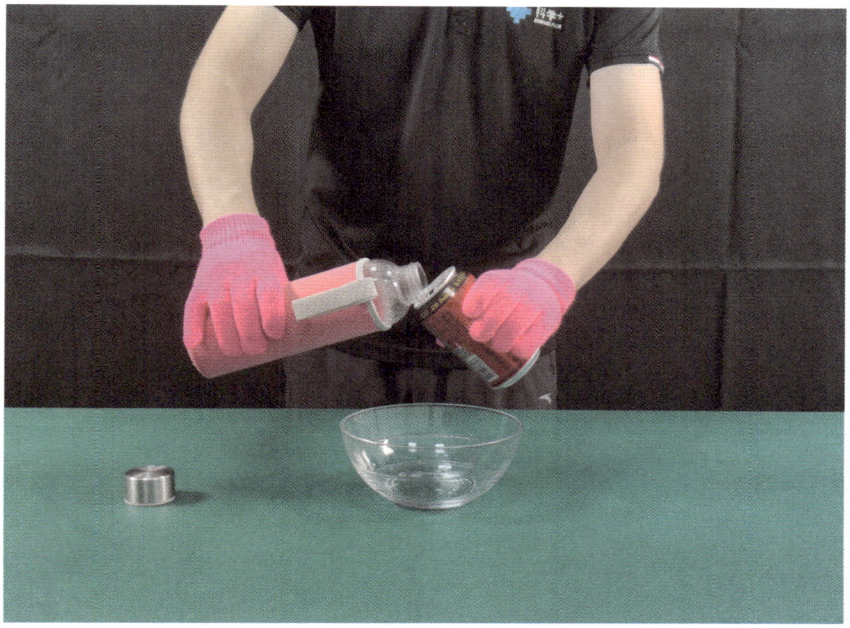

教育活动脚本	设计思路

3. 将易拉罐中的开水迅速倒入另外一个玻璃缸，然后迅速将易拉罐开口朝下闷入冰水中，记得用手按住易拉罐瓶底，见下图。

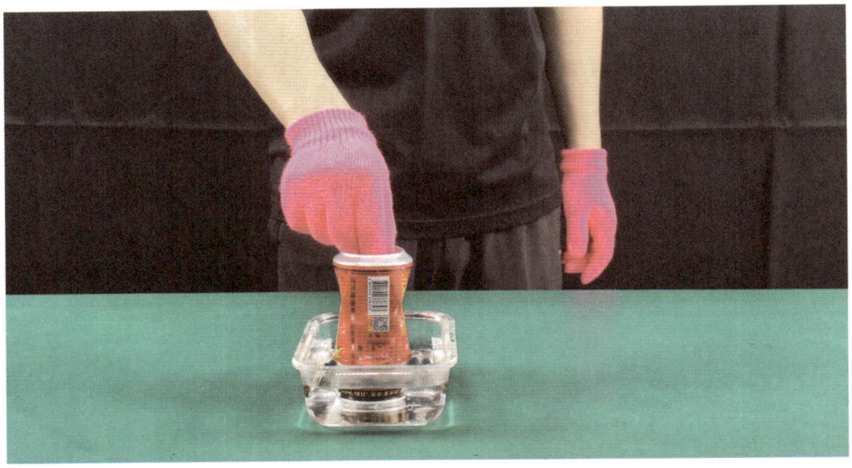

4. 观察易拉罐接下来发生的现象。

学员笔记：当把易拉罐中的开水倒掉并开口朝下迅速将其闷入水中后，易拉罐立即变瘪，无须用手挤压，“自动瘦身”成功。提起易拉罐后，我们可以发现有水从易拉罐里流出来。

学员总结：易拉罐会自动变瘪瘦身是因为在易拉罐内倒入开水后罐子内的气体升温膨胀，部分空气“跑出”罐外；易拉罐倒扣在冰水中导致罐子内部温度下降，空气收缩气压变小，由于瓶口被水密封，导致易拉罐内部空气压强减小。此时，外界大气压强大于易拉罐内部压强，由于内外压力差，易拉罐被空气挤压而变瘪，同时冰水在大气压强作用下被挤入易拉罐。

团队实验二：气球“提”杯子

实验材料准备：玻璃酒杯 1 个、气球 1 只、打气筒 1 个、打火枪 1 个、纸片 1 小张，见下图。

教育活动脚本	设计思路

实验步骤：

（1）用打气筒将气球充气至适当大小。

（2）用打火机将纸片点燃，并迅速投入杯子中。

（3）将充气后的气球迅速压住杯口。

（4）观察发现当气球压在杯口后，燃烧的纸片逐渐熄灭。此时气球末端向杯子内部鼓出，提起气球后，杯子也一并被气球“提”起来。

学员笔记：气球是否提起杯子，纸片的燃烧是关键。

学员总结：纸片在杯子内燃烧产生高温，使得杯内空气受热膨胀，然后用吹起来的气球堵住杯子口，杯子和外界空气隔绝，当氧气耗尽后，纸片熄灭，导致杯子内部空气冷却收缩，杯内空气压强减小，外部大气压比杯子内部压强大，内外气压差使得气球向杯内鼓出发生形变，使得气球与杯子紧紧结合在一起。当把气球提起时，气球连同杯子一并“提”起来了。

备注：课堂上备选的可供学员选择的实验内容还包括《蜡烛抽水机》《窄口瓶吞鸡蛋》《塑料瓶子吹气球》等，可根据课堂实际情况进行灵活调整。

第四阶段 解决问题 + 应用实践 + 总结交流（15 分钟）

阶段目标：引导学生通过实验结论及实验过程解释大气压强产生的原因、大气压强的变化及其对生活的影响。分析影响实验结果的因素。填写实验记录单，回顾与讨论本次课程收获。

教育活动脚本

这一阶段要让学生扩展自己的概念，学以致用，促进知识和概念转化，能够充分利用先前学习到的知识和概念，在新的近似的情境下运用、并解释和解决问题。老师可以结合生活实例，要求学生学会运用获取的知识或原理来解决新的问题。

该阶段师生第一次互动。

老师活动：

（1）各小组探究过程、探究成果进行简单点评。

（2）对知识难点、重点进行补充解释。

（3）根据学生的实验数据和记录，引导学员讨论得出大气压产生的原理。

学生活动：展示本组实验成果，对其他小组探究成果进行提问或补充。记录、整理本小组的探究结论。

学员设计制作一个简易的气压计。

提供材料：集气瓶、打孔橡胶塞、导管、清水、色素，见左图。

简易版气压显示器：随着外界大气压的变化，导管内的液面高低也会产生变化，见左图。

想一想：气压变化有哪些影响因素呢?

说一说：邀请学生们介绍自己在日常生活中观察到的大气压强现象，各自发表自己在各阶段实验、观察、思考的过程与方法，并听取其他同学的发言。

设计思路

设计意图

让学生对实验数据进行处理，培养学生对信息的有效性、客观性做出判断的意识，学生间的相互讨论交流有利于自身实验的完善，以保证实验数据的可靠性和准确性，通过对大气压强实验的分析研究，让学生体会科学探究方法。

学情分析

通过前两个阶段，学生能用自己的语言说明探究结果及简单理解，在此基础上讨论得出利用气压差的生活应用。

教学策略

自主学习：用讨论法让学生之间相互讨论，展示本组实验设计，评价其他小组的实验方法，在实验方法上取长补短，让实验结果更加完善、准确；引导补充：老师根据学生结论归纳、总结，帮助学生理解。

让学员在参与完实验后，对课程进行总结回顾，记录不足，反馈经验。这既是对各阶段实验、观察、思考过程及收获的强化（回顾、补充、加深印象），也是引导学生们学习掌握科学方法（实验方法、思维方

教育活动脚本	设计思路
该阶段师生第二次互动。 老师活动：把发言的机会和主动权交给学员，请学员轮流起立介绍自己发现观察到的大气压实验设计的心得，并讲一讲课程收获和不足之处。 学生活动：在这一过程，学员可以主动介绍自己在实验中担任的角色，也可以分享自己在活动中“所看、所听、所想、所思”：与其他同学讨论、争辩的过程；通过进一步的实验和观察，自己的分析思考，想法判断的改变，改变的原因和契机；其他同学的实验和发现对自己的实验及判断的影响；通过聆听他人的发言，小组讨论环节等，给自己带来的灵感，唤醒了某些被自己遗漏的收获；以及对课程的意见建议，等等。	法），提升学习能力、思维能力和认知能力，是又一次“用具体事物、现象及实践作为支撑”的认知过程。同时，在这一过程中，老师也可以了解和评价学生们的学习效果，特别是在科学方法、认知能力方面的学习效果。

七、教学评价与反思

浙江省科技馆《奇思妙想实验室之神奇的大气压》是浙江省科技馆课程研发团队 2023 年年初研发上线的动手实验活动之一，既对接课标，又区别于课堂。主要在科学院周末的公益课堂、科技馆小达人、科学手工坊活动中开展，一次主题活动时长安排为 60 分钟以内，采用小班化活动模式，每次招募学员不超过 12 人。目前累计开展项目 12 次，招募学员 144 人次，已经成为科技馆热门实验探究活动。

其中的一些展示效果较好的《杂技鸡蛋》《自动瘦身的易拉罐》《塑料瓶里吹气球的秘密》《蜡烛抽水机》等实验环节内容在进行优化后，学员们也将其带回家，邀请爸爸妈妈开展了亲子实验活动。辅导员老师也将改编后的实验活动带进了商场、社区、杭州市中小学校，跟着科普大篷车下乡走进边远山区小学，累计参与外出活动 15 次，非常受师生的欢迎。

活动过程中通过对受众的行为、注意力的集中度、参与的热情度等方面进行观察，与家长、老师、学生进行访谈，研发团队发现受众对于这种围绕当下生活，取材便利，步骤简单，容易进行亲子互动主题的实验教育活动非常感兴趣。

研发团队还邀请专家对已实施过的课程进行评审，充分了解科技辅导员在教学过程中的各方面情况，从而判断这堂课的质量和水平、成效和缺陷，为后期改进课程质量提供重要依据。

附件 1： 学生自评表，见下表。

学生自评（PMIQ）表			
P(plus) 我已经学懂的知识	M(Minus) 我还没有学懂的知识	I（Interest） 我想持续关注的知识	Q(Question) 我存在疑问的知识

附件 2： 大气压实验记录表，见下表。

实验人		实验日期		实验地点	
实验组别		实验小组成员			
实验名称					
实验器材					
实验目的					
实验过程记录					
实验设计思路					
实验效果现象					
实验小结					
小组反思 与改进建议					
生活中的应用					

附件3：《奇思妙想实验室之神奇的大气压》教学评价表，见下表。

讲课主题				老师姓名	
讲课内容		讲课时间		评 价 人	
评价项目	评价内容			分值	得分
教学态度与基本功 20 分	1. 着装整洁、规范；教姿教态自然、大方， 精神饱满			10	
	2. 普通话标准、语言表达清楚、生动、简练			10	
教学授课表现 50 分	1. 教学目标清晰明确，符合学生的学习需求和实际工作要求			5	
	2. 教学内容准确无误，注重理论联系实际			10	
	3. 教学设计结构合理，详略得当，逻辑思维清晰，重点突出，难点讲明			10	
	4. 教学方法适宜，恰当运用提问、案例分析、研讨、演练等授课技巧，有效引导学生， 合理互动			10	
	5. 熟练把握课堂气氛和节奏，在规定时间内完成授课任务，教学效果良好			10	
	6. 能够熟练使用多媒体教学技术，课件或板书设计科学合理，辅助提升教学效果			5	
教案评估 30 分	1. 课程目标清晰明确，课程内容正确且内容之间有清晰的逻辑关系，理论联系实际			15	
	2. 课程结构设计合理，详略得当；教案格式规范			15	
总 分					
综合评价和改进建议					

附件4：《奇思妙想实验室之神奇的大气压》教学评价问卷。

亲爱的同学们，你们好，在结束了《奇思妙想实验室之神奇的大气压》课程之后，相信大家对于大气压的科学知识有了更进一步的了解。为了完善我们的课程，为下一次更好玩更有意义的课程做准备，现邀请各位小朋友们对我们的课程作出评价，请大家客观、公正、真实地完成以下几个问题哦。

1. 请你为本次课程整体情况打分。

   A. 很满意

   B. 还可以

   C. 一般般

   D. 不满意

2. 在此次课程中，你最喜欢哪个实验活动?

   A.《空气有重量吗？》

   B.《自动瘦身的易拉罐实验》

   C.《蜡烛抽水机实验》

   D.《塑料瓶里吹气球实验》

   E.《杂技鸡蛋实验》

   F. 其他（　　）可填入具体活动名称

3. 通过此次课程你对于物质变化的知识了解增加了多少?

   A. 收获了许多

   B. 有一些新知识了解

   C. 没有新知识增加

4. 您是否认为课程中选取的几个实验能否做到实现您对于物质相关知识点的进一步了解?

   A. 是

   B. 否

5. 课程完成之后对你脑海中形成物质相关知识点框架搭建是否有所帮助?

   A. 是

   B. 否

6. 你对授课老师采用的教学方式和教学态度是否满意?

A. 非常满意

B. 满意

C. 基本满意

D. 不满意

7. 你认为以下哪些教学手段更有利于知识的理解和掌握?

A. 科技馆大气压相关展区展品参观

B. 亲自动手实验

C. 小组讨论发言

D. 老师讲解

8. 课程环节节奏是否能接受?

A. 节奏适宜

B. 节奏过快，上一个知识点还没吸收就到下一个环节了

C. 节奏过慢

9. 课程环节设计能否做到循序渐进、深入浅出?

A. 能够实现循序渐进、深入浅出

B. 各个环节难度差不多

C. 感觉前面环节比后面环节难度设计不合理

10. 是否希望和讲课老师有更多的互动环节?

A. 是

B. 不需要，已经足够

11. 如果该课程后续推出和大气压强相关的外出科学考察或是研学活动，你会选择继续参与吗?

A. 愿意报名参与

B. 不感兴趣

12. 对本课程还有哪些方面的改进建议，请提出宝贵意见。

★ 该项目获 2023 年“奋进科普新征程”全国科技馆联合行动优质科学教育资源项目一等奖 ★

家乡的自然生灵——黄腹角雉

教育活动类型： 课堂实验教学、实践活动

项目开发单位： 温州科技馆

项 目 设 计 人： 蔡璐、高源、周杰

一、概述

加大科普工作力度，提升全民科学素质。习近平总书记在“科技三会”上提出“科学普及和科技创新同等重要”，要求把科普摆在更加突出、更加重要的位置。

目前科技馆的科普教育课程，多以物理、化学为主，生物课程较少，本次课程以每年 4 月 1 日“国际爱鸟日”为契机，特别研发温州本土生物课程《家乡的自然生灵——黄腹角雉》。同时结合小学科学课标，让学生们通过对比、观察、建模等科学方法探究黄腹角雉的形态特征，认识保护濒危野生动物的重要性。

二、教学对象

1. 本教育活动适宜的受众人数：25 ~ 30 人。

2. 本教育活动针对的具体教学对象：9 ~ 10 岁学生。

3. 教学对象的学情分析：结合黄腹角雉课程调查问卷的报告，在 6 ~ 10 岁年龄段的孩子中，53% 的孩子完全没听说过黄腹角雉，而同学们对了解黄腹角雉形态的独有特征又非常感兴趣，为此我们利用比较法、观察法、建模法等科学方法，针对以上需求设计课程。

对于这个年龄段的孩子来说，鸡在生活中经常见到，但由于条件的限制，学生观察鸟类的机会较少或者种类有限，特别是对于黄腹角雉这种鸟的观察更少。学生对于黄腹角雉特征的观察比较粗浅、不完整。在教学中培养学生运用感官观察和归纳比较等方法，观察并描述黄腹角雉的外部形态的独有特征。

通过介绍黄腹角雉的自然栖息地乌岩岭国家级自然保护区的特点，利用大自然对学生们的独特吸引力，激发学生探究兴趣。

三、教学目标

1. 科学观念：能描述普通家鸡与黄腹角雉的不同点。

2. 科学思维：老师创设情境，引导学生在科学观察中获取直接经验，让学生清楚黄腹角雉的独有形态特征，通过课程了解黄腹角雉的生活习性和生存环境。

3. 探究实践：通过观察法、比较法，分类归纳黄腹角雉的特征，同时利用建模法检验获取的直接经验。

4. 责任态度：在认识黄腹角雉的过程中，认同热爱自然、保护环境以及保护当地动植物资源的积极意义。

四、教学重难点

1. 教学重点：能够识别黄腹角雉形态的独有特征；知道浙江省乌岩岭国家级自然保护区里的动植物。

2. 教学难点：关注野生动物的保护，拒绝濒危动物及其产品贸易，认识到保护生物多样性的重要性。

五、教学场地与教学准备

1. 教学场地：一间可以容纳 25 ~ 30 人的教室。

2. 教学准备：配套数量的课桌椅、老师话筒、音响设备、多媒体辅助设备（例如电脑、投影仪、激光翻页笔等）。

3. 活动总时长：80 分钟。

六、教学活动设计与实施

1. 教学活动设计流程图

通过引入游戏棋概念，吸引学生注意力，使用新颖的学习方式，让同学们了解乌岩岭自然保护区和黄腹角雉。

自我评估，形成反思。课程数据收集，为下次课程做数据参考。

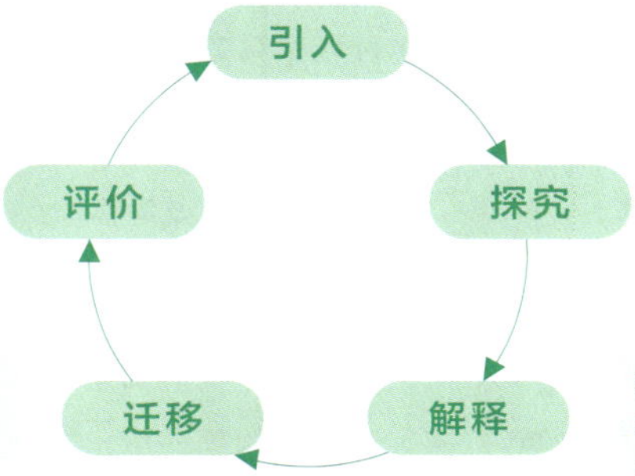

利用大量图片、展板、视频等方式，让同学们通过对比法、观察法等方法探究黄腹角雉的特征，获取直接经验。

灵活运用观察记录到的知识，通过建模法，用轻黏土制作一个黄腹角雉，通过小组内下棋的方式，巩固及了解更多黄腹角雉和乌岩岭自然保护区的相关知识。

教师辅助总结学生自主观察的结果，引导学生总结不同状态黄腹角雉的形态特征，通过比较、观察、分类、归纳等科学方法，了解生物学的研究过程，感悟科学家精神。

2. 活动步骤以及设计意图

本活动使用“5E 教学法”，通过“引入”“探究”“解释”“迁移”“评价”5 个阶段，将探究式学习、玩中学习等教学理念和方法融入相应的教学环节。

第一阶段 引入（10 分钟）

阶段目标：通过引入游戏棋概念，吸引学生注意力，使用新颖的学习方式，让同学们了解乌岩岭自然保护区和黄腹角雉。

教育活动脚本

首先，开展课程准备。

学生提前签到，领取《我是保护区的小小护林员》探究记录本，有序入座。

准备完毕，开始课程。

第一个课程：老师课前做控场小游戏，建立互动关系，老师做自我介绍，进入课程。

老师：同学们，大家好，在课程开始之前，我们先来做一个关于反应力的小游戏。我说“三二一”，同学们回答我“静下来”，怎么样？我们来试一下，“三二一”，“静下来”！（重复 3–5 次）

老师：同学们的反应非常的快速啊！接下来，我先自我介绍一下，我叫石头，同学们可以叫我石头哥哥，也可以叫我石头老师，今天我们要进行一场游戏棋的活动，就是我手上这个《黄腹角雉大冒险》。（展示游戏棋盒，如右图）

老师：这个游戏棋有这么一个背景故事，（PPT）在温州市的泰顺县，有一个叫作乌岩岭的森林。1981 年诸葛阳教授来此地考察，惊喜地发现了保护动物黄腹角雉，于是建立起了保护区。有一天，工作人员发现少了一只黄腹角雉。现在，请问哪位同学愿意作为小小护林员和老师一起去寻找这只黄腹角雉呢？

同学：我愿意！我愿意！（同学们纷纷举手）

老师：好，同学们都非常热心，请大家给他们，也给自己一点掌声鼓励。

第二个课程，介绍乌岩岭自然保护区。

老师：老师已经集结好一帮热心的小小护林员，接下来，我们要通过视频来了解一下这个大森林。开始之前，请同学们翻开探究记录本的第一页，阅读第一个格子内的问题，带着问题仔细观看视频，寻找答案，并且还可以把你们认为重要的内容记录在探究记录本上。

设计思路

设计意图

提前准备，创设探究情境，激发学生探究兴趣。

教学策略

情景教学法，老师为学生创设一个具体、生动、形象的学习情景，并通过合适的方式把学生完全带入这个情境之中，让学生在具体情境的连续不断的启发下有效地进行学习。

设计意图

通过游戏棋环节吸引学生注意力，进而初识乌岩岭自然保护区的情况。

教学策略

启发式教学法，老师依据学习过程的客观规律，最大限度地调动学生的思维和学习积极性。

教育活动脚本	设计思路

（播放乌岩岭保护区的介绍视频。1 分 31 秒）

老师：请同学们告诉我，你记录了哪些重要信息？（见下图课件）（同学们举手发言）

老师：我们已经初步了解了要冒险的地点，“浙江省乌岩岭国家级自然保护区”，那我们要找的黄腹角雉是什么样的呢？有同学知道吗？（同学举手）

学生：视频中有！（不知道）

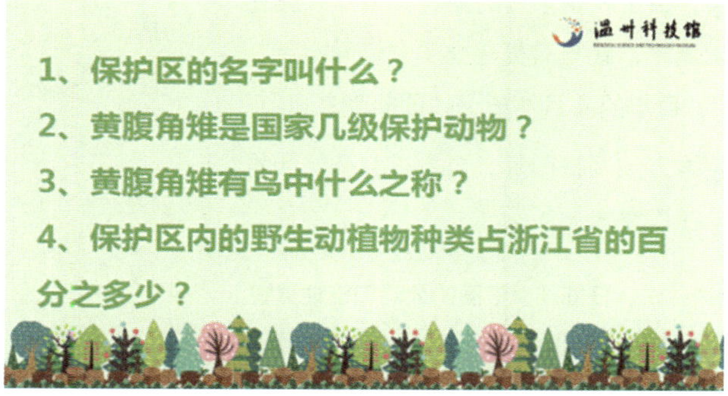

第二阶段 探究（15 分钟）

阶段目标：利用大量图片、展板、视频等方式，让同学们通过对比法、观察法等方法探究黄腹角雉的特征，获取直接经验。

教育活动脚本	设计思路

完成第一阶段“引入”后，我们继续开展课程。第三个课程，通过公鸡图片和黄腹角雉图片做对比，进入探究黄腹角雉的环节。

老师：不着急，我们先来看看这张图片是什么？（见下图）

同学：公鸡。

老师：它是什么种类的动物呢？

同学：鸟类！

老师：那猜一猜黄腹角雉是什么种类的动物呢？

设计意图

通过公鸡和黄腹角雉图片做对比，从身边已知的鸟类做引入，认识罕见的濒危动物，初识家乡的自然生灵——黄腹角雉。

教学策略

启发式教学法，老师依据学习过程的客观规律，最大限度地调动学生的思维和学习积极性。

教育活动脚本

同学：也是鸟类！

老师：有没有同学知道 4 月 1 日是什么节日?

同学：愚人节。

老师：那有没有同学知道除了愚人节还是什么节日呢?

同学：不知道。

老师：是“国际爱鸟日”。鸟类和人类，自古就是亲密的朋友。自从人类在地球上出现之后，在向大自然争取生存和发展中，就与鸟类建立了“情同手足”的关系，所以，《世界保护益鸟公约》规定，每年的 4 月 1 日为“国际爱鸟日”。

老师：接下来，请同学们通过对比探究本上的两张图片，自主探究公鸡和雄性黄腹角雉的不同点，并把你观察到的记录在探究本上。

老师：有没有同学可以告诉我公鸡和雄性黄腹角雉有什么不同点呢?（见右图）

（同学们发言）

请同学们利用对比法，仔细观察下图的公鸡和雄性黄腹角雉，罗列出它们的不同点！

公鸡	雄性黄腹角雉

第四个课程，老师播放黄腹角雉视频，深入探究。

老师：同学们的发言非常棒，刚才这个过程，同学们用到了科学探究方法中的对比法，对比法就是通过将两个相似的事物做对比，从已知对象具有的某种性质推出未知对象具有相应性质的方法。

老师：（拿出雄、雌黄腹角雉 KT 板，见下图）那接下来，同学们再来看看我手上的这两只，一只是雄性，一只是雌性，你们认为哪只羽毛颜色更加艳丽?

同学：雄性！

老师：那为什么雌鸟的颜色不艳丽呢?

同学：不知道。（保护色）

设计思路

设计意图

通过图片、展板、视频，锻炼学生的观察能力，让学生获取直接经验。

教学策略

发现法，让学生积极思考，独立探究，自行发现并归纳相应的结论。

教育活动脚本	设计思路

老师：雌性颜色不艳丽能够更好地保护自己，隐藏自己，更好地进行产卵和孵卵。

老师：这只雄鸟好像跟图片上的不同，它到底是长什么样子的呢？

老师：接下来，我们带着问题，通过一个视频深入了解一下黄腹角雉，看看能否在视频中找到答案。

（见上图，播放黄腹角雉视频。2 分 46 秒）

老师：看完视频，请问同学们，这两个 KT 板哪个是雄性角雉呢？

同学：两个都是！

老师：没错，雄性黄腹角雉有两个形态。一个是平时状态下的样子，一个是求偶状态下的样子。那这个是什么情况下的样子呢？

同学：平时状态。

老师：那这个呢？

同学：求偶状态。

老师：好，那接下来请同学们在探究记录本上勾选你认为正确的选项。

老师：有没有同学可以告诉我你的选项？

（同学们发言）

请同学们利用观察法，仔细观察下图的黄腹角雉，罗列出它们的形态特征！

	特征
雄性黄腹角雉  	肉角：□绿色 □蓝色 □黄色 肉角：□天线形 □圆形 □长方形 肉裙：□红蓝 □红黄 □蓝绿 冠羽：□棕色 □蓝色 □黑色 腹部：□绿色 □蓝色 □黄色 其他：________
雌性黄腹角雉 	腹部：□绿色 □蓝色 □黄色 肉角：□有 □无 肉裙：□有 □无 腹部：□棕色 □黑色 □黄色 其他：________

老师：同学们都选了正确的答案，并且有很多新的发现，这个过程，同学们用到了科学探究方法中的观察法，观察法就是指同学们根据一定的研究目的、研究提纲或观察表，用自己的感官去直接观察被研究对象，从而获得资料的一种方法。

第三阶段 解释（10 分钟）

阶段目标：老师辅助总结学生自主观察的结果，引导学生总结不同状态黄腹角雉的形态特征，通过比较、观察、分类、归纳等科学方法，了解生物学的研究过程，感悟科学家精神。

教育活动脚本	设计思路
进行完“探究”，我们开始“解释”，第五个课程便是老师讲述考察调研的故事，扩充关于黄腹角雉的知识。 （老师展示 PPT 图片，讲述故事） 老师：（雄性黄腹角雉的图）猜一猜黄腹角雉的体长，拿出 KT 板示意。 知识点 1：黄腹角雉的体长一般为 50 ~ 60 厘米。 老师：（大小蛋的图）乌岩岭保护区的工作人员发现鸟妈妈产下蛋后拿走鸟蛋，鸟妈妈就会继续产卵，最多 20 枚。 知识点 2：一般来说（野生）一年一窝，一窝可以产下 3 ~ 4 枚鸟蛋，最多一窝 6 枚。 老师：展示图片（王锦蛇偷吃鸟蛋的图）并讲述鸟妈妈和小鸟们的故事。 知识点 3：孵化的周期是 28 天；繁殖期为 3 ~ 5 月。 老师：（松鸦、青釉、王锦蛇的图）蛇是从巢穴底下打了洞，让蛋滚出来，阴险狡诈地吃了鸟蛋。 知识点 4：天敌。 老师：展示交让木的图。 知识点 5：冬季食物匮乏时，黄腹角雉会吃交让木。	**设计意图** 老师引导学生归纳总结。 **教学策略** 启发式教学法，最大限度地调动学生归纳总结。

第四阶段 迁移（40 分钟）

阶段目标：灵活运用观察记录到的知识，通过建模法，用轻黏土制作一个黄腹角雉，通过小组内下棋的方式，巩固及了解更多黄腹角雉和乌岩岭自然保护区的相关知识。

教育活动脚本	设计思路
第六个课程是老师解释说明建模法，制作棋子。 老师：我们已经通过观察，总结归纳出了许多黄腹角雉的形态特征，那这有什么用呢? 老师：作为濒危物种、国家保护动物，在日常生活中咱们是很难有机会看到	**设计意图** 锻炼学生动手能力，鼓励学生利用所学知识进行建模法学习。

教育活动脚本

真实的它们。而且黄腹角雉非常胆小，所以我们每位同学要利用之前观察和总结出的特征，制作一个雄性黄腹角雉模型（见下图）来替代走丢的角雉，还能作为游戏棋的棋子。（展示做好的角雉棋子，说明大小、形状、特征）

老师：使用日常生活中的物品来建立一个模型，便于学习、检验自己所观察到的内容！这个过程就是科学探究方法中的建模法。

（分发黄色、蓝色、红色、橘色、黑色、棕色的轻黏土）

老师：计时，开始！

第七个课程，各组分发游戏棋，讲解游戏规则，各组进行游戏。

老师：大家都做好了，接下来老师会给各组分发游戏棋，见下图，我们根据游戏规则进行“大冒险”。

（介绍棋盘上印着的游戏规则，每组一位辅助老师协助进行游戏棋）

老师：倒计时 15（20）分钟，时间结束即游戏结束。

老师：时间到，请每组最靠近终点的同学上台，拿上你的黄腹角雉模型进行合影。（分发奖品）

第八个课程要求加强学生对生物多样性的保护意识，共建地球生命体。（给每位同学送上带乌岩岭图片的明信片、展示黄腹角雉邮票小本）

老师：请助教老师给大家送上带有乌岩岭图片的明信片和黄腹角雉的邮票。黄腹角雉作为国家一级保护动物，是我国特有的濒危鸟类。我们手上的邮票正是以珍稀鸟类为题材而设计的，邮局用这样的方式宣传守护黄腹角雉。那同学们还有什么保护和宣传黄腹角雉的金点子呢？可以写在探究记录本上。

设计思路

教学策略

活动操作法，根据教学目标提供物质材料，引导学生在操作物质材料的活动中充分动手、动脑、动口，从而获得经验。

第五阶段 评价（5分钟）

阶段目标：自我评估，形成反思。课程数据收集，为下次课程做数据参考。

教育活动脚本

关于《家乡的自然生灵——黄腹角雉》课程调查问卷

亲爱的同学：

本问卷是为了考察你在课程中，关于沉浸度、满意度、小组合作等方面的情况而设计的。请你仔细阅读，在选择答案时，不受别人影响，确保真实。非常感谢你的合作与支持。

1. 课程内容能够吸引我的注意力：（ ）

A. 非常认可　B. 比较认可　C. 认可　D. 不认可

2. 教学内容图文并茂，能帮助我理解学习的目标：（ ）

A. 非常认可　B. 比较认可　C. 认可　D. 不认可

3. 我能很好地掌握自己的学习进度：（ ）

A. 非常认可　B. 比较认可　C. 认可　D. 不认可

4. 通过学习，成功认识黄腹角雉的独有特征：（ ）

A. 非常认可　B. 比较认可　C. 认可　D. 不认可

5. 通过学习，能够独立完成制作带有特征的黄腹角雉轻黏土模型：（ ）

A. 非常认可　B. 比较认可　C. 认可　D. 不认可

6. 通过学习，能够知道浙江的黄腹角雉保护区在哪：（ ）

A. 非常认可　B. 比较认可　C. 认可　D. 不认可

7. 通过学习，我知道了哪些科学探究的方法（多选题）：（ ）

A. 对比法　B. 观察法　C. 建模法

8. 关于《家多的自然生灵——黄腹角雉》课程，你还有什么建议或者意见：

____

____

设计思路

设计意图

通过自我评价、他人评价，形成课程反思与总结。

教学策略

学习效果评价。

★ 该项目获 2023 年“奋进科普新征程”全国科技馆联合行动优质科学教育资源项目三等奖 ★

影秘

教育活动类型： STEM 类综合科技活动

项目开发单位： 绍兴科技馆

项 目 设 计 人： 张晶晶、施寒雪

一、概述

本次活动主要依托我馆展品“彩色的影子”，引导学生对影子的成因及影子的颜色两方面进行实验探究，在活动过程中注重探究及发现过程，锻炼学生的思维能力，提升自主学习能力。通过提出假设、有目的地开展实验、分析原因，以事实依据得出结论，掌握光的传播路径及光的颜色等知识点，提升探究兴趣。树立团结协作、沟通交流、敢于质疑的创新思维能力。

二、教学对象

1. 本教育活动适宜的受众人数：10 人。

2. 本教育活动针对的具体教学对象：四年级学生。

3. 教学对象的学情分析：该阶段学生已经在课本中学习了“影子的变化”这一单元，了解影子的形成条件为光源、遮挡物、光屏三因素。但对其成因，即光的传播路径以及光的颜色还是欠缺认知的，也缺乏利用物理知识解释生活中光现象的能力。学生演绎思维能力及动手能力都有所发展，在和科技馆展品的互动中简单的玩乐已无法满足他们的需求。

三、教学目标

1. 科学知识：知道行进中的光被阻挡时，就形成了阻挡物的阴影。认识光源、遮挡物和屏（接收影子的平面）是影子产生的条件。了解光源和遮挡物的变化会导致影子长短、大小和方向的变化。

2. 科学思维：初步了解并运用分析、比较、抽象、概括、推理、类比分析、判断的科学思维方法；在小组任务中，掌握创新运用能力，树立团结协作、沟通交流、敢于质疑的创新思维能力。

通过光和影的实验，耐心观察和记录影子的变化情况。知道光源、遮挡物和影子三者之间的关系，了解影子变化的本质，掌握模仿和创作不同的手影的方法。

3. 探究实践：初步了解并运用通过观察和实验发现和分析问题的方法，收集、记录和分析数据的方法，针对问题设计实验方案并根据实验情况调整方案的方法，控制变量的实验方法。学会用整体的眼光看问题，既能发现影子的特点，也能掌握影子成像原理在生活中的运用，以团队合作的形式，创造属于自己的彩色影子。

4. 科学态度：对展品现象保持浓厚的探究兴趣，培养学生思考观察的意识和能力。实事求是，根据观察、实验得出的具体数据做出结论，知道推测要有依据。在实验中能根据实验结果实事求是地进行分析、推理。乐于尝试运用探究结果完成展品还原，学会团结协作，敢于对别人的观点提出质疑。

四、教学重难点

1. 教学重点：了解影子的形成和变化，运用科学思维与探究实践的方法，特别是“质疑与思辨”“推理与实证”“控制变量实验”的科学方法及相应的科学思想。

2. 教学难点：如何通过具体、形象的科学现象和探究实践过程，引导学生进行有依据、有逻辑的质疑和思辨，实现抽象的科学思维与科学认知；如何培养敢于质疑、执着求真、理性思维、基于实证的科学态度和科学思想。

五、教学场地与教学准备

1. 教学场地：科技馆儿童展厅。

2. 教学准备：彩色笔、彩纸、透明纸、不透明纸、剪刀、铅笔、白纸、尺子、矩形卡纸、手电筒、架子、白屏、其他光源等。

3. 教育活动总时长：40 分钟。

六、教学活动设计与实施

第一阶段 引入主题（游戏互动）

阶段目标：以游戏互动的形式，激发学生的兴趣，对生活中最常见的影子进行深入探究。

教育活动脚本	设计思路
下面我们开始创设情境。 老师活动：学生绕成一圈，体验破冰游戏“踩影子”。	

教育活动脚本

学生活动：请学生观察周围环境中的物体和它们的影子。引导学生思考为什么物体会有影子。

问题：你们有没有想过为什么有些物体有影子，有些物体没有影子？

设计思路

学情分析

学生已从四年级下“影子的变化”这一单元中对影子有了初步的了解。

设计意图

通过游戏的方式，激发学生对影子产生探究的兴趣，为之后的探究做好铺垫。

教学策略

利用提问加活动的方式来引导教学主线。

第二阶段 探究——影子产生的条件

阶段目标：从问题驱动转变为任务驱动，引导学生提出假设，设计实验，即：对影子的成因展开探究，了解光的传播路径。

教育活动脚本

活动过程如下所示：

老师活动 1：引导学生畅所欲言，猜想影子的形成与什么相关？

学生活动 1：学生根据课堂已学知识，能够提到与光源，障碍物相关等。

老师活动 2：引导学生继续思考光源是如何照到障碍物上形成影子的，请学生在事先准备好的图纸上画出光的路线。

学生活动 2：学生所画的光线数量、方向会有所不同，但基本都是以直线来表示光线，能够提出光线是直线的假设，也有学生提出不同想法。

开展任务导入。

老师活动 3：请学生利用矩形卡纸若干，固定卡纸的架子若干，手电筒等道具自主设计实验来证明提出的想法。

学生活动 3：进行分组实验，在老师协助下进行如下实验准备。

（1）在若干矩形卡纸的同一位置分别打一个大小一样的小孔。

（2）用夹子分别固定卡纸，并直立在桌子上。

设计思路

学情分析

学生对其成因即光的传播路径欠缺认知，也缺乏利用物理知识解释生活中光现象的能力。

设计意图

让学生从经验的角度，推测光的传播特点，通过实验验证光行进的路径，初步建立“光是直线传播的”这一核心概念。

教育活动脚本	设计思路

（3）直立一张没有打孔的卡纸作为屏。

实验操作具体步骤如下：

（1）利用手电筒，一张带孔的卡纸和不带孔的卡纸还原图纸中的影子。

（2）在此基础上加入一张带孔的卡纸，观察并记录。

（3）将若干张带孔的卡纸保持一致，再次观察影子变化。

（4）把其中一张带孔的卡纸向左或向右移动，进行观察记录。

分析总结：通过实验结果，学生能够解释影子的成因，得出光在空气中是沿直线传播的结论。学生能够注意光线从光源经过物体并被反射形成影子的过程。

教学策略

学生大胆提出假设，并通过自主设计实验验证。整个实验将以“学生是主体”原则，充分让学生自主思考设计，操作实验并验证，让学生自己分析得出结论。与学生讨论他们对影子的观察和总结。引导他们思考影子的形成原理。

第三阶段　深入探究——影子的特点（影子的颜色、位置与光源的关系）

阶段目标：了解光的传播和反射的基本概念，探究影子的形状、大小和颜色的变化规律。

教育活动脚本	设计思路

以下是具体活动过程。

上述实验学生观察到影子的颜色通常是黑色。

问题：影子为什么是黑色？影子的大小、形状与什么相关？

学生分享对上述问题的想法和观察结果，提出猜想。

老师活动1：引导学生根据自己的猜测设计实验。

学生活动1：分组实验，在老师协助下进行实验准备。

实验探究具体见下列方法。

（1）选择一个光线较暗的地方，将灯光源打开，将物体放在灯光前方，观察物体的影子在白纸上的变化。

（2）学生可以尝试移动灯光源的位置、调整物体与灯光源的距离等，观察影子的变化。

（3）学生还可以尝试使用不同形状的物体进行实验，观察不同形状物体的影子形状。

老师活动2：让学生依次分享自己的观察结果，与学生一起总结实验结果，并讨论他们的观察和发现。引导他们理解影子的大小、形状和颜色与光源、物体和屏幕的关系。理解光线被物体阻挡而无法通过，形成了黑色的影子。

学情分析

能实践中获得直接经验，学生依次分享自己的观察结果。

设计意图

通过实践探究，学生能够亲自观察和实验，深入了解影子的大小、形状和颜色的变化规律。同时，学生的观察和实验能力得到了培养和提高。

教学策略

通过学生的参与和讨论，以及他们对实验结果的解释和总结，评估他们对影子的大小、形状和颜色的理解程度。

第四阶段 解释——探寻彩色影子形成的条件

阶段目标：通过任务驱动，体验展品“彩色的影子”，制造认知冲突。验证假设，通过动手实验，得出结论，了解彩色影子的形成的条件。

教育活动脚本

本阶段活动过程具体情况如下：

老师活动 1：在学生已有认知的基础上，请学生体验展品“彩色的影子”，并引导学生提出问题。

问题：彩色影子是怎么形成的?

在了解黑影成因的基础上，引导学生思考彩色的影子的成因，从光源的角度出发，观察展品“彩色的影子”。

学生活动 1：部分的学生会观察到光屏上呈现的光（即黄青紫），也有一部分学生会观察到灯发出的光（即红绿蓝）。

老师活动 2：聚焦到光的颜色，通过角色扮演的形式，还原牛顿分解白光的实验。

学生活动 2：通过展品“彩色的影子”，使用不同颜色的光源，观察影子的颜色变化。利用不同颜色的手电筒，进行叠加实验，认识光的三原色。大胆说出产生彩色影子的假设，根据老师的提示，添加光源，探究彩色 PVC 放在光、遮挡之间哪个位置才可以出现彩色影子。观察记录，总结观察到的现象，并进行解释。

老师活动 3：引导学生使用不同透明度的物体，观察影子的颜色变化。

设计思路

学情分析

分组进行实验探究，学生对不同光源照射遮挡物所产生的彩色影子能够积极展开讨论。

设计意图

理解白光是由七种可见光组成的。引导学生思考形成彩色影子必须具备哪些要素及如何形成彩色影子。

教学策略

老师在学生提出设想、观点、预判和进行讨论时，不作评价，主要通过后续实验的实际结果验证其对错。

第五阶段 迁移——趣味手影秀（拓展）

阶段目标：能够掌握所学知识点，发散思维，学以致用，延伸加色法在生活中的应用。

教育活动脚本

老师活动：引导学生利用不同数量和颜色的光源，团队成员共同努力创造出彩色的影子。并对影子的制作过程进行交流分享。

学生活动：团队合作设计属于自己的彩色影子。

设计思路

学情分析

学以致用，帮助学生巩固学习到的知识。

设计意图

设计出属于自己的彩色影子，检验学生对彩色影子的掌握情况。

教学策略

分组展示。

第六阶段 综合评价

阶段目标：通过交流评价，巩固和深化学习成果，了解学生对活动的掌握情况。

教育活动脚本

老师活动：引导学生回顾整个探究过程。

学生活动 1：交流发言，畅谈感悟，进行自评和互评。

老师活动 2：总结学生评价情况，结合活动中观察到的学生行为和学习单情况对整个活动和学生表现进行总结性评价。

设计思路

设计意图

从学习态度、团队合作、展示自我、实验探究、观察记录、能力提升多方面检验学习成果，帮助学生用整体的眼光看待问题，树立正确的科学观。

学情分析

经过前几个阶段的自主探究，学生已经对光有了新的认知，但还需要加深巩固，交流评价可以帮助他们更好地回顾过程、消化知识、产生感悟。

教学策略

通过自评、互评、师评、学习单多主体评价自我表现，产生新认知，了解活动开展效果。

★ 该项目获 2023 年“奋进科普新征程”全国科技馆联合行动优质科学教育资源项目三等奖 ★

"腾云号"手掷滑翔机

教育活动类型：STEM 类综合科技活动

项目开发单位：绍兴科技馆

项 目 设 计 人：刘剑锋、沈乐艳、潘卓妮

一、概述

"腾云号"手掷滑翔机是一款新颖的特殊造型航空模型，是"飞向北京·飞向太空"全国青少年航空航天模型教育竞赛项目和全国纸飞机嘉年华暨"放飞梦想"全国青少年纸飞机通讯赛总决赛项目，经过练习可进行手掷滑翔和悬浮冲浪竞赛（即借助双手或气流板，甚至借助额头让模型一直滑翔不落地）；带可调重心的配重塑件，机翼带彩色印刷。适合全年龄段开展各类课外科技课程，熟悉航空知识；可开展手掷直线距离赛及冲浪赛；有效提高学生的动手动脑能力。

本节课知识点将在八年级《科学》上册第 2 章第 3 节大气的压强阅读部分《飞机的升力》中学习。小学和中学这个年龄段的学生对飞机模型很有兴趣，通过本节课的学习可以让学生劳逸结合、学以致用，还可以培养学生对科技和国防的兴趣，从而培养了学生的爱国主义精神。

二、教学对象

1. 本教育活动适宜的受众人数：15 ~ 30 人。

2. 本教育活动针对的具体教学对象：中小学生（本教案以小学生为例）。

3. 教学对象的学情分析：12 ~ 14 岁年龄阶段的学生，好奇心强，喜欢探索新事物，对飞行特别感兴趣。航空模型飞机的体验飞行就比较容易实现，从而实现劳逸结合、学以致用和憧憬未来的教学目标。

三、教学目标

1. 知识与技能：初步了解飞机飞行的基本原理。（由于飞机飞行原理的相关知识点在八年级《科学》上册

第 2 章第 3 节大气的压强阅读部分《飞机的升力》中学习，所以对于 12 ~ 14 岁（四到六年级）的学生只需要适当了解飞机飞行的原理即可，不做具体要求。）

2. 过程与方法：学会组装一架手掷滑翔机，本课程以“腾云号”飞翼滑翔机为例。学会运用简单的方法调试“腾云号”飞翼滑翔机直线飞行。

3. 情感、态度与价值观：通过对手掷滑翔机飞行的探究，培养学生对科技和国防的兴趣，从而培养学生的爱国主义精神。

四、教学重难点

1. 教学重点：重心的寻找和调整。
2. 教学难点：掷出滑翔机的方法。

五、教学场地与教学准备

1. 教学场地：绍兴科技馆航模探究 box 教室、“探索与发现”展厅和镜湖广场。
2. 教学准备：教案、课件，学具和教具详见下表。

教具清单如下：

序号	物品名称	数量
1	遥控扑翼机	1 架
2	遥控直升机	1 架
3	遥控多轴飞行器（带国旗）	2 架
4	遥控固定翼飞行	1 架
5	手掷滑翔机	1 架
6	A4 白纸	2 张
7	“科技与生活”展厅飞机模型	1 架
8	“探索与发现展厅”飞机升力演示装置	3 套
9	手掷纸飞机	3 架
10	音箱和存有国歌的存储设备	1 套
11	其他教具	机动

学具清单如下：

序号	物品名称	数量
1	A4 白纸	2 张
2	飞机机翼升机演示仪	1 套 / 组
3	“腾云号”飞翼滑翔机	1 套
4	8 号小国旗	1 面
学具只要是手掷滑翔机就可以，可以是购买的套材，也可以是老师自行开发的套材。		

3. 活动总时长：40 分钟。

六、教学活动设计与实施

1. 教学活动流程图

准备阶段：

由于来绍兴科技中小学生科技教育实践基地参加实践的学生一般都是第一次来参加活动，或者每次参加的课程不同，老师也不同，所以需要课前“破冰”预热。此阶段从到大厅接学生就已经开始，但没有在教案中体现。

第一阶段：航空模型简介和表演（5 分钟）

通过对航空模型运动的简介和表演，从而激发学生的学习兴趣。

第二阶段：探究飞机为什么能飞行（25 分钟）

1. 初步了解飞机飞行的基本原理；2. 能独立或相互协作组装一架手掷滑翔机，本课程以“腾云号”飞翼滑翔机为例；3. 学会运用简单的方法调试“腾云号”飞翼滑翔机直线飞行。

第三阶段：课堂小节（5 分钟）

总结探究学习的成果，分享学习过程和飞行的快乐。

第四阶段：课堂拓展（5 分钟）

通过了解身边的一些关于气体流速与压强关系的现象，培养学生要做一个善于发现问题的人。

2. 活动步骤以及设计意图

第一阶段　航空模型运动简介和表演，激发学生的学习兴趣（5 分钟）

阶段目标：通过对航空模型运动的简介和表演，从而激发学生的学习兴趣。

教育活动脚本	设计思路
第一步，导入。老师：同学们好！欢迎大家来到绍兴科技馆科学梦工场航模探究 box 教室体验航模探究 box 课程。 第二步，航空模型运动简介。老师：航空模型属于科技体育项目，也称科技模型……	通过对航空模型的简介和探究，让学生了解航空模型是各种航空器模型的总称。它包括飞机模型和其他飞行器模型。
第三步，总结学习航模的意义。老师：刚才我们一起探究了一些适合我们学习体验的航空模型，那么学习航模有什么现实意义呢？ 学生探究。（略） 第四步，播放航空模型用途的相关视频。小结：航空模型可以用在指挥交通、拍摄电影电视、救灾、高压架线和检修、农业生产、快递派送、测绘、通信等。对于我们学生来讲可以学以致用、劳逸结合、憧憬未来，体验飞行的快乐。	通过探究学习，让学生了解航空模型活动从一开始就引起人们浓厚的兴趣，而且千百年来长盛不衰，主要原因就在于它在航空事业的发展和科技人才的培养方面起着十分重要的作用。 通过探究学习，让学生了解学习航空模型的意义。
第五步，航模飞行表演。现场进行航模飞行表演 。 老师：现场演示固定翼、多轴和直升机等。老师在飞行遥控扑翼机时，学生可以用双手模仿小鸟的翅膀飞行，从而体验“飞行”的快乐。在飞行遥控直升机时，引导学生假想为解放军叔叔正在巡逻祖国天空，保卫祖国，一起为解放军叔叔加油！在飞行遥控四轴时，全体学生一起唱国歌（或其他爱国歌曲）。 学生每人手持一面国旗，唱国歌。	通过老师现场的航模表演，比如用遥控直升机模仿解放军叔叔驾驶战机巡逻祖国边疆保卫祖国的场景，让学生了解我们为什么有现在的幸福生活，从而对学生进行爱国主义教育。

第二阶段　探究飞机为什么能飞行（25 分钟）

阶段目标：初步了解飞机飞行的基本原理。能独立或相互协作组装一架手掷滑翔机，本课程以“腾云号”飞翼滑翔机为例。学会运用简单的方法调试“腾云号”飞翼滑翔机直线飞行。

教育活动脚本	设计思路
老师：同学们！我们现在就来上一堂学以致用的航模体验课好不好！ 学生：好！ 通过实验探究飞机飞行的奥秘。 老师：同学们知道飞机为什么能飞行吗？ 学生 1：飞机有两个很大的机翼。 学生 2：飞机有推力很大的发动机。 学生 3：……	

教育活动脚本

老师：同学们都很会动脑筋，关于飞机的飞行原理我们要等到八年级《科学》上册第 2 章第 3 节大气的压强阅读部分《飞机的升力》中学习。今天我们只作初步探究。

此时，老师课件展示实验 1，见右图。

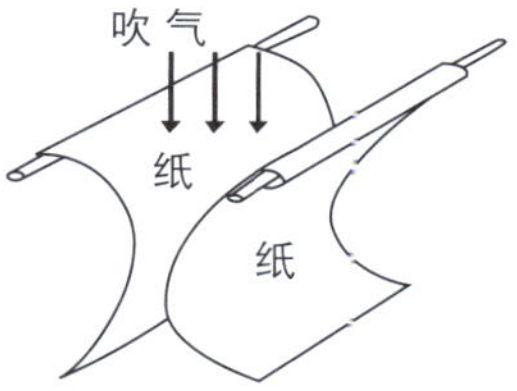

老师：如果老师如图放置两张 A4 纸，并如图方向吹气，同学们猜测一下会发生什么现象?

学生 1：两张纸下部往外动。

学生 2：两张纸都不动。

学生 3：两张纸往里动。

学生 4：两张纸一张不动，另一张动。

学生 5：……

老师表扬和鼓励学生动脑筋。先如图做实验，再让学生自己做实验探究。

老师继续打开课件展示实验 2，见下图。

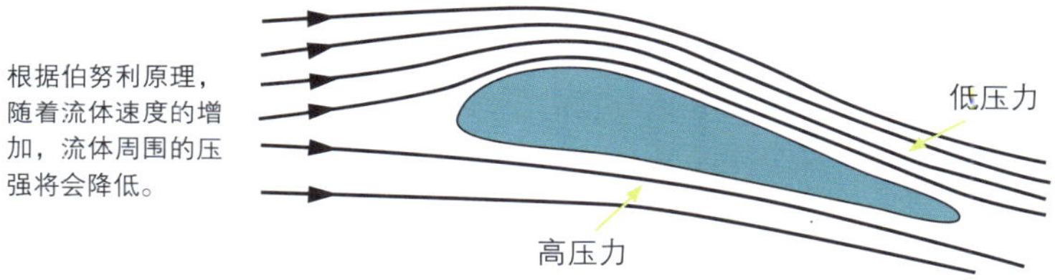

学生分组探究学习。

学生探究学习后，再概括总结气体压强跟流速之间的关系：气体的流速越大，压强越小；流速越小，压强越大。

老师带领学生去“科技与生活”展厅参观展品“飞机模型”，见下图。

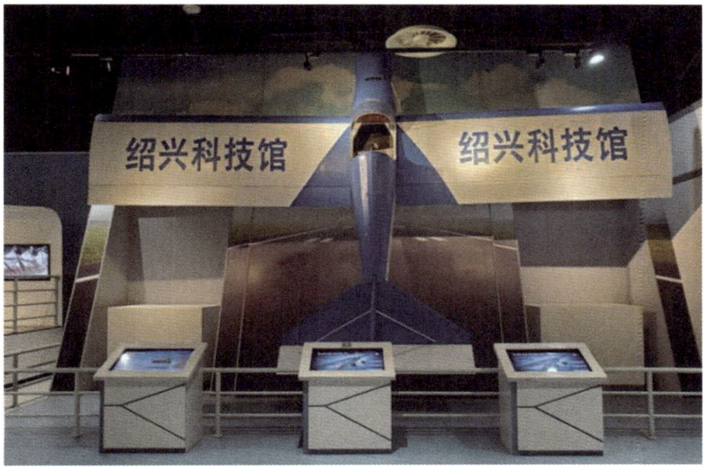

学生 1：老师，飞机、飞机模型和模型飞机有什么区别呢?

学生 2：……

设计思路

让学生通过动手实验探究，获得比较直观的现象，是符合学生逻辑思维能力发展规律的。学生在实际实验过程中，老师及时给予适当帮助和引导。

学生分组通过小型的《飞机升力演示器》进一步探究气体流速与压强的关系。

教育活动脚本	设计思路

老师：带领学生参观“探索与发现”展厅展品：机翼的升力演示仪，见下图。

老师：提问，飞机机翼为什么会产生升力呢?

在课程探究过程中充分结合展厅相关展品进行探究学习。如“科技与生活”展厅的大型模型飞机、“探索与发现”展厅的《机翼的升力》演示仪等。

学生作出猜测和假设。

老师带领学生去镜湖广场进行遥控类航模表演。

学生观看表演。

表演结束后由老师带领学生返回模型探究教室并安排学生休息。

展示完两个课件后，学习手掷滑翔机（“腾云号”飞翼滑翔机）

（1）组装

老师：同学们，我们一起来组装一架属于自己的模型飞机吧！请同学们根据《科学活动笔记本》独立或相互协作自己组装一架手掷滑翔机（“腾云号”飞翼滑翔机），如还有困难可以举手向老师请教。（每位学生一本《科学活动室笔记》，见下图）

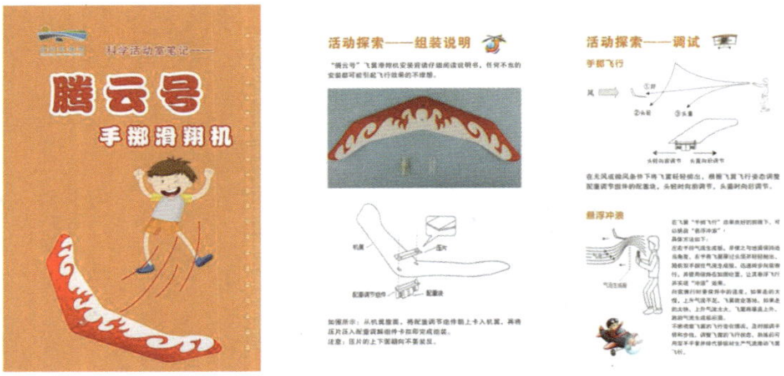

学生通过《科学活动笔记本》来进行探究性学习，主要是培养学生能够以自主探究性学习为主。同时要学会相互协作的学习方式。

（2）调试

老师：经过同学们的努力，我们组装了一架非常漂亮的滑翔机，我们一起去展厅门口飞吧！

学生自由试飞。

老师：经过同学们的自由试飞，你觉得你自己的飞行有什么问题？大家一起来探究解决或分享自己的飞行经验。

学生 1：我的模型飞机头重了，往下坠的很快。

学生 2：我的模型飞机是波浪形飞行的。

教育活动脚本	设计思路

学生 3：我的模型飞机是慢慢滑翔的。

学生 4：我的模型会转弯。

……

老师：要想飞好模型飞机，首先拿飞机的姿势要正确，其次出手的力量要适中。

老师教学拿飞机的方法：左右平、俯仰平。

学生进行练习。

老师：你知道手掷滑翔机正确的掷出（出手）方法吗？哪位同学试试？

学生举手报名。

老师教学正确的掷出方法：要像跳新疆舞一样，手要向前平移。（老师请出几位学生上台跳新疆舞，头向前平移的动作）

学生手拿模型飞机练习平推手势。

老师：你知道这架手掷滑翔机掷出的力量需要多大？

学生 1：要重一点。

学生 2：要轻一点。

学生 3：力量要适中。

学生 4：我觉得不同模型飞机出手力量应该不一样。

老师：同学们基本掌握了拿模型飞机的方法和出手力量，我们接下来探究一下模型飞机重心问题。

老师：刚才模型飞行头重和头轻是由于飞机重心位置不正确造成的。那么我们应该怎么调整呢？

> 通过学生都比较熟悉和感兴趣的新疆舞的动作来辅助教学，更形象直观，适合小学生的特点。

学生 1：头重要我们可以把配重往后面调。

学生 2：头轻了我们可以把配重往前调。

……

老师：同学们的回答非常好，调重心的原理和我们玩跷跷板类似。

老师：同学们根据上面所学的知识，再次调试飞行，看还有没有问题？

学生自己调试或相关协助。

老师：刚才我们探讨了如何调整重心的问题，接下来我们来探究如何调整飞行方向。

> 学生答得好的要鼓励，答得不好的要指出问题所在，但有一些可以表扬的细节也应该给予鼓励。老师要充分调动学生学习的积极性，从而提高课堂教学的效率。

由于调整转变的理论对于小学生有难度，这里以讲授调整方法为主。

学生自己调试或寻求相关协助。

（3）比赛

比赛规则：老师指导学生将模型制作完成后，在规定区域内学生自由作定点投掷，根据模型着地静止时所处分区确定成绩，并按照分值由大到小进行排名。

教育活动脚本

比赛选手必须独立完成放飞，每次限一名选手放飞。参赛选手不得使用他人模型，违者成绩无效。

模型着地静止后，其任意部分接触分区则取该分值作为该轮成绩；模型同时接触2个分区，取高分区的分值作为该轮成绩。模型落地区域不在分区内均得0分。

比赛进行2轮，以分值较高1轮成绩作为比赛最终成绩并确定名次。若出现多名成绩相同者，加赛一次，按加赛成绩评出该加赛组最后的先后名次。 下图展示比赛示意图。

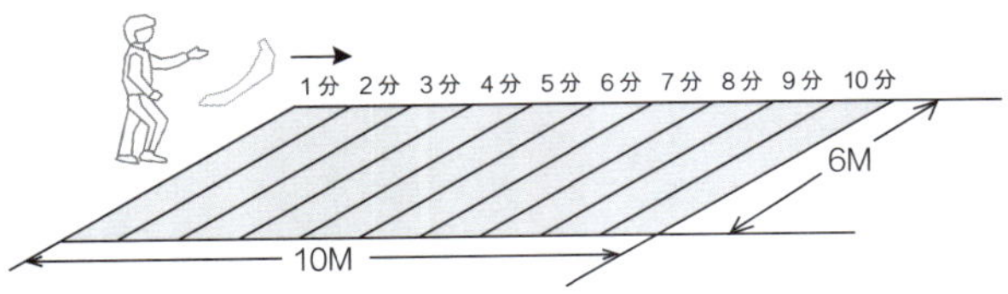

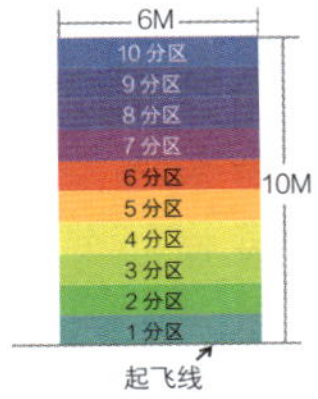

俯瞰图

设计思路

结合“飞向北京·飞向太空”全国青少年航空航天模型教育竞赛项目和全国纸飞机嘉年华暨“放飞梦想”全国青少年纸飞机通讯赛总决赛项目，通过小组赛和个人赛实现劳逸结合、学以致用和憧憬未来的教学目标。

第三阶段 课堂小结（5分钟）

阶段目标：总结探究学习的成果，分享学习过程和飞行的快乐。

教育活动脚本

老师：今天的学习同学们表现都很好，大家来说说自己的收获吧。

学生：……

老师：咱们中国的武器在当今世界已经是很先进了，但是美俄欧发达国家及地区相比还有待提高……希望同学们在自己的学习和生活中要“自信、自立和自强”，将来为祖国的国防事业做出自己的贡献！

设计思路

通过课堂小结，培养学生“自信、自立和自强”的优秀品质。

对学生进行爱国主义教育。

第四阶段 课堂拓展（5分钟）

阶段目标：通过了解身边的一些关于气体流速与压强关系的现象，培养学生要做一个善于发现问题的人。

教育活动脚本

老师提出问题：在有风的天气里，教室门有时候为什么被风吹开，有时为什么会自动关上？教室的窗帘为什么时而被风吹起，有时又被吸回去？

学生回答。

设计思路

让学生明白科学来源于生活，又服务于生活，鼓励学生要做一个有心人。

七、教学评价与反思

该项目是基于青少年对飞行的向往以及爱国主义教育和国防事业的需要而开发的一堂航模体验课，主要在学期内周三至周五、寒暑假研学、科技（航模）进校园、科技（模型）进社区、港澳台交流、国内外交流等实施，活动从 2014 年年底开发完成，2015 年开始向学校、社会推广实施，实施场次达几百次，受众人数近两万人。受到学生、随堂听课老师和领导以及家长的一致好评，该课程被绍兴市教育局评为绍兴市首批中小学研学实践教育“优质课程”，课程被浙江省教育技术中心评为中小学实践基地综合实践活动精品课程。

该课程在 2023 年主题为“基于科技馆科普资源的科学实践活动设计”的全国中小学生老师科学素质提升培训展示课中受到了参加培训老师和领导的一致好评。

学校领导和老师评价如下图：

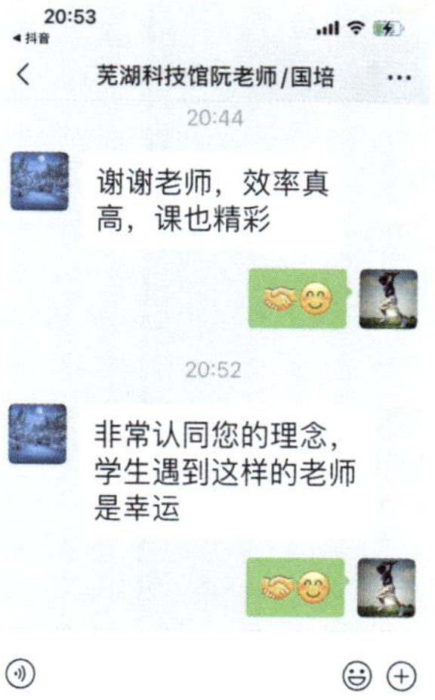

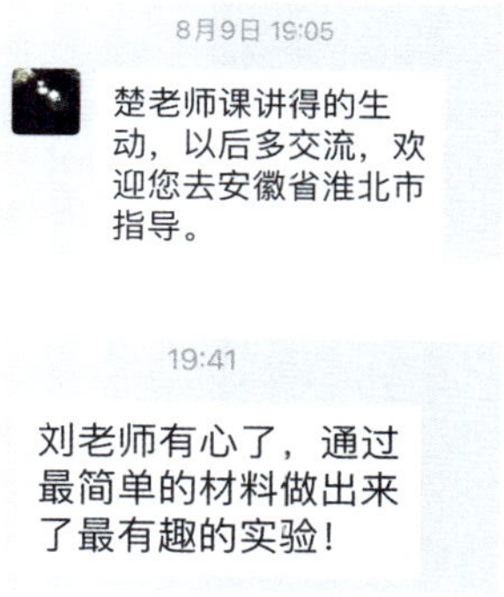

★ 该项目获 2023 年“奋进科普新征程”全国科技馆联合行动优质科学教育资源项目三等奖 ★

安徽省

一探究竟之蒸汽的动力

教育活动类型： 科学实验与动手制作类课程

项目开发单位： 安徽省科学技术馆

项 目 设 计 人： 潘薇、孙玉平、王超

一、概述

本次活动通过“辽宁舰”航母动力系统引入，激发学生探究学习的兴趣；在探究过程中，围绕“蒸汽动力如何转化为推动航母前进的动力？”这一问题，激发学生提出自己的猜想，并设计实验方案进行验证，引导学生通过使用控制变量法，观察和比较不同因素对实验的影响，如：火势、孔数、孔径、孔位等。培养他们的科学思维和实验探究能力，并结合馆内展品“瓦特改良蒸汽机”，让学生对“辽宁舰”的主要动力来源“蒸汽动力”有更深入的理解。最终，我们希望学生们能够以大国重器为骄傲，为祖国的强盛贡献自己的力量。

二、教学对象

1. 本教育活动适宜的受众人数：20 人。

2. 本教育活动针对的具体教学对象：10 ~ 12 岁学生。

3. 教学对象的学情分析：本项教育活动的教学对象为小学四至六年级学生，该年龄段的学生正处于皮亚杰认知发展水平的具体运算阶段，对周围的世界具有强烈的好奇心和求知欲，通过平时在课堂上的探究活动和科技馆的探究活动，已经掌握了观察、记录等科学方法，具备一定的探究能力。

这一阶段的学生已经了解了温度的变化会引起水的物态变化。在三年级的学习中也已经观察了水变成水蒸气的过程。通过日常生活经验的积累，学生可以观察到装着开水的暖水瓶，有时瓶塞会弹起来，通过阅读书籍也对蒸汽机有所了解，能够提出“水蒸气具有能量”这一观点，但是对于其中的科学原理未曾深入探究。因此，让学生在了解蒸汽机发明史中掌握蒸汽动力转化为机械动力的基本原理，感受严谨的科学研究过程并且树立以实证为核心的科学观是本次教育活动的关键所在。

三、教学目标

1. 科学观念：知道水和水蒸气在状态和体积等方面的区别，知道两者虽然状态不同，但都是同一种物质；列举日常生活中水的蒸发和水蒸气凝结成水的实例；了解人类将蒸汽动力转化为机械动力的历程及影响。

2. 科学思维：在设计实验验证方案时，能够运用控制变量法来控制多个因素，将多因素问题转化为多个单因素问题，并且能够综合实验结果得出结论。

3. 探究实践：能够进行观察、记录和讨论实验现象，并且能够提出自己的猜想和假设；通过分享和汇总实验结果，在实验结论中提出了对不同因素的解释，并能够对自己的实验设计方案进行评价和改进。

4. 态度责任：通过小组合作，集思广益、激发创造力，共同解决问题，培养团队意识和协作能力；通过实证价值观的引导，学生能够保持客观、严谨的态度，遵循科学的原则和方法；通过学习引导学生认识到科学发现的重要性和不断创新的必要性，激发学生科学创新的积极态度；感受“大国重器”背后所蕴含的科学家精神。

四、教学重难点

1. 教学重点：结合我国航母“辽宁号”，设计实验探究常规动力航母的蒸汽动力原理，在蒸汽机原型的基础上深入探究影响航母航行速度的可能因素。

2. 教学难点：在实验探究的过程中，与国防教育相结合，倡导学习科学方法、科学知识、提升科学素质的同时，传承科学家精神，激发科学梦想，营造创新氛围。

五、教学场地与教学准备

1. 教学场地：科创工坊及“科技征程”展厅。

2. 教学准备：烧杯、光盘、热水、打火枪、易拉罐、酒精灯、铁架台、秒表、棉线、钻孔器、注射器，见下图。

3. 活动总时长：60 分钟。

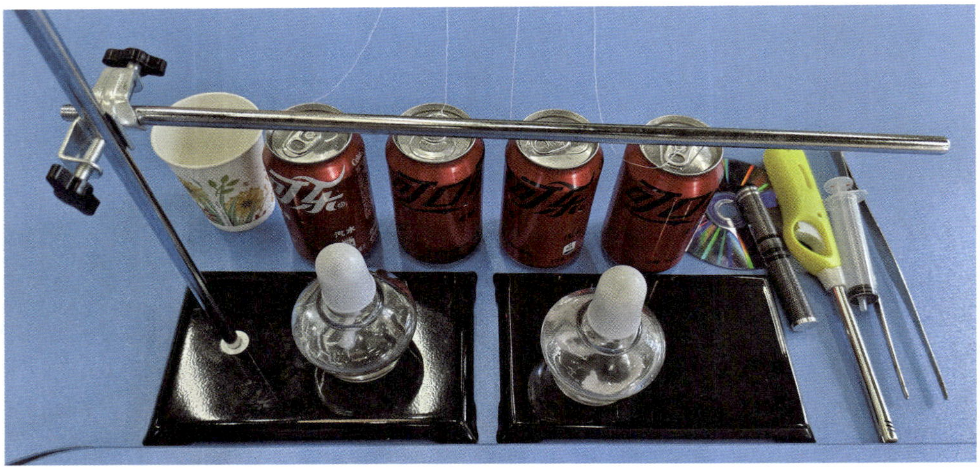

六、教学活动设计与实施

第一阶段 引入

阶段目标：以辽宁舰视频为引入，引发动力疑问，配合实验演示，发现问题，引出本次活动的探究主题。

教育活动脚本

首先，创设情境。

老师活动 1：【播放视频】播放辽宁舰海航视频，讲述我国第一艘航母下水海航的国防意义。介绍辽宁舰的技术参数，引导学生思考是什么驱动这个庞然大物在海上航行?

学生活动 1：根据视频回答问题。

老师活动 2：【演示实验“水去哪儿”】组织学生观察水的形态变化。

（1）在烧杯中加入热水，将光盘放在烧杯的上方，可以观察到光盘面形成了一层水雾。

（2）将带有水雾的光盘镜面朝下，使用打火枪的火焰反复来回燎烤光盘，可以观察光盘上水雾逐渐消失。引导学生观察实验现象，并思考镜面上水是从哪来的，又为什么消失了?

学生活动 2：观察实验现象，思考回答问题，见下图。

老师活动 3：总结学生的回答，指出：光盘面上的水雾来自热水蒸发的水蒸气，遇到冷的光盘面液化成小液滴，形成水雾；打火枪燎烤光盘面，加速光盘面上的水雾汽化蒸发成水蒸气。

引出课程探究主题：水蒸气是怎么驱动航母的?

设计思路

学情分析

该年龄段学生正处于学习科学知识的关键阶段，他们对于探索和发现有着浓厚的兴趣。他们有基本的科学常识和实验能力，适合进行简单的实验观察和思维训练。在这个年龄段，学生的思维能力日益发展，他们能够通过观察、提问和推理来解决问题。

设计意图

通过学生观察实验现象、思考问题，引导他们从日常生活中的实例出发，逐步了解和掌握水蒸气驱动航母的原理。通过实践和思考的过程，培养学生的观察力、实验能力和科学思维能力，激发他们对科学的兴趣和探索的欲望。

教学策略

视频播放：通过播放辽宁舰动力装置视频，让学生观察并探讨航母所利用的动力是什么。鼓励学生提出问题并进行讨论，激发他们的思考和好奇心。

实验观察：通过组织学生观察水的形态变化实验，引导学生观察实验现象，并思考镜面上水是从哪来的，又为什么会消失。这样的亲身体验有助于学生深入理解水蒸气的生成。

第二阶段 探究

阶段目标：针对水蒸气驱动航母的科学原理进行探究，学生在探究中对航母运行速度的影响因素产生疑问和猜想，自主设计实验进行深入探究。

教育活动脚本

开展本阶段创设情境。

老师活动 1：【演示“蒸汽机原型实验”，见下图】（1）安装铁架台，用铁丝圈住易拉罐的上方，形成一个提扣；（2）将棉线一端系在提扣上一端系在铁架台；（3）在易拉罐上两侧打孔并用打孔器调整孔的朝向为罐体的切线方向；（4）用注射器向易拉罐加入 1/3 的水，用热熔胶封住口；（5）点燃酒精灯给易拉罐预热，加热易拉罐；（6）等待一会儿，观察实验现象。

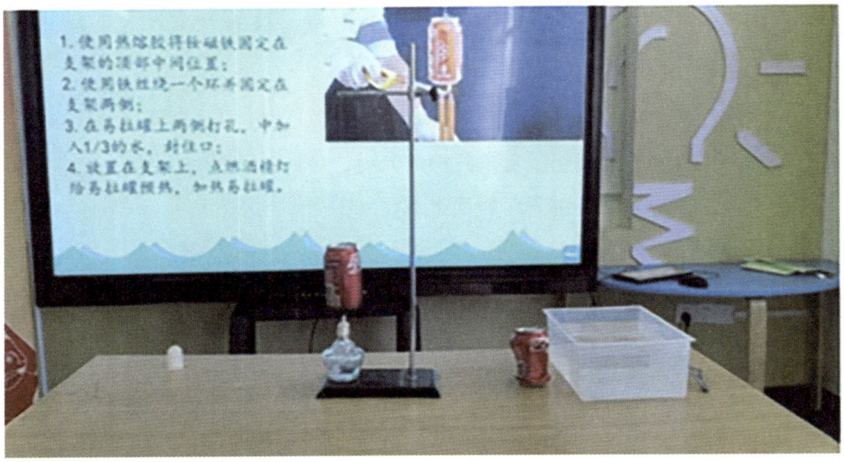

实验现象：易拉罐在快速旋转。

学生活动 1：观察并记录实验现象。

老师活动 2：引导学生思考，是什么在推动易拉罐旋转?

学生活动 2：小组讨论，得出结论。（1）水蒸气的力量来源是水汽化为水蒸气时，体积膨胀产生的气压；（2）易拉罐中水汽化成水蒸气，从孔中喷出，反向推动易拉罐运动。

老师活动 3：引导学生发现问题——航母也是利用蒸汽动力驱动的，哪些因素会影响航母的航行速度呢？（等价问题：哪些因素会影响易拉罐旋转的快慢呢？）

学生活动 3：学生分别阐述自己的猜想，并讨论，汇总出如下猜想。（1）可能与火的大小有关；（2）可能与易拉罐的开孔个数有关；（3）可能与易拉罐的开孔大小有关；（4）可能与易拉罐上开的孔的方位有关。

老师活动 4：老师将有不同想法的学生分成若干小组，进行设计实验验证方案，引导学生将方案形成具体的实验图纸。

设计思路

学情分析

这一阶段，学生对水蒸气有了直观的认识，且通过老师演示蒸汽机原型实验，能够理解水蒸气力量推动物体旋转的概念，此外，这一年龄段的学生已经具备一定的自主探究能力，能够在老师的引导下提出关于易拉罐旋转速度的影响因素并做出合理猜想。

设计意图

通过蒸汽机原型实验的演示，激发学生对蒸汽动力的兴趣，并引导学生思考和探究；通过组织学生进行小组讨论，并引导学生提出问题和猜想，培养学生提出问题、思辨和设计实验的能力；组织学生进行分组探究，了解控制变量法实验设计方法，并通过实验记录和结论总结，培养学生观察、实验和分析问题的能力。

教学策略

演示实验：通过蒸汽机原型实验演示引起学生的兴趣，增加学习的情境感，激发学生对蒸汽动力的好奇心和探究欲望。

教育活动脚本

学生活动 4：讨论并画出实验图纸。

老师活动 5：为学生提供所需实验器材，易拉罐、铁架台、酒精灯、蜡烛、铁丝、秒表等。

引入实验设计方法：控制变量法。（物理学中对于多变量的问题，常常采用控制变量的方法，把多因素的问题变成多个单因素的问题。每一次只改变其中的某一个因素，而控制其余几个因素不变，从而研究被改变的这个因素对事物的影响，分别加以研究，最后再综合解决，这种方法叫控制变量法。）

组织学生进行分组探究，分为：火势组、孔数组、孔径组、孔位组。

学生活动 5：统一测量转速方法，在易拉罐侧面竖向粘上白色纸条，统计 1 分钟内易拉罐的旋转圈数。

实验设计参考思路：

【火势组思路见下图】用蜡烛代替酒精灯，通过控制蜡烛的根数来控制火势。

孔数组思路，如上图展示，利用钻孔器打孔保持孔径相同，在易拉罐的同一水平高度，控制孔数的多少。

设计思路

讨论引导：通过引导学生讨论问题，激发学生的思考和探索精神，培养学生独立思考、交流和合作的能力。

探究式学习：组织学生进行小组工作，分析问题并提出自己的猜想，设计实验进行验证，培养学生实验设计和数据处理的能力。

实践操作：提供所需的实验器材，引导学生进行实验操作，培养学生实际操作和观察的能力。

教育活动脚本

设计思路

孔径组思路，见下图，利用钻孔器打孔便于控制孔径变量，在易拉罐的同一水平高度，控制孔径的大小。

孔位组思路利用钻孔器打孔控制孔径相同，孔位组限定孔数为 2 个，2 个孔的孔位设计如下：1 组为同一高度，水平排列，高度为 h1；2 组为不同高度，竖直排列，孔 1 高度为 h1，孔 2 高度为 h2；3 组为同一高度，水平排列，高度为 h2；h1 > h2，详见下表。

火势组实验记录					
蜡烛根数 / 根	1	2	3	4	5
易拉罐圈数					

孔数组实验记录					
孔数 / 个	1	2	3	4	5
易拉罐圈数					

孔径组实验记录			
孔径 /mm	3	5	7
易拉罐圈数			

孔位组实验记录			
实验组组号	1	2	3
易拉罐圈数			

实验结论：

【火势组】随着蜡烛根数的增加，易拉罐在 1 分钟内旋转圈数也随之增加。

【孔数组】随着易拉罐上孔数的增加，易拉罐在 1 分钟内旋转圈数先增加后减少。

【孔径组】随着易拉罐上孔径的增大，易拉罐在 1 分钟内旋转圈数随之减少。

【孔位组】三组实验易拉罐在 1 分钟的旋转的圈数没有拉开差距，组 1 略大于组 2，组 2 略大于组 3。

第三阶段 解释

阶段目标：结合“科学征程”展厅展品“瓦特改良蒸汽机”，利用能量守恒原理，反冲运动做功特点及蒸汽做功特点等科学原理解释实验现象。

教育活动脚本

老师活动 1：带领学生前往“科学征程”展厅，寻找展品“瓦特改良蒸汽机”见左图，引导学生体验展品。

学生活动 1：【展品体验】将手放在火炉的触摸屏上，启动展品，观察蒸汽机的运动方式。

老师活动 2：结合展品蒸汽机解释科学原理。火炉旁边有一个水箱，火炉中燃烧的煤炭释放热量加热水箱中的水；水箱中的水被加热沸腾汽化，产生大量水蒸气推动了活塞运动；活塞通过连杆将动力传输给了飞轮，飞轮在惯性的作用下又将活塞压了下去，在这样的往复运动中，蒸汽机输出了动力，这就是蒸汽机的工作原理。

学生活动 2：结合展品，了解实验结论背后的科学原理。

联系展品：【火势组】蒸汽机是将煤炭中的化学能转化为热能，热能转化为机械能，加大火势，增加热能的输入量，易拉罐也会输出更多机械能；【孔数组】易拉罐是利用向外喷出蒸汽，增加自己的动能，过多的孔数，不能让易拉罐内积聚足够的蒸汽，热能更多被空气吸收了，所以蒸汽机上只有一个活塞；【孔径组】原因与孔数组相同，过大的孔径也会造成相同结果；【孔位组】易拉罐是利用喷出蒸汽的反向冲击力，驱动运动的，并且易拉罐上每个孔到以拉绳为中心的旋转轴的距离相同，所以位置并不是影响易拉罐转速的主要因素。

老师活动 3：提出疑问——我国的辽宁舰也是蒸汽动力的，那它是利用瓦特改良设计的蒸汽机提供的动力吗?

学生活动 3：依据自身的知识储备回答问题。

老师活动 4：解释航母中“蒸汽轮机”的工作原理，见右图。（蒸汽轮机的工作原理是利用高温高压的蒸气推动涡轮转动，输出动力，类似于风吹动风力发电机，使得风力发电机转动，输出机械能。）

设计思路

学情分析

该年龄段的学生对于科学原理的理解程度有限，需要通过实际观察和体验来加深对蒸汽机工作原理的认识。并且，他们已经具备了一定的观察和实验的能力，能够通过观察展品和参与实验来感受和理解蒸汽做功的原理。

设计意图

通过前往展厅观察、体验展品，让学生亲身体验蒸汽机的运动方式，激发他们对蒸汽动力的兴趣和好奇心。通过回顾实验过程，进一步加深他们对蒸汽机以及辽宁舰工作原理的理解。

教学策略

展品体验：通过结合展品，进行科学原理的解释，引导学生理解蒸汽机工作的基本原理，将复杂的过程简化和形象化，让学生易于理解。

第四阶段 迁移

阶段目标：通过辽宁舰的蒸汽动力设计，引导学生再次观察体验展品，感受“蒸汽机”的发明给人类生活带来的巨大变化。

教育活动脚本

老师活动 1：播放视频，结合视频介绍纽科门发明蒸汽机、瓦特改良蒸汽机的知识点。

提问：蒸汽机的发明给社会的发展起到了什么样的作用?

学生活动 1：进行讨论并回答问题。

老师活动 2：组织学生体验展品组群“穿越工业时代”中的展品，见下图，体会蒸汽机发明后，社会在衣食住行四个方面的改变，思考科学发现是怎么一步一步促进工业革命、促进社会发展的。

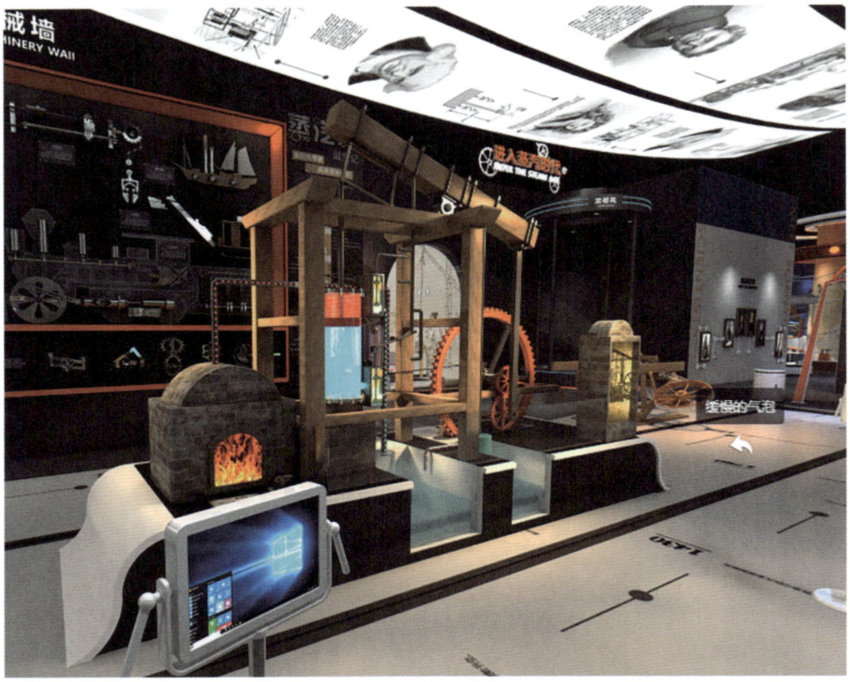

学生活动 2：交流讨论，回答问题。

老师活动 3：总结学生的回答，引导学生认识科学理论的生命力在于不断创新。（科学技术的发展引发并且推动了工业革命：蒸汽机的出现使机器获得了持续而稳定的强大动力，是人类跨入蒸汽时代，并且以蒸汽机的发明和使用为主要标志，使得欧洲主要资本主义国家的资本主义制度得以确立，所以工业革命促进了社会发展。）

设计思路

学情分析

该年龄段的学生已经掌握了一定的科学知识，对于科学发明和社会发展有一定的了解。同时，他们在思维能力方面也有了较大的提升，能够进行逻辑思考和表达自己的观点。因此，通过学习蒸汽机的发明和科学发现对社会发展的影响，有利于培养他们对科学的兴趣和创新意识。

设计意图

通过介绍纽科门发明蒸汽机、瓦特对蒸汽机的改良以及蒸汽机对社会发展的作用，引导学生认识到科学发现的重要性和不断创新的必要性，激发学生对科学技术革命的兴趣，并培养他们对科学创新的积极态度。

教学策略

小组讨论：通过小组讨论，学生能够更充分地表达自己的观点，听取他人的意见，并从中获得其他人的思考方式和新的见解，有助于培养学生的合作能力和批判性思维能力。

展品体验：组织学生体验展品“穿越工业时代”，让学生更加深入地理解科学技术对社会的影响。

第五阶段 评价

阶段目标：引导学生回顾实验探究的过程，帮助学生树立以“实证”为核心的科学认识论、方法论，感受“大国重器”背后所凝结的科学家精神。

教育活动脚本

本阶段，老师组织学生完成以下三个问题的回顾：

（1）针对蒸汽动力航母的动力来源问题和影响航母航行速度问题进行猜想，并自主设计实验验证猜想。

（2）你最初是如何设计实验探究影响航母的航行速度因素的，在蒸汽机原型实验的基础上做了哪些改进？（是自己实验的结果？还是借鉴了他人的实验或分析？他人实验或分析给了你哪些启发？）

（3）通过对辽宁舰动力系统的学习，你感受到这一项“大国重器”的背后蕴含着哪些科学家精神？

学生活动 1：学生在学习单填写并发言，听取他人的发言。

老师活动 2：组织学生听取他人汇报后再次完成上述三个问题的总结。

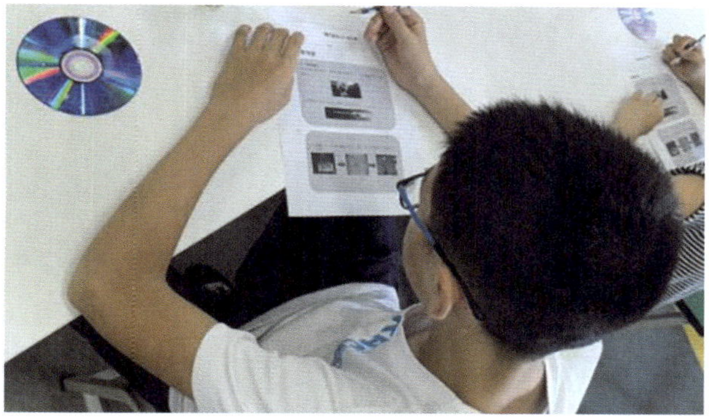

学生活动 2：学生根据依据他人的发言再次填写学习单内容，见左图。

老师活动 3：综合学生自我评价、实验及作品完成情况、课堂表现进行点评。

设计思路

学情分析

该阶段的学生正在初步形成自己的价值观和科学观，因此，在科学活动中应该引导学生树立科学的认识。

设计意图

通过回顾学生设计实验、讨论修改与再次实验，听取他人收获再次思考总结，帮助学生巩固收获，达到阶段目标。

教学策略

讨论回顾：通过让学生两次的讨论与分享收获，帮助学生全面的了解实验过程，学习科学思想树立以“实证”为核心的科学认识论、方法论，感受“大国重器”的背后蕴含着哪些科学家精神。

七、教学评价与反思

该课程在展厅进行实施，深受青少年观众喜爱。活动参与性和趣味性十足，在提出猜想小组探究的过程中，自己的思考能力和探究能力都有很大程度的提升，掌握了蒸汽动力转化为机械动力的原理。更重要的是，通过参与活动，深刻体会到了不断创新的必要性，并且深刻感悟到“大国重器”的背后凝结的是科技工作者们无数智慧和心血。

通过每节课辅导员的观察和记录，以及学生的反馈情况，课程进行了以下方面的完善：①在授课过程中将学生进行分组进行探究，这样可以有效提升学生的参与度。②通过展厅实践及学生问答的形式，有效提升学生对蒸汽机工作原理的理解能力和应用能力。③通过引发学生对航母蒸汽动力系统的思考和讨论，拓宽他们的知识视野和科学思维，并且更深入地体会“大国重器”背后凝结的科学家精神。

星空梦

教育活动类型： 科普活动

项目开发单位： 合肥市科技馆

项 目 设 计 人： 宁凡 、任方舟、季晓雨

一、活动对象

1. 年龄：10 ~ 11 岁。

2. 人数：6 ~ 8 人。

3. 受众分析：本教育活动针对的教学对象是中高年级的小学生，适宜受众人数 6~8 人。这个年龄段的学生对于城市和野外的夜景并不陌生，同时也掌握了一些天文知识和光学知识，知道大气层的组成，对于星星可以发光也具有相应的直接经验，但对于城市与野外夜景的区别却没有思考过原因，也没有将知识联系起来思考的经验。同时对于大部分生活在城市中的学生来说，这一群体在日常生活中容易忽略光污染对于生活的危害。

二、活动目标

1. 科学观念：知道光遇到物体会发生反射现象，了解光的散射现象及其背后的微观原理，解释光污染的产生原因。

2. 科学思维：能够在生活经验的基础上大胆猜想，运用分析、比较、综合的思维方法，能够建构或使用模型来解释城市和野外的星空不同这一现象。

3. 探究实践：在对反射现象研究中掌握观察、实验、解释等基本的科学方法，形成科学探究的意识，并能够针对城市和野外的星空对比进行合理猜想、设计实验，具有初步的实践探究能力。

4. 态度责任：具有对城市和野外的不同星空现象的好奇心和探究热情，能够针对现象背后的原因大胆提出自己的见解并能够基于实验数据得出结论，实事求是，能够在设计模型验证城市和野外的星空的不同的环节中产生节约能源，保护环境，推动生态文明建设和可持续发展的责任感。

三、活动重难点

1. 活动重点：知道光的散射现象及其背后的微观原理，解释城市夜晚观测不到星星的原因。

2. 活动难点：能够设计模型验证野外和城市的星空不同的原因，产生保护环境的责任感。

四、活动场地与相关准备

1. 活动场地：教室。

2. 活动准备：因为本次活动光学实验较多，教室需要可以控制光源，能提供较暗的环境。

3. 活动教具和活动套材包：PPT、视频等多媒体，塑料杯两只，牛奶，小手电筒，素材画若干（根据学生数量，一人一份），激光笔和多功能发射器若干（根据学生数量，一人一份），塑料鱼缸 2 个，挡板 2 个（能盖住鱼缸上部即可），氛围灯 2 串，大功率手电筒 2 只，烟雾机一台。

五、活动过程

第一阶段 引入（7 分钟）

阶段目标：学生通过绘画活动引起对于学习任务的兴趣，再结合观看视频素材，比较城市生活中的夜空和野外的星空的不同，由此产生认知冲突和探究意愿。

教育活动脚本

老师活动 1：根据学生数量发画纸，邀请小朋友们在夜晚城市上空画上他们平时看到的东西，见下图。

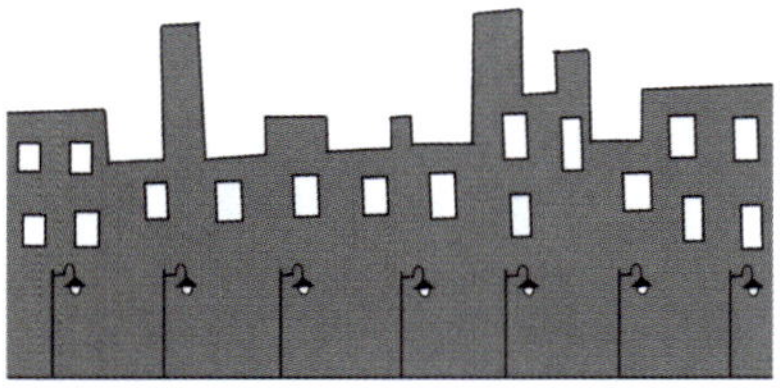

学生活动 1：补齐画作。

老师活动 2：总结学生绘画作品的特点，并展示梵高的星空，请学生欣赏一下并说一说看到这幅画的感受（PPT 展示梵高的星空画）。

学生活动 2：这幅画的星星很大也非常多，夜空很好看。

老师活动 3：介绍梵高的画作是在圣雷米疗养院中创作出来的（PPT 展示疗养院图片），将其与生活的城市相对比，通过视频展示野外星空并与城市夜空相

设计思路

设计意图：

绘画的环节，可以增加活动的趣味性，吸引学生的注意力，再通过老师的语言和现象的对比，引导孩子思考不同现象背后的原因。

教育活动脚本	设计思路
对比，启发学生思考“为什么生活在城市中的我们在夜晚很难看到满天繁星”（启发学生重点比较一下城市和野外的环境，见下图）。 学生活动 3：推测各种原因，包括城市夜晚很亮而野外夜晚很黑，天气不好、星星太暗等。 老师活动 4：分析学生推测的原因，比如天气问题会影响星星的可见度，而有些星星也因为发不出可见光而不被我们所看见，以及夜晚城市和野外的最大区别——城市里夜晚的天空很亮，并提问“为什么城市夜晚的天空很亮”。 学生活动 4：城市里有许多灯，而野外没有。	**学情分析：** 这个年龄段的学生对于城市和野外的夜景并不陌生，具有一定的绘画能力，能够将所见画出来，对于星星可以发光也具有相应的直接经验，但是对于城市与野外夜景的区别却没有思考过原因。 **教学策略：** 情景教学。

第二阶段 探究（10 分钟）

阶段目标：学生利用上一环节产生的认知冲突，在老师的引导下利用实验仪器和材料探究城市和野外的夜晚不同的原因。

教育活动脚本	设计思路
老师活动 1：城市的夜晚我们总能看到路灯、LED 广告大屏以及家家户户用来照明的灯等，这些灯大部分照向路面和房间里，为什么会把我们的天空点亮呢? 学生活动 1：说明本来照向路面和房间的光，改变方向照向天空了。 老师活动 2：（给学生发放激光笔和多功能反射器并提醒学生不要直视激光光源）引导学生利用实验器材探究光为什么会改变方向。 学生活动 2：利用激光笔在不同粗糙程度的表面上照射，发现光在遇到障碍物时会改变方向，在光滑的表面上反射光沿同一方向射出且亮度较大，而在粗糙的表面上反射光较弱且分散，见下图。	**设计意图：** 通过分析原因，实验验证，培养探究过程中的逻辑思考能力。

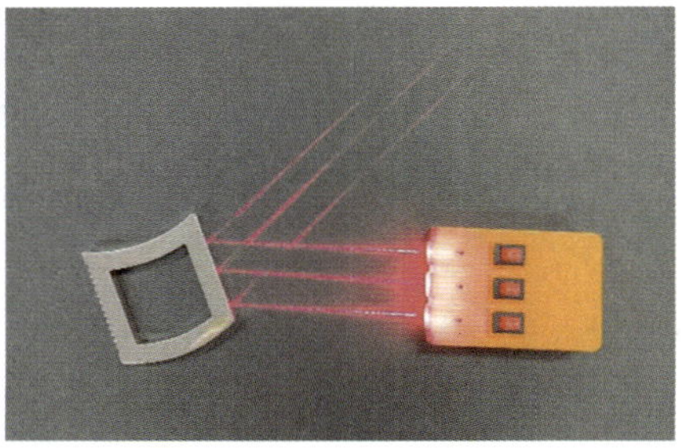

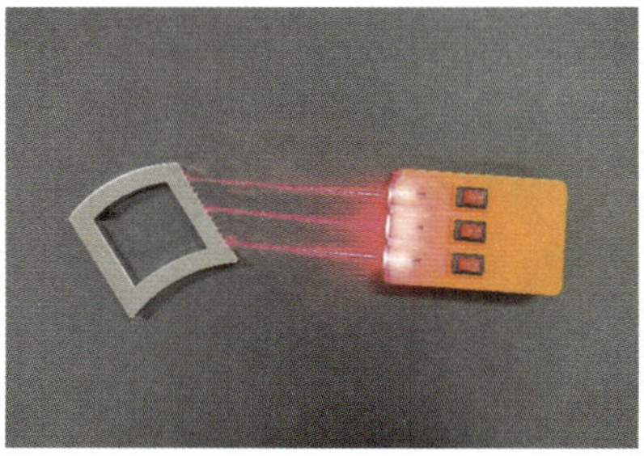

教育活动脚本

老师提问3：老师引导学生总结光的反射作用，并提问光在通过反射作用射向天空后，为什么天空会被点亮呢？光在照向什么样的物质时，才会将其点亮呢？（演示光照进清水、光照进滴加了牛奶的水的实验，见下图）

学生活动3：光照进滴加了牛奶的水更亮。

老师提问4：那么这两种水有什么不同呢？

学生活动4：颜色不同，滴加了牛奶的水更浑浊一些。

老师活动5：介绍牛奶在水里面就类似小颗粒，而光遇到这些小颗粒就像遇到了障碍物一样（PPT展示光的散射微观过程）。请学生总结光的散射现象。

学生活动5：光遇到这些小颗粒后一部分光向四面八方散开的。

老师活动6：和学生一起总结光的散射现象，并介绍大气层也是由空气、水蒸气和悬浮在空气中的固体杂质所组成的，而这些杂质就充当了小颗粒的作用，所以光在遇到它们的时候，通过散射把天空点亮。

设计思路

学情分析：

这个年龄段的学生具有一定的光学知识，具有一定的动手操作能力，可以在老师的指导下进行简单的实验操作。

教学策略：

探究——发现。

第三阶段　解释（10分钟）

阶段目标：学生能够利用老师提供的实验器材，自己设计野外和城市的星空模型，见下图，用可以量化的方式，验证在探究阶段得到的光的散射和光的反射能够影响天空的明亮程度的结论是否正确，加深对于概念的理解。

老师活动1：启发学生的批判思维，虽然城市里的灯光可以把天空点亮，但是真的能亮到掩盖住星星的光芒吗？（老师提供氛围灯——模拟星星发出来的光，有灯光调节功能的手电筒——模拟夜晚的光照，打烟机——模拟大气层）请学生分小组讨论，城市和野外的星空该怎么将这些实验道具组合？

学生活动1：分小组汇报。

教育活动脚本

第一小组：野外的空气比较干净，所以使用的烟雾比较少，同时野外的环境比较暗，所以不用打开手电筒，以数小灯的数量，用来模拟人眼看到的星星。

第二小组：城市的空气不如野外好，所以使用的烟雾比较多，同时城市里光照比较强，所以要打开手电筒。最后可以数小灯的数量，用来模拟人眼看到的星星。

老师活动 2：评价学生模型设计，并指导学生开展实验和结果的记录，见下表。

学生活动 2：开展实验，并记录实验结果，总结城市与野外的星空的不同的原因。

（　　　）星空记录表			对比总结
模型记录	星星数量	结论	
（　　　）星空记录表			
模型记录	星星数量	结论	

设计思路

设计意图：

通过前一阶段的实验，学生已经可以从理论上分析出城市夜晚看不见星空的原因，但事实是否如此？所以给学生提供一个可以批判的机会更是提供了一个验证的平台。

学情分析：

具有一定的工作使用能力，但缺乏建构模型的经验。具有一定的批判思维可以在老师的引导下，提出解决简单问题的方法。

教学策略：

合作学习。

第四阶段　迁移（7分钟）

阶段目标：通过观看视频，将城市看不到星空这一现象与光污染建立联系，并将知识进行迁移，能够利用光的反射和光的散射原理，解释其他光污染的产生的原因。

教育活动脚本

老师活动 1：引入光污染概念，并请学生解释生活中的光污染现象的产生原因，比如大楼反光，车灯刺眼等。

学生活动：大楼的表面很光滑，阳光在这里发生的镜面反射，此时的反射光比较强，所以很刺眼。而车灯就是错误使用远光灯的后果。

老师活动 2：利用视频介绍光污染的危害。

设计思路

设计意图：

看似日常的现象却隐藏了一些科学原理，将学生习以为常的城市夜晚和光污染带来的伤害建立联系，以小见大，更能树立保护环境的意识。

学情分析：

具备一定的光学知识，但是不具备将知识联系起来的经验，同时大部分生活在城市中的学生容易忽略光污染的危害。

第五阶段 评价（6分钟）

阶段目标：学生能够重视光污染的危害，产生节约能源，保护环境的意识，并将这些改变通过完善课前的画作体现出来。

教育活动脚本

老师活动：启发学生思考为了减少生活中的光污染可以做什么，并将这些步骤体现在课前的那幅画上，见下图。

学生活动：有的画上树林，有的将房间里的灯光调暗一些，有的将路灯数量减少了一些。

老师总结：大家画的都很棒，也希望在我们努力下，城市的未来都可以抬头就看见一片星空。

设计思路

设计意图：

在认识了光污染以及意识到它的危害之后，作为学生可以做什么呢？

学情分析：

学生具备一定的绘画和表达能力，但将理论转变为方法的能力较弱。

教学策略：

联系生活。

六、实施情况与效果评估

通过本次活动的学习，学生能够从日常生活经验出发，推测城市的夜晚看不到星星这一现象产生的原因，并能够在老师的引导下通过光学实验得出结论，同时能够利用老师提供的道具，自主建构模型，验证结论。而在课前和课后的画作的改变，也正能够说明学生意识到了光污染的危害，并知道作为学生可以采用什么样的方式来改善光污染。

★ 该项目获 2023 年“奋进科普新征程”全国科技馆联合行动优质科学教育资源项目一等奖 ★

“橡子”的启示

教育活动类型： 展品辅导、小实验、小游戏

项目开发单位： 黄山市科技馆

项 目 设 计 人： 路萍、王汉文、毕攀

一、活动对象

1. 受众人数：8 ~ 12 人。

2. 教学对象：10 ~ 12 岁。

3. 受众分析：该年龄段的学生正处于皮亚杰认知发展水平的具体运算阶段，对周围的世界具有强烈的好奇心和求知欲，已经掌握了观察、记录等科学方法，具备一定的探究能力。同时对于几何图形的知识已经有了初步的了解，如知道三角形、长方形的知识，但对于这些图形的衍生知识知之甚少，对于特殊的图形勒洛三角形也没有过多的了解，对定宽曲线的知识也缺乏探究。

二、活动目标

1. 科学观念：了解顶宽曲线与勒洛三角形的概念，掌握勒洛三角形的应用与“橡子小车”展品之间的联系。

2. 科学思维：通过实验探究、模型搭建、展品体验，获得直接和间接经验，从而利用顶宽曲线的知识去解决生活问题。

3. 探究实践：通过探究勒洛三角形与圆形的共性这一问题，引导学生来进行探究式学习，学生自己动手做实验获得直接经验，根据探究掌握等宽曲线最重要的性质。

4. 态度责任：学习以“实证”为核心的科学认识论，明白判断实验对还是错需要靠实验结果来验证。树立正确的科学精神、科学思想和成败观。

三、活动重难点

1. 活动重点：实验探究得出勒洛三角形的特点和定宽曲线的定义，了解勒洛三角形的应用。

2. 活动难点：认识图形从平面到立体的转变，通过实验了解勒洛三角形的特点。

四、活动场地与相关准备

1. 活动场地：“橡子上的小车”展品旁。

2. 活动准备：活动教具和活动套材包（见下表），活动所需的不同形状的车轮与井盖游戏中的道具需要提前制作和切割组装好。

序号	实验名称	所需器材	图 示
1	水杯滚动实验	水杯滚动实验套装	
2	井盖游戏	需画图、切割	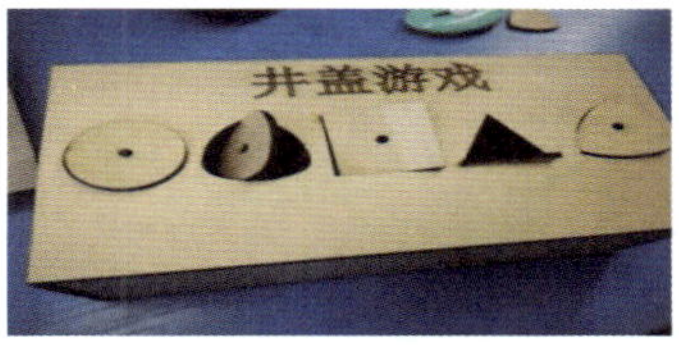
3	图形转动实验	不同形状相同高度的车轮一组	
4	绘制勒洛三角形	卡纸、圆规、铅笔	/

五、活动过程

第一阶段 引入

阶段目标：通过水杯滚动实验的问题引入，配合教具演示，引发学生的好奇心，进入本次活动的探究主题。

教育活动脚本

老师活动：老师利用视频（见下图）引导学生思考视频中的车辊有什么特别之处？它为什么能像圆一样带动水杯向前平缓移动呢？

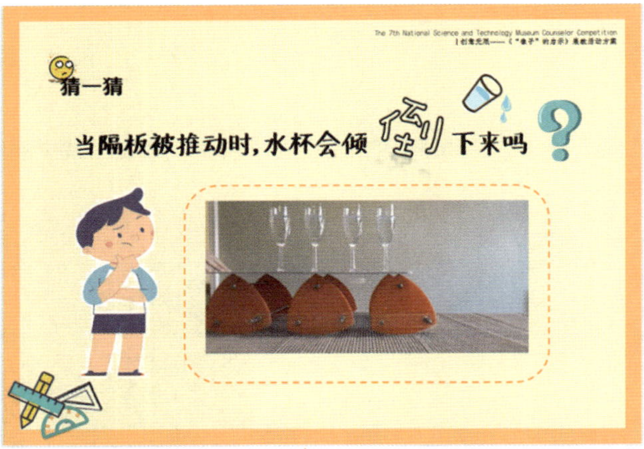

学生活动：根据所掌握的知识和生活经验回答问题。

设计思路

设计意图

通过教具演示，让学生对“勒洛三角形”这一特殊图形产生初步了解和认知，激发进一步探究的欲望。

学情分析

该阶段学生具有一定的观察和表达能力，同时具备一定实验和动手操作能力。

教学策略

视频和演示实验能更好地从视觉上通过趣味实验激发学生的好奇心与求知欲。

第二阶段 初步探究

阶段目标：参与游戏和实验，找到勒洛三角形和圆形的共性与不同，探究等宽曲线独特的数学特性。

教育活动脚本

老师活动 1：利用教具进行井盖游戏，见右图，并引导学生观察对比井盖掉落的特点。

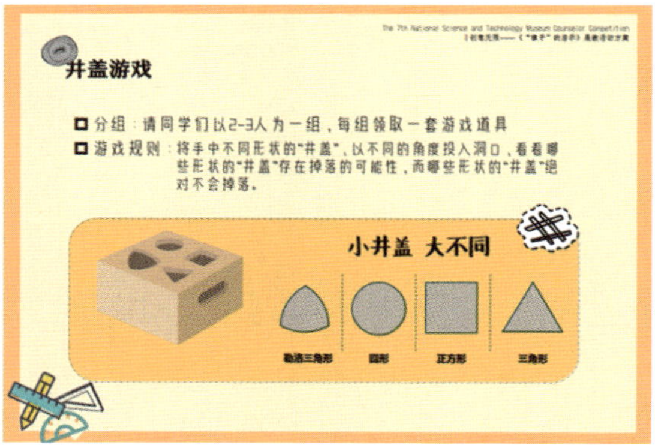

学生活动 1：动手实验，并总结“井盖”掉入洞内的规律。

老师活动 2：总结学

设计思路

设计意图

让学生通过两组实验了解勒洛三角形的特别之处，以及和圆形的相似与不同。

学情分析

此阶段的学生对事物本身或者对事物产生的后

教育活动脚本	设计思路

生答案。圆形井盖不会掉落是因为圆的每条直径都相等，只要井盖直径大过下水道的宽度，井盖就掉不下去。

老师活动 3：引导学生用高度相同的不同形状的车辊在木板下进行旋转，看看哪个图形能顺利地滚动起来，并记录分析原因。

学生活动 2：完成实验，并记录，通过交流讨论分析其原因。

老师活动 4：总结学生答案。

现象 1：只有圆形和勒洛三角形能够在等宽支撑线中顺利旋转；且无论这个图形如何运动，只要它还在这两条平行线内，就始终与这两条平行线相切，做定宽滚动。

现象 2：勒洛三角形在做定宽滚动时，每滚动一周，其重心会上下起伏三次；但圆形的重心始终保持水平线。

果有兴趣。结合实验操作可以深度调动学生的探究兴趣。

教学策略

引导学生先观察、思考、猜想，并结合实验获得直接经验，切身体验勒洛三角形的行动特点。

第三阶段 深度探究

阶段目标：参与游戏和实验，找到勒洛三角形和圆形的共性与不同，探究等宽曲线独特的数学特性。

教育活动脚本	设计思路

老师活动 1：引导学生利用材料，找到绘制勒洛三角形的方法，见右图。

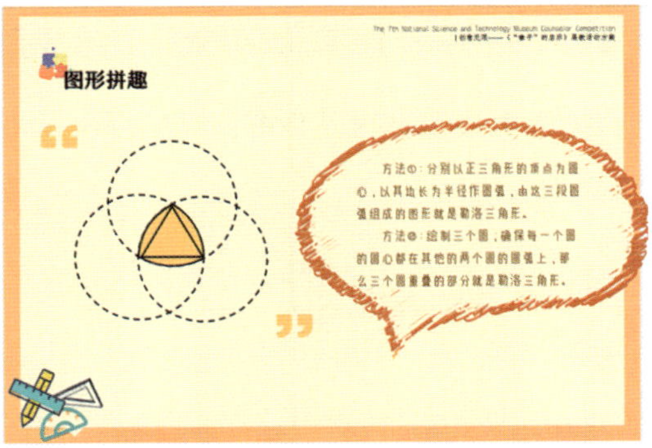

学生活动 1：交流讨论如何绘制勒洛三角形，尝试不同的绘制方法。

老师活动 2：将“橡子”道具与绘制出的勒洛三角形进行对比。提出问题橡子的切面和勒洛三角形有什么相同点？

学生活动 2：观察交流，回答问题。

老师活动 3：总结。橡子的切面就是勒洛三角形，它是勒洛三角形从平面图形向空间立体化的转变。

老师活动 4：带领学生体验展品“橡子小车”。引导学生阐述自己的感受。

设计意图

帮助学生延伸思考勒洛四面体这一立体几何图形，通过展品互动感受其等宽滚动的共通特性。

学情分析

这一阶段，学生对等宽曲线原理有了基础的了解，并具备一定的自主探究能力。

教学策略

通过展品体验，让学生更透彻地理解科学原理。

第四阶段 解释

阶段目标：通过对探究过程的总结，系统解释勒洛三角形这一等宽曲线的数学原理。

教育活动脚本

老师活动 1：回顾课程，并提问为什么勒洛三角形的井盖不会掉落？

学生活动 1：根据学习回答问题。

老师活动 2：总结学生发言。在两条支撑线中，勒洛三角形具备等宽性质。因为它们任何一个角度的宽度都比井口大，所以掉不下去。

老师活动 3：引导学生思考：圆形和勒洛三角形都存在定宽曲线，勒洛三角形能代替圆形成为车轮吗?

学生活动 2：讨论并发言。

老师活动 4：总结学生发言。虽然勒洛三角形也具有“圆性”，但由于它旋转中心的高度不是固定的，随着中心的偏移会使车子上下颠簸，所以不能充当车轮。只有在无轴的轮子上，才可以使用。

设计思路

设计意图

通过对学生探究环节的总结，让学生加深对于勒洛三角形和定宽曲线的理解。

学情分析

这一阶段，学生已经对勒洛三角形有了较为全面的了解。

教学策略

根据探究的结论反过来解释身边的现象，注重理论的应用。

第五阶段 延伸

阶段目标：引导学生思考勒洛三角形在生活中的运用，培养学生创造发明的意识。

教育活动脚本

老师活动 1：通过课程引导学生思考勒洛三角形在生活中有哪些应用。

学生活动：根据经验给出答案。

老师活动 2：介绍勒洛三角形的应用。

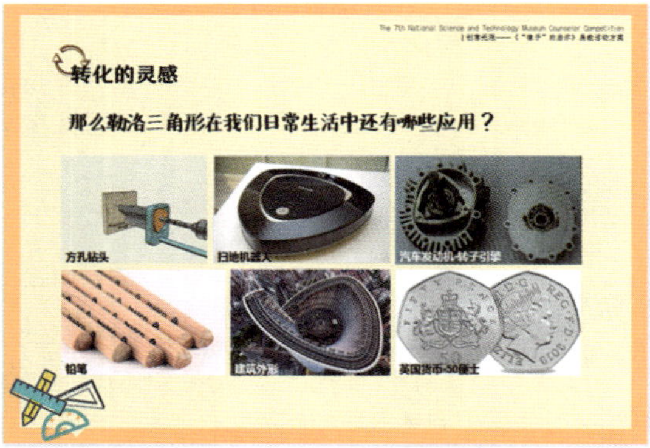

设计思路

设计意图

培养学生从学知识到用知识的过程。

学情分析

学生对等宽曲线知识有了较为全面的了解，但缺少与生活建立联系。

教学策略

案例教学生能激发学生的兴趣，拓宽学生的视野，培养学生创造发明的意识。

第六阶段 评价

阶段目标：对本课程的完成情况及学生理解程度进行反馈。

教育活动脚本	设计思路
老师活动 1：引导学生进行自评和他评。 学生活动：学生对本节课的收获进行盘点，进行自我评价。 老师活动 2：根据学习任务的完成情况，点评学生对于知识掌握程度。	**设计意图** 了解学生的掌握情况，并根据学生的反馈改进课程内容。 **学情分析** 学生具备一定的反思和表达能力。 **教学策略** 自评和他评。

六、实施情况与效果评估

见下图，在实施过程中，第一期参与实施的学生较小，对于知识的讲解都存在一定的难度，实施第二期，学生们的反响较好，有学生表示“我第一次知道勒洛三角形的存在”“原来还有这种形状的轮子”等等，能极大地凸显科学普及的作用。

化学魔术师

教育活动类型： 科学游戏、趣味实验表演、情景体验、小实验

项目开发单位： 芜湖科技馆

项 目 设 计 人： 阮晓晨、陈文尧、翟光雯

一、活动对象

1. 受众人数：45 人。

2. 教学对象：小学一至三年级。

3. 受众分析：基于一年级科学课《物质的溶解与溶液》知识内容的学习，此年龄段学生已对物质的溶解有所了解。此阶段小学生的学习起点水平较低，对事物发展有强烈的好奇心；简单有趣、互动性强、体验式的科普活动更能吸引他们的注意力。

化学被称为“现代工业之母”，也是十分重要的基础学科。此阶段对化学知识的认知水平差，应更多地从他们的生活经验入手，辅以更多的素材，更直观的教具，帮助学生建立直观的感性认识，并在此基础上进行新知识的教学。

通过探秘简单魔术背后的科学奥秘，做好化学启蒙，提高学习兴趣，在此学段开展最为适宜。

二、活动目标

1. 科学观念：化学试剂在魔术表演中的运用；有些物质溶于水并能令水变色，但油不溶于水也不能使水变色；化学试剂能使水变成不同颜色，也能令火变成不同颜色。帮助学生理解事物之间如何联系，构建知识框架，扩展学习内容。

2. 科学思维：初步了解溶解的概念和在生活实际中的延展、运用。了解科学家屠呦呦发现青蒿素与化学学科之间的联系。

3. 探究实践：结合观察到的实验现象进行比较，并基于已有经验和所学知识，思考并设计方案来探究物质在水中的溶解情况；能发现加入不同量的小苏打、白醋在同样多的水中会产生不同的现象；能发现加入不同量的色素在溶解液中下落的速度不同产生的彩虹雨现象不同。

4. 态度责任：在对魔术表演好奇心的驱使下，乐于动手操作实验去揭秘魔术现象；引导学生如实记录和报告观察与实验的信息，基于事实表达观点。鼓励学生分享自己的想法，认真倾听他人观点，师生共同努力改进和完善探究活动。

三、活动重难点

1. 活动重点：思考探究不同物质在水中的溶解情况，对溶液的变化进行全面、细致的观察和交流并以简图的记录方式对观察结果进行记录。

2. 活动难点：在老师的指导下，能尝试用科学词汇完整描述溶液变化的现象。

四、活动场地与相关准备

1. 活动场地：教室、活动室均可。

2. 活动准备：化学老师服饰、魔术师服饰、魔术棒、乾坤袋（含拉花）、高脚杯（变色卡）、PPT。

3. 活动教具和活动套材包：化学试剂（紫甘蓝粉、柠檬酸、小苏打、氯化锂、氯化钙、氯化钠、氯化钾、硼酸等）、大中小号量杯、高脚杯、铁盒（焰色反应）、95% 酒精、白醋、自来水、食用色素、食用油、茶水、打火枪。

4、课时：45 分钟。

五、活动过程

第一阶段　创设情境，激趣导入

阶段目标：透过魔术表演的表象，引导学生探究魔术背后的化学秘密，引起疑问和思考。

教育活动脚本

首先开展情景导入。

“捣乱课堂”的魔术表演：

爱“捣乱”的魔术师遇到科学课，带来“变长的魔法棒”“乾坤袋拉花”“变色果汁”等魔术表演，力证魔术表演比上化学课有趣得多。

随后进行现象观察：

魔术师继续表演，把茶水变成“墨水”，然后又把“墨水”变回茶水，见右图。

设计思路

设计意图

在生活中，魔术表演深受学龄儿童尤其是低龄儿童的喜爱。本课由课堂上“捣乱”魔术师通过几个有趣的小魔术，引导孩子们进入老师设定的“魔术师 PK 化学老师”的教学情境中。

教育活动脚本

化学老师：同学们，这是什么原因？（引导学生发散思维，表达观点）

接着提出问题，见下图，课堂现场。

细心的化学老师发现“茶水变色”并不是因为魔术师有魔力，而是跟化学试剂的使用有关！引导同学们提出质疑：

（1）魔术师手上为什么有粉末？

（2）粉末是什么东西？在魔术中又有什么作用？

设计思路

学情分析

一到三年级的学生对魔术表演的兴趣非常浓厚，对事物发展有强烈的好奇心，虽然对化学现象已经有一些模糊的了解，但这些认识更多来自科普节目、课外阅读等，缺乏科学性、系统性，当老师提出对其喜爱的魔术表演有质疑时，会唤起学生强烈的探究欲望。

教学策略

看魔术→提质疑→做实验，打破传统科普教学模式，引导学生们主动参与课程学习中，激发求知欲、好奇心、好胜心，由被动学习转向主动探究。

第二阶段　探究实验，对比观察

阶段目标：通过实验，观察化学试剂使用前后的不同变化，初步了解化学知识与魔术表演之间存在的联系，培养学生的高阶思维和知识迁移的能力。

教育活动脚本

见右图，大家对实验进行大胆假设：

“茶水变色”是因为魔术师手上有东西与茶水本身产生了化学反应。

进而开展实验求证。

设计思路

设计意图

魔术是魔法还是科学？是此阶段学生容易疑惑的问题，用实验说明二者关系。本环节引导学生经历“问题—假设—验证—延展”的科学探究过程。

教育活动脚本

化学老师取出少量硫酸亚铁粉末，加入茶水中，搅拌，并观察茶水变黑；取出少量草酸粉末，加入茶水中，搅拌，观察其还原现象。

学生：讨论 / 发言。

老师：鼓励发言表达观点，锻炼倾听能力及团队意识。

进行分析总结。

鞣酸和硫酸亚铁产生化学反应，美工刀等铁质物品接触水果汁会变黑也是同样的道理。利用草酸的还原性可还原。

最后开展实验延展见下图。

实验一：紫甘蓝变色

化学老师指导学生往五杯看起来差不多的透明液体中加入紫色的液体，却发现变成了不同颜色的五杯液体。

然后，学生用 pH 试纸测试不同液体的酸碱度。

原来因为液体的酸碱度不同，遇到天然还原剂紫甘蓝就显示不同的颜色。

实验二：焰色反应（物理实验）

化学老师老师再次拿出五个圆盘，分别加入粉末，点火后出现不同颜色的火焰，现场情况见下图。

水能显示不同的颜色，火焰也一样。

化学中常利用焰色反应来测试某种金属是否存在于化合物，烟花中有意识地加入特定金属元素，使焰火更加绚丽多彩。

设计思路

学情分析

突破教材，有别于传统说教课堂，实验现象直观、对比鲜明、有震撼力，容易引发思考和共鸣的趣味性活动形式更受此阶段学生欢迎。

教学策略

注重活动探索过程中的趣味性和创新性，实验制作简单，生动有趣，学生可在老师指导下直接参与，体验感强，亲历活动过程，甚至自己就是活动的一部分。

第三阶段 动手实验 综合分析

阶段目标：使用生活常见的安全材料，进行实验、记录和总结。

教育活动脚本

本阶段进行彩虹雨实验，见下图。

观察：刚才紫甘蓝水加入不同酸碱度的水中会发生变色。但是，把油加入水中，油水却不相融，而且出现了分层。

实验：分组，将色素滴入装有油水的塑料瓶中。

记录分析：小组设计简图记录表，记录实验中产生了哪些具体现象以及分析产生这些现象的原因。

讨论发言：老师引导使用科学词汇，总结实验原理。

运用延展：密度分层的技术可以应用在分辨油品质量，探测土壤成分，空气分层等很多方面。

设计思路

设计意图

由看实验到自己做实验，基于学生已有的知识储备，通过分组实验激发探讨的兴趣，引导学生主动思考、表述溶解、密度、分层在实验中的具体表现。

学情分析

急于得到肯定以及获得正确答案的心理，增强了学生的求知欲与学习热情。

教学策略

将抽象原理转化为直接经验，便于学生理解和掌握溶解。通过提问、假设、观察、记录、讨论、发言，得出结论的科学探究方法，加强与同组、他组成员的交流，培养其合作精神。

通过控制实验变量的变化让学生思考物质在水中的溶解情况。学生通过自己的思考得出结论。

第四阶段 学以致用 争做小小“化学魔术师”

阶段目标：温习总结，小组合作，自主探究，突出学生主体地位。

教育活动脚本

总结：魔术是艺术大师们用巧妙的手法、科学的原理来进行表演的娱乐活动。如果你是化学家，会用化学知识为这个世界做什么呢？加入我国女科学家屠呦呦的故事进行科学家精神引导。

设计思路

设计意图

学生自主交流学习，加

教育活动脚本

评价：根据学生彩虹雨实验情况开展评选，将所有小组重新划分为五个大组，组内讨论推荐该组最佳实验作品并阐述推荐理由，经五组代表及老师共同投票，最终选出一组获得“小小化学魔术师”奖，老师对该组成员进行奖励，见下图。

设计思路

深知识点的理解和思考，在不同组别的PK中，思维也被积极调动起来，学生做对比，老师适时介入提问、评价，引导学生准确描述，以及进行更深入的思考和提炼总结。

学情分析

争强好胜是此学段学生普遍心理，利用此特点，活跃课堂气氛，动员全班参与。

教学策略

比赛是最能调动此学段学生积极参与活动的方式。通过争取奖励的过程，充分调动学生的积极性，群策群力，有利于知识点的记忆与延展。

六、实施情况与效果评估

《化学魔术师》于 2023 年 4 月起在安徽省芜湖科技馆及芜湖市各区县乡村小学正式开展活动，课程累计实施 11 余次，学生受众 495 人，其他观众 100 余人，受到广泛好评。本教育活动材料简单，易于复制，可推广性强，对科学家精神的普及也起到一定作用。

本课程以“魔术表演”为切入点，结合课本知识，通过观看表演、动手实验、分析交流、团队争优等方式，突出学生主体地位，根据课堂实际情况和学生反馈，以及学生的推理论证能力、分析观察能力、动手实践能力的综合评价，本项目的主要教学目标基本实现，且大多数学生对于魔术背后蕴含的化学知识原理、科学方法、科学思想有了初步了解，并在实践中有一定程度的应用或体现。

★ 该项目获 2023 年“奋进科普新征程”全国科技馆联合行动优质科学教育资源项目三等奖 ★

火箭的能量来源

教育活动类型： 拓展型课程（实验）

项目开发单位： 合肥安达科润教育有限公司

项 目 设 计 人： 余平

一、教学内容

课程结合黄山市科技馆展品火箭家族与初三化学关于氢气氧气的知识以及实验室必备的实验技能作为基点。采用 PBL 教学法进行课程设计。具体内容分为如下五个部分，见下图。

火箭的能量来源

- 01 **问题为基础** 参观展厅，引出“火箭升空的过程中，你会选择什么燃料来进行燃烧”探究问题。
- 02 **小组为单位** 5 个人为单位，查询火箭升空中燃料的相关知识，并讨论选择原因。初步搭建实验探究方案。
- 03 **老师指导** 根据初步实验方案，尝试实践并整理方案中的相关问题。向老师询问，并再次修改 / 更换实验方案。
- 04 **主动获取知识** 再次探究，从实验中获得关于火箭燃烧的理论知识与“实践”现实知识之间的差距。学会用辩证的角度去看待问题。
- 05 **归纳总结与评价** 通过活动，分享交流活动中的收获，通过自评和他评的形式获得成长。

二、教学对象

1. 适宜受众人数：30 人。
2. 针对的教学对象：七至九年级学生（部分实施为亲子家庭）。

3. 教学对象的学情分析：

（1）知识储备：该阶段学生从平时的学习、生活中已经积累了一定的知识，例如知道无论是飞船还是卫星，在升空的过程中一定有“点火”的阶段、知道运输过程中需要火箭作为载体、知道有“分离”过程等。

（2）心理特征：该阶段的绝大部分学生对航空航天和化学的学习比较感兴趣，主要原因是“航空航天是一件非常伟大的事情，也是与国家发展密不可分的事业”“化学很神奇，有很多有趣的规律和现象，可以和很多生活现象联系紧密很有用”。将航空与化学结合在一起的选题很新，学生的兴趣度更高，更想从新的角度去剖析航空的相关知识。同时该阶段学生对探究性学习感兴趣，说明学生不再满足于传统教学模式下的封闭式教学，渴望自由、开放、多元的学习方式，并且这部分学生学习自主性和主体性较强，有自己的理想，也善于发现和探索问题。

三、教学目标

1. 科学观念目标：能从微观视角初步认识物质是由分子 / 原子构成；掌握化学反应能产生新的物质，并伴随能量的变化；了解火箭作为载体，在升空的过程中，燃料的选择需要环保，产生的能量更高，同时知道物质的性质决定用途。

2. 科学思维目标：能基于“航空航天中燃料的选择”问题，通过对比、分析等思维方法构建实验的方案，并能根据现象给出合理的解释；能在原有的知识上突破定势，接受实验过程中可以出现失败的现象，从多角度提出火箭升空中燃料选择的标准和条件；能根据原有知识，提出创新性的探究过程，也能利用学过的实验方法和技巧完成实验的搭建。

3. 科学探究实践目标：能在了解化学反应的实质基础上，从现实的情境中辨别探究的问题和变量，并制定探究计划；知道在实验探究的过程中采用控制变量法、等效替代法、转换法、实验推理法等；知道航空航天的模型是一项伟大的工程，了解工程需要经历明确问题、设计方案、实施计划、检验作品、改进完善、发布成功等过程。

4. 科学态度责任目标：在实验方案的搭建和完成实验的过程中，能积极分析实验现象的原因和规律，激发学生探究的兴趣；在尊重证据的前提下，坚持正确的观点，当观察、实验结果与预期不一致时，不急于下结论，而是分析原因；学习团队合作的意识，知道在航空航天的伟大事业中，并不单纯是某一个人的贡献，而是大家共同努力的结果。关注新能源与航空航天的未来发展关系，知道科学技术能改变人的生活，同时培养其热爱自然、珍惜生命、节约资源和保护环境的责任感。

5. 衔接知识点：化学反应的实质是有新物质生成；实验室注意事项；H_2 的物理性质和化学性质。

6. 拓展知识点：航空事业中燃料的历史发展；实验探究 H_2 能作为火箭升空燃料的原因；根据实验类比分析氢气作为火箭升空燃料的优缺点。

四、教学重点和难点

1. 教学重点：探究氢气的物理性质和化学性质。

2. 教学难点：利用化学物质制取和收集氢气，并实验探究氢气的化学性质。

五、教学准备

1. 教学场地：展厅 + 实验室 + 户外。

2. 教学准备：详见下表。

序号	物品名称	数量 / 单位	备注
1	铝	6 份	每组一份
2	氢氧化钠	6 瓶	每组一份
3	电子天平	1 个	教具
4	易拉罐	6 个	每组一份
5	长柄打火机	6 个	每组一份
6	气球	6 份	每组一份
7	锥形瓶	6 套	每组一份
8	水槽	1 个	老师教具
9	洗洁精	1 瓶	老师教具
10	多媒体播放设备（需网络）	1 套	播放 PPT
11	护目镜	30 个	每人一份
12	水	/	/

六、知识原理

在本节课中，我们利用的是金属铝与氢氧化钠制取氢气，化学方程式如下：

$$2Al+2H_2O+2NaOH=2NaAlO_2+3H_2\uparrow$$

利用氢气的可燃性，使之反应生成水蒸气，同时产生大量的能量，能将易拉罐炸飞。

$$2H_2+O_2 \overset{点燃}{===} 2H_2O$$

七、教学过程

第一阶段　设置悬念，提出问题

阶段目标：让学生自己思考，火箭起飞发射，靠的到底是机械能还是化学能？培养学生独立思考的能力。

教育活动脚本

老师活动 1：播放火箭发射的视频（见下图），通过视频，引导学生思考“火箭能发射成功，你知道依靠的是什么吗？”

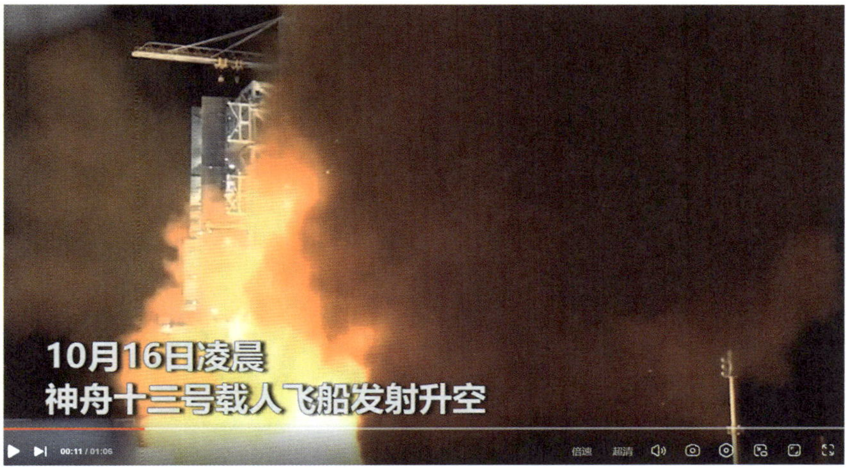

学生活动 1：根据所学知识和生活经验，结合视频，给出自己的答案。

老师活动 2：总结学生发言。刚刚同学们提到了很多的词语，例如向上的冲力、能源……大家说的都非常好，总结一下离不开两种，就是化学的化学能和物理的机械能。

老师活动 3：展示火箭的结构图（见下图）并解说。

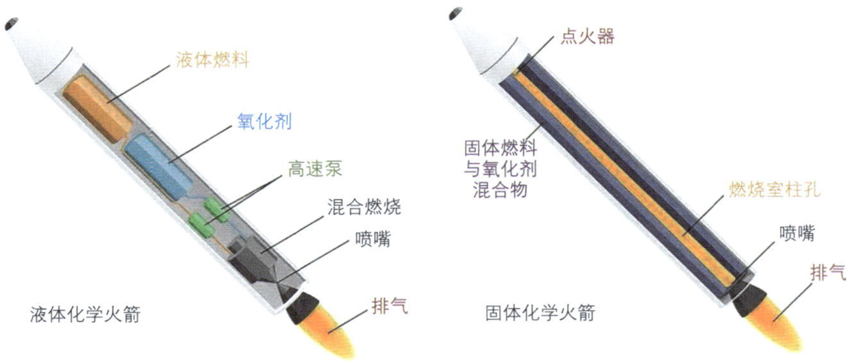

现在的火箭往往是越做越大，因为需要把越来越重的卫星送上天需要更大的火箭。但你要是把一枚火箭拆开来看，会惊讶地发现，它里边几乎是空的！占据了火箭几乎 8C% 空间的就是几个硕大的空桶，这几个空桶是用来装燃料的，而

设计思路

设计意图

通过火箭发射的视频，将学生从火箭的外形、材料等常见探索中剥离出来，选择“能源”燃烧的不常见的探究主题去吸引学生兴趣。

学情分析

该阶段的学生具备一定的知识总结和资源整合的能力，传统的航空航天研究很难吸引他们的探索欲，所以选择新奇的主题、新颖的探究方式更容易激发学生的探索和热情。

教学策略

采用视觉冲击较大的视频和图片来刺激学生的航空航天热情，同时设以问题辅导，采取启发引导的方式去进行教学。

教育活动脚本	设计思路
真正的有效载荷部分只有很小一点（见下图）。也就是说，如果想把一颗几吨重的卫星发射上天，我们需要发射一枚几千吨的火箭，而这枚几千吨的火箭里边绝大部分的重量就是燃料。	

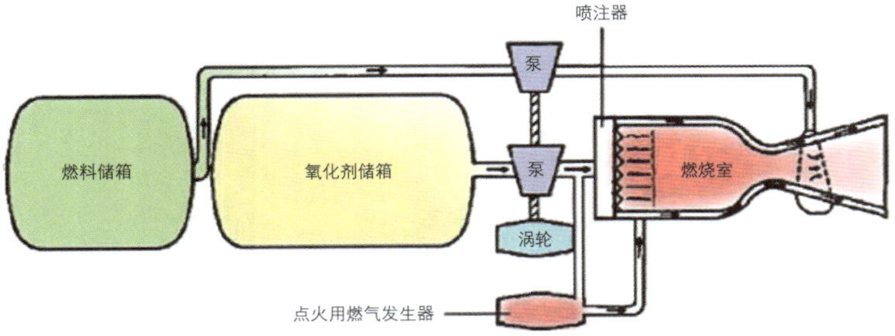

老师活动 4：引导学生观看航天专家们选择燃料的发展史视频（见下图），并抛出问题：通过视频，你能说一下为什么在火箭的发射中要选择氢气作为燃料吗?

学生活动 2：根据视频内容，结合自己所学知识，给出自己的答案。

老师活动 5：总结学生答案，见下图。大家刚刚说的都非常好，因为火箭本身的体积和重量就很大，而且氢气具有重量轻的特点；同时火箭升空的过程中，需要的推力很大，需要的能量也很大，而氢气就能产生很大的能量。同时我们还需要考虑环保问题，氢气在燃烧的过程中，只产生水这种清洁产物。所以能作为理想燃料。

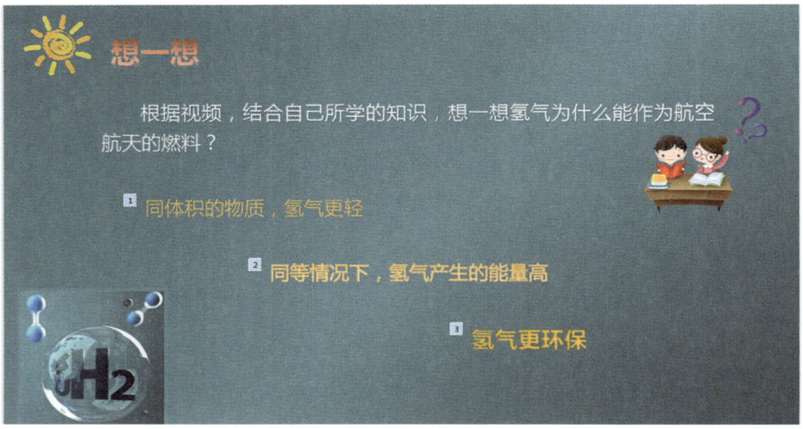

第二阶段　猜想假设，实验探究

阶段目标：采用分组讨论、探究实验的方式，使学生通过对比分析出火箭升空采用氢气作为原料的原因。

教育活动脚本

老师活动 1：提出探究问题——那我们如何去证明氢气质量轻、燃烧能量高，还更环保呢？开动你们的脑筋，结合老师提供的资料，一起去探究吧！

老师活动 2：（见下图）引导学生形成小组，彼此讨论、并设计实验，论证问题。

第一小组和第四小组：探究论证在相同体积的情况下，氢气作为燃料，具有质量更轻的特点。

第二小组和第五小组：探究论证在相同体积的情况下，氢气产生的能量更高。

第三小组和第六小组：在相同情况下，氢气燃烧的产物更环保。

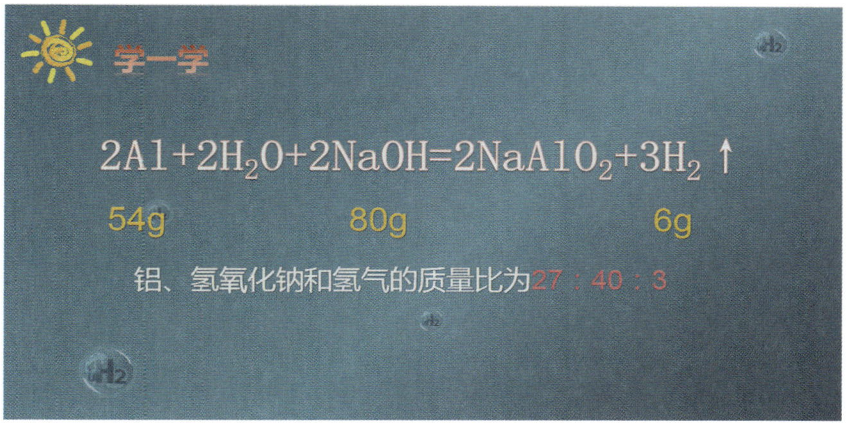

学生活动 1：分成 6 个小组并选出小组长。并且相同探究问题的小组坐在相邻的位置，方便做对照实验，并进行相互讨论。

老师活动 3：见下图，讲述制取氢气的相关知识，以备实验探究使用。

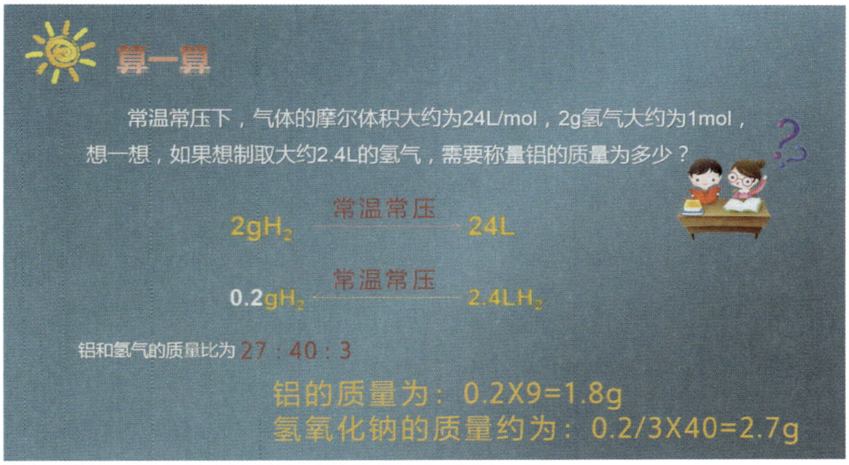

设计思路

设计意图

明确学生探究问题，将问题细化，利用实验探究的方式吸引学生进行探究。

学情分析

该阶段学生具备举一反三的能力，同时具有很强的动手实验和操作能力，对实验室制取氢气、燃烧、炸飞易拉罐等形式充满热情和兴趣。

同时在实验过程中，缺乏对实验的对比和分析能力，例如到底如何去控制氢气的体积、到底如何去测量产生的能量等问题，需要老师引导。

教学策略

项目式教学最主要的是需要设立探究问题与相关选项，所以在前期的问题上，老师采用的是用问题将学生引导到相关的问题探究上的方法，利用学生手册的表格，让学生利用相关的实验药品、器材进行探究式教学，教学过程采用小组讨论法、实验操作法等。

教育活动脚本	设计思路

老师活动 4：分发学习手册，引导学生明确探究的目标、实验对象和实验材料。

学生活动 2：根据老师引导和学习手册，进行相关实验。

实验一：制取氢气（所有小组）

实验材料：铝、氢氧化钠、1000 毫升锥形瓶、气球、水、药勺、电子天平。

实验步骤：

（1）分别称取 1.8 克铝、2.7 克氢氧化钠，装入塑封袋中，备用（老师提前称取好 10 份备用）。

（2）将氢氧化钠倒入锥形瓶，再加 200 毫升水溶解。

（3）往锥形瓶中加入铝，套上气球，如右图所示。

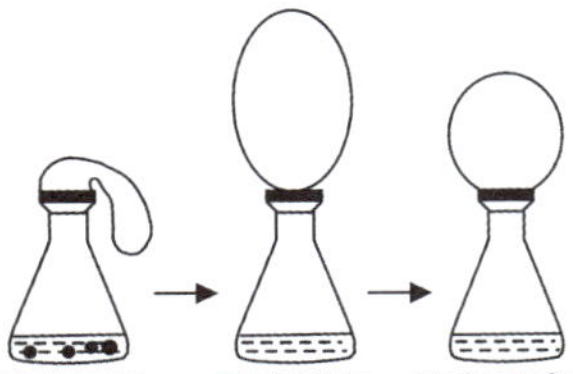

老师活动 5：引导学生根据制取的氢气和提供的其他实验材料，明确每个小组的实验材料和探究内容。

实验二：第一小组和第四小组，提供的材料有长柄打火机、气球、氢气、甲烷气体（打火机气体）、乙醇溶液。

实验三：第二小组和第五小组，提供的材料有长柄打火机、气球、氢气、甲烷气体（打火机气体）、易拉罐。

实验四：第三小组和第六小组，提供的材料有长柄打火机、气球、氢气、甲烷气体（打火机气体）、澄清石灰水、烧杯。

老师活动 6：引导学生完成学习手册的第一、第二部分。

学生活动 3：根据老师引导和小组讨论、查阅资料，完成实验搭建和学习手册第一部分（如右图所示）。

创客体验馆

根据探究主题和探究对象，明确自己的实验项目（实验器材、实验步骤等），设计相应的实验方案，填写下表：

我的方案			
姓名		班级	
实验项目			
实验器材 / 药品			
实验步骤			
注意事项			
实验装置草图			

老师活动 7：引导第一小组和第四小组采用利用气球控制体积相同，观察气球的状态来进行对比氢气在相同情况下具有质量小的特点。

引导第二小组和第五小组利用相同体积的易拉罐被氢气和甲烷气体分别炸飞的高度来判断谁产生的能量更高。

教育活动脚本

引导第三小组和第六小组利用澄清石灰水检验氢气和甲烷燃烧的产物，从而对比出谁在航天燃料中更清洁。

学生活动 4：根据老师指导，完善修改实验方案，完成学习手册第二部分（如下图所示）。

整合小组组员的实验方案，进行实验，观察实验现象并记录，并根据实验情况改善实验方案。

实验探究项目：________________	
实验现象	
改进方案	

设计思路

第三阶段　课程总结，迁移评价

阶段目标：根据不同小组的实验现象，对比总结从而得出氢气作为火箭升空燃料的优缺点。通过迁移——蓖麻生物航油知识，了解在航空燃料的探索中，其他燃料的优点，激发学生的求知欲和探索心。

教育活动脚本

老师活动 1：根据 6 个小组分成的三组实验，提出问题“通过实验现象，你能得出哪些结论？”引导学生对实验现象进行总结分析。

学生活动 1：观察实验现象，对实验现象进行交流总结，完成学习单（下列为三组不同的学习单完成情况）。

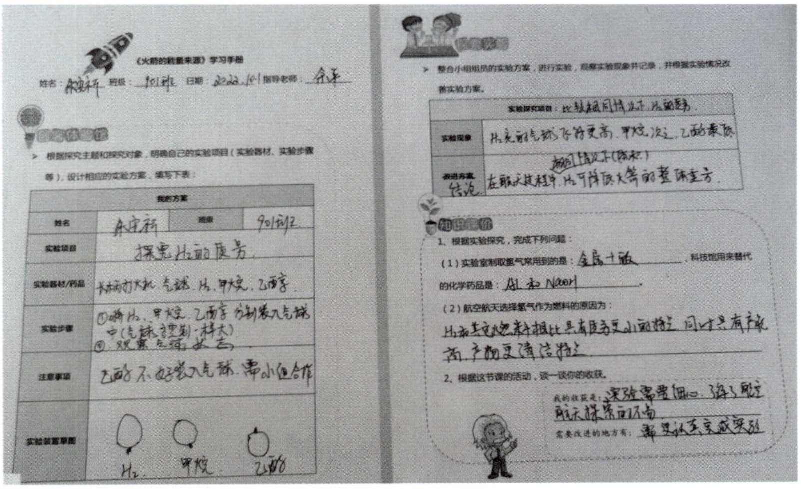

设计思路

设计意图

通过学生对实验现象的对比分析、交流讨论、从而自主探究得出氢气作为燃料的优缺点；再利用知识迁移拓展，让学生形成学知识、得知识、问知识的过程，使学生的探索不止于这节课，更能在课程结束的时候，引起学生更好的学习和探索科学知识。

教育活动脚本

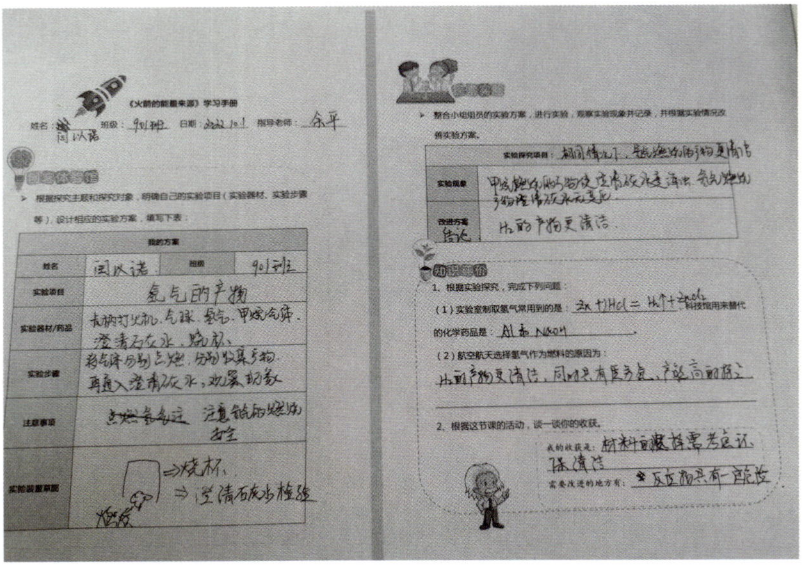

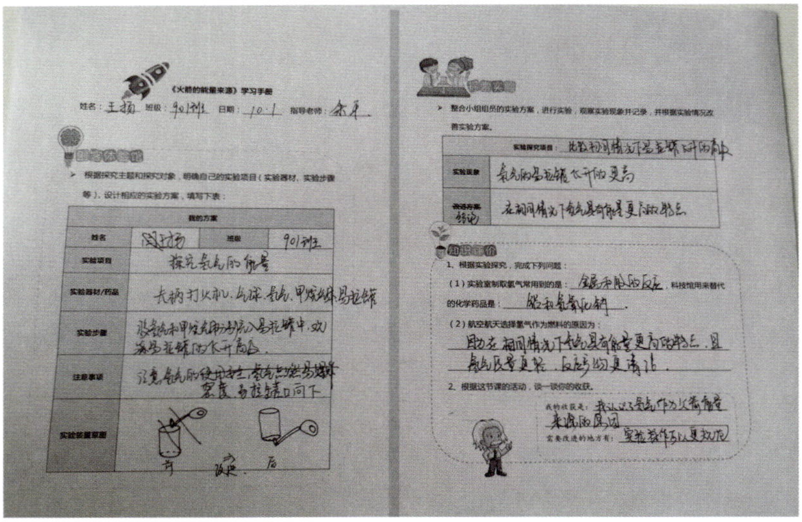

老师活动 2：总结学生结论。通过三组不同的实验，能得出以下结论。

（1）通过第一小组和第四小组的实验，我们知道在体积相同的情况下，氢气作为燃料具有质量轻的特点；

（2）通过第二小组和第五小组的实验，我们掌握了体积相同的气体燃料，氢气产生的能量更高；

（3）通过第三小组和第六小组的实验，我们得知氢气燃烧的产物最清洁。

老师活动 3：引导学生讨论思考“在实验探究的过程中，你还发现了氢气作为燃料的哪些弊端？”

学生活动 2：针对老师提出的问题给出自己的答案。

老师活动 3：引导学生得出氢气具有以下弊端，从而引起学生下一步的学习。

设计思路

学情分析

该阶段学生具有对实验现象的总结对比分析能力，同时对未知知识也会基于所学知识进行举一反三、会充满好奇心和探索欲。

教学策略

该阶段利用学生的知识整合能力采用讨论分析法进行教学，同时通过知识的迁移，设置悬念激发学生的探索和好奇心。

教育活动脚本 | **设计思路**

（1）在常温下是气体，运载运输的时候需要高压压缩成液体。

（2）氢气属于易燃易爆气体，控制不当容易造成危险。

（3）氢气的制备相对来说不易于得到，容易增大成本。

老师活动 4：提出问题“既然氢气存在如此多的弊端，那科学家 / 未来的你们将如何去解决这个问题呢？”拓展迁移关于科学家对于未来航空燃料的研究知识点，见下图。

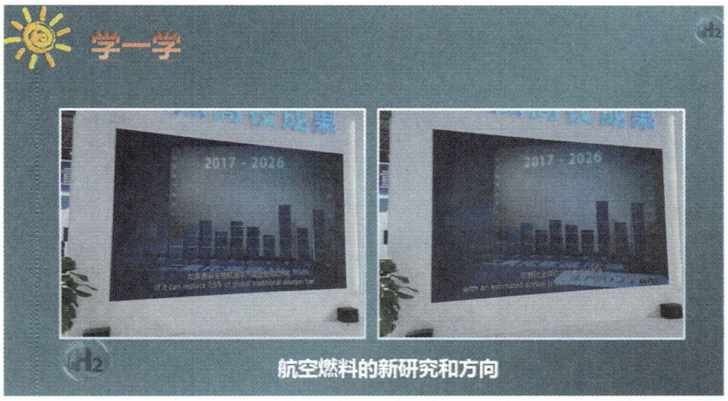

学生活动 3：学习关于航空燃料的相关新知识。

老师活动 5：鼓励学生钻研思考，在将来，你会从哪些方面出发，研究出更经济、环保、高效的航空燃料？同时激励学生好好学习和积累科学知识，为将来的科研作出自己的贡献，拓展情况见下图。

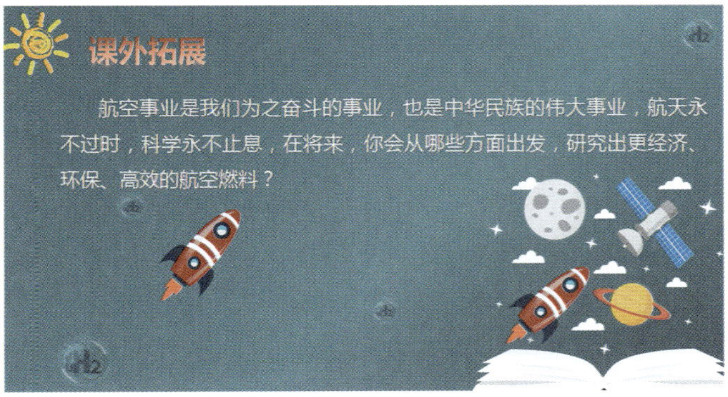

八、实施情况与课程评价

课程主要是在航天日、科技周、科普日和国庆节期间进行开展，活动的开展非常吸引学生和家长的兴趣，有家长表示学生学习结束后，会跟他们表达“原来航空航天的知识不仅仅可以从物理学的角度出发，也可以从化学的角度去剖析”。

实施过程主要采用学生的自评和对课程的评价、专家团老师的点评和课程开发实施老师的自评及对学生的他评形式。评价的依据包括学习手册、学习评价表、专家点评表等形式。

学习手册如下所示。

《火箭的能量来源》学习手册

姓名：________ 班级：________ 日期：________ 指导老师：________

创客体验馆

➢ 根据探究主题和探究对象，明确自己的实验项目（实验器材、实验步骤等），设计相应的实验方案，填写下表：

我的方案			
姓名		班级	
实验项目			
实验器材/药品			
实验步骤			
注意事项			
实验装置草图			

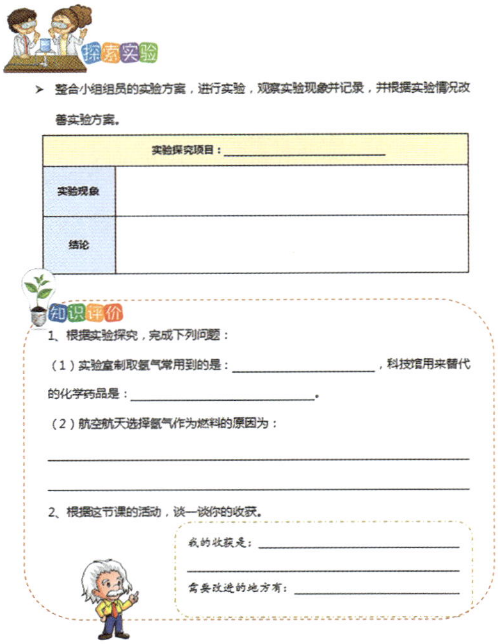

探索实验

➢ 整合小组组员的实验方案，进行实验，观察实验现象并记录，并根据实验情况改善实验方案。

实验探究项目：________	
实验现象	
结论	

知识评价

1、根据实验探究，完成下列问题：

（1）实验室制取氢气常用到的是：________，科技馆用来替代的化学药品是：________。

（2）航空航天选择氢气作为燃料的原因为：

____

____

2、根据这节课的活动，谈一谈你的收获。

我的收获是：________

____

需要改进的地方有：________

学习评价表如下所示。

考核维度	考核方式	考核指标（一级）	考核指标（二级）	指标权重 /%	评价主体	考核要点
结果考核	学习手册	学习能力 (50%)	知识学习	20	教师	重点考查学生对理论知识的掌握情况和运用能力
			知识运用	30		
过程考核	出勤状况、课堂参与、自主作业、小组任务	学习行为 (20%)	学习态度	10	学生之间的他评	重点考查学生在学习中的学习态度以及学习能力
			学习能力	10		
	实训操作、实训报告	实践能力 (30%)	实践能力	20	软件系统	重点考查学生的业务实操能力及综合素养
			专业素养	10	教师	

专家点评表如下所示。

场馆		执教		年级科目	时间	
课题					评课者	
评价项目	评价内容				赋分	得分
教学内容（10 分）	生活教学	钻研教材，符合学生实际，结合生活实际，创造性地使用教材			5	
	分层递进	适合不同层次学生的发展需求			5	
学生主体（40 分）	动手实践	善于观察，大胆试验，勤于操作实践			15	
	自主探索	主动探究，猜测验证，学会学习			15	
	合作交流	讨论热烈，分工合作，协调发展			10	
教师主导（30 分）	教学框架	创设情境，提供学生探索的空间			10	
	摆正关系	学生是学习的组织者、引导者与合作者			10	
	教学素养	态度亲切，语言精练，板书合理，应变灵活，创意新颖			10	
教学目标（20 分）	知识技能	引导学生经历教学的过程，并获得经验			5	
	教学思考	经历教学活动，积极思维，勇于探索创新			5	
	解决问题	善于发现、理解问题，解决策略多样，应用灵活			5	
	情感发挥	求知欲强，质疑问题，兴趣浓，自信心强，习惯良好			5	
综合评价					总分	
定性描述						

九、综合评价

该案例是比较典型的工程实验模拟的项目式学习，项目主题具有重大意义，挑战性任务非常能激发中学生持久探究与实践的兴趣。以“化整为零 + 局部探究 + 归纳总结”相结合的方式，学生可以充分体验实验方案的猜想与假设、设计与实践、反思与总结的过程。

该案例依据课程标准对学习目标进行了具体化设计，阶段学习成果丰富，3 个子任务承载着不同的学习目标，大多数学习任务就是评价任务，实施中可看到学生产生了很多过程性成果，与其他评价任务中的表现相结合，使得师生能够清楚地看到和判断学生在学习过程中是否达到目标和如何达到目标。

该项目的最大亮点是将化学融入到航空的探究之中，从另一个角度去剖析航空航天工程的设计，同时将方案的整体设计与局部子系统相结合，用 PBL 的探究递进式完成任务，在方案设计中提炼科学问题，对相关科学原理和问题进行了分析与探究，探究结论可用于指导问题解决。

《火箭的能量来源》方案设计，是一个非常大的主题，最终学习结果是一个整体方案，需要考虑的要素太多，应引导学生去如何利用实验材料去佐证实验探究的问题，同时需考虑在科技馆实施该方案的安全性，例如教学场地的设计、教学对象是否可设计成亲子实践等，这些都是在方案优化时需要考虑的问题。

★ 该项目获 2023 年“奋进科普新征程”全国科技馆联合行动优质科学教育资源项目三等奖 ★

福建省

水的“膜”力

教育活动类型： 展品辅导、小实验、学习单

项目开发单位： 泉州市科技馆

项 目 设 计 人： 陈巧滢、黄桂芳、戴燕鸣

一、概述

结合科技馆内“水的表面张力”展品，以展品体验、分组探究、对比实验为活动形式，延伸拓展《小学科学课程标准》中有关运动与力的教学内容，综合 5E 教学法、探究式学习等方法设计本教育活动资源包。

教学过程中通过猜谜语和展品体验引入，设置问题，激发学生好奇心。进而引导学生动手进行实验，让学生通过“泡泡的神秘膜力”“会轻功的回形针”两个实验感受水的表面张力，了解其表面具有收缩趋势。并在此基础上拓宽知识，通过“水主沉浮”的实验知道表面活性剂会破坏水的表面张力。引导学生们通过实践逐步理解“实证”在科学探究中的重要作用，提高观察、实验等科学探究能力，感悟科学精神、科学思想。

二、教学对象

1. 本教育活动适宜的受众人数：20 人。

2. 本教育活动针对的具体教学对象：10~12 岁学生。

3. 教学对象的学情分析：对接小学科学课标物质科学领域中有关运动与力的教学内容，该阶段的学生对“力”有了基本认知，且能通过观察水等液体，尝试归纳总结出其一些共同特征，如具有流动性等，但了解的只是现象或较浅的内容，大多是间接经验，缺少直接经验，对于水的表面张力知之甚少，缺少科学探究的过程和方法。

该阶段的学生认知发展正处于“具体运算阶段”，虽具备一定的自主探究能力和集中思维，对未知事物充满好奇心，对于泡泡、水这类物质的特性易产生兴趣。但缺少分析、推理、归纳、验证等思维意识及方法，以及发散性思维，很难从多角度去解决问题。

三、教学目标

1. 科学观念：通过实验，观察水的表面张力现象，了解其产生原因；知道表面活性剂会破坏水的表面张力；能运用科学知识解释生活中相关现象。

2. 科学思维：通过探究实验，认识事物的本质特征，获得水的表面张力特性的有关结论；通过破洞铝箔小船在清水和泡泡水中的现象对比，了解表面活性剂，感受以现象为依据的论证思维；能对生活中的现象进行科学推理，敢于提出猜想，从不同角度思考生活中的问题，质疑创新，解释水的表面张力形成原因。

3. 探究实践：依托展品和实验材料，通过观察、分析、比较等方式探究水的表面张力，学会从多方面完成探究任务；通过观察和实验，感受水的表面张力，并能做出解释，积累从实验现象深究物理原理的科学探究经验，了解科学探究的方法；有效表达探究结论，采用小组合作的形式，敢于对别人的观点提出质疑。

4. 态度责任：有学习了解科学知识的兴趣，具有实事求是的态度，对现象发生原因的因果进行研究，以事实为依据作出判断；体验正确认识科学本质的过程，乐于探究实验现象中的科学原理，有团队精神，培养基于实证的科学态度和科学精神；有将科学知识解释日常生活现象的意识，了解科学会对生活的多方面产生影响，逐渐形成探索自然的内在动力。

四、教学重难点

1. 教学重点：让学生通过实验了解水的表面张力现象，感受其表面具有收缩趋势。通过对比实验了解表面活性剂会破坏水的表面张力。

2. 教学难点：根据实验结果得出水的表面张力的形成原因。能够运用水的表面张力解释生活中有关现象。

五、教学场地与教学准备

1. 教学场地：教室（设置在四楼量子论剧场）、展厅（设置在四楼智慧天地展厅，体验展品“水的表面张力”）。

2. 教学准备：桌子、椅子、多媒体、翻页笔等教学设备，教学 PPT、学习单、活动材料用具（见下表）等教学材料。

序号	名称	规格	数量
1	玻璃杯	200 毫升	11 个
2	回形针	常规	1 盒
3	透明水槽	270 厘米 ×200 厘米 ×10 厘米	10 个
4	铝箔纸托	小号	30 个
5	牙签	常规	30 根
6	红线	常规	1 卷
7	液体表面张力演示器	大号	30 个
8	泡泡液	常规	足量
9	清水	常规	足量

3. 活动总时长：40 分钟。

六、教学活动设计与实施

1. 教学活动设计流程图

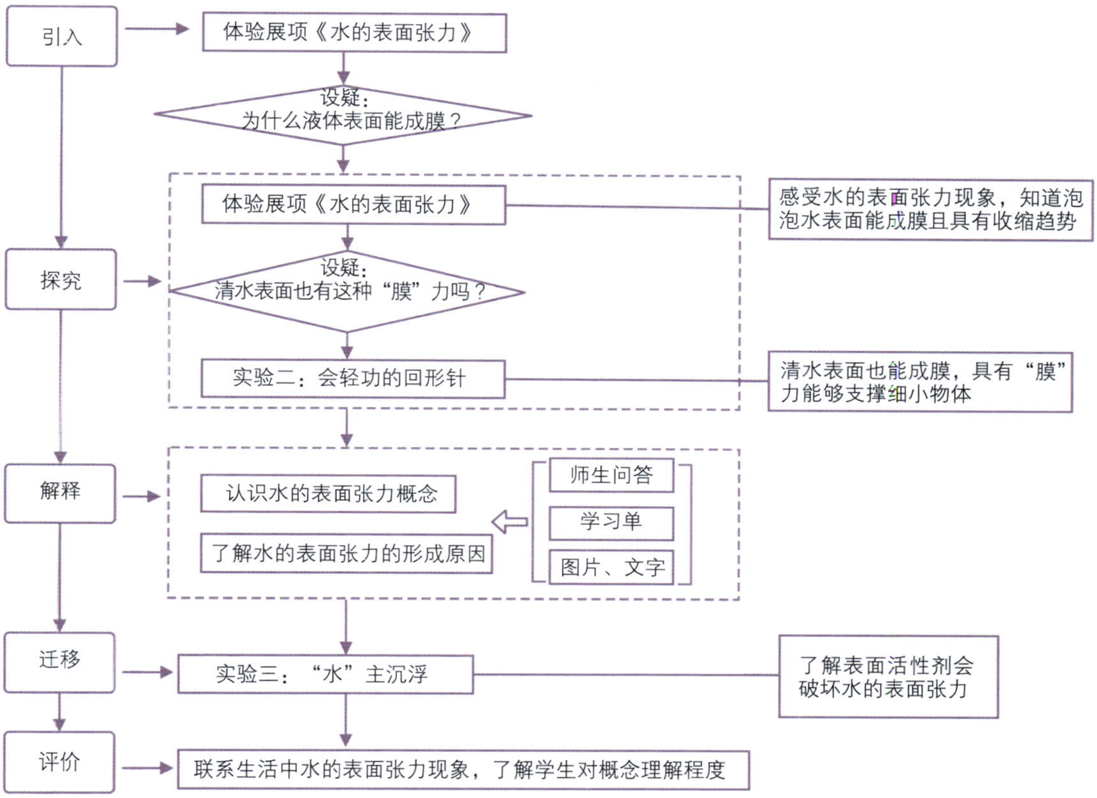

2. 活动步骤以及设计意图

第一阶段　引入（5 分钟）

阶段目标：通过展品体验，初步感受水的表面张力，利用问题引发学生思考，引入教学内容。

教育活动脚本	设计思路
老师活动 1：展示关于泡泡的谜语，吸引学生注意力，提出问题“同学们是否见过不同形状的泡泡？”。 学生活动 1：学生猜谜语，回忆是否见过不同形状的泡泡。	

教育活动脚本

老师活动 2：带领学生体验展品“水的表面张力”，见下图。

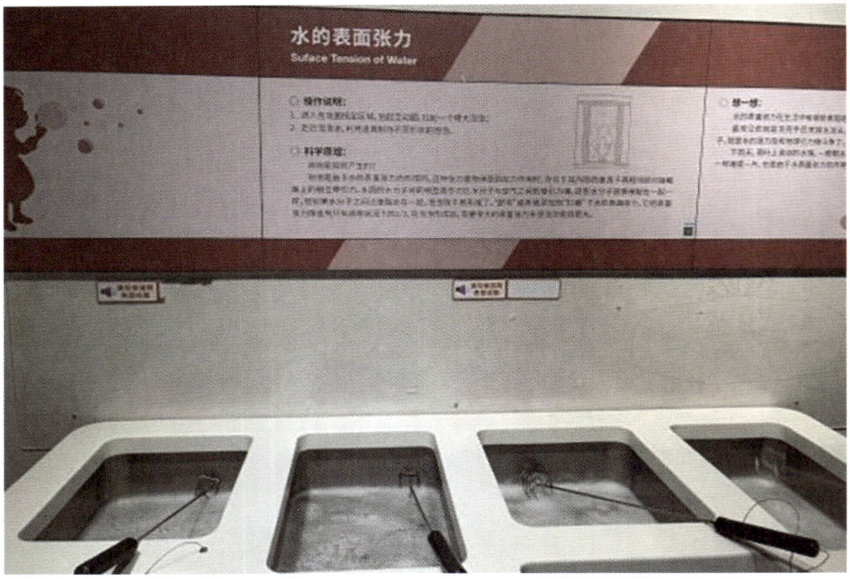

学生活动 2：观察不同形状泡泡杆上的成膜情况，见左图。并用不同形状的泡泡膜吹泡泡。观察发现泡泡杆上会成膜，吹出的泡泡都是球状的。

老师活动 3：设置疑问，“为什么会成膜？为什么不同形状泡泡膜吹的泡泡都是球形？”引入课题，“要想解开其中的奥秘，让我们一起做几个实验来了解水的‘膜’力”。

设计思路

设计意图

通过猜谜语和展品体验，设置问题，留下悬念，激发学生好奇心。并通过吹泡泡游戏，引起学生的同频共振，从生活走进物理，引出课程主题。

学情分析

学生对于熟悉但又未完全理解的事物会具有更积极的主观能动性。对于水的表面张力在游戏吹泡泡中的应用会产生一定的兴趣，促进学生自主探究的开展。

教学策略

1. 谜语导入，调动学生学习兴趣。
2. 展品体验，提出问题，通过“不同形状泡泡膜吹出的泡泡都为球形”这一现象形成“认知冲突”，设置具有趣味性和悬念的问题，激发学习、探究的欲望。

第二阶段 探究（18 分钟）

阶段目标：通过实验感受水的表面张力，探索水的表面张力现象及其形成原因。

教育活动脚本

实验一：泡泡的神秘“膜”力（10 分钟）。

老师活动 1：介绍实验所需用到的材料。引导学生利用中间绑有棉线的圆形铁环进行成膜实验（采用投屏技术，将实验过程投放到屏幕上）。

设计思路

教育活动脚本

学生活动 1: 学生以小组为单位进行实验。

（1）把一条细棉线的两端系在铁环上，使棉线处于略微松弛状态；

（2）将系有棉线的铁环放入泡泡水中；

（3）观察铁环表面是否成膜以及棉线状态，记录学习单。

老师活动 2：提问，刺破左侧泡泡膜，右侧泡泡膜也会破掉吗？棉线状态会有变化吗？

学生活动 2：进行猜想，实验验证。

学生观察：刺破左侧泡泡膜后铁环右侧泡泡膜完好；棉线紧绷，偏向有泡泡膜的一侧。记录学习单。

实验结论：泡泡水表面具有收缩到最小的趋势。

老师活动 3：提出问题“为什么会有这种收缩的趋势？”。

学生猜想：泡泡膜应该是受到了某种力的作用，使得它具有收缩的趋势。

老师活动 3：引导思考“这股（膜）力是什么？同学们验证了泡泡水表面具有（膜）力，那清水表面会有这种（膜）力吗？”

实验一探究及展示、交流情况，如下图所示。

实验二：会轻功的回形针（8 分钟）。

老师活动：介绍实验所需用到的材料。引导学生利用回形针验证水的表面是否成膜的实验（采用投屏技术，将实验过程投放到屏幕上）。

学生活动：动手进行实验。

（1）往杯子里倒水，在水杯中直接放入回形针。

（2）观察现象（回形针沉入水杯底部），记录学习单。

（3）将一个回形针对折。

设计思路

设计意图

通过生活中简单的物品进行物理实验，体现趣味性、简易性。让学生通过亲身实践得出结论。

演示实验过程中，引导学生对现象进行思考分析，提出合理猜想，并再次实验证明猜想，由浅入深，层层递进，培养学生的逻辑思维能力。

学情分析

学生乐于动手实践，对于有趣的现象充满好奇，对直接现象比较敏感，具有强烈的探索欲望。

教学策略

以问题驱动，让学生有目的、有方向地一步步进行实验，感受水的表面张力现象及效果，体验科学探究的一般过程。小组合作探究，交流意见，促进学生进一步思考，完善自身观点。

教育活动脚本	设计思路
（4）借助折过的回形针，将其他回形针慢慢放到水面上。 （5）观察现象（回形针漂浮在水面），记录学习单。 学生活动：发现水的表面能够支撑细小物体，像是覆盖了一层看不见的薄膜。 实验二探究及展示、交流，如下图所示。	

《水的“膜”力》学习单，展示如下。

水的“膜”力

学习单

本次活动中，你有哪些收获和感想？

学员姓名：

小组名称：

探究一：泡泡的神秘“膜”力

实验操作	实验现象	
	铁环表面	细棉线
系有棉线的铁环放入泡泡水中		
刺破左侧泡泡膜		

实验结论：泡泡水表面具有_______的趋势。

探究二：会轻功的回形针

实验操作	回形针在水中现象（填“漂浮”或“下沉”）
回形针直接放入水中	
回形针慢慢放到水面上	

探究三：“水”主沉浮

实验组别	实验操作	破洞铝箔小船在水中现象（填“漂浮”或“下沉”）
1	破洞铝箔小船在清水中	
2	破洞铝箔小船在泡泡水中	

实验结论：泡泡液属于__________，加入水中会______水的表面张力。

生活中的表面张力

第三阶段 解释（5分钟）

阶段目标：通过实验现象与实验结论，让学生进行总结，了解水的表面张力的形成原因。

教育活动脚本

老师活动1：引导学生回顾总结第二阶段两个实验得出的结论。

学生活动1：小组讨论总结，选派代表发言。

老师活动2：鼓励和肯定学生的发言。对知识重点、难点进行补充解释。采用PPT及图片形象展示液体内部及表面分子分布情况，帮助学生理解表面张力的形成原因。提问，引导同学们思考下泡泡为什么会呈球形呢?

学生活动2：小组讨论，思考老师的问题。表面张力将泡泡收缩包围成球形。

老师活动3：补充说明水的表面张力会使液体表面积收缩到尽可能小的程度。而相同体积下，球形表面积最小，因此，表面张力的作用下泡泡保持球形。

设计思路

设计意图

基于前一阶段的实验现象，学生小组讨论交流水的表面张力的作用，学生间的相互讨论交流有利于自身实验及观点的完善。加深对表面张力的认识。

学情分析

通过前一阶段的讨论和实验，学生们已感受到水的表面张力，知道液面有收缩趋势，但同学们尚未意识到其形成原因是水分子互相吸引所致，尚未形成完整的思路。

教学策略

自主学习：用讨论法让学生之间相互讨论，展示实验所发现的现象。

引导补充：老师根据学生结论归纳、总结，帮助学生理解。

通过PPT及图片形象展示液体表面分子分布情况和分子间作用力，达到抽象思维“可视化”，提高学生对液体表面张力概念的认识。

第四阶段 迁移（7分钟）

阶段目标：通过实验，让学生从中加深和拓展对表面张力的理解，认识表面活性剂。

教育活动脚本

老师活动 1：既然我们已经知道了表面张力的存在以及它产生的原因，那么不同液体中的表面张力是否相同？比如我们桌面上的清水和泡泡水，谁的表面张力会更大一些呢？

学生活动 1：进行猜想，实验验证。

实验三：“水”主沉浮。

老师活动 2：介绍实验所需用到的材料。引导学生进行实验（采用投屏技术，将实验过程投放到屏幕上）。

学生活动 2：动手进行实验。

（1）在两只铝箔纸小船底部戳若干个小洞。

（2）在清水和泡泡水中分别放入戳有小洞的小船。

（3）观察现象（破洞铝箔小船在清水中漂浮，在泡泡水中下沉），记录学习单（见下图）。

老师活动 3：提出问题“破洞铝箔小船为什么能在清水中漂浮？”

学生活动 3：运用阶段三已学习的水的表面张力的概念进行回答。

老师活动 4：引导思考“那为什么破洞铝箔小船在泡泡水中下沉了呢？同学们先思考下泡泡水和清水的区别是什么呢？”

学生活动 4：思考回答老师问题。（例：泡泡水中加入了泡泡液 / 洗洁精）

老师活动 5：解释说明洗洁精、泡泡液这类物品属于表面活性剂，加入水中会破坏水的表面张力。引导学生可以通过桌面上现有的实验材料再次验证。

学生活动 5：设计实验再验证，加深理解。（例：回形针在清水中漂浮，在泡泡水中下沉）

老师活动 6：学生探究的同时，老师从旁引导、答疑。

设计思路

设计意图

让学生通过对比实验理解不同液体表面张力不同，认识表面活性剂。

学情分析

通过前几阶段的学习，学生已掌握水的表面张力的基本知识，能够在新的近似的情境下运用、解释和解决问题。

教学策略

1. 设置疑问，让学生进行对比实验探究不同液体的表面张力。

2. 学生自主实验验证并运用前面所学习的内容解释实验中水的表面张力的运用。

3. 引入表面活性剂的概念，拓展学习。

第五阶段 评价（5 分钟）

阶段目标：通过实验，让学生从中加深和拓展对表面张力的理解，认识表面活性剂。

教育活动脚本	设计思路

老师活动 1：提问生活中有哪些水的表面张力的相关现象?

学生活动：思考生活中的表面张力现象，并尝试解释原因。（例：王亚平老师在进行太空实验时，制作了一张圆形水膜，看起来像是一个放大镜，这正是在太空失重环境下水的表面张力发挥的神奇作用；从自来水龙头滴下的水滴存在表面张力使它收缩成一个球形）

老师活动 2：引导学生联想生活中的现象，对学生的回答进行补充。回顾总结。

设计意图

鼓励学生利用课程中接收的新知识，解释生活中常见的现象，旨在让学生对知识进行巩固与迁移，能够利用理论知识来解释现实生活中的现象。鼓励学生应用新概念解决问题，形成实事求是、尊重自然规律的科学态度，有将自己的见解与他人交流的意识。

学情分析

每个学生的理解水平不同，接受能力也不同，学习了新的概念，不一定就会应用新概念。

教学策略

迁移知识，帮助学生对知识的应用不是一对一，而是一对多。引导学生举一反三解释类似的生活中现象，能够融会贯通。

七、教学评价与反思

1. 实施情况

本课程作为科技馆科普课程自创课以来共开展 4 期，受众人数 103 人。其中，85% 以上学生能够通过课程学习，自主操作实验，举手发表或与同伴交流实验阶段性小结，能独立完成学习单的填写；10% 左右的学生操作过程中发现科学现象，需要在老师指导下完成学习单；5% 左右的学生仅能完成实验操作。整体学生接受度较高，动手实验操作能力和思考能力明显提升，部分学生填写的学习单展示如下图。

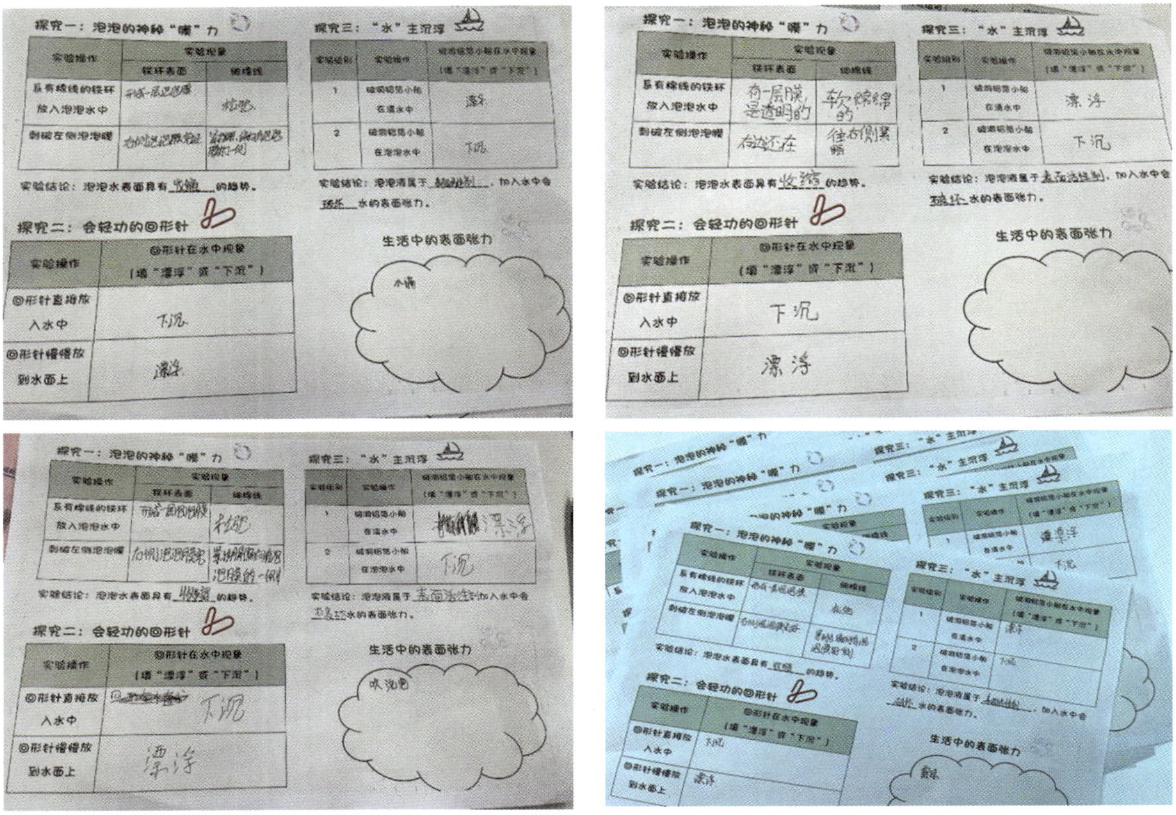

2. 受众反馈

本课程结合展厅展品体验和实验操作两大部分，发挥科技馆优势，课程设计内容由浅入深，步步导入，逻辑清晰，活动形式丰富。通过互动小游戏、展品体验、实验探究等环节能较好调动学生参与的积极性，大多数学生都能围绕共同学习目标与小组成员展开交流，并分工协作完成实验。学生在师生互动、沟通交流、实验操作中，提高了思维能力、表达能力、动手实践能力与团队协作能力，也让学生对关于力的学习和大自然奥秘产生探索的兴趣。

资源包教具操作方便、有趣好玩，在老师指导下每一次实验操作的科学现象明显、原理准确，得到了参与课程的学生及家长的一致好评。

3. 效果评估

本课程借鉴"5E 教学模式"的五个环节"引入""探究""解释""迁移""评价"，设计了五个阶段的教学过程，将基于展品体验的探究性学习、体验式学习等教学理念和方法融入相应的教学环节。

课程的评价融入课程实施过程中的每一个阶段，老师通过学生的个人表现、小组研讨情况、学习单完成情况，在各个阶段对学生的理解程度、动手能力等综合观察评价，统计阶段目标达成度。课程结束后，通过对学生、家长、老师等参与者或旁观者进行采访对话，填写教学活动评价表，完成课程整体性评价。

课程实施过程中，大部分学生都能掌握课程重难点。在实验过程中所遇到的问题大多通过团队交流协作的方式解决，学生的思维能力、表达能力、动手实践能力、团队协作能力有所提高。鼓励学生形成实事求是、尊重自然规律的科学态度。

★ 该项目获 2023 年"奋进科普新征程"全国科技馆联合行动优质科学教育资源项目一等奖 ★

天气的答案，云知道

教育活动类型： 自然科学类课程

项目开发单位： 泉州市科技馆

项 目 设 计 人： 曹群钰、刘莉、詹凌智

一、概述

活动依托小学科学中“观察云”的相关教学内容，基于“小水滴或小冰晶浮在空中形成了云”这一概念认知，并采用“问题 + 项目”双引擎教学模式。依据展品“什么是气象”展开“云朵小剧场”科学表演设计：运用情景式教学方法，引出关于云形成与对天气预示的猜想。通过展品调研，以查阅资料、整合资源、自主研发的形式，开展教案创作、资源包教具制作和剧场脚本创作；在“杯中白云”实验设计与研发阶段，通过控制和改变单一条件的对比实验，得出“云的主要形成条件”的相关结论，探究变量水蒸气、气流、冷却、凝结等对实验效果的影响，使展示内容具有科学性、趣味性、互动性，将云的形成知识从以往的课堂灌输转变为主动探究获得。

二、教学对象

1. 本教育活动适宜的受众人数：30 ~ 40 人。

2. 本教育活动针对的具体教学对象：9 ~ 12 岁。

3. 教学对象的学情分析：该阶段的学生认知发展正处于“具体运算阶段”，已具备一定的自主探究能力和集中思维，对未知事物充满好奇心，但缺少分析、推理、归纳、验证等思维意识及方法，以及发散性思维，很难从多角度去解决问题。处于科技馆这一开放式的教学环境下，学生往往只能完成浅显的参观，难以形成深入且系统的认知。

天空中各式各样的云很容易让学生产生兴趣。在学校教育中，该年龄段的学生已经学习了与本教学内容相关的几种常见天气，小学科学课“观察云”带领学生初步知道“小水滴或小冰晶浮在空中形成了云”这一概念，认识积云、层云和卷云三种云的基本形态，但是对于云的形成原因的理解尚处于理论阶段，对云朵和天气的关系认识比较模糊，主动记录云朵及天气的行动较少。

三、教学目标

1. 科学观念：掌握云朵形成的主要条件；初步了解云和天气的关系。

2. 科学思维：通过实验启发思维，尝试分析和表达形成云朵的主要条件。

3. 探究实践：学会观察并记录气温、云量等气象数据，并根据观察描述天气状况。

4. 态度责任：对自然探究保持好奇心和热情，感受天气观测所带来的意义；认识人类活动与自然环境息息相关。

四、教学重难点

1. 教学重点：通过实验启发思维，尝试分析和表达形成云朵的主要条件；掌握云朵形成的主要条件，初步了解云和天气的关系；学会观察并记录气温、云量等气象数据，并根据观察描述天气状况。

2. 教学难点：对自然探究保持好奇心和热情，感受天气观测所带来的意义；认识人类活动与自然环境息息相关。

五、教学场地与教学准备

1. 教学场地：展项“什么是气象”相对论与量子论剧场。

2. 教学准备：根据不同课程的内容，设计准备相应的教学环境和教具、器材。除每节课常用得到的教学一体机、椅子、折叠桌、PPT、教案、音响话筒等，课程“探究”环节和“认知”环节需要用到部分耗材（见表格）。

活动套材包（学生使用）			
名 称	规 格	数 量	参考图片 / 备注
带盖的玻璃杯	1 升	1 个	 可反复使用
气溶胶发胶	常规	1 瓶	 可反复使用
冰块	常规	足量	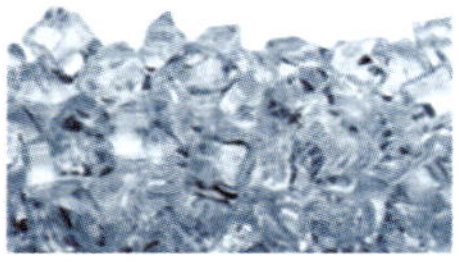

名 称	规 格	数 量	参考图片 / 备注
热水	常规	足量	
云朵识别卡	常规	1 张	 学生可带回家

3. 活动总时长：40 分钟。

六、教学活动设计与实施

1. 教学活动设计流程图

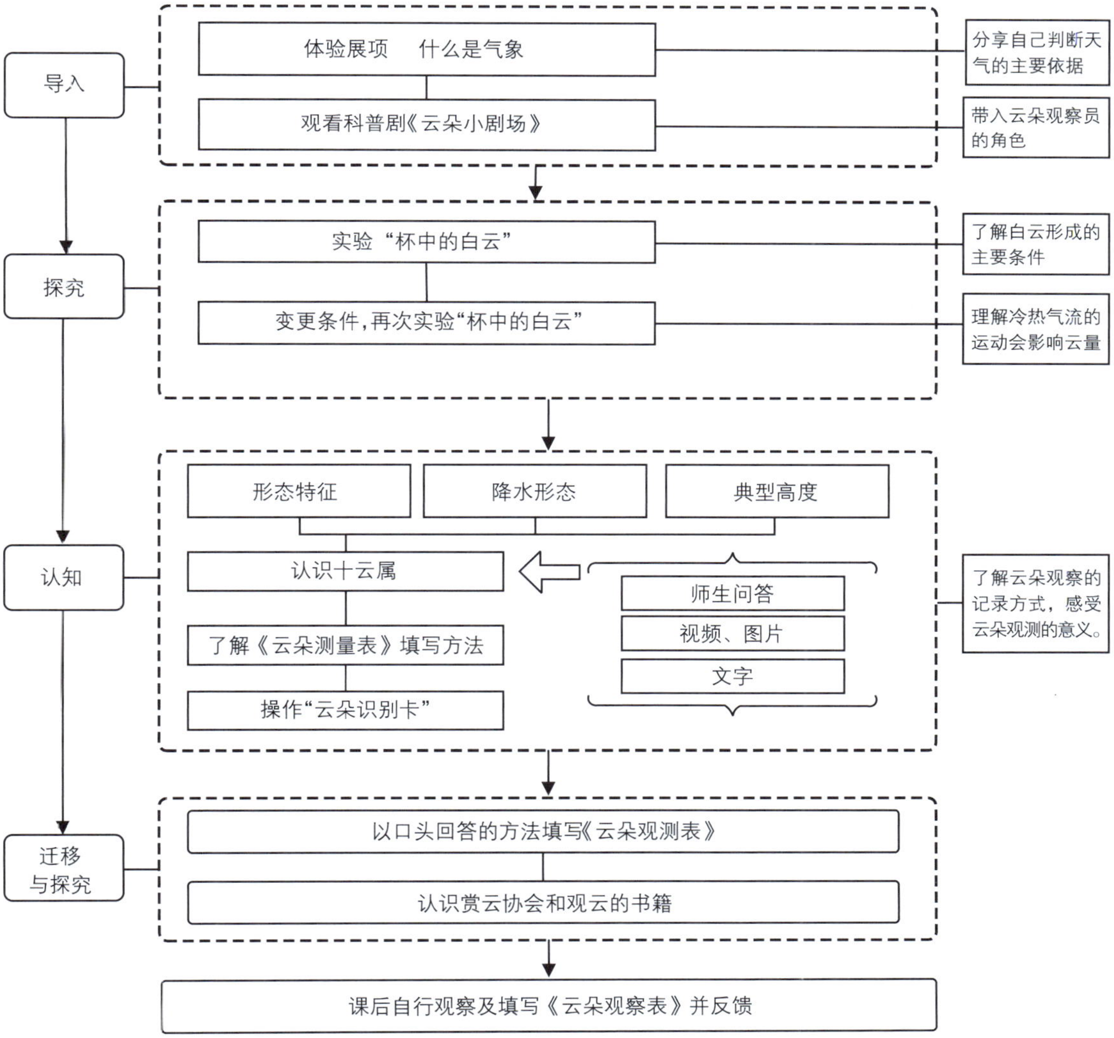

2. 活动步骤以及设计意图

第一阶段 导入

阶段目标：创设情景，激发学生兴趣， 引入教学内容。

教育活动脚本

本阶段的创设情境。

通过展项“什么是气象”（见下图）和科普短剧《云朵小剧场》让学生代入云朵观察员的身份，激发学生的学习兴趣。

首先，开展问题导入。

老师活动 1：请学生体验展项“什么是气象”，并询问学生主要通过哪些方面来判断天气。（3 分钟）

学生活动 1：体验展项“什么是气象”，并分享自己判断天气的主要依据。基本会通过阳光的强度来判断，也能注意到晴天、阴天和雨天的云朵形态不同。

老师活动 2：情景创设——小剧场里出现了哪几种云朵？它们伴随了什么样的天气现象？（3 分钟）

学生活动 2：观看《云朵小剧场》（见下图），伴随问题，结合剧情自由讨论，分享自己的观点。

设计思路

学情分析

学生喜欢观察，好奇心强，已累积了一定的生活观察经验，能知道不同的天气会有不同的光照和云朵形态，但对于云与天气的关系没有形成清晰认知。

设计意图

以展项“什么是气象”和科普短剧《云朵小剧场》导入课程，激发学生的学习兴趣，引出云朵与天气的课程主题。

教学策略

通过展项和科普短剧《云朵小剧场》，营造有趣味的学习情境，激发学习、探究的欲望。

第二阶段 探究

阶段目标：通过科学实验和比较观察，探索云朵形成的主要条件。

教育活动脚本

创设情境：让学生们在杯中“捕捉一朵云”，通过操作实验“杯中的白云”探究云朵形成的主要条件。

随后开始问题导入。

老师活动 1：请学生猜测云朵形成的主要条件。（2 分钟）

学生活动 1：猜测云朵形成的主要条件并表达。大部分学生能说出云朵的形成需要水，一部分能说出温度。

老师活动 2：根据“云朵形成的主要条件”这一问题的提出，准备相应的实验道具，组织学生自主设计实验，探究“杯中的白云”。学生对实验的设计进行讨论，老师不做评价。通过学生亲身体验和实验的效果来验证和分析，引导学生思考和尝试解释，并总结发言，帮助学生了解白云形成的主要条件包括水蒸气，气流，冷却和凝结。（10 分钟）

学生活动 2：分组探究，以 5 人为一个小组讨论和设计实验，尝试和观察杯中白云的形成情况，并尝试总结白云形成的主要条件。

老师活动 3：提出问题“如何制造出不同云量的白云”，请学生说明对实验效果的预判和讨论。老师根据学生的发言，提供更多的冰块，刚烧开的热水，杯盖和杯子。老师引导学生对比云量效果分享观察和思考的结果并总结发言，帮助学生理解冷热气流的运动会影响云量。（5 分钟）

学生活动 3：通过动手实践，实验、观察和对比成云效果，加深云朵形成的主要条件的认识（见下图）。

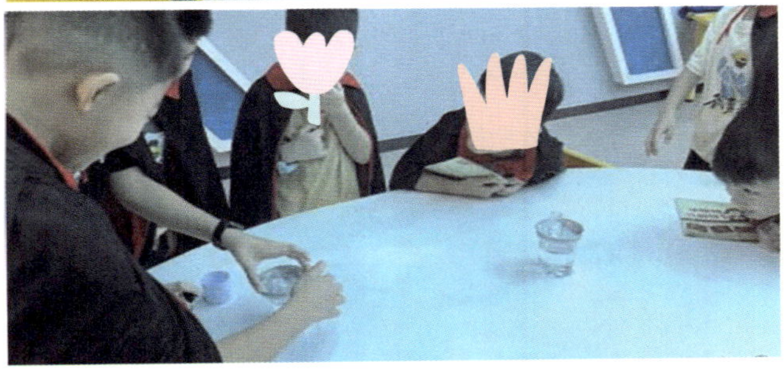

设计思路

学情分析

学生在设计实验时可能改变道具的摆放顺序和数量，如冰块与热水的位置，冰块和热水的数量，小组内可能发生争论。

设计意图

通过亲身体验、亲身实验得以领悟直接经验，激发学生对云的形成原因的思考，更能理解云朵形成的主要条件，以及在对比观察中理解条件的变化会影响云朵形成的效果。

教学策略

让学生联系已有知识猜想云朵形成的主要条件，再通过实验来验证。

通过“做中学”的形式，现场实验探究白云形成的主要条件的理解，并在老师的总结下形成认知。

通过实验对比观察，发现冷气流和热气流的运动会影响云量。

考虑到实验安全性，热水由助理老师协助添加。

第三阶段　认知

阶段目标：以理解云朵形成的主要条件为基础，通过问答、观察等方法认识云属，了解云朵观察的记录方式，感受云朵观测的意义。

教育活动脚本

创设情境：观看视频，感受云朵千变万化的魅力。认识十云属，了解云朵观察的记录方式。

问题导入内容如下。

老师活动 1：以视频的方式展现十云属，引导学生自由表达观后感并总结发言。结合云朵形成的主要条件，以文字介绍、图片展示的方式简要介绍十云属的形态特征，典型高度和降水形态。通过问答的方式，鼓励学生结合生活经验展开观云联想，感受天气观测所带来的意义，如下图所示。（5 分钟）

学生活动 1：联系生活经验思考并自由表达。

老师活动 2：通过投影向学生介绍电子学习单《云朵观测表》，向学生介绍填写方法。向学生展示晴天、少云、多云和阴天的图片，帮助学生直观理解学习单中“云量”的概念。（4 分钟）

学生活动 2：了解电子学习单的填写方式。

老师活动 3：分发云朵识别卡，通过投影展示多种云朵的图片，如上图所示。鼓励学生使用云朵识别卡模拟观云，判断云朵形态，表达观云所感，体会观云的乐趣。（5 分钟）

学生活动 3：用云朵识别卡模拟观云，尝试做出判断和表达。

设计思路

学情分析

经过观察和探究，学生在知识层面上对白云形成的主要条件产生具象的了解。学生具备一定的生活观察经验，但缺少主动记录和分析的意识。

设计意图

多媒体演示利于学生直观地感受云朵千变万化的魅力，激发学生观察云朵的兴趣。通过文字介绍、图片展示和师生问答等方法，引导学生认识云属，了解云朵观察的记录方式，激发学生观察和记录云朵及天气的兴趣，感受天气观测所带来的意义。

教学策略

学生在老师的引导下结合云朵形成的主要条件，通过多媒体和师生问答的方式认识十云属，初步认识它们的形态特征，典型高度和降水形态。老师引导学生了解云朵观察的记录方式，提供云朵识别卡和电子学习单，通过分享经验，总结收获等互动过程，引发学生的记录热情，便于学生在课后继续观察，深化学生对于云朵与天气的关系的观察、思考与认识。

第四阶段　迁移与拓展

阶段目标：巩固《云朵观测表》（学习单）的填写方式，了解赏云协会和与云相关的书籍。

教育活动脚本

问题导入

老师活动 1：出示一张当天的云朵照片，引导学生以口头回答的方法填写《云朵观测表》。出示学习单的电子二维码，请学生们在课后填写提交。（2 分钟）

学生活动：口头填写《云朵观测表》，并通过手机、电话手表等方式拍摄学习单的电子二维码便于课后填写。

老师活动 2：老师以 PPT、视频等媒体向学生介绍赏云协会，推荐书籍《云彩收集者手册》《云与大气现象》和《宇宙的答案云知道》（如下图）给学生们阅读。（2 分钟）

设计思路

学情分析

该阶段的学生正在初步形成自己的价值观和科学观，为此在科学活动中要注重引导学生树立正确的观念，将科学意识和科学探究活动融入生活。

设计意图

通过口头填写的方法让学生巩固云朵观测记录的知识，拓展学生的延伸阅读范围，鼓励学生在课后继续观赏和记录云朵，感受观测云朵所带来的意义。

教学策略

创设填写《云朵观测表》的情景，组织学生用口头回答的方法来填写，帮助学生巩固云朵观测记录的知识。通过介绍赏云协会和相关书籍，传递观测云朵的美好，拓展学生的知识，为学生的课后学习提供思路。

七、教学评价与反思

教学评价：导入环节的设计能较好地调动学生的参与积极性，学生能围绕云朵的提问主动思考并发表意见。小组探究环节中，学生的参与度很高，都能围绕问题展开交流和讨论，并分工协作完成实验。在认识环节，学生能聆听老师的介绍，并联系生活经验分享积极地分享。学生在操作云朵识别卡时表现出极大的兴趣，在模拟观云时主动回答。

教学反思：可以再多设计一份学习单，让学生们填写“杯中的白云”的实验记录；馆内观景条件有限，难以带学生融入自然去观测云朵，未来可通过户外研学等形式进一步完善观云体验。

★ 该项目获 2023 年“奋进科普新征程”全国科技馆联合行动优质科学教育资源项目二等奖 ★

镜影寻踪——多面平面镜组合的成像规律探索

教育活动类型： STEM 类综合科技活动

项目开发单位： 厦门科技馆

项 目 设 计 人： 朱玲

一、概 述

本课程以“平面镜”为依托，结合了展厅中“镜子迷宫”“直角镜与多像镜”“多面体镜”“万花筒”等光学展品进行设计。

课程以学生为中心，全程为学生的自主探索过程。课程伊始，通过一段视频引出推理任务——“镜子迷宫中一共出现了几朵玫瑰花？”接下来老师引导学生简化问题，从两面平面镜呈一定角度组合的成像规律开始探索，逐渐过渡到多面平面镜的开放式组合，再拓展延伸到三面平面镜组成的闭合镜组（万花筒）的成像规律。让孩子们在学习的过程中不仅能直观感受到平面镜的成像特点，还能进一步掌握结合数学推理解决科学问题的思维以及科学探究的过程与方法。

二、教学对象

1. 本教育活动适宜的受众人数：以班级为单位开展，20 ~ 50 人 / 班。

2. 本教育活动针对的具体教学对象：9 ~ 12 岁（三至六年级）。

3. 教学对象的学情分析：本课程受众为三至六年级学生。二年级数学学习了乘除法，三年级学习了圆周及角度的知识，本课程所涉及的相关知识点与课程相关性强，学生的接受度较高。同时因光的反射为五年级知识点，三、四年级学生尚未学到，因此本课程只探究规律，不包含反射的光学原理。最后，由于本阶段学生学习时对直观性的需求度较高，因此配合了视频、图片、实验、推理等多种直观的教学用具，全程保持课程的趣味性。

三、教学目标

1. 科学观念：能描述两面呈一定角度（30°、60°、90°、120° 等）放置的平面镜的成像特点及其中的规律；

知道万花筒（侧视图为正三角形）的成像现象及其规律；对数学中圆与角度的知识、乘除法的巩固。

2. 科学思维：能根据实验数据和现象进行科学推理，得出双面镜的成像规律；会自主使用双面镜实验套装进行实验方案的设计及实施，结合作图建构双面镜的成像模型；会举一反三，将双面镜探究中所使用的方法代入三面闭合镜组（万花筒）的呈现规律探索过程。

3. 探究实践：学习及巩固“发现问题→分解问题→实践寻找规律→提出猜想与假设→实验验证→得出结论→拓展提升”的科学探究方法；初步接触及掌握结合数学推理探究科学现象的方法；学会简化问题，掌握从易到难推导复杂问题的方法。

4. 责任态度：明白科学探究的过程常常是从问题到问题的过程，不畏艰难、不断探索创新，对世界始终充满好奇与探索欲望；培养严谨认真、实事求是的科学态度，具有安全意识。

四、教学重难点

1. 教学重点：引导学生自主使用双面镜实验套装进行实验方案的设计与实施，结合作图建构双面镜的成像模型；教给学生“发现问题→分解问题→实践寻找规律→提出猜想与假设→实验验证→得出结论→拓展提升”的科学探究方法。

2. 教学难点：课程知识点并不是小学教材中的既定知识，同时还涉及多个知识点的串联（双面镜、三面镜），要注意开头的引入和知识点间的过渡；万花筒的成像规律较为复杂，我们采用较为简单的模型（横截面为等边三角形）的同时，也要注意前期双面镜成像图形的强化，帮助后面的理解。

五、教学场地与教学准备

1. 教学场地：教室（有条件可到科技馆或在教室中置办两面穿衣镜）

2. 教学准备：①老师教具有双面镜 / 两面平面镜（大小可视条件准备）、角度纸 / 量角器（辅助确定双面镜角度）、胶带、万花筒、玫瑰花或其他辅助演示道具；②学生使用器材有双面镜实验套装、三角镜、胶带、万花筒制作套装、玫瑰花、自选探索道具（教具与器材图片见教学过程）。

3. 活动总时长：40 分钟 。

六、教学活动设计与实施

1. 教学活动设计流程图

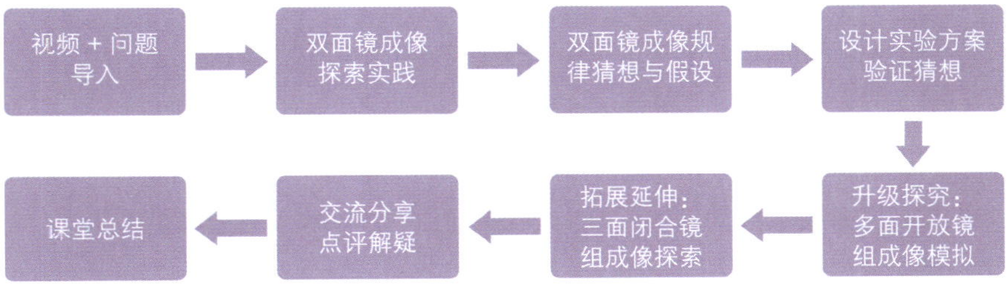

2. 活动步骤以及设计意图

第一阶段 视频 + 问题导入课程（3 分钟）

阶段目标：以一个极具冲击性的问题引入课程，高效吸引学生注意力。

教育活动脚本	设计思路

创设情境：老师播放镜子迷宫挑战视频，卖个关子，只让学生注意看其中细节，不提出具体问题。

本阶段问题导入内容如下所示。

老师：在视频中，你一共看到了几朵玫瑰花？或者直接说出看到了几面镜子也可以哦。

（事实上由于迷宫内部令人眼花缭乱，其实说不出具体的玫瑰花数量或镜子的数量。）

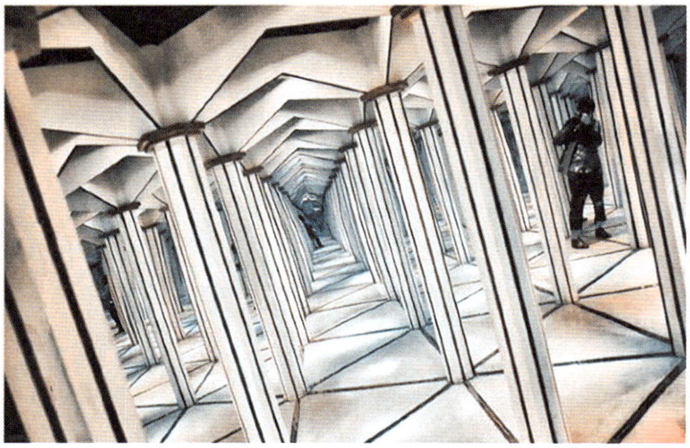

老师：里面的镜子其实都是我们最常见的平面镜，大家都是照过镜子的，想一想，为什么我们在里面会数不清楚镜子和玫瑰花的数量呢？

学生：因为镜子的数量太多啦！

学生：因为镜子的摆放很复杂！

老师：没错。镜子的数量不同、相互之间摆放角度不同，都会导致我们看到的物象有所不同。这就是我们今天要进行的探索——在不同数量、不同角度摆放的镜子组合中，我们手中的玫瑰，可以“幻化”出几朵？

学情分析

通过镜子所带来的直观视觉冲突体验和思考一个复杂问题，激起学生求知的欲望。

设计意图

部分学生尚未学过平面镜，但都有照镜子的常识。

教学策略

不用强调平面镜的知识，多让学生联系实际。注意引导学生将几面镜子的问题简化为镜子数量与摆放角度的问题。

第二阶段 双面镜成像探索实践 + 猜想假设（8 分钟）

阶段目标：得到双面镜间呈 30°、60°、90°、120° 时的物象数量。通过猜想与假设，结合数学推理得出双面镜间呈 22.5° 时的成像规律。

教育活动脚本

创设情境：如左图所示，视条件准备两面稍大些的平面镜，模拟多像镜展品，增强学生体验感。

本阶段问题导入内容如下所示。

老师：我们先从最简单的开始。同学们看一看这组镜子，你站在任意一个位置，旁边会有几面镜子呢？

学生：两面。

老师：没错。我们可以固定一面，转动另一面来改变镜子间的角度。

好啦，那接下来就是第一个任务：每个小组拿出记录本，探究并且记录一下当两面平面镜成 30°、60°、90° 和 120° 的时候，你的玫瑰花分别可以变成几朵吧！当然，你们要增加其他的角度也是可以的。

学生分组进行操作探究，可顺利得出结论。玫瑰花总数包含物体本身。

实验结果见下表：

角度	30°	60°	90°	120°
玫瑰花总数	12	6	4	3

老师：大家都做得很好。那接下来老师要提高点难度，请大家探究一下当两面镜子之间的角度为 22.5°（45° 的一半）时，一共有几朵玫瑰花呢？

引导学生根据探究结果，进行猜想与假设。

老师：同学们观察一下上面这组数据，找一找，讨论一下其中有没有什么规律？可以依次从以下几个角度思考讨论一下：

1. 从整体数据来看，角度越大，玫瑰花的数量是越多还是越少？

2. 30°、60°、90°、120° 都是我们学圆的知识的时候常见的角度，玫瑰花的数量会和圆有关系吗？

3. 12 和 30°、6 和 60°、4 和 90°、3 和 120°，这四组数据存在什么共同点？或者通过运算之后存在什么共同点？

学生分析数据得出：12×30=360，6×60=360，4×90=360，3×120=360。

师生共同作出推理：镜子将圆周进行了等分，物 + 物象的数量 =360° / 每一等分的角度。由此可得：当角度为 22.5°（45° 的一半）时，玫瑰花的数量应为 16 朵。

设计思路

学情分析

通过学生的自主实践去发现实验现象，引导学生通过对实验现象的讨论、猜想与假设、推理去获得答案，为下一步验证方案的设计埋下伏笔。

设计意图

三年级及以上学生对圆及角度是有所认知的，能够顺利完成探究。

教学策略

过程放手让学生自己去体验和思考，不需要过多的引导和干预。最后的问题是承上启下的关键。当然问题只是引导，关键在于让学生自主讨论和推理出结果，强调大胆的猜想与假设。

第三阶段 设计实验方案验证猜想（10 分钟）

阶段目标：学生设计方案及进行实验操作，得到各角度下的几何图像，直观验证自己的猜想。

教育活动脚本

老师：我们刚刚的猜想究竟是不是正确的呢？接下来需要设计方案，得到更加直观的证据来证明它！

创设情境：老师先运用大平面镜组合做一个示范。

本阶段问题导入如右图所示。

老师：同学们在镜子里看到了什么？

学生：一个六边形！

老师：很好。那接下来如何验证我们前面的猜想就全由你们自己来设计啦！这里是实验器材，如下图所示，同学们完成之后我们来分享一下你们得到的图形，并且说说你们从中得到的结论吧！

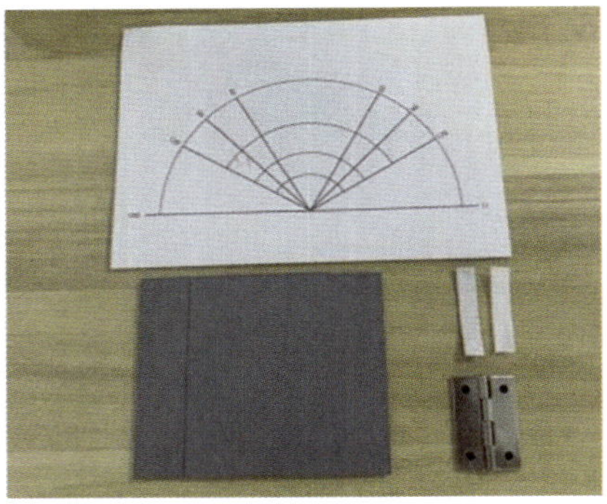

学生进行方案设计及实施，老师及时关注与指导，特别表扬做出 22.5° 图像的小组。

请两个小组的同学分别上台，展示他们设计的实验方案和得到的结果，其他组的同学注意和自己的方案进行对比，可以在能得到结果的基础上共同探讨视觉效果更好的方案。

下图为学生展示的探究结果。

120° 90° 60° 30°

设计思路

学情分析

通过简单大型的示范给予学生灵感，让学生可以自主完成验证方案的设计及实施。结论的总结不由老师进行，而是由学生通过分享交流实现，进一步巩固所学的方法。也为接下来三面镜的探究打下基础。

设计意图

这里主要考查学生的学习、模仿、举一反三的能力，三至六年级学生可顺利完成。

教学策略

示范的时候加强引导，一旦开始小组设计，以学生团队为主，老师从旁指导即可。

第四阶段 升级拓展——多面镜与万花筒（15 分钟）

阶段目标：从双面过渡到多面开放式镜面组合，再到三面闭合式平面镜组合（万花筒）成像规律的探究。

教育活动脚本	设计思路

第一部分，多面镜子开放式的组合，如下图所示。

创设情境：给学生看课前准备的多面组合镜成像的展示视频。发放各种形状的三角镜与胶带，让学生可自主进行探究。

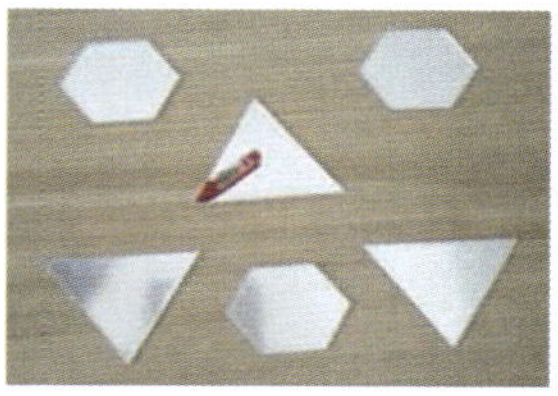

本阶段问题导入所示如下。

老师：看到多面镜组合的成像特点了吗?

学生：看到的玫瑰花数量更多了。

老师：那还会有规律吗?

学生：会!

老师：那接下来大家一起去试试看吧。因为时间有限，我们可以设计其中一种来观察一下现象，看看有没有规律。可以参考我们刚刚探究两面镜子时所使用的方法步骤哦。

学生分组进行制作与探究，互相交流分享。

第二部分，三面镜子闭合式的组合——万花筒。

老师：我们前面所探究的这些都是开放式的镜子组合，那如果让镜面相互靠在一起，围成一个封闭图形，猜猜看，效果又会怎么样呢?

学生：数量会更多。

老师：那么我们就来验证一下吧。首先老师要问，如果要围成一个封闭的图形，至少需要几面镜子呢?

学生：三面。

老师：没错，就像这样（如下图所示）。

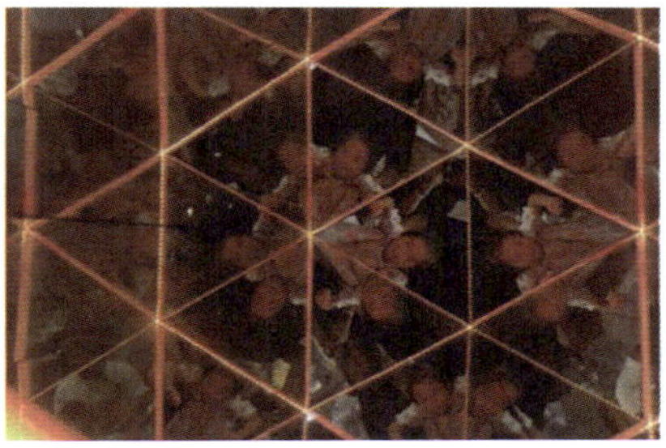

学情分析

及时巩固前面所学习的科学探究方法，举一反三，将其运用到三面镜组成像规律的探索中来，提升科学思维的广度与深度。

教育活动脚本

老师：其实很多同学可能都玩过和这个展品很像的小玩具，有人知道这个玩具是什么吗?

学生：万花筒!

老师：是的。我们来回顾一下我们在两面镜子时得到的探究结果（如下图所示）。

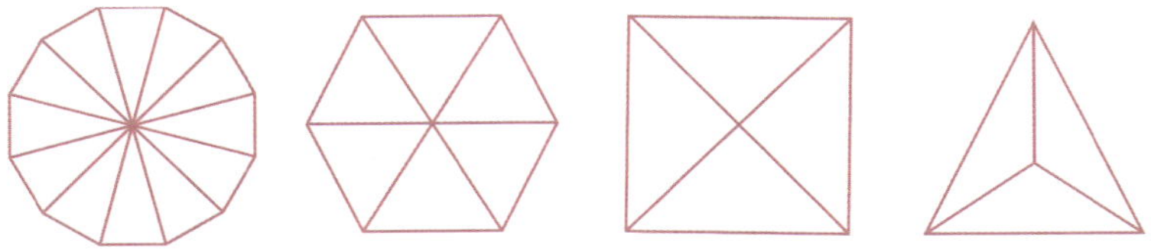

30°　60°　90°　120°

老师：接下来老师会给到同学们制作万花筒的器材（如下图所示），相信同学们的制作都是没问题的。老师要布置的额外任务是，请同学们思考和尝试一下，能不能参考前面的探究方式，探究或者推测一下在万花筒的结构中，所形成的物象（加上物体本身）会构成什么样的图形，如果可以，把它画出来。

学生进行制作及探究。（此部分的设计，意在让学生学以致用，尝试进一步的思考和探究，并不一定要得到最终的结果。其实可以想见，最终结果一定是比上面的任一图形都更加复杂的。）

第三部分，点评解疑。

老师通过观察可邀请学生分享自己探究或推理得出的图形，并进行适当的点评。然后公布所做的这种万花筒，在我们刚刚的探究方式下所呈现的图形，如右图。

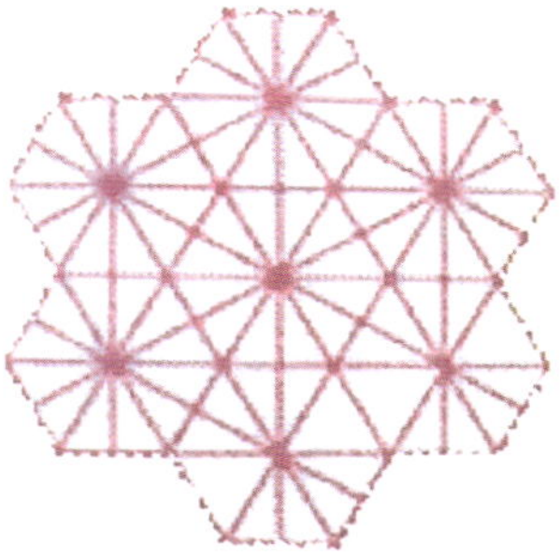

老师：请几个同学们来谈一谈看到这个图形是什么感觉?

学生：感觉是前面 30° 和 60° 组合起来的图形，然后它们的中心又组成了一个六边形。

老师：说得很好，你可以从很多角度去理解这个图形，它也确实和前面的规律是有所关联的。

设计思路

设计意图

此部分对学生的要求集中在两个方面，一个是思维的发散性，另一个是对所学知识吸收及快速运用的能力。二者都属于学生的综合能力，可能因年龄不同等存在差异性。

教学策略

强调探索过程，不强调结果。要让孩子在探索后得到“果然很复杂”的感受，淡化结果的重要性，凸显出所使用的方法和思维是可以在更多面镜子的时候进行推广运用的。同时，要让孩子们进一步认识到，在双面镜中所使用的方法运用到这里略显复杂，也许还有更好的方法等待我们去探索。

第五阶段 课程总结（4分钟）

阶段目标：课堂总结与拓展，总结科学探究的方法，反思科学思维及科学态度。

教育活动脚本

第一部分，开展课堂总结。

创设情境：老师引导学生回到最初的问题，开始总结。

问题导入内容如下所示。

老师：有哪位同学还记得我们最开始的问题是什么吗?

学生：镜子迷宫里面出现了几朵玫瑰花?

老师：现在我们可能依然没有办法直接得出答案，但是已经掌握了解题思路，并且还得到了升华，探究了更进一步的现象。我们一起来回顾一下今天的解题思路，谁先来?

引导学生分享探究的过程：两面开放式镜子组合→多面开放式镜子组合→三面闭合式镜子组合→更多的研究方向。探究的方法：发现问题→分解问题→实践寻找规律→提出猜想与假设→实验验证→得出结论→拓展提升。

第二部分，进行拓展延伸。

老师：今天的探究其实还可以继续深入下去，同学们有没有想到哪些可以深入的方向呢?

学生：可以研究更多面镜子闭合时组成的图形；可以看看还有没有其他可行的或者更简单的方法来寻找规律（见下图）。

设计思路

学情分析

以学生为主体对本课程所学习的科学探究过程及方法进行总结，让学生记住所学的同时，联系最初的问题，深刻体验到我们今天的学习逻辑：复杂问题→问题简化→从易到难进行科学探索，提升科学思维，强化科学态度。

设计意图

课程接近尾声，由于过程中出现的几个刺激点，学生对前面的探究逻辑可能已经有所淡忘。

教学策略

老师可以教学过程中几个关键的刺激点为引，引导学生通过这几个点去思考整堂课的探究逻辑并能够自己总结出来。

教育活动脚本	设计思路
老师：同学们都特别棒，科学研究就是这样，始于问题，在研究的过程中又会不断地发现和提出新的问题，同时每一个问题的研究方案都可能不止一种。希望所有的小朋友们都能够带着这样的探索精神学习科学知识，探索科学现象，天天向上，未来可期！ 老师：最后偷偷告诉大家，视频最初的镜子迷宫里面总共有 120 面镜子，两两之间摆放的角度也是很有规律的，有机会一定要去探究一下哦。	

七、教学评价与反思

以一个看似无法解决的复杂问题导入，引导学生先拆分和简化问题，以问题链为课程主线，展开“初步问题→初步探究→进一步的问题与探究→延伸的问题与探究”的研究过程，让孩子对于探究科学现象，既有思维的提升，又有方法的掌握，得到综合素养的提高。

构建“兴趣引入、自主探究、自主实验方案设计、交流展示、点评解疑、总结拓展”六个环节的实验教学。通过短视频式的新奇方式与复杂现象及问题导入，激发学生学习兴趣与求知欲。用问题链引导学生科学猜想与实验设计，小组合作共同探究学习，步步深入，培养学生的科学探究能力，增强动手能力。促进学生对各种组合下平面镜成像的特点与规律的认识，对问题简化法、数学推理法、控制变量法等科学方法的理解，促进科学思维的发展。交流展示可以培养学生的语言表达能力，也可以让所有人一起回顾课堂所学，再次梳理科学探究的逻辑，同时也能让老师了解到学生的闪光点及可以提升之处，使老师的点评解疑有的放矢，做到更好的点评与引导。课堂小结可以帮助学生实验知识的结构化，起到巩固知识的作用。拓展延伸可以让学生发挥想象，为孩子主动完成课后的进一步探索打开思路和寻找方向，实现“从生活走向科学，从科学走向生活”的贯通。

★ 该项目获 2023 年“奋进科普新征程”全国科技馆联合行动优质科学教育资源项目二等奖 ★

险中求真，趣滚钉床

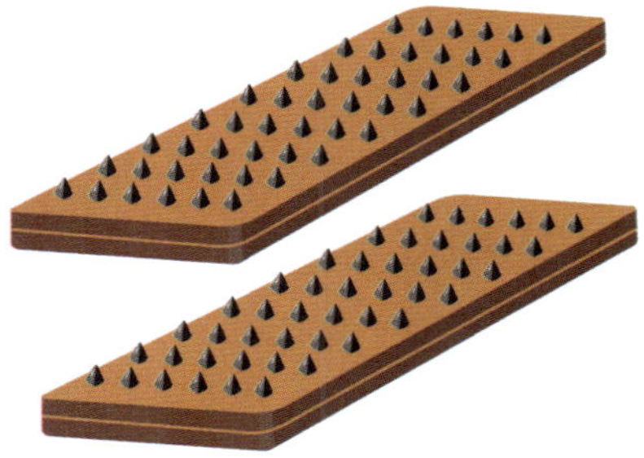

教育活动类型： 小实验、展品辅导、科学游戏

项目开发单位： 莆田市科技馆

项 目 设 计 人： 宋琦琳、郑清清、李松武

一、概述

为什么针头是尖的，为什么火车轨道下面铺着枕木……这些生活现象，你习以为常吗？还是思考过“为什么呢？”其实，这些生活现象的背后都有着一个重要角色的身影——压强。这也是本次教育活动的主角。通过学生熟悉的日常生活现象引入教学，通过实验探究让学生了解影响压强的因素，并利用探究成果解决实际问题。

二、教学对象

1. 本教育活动适宜的受众人数：10 ~ 15 人。

2. 本教育活动针对的具体教学对象：10 ~ 13 岁学生。

3. 教学对象的学情分析：本次教育活动针对 10 ~ 13 岁、六至七年级学生，该年龄段学生具有一定的观察、分析思维能力，能够运用对比法、控制变量法等进行探究活动。在小学科学课程中，学生已学习了部分力的相关知识，对压力有一定的认识，但对压强的相关概念缺乏了解，没有系统地梳理和学习。在本次教育活动中，通过学生熟悉的日常生活现象引入教学，把生活实例作为课堂实例，从生活联系科学，激发学生的学习兴趣和求知欲，帮助学生更好地理解压强的相关知识。

三、教学目标

1. 科学观念：认识什么是压强（压强的概念）；了解压强、受力面积、压力之间的关系；了解压强在生产生活中的实际应用。

2. 科学思维：引导学生了解并运用分析、比较、概括、推理、类比和基于证据进行分析、判断；培养学生的创新思维，从不同角度分析和独立思考问题，提出个性化的思路和见解。

3. 探究实践：采用强调——体验——认知的方式进行探究；了解并运用“通过观察和实验，发现和分析问题”的方法；收集、记录和分析数据的方法；引导学生在实验过程中针对问题设计实验方案并根据实验情况调整方案，控制变量。

4. 态度责任：培养学生将学到的科学方法和科学思想应用于日常生活、社会实践的意识；培养学生敢于质疑、勇于求真、理性思维、基于实证的科学态度。

四、教学重难点

1. 教学重点：能熟练掌握压强与受力面积、压力之间的关系。

2. 教学难点：如何通过具体、形象的科学现象和探究实践过程，引导学生认识、了解压强，压力和受力面积这三者之间的关系，能够解释相关的生活现象并能够解决实际问题。

五、教学场地与教学准备

1. 教学场地：二楼科学探趣厅和一楼实验室。

2. 教学准备：多媒体设备、学习单以及实验器材，见下图。

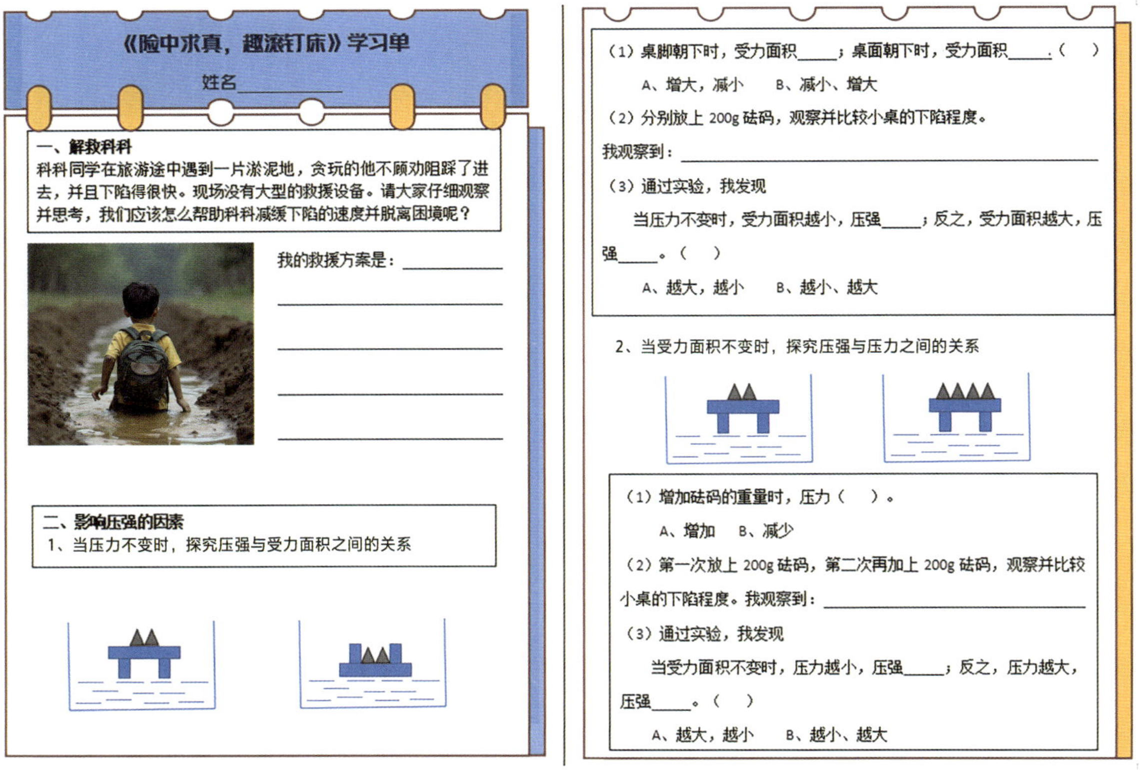

《险中求真，趣滚钉床》学习单

姓名＿＿＿＿＿＿

一、解救科科

科科同学在旅游途中遇到一片淤泥地，贪玩的他不顾劝阻踩了进去，并且下陷得很快。现场没有大型的救援设备。请大家仔细观察并思考，我们应该怎么帮助科科减缓下陷的速度并脱离困境呢？

我的救援方案是：＿＿＿＿＿＿

二、影响压强的因素

1、当压力不变时，探究压强与受力面积之间的关系

（1）桌脚朝下时，受力面积＿＿＿；桌面朝下时，受力面积＿＿＿.（　）

A、增大，减小　B、减小、增大

（2）分别放上 200g 砝码，观察并比较小桌的下陷程度。

我观察到：＿＿＿＿＿＿

（3）通过实验，我发现

当压力不变时，受力面积越小，压强＿＿＿；反之，受力面积越大，压强＿＿＿。（　）

A、越大，越小　B、越小、越大

2、当受力面积不变时，探究压强与压力之间的关系

（1）增加砝码的重量时，压力（　）。

A、增加　B、减少

（2）第一次放上 200g 砝码，第二次再加上 200g 砝码，观察并比较小桌的下陷程度。我观察到：＿＿＿＿＿＿

（3）通过实验，我发现

当受力面积不变时，压力越小，压强＿＿＿；反之，压力越大，压强＿＿＿。（　）

A、越大，越小　B、越小、越大

三、趣滚钉床道明白

钉床体验

（1）我观察到的钉床展品：________________

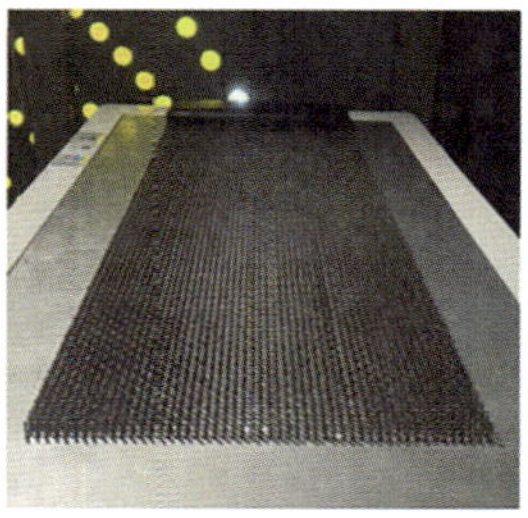

（2）我认为钉床不痛的奥秘与________有关，________________

____

四、加强实验做中学

纸杯大力士

我们组的挑战方案是：________________

____

我们成功/失败的原因是：________________

____

生活中的压强

1、有两种动物，观察它们的脚部，哪一种动物更适合在沙漠中行走？（　）

A、　B、

2、面对厚厚的积雪，哪一种工具更适合在雪上移动呢？（　）

A、　B、

3、哪一种针头的疼痛感较轻？（　）

A、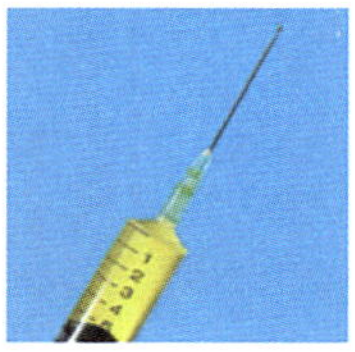　B、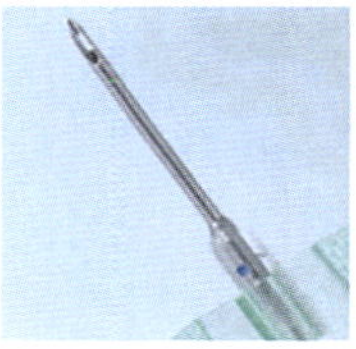

教具及实验器材列表如下所示。

序号	物品名称	数量	序号	物品名称	数量
1	铅笔	15 支	7	沙子	适量
2	亚克力透明方盒	15 个	8	气球	多个
3	刻度贴纸	15 张	9	长钉	多个
4	纸杯	多个	10	瓦楞纸板	多张
5	塑料小桌	15 个	11	海绵块	2 块
6	200 克砝码	30 个			

3. 活动总时长：60 分钟。

六、教学活动设计与实施

1. 教学活动设计流程图

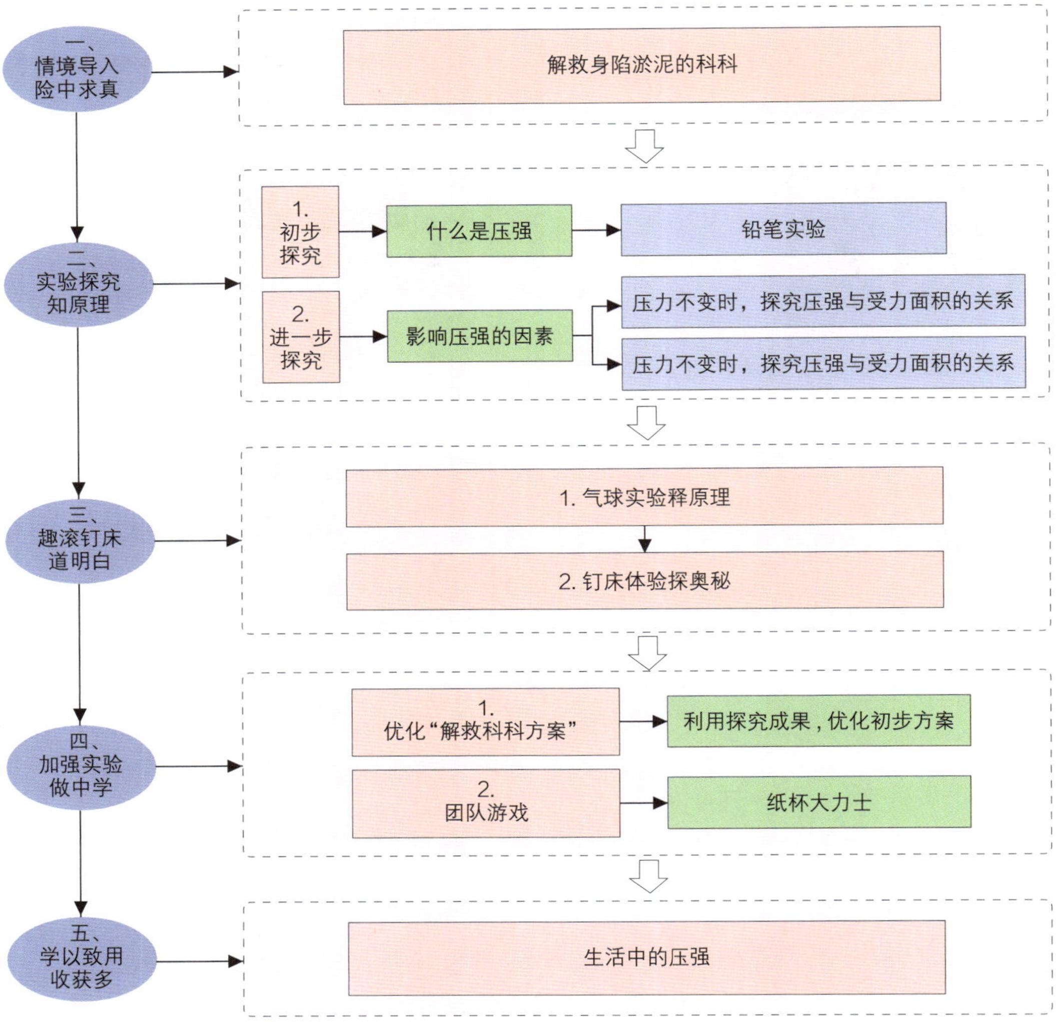

2. 活动步骤以及设计意图

第一阶段 情境导入险中求真

阶段目标：激发学生对所学新知识的好奇与兴趣。

教育活动脚本	设计思路
老师：同学们早上好，在开始今天的课程之前，老师有个小忙，需要同学们化身小小消防员，一起来出谋划策。（课件展示）科科同学在旅游途中遇到了一	**学情分析** 学生们在日常生活中，经历过陷入淤泥的危险情

教育活动脚本

片淤泥地，贪玩的他不顾劝阻踩了进去，并且下陷得很快（见下图）。现场没有大型的救援设备。请大家仔细观察并思考，我们应该怎么帮助科科减缓下陷的速度并脱离困境？

（学生畅所欲言，提出：可以将身上的重物扔出，减缓下陷速度；乱动会越陷越快；应该趴着或者向后躺下）

老师总结：通过拯救淤泥中的科科同学，同学们帮忙出了很多的主意，那到底能不能帮助到我们的科科同学呢？接下来，老师带领大家来验证一下。

设计思路

况或观看过相关的救援报道，但大部分学生仅停留在救援措施上的了解，对于救援所利用的原理缺乏深入的思考。

设计意图

带领同学们进入一次“消防员之旅”，通过“解救深陷淤泥的科科”的模拟情境，引导孩子们根据自己的认知与生活经验，做出判断，形成初步方案。引导孩子们思考：为什么你们会做出这些选择？理由或依据是什么？让孩子们将方案进行记录，通过后续的探究，验证方案的可行性。

教学策略

通过角色扮演和探究任务的策略：营造消防员进行救援任务的氛围，将学生引入后续的探究情境中。

第二阶段 实验探究知原理

阶段目标：通过三个小实验来验证压强与受力面积、压力之间的关系。

教育活动脚本

首先，初步探究什么是压强？

老师：同学们，请大家拿出铅笔，把笔尖和尾部顶在两个食指中间（水平放置），用力挤压，观察手指的凹陷程度，并说说你们的感受。

学生：（各抒己见，踊跃发言）

老师：同学们，当我们用两个手指抵住铅笔，并使其保持静止时，两个手指受到的压力是相等的。那么既然是同一支铅笔，两边给的压力也是一样的，为什么两个手指的感觉不同呢？你们发现了什么？

学生：笔尖与我们的手指接触的地方留下了一个小点，而笔尾则是在手指上留下一个圆。

设计思路

学情分析

学生对压强的理解相对较为模糊。通过铅笔小实验的引入，引导学生加深对压力和受力面积的了解并引出压强的基本概念。此时学生仍停留在字面意思上的理解，通过进一步的实验探究，能够帮助学生从实践中

教育活动脚本

老师：同学们观察到的小点和圆是两个手指的受力面积。可以发现，笔尖与手指的受力面积更小，那么还可能与什么因素有关呢?

学生：（各抒己见，踊跃发言）

老师：那么今天我们还要来认识一个重要的角色—压强。压强是用来比较压力产生的效果，比如我们挤压铅笔时，大家感觉一边手指比较疼，另一边比较不疼，就是压强效果的不同造成的，那决定压强大小的有哪些因素呢? 我们可以通过实验来探究。

接着，进一步探究影响压强的因素。

第一种情况，当压力不变，探究压强与受力面积之间的关系。

老师：刚才我们说到铅笔两端的压力是相等的，那么假设压力不变的情况下，压强与受力面积的关系如何呢? 现在大家桌上都有一个装有沙子的透明盒，请同学进行实验并做好实验单记录。

（课堂实验）学生实验：将桌子的桌面与四脚分别放置在沙子上，放上相同重量的砝码，观察桌子的陷落程度，并做好记录。

学生：桌面朝下时桌子不容易下陷，桌脚朝下时，桌子发现下陷。

老师：那么沙子的受力面积有没有发生变化呢?

学生：桌面朝下时，沙子的受力面积更大，桌脚朝下时，受力面积小。

老师：那么结合你们的观察，你们发现了什么，能否做出总结?

学生：桌面朝下时，受力面积变大，下陷得不明显，说明给到沙子的压强较小。而桌脚朝下，沙子的受力面积变成了四个小方块，桌子下陷明显，说明此时给到沙子的压强较大。

老师：非常好，通过实验，我们可以发现：当压力不变时，受力面积越大，压强越小。反之，受力面积越小，压强就越大。那么压强还与什么条件有关呢?

学生：（各抒己见）

第二种情况，当受力面积不变，探究压强与压力的关系。

老师：刚才我们施加的是相同的压力，若是使受力面积不变，使压力发生变化，压强是否也会发生变化呢?

学生实验：增加砝码的重量 / 个数，观察桌子的陷落程度，做好记录。

学生：砝码的放置得越多，重量越重，桌子下陷得越深。

老师：重量越重说明桌子给沙子的压力越大还是越小呢? 受力面积有没有发生变化。

学生：压力越大，受力面积不变。

总结：受力面积不变时，压力越大，压强越大。反之，压力越小，压强就越小。

设计思路

加深对压强的认识，同时通过实验验证影响压强的因素。

设计意图

通过“挤压铅笔两端”的实验，引导学生了解影响“铅笔两端在手指留下的凹陷程度”的问题核心是“压强”。

通过实验，进一步探究压强、受力面积、压力三者之间的关系。树立依据实践验证判断的意识。

教学策略

实验探究：利用控制变量法通过实验验证影响压强的因素，同时做好学习单的记录。

问题引导：以层层递进的问题引导学生观察在改变受力面积和压力时，沙子所受到的压强变化。

第三阶段 趣滚钉床道明白

阶段目标：通过体验钉床，进一步理解压强与受力面积和压力之间的关系。

教育活动脚本

老师：在了解压强的影响因素后，我们可以将其应用在实际问题中，老师带来了一个气球，还有一根钉子，如果让气球与钉子接触，你们认为会发生什么？

（学生回答）

实验一：海绵块上固定一根钉子，学生将气球轻轻压向钉子，气球发生破裂。

老师：如果我希望气球与钉子接触，又不会发生破裂，结合我们刚才的探究，请大家思考一下应该怎么做呢？

学生：（各抒己见）

实验二：海绵块上布满钉子，学生将气球轻轻压向钉子，气球没有发生破裂。

老师：气球最害怕尖锐的物体，那为什么在这么多钉子做的钉床上反而不会破裂呢？同学们能否解释一下其中奥秘？

学生：钉子数量越多，气球的受力面积就越大，压强就会变小。气球就不容易破了。如果轻轻按压，减小给气球的压力，那么气球也不容易破。

老师：看起来可怕的钉子，在科学的解释前，也显得不那么吓人了，在我们科技馆中，也有一件钉床展品见右图，同学们有没有勇气，亲身挑战呢？

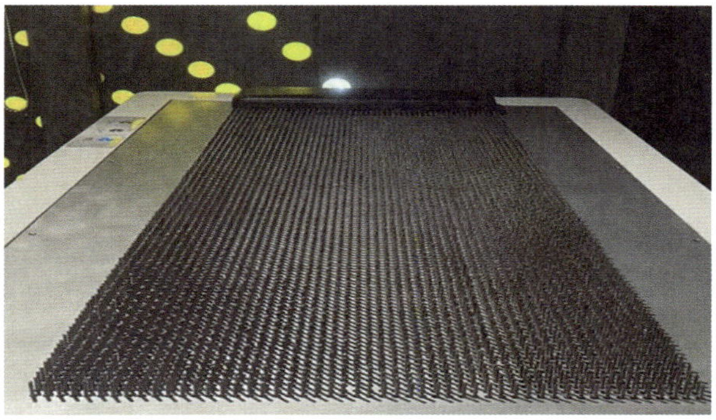

学生1：（情绪激动）我要我要！

学生2：（害怕神情）我害怕，那么多钉子，肯定很疼的。

老师：谁想成为第一个体验钉床的同学，大家为他的勇气鼓掌哈。（此处掌声响起来）为了打消同学们的疑虑，咱们先来观察下这张钉床的结构。它的尺寸和款式和咱们家里普通的床是一样的，就是上面布满了很多的钉子。现在有请第一个同学躺上去，我要按下按钮了，我们看到很多的小钉子慢慢地从床上冒出来了。

学生：咦？我一点也没觉得痛啊，这么神奇。

老师又请了几个同学上去体验，大家也都说不痛。

老师：刚才咱们体会了一根钉子可以把气球给刺破了，也感受过一根铅笔尖给咱们手指的下马威，可为什么这张都是钉子的床对咱们这么友好呢？

设计思路

学情分析

经过前面几个教学阶段，学生们对压强与受力面积和压力之间的关系有一定认识，本阶段引导学生自己解释实验及展品原理，利用具体形象的科学现象加深学生的理解。

设计意图

通过气球实验的展示，并体验科技馆展品——钉床，让学生利用探究成果解释气球实验和钉床的原理，让学生更好地进行知识的应用。

教学策略

引导学生在有趣的实验与亲身体验中，深化对本次课程知识点的认识。培养同学们分析事物，发现事物背后的科学现象的思维。

教育活动脚本	设计思路
学生：我们不痛，是因为我们受到的压强小啊，床上有那么多的钉子，我们人与钉子的接触面积大，在压力一定的条件下，压强就变小了，所以就不痛了。 老师：同学们真棒，这么快就能够利用学习到的知识解释钉床的原理啦。那么同学们还记得我们最开始的挑战吗？今天学习的知识能否帮助我们解决问题呢？请同学们回到教室。	

第四阶段 加强实验“做中学”

阶段目标：用科学小游戏来巩固压强的概念，在轻松的氛围中学习知识。

教育活动脚本	设计思路
老师：现在请同学们 3 人一组，展开讨论，应用今天学习到的知识检验你们的初步方案，并优化整合出一个最终结果，给大家 3 分钟的时间，讨论结束后进行分享。 学生：首先让科科扔掉身上的重物，减轻压力，减小对淤泥的压强，可以让科科下陷的速度变慢。接着可以让科科轻轻躺在淤泥上，增大接触面积，也能够减小对淤泥的压强。或者递给科科一块大木板，让科科转移到木板上。 老师：同学们都非常优秀！利用压强的特点帮助科科脱离困境。那接下来我们一起来玩个游戏。每组可以拿到 15 个纸杯，请在一分钟内摆放好，并站上去，哪组站上的人数多，杯子数量最少，就表示挑战成功。（若杯子发生变形则挑战失败）请同学们利用今天学习到的知识，选择合适的器材组合进行实验。给大家一分钟的讨论时间，讨论结束后开始摆放杯子！ 学生（课堂实验）：学生在规定的时间内摆好纸杯，在学生摆纸杯的过程中，辅导员老师不做任何指导，一分钟一到，学生停止。由辅导员老师监督，每组轮流站人，能够不扶不靠人数多的队伍获胜，人数相同则对比杯子数量，杯子少者获胜。 老师：请各组学生讨论并分享摆放思路和成功 / 失败的原因。	**学情分析** 学生对游戏有着极大的兴趣与积极性，将知识融入到游戏中，让学生在玩乐中继续强化对知识的理解。 **设计意图** 引导学生利用本次课程学习到的新知识对导入阶段初拟的“救援方案”进行验证，并分享“救援方案”的设计思路。在通过有趣的团队游戏，让学生发散思维设计游戏方案，加强团队合作意识的同时，也能够验证学生的学习成果。 **教学策略** 游戏化：将课堂游戏化，在巩固知识的同时，增加课程的趣味性。

第五阶段 学以致用收获多

阶段目标：引导学生分析生活中常见例子中的原理，检验学生对新知识的掌握情况。

教育活动脚本

（课件展示图片）

老师：压强在日常生活和社会生产中应用十分广泛，屏幕上也列出了一些常见的场景，我们一起来分析一下。

场景一：沙漠中出现了两种动物的脚印，哪一种动物更适合在沙漠中行走？

场景二：面对厚厚的积雪，哪一种工具更适合在雪上移动呢？

场景三：哪一种针头的疼痛感较轻呢？

学生：畅所欲言

老师：同学们，通过这次活动，大家是否发现，一些我们习以为常的生活现象背后，就蕴含着科学。那同学们是不是也能够学好科学、利用科学让我们的生活变得更加美好呢？那希望在课程结束后，同学们也不要停止你们的探索，多思考，去发现更多生活中的科学！

设计思路

学情分析

在日常生活中，学生对一些生活现象习以为常，容易忽视其中蕴含的科学，通过分析生活实例，能够加强学生对知识的应用。

设计意图

引导学生利用本次课程学习到的新知识解释生活现象，从课堂走向生活，启发同学们运用科学方法提高生活品质。

教学策略

联系生活实际，用学生身边的事情呈现教学内容，将间接经验转化为直接经验，体会科学与生活的密切性。

七、教学评价与反思

1. 实施情况

《险中求真 趣滚钉床》教学活动于 2023 年 7 月起在科技馆内正式开展，课程累计实施 5 次，受众人数 95 人。在科学原理解释与展品环节中，大多数学生能够说出影响压强的因素及压强、压力及受力面积之间的关系。在最后的生活实例剖析中，学生也能够应用课程知识进行解释。

2. 受众反馈

通过活动后与学生的交流，进行总结：教学活动的趣味性较强，能够调动学生兴趣与积极性，学生能够独立进行实验，在小组合作环节中，能围绕挑战目标展开交流，分工协作完成挑战。由于教学活动在暑假开展，学生年龄无法严格按照预设的年龄范围进行要求，在首次教学活动中，出现年龄较小的学生对部分知识掌握程度较低，在活动前半部分较为吃力的情况。在后续的几次活动中，我们针对活动的实际情况进行了调整。通过趣味实验、举例子等方式，丰富概念的解释，帮助学生更好地理解。通过活动，学生也发现了生活中许多现象与压强有关，并表达了要应用自己的学习成果来解决生活中的问题的想法。

3. 活动评估

根据学生填写的“学习单”以及学生们的表现，教学活动的教学目标基本实现，大多数学生对于压强的影响因素已有一定了解，并能够在生活中进行应用。更重要的是，通过本次教学活动，能够激发同学们不断思考，在生活中寻找科学，在科学里联系生活。同时，教学活动仍存在不足需要不断优化。如：对活动时间的把控。活动中有较多的实验互动环节，在时间上弹性较大；与课标的联系。压强为初中二年级的物理课程，如何更好地帮助学生巩固已掌握的知识、理解尚未学习过的知识，起到一个承上启下的作用，是后续活动完善需要考虑的一大问题。

★ 该项目获 2023 年“奋进科普新征程”全国科技馆联合行动优质科学教育资源项目三等奖 ★

谁主沉浮——探秘蛟龙号

教育活动类型： 自然科学类课程

项目开发单位： 厦门市科技馆

项 目 设 计 人： 刘正帅

一、概述

《谁主沉浮——探秘蛟龙号》综合利用厦门市科学技术馆海洋展区的对应展品，对接《义务教育科学课程标准（2022 年版）》，把蛟龙号沉浮的主要原理辅助以展品、实验、比赛等方式进行探究分析，帮助学生了解浮力的基本原理以及影响浮力的因素，蛟龙号对于我国深海探测、海洋开发以及科技强国的重要意义。

二、教学对象

1. 本教育活动适宜的受众人数：12 人。

2. 本教育活动针对的具体教学对象：三至四年级学生。

3. 教学对象的学情分析：三至四年级学生正处于逻辑思维迅速发展的阶段，在物理知识方面，他们初步形成了一定的科学素养，但对于浮力的具体科学原理和影响浮力的因素并不清晰。此教学活动让该年龄段学生对蛟龙号主宰下沉上浮的部件及功能加深了解，并引导学生对浮力的原理进行探究。

三、教学目标

1. 科学观念：了解浮力在日常生活中的应用，并拓展其他潜水器下沉上浮的方式；帮助学生了解我国大国重器——蛟龙号对于我国深海探测、海洋开发以及科技强国的重要意义。

2. 科学思维：通过“深海电梯”展品，激发学生了解蛟龙号浮沉的兴趣；通过蛟龙号展品，让学生对蛟龙号主宰下沉上浮的部件及功能加深了解，引导学生对浮力原理进行探究。

3. 探究实践：探究蛟龙号下沉的原因，原因如下，当浮力大于重力，物体在液体中上浮。当浮力等于重力，物体悬浮于液体中。当浮力小于重力，在液体中下沉；探究蛟龙号上浮的原因——浮力：浸在流体内的物体受到流体竖直向上的作用力叫作浮力，与重力的方向相反。浮力指物体浸没在流体中，各表面受流体压力的差；

探究影响浮力的因素：物体在液体中所受浮力的大小，只跟它排开液体体积和液体的密度有关。

4. 态度责任：通过该科学活动的学习，有助于学生发展科学探究能力、学习能力、思维能力、实践能力和创新能力。

四、教学重难点

1. 教学重点：掌握浮力原理；探究影响浮力大小的因素。

2. 教学难点：探究影响浮力的因素，并运用于生活实际。

五、教学场地与教学准备

1. 教学场地：科技馆展厅、教室。

2. 教学准备：辅导员 2 人、老师教具、活动材料包（见下表）；多媒体投影、实验桌 12 张、椅子 40 把。

3. 活动总时长：60 分钟。

名称	数量
空心立方体	1 个
鸡蛋	1 个
玻璃杯	1 个
食用盐	1 袋
质量相同体积不同的小球	4 个
电子秤	1 个
A4 纸	1 袋
铁片	若干
胶带	4 个
剪刀	4 把
玻璃水箱	1 个
水	1 桶

六、教学活动设计与实施

本教学活动采用 5E 教学模式，分为“参与→探究→解释→迁移→评估”五个教学环节：通过展品体验吸引学生参与，激发学生学习兴趣；运用展品创设问题，引发学生思考，并通过观察展品、对比实验、控制变量等科学方法逐步推理探究；根据实验现象进一步解释原理，得出结论；利用科学制作启发学生创造力，让科学知识与生活实际相结合，并完成知识迁移；最后通过对活动情况的评估，改善教学；使学生体会到学习的过程和成就感，提升科学素养。

第一阶段　参与（Engage）

阶段目标：通过“深海电梯”展品，了解蛟龙号深海作业深度，激发学生对蛟龙号下沉上浮的探究兴趣。

教育活动脚本

创设情境：体验展品“深海电梯”（见下图）。

老师活动 1：体验展品前，老师在给学生布置寻找蛟龙号的任务，并提问同学们知道蛟龙号能下潜到多少米吗?

学生活动 1：学生通过体验的方式，自主寻找蛟龙号的下潜区域并将下潜深度记录下来。

老师活动 2：在展品体验过程中，对“深海电梯”适当讲解，让同学们了解深海环境，并提问在深海中蛟龙号的下沉上浮与哪些因素有关?

学生活动 2：小组讨论后提出假设蛟龙号的下沉上浮和重力、浮力有关。

设计思路

学情分析

学生对大国重器有好奇心和探究热情，但是对蛟龙号所处的深海环境和蛟龙号下沉上浮的原理并不清晰。

设计意图

通过情景式的展品体验，更容易激发学生对蛟龙号的探究兴趣。

教学策略

以问题导入的方式体验展品，可以更好地发现问题、研究问题、总结问题。

第二阶段　探究（Explore）

阶段目标：通过深入观察蛟龙号展品，探究蛟龙号下沉上浮的原理。

教育活动脚本

创设情境：体验展品蛟龙号。

老师活动 1：引导学生观察蛟龙号的展品模型，并让学生尝试找出主宰蛟龙号沉浮的关键部件——压载铁。

设计思路

教育活动脚本

学生活动 1：仔细观察蛟龙号展品模型（见上图），回答为什么蛟龙号的压载铁会主宰蛟龙号的沉浮。

原理：蛟龙号采用“深潜器无动力下潜上浮技术”，潜水器两侧配备 4 块压载铁，可以根据不同深度与要求调整重量。在下潜过程中，压载铁使潜水器具备负浮力，按照一定速度下潜；当潜水器到达设定深度时，可操作抛载其中 2 块压载铁，使潜水器处于悬停状态，保持在这个深度上实现作业，包括航行、拍照、取样等；当任务完成，再抛弃另外 2 块压铁，使潜水器具备正浮力，按照一定的速度上浮，到达水面。

老师活动 2：鼓励学生自己阐述什么是浮力；引导学生思考生活中的浮力现象。

学生活动 2：学生通过展品，结合以往经验，将关于浮力知识碎片构建成知识网，见右图。

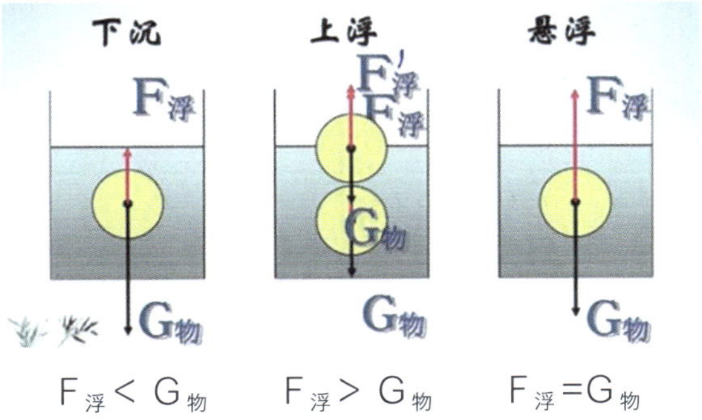

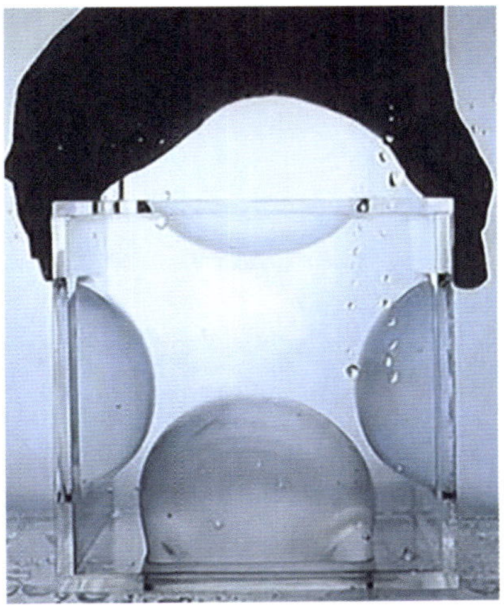

老师活动 3：展示空心立方体实验（见左图，准备上下左右空心立方体框架，并将框架用保鲜膜封住，将其放入盛满水的水箱中观察其形变，发现立方体保鲜膜左右凹陷一致，而上下凹陷差异大，上面凹陷较小，下面凹陷较大）引导学生得出浮力概念。

学生活动 3：通过实验得出浮力的准确概念，浸在流体内的物体受到流体竖直向上的作用力叫作浮力，与重力的方向相反。

设计思路

学情分析

学生对于蛟龙号压载铁的作用原理认识较为模糊，通过老师引导讲解能够帮助其建立正确的科学认知。

设计意图

通过大国重器蛟龙号，让学生自主展开探索，初步探究主宰蛟龙号沉浮的关键部件压载铁的作用。

教学策略

此阶段以帮助学生理解科学知识为主，主要培养学生讨论和发现问题的学习方式，老师引导学生按照观察→发现→提问的脉络带有思考性地感受体验展品，使过程中获取的信息进一步能够通过实践获得经验。通过老师引导，将压载铁重力与浮力的关系，引导到了解浮力的概念和影响浮力的因素上来。并通过控制变量法来得出实验结论。

教育活动脚本

生活中的浮力：轮船能在水中航行；潜水艇能上浮下潜；密度计等。

老师活动 4：通过阿基米德利用浮力鉴定王冠的故事，提问影响浮力的因素有哪些？

学生活动 4：小组讨论设想影响浮力的因素。进行“探究影响浮力大小因素”的控制变量实验。

第一项，探究浮力与液体密度的关系，见下图。

（1）玻璃杯中加入清水。

（2）鸡蛋放入清水中。

（3）在水中缓慢加入食用盐。

第二项，探究浮力与物体排开液体体积的关系。

（1）将 4 个不同大小的球分别放入电子秤中称量，得出 4 个小球质量相同。

（2）分别将 4 个小球放入水箱之中，见右图。

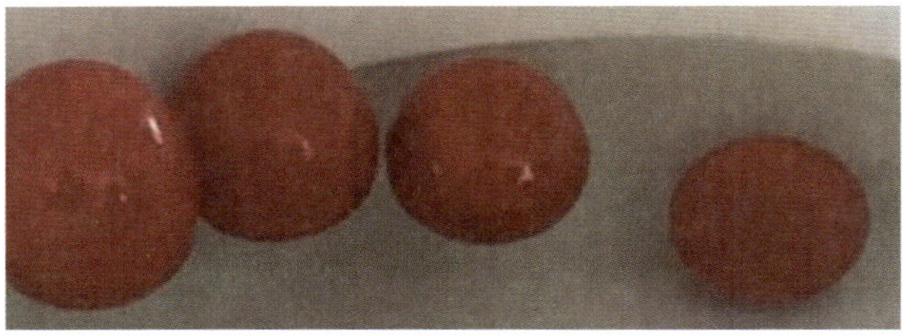

设计思路

第三阶段 解释（Explain）

阶段目标：进一步理解影响浮力的两个因素。

教育活动脚本

老师活动 1：引导学生观察实验现象，得出结论。

学生活动 1：观察并记录。

首先，观察实验现象并记录浮力与液体密度的关系。

（1）清水中放入鸡蛋是下沉的。此时鸡蛋的密度大于水的密度，鸡蛋所承受的浮力小于鸡蛋自身的重力，因此鸡蛋沉于水底。

设计思路

学情分析

该年龄段学生乐于动手实践，以小组的形式开展活动有利于培养学生团队合作的意识。

教育活动脚本

（2）往水中加入适量食盐，鸡蛋悬浮于水中。由于鸡蛋的密度等于盐水的密度，鸡蛋所承受的浮力等于鸡蛋自身的重力，因此鸡蛋在盐水中呈悬浮状态。

（3）继续往水中加入食盐。鸡蛋最终漂浮在盐水上。因为此时鸡蛋的密度小于盐水的密度，鸡蛋完全浸没于水中时所承受的浮力大于鸡蛋自身的重力，所以鸡蛋会漂浮于水面之上。

结论：浸入液体中的物体受到的浮力跟排开液体的密度成正比，则物体排开液体的密度越大受到的浮力就越大。

接着观察，发现体积最大的球露出水面更多，所受浮力更大。

结论：物体在液体中所受浮力的大小，跟它排开液体的体积成正比，排开液体的体积越大受到的浮力就越大。

老师活动 2：引导学生理解阿基米德定律，浸在液体（或气体）里的物体受到向上的浮力作用，浮力的大小等于被该物体排开的液体所受的重力，如下所示。

即 $F_{浮}=G_{排}=m_{排}g=\rho_{液}gV_{排}$。

学生活动 2：对公式疑惑之处提问。

设计思路

设计意图

通过观察分析让学生的思考具有逻辑性，在动手实践的过程中提升学生的动手操作能力。

教学策略

帮助学生通过观察、对比、控制变量、结论等过程，认识到各因素间的紧密联系。

第四阶段 迁移（Elaborate）

阶段目标：回顾知识点，利用科学制作启发学生的创造力，让科学知识与生活实际相结合。

教育活动脚本

老师活动 1：回顾课程内容，引导学生梳理知识，用 A4 纸、胶带制作纸船，进行纸船装铁片比赛。

学生活动 1：

（1）分 4 组，发挥小组创造力，完成不同的纸船制作。

（2）选择适当数量的铁片加入纸船盒（见右图），比一比哪组的纸船装的铁片最多。

（3）总结获胜组纸船特点和优势。

设计思路

学情分析

该阶段学生有简单制定计划、选择简单工具完成任务的能力。

设计意图

扩展学习的阶段中，不仅对课堂内容作以梳理，同时帮助学生建构科学思考的逻辑体系，深入理解“技术”的产生、“科学”的进步最终服务于生活的理论。

教育活动脚本	设计思路

老师活动 2：经过制作和比赛引导学生再次体会影响浮力的因素，并联系生活实际进行知识的拓展迁移。

学生活动 2：互相交流，畅所欲言，总结归纳生活中船的构造。将所学到的科学知识应用于日常生活。

老师活动 3：拓展提问还有哪些使潜水器下沉上浮的方式?

学生活动 3：发散思维，依据浮力原理，小组讨论，回答问题。

老师活动 4：通过视频介绍奋斗者号。

2020 年 11 月 10 日，“奋斗者”号在马里亚纳海沟成功坐底深度 10909 米，创造了中国载人深潜新纪录，标志着我国在大深度载人深潜领域达到世界领先水平，体现了我国在海洋高技术领域的综合实力。

学生活动 4：总结分享今日所学内容和收获。

教学策略

通过科学制作和比赛培养学生的创造性，形成解决问题、大胆创新的科学态度。让学生在过程中学会科学知识的拓展和迁移，并锻炼团队协作和动手能力。同时帮助学生们理解大国重器的意义，树立他们对大国重器发明的自豪感。

第五阶段 评估（Evaluate）

阶段目标：对总体科学活动情况做出评估。

教育活动脚本	设计思路

（1）学生反馈：通过学生填写的学习单，来了解学生对本课程内容的掌握情况。

（2）家长反馈：通过问卷调查等渠道得到反馈信息。

（3）老师总结：老师复盘课程，总结经验，改善不足。

七、教学评价与反思

通过《谁主沉浮——探秘蛟龙号》科学活动的学习，有助于学生保持和发展对物理现象的好奇心和探究热情；了解与认知水平相适应的科学知识；体验科学探究的基本过程；培养良好的学习习惯。

★ 该项目获 2023 年“奋进科普新征程”全国科技馆联合行动优质科学教育资源项目三等奖 ★

莲叶上的秘密

教育活动类型： 教育实践活动
项目开发单位： 莆田市科技馆
项 目 设 计 人： 王甜甜、林雅雪、俞雷

一、概述

课程的内容主题围绕“莲叶的疏水性及自洁效应”展开。莲叶为生活中常见的植物，学生较为熟悉，将莲叶上水珠这一常见的现象与科学结合，通过实验设置，引导学生去探究课程主题，是对学习科学课的一个知识补充。

二、教学对象

1. 本教育活动适宜的受众人数：10 ~ 15 人。

2. 本教育活动针对的具体教学对象：8 ~ 10 岁。

3. 教学对象的学情分析： 课程受众是 8 ~ 10 岁学生、三至五年级的学生。该年龄段学生经过一、二年级的学习沉淀，对事物的特征、生活中的材料等的认识已有了一定的基础，初步掌握了观察与比较的方法，可以很好地描述观察到的事物的特征及具体现象，可以利用材料和工具等完成简单的任务，并发现问题、提出问题并尝试解决。

三、教学目标

1. 科学观念：认知莲叶的特性，理解莲叶的疏水性与自洁效应。解释超疏水材料的原理，了解其在生活中的应用。

2. 科学思维：观察并描述实验的现象及结果，引导学生去分析实验现象产生的原因。在老师的引导下，对实验结果之间的相似性进行比较，提出假设，尝试分析，建立联系，理解莲花自洁效应的科学原理及其应用。通过已学的知识，尝试举例超疏水材料在生活中的应用有哪些，及其应用的效果。

3. 探究实践：通过实验、观察、比较、分析等，引导学生探究莲叶水珠的形成原因，了解莲叶的疏水性与自洁效应，接触超疏水材料及其应用，理论联系实际。科学与人文交织，引导学生领略充满文学之美的科学知识。

4. 态度责任：通过活动，引导学生在看、玩、做、想等探究中发现莲叶里蕴含的科学原理。认知超疏水材料的应用对人们生活、生产产生的影响，感受科技改变生活的魅力。培养学生与人合作、勇于实践的科学态度，宣扬“出淤泥而不染，濯清涟而不妖”的君子之风。

四、教学重难点

1. 教学重点：理解莲叶疏水性及自洁效应了解超疏水材料的作用。

2. 教学难点：如何引导学生进行规范的实验操作，并进行观察、比较与分析。如何引导学生积极地将自己观察、比较、分析的结果进行分享与讨论，并得出结论。

五、教学场地与教学准备

1. 教学场地：科技馆实验室。

2. 教学准备：玻璃、滴管、烧杯、钢板、水缸、两根铁丝、刀片、莲叶、粉笔、水、纸杯、蜡烛、火柴、抹布、超疏水材料、刷子、面巾纸、学习单（见下图）。

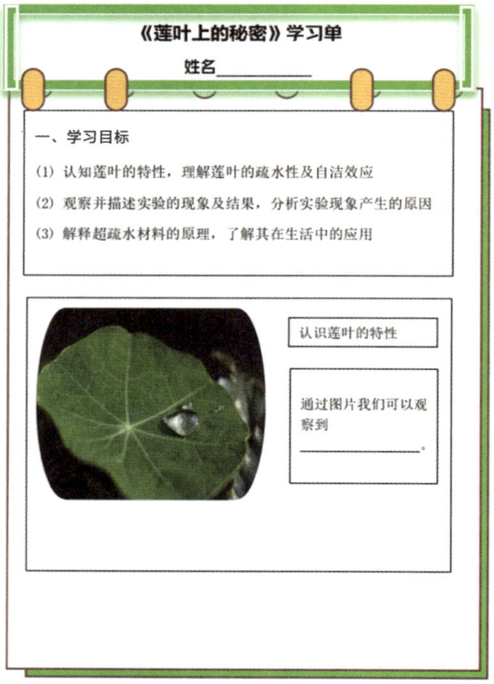

《莲叶上的秘密》学习单

姓名________

一、学习目标

（1）认知莲叶的特性，理解莲叶的疏水性及自洁效应

（2）观察并描述实验的现象及结果，分析实验现象产生的原因

（3）解释超疏水材料的原理，了解其在生活中的应用

认识莲叶的特性

通过图片我们可以观察到________。

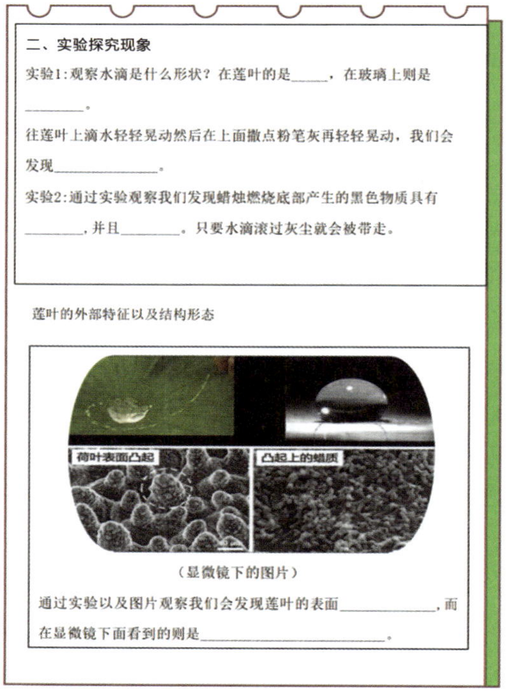

二、实验探究现象

实验1：观察水滴是什么形状？在莲叶的是_____，在玻璃上则是______。

往莲叶上滴水轻轻晃动然后在上面撒点粉笔灰再轻轻晃动，我们会发现________。

实验2：通过实验观察我们发现蜡烛燃烧底部产生的黑色物质具有______，并且______。只要水滴滚过灰尘就会被带走。

莲叶的外部特征以及结构形态

（显微镜下的图片）

通过实验以及图片观察我们会发现莲叶的表面________，而在显微镜下面看到的则是__________。

三、超疏水原理

通过视频播放超疏水材料内容，我们知道超疏水可以____________________________。

实验3：抽刀断水水更流，那我们该怎么将水一分为二？

通过实验我们发现它之所以能被一分为二，主要是因为下面的________经过了特殊处理，表面涂抹了一层________，所以刀子在切下去的那一刻能够轻松地将它们分割。进行多次切割之后，水滴依旧可以形成________。

实验4：我们会发现在超疏水材料表面，上面其实是有很多的______，当一滴水滴上的时候，由于_________，这个水是成一个小球状存在的，而这些小凸起就像一些小柱子一样，把这个水刚好撑起来，然后这个水滴就不会和表面直接接触，小柱子之间都是存在________。

举例说明：

当我们往一个水杯里面倒水，水满了之后，大家可以看到水虽然已经满了，但它不会流出来，它会在这个杯口鼓起来，这就是由于水有一种__________，我们叫做__________。

四、生活中超疏水

自然界中其他具有超疏水性的动植物

自然界也有很多超疏水材料如：____。

通过实验我们发现许多自然界中存在的超疏水现象及其表面结构，其优异的__________________________，被广泛应用于各种领域，如______________________________。

3. 活动总时长：45 ~ 60 分钟。

六、教学活动设计与实施

1. 教学活动设计流程图

莲叶上的秘密 → 了解莲叶的疏水性及自洁效应 → 了解莲叶的疏水性及自洁效应 → 超疏水材料的应用 → 活动科学与人文

了解莲叶的疏水性及自洁效应 ↓ 通过古诗引导学生去思考，探究 ↓ 提出问题，为什么雨打不湿荷叶，却能打湿我们的衣服，头发？ ↓ 通过实验可以得知莲叶的自清洁效应以及结构形态

了解莲叶的疏水性及自洁效应 ↓ 通过展品引入，视频内容延伸进一步了解超疏水 ↓ 通过动手实验加深对超疏水的概念

超疏水材料的应用 ↓ 介绍自然界中的动植物 ↓ 引导学生，根据生活经验发现生活中莲叶超疏水特性的应用

活动科学与人文 ↓ 北宋周敦颐《爱莲说》中提及“予独爱莲之出淤泥而不染，濯清涟而不妖”。洁身自爱的高洁人格和洒落的胸襟，“君子之风”

2. 活动步骤以及设计意图

第一阶段

阶段目标：了解莲叶的疏水性及自洁效应。

教育活动脚本	设计思路
情景导入：组织学生集中朗读汉乐府诗《江南》，并提出问题。这首诗里讲的是谁和谁的故事？（鱼和莲的故事） 提出问题：雨滴为什么打不湿莲叶? 老师：大家有没有发现，莲叶上有许多的小水珠（见下图）？那莲叶上为什么会有小水珠？下雨的时候雨会打湿地面，打湿我们的衣服，头发等等，但是为什么打不湿莲叶?   开始进行实验验证。 实验一：莲叶圆圆小水珠 材料：莲叶、玻璃、滴管、水、粉笔灰。 在莲叶和玻璃上各滴一滴清水，观察一下上面的水滴是什么形状? 结论：观察到水滴在不同的材质上是不一样的。在莲叶上的是球形，在玻璃上则是软趴趴的一摊水。	**设计意图** 《江南》为一年级所学古诗的知识，通过集体朗读可以引起学生的学习记忆，激发学习兴趣。从莲转入莲叶上的水珠，提出问题“莲叶上有水珠，衣服、头发为什么不会形成水珠”？通过第一阶段，实验一、二的设置，去探究这个秘密。 **学情分析** 莲为常见的植物，莲叶上的水珠也是常见的自然现象，该年龄段的学生对此习以为常，其科学原理也略知一二。但通过实验尝试去探究其科学知识却是空白。通过第一阶段实验的设置，可以调动学生的学习兴趣，引导学生主动去探究与实践。 **教学策略** 用生活中常见的现象引入话题，对于比较抽象的概念结合小实验进行实验、观察、对比与分析，以得出结论。

教育活动脚本	设计思路

再往莲叶上面撒点粉笔灰，然后再滴水轻轻晃动，观察现象。

结论：我们会发现莲叶的粉笔灰都被水珠带走了，上面会有一层细细的绒毛，就是它阻挡了水滴和灰尘。

实验二：

材料：纸杯（装少量水）、空纸杯、蜡烛、火柴、滴管、粉笔灰。

过程：

（1）在空纸杯里滴一滴水，来回晃动纸杯，观察水滴的形态。

（2）点燃蜡烛。

（3）在纸杯里装少量的水，将纸杯底部放在蜡烛的火焰底部 1 厘米左右，让蜡烛熏黑纸杯底部。

（4）等纸杯整个底部变黑后，拿下来观察，注意不要用手摸，并熄灭蜡烛。

（5）在发黑的杯底滴一滴水滴，轻轻晃动水滴。

（6）放一点粉笔灰在水滴上，让水滴在粉笔灰上滚动。

通过实验发现了什么现象?

实验结论：

蜡烛燃烧产生的黑色物质具有防水作用，并且还不沾灰尘，只要水滴滚过灰尘就会被带走。这种不沾水不沾灰特性跟我们的莲叶和雨衣是一样的。

综合以上两个实验可以得出结论：莲叶超疏水现象和蜡烛燃烧产生的黑色物质的自清洁功能都是表面超纳米结构的形态。

老师：展示下图（显微镜下的图片）并再次提出问题莲叶的结构形态是什么样子的? 引导学生观察并回答。

显微镜观察下有着许多的蜡状小突起物质。这些小突起都是纳米级别的，当接触到雨水的时候，就会让雨水形成球状，吸附在莲叶上。

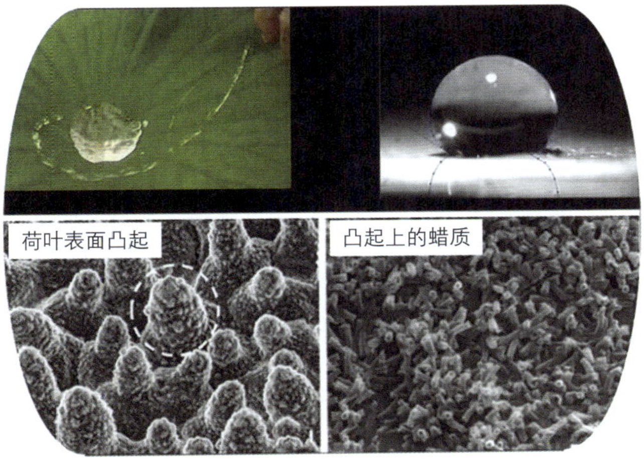

第二阶段

阶段目标：了解超疏水材料的原理。

教育活动脚本	设计思路
展品导入：观看展品“纳米材料”的演示效果，配合讲解活动，引导学生分享观察的结果及原理推测，解释展品现象及原理，引出超疏水材料概念。 视频播放超疏水材料内容 实验一：抽刀断水水更流，那我们怎样才能将水一分为二? 材料：两根铁丝、水、刀片、纸巾、小刀、滴管、超疏水喷雾。 过程：首先将两根铁丝并排放在纸巾上，在铁丝之间的空隙处灌满水滴。然后，将水滴慢慢拉长之后，拿出一个小刀进行切割，此时我们就会发现水滴直接被一分为二，并没有重新连接在一起。进行多次切割之后，水滴依旧可以形成独立的个体。这到底是怎么一回事? 水滴之所以能被一分为二，主要是因为下面的纸巾和刀片经过了特殊处理，表面涂抹了一层超疏水材料，所以刀子在切下去的那一刻能够轻松地将水滴分割。 实验二：钢板也能浮在水面上? 材料：水、水缸、薄钢板、刷子、超疏水材料。 过程：首先，将钢板一面涂满超疏水材料。然后，将钢板涂满超疏水材料一面向下放入水缸，钢板沉下去。将钢板涂满超疏水材料一面向上放入水缸，钢板浮在水面上。 超疏水材料的原理：首先我们观察到没有经过处理的板，它表面非常的光滑；经过处理之后，我们看到它上表面上有一种磨砂的感觉。 现在，我们往水杯里倒满水，大家可以看到水虽然已经满了，但它不会流出来，它会在这个杯口鼓起来，这就是由于水有一种表面作用力，我们称之为表面张力，它的作用就是让水形成一个小球的形状，当水的重力不大于它的表面张力的时候，水就不会散开。 当水在一个光滑表面的时候，水是直接接触表面的，因此水是趴着的。而在超疏水材料表面上，有很多的小凸起，这些小凸起就像一些小柱子一样，把水刚好撑起来，这样水滴就不会和表面直接接触，小柱子之间都是存在很多缝隙的空气。	**设计意图** 通过展品“纳米材料”实际体验，导入超疏水材料的概念；通过实验了解超疏水原理，引导学生积极观察、动脑思考。 **学情分析** 超疏水材料的定义会比较生涩，学生不好理解。通过展品的互动和讲解活动，引导学生对材料的超疏水性有了一点直观的了解；但难免会有点生涩，难以理解：超疏水材料是通过什么来防水的。经过实验的动手实践，却可以产生很好的直观感受和经验，感受到科学知识的魅力。 **教学策略** 通过展品的实际体验，感受莲叶效应的实际应用通过实验的形式，激发学生兴趣，引导学生进行观察、记录，形成直接经验，可以更好地引导学生对超疏水材料的理解。

第三阶段

阶段目标：超疏水材料的应用。

教育活动脚本

（1）自然界中还有其他具有超疏水性的动植物：如莲叶、水稻叶子、蝴蝶翅膀、水黾脚、蜥蜴等。（结合视频）

（2）超疏水材料在生活中的应用（结合视频）

引导学生根据生活经验，发现生活中莲叶超疏水特性的应用，总结感受科技对生活的积极应用。

人们发现了许多自然界中存在的超疏水现象及其表面结构，通过研究，可以通过多种方法人工合成超疏水表面。其优异的超疏水性、防腐性、自洁性和防结冰性，被广泛应用于各种领域，包括金属材料、纺织材料、木质材料、生物组织、口腔医学等。

（3）《爱莲说》中的科学与人文

北宋周敦颐《爱莲说》是一篇与莲的疏水性和自洁性紧密相关的散文。文中提及“予独爱莲之出淤泥而不染，濯清涟而不妖”表现出了作者洁身自爱的高洁人格和洒落的胸襟，极具“君子之风”。

设计思路

设计意图

加深印象，一方面引导学生思考自然与科学的联系；另一方面强化了解超疏水材料的应用。

学情分析

超疏水材料或多或少在我们生活中可以看见，但不一定都了解。通过大家的分析与学习，可以更好地巩固知识。

教学策略

1. 通过实例说明自然与科学紧密联系，了解超疏水材料在生活中的广泛应用。

2. 科技与人文结合，领略古诗词背后的科学之美。

七、实施情况与效果评估

整体活动的教学环节设计采用 5E 教学法展开，引入（由词入莲）→探究（莲叶疏水性与自洁性）→解释（为什么）→迁移（应用）→评价（科技与生活、人文），通过实验、视频、图片及展品互动等多种方式展示知识点，引导学生积极主动地学习。学生在 45 ~ 60 分钟的学习中，经历了观察、猜测、实践、记录、分析与讨论的科学探究过程，收获新知识。

我们从三方面对活动的效果进行评估：1. 从授课现场来看，活动的参与性、趣味性颇受学生的喜爱，现场氛围热烈。2. 在现场授课结束之前，现场随机提问学生对此次活动主题知识的掌握情况（莲叶的特性、实验观察到的结果及原因等），学生都能很好地回答，掌握情况良好。3. 对学习单的填写情况进行回顾，回收率 82.7%，大课堂的回收率较低，为 77.5%。高年级的答题完整率、准确率会比二、三年级的高。总体来说，活动实现了预期的科普效果。

后续还会对所涉及的知识点进行深入挖掘，在条件允许的情况下，融入微观观察探究的内容，拓展为两个课程，使该活动的内容更加丰富。

★ 该项目获 2023 年“奋进科普新征程”全国科技馆联合行动优质科学教育资源项目三等奖 ★

山东省

科技馆里的科学课
——伽利略与单摆

教育活动类型： 科学实验与动手制作类

项目开发单位： 山东省科技馆

项 目 设 计 人： 姜策、布琳

一、概述

本活动以科学发展历程中的经典故事为背景，采用 5E 教学法，引导学生结合科学技术馆展品来探究单摆的特性和运动方式，对接“能的转化和能量守恒”核心概念，通过“观察现象产生疑问 — 对影响因素做出猜想 — 想办法验证猜想”引导学生了解科学探究的过程。

二、教学对象

1. 本教育活动适宜的受众人数：20 人。

2. 本教育活动针对的具体教学对象：11 ~ 12 岁学生。

3. 教学对象的学情分析：该学段学生在校内科学课中对时间的测量工具（如日晷、沙漏等）及物体的运动有了一定的学习和了解，能从生活经验出发感知钟摆、秋千等运动，但对摆的原理及摆动中的能量转化并不了解；在科学探究方面，该学段学生能在老师的引导下完成简单的科学探究实验，对科学探究的过程和方法有初步的了解，能独立观察实验现象、记录实验数据等，具备一定的抽象思维能力，能够通过现象提出猜想并分析科学实验中的变量控制，但对“控制变量”和“实验误差”理解不够深入。

三、教学目标

1. 科学观念：认识摆，了解摆的结构，学习影响单摆摆动快慢的因素，初步感知单摆运动中的能量。

2. 科学思维：能够针对具体问题提出猜想，通过分析、对比等方法建立证据与猜想之间的联系；通过探究过程了解减小实验误差及收集处理有效数据的方法；分析科学实验中的变量控制。

3. 探究实践：初步具有从事物的结构、功能、变化等角度提出问题，制定比较完整的探究计划的能力，设计控制变量的实验方案，初步具有运用科学方法处理信息并得出结论的能力。

4. 态度责任：乐于合作交流与表达；初步培养敢于质疑、勇于求证的精神和用实证解决问题的科学态度。

四、教学重难点

1. 教学重点：探究影响单摆摆动快慢的因素；初步了解并运用“控制变量”的科学方法；正确看待实验中的误差，能够利用科学方法收集实验数据，减小实验误差的影响。

2. 教学难点：设计控制变量的实验方案，如何控制实验中的变量和不变量，如何记录有效数据，如何通过具体的科学探究过程培养思考问题、解决问题的方法和能力。

五、教学场地与教学准备

1. 教学场地：山东省科技馆展厅“经典力学的诞生”展区“伽利略与单摆”展项。

2. 教学准备：见下表。

序号	物品名称	数量及规格	图片示例
1	秒表	6 个	
2	量角器	6 个	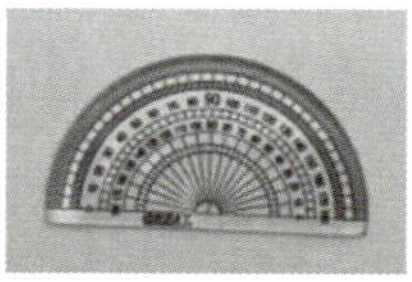
3	直尺	6 把	

续表

序号	物品名称	数量及规格	图片示例
4	铅笔	20 支	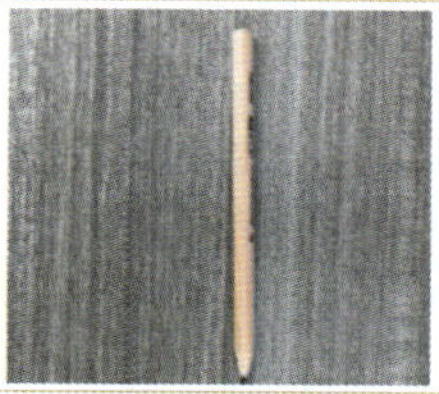
5	记号笔	6 支	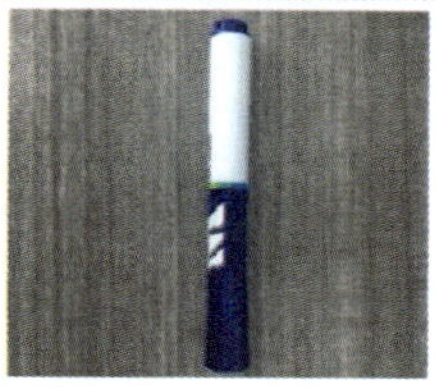
6	橡皮	6 块	
7	单摆实验套装	20 套	
8	学习单	20 份	

3. 活动总时长：45 分钟。

六、教学活动设计与实施

1. 教学活动设计流程图

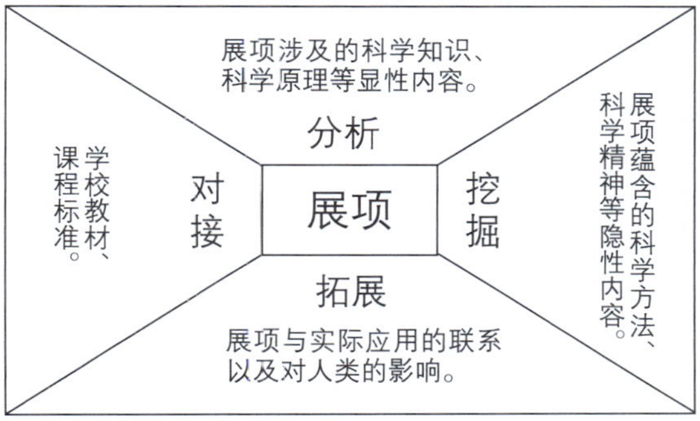

吸引：阅读展项说明牌，以“伽利略发现单摆等时性原理”的故事导入，激发学生探究兴趣。

探究：先后通过自主设计实验、运用“控制变量”再次实验对“影响单摆摆动快慢的因素”进行探究。

解释：对探究过程、探究结果进行展示、分析，对科学概念科学原理、科学方法等形成正式的理解。

迁移：运用获取的知识、原理、方法等解决实际问题，进一步强化所学，拓展活动的深度和广度。

评价：采用自评、互评、师评对整个活动中科学观念、科学思维、探究实践、态度责任等方面全面评价。

2. 活动步骤以及设计意图

第一阶段　故事导入，激发兴趣

阶段目标：通过生活现象及展品，引出伽利略发现吊灯摇晃特点的故事，激发学生的探究兴趣，进入主题。

教育活动脚本

老师活动 1：

（1）提出问题：生活中的计时工具主要有哪些？在没有手机、秒表等功能产品的时代，人类如何实现精准计时？

（2）引导思考摆钟是如何被发明出来的？又是如何计时的？

（3）引导学生阅读展项“伽利略与单摆”中观察吊灯摇晃的故事，并从中了解伽利略发现“单摆等时性”原理。

学生活动 1：

（1）回答问题，说出现代计时工具及历史上主要的计时工具如沙漏、日晷、钟摆……

（2）思考摆钟是如何计时的？

（3）了解伽利略发现“单摆等时性”原理的故事。

老师活动 2：

引导学生思考并交流阅读后的感受，特别是科学家发现科学原理的过程。

学生活动 2：发散思维，大胆表达。

学生 1：伽利略能从摇晃的吊灯中获得启发，总结出关于计时方面的科学原理，说明他是一个善于观察和思考的人。

学生 2：从摇晃的吊灯到计时原理的发现，伽利略一定做了大量的实验。

学生 3：如果我们利用类似吊灯结构的道具是不是也能发现同样的科学原理呢？

老师活动 3：

肯定学生的回答，并作补充、点出主题。科学原理的发现从来不是一项简单的工作，伽利略从摇晃的吊灯中获得启发，发现摆的等时性，使人类对时间的精确测量进入理性高度。科技馆里的展项“伽利略与单摆”（如右图）是一组很好的探究模型，从展项中获得启发总结出伽利略发现的单摆计时原理。

设计思路

学情分析

学生在学校或生活中对计时工具有所了解，但对其科学原理并不了解。这个阶段的学生思维较活跃，能够在老师的引导下提出可探究的问题。

设计意图

通过提问及思考调动学生已有知识经验，使其关注计时工具；通过了解“伽利略与单摆”的故事激发学生的兴趣，感受科学规律的发现过程，培养科学思维并导入主题。

教学策略

1. 启发式教学。以问题启发学生思考早期的计时工具及关注钟摆计时。

2. 情境式教学。以伽利略发现单摆原理的故事为情境，让学生感受科学家发现科学原理的过程，启发学生角色代入思考“如果是自己能否借助模型发现同样的单摆原理？”

第二阶段 体验展项，实验探究

阶段目标：本阶段通过展品体验和实验探究等三个活动，引导学生通过“观察现象产生疑问 — 对影响因素做出猜想 — 想办法验证猜想”了解科学探究的过程。

教育活动脚本	设计思路

【活动一】：初步体验展项，积累背景知识

老师活动：

（1）引导学生体验三种不同的单摆展项，观察每种单摆，并联系生活中的秋千，寻找共同点了解什么是摆及摆的结构。

三种单摆分别为：可调节摆角的单摆，可调节摆锤重量，可调节摆绳的长度的单摆，分别见下图。

（2）实验再现：以可调节摆角的单摆模型为对象，引导学生利用脉搏跳动粗略估算单摆在不同的摆动幅度下摆动的快慢。

（3）引导学生利用同样的脉搏法粗略估算其他两组单摆模型摆动的快慢。

学生活动：

（1）体验展项，通过观察展项结构及生活经验了解下列知识点：摆是悬挂于定点，能够往返摆动的物体；知道单摆由摆绳、摆锤组成，提起摆锤的角度为摆角或摆幅；摆来回一次算作摆动一次；发现“不论拉起摆绳的幅度多大，单摆摆动的快慢都大致相同”这一特点。

学情分析

该学段学生已经具备一定的观察、分析能力，能够通过对比不同的现象发现并提出问题，能操作简单的科学探究实验，对科学探究过程有初步了解，但对科学探究实验中的控制变量和实验误差理解不深，需要老师的引导。

设计意图

本阶段通过三个活动引导学生通过“观察现象产生疑问—对影响因素做出猜想—想办法验证猜想”了解科学探究的过程。以展项为载体，通过探究展项科学原理经历科学探究的一般过程，培养学生思考、解决问题的方法和能力。活动一通过引导学生体验展项，调动多感官参与使学生在直接经验中了解单摆，认识单摆的结构及记录单摆摆动的方法等背景知识；活动二以活动一中观察到的单摆摆动特点产生的疑问为探究点，通过引导学生自主设计“影响单摆摆动快慢因素”的探究实验，充分尊重学生的主体地位，帮助学生更好地意识到“控制变量”“实验误差”对探

教育活动脚本

（2）利用脉搏法记录实验数据，发现“三种单摆模型摆动的快慢不同”这一特点，产生疑问“什么因素影响了单摆摆动的快慢？”

【活动二】：猜测影响因素，初探展项原理

老师活动：

（1）结合展项初体验，引导学生对影响单摆摆动快慢的因素做出猜想。

猜想一：跟摆绳长度有关？

猜想二：跟摆锤重量有关？

猜想三：跟摆动幅度有关？

（2）引导学生通过实验印证猜想，汇报验证过程和结论。

学生活动：

在老师引导下提出猜想并通过实验验证。按影响因素自动分成摆绳长度组、摆锤重量组以及摆动角度组，自行设计实验，第二次体验展项，记录并验证过程。

工具及材料：秒表 6 个、量角器 6 个、直尺 6 把、记号笔 6 支、铅笔橡皮若干。

摆绳长度组的验证方法：选择可调节摆绳长度的单摆展项，分别测量摆绳长度为 10 厘米和 5 厘米时单摆在 15 秒内的摆动次数。

摆锤重量组的验证方法：选择可调节摆锤重量的单摆展项，分别测量摆锤重量为 5 千克和 10 千克的单摆在 15 秒内的摆动次数。

摆动角度组的验证方法一：选择可调节摆动角度的单摆展项，分别测量当摆动角度为 30° 和 60° 时单摆在 15 秒内的摆动次数；摆动角度组的验证方法二：选择可调节摆动角度的单摆展项，分别测量当摆动角度为 30° 和 60° 时单摆摆动 20 次所用时间。

实验结论：在刚才的验证实验中只有摆动角度组验证成功，但他们采用了两种验证方法，得到的验证结果却不一样。

摆动角度组实验结果：在刚才的验证中我们只改变了摆动角度，而摆锤重量和摆绳长度都是一样的，在两种验证方法中测量单摆摆动 20 次所用时间得到的数据变化不大，而测量单摆 15 秒内摆动的次数相差较大。

摆绳长度组实验结果：实验中的展项摆锤重量是固定的，我们只改变了摆绳的长度但忽略了摆动角度要保持不变。

摆锤重量组实验结果：实验中的展项摆绳长度是固定的，但摆动的角度却可以改变，我们猜测的影响因素是摆锤重量所以在验证时测量了不同重量摆锤的摆动却没有注意摆动角度这一条件。

老师活动：同学们总结得很好，“保持其他影响因素不变，只改变一个因素并测试它对摆动快慢的影响”目前来看是验证成功组和失败组的区别，在接下来的验证实验中可以继续采用这一方法进行验证。在摆动角度组的两种验证方法中

设计思路

究实验的影响；活动三通过引导学生合理控制变量和不变量再次设计探究实验，强化对“控制变量”运用的理解。

教学策略

1. 体验式教学。引导学生以记录脉搏跳动来粗略估算单摆摆动的快慢；引导学生体验展项发现单摆摆动特点提出疑问“什么因素影响了单摆摆动的快慢”。

2. 探究性实验教学。学生通过自主设计探究实验经历科学探究的一般过程，发现思维和科学方法存在的问题。

教育活动脚本

设计思路

虽然收集到的实验结果都有误差，但测量单摆摆动 20 次所用时间这种方法误差相对较小，而且各组在验证环节仅实验了 1 次，如果多验证几次、多几个人同时观察记录结果是否会有不同？结合学生的验证过程和结果引导控制变量的运用以及验证方法和次数对误差的影响，引导学生进行第三次体验展项实验验证。

【活动三】：运用控制变量，再探展项原理

老师活动：

引导各组学生采用“保持其他影响因素不变，只改变一个因素并测试它对摆动快慢的影响”的方法（即控制变量法）再次进行实验验证并观察各组的实验情况。

学生活动：

结合学习单运用控制变量设计探究实验，观察实验现象，记录并分析实验数据，尝试得出实验结论。（注意：摆动过程中若单摆摆动不足一次或超过一次可采用四舍五入的方法记录）

【摆绳长度组】

探究因素：摆绳长度影响摆的快慢						
摆绳长度（厘米）	摆动角度（度）	摆锤重量（千克）	实验结果（次 /20 秒）			平均值（次 /20 秒）
10	30	5				
20	30	5				
30	30	5				
实验结论：						

【摆动角度组】

探究因素：摆动角度影响摆的快慢						
摆动角度（度）	摆绳长度（厘米）	摆锤重量（千克）	实验结果（次 /20 秒）			平均值（次 /20 秒）
30	20	5				
45	20	5				
60	20	5				
实验结论：						

【摆锤重量组】

探究因素：摆锤重量影响摆的快慢						
摆锤重量（千克）	摆绳长度（厘米）	摆动角度（度）	实验结果（次 /20 秒）			平均值（次 /20 秒）
5	20	30				
10	20	30				
15	20	30				
实验结论：						

第三阶段 科学解释，整体认知

阶段目标：引导学生对“影响单摆摆动快慢因素”的探究过程及结论进行解释，正确认识实验中的误差，加深对“控制变量”运用的理解，能从活动的整个过程中抽象概括出解决问题的一般思维和科学方法，对科学探究初步形成整体认知。

教育活动脚本

老师活动：首先，引导学生对探究影响单摆摆动快慢因素的实验过程及结论进行汇报。

摆绳长度组：摆的快慢与摆绳长度有关；摆绳越长摆动越慢，摆绳越短摆动越快。

摆动角度组：摆的快慢与摆动角度无关。

摆锤重量组：摆的快慢与摆锤重量无关。

然后，根据学生的汇报结果作出适当引导，引导学生思考解决问题的过程，了解科学方法在实验中的作用，关注科学思维的发展，形成整体的认知体系并让学生积极分享收获心得。

学生活动：讨论交流，大胆表达。

学生 1：我们组的猜想因素是摆绳长度与摆的快慢有关，在第一次自主实验时，我们的关注点是只要改变摆绳长度就能验证猜想，最后没有验证成功。但第一次实验后总结时听到其他小组的汇报，发现原来我们忽略了其他因素对结果的影响，在第二次实验时，我们严格控制条件，最终验证成功，意识到“控制变量”在科学实验中的运用以及重要性。

学生 2：通过观察单摆的摆动发现每种摆摆动快慢不同这一特点，进而产生疑问“什么因素影响单摆摆动快慢？”然后开始思考如何验证自己的猜想，感觉这个过程如像伽利略一样在思考。在两次验证实验中，虽然我们组也遇到了各种问题，如记录实验数据时出现实验误差，我们并没有否定实验结果，而是在老师的引导下正确对待，通过多人观察记录以及多次测量的方法大大减小了误差，意识到误差对实验的影响，当出现误差时，不应随意更改实验数据而是要采取适当的方法尽量减小误差对科学实验的影响。

老师总结：同学们分析得很具体，“保持其他影响因素不变，只改变一个因素并测试它对摆动快慢的影响”是控制变量的运用，这是科学探究中常用的方法之一；在探究实验中出现实验误差也是我们会遇到的问题，但如何对待实验误差会影响同学们对科学探究的理解，同学们没有因为实验误差而否定实验结果，也没有因为实验结论而随意更改实验数据，非常好。关于摆的研究在科学史上最初古希腊哲学家亚里士多德提出“摆经过一个短弧要比经过长弧快些”的观点，但两千年后，伽利略推翻了这一说法，他利用不同长度的绳子、铁链、铁球、木球

设计思路

学情分析

学生在阶段一、二对科学探究的过程有了一定的了解，并在探究实验中运用了“控制变量”等科学方法，但过程和方法是零散的，需要在老师的引导下实现从具体到抽象、从感性到理性的转变。

设计意图

通过讨论交流，总结出“单摆摆动的快慢只与摆绳长短有关”的实验结论，加深对“控制变量”的理解并正确认识实验误差；通过对比分析两次探究实验的过程及结果，意识到解决问题的一般思维和科学方法。

教学策略

1. 对比分析策略。引导学生对比两次探究实验，分析实验过程及结果，抽象出思考问题、解决问题的思维和一般科学方法。

2. 故事激励的策略。从科学史的角度讲述“单摆等时性原理”的发现过程，结合学生利用展项总结原理的过程，激励学生勇于探索、敢于求证的科学态度。

教育活动脚本

设计思路

等进行了大量的实验，最终总结出“摆的等时性原理”。科学原理的发现与总结从来不是一件简单的事，希望同学们能够保持像今天这种敢于质疑、勇于求证的精神和用实证解决问题的科学态度。

第四阶段 知识拓展，学以致用

阶段目标：引导学生通过单摆的运动形式对能量变化进行初步了解；让学生从理论联系生活应用，了解秋千的运动原理及运动过程中的能量转化。

教育活动脚本

动手制作一个简易的单摆，观察它的运动。

老师活动：

（1）引导学生观察单摆的运动形式和轨迹。

（2）引导学生分析单摆等幅摆动及摆幅渐小的原因，引出能量变化。

（3）引导学生探究秋千的运动形式和原理。

学生活动：

（1）做简易单摆，观察其运动轨迹，分析原因。

（2）在老师引导下，尝试分析秋千的摆动原理。

课后探究：一个人在荡秋千时，如何才能越荡越高?

知识拓展：单摆被拉起而具有势能，由于运动而具有动能。动能和势能可以相互转换，动能和势能统称为机械能。由于摆在空气中运动会受到空气阻力和绳子的摩擦等影响最终停止运动。

如果人站在秋千上不动，秋千的运动类似于单摆的运动，在外力的驱使下，给秋千一个推力，产生动能，使之摆动，从最低点荡到最高点的过程中，由于其本身重力的作用，系统的动能转化为势能，当秋千从最高点荡回最低点时，势能又转化为动能，整个过程机械能守恒，秋千做等幅摆动。一个人在荡秋千时，想要越荡越高，可通过自己与绳子的内力做功将内能转化为机械能。

设计思路

学情分析

学生在知识层面对单摆摆动原理已有所了解，但并不能保证能够利用原理来解决分析具体问题。

设计意图

通过动手制作并观察单摆运动的过程拓展能及能的转化；让学生能将理论知识联系实际运用；分析秋千的运动原理，并探究使秋千增大摇摆幅度的因素。

教学策略

（1）动手实践策略。

（2）探究教学策略。

第五阶段　交流汇报，评价反思

阶段目标：通过回顾整个活动过程和学生自我表达交流，对活动表现和预期效果进行评价反思。

教育活动脚本

老师活动：引导学生回顾整个活动过程，围绕“我在活动中有哪些收获”“我有哪些经验想要分享给大家”发表自己的观点。

学生活动：讨论交流，大胆表达；认真聆听其他人的观点，予以评价并阐述理由。

设计思路

学情分析

通过“科学解释”的阶段虽然对科学探究中的“控制变量”“实验误差”有了一定的了解，但从整个活动来看有哪些好的、不合理的学习方法和解决问题的方法并未形成系统的认知。

设计意图

引导学生对自己在活动中的表现和收获进行自评有利于发展学生自我内省的能力；引导学生对其他成员的表现进行评价有利于学生在客观的评价中意识到自己的问题，培养合作反思的能力。

教学策略

情境教学策略。

七、教学评价与反思

“科技馆里的科学课——伽利略与单摆”是基于山东省科技馆新馆展项特点设计开发的活动。截至 2023 年 8 月实施 5 次，总受众 240 人次。活动实施效果较好，根据不同的受众效果评估，侧重点主要在理解展项和聚焦活动两方面。参与学生能够在操作方法、科学原理等方面对展项有全面的了解，也能够在理解展项的同时对活动中蕴含的“控制变量”和“实证”的科学方法有初步的了解，思考问题、解决问题的能力得到提升。

《科技馆里的科学课——伽利略与单摆》学习单

现象或问题	解决思路
在第一阶段阅读“伽利略与单摆”展项说明牌后你是否从中受到了启发？	你从哪些方面受到了启发？其他同学受启发的方向与你是否相同？
在第一次自主探究实验时你是如何设计实验方案的？	自主设计实验时你从哪几方面设置条件的？
第一次自主探究实验的结果如何？是否符合预期？存在哪些问题？	第一次实验中的问题是如何被发现的？其他同学的实验和想法对你有什么启发？
在第二次运用控制变量再次实验时你是如何设计实验方案的？	第二次实验时你是如何设置条件的？
第二次探究实验的结果如何？是否符合预期？存在哪些问题？	第二次实验中的问题是如何被发现的？其他同学的实验和想法对你有什么启发？
第三阶段科学解释时你对展项原理或科学方法是否还存在未解决的疑惑？	科学解释前你已有哪些背景经验？科学解释了哪些新观念？科学解释后你的知识体系有哪些方面的完善？
对比活动中的多次体验探究、讨论交流你有什么收获？对于如何设计探究实验、如何协同合作、如何思考、解决问题你学到了什么科学方法？这些思维方法、态度责任可以迁移到哪些地方？	

该课程评价单

编号	评价指标	评价内容	评价主体（实施者）及等级 优秀（☆☆☆）良好（☆☆）一般（☆）		
			自我评价	小组评价	老师评价
1	科学观念	①知道了单摆摆动快慢只与摆绳长短有关； ②了解了单摆运动中的能及能的转化			
2	科学思维	①能够通过分析、对比等方法分析问题的影响因素建立证据与猜想之间的联系； ②能够通过探究过程了解减小实验误差及收集处理有效数据的方法			
3	探究实践	①能够制订比较完整的探究计划； ②能够设计控制变量的实验方案； ③能够运用科学方法处理信息并得出实验结论			
4	态度与责任	①乐于合作与交流； ②能够在现象与结果不一致时尊重客观的事实，敢于质疑，勇于求证； ③能够客观评价他人并进行自我反思			

★ 该项目获 2023 年“奋进科普新征程”全国科技馆联合行动优质科学教育资源项目一等奖 ★

飞向太空——太空高真空环境与舱外航天服

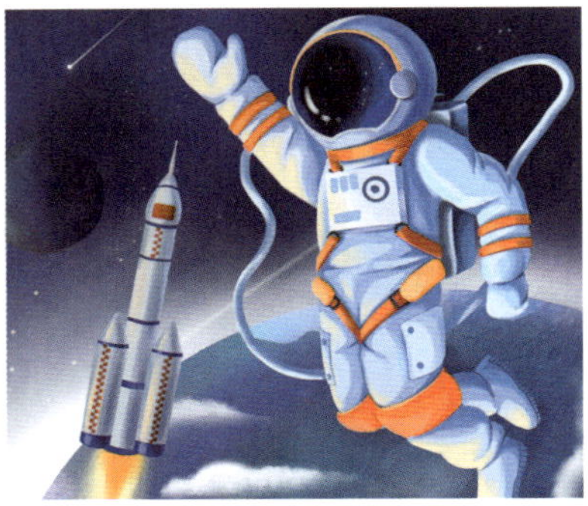

教育活动类型： 科学实验

项目开发单位： 山东省科技馆

项 目 设 计 人： 孟宁、董智、贾雪原、李绪旭

一、概述

本次教育活动立足于引导学生了解宇宙环境中的高真空环境，探索对抗高真空环境的舱外航天服的材料。对接《义务教育科学课程标准（2022年版）》中“宇宙中的地球”这一核心概念，学习“太空探索拓展了人类对宇宙的认知”这一内容，同时包含核心概念“物质的结构与性质”，逐步了解“不同材料的不同特性”。本活动以学校课程知识点“常见材料的导热性等”“太空环境对人体的影响”为基础，结合“纳米材料”“空间站航天服”展品，对学校课程知识点进行延伸和拓展。

本次活动带领学生模拟太空高真空环境下的人体变化实验，引入航天服对人体的保护，提出航天服材料应该具备的特性，引导学生对各种材料进行探究实验并对实验结果归纳总结，再对航天服需要应对的其他太空环境进行延伸拓展。课程采用STEM理念建构跨学科课程内容，提高学生运用综合知识解决实际问题的能力，结合学生的学习兴趣，对学校知识点进行巩固和延伸，培养学生科学思维，提高学生的探究能力。

二、教学对象

1. 本教育活动适宜的受众人数：20人。

2. 本教案所针对的具体教学对象：五至六年级学生。

3. 教学对象的学情分析：本次活动面向五至六年级学生开展，该学段学生记忆力增强，逻辑思维开始在思维中占优势，创造思维有了很大的发展，求知欲和好奇心增强，开始独立思考、追求与探索，处于知识积累的黄金期。该学段学生在科学课程中有了一定的知识积累，知道生活中常见的材料有着不同的性能，了解太空的基本知识，对航空探索具有一定的兴趣，这将为本节教育活动奠定基础。基于该学段学生的认知水平和知识经验，本节教育活动科学安排学习进阶，学习内容由浅入深、循序渐进，学习活动从观察到探究，形成有序递进的课程结构，激发该学段学生的学习动机。

三、教学目标

1. 科学观念：知道不同材料具有不同的性质，外界压力、温度等条件会影响材料的性质；了解航空探索所面对的太空环境，知道舱外航天服的作用；能够认识舱外航天服是如何面对太空高真空环境的；关注天文及航天事业的进展。

2. 科学思维：通过分析、比较、概括的方法了解各种材料的特征，展示不同材料面对太空高真空环境的不同效果；能够通过实验解释高真空环境中的科学现象和过程，理解演绎推理的基本方法并用于解决真实情境中的简单问题；可以和小组成员针对具体问题提出假设，基于交流情境提出观点，通过实验验证假设与观点。

3. 探究实践：能够运用观察、实验、查阅资料、案例分析等方式获取太空环境及舱外航天服的信息，初步具有获取信息、运用科学方法描述和处理信息并得出结论的能力；能够基于所学知识，从太空高真空环境、材料的性能等角度提出抗真空最优材料的假设，设计探究步骤和实验方案。初步具有从事物的结构、功能等角度，提出问题和制定比较完整的探究计划的能力；能够利用实验道具操作真空环境下材料的实验验证假设，具有初步的实施、验证与改进的能力。

4. 态度责任：对太空探索知识的学习和实践具有初步的理论兴趣，关注我国深空探索事业的发展，领悟科学家敢于质疑、追求真理的科学精神，对太空探索具有好奇心，关注国内外在相关领域的进展，树立民族自信心，增强社会责任感。

5. 衔接知识点：观察常见材料的导热性等；了解我国载人航天的历史，知道太空环境对人体健康的影响，关注我国航天事业的进展。

6. 拓展知识点：不同物质具有不同的性质；了解舱外航天服的构造及功能，知道舱外航天服是如何对抗高真空环境的，关注我国“飞天”航天服的研发历程。

四、教学重难点

1. 教学重点：学习不同材料具有不同的性质，外界条件会影响材料的性质。能够认识舱外航天服是如何面对太空高真空环境的。

2. 教学难点：能够从太空高真空环境、材料的性能等角度提出探究抗真空环境的最优材料假设，并设计探究步骤和实验方案验证假设。

五、教学场地与教学准备

1. 教学场地：科技馆展厅、活动室。

2. 教学准备：展品展项（纳米材料、空间站航天服）。

右表为老师用具表。

名称	数量
真空泵	1 件
气球	1 件
烧杯	1 件
乙二胺、癸二酰氯	1 份

下表为学生材料表。

名称	数量
学习单	1 张 / 组
防护装具	1 件 / 人
气球	8 个 / 组
棉布、丝绸、尼龙、毛毡、塑料布、绝缘胶带、海绵橡胶等材料	2 份 / 组
干洗剂、塑料泡沫	1 份 / 组
乙二胺 + 癸二酰氯	1 份 / 组

3. 活动总时长：45 分钟。

六、教学过程

第一阶段 实验导入

阶段目标：了解什么是真空，真空状态下人体出现减压状态、体液沸点变低等现象，激发学生对太空中的真空防护产生好奇。

教育活动脚本

学生活动 1：参观航空展区见下图，通过返回舱、航空服等展项帮助其了解太空环境和舱内环境，了解航空服的组成结构。

老师活动 1：太空虽美，但环境非常恶劣，航天员离开空间站进入太空面临二百多摄氏度温差、空间辐射、真空环境等考验。舱外航天服就像一个人形飞船，能够为航天员提供安全有效的防护、控制和保障。没有航天服的保护，人在太空中会发生什么现象呢?

学生活动 2：根据自己认知和想象，提出见解。

设计思路

设计意图

学生通过直观的实验现象了解真空下人体发生的现象，引起他们对航空服如何进行真空防护产生好奇。

学情分析

学生了解物质的性质受外界环境影响会发生变化；对真空的概念、真空下物质变化了解情况水平不一。

教学策略

演示和观察结合获取直接经验，了解真空是什么，真空引起的物质变化。

教育活动脚本

真空环境模拟实验，见下图：以气球模拟人体器官肺，以容器内的水模拟人体体液。

老师活动 2：随着气球逐渐变大，压力表数值发生什么变化？说明真空泵内气压变大还是变小？

学生活动 3：描述观察到的实验现象。真空泵内空气变少，出现气球爆炸和水沸腾的现象。

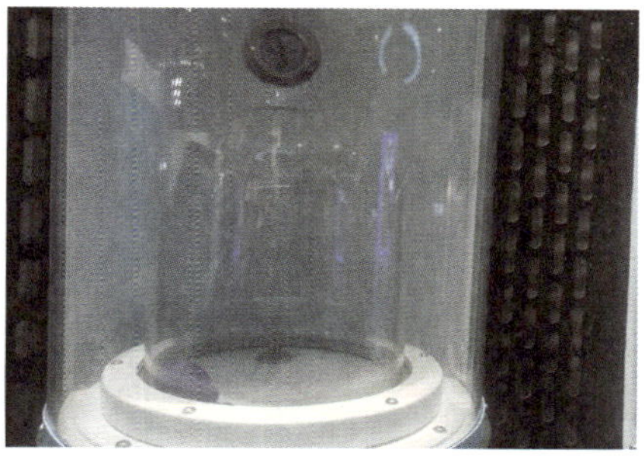

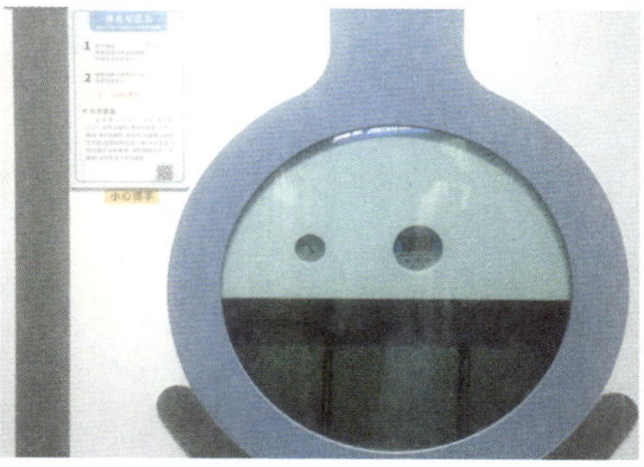

老师活动 3：引导学生总结，真空环境是指空气变稀薄，引起环境内气压变小。人体在真空下产生压力差，器官会膨胀，液体沸点变低，出现减压症。

老师：为什么穿上航空服后，航天员就可以相对安全处在真空条件下呢？它与我们穿的普通衣服有什么不同呢？

设计思路

第二阶段 任务驱动

阶段目标：运用多种材料与方式，设计实验探究具备什么特性的材质适合应用在航空服的真空防护中。

教育活动脚本

老师活动 1：播放神舟十三号航天员经典“我已出舱，感觉良好！”出舱视频，见下图。新一代“飞天”舱外航天服由服装、头盔、手套和航天靴等组成，最复杂的多层设计服装。舱外航天服包含保温层、液冷层、气密限制层、隔热层和防护层等。同学们大胆猜测哪一层与真空防护有关呢？

设计思路

设计意图

设计探究实验了解不同材料的气密性，锻炼学生对比、分析、概括的思维方法抓住事物的本质特征，培养他们实事求是、团队合作的科学态度。

学情分析

学生具备一定控制变量意识，可以在老师引导下，制定简单的探究计划，了解探究实验的一

教育活动脚本 | **设计思路**

学生活动 1：根据自己理解做出选择，并加以解释。

老师活动 2：那么什么材料可以制成真空防护层呢？如果你们是航空服的设计师，你们会如何选择？

学生活动 2：根据提供的材料，以小组为单位进行设计和测试，选出适合做真空防护的材料（棉布、丝绸、尼龙、毛毡、塑料布、绝缘胶带、海绵橡胶等材料），并完成一下实验记录表，见下图。

实验记录表

材料	气压			
	第一次	第二次	第三次	平均值
气球				
毛毡				

老师活动 3：材料的抗真空能力越好，实验的气压值越大还是越小？

学生活动 3：根据自己的实验结果，选出抗真空效果较好的材料。

老师活动 4：抗压效果最好的材料具备什么特点呢？

学生活动 4：引导学生从所选材料的黏性、弹性、硬度等方面进行描述，并总结抗真空效果较好的材料共性有哪些。

般步骤；学生已了解物质具备弹性、硬度等特性的概念。

教学策略

讨论法、实验法。

第三阶段 解释

阶段目标：了解真空防护材料具备较好的气密性，可以阻止空气流动。通过实验了解胶和尼龙的材料特点，展品体验了解纳米技术，深化技术等外界条件可以改变物质性能的概念，认识到复合材料可以综合不同材料优势达到更全面使用效果。

教育活动脚本 | **设计思路**

老师活动 1：航空服气密限制层，有良好的气密性，防止服装加压后气体泄漏，限制加压层向外膨胀，主要是满足宇航员在真空压力下的生命体征安全，往往是选择了涂氯丁尼龙胶布材料打造而成，内部纹理呈现网状结构，所以不仅承压效果好，而且不会那么僵硬。

尼龙、聚酯等短纤维在氯丁橡胶中形成的复合物，既有纤维所具有的高度刚

设计意图

通过实验从材料的成分和结构了解其功能和优势，展品体验探究纳米技术对材料的性能的改

教育活动脚本

性，又有氯丁橡胶所具有的弹性，因此是一种很有发展前途的复合材料。这种材料的开发，对于胶带、胶管的生产有着特殊意义。

学生活动 1：通过两个实验，了解胶和尼龙两种材料的生成和特点。

实验一：制作胶水

干洗剂 + 塑料泡沫 （氯仿 + 聚苯乙烯）

实验二：制作尼龙

乙二胺 + 癸二酰氯

（乙二胺：无色或微黄油状、水样液体，有氨的气味，呈强碱性。癸二酰氯：油状液体，与水接触会发生化学反应）

学生活动 2：参观体验纳米材料及其应用展区。通过“透气不透水的布”展品（见下图）了解纳米技术，理解纳米技术能够赋予材料新的性能的概念。

学生：观察展品“透气不透水的布”，按压打气筒，发现空气可以透过布料，但水却不能浸透布料这一违背常规的现象。

老师活动 2：基于学生自主发现的现象，引导学生观察两片布料样本，一片是常规布料，另一片是纳米布料，解释水滴和水蒸气之间有着一个明显的体积界限，由于水分子之间存在引力，最小的水滴直径通常在 100 纳米以上，而水蒸气分子直径却只有 0.0004 纳米。将纺织面料经纬线的间隙密度控制在 1 纳米左右的空间范围，就可使面料具有隔水通气的功能。

纳米技术是用单个原子、分子制造物质的科学技术，研究结构尺寸在 1 至 100 纳米范围内材料的性质和应用。

帮助学生了解纳米技术及其应用，进而理解纳米技术应用于航天服中，增强了尼龙材质的强度和硬度，提高材料的可用和耐用性。

设计思路

变，认识复合材料可以综合其各自优势达到更全面的使用目的。

学情分析

学生对具体的化学成分不了解，但可以通过直观的实验现象、展品体验通过感官学习了解材料特点。

教学策略

实验法、讨论法、感官学习。

第四阶段 迁移实践

阶段目标：根据对材料特点的了解，设计适合真空环境的太空手套，强化对材料的认识和运用能力，认识到科学技术发展是推动社会发展的动力。

教育活动脚本

学生活动：

（1）根据提供的材料，以小组为单位，选择合适的材料进行组合，设计一款适用真空环境的太空手套。

（2）将手套放入真空泵进行测试，记录压力值，根据结果调整材料的选择和组合方式，再次设计制作并进行测试，并对其进行一定的外观设计。

明确问题 → 确定方案 → 设计制作 → 改进完善

老师活动：

安全事项；随堂辅助，提出合适建议。

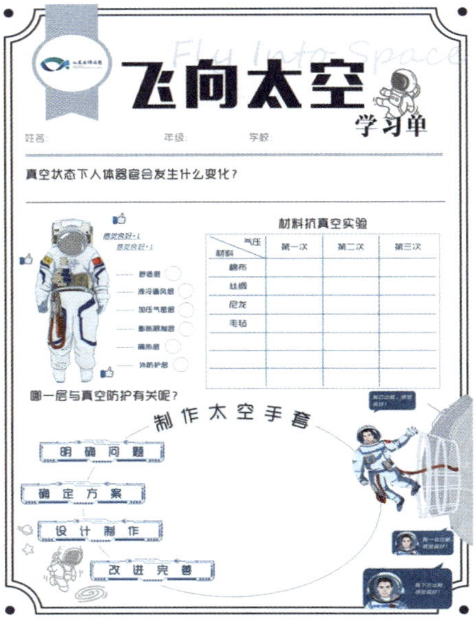

设计思路

设计意图

基于对材料已有认识，发挥学生主观能动性，体验设计的基本步骤，从而根据现实需求解决实际问题，培养学生敢于尝试从不同视角采用新思路和新材料达到相应使用目的的能力。

学情分析

小组内已有较成熟分工，需要老师随堂引导设计的基本步骤（见左上图）。

教学策略

小组合作、实践操作（见左下图）。

第五阶段 反思总结 思维发散

阶段目标：对完成的太空手套进行可行性评价和反思，根据太空环境的其他条件，发散思维，思考采用什么材料解决面临的问题。弘扬科学精神，学习科学家锲而不舍的精神。

教育活动脚本

学生活动：

（1）回顾活动的探究过程，提炼科学思想和方法。

（2）除了真空防护，太空中还需要面临温度防护，辐射防护等问题，可以选择哪些材料针对性解决这些问题？自由讨论，发表看法。

设计思路

设计意图

让学生认识到发现和解决问题的过程。

教育活动脚本

老师活动：

（1）启发科学思维，激发职业向往。

（2）播放介绍“飞天”航天服的视频。重点指出中国“飞天”航天服的研制虽然过程中充满了艰辛与磨难，但中国人以锲而不舍的精神不断开拓创新。

设计思路

学情分析

经过探究实验，学生已经具有解决问题的过程体验。

教学策略

老师带领学生回顾发现和解决问题的过程，并从中获得学习的方法。

七、实施情况与课程评价

自我评价	
能根据探究主题设置科学的实验方案	
能根据实验总结出正确的实验结果	
小组互评	
积极参与小组探究活动	
能够与小组成员相互合作	
老师评价	
注意力集中，对活动内容有兴趣	
积极参与分享交流	
学生反馈	
本期活动的哪个环节让你最感兴趣?	
通过参与本期活动你有哪些收获?	
在活动过程中你有什么不明白的地方吗?	
在活动中设计什么形式你更愿意参与?	
你平时通过哪些渠道了解科普知识?（可多选）	□ 纸质书籍　□ 线下科普教育活动　□ 电视科普节目 □ 网络文章（新闻媒体、公众号等）　□ 线上短视频平台 □ 其他 ________________

八、综合评价

邀请学生、家长、专家对课程进行评审，充分了解科技辅导员在教学过程中的各方面情况，从安全性、科学性、趣味性、创新性等角度，全面评估活动水平。在安全第一的前提下，综合考虑学生的认知特点与水平、学生的多样化，以学生为中心，以学校的课程标准为参考，以场馆的资源特色为开发核心，以能激发学生自主调动多学科知识技能解决实际问题能力，提高综合科学素养为主要目标，使学生体验到课堂以外延伸的具有创新性、趣味性的科学实践活动。

★ 该项目获 2023 年“奋进科普新征程”全国科技馆联合行动优质科学教育资源项目一等奖 ★

东奔西走的 TA

教育活动类型： 科学实验和动手创新制作类活动

项目开发单位： 青岛科技馆

项 目 设 计 人： 孙丹桐、李伽辰、郑博文

一、概述

环境保护，教育为本。环境教育是全民素质教育的重要组成部分，学校是对青少年学生进行环境教育的主阵地，课外实践活动是环境教育的主要途径。

综合利用本馆的“洋流”展品，同时结合 BOPPPS 教学模式，通过参与式学习引起学生的好奇心，产生学习动力，增强学生保护海洋的意识，结合 2003 年教育部颁布《中小学环境教育实施指南》，从而使环境教育成为我国中小学课程中不可或缺的组成部分。

生活中的垃圾通过洋流的运动，最后都会形成海洋堆积垃圾。学生在课本上学习到了洋流的运动原理，但由于学习内容偏书本化，不能让学生切身感受到垃圾是如何通过洋流逐渐造成海洋垃圾堆积，无法促进学生对于海洋环境健康的保护意识。因此本课程结合实践活动，让学生自己动手探究洋流运动的驱动力、影响因素以及海洋垃圾的堆积是如何形成的。让学生用自己的实际行动来保护环境，激发学生热爱海洋环境的情感，培养保护自然环境的使命感和责任感。

二、教学对象

1. 本教育活动适宜的受众人数：20 ~ 25 人。

2. 本教育活动针对的具体教学对象：五至六年级学生。

3. 教学对象的学情分析：小学高年级学生对于洋流运动的了解层面只停留在课本的知识上，鉴于此阶段的学生具有强烈的好奇心，并且具备一定的科学探索能力，因此活动围绕着洋流知识、动手探索、实地考察、分组讨论，培养学生观察和分析的能力，从身边出发，引发学生对海洋环境健康的思考。

三、教学目标

1. 科学观念：认识洋流的基础知识，简单描述洋流以及相关的现象。知道洋流对人类生活的影响。

2. 科学思维：运用分析、比较、观察的方法解释有关的科学现象，运用重组思维、发散思维的基本方法，基于科学原理提出有一定新颖性的观点，总结洋流的相关理念，并利用实验、文字表达创意。

3. 探究实践：根据所学的洋流知识，制定出可探究的科学实验，制定完整的实验计划，运用观察、实验、查阅资料、实地调查的方式获取信息，用科学语言、统计图等记录整理信息，运用科学的方法描述结论。

4. 态度责任：在好奇心的驱使下，表现出对洋流现象的成因及影响探究热情，能以事实为依据做出独立判断，尝试运用多种方法完成探究和实验，分析原因、再次观察，通过小组合作，共同解决科学问题。

四、教学重难点

1. 教学重点：了解洋流的地理知识；保护海洋环境的措施；提升学生的观察能力、分析能力、实践能力。

2. 教学难点：让学生自主探究洋流运动的驱动力以及影响因素；生活垃圾如何造成海洋环境污染；明白日常生活中怎样做到保护海洋环境 。

五、教学场地与教学准备

1. 教学场地：科普剧场，科技馆周围。

2. 教学准备：教学材料包，见下表。

序号	物品名称	数量	序号	物品名称	数量
1	水槽	2 个	6	隔板	1 个
2	超轻黏土	3 袋	7	食盐	1 袋
3	橡皮泥	3 盒	8	红油	1 瓶
4	吹风机	3 个	9	塑料袋	3 个
5	色素	4 个			

3. 活动总时长：60 分钟。

六、教学活动设计与实施

1. 教学活动设计流程图

序号	BOPPPS 教学模式	教学内容	
1	课程导入	体验展项，构建情境	通过小黄鸭漂流的故事吸引学生的关注点，激发学习热情
2	学习目标	明确目标，深入探究	引导学生了解洋流运动的驱动力以及影响因素，明确洋流运动如何造成海洋环境污染并进行深入讨论
3	预评估阶段	课前摸底，培养能力	通过前期测试，了解学生思维方式，有针对性地调整教学方式和内容
4	参与式学习	设计实验，解释原理动手操作，剧情演绎	结合实验验证猜想，探究洋流运动的影响因素
5	后评估阶段	组织学生观察海边实际情况，培养学生观察、判断、反思的能力	通过对海洋环境的直观观察，结合洋流及日常生活引发思考
6	总结	辩论总结，回顾内容拓展其他学习资源	邀请中国海洋大学教授结合洋流与环境健康拓展学习资源，提升学生综合素质

2. 活动步骤以及设计意图

第一阶段 课程引入，构建情境

阶段目标：体验展项，激发学生学习兴趣，引出学习目标。

教育活动脚本

本阶段的创设情境。

学生活动：观看展品故事，代入情境，见下图。（激发学生学习的兴趣，让学生感受海水的运动）

开展问题导入：讨论小黄鸭落入海中会出现什么现象？发言：小黄鸭对海洋环境健康造成了什么影响？

设计思路

学情分析

五至六年级的学生已接触地球系统学习内容，通过展品故事引入，容易引导学生主动围绕学习目标进行探索。

设计意图

让学生将枯燥的知识点与生动的故事结合，在观看故事的同时将知识无形进行消化吸收。通过寓教于乐的方式，让学生自主进行学习探究，完成目标任务。

教学策略

寓教于乐，构建情景，引导学生主动发现问题，进行探索，明确学习目标。

第二阶段 明确学习目标阶段，引导学生自主探索学习任务

阶段目标：进行猜想，通过实验探索完成学习目标。

教育活动脚本

（1）进行猜想，明确学习目标：

学生活动：让学生分组深入进行探究讨论，小黄鸭开启漂流之旅的根本原因是什么？猜测导致海水运动的影响因素有哪些？

老师活动：组织学生发表自己的观点，继续播放小黄鸭漂流的视频，并对上述猜想进行回答，让学生明确第一个学习目标——洋流的运动。

（2）验证猜想，引导深入探究：

老师活动：验证学生猜想，引导学生进一步思考，明确第二个学习目标——我们生活中的垃圾是如何通过洋流对海洋环境、海洋生物形成危害。

设计思路

学情分析

五至六年级的学生已经具备基础的观察力和独立的思考能力，通过开放式问答环节，帮助学生发散思维。

设计意图

由于受众是五六年级的学生，长时间的枯燥的知识输出容易分散学生注意力，需要通过吸引学生，激发他们的兴趣点。

教学策略

让学生进行分组讨论，避免老师单向输出，通过小组研讨的方式，加强学生的自主学习能力。

第三阶段 预评估阶段

阶段目标：摸底测试，培养学生深入探究问题的能力。

教育活动脚本

预评估阶段，了解学生思维。深入主题前针对本节课程内容进行针对性提问，熟悉学生的思考方式。

老师活动中提出问题：

（1）洋流的动力来源于什么？（大气运动、近地面风）

（2）大家知道这种会使洋流大规模运动的风叫什么名字吗？（盛行风：又称最多风向，是指在一个地区某一时段内出现频数最多的风或风向）

（3）洋流的影响因素都有什么？（风海流、密度流、补偿流）

设计思路

学情分析

通过前期引入故事，讨论猜想以及测试评估，逐步提升学生的思考、分析、讨论以及理解能力。避免了传统课程的说教，让学生在探究中逐渐提升学习能力。

设计意图

通过前期的铺垫进行摸底测试，了解学生的知

教育活动脚本

（4）洋流给我们生活带来什么样的影响?

随后及时调整教学内容。根据提问内容反馈以及学生的接受能力，老师适当进行课程内容调整，让学生更容易接受知识输出。

设计思路

识消化能力和理解能力，根据学生反馈及时调整教学方式。

教学策略

避免传统的大班教学模式，及时调整教学方法，更注重每个学生的学习效果，做到因材施教。

第四阶段 参与式学习阶段

阶段目标：引导学生发散性思维，加深学生对知识点的转化。

教育活动脚本

本阶段开展验证实验，解释原理。

老师活动：洋流分为海风流、密度流、补偿流，影响因素分别是信风、密度、海陆地形等，围绕以上因素，开展实验。

学生活动：观察实验，将实验顺序和实验现象记录在学习清单上。

老师：提供透明水槽、纸屑、吹风机、隔板、食盐、红蓝色素。

第一组实验：

（1）在水槽中盛满水，在水面上撒满纸屑/小黄鸭（模拟生活垃圾），通过吹风机模拟盛行风。

（2）观察纸屑移动方向以及影响洋流方向的因素并记录，见右图。

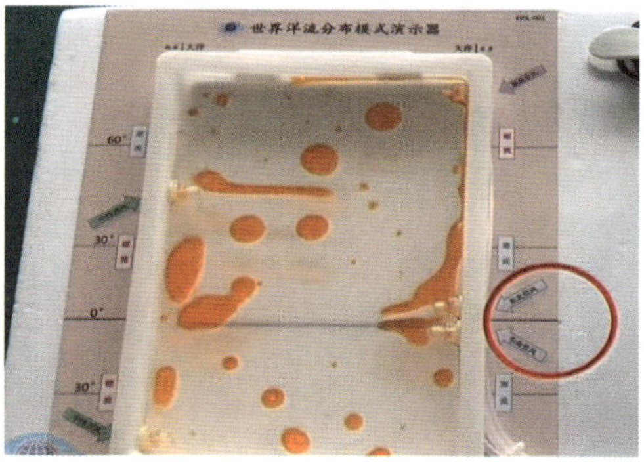

第二组实验：

（1）在水槽中盛满水，插入隔板，向两侧的水槽中分别滴入红蓝色素。

（2）将其中一侧加入食盐，塑料袋碎片，并撤掉隔板。

（3）观察并记录实验现象，见右图。

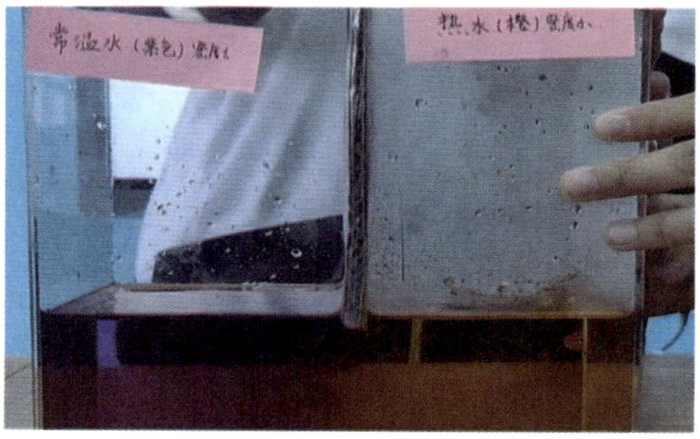

设计思路

学情分析

通过互动式教学，吸引学生的关注点、好奇心，通过实验的方式让学生更加直观地观看洋流的运动以及了解塑料垃圾如何对海洋生态环境、海洋生物造成危害。

设计意图

以剧情演绎为切入点，将学习内容与剧情创作相结合，加强学生对于知识点的记忆和理解。

教学策略

寓教于乐，避免了枯燥的知识传输，并结合了STAEM教学模式中的ART环节，提升了学生的综合素质。

教育活动脚本	设计思路

第三组实验：

（1）在水槽中盛满水，撒满纸屑（模拟生活垃圾）、小黄鸭。

（2）利用橡皮泥、轻质黏土制作礁石，模拟海陆地形。

（3）通过吹风机模拟盛行风，观察实验现象并记录。

老师活动：结合上述实验围绕海洋环境健康进行探究，海洋垃圾中大部分是塑料垃圾，塑料降解需要几百年，甚至上千年。无数鲸类、海龟等海洋生物因误食塑料垃圾而丧命，海龟会把塑料袋当成水母食用，见下图。塑料垃圾在海洋中会被鱼类和贝类误食，从而进入了食物链，最终会被人类食用。

动手操作，沉浸式剧情演绎。

老师活动：发放实验物料，让学生分组自己动手尝试实验，并根据实验内容，制定剧情内容，组内成员全部参与角色演绎环节。让学生用自己的故事围绕洋流运动与海洋环境健康多维度地进行展示。

第五阶段 后评估阶段

阶段目标：形成学习闭环，完成教学反馈。

教育活动脚本	设计思路

本阶段开展的创设情境。

学生活动：收集当地城市的天气预报，了解当天海边的风力、风向以及对洋流的影响。

老师活动：带领学生去海边观测，见右图。观察身边漂流过来的海洋垃圾，并组织学生形成调查报告。

随后开展问题导入。

观察：海洋上漂流的哪些垃圾？

讨论：这些海洋垃圾为什么会对海洋环境造成污染以及对海洋生物有什么危害？

思考：怎样在日常生活中保护海洋环境？

学情分析

从学生身边出发与课程内容相结合，提升了学生的观察、思考能力。

设计意图

学生通过观察更加直观地了解洋流，观察到日常生活中有很多和洋流息息相关的事物。

教学策略

摆脱传统的学习检测方式，让学生通过实际操作检验学习成果，观察身边的洋流现象，引发学生对于海洋环境健康的思考。

第六阶段 讨论总结阶段

阶段目标：加强学生的思辨能力，点明主题，了解学生的课程学习收获程度。

教育活动脚本

第一步，深化主题，进行辩论。

老师活动：通过小黄鸭漂流的故事引出塑料垃圾问题，通过实际案例提出海洋塑料因为洋流运动对海洋环境健康污染的严重性。结合日本排放核污染水，思考日本核污染水是否会对全球海域造成影响，会造成什么样的污染。让学生进行分组讨论。

第二步，课程总结，答疑解惑。

老师活动：对课程内容进行总结，邀请中国海洋大学物理海洋教育教授讲授结合自吸式水上垃圾桶（见下图），围绕如何利用洋流的运动更好地去保护海洋环境健康。

设计思路

学情分析

组织学生自由组队讨论发言，加深学生对所学内容的思考以及理解，提升学生的能力。

设计意图

以讨论的方式提升学生的逻辑思维、思辨能力，并将所学的知识与实践结合，使学生综合能力得到提升。

教学策略

与大学合作，为参与课程的学生提供额外学习资源，将课程主题与实践结合，让学生将所学的知识灵活运用。

七、教学评价与反思

实践的效果远高于理论学习，让学生在学习的过程中完成从理论到实践的跨越，并加深对保护海洋的意识。通过对洋流知识、生物垃圾对海洋环境造成污染的学习，激发学生对海洋环境的保护意识，完成学生对海洋环境健康教育。活动结合 BOPPPS 的教学模式，让学生在探究课题的过程中完成自主性学习，加强了学生的主观能动性。活动设计从书本上的洋流知识出发、拓展到乱扔塑料垃圾、再到污水排放入海等的危害，从而获得深刻经验，每个人都要从自身做起，采取一些行动来保护海洋。例如，减少使用塑料制品，尽量回收和循环利用；节约用水，减少废水排放；支持环保组织和倡议，参与海洋保护活动等等。只有每个人都意识到保护海洋的重要性，并付诸行动，我们才能共同守护好这片蓝色的海洋，为未来创造一个更美好的地球家园。让我们携手努力，保护海洋，保护地球！

★ 该项目获 2023 年“奋进科普新征程”全国科技馆联合行动优质科学教育资源项目二等奖 ★

挂“目”而“视”——基于立体观影剧场的探究式教学活动教案

教育活动类型：科学实验和动手制作类活动

项目开发单位：青岛科技馆

项 目 设 计 人：洪施懿、林曦、郑博文

一、概述

针对小学五、六年级《义务教育小学科学课程标准（2022 年版）》技术与工程领域中“能够初步建立科学的核心是发现，技术的核心是发明”这一目标，综合利用本科技馆“飞越影院”为教学资源，以体验式学习、探究式学习为主要教学方法，以展项体验、观察记录、动手制作相结合的活动形式，以达成《义务教育小学科学课程标准（2022 年版）》规定“人们为了使生产和生活更加舒适创造了丰富多彩的人工世界”的教学目标。同时本活动结合 5E 教学模式，强调通过小组合作学习，促进学生对科学概念的理解和知识的建构。学生在生活中观看过 3D 电影，也在五年级上册第二单元“光与色彩”的科学课程学习中了解到色光和放大镜的部分光学原理，但学校课程中较少将知识点迁移至实际生活的科学原理中，因此活动结合现代 3D 电影与 VR 虚拟现实技术观影的体验形式，使学生通过自己的思考和实践了解立体观影眼镜的原理并动手制作。

二、教学对象

1. 本教育活动适宜的受众人数：20 ~ 25 人。

2. 本教育活动针对的具体教学对象：五至六年级学生。

3. 教学对象的学情分析：高年级学生认知层面更多地停留在课堂层面的简单实验和生活经验的简单认知，无法通过进一步的实践完成知识的迁移。鉴于小学高龄段的学生具有强烈的好奇心，并且初步形成科学观和具备一定的科学素养，因此活动围绕简单光学知识并引导学生展开探究，以动手实验和制作代替灌输式教学，以此培养学生发现问题、主动提出问题、解决问题的逻辑思维能力；培养学生的团队合作和发现、质疑、实验、验证的科学态度、科学思想、科学精神。

三、教学目标

1. 科学观念：联系生活实际掌握红蓝眼镜中呈现的光学科学原理；理解偏振眼镜呈现立体视觉效果的原因。

2. 科学思维：运用分析、比较、综合等思维方式，设计实验方案，并从实验现象中总结相关光学原理，通过语言、图画等方式进行合理表达。

3. 探究实践：能够设计制作立体观影眼镜；通过测量、绘画、裁剪实现立体观影眼镜的制作；并与小组成员分享。通过控制变量，举一反三等思维方法，能够调整并优化 VR 眼镜的制作。

4. 态度责任：通过交流评价的方式，培养学生基于证据和思考发表自己见解的意识，同时乐于倾听他人的意见和理解别人的想法，勇于修正与完善自己的观点。

四、教学重难点

1. 教学重点：理解基于人眼双眼效应看到立体画面的原理； 融合 5E 教学模式，在教学过程中培养举一反三和科学辩证发展的客观思维。

2. 教学难点：掌握偏振原理，结合动手制作活动并进行解释。

五、教学场地与教学准备

1. 教学场地：飞越影院（VR 观影剧场）；科创教室。

2. 教学准备：教学材料包见下表。

序号	物品名称	数量	序号	物品名称	数量
1	透片（多色）	6 张	7	A4 纸	1 张
2	手机	1 部	8	塑料瓶	1 个
3	尺子	1 把	9	铅笔	1 只
4	剪刀	1 把	10	热熔胶	1 把
5	卡纸	2 张	11	注射器	1 支
6	激光笔（多色）	4 个	12	学习单	1 份

3. 活动总时长：45 分钟。

六、教学活动设计与实施

1. 教学活动设计流程图

序号	5E教学环	教学内容	
1	参与	创设情境 体验展项	通过观影体验激发学生兴趣， 使知识的发现过程融于丰富有趣的体验中
		问题导入 明确任务	
2	探究	初步感受 发现问题	提出问题 通过简单的互动体验，通俗易懂引入科学概念
		实验设计 探索原理	解决问题 猜想 – 实验 – 结论解决问题，从实验中得出结论
		明确原理 开放思维	掌握控制变量的研究方法进行开放式思维的探究和思考
3	解释	观察现象 原理解释	通过绘画示意图解释偏振技术，举一反三理解原理
		活动总结 构建概念	紧扣教学核心，提取概念性观点
4	迁移	小组合作 动手制作	融入创客思维 规划合作 – 动手实践 – 成果检验 – 纠错优化 – 交流分享
		纠错分析 优化调整	
5	评价	交流成果 畅想未来	培养学生客观辩证的思维
		开展辩论 评价反思	

2. 活动步骤以及设计意图

第一阶段 参与环节，情景导入

阶段目标：体验展项，通过观察和讨论，引发思考，明确学习任务。

教育活动脚本

创设情境，体验展项，开展学生活动：体验影院，感受美学和科技的魅力，以及立体观影带来的震撼效果。

问题导入，明确任务：

观察体验展项时有何特点?

讨论小组发言，分享体验和观察结果。

思考立体观影效果是如何形成的?

设计思路

学情分析

五、六年级学生具备一定的科学素养和观察能力，同时对炫酷的飞越影院会产生强烈的好奇，容易产生共鸣，激发兴趣。

设计意图

让学生将飞越影院的体验与现有的“知识库”联系起来，包含五年级上册“光与色彩”的科学知识和丰

教育活动脚本	设计思路
	富的观影经验。以此激发他们了解更多知识的愿望。利用创设情境的方式引发学生自觉参与项目活动的积极性，使知识的发现过程融于丰富、有趣的观影活动之中，培养学生的观察能力和探索精神。 **教学策略** 情境－陶冶教学策略引导学生在特定的氛围中认真观察，积极主动认知以及思考，并在潜移默化中进行学习研究。

第二阶段　探究实验，进一步理解并尝试得出相应科学原理

阶段目标：通过感受双眼效应和实验活动理解红蓝眼镜观看立体影像的原理，并通过开放式思维的问题，引发深入思考。

教育活动脚本	设计思路
首先，初步感受，发现问题。 老师活动：展示红蓝立体图片，见下图。学生裸眼观察后会得到模糊重影的图像；老师引导学生基于双眼效应思考人眼要如何观看到同一个画面中两个不同的图像？  （1）闭上一只眼睛，双手食指对齐（板书双眼效应示意图）。 （2）左右转头观察笔盒视线范围（视线范围）。	**学情分析** 高年级学生对于光与色彩的科学知识有一定的了解，通过老师引导和活动设计能将课本所学的间接经验转化为直接经验。学生对获取到的知识有强烈的表达欲望和表述能力。 **设计意图** 该阶段以感受、交流、实验、解释等环节教学过程更具层次性和递进性，逐步引导并增强学生参与活动学习的热

教育活动脚本

（3）同时将双眼分别聚焦左右手（变焦功能）。

然后开展实验设计，探索原理。开展实验：彩色透明物体透光实验。

大多数高年级学生通过书本及生活经验知道无色透明的物体能透过所有色光。

（1）猜想：彩色透明物体透过不同的色光会出现什么现象?

（2）实验：将学生分组，通过不同颜色的激光笔对不同颜色的图片进行照射，观察与记录至学习单。

（3）结论：透明物体的颜色由物体通过的色光决定的，彩色透明物体只能透过和物体相同的色光。

/	红光照射	蓝光照射	绿光照射
无色透片	红光	蓝光	绿光
红色透片	红光	无光	无光
蓝色透片	无光	蓝光	无光
绿色透片	无光	无光	绿光
结论：透明物体的颜色由物体通过的色光决定，彩色透明物体只能透过和物体相同的色光。			

随后，理解原理，开放思维。

老师活动：利用控制变量法提出开放式问题，启发积极学生思考。

学生活动：小组讨论，并尝试实验，观察效果。

如改变红蓝镜片颜色饱和度？采用不同的材料，不同的透光率，调整立体画面的颜色和镜片颜色，调整观影角度，如下图。此时立体图片的效果有何变化?

学生活动：思考除了红蓝眼镜是通过控制两片镜片颜色不同以外，是否还有其他眼镜的原理也能看到呈现立体效果的画面?

老师活动：播放一段关于 VR 眼镜呈现立体效果的相关视频，引导学生进行对比和思考。

学生活动：通过小组讨论，能够对比并得出（控制两个镜片相同但是采用双屏结构）VR 眼镜的立体视觉原理。通过这些开放式问题思考与探究，引导学生在课后运用生活中的材料以及经验，结合所学的技能与知识，将想法得以实现。让学生发挥主观能动性能迸发出更好的创意。

设计思路

情。引导学生掌握控制变量这一重要的研究方法进行思考和探究，在已有的认知结构的基础上引导学生提出新的问题，设计新的方案，并实践新的方案。注重对学生开放式思维与创新能力的培养。

教学策略

充分运用提问时的方式创设探究式的教学情境。问题探究环节加深对立体观影眼镜原理的理解。采用启发、实验、对比观察的方式，循序渐进地完成探究任务。结合 5E 教学模式中探究环节，在光学实验中促进学生对人眼看到立体观影效果原理的理解和知识的建构。

第三阶段 解释环节

阶段目标：举一反三地理解立体观影眼镜中的偏振原理，并能总结和明确核心概念。

教育活动脚本

第一步，观察思考，原理解释。

学生活动：通过观察法和小组讨论，对比展品体验时所佩戴的眼镜与红蓝眼镜（见下图）有何不同？思考现在的立体电影播放很少使用红蓝眼镜的原因。

老师活动：引出体验展品以及现阶段立体观影所使用的立体眼镜是偏振眼镜。

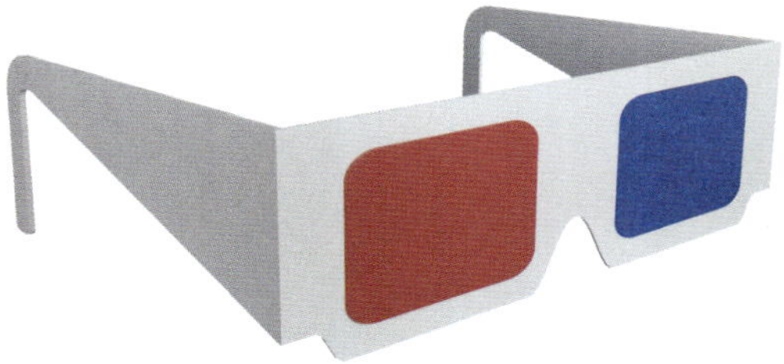

老师通过绘画示意图解释偏振技术，并引导学生举一反三理解偏振眼镜是如何实现功能的。

由于展品所使用的偏振眼镜对于小学高年级学生较难进行探究实验，但其原理与红蓝眼镜看到立体效果的原理在本质上有密切联系，见右图（偏振眼镜同样是利用左右镜片的竖直偏振和水平偏振的不同为核心原理）。因此通过红蓝眼镜的探究，使学生举一反三的理解偏振眼镜，同时使得教学过程层层递进。

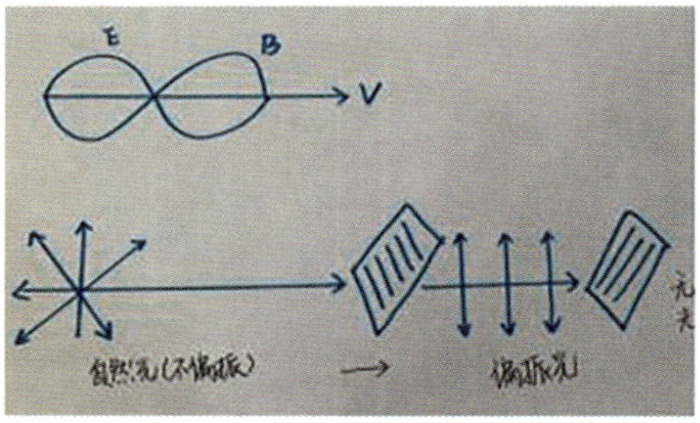

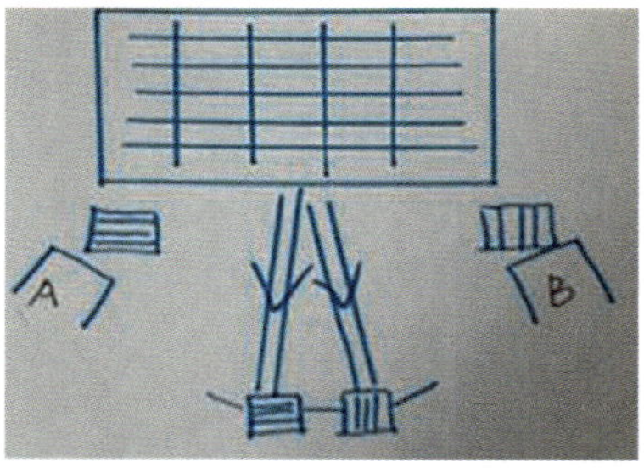

第二步，活动总结，构建概念。

老师活动：紧扣本课核心问题，对前面所学知识的知识进行总结。从探索活动中提取出正式的概念性观点。

人眼是如何观看到立体影像画面的呢？

根据双眼效应，引出立体观影眼镜的制作重点在于将两幅不重合但略微有差别的图像送至人的两个不同眼睛，在大脑的加工后，使得画面变得立体且纵深，从而产生有距离感和立体感。

解释接下来动手制作环节中立体观影效果中双屏结构。

学生活动：能够清楚地将科学解释与探索活动中获得的结论联系起来，理解核心概念中的科学术语，解释核心问题，并开始动手制作 VR 纸盒眼镜。

设计思路

学情分析

学生通过实验和开放式思维的问答环节对科学概念有一定的了解，但还未真正理解所体验展项的实际原理。偏振技术对于小学高年级学生而言科学概念较为陌生，利用绘画示意图的方式，结合前一阶段的原理解释，能使学生更直观形象地了解偏振原理。

设计意图

鼓励学生用自己的语言解释概念和定义，同时用学生已有的经验培养举一反三的思维能力。让学生了解通过科学探究达成共识的科学知识或技术在一定阶段是适用的，但随着新技术的完善，会不断发展变化。

教学策略

老师利用讲授法，结合示意图的形式规范正确地解释科学原理，构建科学概念。通过举一反三的教学方法引出偏振原理，循序渐进的开展教学。

第四阶段　迁移环节

阶段目标：明确立体观影眼镜原理的前提下，运用所提供的材料完成立体观影眼镜的制作。

教育活动脚本

开展小组合作动手制作。

学生活动：制作纸盒 VR 眼镜。

第一步：相互测量面部和眼镜制作所需的数据，对卡纸进行合理的规划与裁剪，见下图。

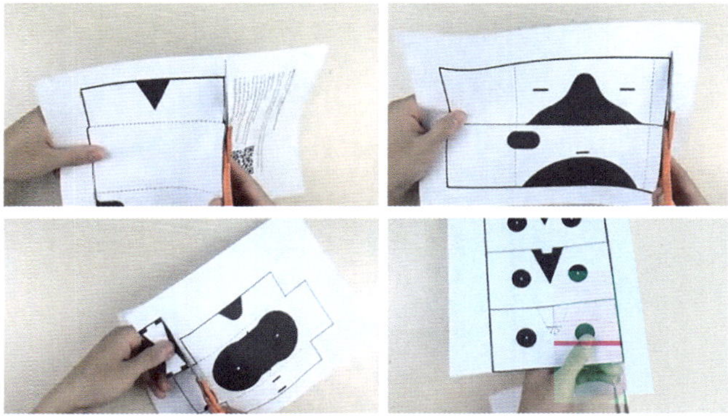

第二步：测量镜片大小并裁剪，配合热熔胶并注水自制凸透镜，见右图。

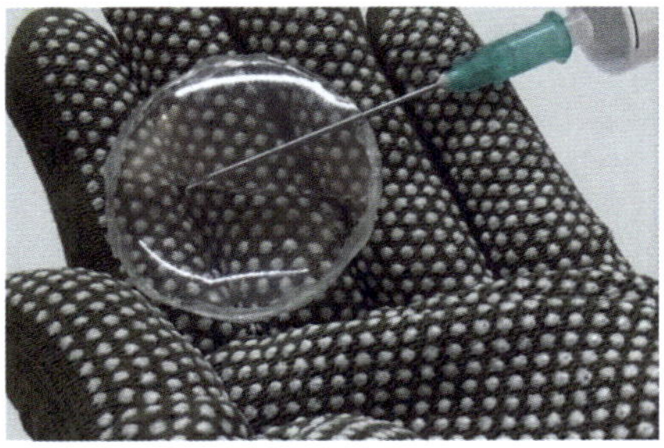

第三步：将镜片安装至纸盒 VR 上，并配合手机 App 观看 VR 视觉影片，见下图。

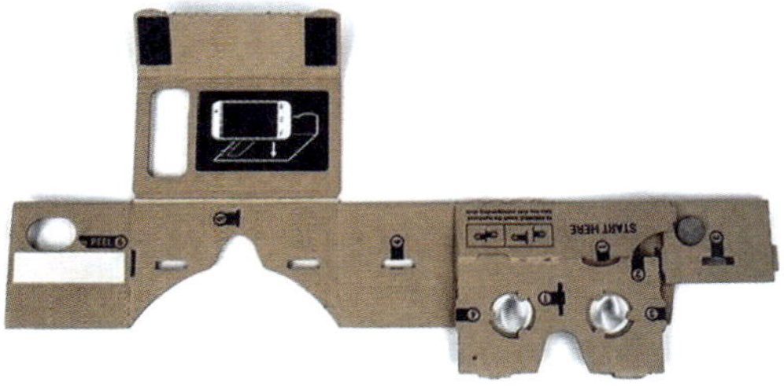

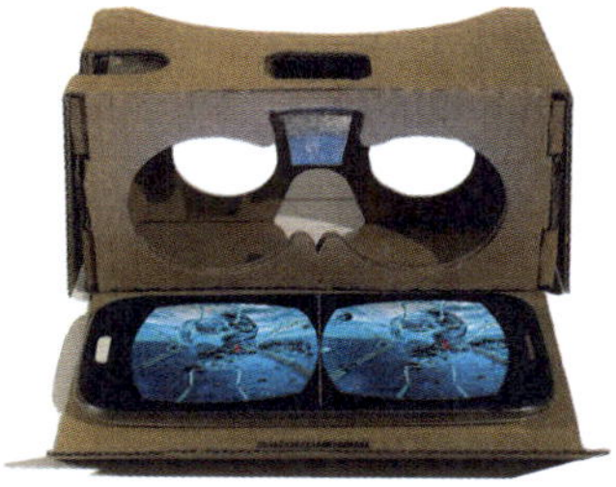

进行纠错分析，优化调整。

小组展示制作成果，成员间对于视觉效果较好的小制作进行分享，对视觉效果较差的眼镜进一步观察，思考哪一环节出现问题。从设计、制作，到组装，层层剖析，进行修正改进。

设计思路

学情分析

小学高年级学生具备一定的数学思维和动手能力，能够通过小组成员间相互帮助，测量所需数据并进行合理地裁剪、规划和组装。通过自己丰富的想象力和动手能力，进行创客思维培养的试探，并且能在活动当中培养学生与人合作，同时乐于倾听他人的意见和理解别人的想法，勇于修正与完善自己的观点的科学态度。

第五阶段 探究实验

阶段目标：交流成果，培养学生们的开放思维，畅想未来立体视觉观影的应用，引发深入思考。

教育活动脚本

第一步，交流成果，畅想未来。

现在的 4D 电影或 VR 虚拟现实展示出来的立体观影效果，效果如下图，大都需要靠立体眼镜设备得以实现。那么未来的立体观影发展的方向，例如裸眼 3D 视觉、全息投影等，在哪些领域可以运用？还需要克服哪些技术瓶颈？

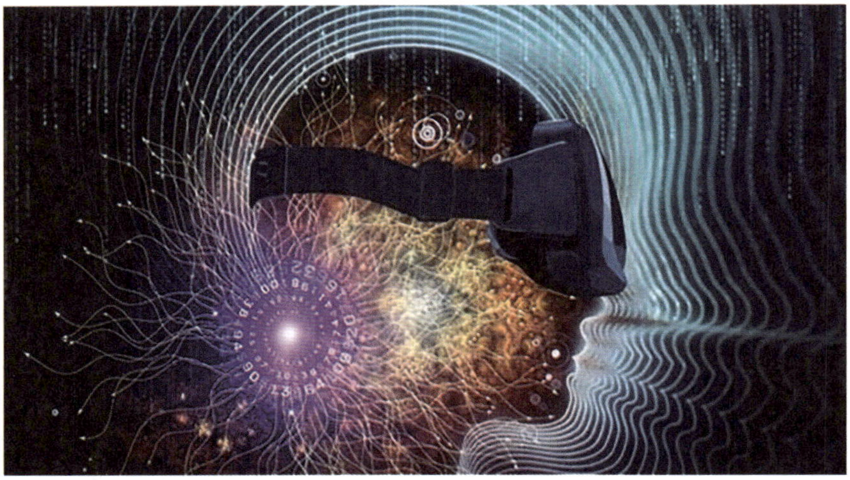

第二步，开展辩论，评价反思。

思考科学技术发展对个人生活和社会的利与弊。组织辩论会，学生选择立场后，双方进行讨论，培养辩证发展的客观思维。同时在辩论中，小组可以评估成员及自己在学习过程中的进步。

设计思路

学情分析

通过对 3D 视觉的展望，可以让学生对将来的科技更有兴趣。同时在小组间评价学习过程中的进步和理解，有助于学生更好地反思和总结。在了解和交流的过程中拓展科学知识，鼓励进一步探究相关问题，深入思考。

设计意图

通过辩论会展示对概念或技能的理解，引导学生从多个方面参与活动，思考问题。通过学生的纵横向思维，给学生提供积极反思的机会。有利于培养学生的价值观。

教学策略

老师通过口头传授、播放视频、带领学生体验创造馆区全息投影等方式，向学生传递当今立体视觉发展的进程和展望，引起学生们对这一领域的重视和对相关知识的积累。

七、教学评价与反思

本教学活动运用到的 5E 教学对学生科学思维的培养起到一定的促进作用，但在开展的 4 场次实际活动过程中，我们发现对于发挥学生学习主动性的方面还存在一定的欠缺。因此我们将基于建构主义学习理论的 KWL 模式与学生科学思维培养相结合，借助 KWL 表格在学生“已知”“想知”的基础上构建“学知”。

我今天的“KWL 表”			
环节	K 我已经知道了什么?	W 我还想知道什么?	L 我已经学到了什么?

本教学活动在实施 4 场次无评价教学之后，累计共开展了 16 场次，受众达 523 人次，我们将 16 场次分为 8 场“全过程评价实验班”和 8 场“无评价对照班”。在科技馆教育活动满意度调查表中，前者的综合满意度及活动收获程度显著高于后者 3.6%；并且有 89% 的家长对于科技馆的该种评价方式表示支持，希望延续评价环节。

在 8 场次有应用 KWL 模式时，老师引导学生进行思考，从学生的“已知”出发，围绕教学目标提出一个个的子问题得其“想知”，在解决学习问题的过程中建构学生的知识框架达到“学知”。

通过本次 KWL 对照评价的实践，个人反思该环节的应用价值如下。

（1）该教学环节有利于贯彻落实新课改的要求。KWL 模式是一种拓宽培养学生科学思维的新教学模式，有利于落实“以学生为本”的教育理念。

（2）该教学环节有利于促进学生思维能力的培养。KWL 模式强调学生是学习活动的主体，激发学生对科学学习的好奇心和求知欲，让学生在已有认知经验的基础上提出问题并尝试寻找问题的答案，在解疑过程中知识建构得到发展。

（3）该教学环节有利于科技老师的专业化发展。KWL 策略能够活跃理课堂活动的难度，因此在运用过程中，需要老师对课堂有更强的掌控能力，在教育教学和能力方面不断进步，实现教学相长。

★ 该项目获 2023 年“奋进科普新征程”全国科技馆联合行动优质科学教育资源项目二等奖 ★

水流对地表的影响

教育活动类型： 自然科学类课程

项目开发单位： 山东省日照市教育科学研究院、山东省五莲县许孟小学

项 目 设 计 人： 张鸽、王桂云

一、概述

教育部制定的《义务教育科学课程标准（2022 年版）》赋予了环境保护和生态文明教育新的内涵和要求，为小学科学课堂教学中开展生态文明教育指明了思路和方向。黄河作为我们中华民族的母亲河，其流域的生态保护和高质量发展备受关注，我们不断挖掘黄河文化蕴含的时代价值和教育意义，在跨学科融合的视角下将小学科学与黄河文化融合，为小学科学课堂教学和实践教学提供文化支撑和课程资源。课前，学生进行关于黄河水土流失情况的项目调查。课中，以东营市黄河三角洲面积的不断增大为切入点，通过模拟实验的类比推理明确水流会改变地表的形态，通过对比实验研究植被改善水流侵蚀的作用，引导学生认识到植被覆盖可以减少外力对土地的侵蚀，从而关注人类为防止水土流失、保护土地不被破坏而采取的各种措施。作为大自然的主要成员，人类的活动也影响着地表的变化。引导学生用科学的方法解决生态环境保护的实际问题，保护弘扬黄河文化，分析黄河生态现状，增强学生热爱黄河、保护黄河的意识。

二、教学对象

1. 本教育活动适宜的受众人数：以班级为单位，30 ~ 50 人均可。

2. 本教育活动针对的具体教学对象：中高年级小学生。

3. 教学对象的学情分析：中高年级小学生对水非常熟悉，对于大自然中水的作用也有基本的认知，并且有着热爱和保护环境的使命感。但他们对植被破坏、水土流失的现象理解得还不深刻，对于黄河生态的现状也并不明确。课前的项目调查从真实情境出发，让学生更好地走近黄河，了解黄河生态现状，提出质疑，激发探究热情。课上通过建模实验及类比推理，让学生知道水在改变地表形态的过程中发挥着重要作用，能提出保护黄河的建议和具体方法，进一步激发他们保护黄河生态环境的责任意识和使命感。

三、教学目标

1. 科学观念目标：知道水在地表流动的过程中塑造着地表的形态，地球的表面是在不断变化的。了解人类活动对地表改变的影响。

2. 科学思维目标：以事实为依据，通过建构雨水冲刷地表模型，运用分析、比较、推理、概括等方法，理解水流会改变地表的形态以及植被的作用。

3. 探究实践目标：基于所学知识，能设计简单地探究水流改变地表形态的实验；能设计对比实验认识植被可以减小水侵蚀对地表的影响；并能用科学语言表述探究结果。

4. 态度责任目标：乐于探究和实践，愿意自觉采取行动，保护黄河，用学到的科学知识改善生态环境。

四、教学重难点

1. 教学重点：以事实为依据，认识水流对地表形态的影响。

2. 教学难点：通过模拟实验探究地表对水流的影响，从而推理黄河三角洲陆地面积连年增加的原因。以事实为依据，提出保护黄河生态的建议。

五、教学场地与教学准备

1. 教学场地：实验室或教室等。

2. 教学准备：模拟降雨器、水槽、水、彩砂、沙土、长有青草的土、实验报告单、评价奖励墙。

3. 活动总时长：40 分钟。

六、教学活动设计与实施

1. 教学活动设计流程图

课前项目调查（黄河生态现状）→ 聚焦问题（黄河三角洲面积为什么增加？）→ 模拟实验 1（探究水流对地表形态的影响）→ 阅读资料（丰富对河流改变地表形态的认识）→ 模拟实验 2（探究植被对黄河生态保护的作用）→ 交流研讨（植被对黄河生态的保护作用）→ 拓展延伸（争做护河小卫士）

2. 活动步骤以及设计意图

第一阶段 项目调查 聚焦问题

阶段目标：通过学生调查报告中关于黄河生态现状的分析，提出问题，让学生猜测“黄河三角洲的土地面积逐年增加”的原因。

教育活动脚本

开展本阶段创设情境。

老师：课前，同学们进行了关于黄河水土流失的项目调查，如下图所示，大家这些图文并茂的调查结果让人眼前一亮，非常用心。这些现状的分析、数据的展示让大家对母亲河有了进一步的认识。其中这份数据让人震惊，请他们组分享一下。

小组分享：据资料统计，黄河每年携沙造陆 3 万亩左右，东营市的黄河三角洲每年的面积都在增大，成为中土新的增长点。它是全国唯一能“生长土地”的地方。

进入问题导入环节。

老师：同学们，这里的土地面积为什么会增加呢？可能是什么原因造成的呢？

学生 1 假设：水流。

学生 2 假设：水冲击，侵蚀。

学生 3 假设：水把沙土带到了这里。

老师：同学们太棒了，能大胆提出有依据的猜想。大家认为黄河水流携带泥沙沉积形成了新的土地，也就是说水流可能会改变地表的形态。

如何证明我们的猜想呢？

学生：做一个模拟实验。

设计思路

学情分析

学生对于黄河生态的现状并不明确。

设计意图

课前的项目调查能更好地让学生走近黄河，提出质疑，激发探究热情。

教学策略

采用调查法，加强课前调研，提高教学的时效性和问题的真实性，让科学学习真实发生。带着问题打开课堂，激发学生的科学思维和探究兴趣。

第二阶段 设计方案 合作探究

阶段目标：探究水流对地表形态产生的影响；探究植被对减缓水土流失的作用。

教育活动脚本

探究水流对地表形态产生的影响，本阶段做出如下设计方案。

老师：对，用事实说话，这才是科学的态度！那怎样设计实验来验证我们的猜想呢？请各小组讨论实验方案。

学生：用泥土模拟地球表面的土地，用水模拟自然界的河流。

老师：老师给大家准备好了干燥的泥土和水，继续思考，咱们该注意什么呢？如何具体操作呢？

小组 1：我们组认为，模拟河流的水在倒入时要注意流水的速度。

小组 2：我们要挖一道凹槽，模拟小河。

老师：考虑得真仔细。为了实验效果更明显，我们可以固定一个水流起始点，为了方便我们观察水土的变化，在河道及两岸撒了一些彩砂，见下图。

老师：让我们一起来明确实验要求。

本阶段的模拟实验展示如下。

老师：明确了实验的方案。请材料员来领取实验材料。开始行动吧！

学生做实验，师巡视指导。

老师：老师发现同学们做实验非常认真，相信同学们一定有了很多新发现，哪个小组先来汇报一下你们的实验发现？下图为实验前后对比。

设计思路

学情分析

学生对于水的作用只有基本的认知，对于黄河三角洲面积持续增加的原因，很难直观理解。

设计意图

通过模拟实验和对比实验研究水流对地表的侵蚀以及植被对侵蚀作用的影响，拓展学生对侵蚀作用的认识，培养他们用科学的方法保护黄河生态。

教学策略

主要采用实验法、推理分析法实施教学。引导学生通过建构模型、设计对比实验，观察模型中土壤随着水流流走，并在下游堆积的事实，认识到水流对土壤的侵蚀作用，并推理出三角洲面积不断增大的原因；设计有无植被覆盖的下雨对比实验，观察现象，用事实说话，为学生提出保护黄河、优化生态环境的策略打好基础。

教育活动脚本	设计思路

下一步，进行观察推理环节。

（预设小组 1）：未倒入水流前，河道（凹槽）比较细窄，光滑，干燥。倒入水后，水流带动松散的土壤和彩砂沿坡面向下移动，流水汇集到斜坡低洼处形成较强水流，侵蚀作用更强了。

我们的实验结论是，水流冲刷使土地受到侵蚀，侵蚀可以使地表发生变化。

老师：哪个小组再来补充一下？

（预设小组 2）：水流带走一部分沙土，堆积在斜坡下部和坡角处，地表发生了变化，我们的实验结论也是，水流冲刷使河床和两岸受到侵蚀，使地表发生变化。

老师：（根据汇报，随机把流水前、流水后的图片张贴，见下图）这个小组观察仔细，汇报全面。让我们把掌声送给他们。

老师：基于刚才两个小组的汇报，哪个组能来评价一下？其他组观察到的现象和实验结论以上两组相同吗?

学生：相同。

老师：现在谁能根据模拟实验中的现象来解释一下，黄河三角洲的面积扩大的原因?

最后，得出结论。

学生：像我们模拟实验中一样，黄河水流侵蚀河道及两岸，携带（搬运）泥沙沉积形成了新的土地。

老师：对，通过刚才的模拟实验，我们现在可以确定地说，水流会改变地表的形态。九曲黄河，奔腾入海，黄河水流会侵蚀河床和两岸，这些被侵蚀的泥沙在水流缓慢的地方又会沉积下来，形成了新的土地，所以我们山东省东营市的黄河三角洲的土地面积持续增加。

实验结束后，进行资料阅读环节。

教育活动脚本	设计思路

老师：为了丰富大家对河流改变地表形态的认识，请取出资料袋，阅读材料。

老师：通过阅读资料，你有哪些新发现？（阅读内容见下图）

（预设学生 1）：不仅仅黄河三角洲，就连我们日照市所在的华北平原也是这样形成的。

（预设学生 2）：1000 多年前，我国北宋时期的科学家沈括在他的著作《梦溪笔谈》中曾这样记载：华北平原曾经是一片汪洋大海，后来黄河流经黄土高原，把大量泥沙搬运到了下游，堆积形成了如今的华北平原。

老师：黄河不仅提供了哺育我们的河水，还造就了养育我们的土地，华北平原的面积只占中国陆地总面积的 3.1%，却养育了中国四分之一的人口。所以我们把黄河称为我们的母亲河。

但是，黄河生态却面临着严重的问题，哪个小组试着说一下，你们在前期调查中发现了哪些信息？

（预设学生）：水土流失严重，河道被侵蚀。

老师：2021 年 10 月 21 日，习近平总书记来我们山东省东营市黄河三角洲考察时，就曾强调："黄河是我们的母亲河，保护是前提，要有始有终、锲而不舍抓好黄河生态保护工作。"可见，黄河对我们国家政治、经济和文化发展非常的重要。

探究植被对减缓水土流失的作用。

老师：我们已经认识了河流对地表的影响与重塑作用，黄河流域是我国水土流失最严重的区域。有什么办法来减少水侵蚀对地表形态的影响，保护我们的母亲河呢？

小组讨论。

（预设学生 1）：多植树。

（预设学生 2）：做好绿化。

老师：植被真的可以减少水流对地表的侵蚀吗？怎样证明你们的观点呢？

学生：我们需要设计个实验。

教育活动脚本	设计思路

老师：表扬大家积极地科学探究的精神。你们有好的方案吗?

小组 1：我们可以将雨水洒到植被覆盖的土丘上，观察水土流失现象。

小组 2：为了便于观察和比较，我们组觉得对比实验更直观。

老师：对比实验可以更直观地探究植被是否可以减少流水侵蚀地表。既然是对比实验，我们要确定实验中的相同条件、不同条件。

学生 1：不同条件，一个有植物覆盖，一个没有植物覆盖。

学生 2：相同条件，同样的小山丘模型，同样的降雨量，同样的“降雨”高度。（实验照片见右图）

老师再次强调实验的公平性和操作的规范性。学生实验，老师巡视指导。

第三阶段 交流研讨 得出结论

阶段目标：通过对比实验，学生交流研讨，知道水流严重侵蚀着黄河地表，植被可以减少水流对地表的侵蚀。

教育活动脚本	设计思路

开展交流研讨：

（1）比较和交流两个小山丘“降雨”后的变化，见右图。当雨水降落到没有植物覆盖的小山丘时，有什么现象发生?当雨水降落到有植物覆盖的小山丘时，有什么现象发生?

小组 1：没有植被的斜坡上出现了一道道切沟。

小组 2：有植被的斜坡只有很少的沙土流失，无植被的有大量沙土流失。

老师：引导学生认识植物是土壤的天然保护屏障，植物的根系能使土地更为

学情分析

通过两个探究活动，学生对于水对地表的侵蚀有了直观地认识，也观察到了有植被覆盖的土地不容易受到水流的侵蚀。

设计意图

通过观察对比实验的结果，小组交流探讨得出植被覆盖可以保护土地不被水流侵蚀。

教育活动脚本

牢固，不易被雨水冲刷，茎叶能够减小雨水冲击的力量，也能减少雨水对土地的侵蚀。

（2）交流实验想法：保护河流生态，我们可以怎样做？请每个小组将你们的想法写到爱心贴上，并张贴，见下图。老师随机总结。

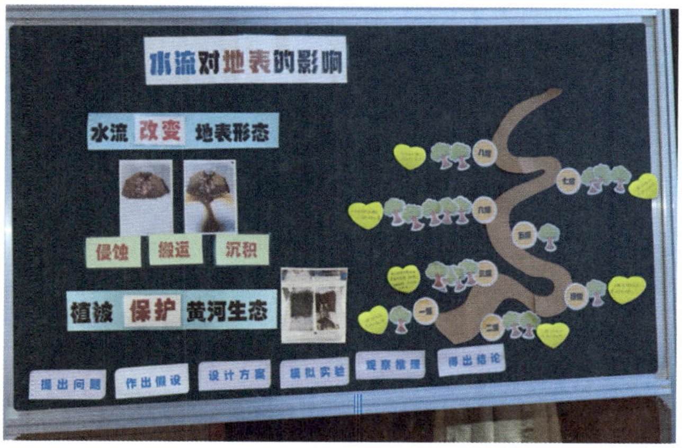

小结：降雨是一种非常常见的自然现象，在地球表面流水对土地的侵蚀作用也是不可避免的，但是人类的活动可以加剧或减小土地被侵蚀的程度。如植树造林、科学合理地使用土地等，都会减小土地被侵蚀的程度。

随堂练：小组四人，每题一人，举对错牌。

1. 河流的侵蚀和沉积作用，形成了许多不同的地形地貌。（ ）
2. 过度放牧、滥砍滥伐等行为会减少植被覆盖，导致水土流失。（ ）
3. 在自然灾害面前，人类微不足道，保护黄河我们无能为力。（ ）
4. 植被可以减小雨水对土地的侵蚀。（ ）

设计思路

教学策略

引导学生分小组亲身实验，主动研讨，通过对实验现象的总结和推理，提出减少水土流失、保护河流的方法和策略。

第四阶段 拓展延伸 保护黄河

阶段目标：思考还有哪些方法可以保护黄河妈妈。

教育活动脚本

本阶段的创设情境。你们都是称职的“护河小卫士”，老师给每个小组一个小任务。这是等待你保护的黄河（半成品手抄报，见下图），课后，请结合你今天的收获和爱心贴示的方法，以小组为单位，思考还有哪些方法可以保护黄河妈妈，并尝试设计实验去验证方法的可行性。

设计思路

学情分析

学生对黄河母亲有着强烈的保护欲望。

教育活动脚本	设计思路
	**设计意图** 内化学生对黄河生态的认识，让学生进一步思考其他保护黄河的方法，拓宽视野。 **教学策略** 科学实践是课堂知识的补充和延伸，要想把知识转化为能力，就得在实践中去寻求、去探索。通过开展课外科学项目化实践活动，让学生基于真实问题，多方面、多角度地思考解决问题的方法。

七、教学评价与反思

1. 教学评价：本课鼓励学生合作学习，并依据学生在集体活动中的参与度、团队协作情况和组内实践成果展示设计等进行多维的学习评估，以注重评价内容的多维化、评价方式的多样化、评价过程的动态化。采用评价内容“三段式”的评价体系，即学生对课前资料的搜集、展示调查结果的效果（占比 20%），课堂中的学习兴趣、主题的理解、参与程度、学习目标的达成（占比 80%），课后学习成果的展示、评价（占比 20%）这三段进行评价。评价方法主要有：自评和小组互评、老师评价、积分制等。

评价时机全程化。课堂中既有过程性评价，对学生课堂中的表现和反应给予必要的、适当的鼓励；也有整课评价，课程末，依据本课教学目标进行了小测，组员按照顺序用举对错牌的形式对题目进行回答，对于知识的掌握评价得全面而直观。用幸运树作为小组奖励，既凸显黄河生态保护主题，又激发了学生保护黄河的兴趣。

2. 教学反思：为落实科学新课标跨学科学习理念，关注黄河流域的生态保护和教育高质量发展，将科学教学与生态文明教育有效结合，开发了《守黄河安澜，护生态环境》系列课程资源。本课《水流对地表的影响》为其中一课。

本课在科学课程中，融入生态文明思想教育；在科学实践中，融入生态文明思维教育；在教育评价中，融入生态文明审美教育。学生完成了提出问题、做出假设、设计方案、模拟实验、观察推理、得出结论的科学探究过程。课前调查，课中探究，课下延伸，使得学生从科学的维度了解黄河、关注黄河、发掘黄河，构建自身的绿色价值观，逐渐形成与自然和谐共处的思维方式，促进学生保护母亲河的社会责任感。

在实验创新方面，老师自制模拟降雨器，让模拟实验更加地直观精准，便于学生的探究。整堂课以小组自疑、自探、自评的方式进行，课堂的黄河文化氛围随处可见，比如小组均以“护河几组”命名，小组奖励墙采用九曲黄河的轮廓，小组奖励星换成了符合护河主题的绿色幸运树等，让学生沉浸其中，学在其中。以至课程结束后，学生意犹未尽地提出，一定要为保护黄河妈妈贡献自己的一份力量。

★ 该项目获 2023 年“奋进科普新征程”全国科技馆联合行动优质科学教育资源项目二等奖 ★

温暖生活的太阳

教育活动类型： 小实验、小制作

项目开发单位： 山东省科技馆

项 目 设 计 人： 孟庆虎、王震宇、贾雪原

一、概 述

本课程以《义务教育科学课程标准（2022 年版）》为参考依据，以“工程设计与物化”为核心概念，以“基于实践的探究式学习”为教育理念，学生将围绕“设计并制作一个太阳能热水器模型”这一工程设计任务，通过思考太阳的作用、实验证明太阳光能可以转化为热能、分析太阳能热水器的结构及原理、自主猜想并设计验证不同情况下太阳加热速度的不同、分组设计并制作加热最快的太阳能热水器并检验、总结评估和延伸探究七个环节，引导学生了解太阳能的利用、能量之间的转化，掌握测量温度的方法，并在实验的过程中明白实验数据准确记录的科学精神，更加深刻地理解保护环境的重要性。整个活动注重提升学生自主思考、解决问题的能力，培养学生务实求真的科学态度。

二、教学对象

1. 本教育活动适宜的受众人数：20 人。

2. 本教育活动针对的具体教学对象：三至四年级学生。

3. 教学对象的学情分析：小学中年级学段的学生已经了解了有关能量的形式和能量之间转化的基本概念，能够知道摄氏度是表示物体冷热程度的常用温度标准单位，以及学会如何科学地测量物体的温度；明白各种常见材料或物品的各种性能存在差异，比如：导热性等；初步了解太阳蕴含着巨大的能量，在我们生活中有着非常重要的作用，但对太阳能具体是如何应用在我们日常生活中的还无法透彻地理解。此学段学生可以在老师的指导下对物品的特性进行分类和比较，可以分析物体的特征与结构，建立事实与观点之间的联系；能根据问题提出假设，并可以利用控制变量的方法设计出简单实验，用以验证假设；可以运用恰当的工具，观察描述事物的特征，并使用较为准确的科学词汇和统计图表记录信息，运用比较归纳等方式进行分析，得出结论；但对科学探究还不能独立完整地掌握，仍需要老师的引导。

三、教学目标

1. 学科科学观念：了解太阳能热水器的主要外部特征和重要结构；知道太阳具有巨大的可持续的能量；知道生活中的各种常见能量，并理解能量是可以相互转化的，比如太阳的光能可以转化为热能；能够描述材料的体积、温度等特征，了解材料具有导热性等特性，且每种材料的导热性并不相同。

2. 科学思维：能够归纳总结常见技术产品的主要结构，并思考其原理；对常见物体的特征和常见材料的性能表现出探究兴趣；认识到观察和测量对于科学研究的重要性。

3. 探究实践：能够使用温度计测量液体的温度，并使用恰当的计量单位（摄氏度）进行记录；经过探究了解如何更高效地吸收太阳光的热能；尝试制作简易太阳能热水器模型。

4. 态度责任：能够理解并做到对观察和测量的结果准确如实记录；树立保护和节约各类资源的意识。

四、教学重难点

1. 教学重点：了解太阳能热水器是吸收太阳的光能转化为水的热能这一核心原理；了解影响太阳能热水器加热速度的因素；用控制变量的方法设计并完成探究实验。

2. 教学难点：分析假设影响太阳能热水器加热速度的因素；了解太阳能热水器中的重要结构及科学原理；设计控制单一变量完成实验探究。

五、教学场地与教学准备

1. 教学场地：创客空间活动室及阳光充足的天台。

2. 教学准备：教育设施、老师材料包、实验材料包、制作材料包，见下表。

	名称	数量
教育设施	电脑及投影	1 台
	桌椅	20 套
	实验场地	阳光充足的天台
老师材料包	真空集热管	1 根
	秒表	1 个
实验材料包	放大镜	10 个
	火柴	10 根
	铁质烟灰缸	10 个
	水	10 瓶
	温度计	10 个
	300 毫升白色圆柱形塑料容器	5 个
	300 毫升圆柱形金属容器	1 个
	300 毫升圆柱形玻璃容器	1 个
	300 毫升黑色圆柱形塑料容器	1 个
	300 毫升灰色圆柱形塑料容器	1 个
	扁长方体塑料容器	3 个

续表

	名称	数量
制作材料包	纸盒	5 个
	纸板	若干
	剪刀	5 把
	透明胶带	5 卷
	双面胶	5 卷
	黑色纸张	若干
	锡纸	若干
	300 毫升易拉罐	20 个
	黑色胶皮管	若干
	矿泉水瓶	20 个
	塑料水管	若干
	1000 毫升烧杯	5 个
	温度计	5 个

3. 活动总时长：90 分钟。

六、教学活动设计与实施

1. 教学活动设计流程图

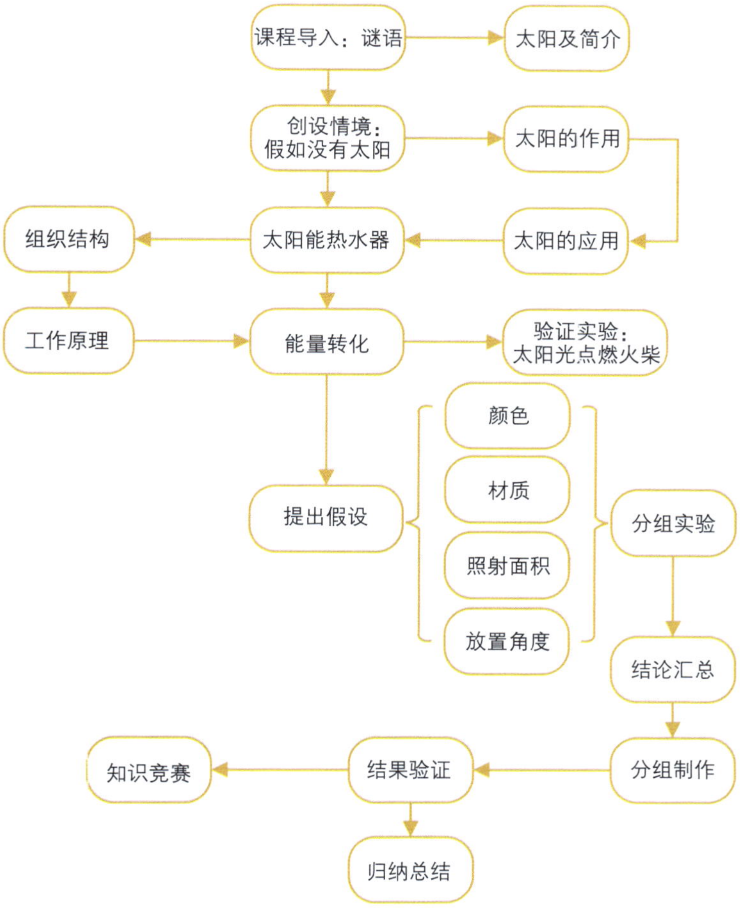

2. 活动步骤以及设计意图

第一阶段　创设情境、导入主题

阶段目标：通过猜谜和观看视频的形式引出太阳对我们日常生活的作用，引发学生的思考，激发学生对后续探究活动的兴趣。

教育活动脚本	设计思路
首先，设置谜语，引发兴趣。 老师提问：老师这里有 2 个谜语，一个是劳动英雄面孔红。天一亮来就出工。从东到西忙不停，直到傍晚才收工。另一个是有位老公公，一副圆面孔。有朝一日不见它，不是下雨就刮风。你们猜猜谜底是什么？（谜底：太阳） 学生回答后，大体了解太阳的相关知识： （1）太阳是一颗亮黄色的恒星。 （2）太阳又大又重，体积是地球的 130 万倍，重量是地球的 33 万倍。 （3）太阳以光和热的形式向四周释放大量能量，称为太阳能。 （4）太阳发光发热，是个巨大的“核能火炉”，表面温度约 6000 摄氏度，已经“燃烧”了近 50 亿年，而且还能继续“燃烧”50 亿年。 然后创设情境，激发兴趣。 老师提问：如果没有太阳，地球上的世界会变成什么样？讨论后观看视频。 老师提问：太阳作用（比如：光照、温度、磁场、引力、公转等）。 接着，问题导入。 老师提问：在日常生活中，哪些电器、物品是需要太阳能的？（太阳能发电、太阳能热水器等）。 引出课程主题——太阳能热水器。	**学情分析** 此学段学生已经接触了太阳的基本知识，并且具有一定的生活经验，但尚不能理解日常科技产品的工作原理；学生具备了一定的观察能力，且能够根据日常生活的现象联系已有知识对所提问题做出一定的猜想。 **设计意图** 结合日常生活经验及亲身体验，激发学生探究兴趣，教学设计力求符合学生认知特点、知识层次逐步递进、案例实验简单有趣。 **教学策略** 通过谜语引出太阳这一主题，激发学生的好奇心和求知欲，以无太阳环境视频引发学生思考太阳的重要性及作用。

第二阶段　概念学习、初步探究

阶段目标：通过照片和实物的展示，引发学生对太阳能热水器的组织结构及工作原理的思考，掌握能量之间可以相互转化的概念。

教育活动脚本	设计思路
提出问题，引发思考。 老师提问：生活中的太阳能热水器是什么样子的？怎么工作的？如何吸收太阳能能量？	

教育活动脚本

（展示太阳能热水器实物图片以及结构组织图，见下图）

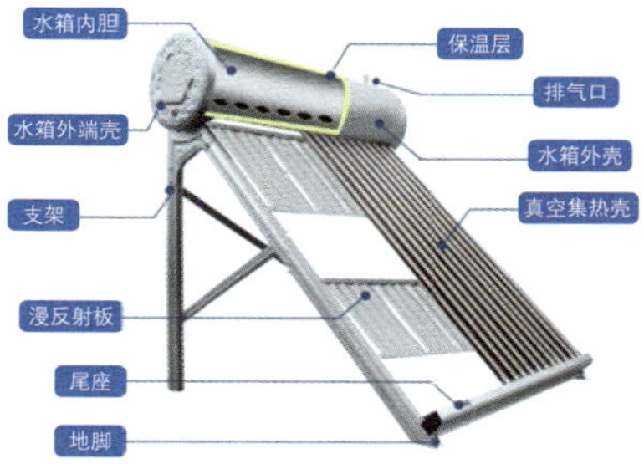

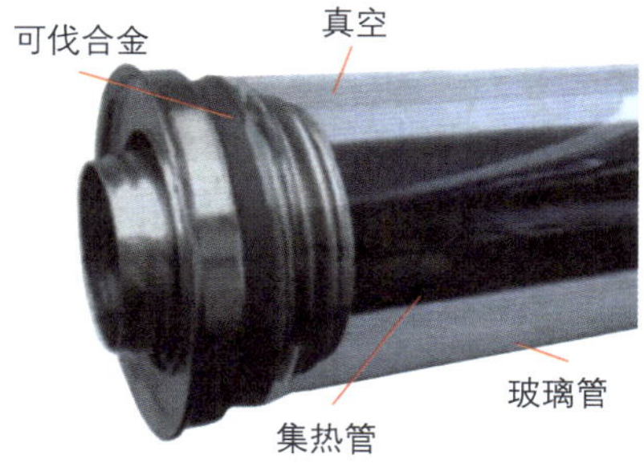

由太阳能热水器是利用太阳能转化为热能，从而加热水，得出：太阳具有巨大的能量；能量之间可以相互转化，且在物体间传递。

设计思路

学情分析

学生在学校科学教材中已经学习了能量可以相互转化的相关内容，日常生活中对太阳能热水器有了一定的认识，但尚不能准确理解其工作原理；学生具备了一定的观察能力和分析能力，且能够根据实物对已有知识进行加深理解，并对问题进行合理假设。

设计意图

结合日常生活经验让学生了解太阳能热水器的基本工作原理，并理解能量之间可以相互转化且能量可以在物体之间明晰转移的概念。激发学生探究兴趣，教学设计力求符合学生认知能力、知识层次逐步递进、案例实验简单有趣。

教学策略

通过实物及图片展示加深学生对太阳能热水器原理的理解。

第三阶段　设计实验，深入探究

阶段目标：通过太阳光点燃火柴实验，验证太阳能确实可以加热物品；思考影响太阳加热速度的因素，并设计控制变量的实验，分小组分别对不同因素的影响进行测试。

教育活动脚本

首先，提出问题，学生假设。

老师提问：今天，我们要自己制作一个真的可以加热水的太阳能热水器模型，根据刚才观察的热水器图片，真空集热管，以及生活中的经验来合理假设一下影

设计思路

学情分析

学生在前两个阶段已经对太阳能热水器有了一

教育活动脚本

响加热速度的因素，提出假设的同学带领自己的组员验证自己的假设。（集热器的颜色、材质、照射面积、放置角度）。

接着开展实验准备工作。

（1）由提出假设的四位同学作为组长，分别带领组员验证假设。

（2）在设计实验时要注意控制假设为唯一变量。

（3）为实验选择合适的实验道具：通用道具为温度计每组 3 支，充足的水。

颜色组：形状相同、容量相同、材质相同的黑白灰三色塑料瓶，实验时放置方式一致。

材质组：形状相同、容量相同、颜色相同的塑料、玻璃、铝制的瓶子，实验时放置方式一致。

面积组：形状相同、容量相同、颜色相同的长方体塑料瓶子，实验时分别以三个面积不同的表面向上放置。

放置组：形状相同、容量相同、颜色相同的塑料瓶子，实验时分别以垂直、水平、倾斜的方式进行放置。

（4）所有容器加满初始温度相同的自来水，同时测量每瓶自来水的初始温度（温度计放入液体中，注意不要接触容器壁，待温度计液面不再变化后进行度数，进行记录）。

（5）放在纸盒中遮光，一起带到天台，快速放置好后，老师使用秒表进行计时（共 10 分钟）。

（6）计时结束后，尽快把容器转移至阴影处，进行温度测量，并进行记录。

（7）回到活动室中，每组对自己的实验结果进行汇报，并分析自己假设正确或错误的原因。

（8）在天台等待实验结束的过程中，进行验证太阳光可以用来加热的实验：因为太阳具有巨大的太阳能，古时候人们发现太阳能用来生火，即利用凸面镜汇聚太阳能，将艾绒之类易燃物点燃而取得火种。

下面我们进行一组实验来验证太阳能是否可以转化为热能（把火柴放入金属烟灰缸中，将放大镜调整到光斑最小，瞄准火柴头，尽量保持不动，等待几分钟。当火柴点燃后，迅速用水扑灭，过程中不可触碰火柴及容器）。

设计思路

定的认识，了解了其特征及工作原理，能够对可以影响加热速度的因素做出简单猜想，但对如何利用这些因素来设计探究实验进一步验证猜想尚不能很好地掌握，还需要老师的引导。

设计意图

以任务为导向，通过对影响加热速度因素的思考，能够对问题提出合理假设；通过引导学生设计单一变量的探究实验，使其具备初步的控制变量的意识；通过完整的探究实验培养学生的科学探究能力，帮助学生更好地学习太阳能热水器中蕴含的科学原理。

教学策略

探究式教学：提出任务（哪些因素能够影响太阳的加热速度）→作出假设（引导学生对因素做出猜想）→制定探究计划（学生分组，并以组为单位确定探究因素制定相应计划）→收集实验信息（引导学生通过设计对比实验进行探究，观察不同条件下太阳的加热速度）→处理信息（通过学习单的形式记录实验结果）→得出实验结论→汇报交流→总结实验原理。

联系生活教学：加入生活应用案例，加强对原理的理解，综合运用知识提高解决问题的能力。

第四阶段 自主制作、总结归纳

阶段目标：通过猜谜和视频观看的形式引出太阳对我们日常生活的作用，引发学生的思考，激发学生对后续探究活动的兴趣。

教育活动脚本

（1）小组讨论，方案设计

小组内学生根据刚才实验结果，分析如何制作加热最快的太阳能热水器模型，并上台选择本组所需的材料。

（2）自主制作

以小组为单位，每组制作一个太阳能热水器模型，使其在相同时间内温度升高最多，要求至少一次加热 600 毫升水。

（3）实验验证

制作结束后，再次来到天台，每组热水器模型至少加入 600 毫升水，测量初始温度相同后在太阳光下进行加热，老师计时 10 分钟。结束后放水，测量温度。

（4）知识巩固，互动游戏

在等待加热的过程中，分小组进行游戏：在阴凉处，进行 50 米折返跑接力，从初始位置到答题处填写答案后返回，下一位同学接力，以此类推，共五个问题。比赛结果以答题正确率决定，如正确率相同则以时间短的为胜利队伍。

（5）归纳总结

回到教室后，每组分享实验结果和感想。

（6）老师总结

讲解观察和测量的结果准确如实记录的重要性；树立保护和节约各类资源的意识。

设计思路

学情分析

小学生对于身边一些常见的科学现象有很强的好奇心，他们开始逐渐形成初步的科学世界观，但还需要老师的引导。

设计意图

通过交流分享环节，培养学生的表达能力和辩证思维能力；通过游戏竞赛设置培养学生的团队合作意识与竞赛意识，并巩固知识学习，启发深度学习，激发学生探索科学奥秘的好奇心。

教学策略

启发式教学、联系生活教学。

七、教学评价与反思

1. 评估方式及标准

评价采用师评（老师与科技馆辅导员）、自评、实践操作方式相结合对本项活动进行综合评价。首先，在活动进行的过程中，由活动老师以各小组的活动参与实际情况及操作内容完成度为基础进行评价；同时，学生实验数据单的填写情况作为自评的主要方式。

活动的开发从知识性、科学性、趣味性、体验性、直观性、安全性六个方面为原则进行评价，从选题角度出发，结合展厅相关展品，根据参与学生年龄特征、认知水平和科学课课标中的目标要求，将活动以新颖、有趣、多样的形式表现出来，使学生在参与的过程中直观感受身边科学带来的乐趣。

2. 受众反馈

面向适龄青少年开展的周末常规活动中，学生出现背景知识掌握程度参差不齐的情况，而且认知水平也有差别；但对此活动都表现出较强的兴趣，动手能力较强，且愿意在老师的引导下完成整个活动。

馆校合作及主题系列活动开展中，由于各年级段学生背景知识大致相同，且经过系列活动中的目标递进，学生能够很快进入状态，活动全程能够积极参与，实践环节表现出较好的自主性，小组合作探究环节愿意和组内其他成员交流想法；学生能够通过整个活动的参与、互动体验对“太阳能热水器”产生更深地认识，对科学探究能力的提升也有一定的促进作用。

3. 老师反馈

“能量转化”在义务教育科学学科中抽象程度适中，对学生的探究水平要求也符合年龄特征，是馆校合作开展项目中的关注重点。帮助学生掌握具体的科学知识，正确建立能量之间的关系十分重要。本活动有利于小学校内科学学科中“科学知识、探究能力”等目标的实现；且科技馆有别于学校，活动方式较为开放，束缚性较小，有利于学生自由发挥，学校老师对此给予充分肯定。

附件：《温暖生活的太阳》课程学习单。

组名：　　　　　　成员：

本次实验的变量：

本次实验的假设：

实验记录表，见下表。

实验内容			
吸收太阳能前温度			
吸收太阳能后温度			

举例，见下表。

本次实验的变量：容器颜色。

本次实验的假设：黑色容器温度升高最多，灰色次之，白色最少。

实验内容	黑色塑料瓶	灰色塑料瓶	白色塑料瓶
吸收太阳能前温度			
吸收太阳能后温度			

《温暖生活的太阳》课程评价单，见下表。

评价项目	评价内容	评分（0–10 分）
课堂参与度反馈	这堂课让我思考了以前不曾思考的问题	
	我积极回答老师提出的问题	
	我喜欢课堂活动	
	我乐于和大家一起分享我和伙伴的实验成果	
知识掌握度反馈	我掌握了实验中各种器具和材料的正确用法	
	我能够用自己的语言把课堂上的知识分享给我的朋友和家人	
授课效果反馈	我喜欢科技馆老师的授课方式	
	我想进一步学习科学知识	
	我想把这样的活动分享给身边的朋友或家人	
	我期待再次参加此类活动	

1. 你认为本节课最有意思的环节是什么？

2. 你最感兴趣的事情是什么？

3. 本节课你最大的收获是什么？

4. 对老师的建议？

★ 该项目获 2023 年“奋进科普新征程”全国科技馆联合行动优质科学教育资源项目三等奖 ★

追“电”逐“源”

教育活动类型： 科学实验和动手制作类活动

项目开发单位： 青岛科技馆

项 目 设 计 人： 金钊

一、概述

本教育活动针对《义务教育小学科学课程标准（2022 年版）》中“认识常见金属的主要化学性质，知道金属活动性顺序”这一教学内容，充分利用科技馆的手蓄电池展品为教学资源，采用启发法、实验探究法、讨论法、理论与实际相结合等教学方法，通过体验展品、实验探究、动手操作等教学环节，达成课程标准规定“具有在真实情境中提出探究问题和制订探究计划的能力”的教学目标。促使学生在“基于实物的体验”和“基于实践的探究”中提高分析能力和创新精神，树立“追求真理，严谨认真”的科学态度。

二、教学对象

1. 本教育活动适宜的受众人数：20 人。

2. 本教育活动针对的具体教学对象：13 ~ 15 岁。

3. 教学对象的学情分析：八至九年级学生正处于身心发展的快速阶段，科学的价值观还未形成，但是学习精力充沛，求知欲望强烈，正是学习科学文化知识的最佳时期。该年龄段的学生已经认识各类金属及其部分性质，了解电流表的用途及使用方法，对科学充满兴趣和热爱，具有一定的实验能力和探究精神，能够自主完成学习。但是金属的化学性质还在掌握中，知识的系统性还有待提高。

三、教学目标

1. 学科科学观念：明白手蓄电池的原理；掌握金属活动性及电解质的相关内容；知道生活中电池的应用、危害以及处理办法。

2. 科学思维：能够基于对比实验现象，合理分析原因；能够设计实验得出结论，提高发散思维和归纳能力。

3. 探究实践：能够根据展品体验提出问题，作出假设，通过“水果电池”，验证猜想，掌握观察、实验等基本的科学方法，提高科学探究的能力，形成自主学习的意识。

4. 态度责任：激发对科学的好奇心和求知欲；促进学生之间的交流和互助，培养学生的合作精神和团队意识；培养大胆猜想和敢于创新的精神；树立学生保护环境和可持续发展的意识与责任感。

四、教学重难点

1. 教学重点：掌握手蓄电池原理，知道金属活动性在电池中的作用。

2. 教学难点：明白金属与电解质发生化学反应产生电流的过程，并完成知识迁移。

五、教学场地与教学准备

1. 教学场地：科技馆展厅。

2. 教学准备：教学材料，见下表。

实验材料包（每套 / 组）			科学制作材料包（每套 / 人）		
序号	物品名称	数量	序号	物品名称	数量
1	西红柿	3 个	1	盐	10g
2	60A 电瓶铜接头	3 个	2	小风扇	1 个
3	镀锌螺丝	3 个	3	鳄鱼夹	2 个
4	铝片	3 个	4	小烧杯	1 个
5	电流表	1 个	5	镁片、铜片	各 1 个
6	带鳄鱼夹的导线	若干	6	小马达	1 个
			7	支架	1 套

3. 活动总时长：40 分钟。

六、教学活动设计与实施

1. 教学活动设计流程图

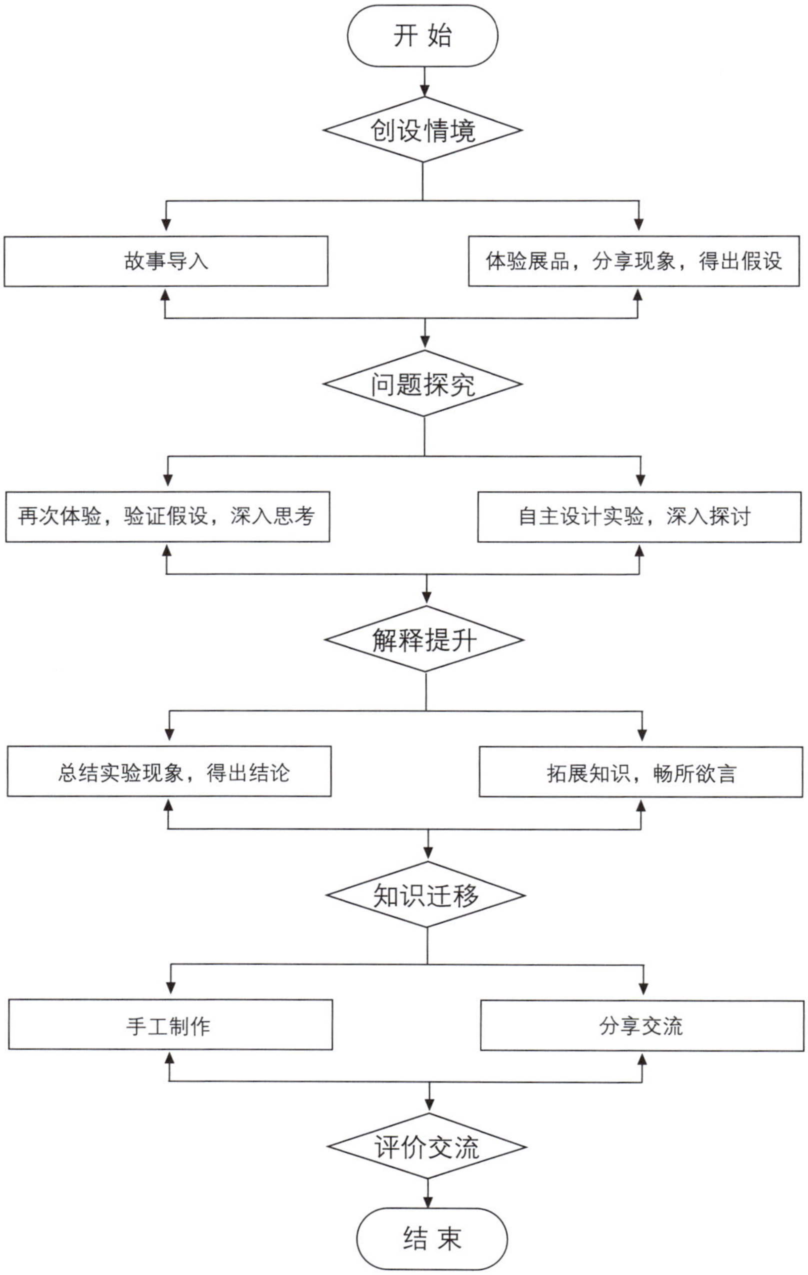

2. 活动步骤以及设计意图

第一阶段　创设情境

阶段目标：通过手蓄电池展品，激发学生对展品的兴趣和好奇心，引发学生思考检流表指针偏转的原因。

教育活动脚本	设计思路
老师活动 1：以意大利解剖学家伽伐尼解剖青蛙的故事引入，提出问题“什么原因导致青蛙发生抽搐”，引导学生自由发言，不做点评。	

教育活动脚本

学生活动 1：自由回答，畅所欲言。

老师活动 2：将学生分成 4 组，带领学生体验手蓄电池展品，引导学生观察握住金属棒时检流表的变化情况，并组织讨论变化的原因。

学生活动 2：体验展品，见下图。观察握住金属棒时检流表的偏转情况，记录检流表的偏转情况，见下表，思考检流表偏转的规律，小组讨论后提出假设“握住不同的金属检流表才会发生偏转”。

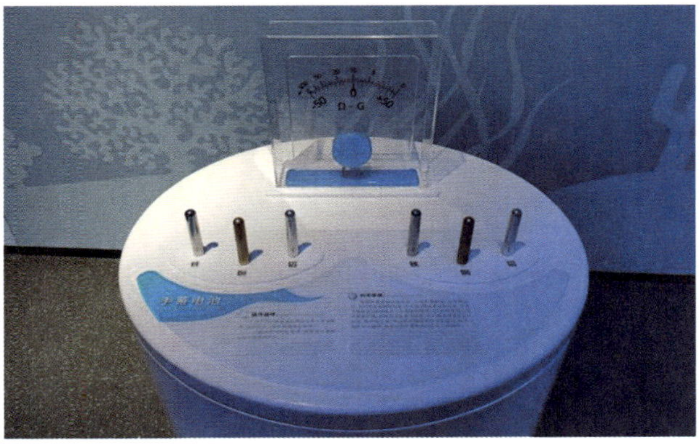

检流表的偏转情况记录表（示例）

	铝	铜	铁	总结
铝	不偏转	向负极	向正极	握住不同金属棒检流表才会发生偏转
铜	向正极	不偏转	向正极	
铁	向正极	向负极	不偏转	

设计思路

学情分析

该年龄段学生具有一定的科学素养和思考能力，对金属导电和发生化学反应有一定的了解，但是对金属发电的准确概念和原理比较模糊。

设计意图

通过故事创设情境，激发学生兴趣，问题导向引起学生的好奇心和探索欲。

教学策略

采用问题导向的教学策略，以学生为中心，基于展品的体验。引导学生思考问题，提出假设。

第二阶段　问题探究

阶段目标：深入体验展品，知道手蓄电池的工作原理，通过对比实验，探究活动性与正负极的关系。

教育活动脚本

老师活动 1：带领学生再次体验手蓄电池展品，为学生准备橡胶手套，验证是否“握住不同的金属棒”检流表就会发生偏转；组织几个学生手拉手，握住不同金属观察现象，并引导学生思考人体在整个过程中的作用以及产生电流的原因。

学生活动 1：按要求再次体验展品，结合第一次的现象，总结检流表发生偏转和人体的关系。

检流表发生偏转和人体的关系：

1. 人体具有一定的导电性，在回路中充当导体的作用，使得形成闭合电路，让串联在电路当中的检流表有电流经过，发生偏转现象。

设计思路

学情分析

通过展品的体验，学生对手蓄电池已经有了初步了解，并且该年龄段学生具有一定的自主思维和探究能力，能够提出假设探究问题得出结论，学习的主动性较强。

教育活动脚本

2. 人手上带有汗液，而汗液是一种电解质，里面含有一定量的正负离子，当握住不同金属时，会与金属发生反应，从而产生电流。

备注：电解质溶于水溶液中或在熔融状态下自身能够导电的化合物。

老师活动 2：阐述三种金属的活动性和得失电子规律，引导学生从中思考检流表指针偏转方向与金属的关系。

学生活动 2：观察记录表，总结检流表指针偏转方向与金属活动性的规律。

金属活动性排序：铝 > 铁 > 铜

老师活动 3：老师为学生提供材料，引导学生自主设计实验，探究金属活动性与正负电极的关系。

学生活动 3：小组合作，设计实验并探究，将结果记录在学习单上。

探究金属活动性与正负电极关系的实验如下。

（1）用 3 条导线一端的鳄鱼夹分别夹住 3 个铜片、用 3 条导线一端的鳄鱼夹分别夹住 3 个铝片、用 3 条导线一端的鳄鱼夹分别夹住 3 个镀锌螺丝。

（2）将三个西红柿分别插入一个铜片一个铝片，铜片和铝片间距控制在 1.5 厘米左右。

（3）按照铜铝的顺序将三个西红柿连接到一起，接在电流表两侧，测量出数值，填到对应的表格中。

（4）对应记录表中的金属组合，重新连接测量各个数值，见下表。

检流表的偏转情况记录表（示例）

1	2	西红柿数量	电流表数值	总 结
铜	铝	3 个		
铝	铜	3 个		
铜	锌	3 个		
锌	铜	3 个		
备注：1 为接电流表负极，2 为接电流表正极				

设计思路

设计意图

基于问题进行近距离展品体验，与上一环节形成对比实验，通过鲜明直观的现象，激发学生求知的欲望和学习兴趣。课堂设计环节围绕学生开展，突出学生的主体地位。通过现象和问题，引导学生小组合作，设计实验并探究，培养学生的合作精神和团队意识，促进学生之间的交流和互助，并且学生通过探究活动可以获取直接经验，提高科学探究的能力和技能。同时在探究过程中，能够潜移默化地让学生学会控制变量和对比实验。

教学策略

采用探究式教学和合作教学法。通过开放式的课堂环节调动学生的积极性和主动性，知道人体在手蓄电池中的作用，归纳检流表发生偏转的原因，并自主设计实验探究。

第三阶段 解释提升

阶段目标：进一步理解手蓄电池的原理以及影响因素。

教育活动脚本

老师活动 1：引导学生观察实验数据，得出结论。

学生活动 1：总结得出结论：活动性强的金属做负极，活动性弱的金属做正极。

老师活动 2：带领学生归纳总结手蓄电池的原理，拓展在生活中的应用。

设计思路

学情分析

学生通过探究实验已经了解了检流表偏转的原因和手蓄电池的部分原

教育活动脚本

手蓄电池的原理，见右图：两种不同金属—人—检流表构成闭合回路，不同金属分别与汗液发生化学反应，产生电流。活动性强的金属失去电子，做负极；活动性弱的金属得到电子，做正极。

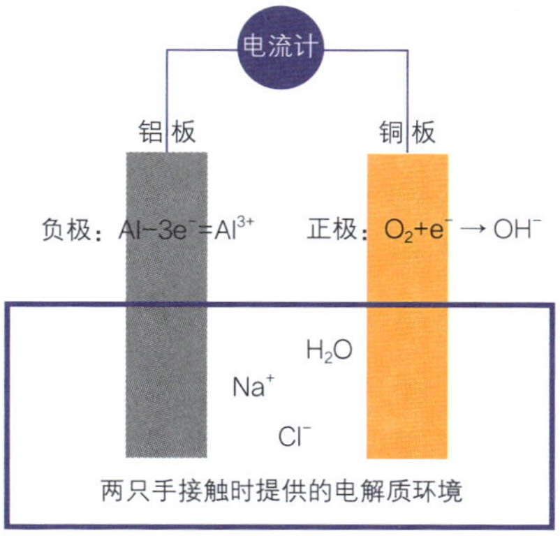

老师活动 3：引导学生小组讨论，再选派代表表达小组观点，废旧电池可不可以随手扔？老师引导学生相互评价。

学生活动 2：畅所欲言，举例说明自己的想法。

危害：废旧电池中有电解质，包括重金属离子以及废酸、废碱等，这些有毒物质能使土地失去使用价值、水体遭到污染。

处理方法：重复利用、作为分类垃圾回收、工业处理。

设计思路

理但是还未形成系统的概念。

设计意图

鼓励学生自主发言、畅所欲言，培养学生的归纳总结思维和表达能力。拓展部分与学生生活相关联，从解决实际问题出发，在掌握相关知识的基础上，让学生达到知识拓展，增强趣味化和关联性。

教学策略

通过归纳总结和讨论的形式，发挥小组成员之间的互动作用，使学生能够通过交流和讨论来理解和探讨问题，从而发展思考能力和创新能力。

第四阶段 知识迁移

阶段目标：利用手蓄电池的原理，动手制作盐水风扇，培养学生的动手能力和创造思维，让科学知识与实际生活相结合。

教育活动脚本

老师活动 1：回顾课程内容，引导学生梳理知识，分发手工材料表，帮助学生完成知识迁移。

学生活动 1：制作盐水风扇。

第一步：清点材料，安装支架，见下图。

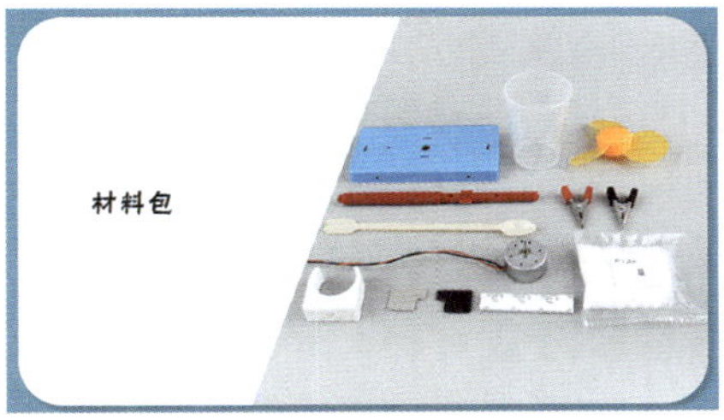

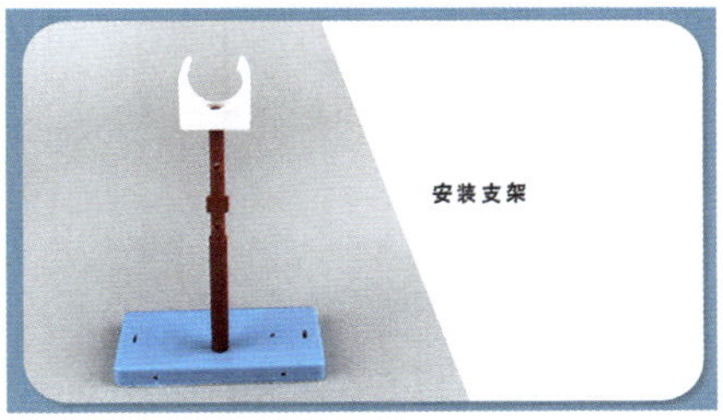

设计思路

学情分析

学生已经明白手蓄电池的原理，并且有一定的动手操作能力。

设计意图

实践出真知，动手操作，让学生清晰理解手蓄电池的原理，达到知识迁移。再次提及课程开始青蛙的故事询问学生青

教育活动脚本

第二步：将盐倒入杯中，加水制成电解质，见下图。

第三步：将制好的盐水溶液放到支架底座上，见下图。

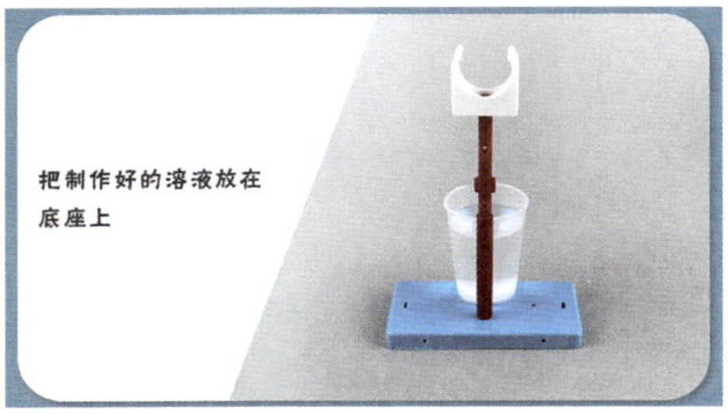

第四步：将鳄鱼夹连接到小马达上，见下图。

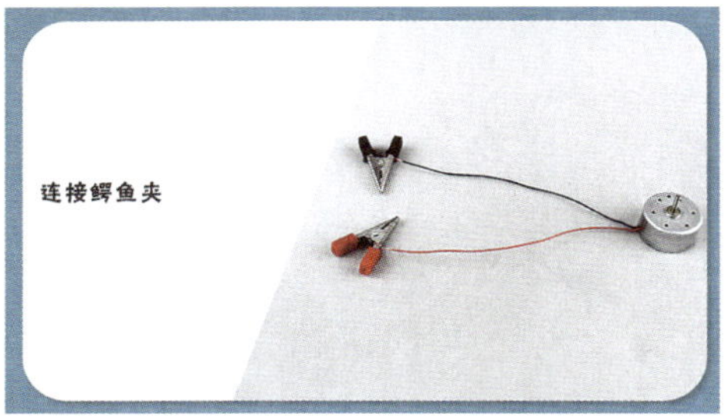

第五步：将马达安装在马达座上，并安装风扇叶，见下图。

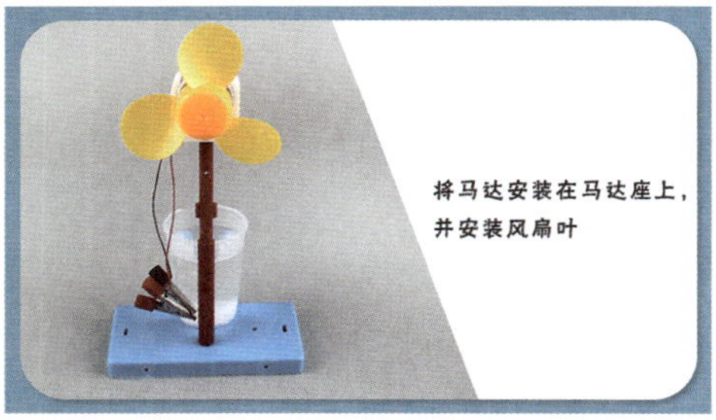

第六步：用鳄鱼夹分别夹住镁片和碳片放入盐水溶液中，观察风扇的变化，见下图。

设计思路

蛙抽搐的原因，形成知识闭环。

教学策略

采用理论与实践相结合的形式，通过手工帮助学生将抽象的原理制作具象化，巩固学习内容。

教育活动脚本	设计思路
老师活动 2：组织学生分享制作成果并说出其中原理。 学生活动 2：互相交流，畅所欲言，阐述盐水风扇的原理。 盐水风扇的原理：盐水是一种电解质溶液，镁片与铜片分别与电解质发生化学反应，使闭合电路中产生电流。 老师活动 3：询问课程之初青蛙故事中青蛙抽搐的原因。最后组织学生分享收获，检查学习单的完成情况。 学生活动 3：思考回答青蛙抽动的原因，完成学习单，分享课程收获。	

第五阶段　评价交流

阶段目标：掌握学生的课堂学习情况，借助参观交流讨论、相互点评等方式，达到巩固和深化的效果。

教育活动脚本	设计思路
老师活动 1：阶段性评价，观察评价学生在实验、记录、交流讨论时的参与度和完成情况，及时给予指导和反馈。 老师活动 2：总结性评估，组织学生在课后分享收获和心得，检查学习单的完成情况。	**设计意图** 通过总结、交流、分享，配合学习单、讨论、记录等多形式的反馈手段，培养学生勇于探究的科学精神，养成学生良好的科学习惯。

七、教学评价与反思

本教学活动通过故事导入、实验探究、手工制作等多样化的课堂活动，充分调动学生课堂积极性和科学兴趣，提高学生的动手能力和思维活跃性。通过老师的过程性评价与学习单检测发现，课堂参与度高达 100%，打破了传统的单一教学模式，为学生提供多元化的发展方向。其中，有 80% 左右的学生可以听完课后自主完成手工制作，达到知识迁移；有 12% 左右的学生需要老师和同学指导；只有 8% 左右的学生还停留在知识表面无法迁移。

从实际效果来看，本次活动实施较好地完成了教学目标，不但学生的科学素养有所提高，而且知识的掌握也不再局限于纯理性的记忆，能够学以致用，对科学产生真正的热爱。

★ 该项目获 2023 年“奋进科普新征程”全国科技馆联合行动优质科学教育资源项目三等奖 ★

河南省

精彩转不停

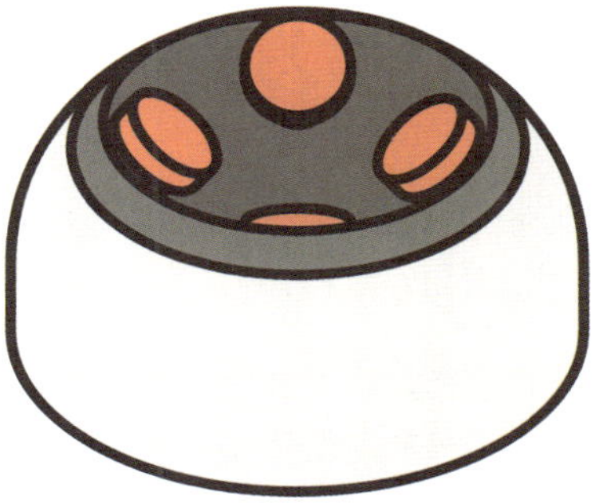

教育活动类型： 拓展型课程（实验）

项目开发单位： 固始县科学技术馆

项 目 设 计 人： 张杰

一、教学内容

课程选题基于科技馆离心机展项和趣味转盘展项，采用“5E”教学模式，发挥学生的自主探究性，实践探究影响离心力大小的不同因素，了解航天员训练机器——离心机的工作原理，学会使用控制变量法、对照实验等科学实验方法。具体内容为以下 5 个部分。

精彩转不停

- 吸引（Engagement）：水流星杂技表演 + 趣味转盘展项，吸引学生兴趣。引出问题：为什么杯子里的水不洒出来？为什么小圆盘会远离旋转中心？
- 探究（Exploration）：在老师的引导下，学生分组并设计实验方案，探究影响离心力大小的因素。
- 解释（Explanation）：学生实验探究后，老师询问学生不同因素是怎样影响离心力大小的，鼓励学生说出自己的想法，并引导学生提出相应的证据。学生之间进行讨论，并注意倾听别人的解释。老师针对学生的问题和一些不完全的结果，进行讲解、补充和矫正。
- 迁移（Elaboration）：体验展项离心机，邀请学生利用前面所学的知识来分析离心力的大小变化，并引导学生进一步分析或观察转动的其他特点。
- 评价（Evaluation）：老师会通过开放性问题提问、小组互评等方式鼓励学生利用观察、证据和先前已接受的解释来回答问题。评价的同时，也会给到学生和家长口头、纸面等多种形式的综合反馈。

二、教学对象

1. 本教育活动适宜的受众人数：20 ~ 30 人。

2. 本教案所针对的具体教学对象：四至五年级学生。

3. 教学对象的学情分析：根据小学科学课程标准，四、五年级学生通过科学课的学习，已经了解并能识别日常生活中物体的运动形式，在航天领域有极高的求知热情，具有相应的知识储备；此阶段的学生思维活跃，求知欲和竞争意识强且乐于展示自身价值，所以应给学生足够多的独立探索及展示的机会；此阶段的学生正处于形象思维向抽象思维过渡的阶段，好动且注意力容易分散，故应尽量丰富活动形式吸引学生注意力。

三、教学目标

1. 科学观念目标：能从微观视角初步认识物体的运动状态；掌握影响离心力大小的因素；了解离心现象在生活中的应用，同时知道旋转这种运动形式有许多科学概念。

2. 科学思维目标：以实验结果事实为基础，对影响离心力大小的因素进行概括；基于证据与逻辑，运用分析与综合、比较与分类、归纳与演绎等思维方法；从不同角度分析、思考问题，提出新颖而有价值的观点和解决问题的方法。

3. 探究实践目标：能够在老师的指导下学会设计解决问题的实践方案；在实践过程中学会使用控制变量法、对照实验等科学实验方法；学会通过分析实验数据来得出自己的结论。

四、教学重点和难点

1. 教学重点：通过体验展项观察离心现象，引出离心力概念；运用直观的模拟实验方式让学生深入理解离心力；实验探究影响离心力大小的因素。

2. 教学难点：为了培养学生独立思考和主动探究的能力，如何在实验过程中，引导学生运用一些科学方法自主设计实验方案是本课程的难点。

五、教学准备

1. 教学场地：科技馆展厅。

2. 教学准备：展项需要离心机、趣味转盘；实验材料道具则需要绳子、橡皮泥、吸管、色素、水、一次性杯子，见下图。

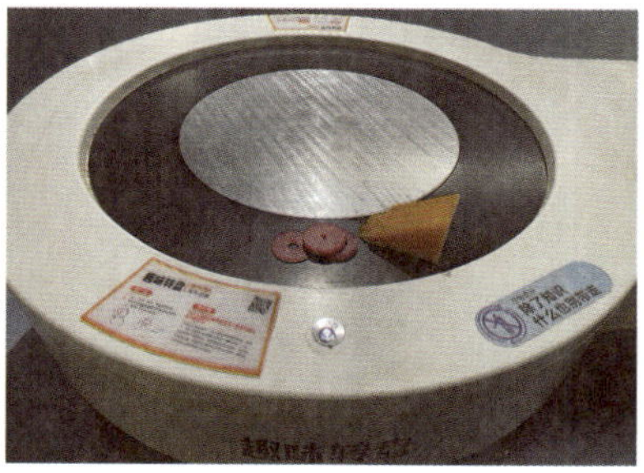

六、知识原理

离心力是一种虚拟力，是一种惯性的体现，它使旋转的物体远离它的旋转中心。离心力的大小与旋转物体的质量、旋转半径及旋转速度有关。

七、教学过程

第一阶段 吸引

阶段目标：表演“水流星”引入，体验趣味转盘展项，认识离心运动，具体情况见右图。

教育活动脚本

老师：同学们，大家好！欢迎来到固始科技馆。我是此次研学课堂的阿杰老师，在开始正式上课之前啊，我将各位分为四个小组。希望同学们能遵守课堂纪律，积极回答老师问题，我会挑选出表现最好的一位同学，送上科技馆十分具有纪念意义的小奖品，期待大家的表现！

老师：今天的课程叫作《精彩转不停》。大家尝试着把“离心力”中每个字分别组词。“离”可以组成什么呢？“心”可以组什么呢？很好，那“力”可以组成什么呢？非常好，那“离心力”到底是怎样存在着呢？希望经过今天这堂课的学习，同学们能对它有个基础的了解。

老师：老师先给各位表演一个小杂技——“水流星”。瞧，一个空纸杯，拴着绳子。我要往里面注入半杯水。接下来我要360°转动绳子，你们猜，这杯子里的水会不会洒出来？哦，有人说会，有人说不会，到底会不会？试试不就知道啦。我们一起倒数三个数，三二一。怎么样？滴水不漏！为什么杯子里的水能够克服自身重力，在杯口完全朝下时也不会洒下来呢？留个悬念，咱们来看看一件展品。

老师：现在请所有同学起立，请第三组、第四组的同学站到老师的左手边来，一二两组的同学站到我的右边来。这件展品叫什么名字呀？没错，可以看到，展品是由中间的大圆盘，还有我手里的小圆盘组成。那现在请这位同学按动启动按钮，大转盘开始旋转啦。请大家仔细地观察我手里的小圆盘，小圆盘怎么样了呀？没错，小圆盘远离了中心往外跑。如果我将圆盘放在中心，还会不会往外跑了呢？没有往外跑。那为什么放边上就会被甩出去，放中心就没有跑出去呢？请大家记住这个现象，回到自己的座位上。

老师：同学们，我们来回忆一下，无论是刚才的水流星，还是现在的快乐轮盘，这些奇怪的现象都伴随着同一种运动，是什么呢？——对，旋转。我们会发现小圆盘在旋转的过程中会远离中心往外跑。这种现象，在科学上，叫作离心现象。小圆盘在旋转的过程中，会远离中心往外跑，这种现象叫作“离心现象”。同学们可以来试着总结一下，离心现象产生的条件是什么呀？旋转。

设计思路

设计意图：

上课之前制定好规则，通过杂技表演“水流星”吸引学生注意，以简单的提问引导学生积极观察、动脑思考；通过提问方式，了解学生对于离心力的认知程度。

学情分析：

“水流星”杂技表演是很容易让学生产生兴趣的，但学生们很难将离心力概念理解清楚，甚至有些学生还不知道有这样的名词。通过这种预热，既能激发学生们对于离心力的兴趣，又能引发他们的思考，让他们对离心力有积极的认识。

教学策略：

如果学生的相关知识储备量较少，老师需要在接下来的讲解过程中及时传授相关知识；如果学生对离心力有一定的认识，则辅导方式可转变为以提问为主，以激发学生思考。

第二阶段 探究

阶段目标：通过体验展项“小球拉大球”，引出离心力概念，探索离心力产生的条件。

教育活动脚本

老师：离心现象产生的条件是旋转。那我们来做个游戏。大家看，有个小道具，一根线穿过吸管，一头接着小球，另一头连着大球。先听清楚游戏规则，只用一只手拿着吸管的位置，保持小球在上，大球在下的状态。请同学们想一想，有什么办法可以让小球把大球给提起来。谁来试一试？那我们发现这位同学旋转的是下方的大球，有没有被提起来呀？没有，那我们还可以想什么办法呢？既然旋转下方的大球，没有被提起来呀，那我们逆向思维，看看旋转上面的小球会怎么样？非常棒，大家看，我们转动手腕，小球开始旋转，细线慢慢地将大球拉起来了。那么结合刚才学过的知识，我们一起来将其中的原理说出来。小球在旋转的过程中，发生了什么现象呀？离心现象。那什么是离心现象呢？小球在旋转的过程中会远离中心往外跑，小球在旋转的过程中会远离中心往外跑，这种现象叫离心现象！那大家再仔细地观察一下，小球在旋转的过程中，大球慢慢地被提了上来，这其中好像有一股神秘的力量沿着这根绳子，把大球给提了上来，这股神秘的力量是什么呢？离心力！对，就是本节课学习的重点，离心力（上课实况，见右图）。

设计思路

设计意图：

用探究式的科学问题，激发学生对离心现象特点的思考，考验学生的观察、对比、思考等综合能力。用“小球拉大球”游戏的方式，使复杂的原理形象化、趣味化，便于学生理解。

教学策略：

先通过体验展项引出旋转线索，再通过游戏引发学生思考，学以致用，解决问题。整个过程注重锻炼学生的观察、分析能力。

第三阶段 解释

阶段目标：通过实验探究旋转速度、旋转半径、物体质量对离心力大小的影响；在实践中掌握一些常见的科学研究方法如控制变量法、对比试验等；能够在老师的引导下，设计实验方案来解决一些问题（下图为课堂实况）。

教育活动脚本

老师：刚才大家看到离心力能让小球的力量变大，竟然把大球都给提起来了，那我们可不可以更直观地感受到这股力量呢？我这里还有一些小道具，请最后一排的四位同学起立，我们每人发一个小球。好，再请第一

设计思路

设计意图：

通过实验演示和举例，吸引学生注意力，激发学生的积极性和主动性，使学生思考可以控

教育活动脚本

排的四位同学起立，面向同学站好，我们每人发一个小球。大家要站的分散一点。离心现象产生的条件是什么？旋转！那就请这8位同学开始旋转小球，感受一下。好，我来问问前面的四位同学，你们在旋转的过程中，有没有感受到有一股力量在拉扯着我们的手？好，有。那后面的四位同学呢？也感觉到啦。其实呀，这个力量就是离心力。请同学们思考一个问题，离心力的大小会和什么因素有关系呢？我听到这位小同学说和速度有关系，那我们来验证一下，他说的对不对。那现在请后面的四位同学把小球交给同桌，前面的四位同学把小球交给后面的同桌。好，请你们几位再次站到他们刚才站的位置，注意站的分散一点。好，那么现在，请所有同学做好准备，听我口令，以一个非常慢的速度旋转小球，好，现在听我口令，三二一，加速！好，我来问问这边的四位同学，你们觉得小球速度快的时候力量大还是慢的时候力量大？哦，他们觉得快的时候力量大。那后面的几位感觉怎么样呢？哦，他们也觉得速度快的时候力量大。看来呀，小球旋转的速度越快，离心力越怎么样？对，离心力越大。那反过来，小球旋转得越慢，离心力越什么？小！很好，恭喜大家，影响离心力大小的第一个因素，我们找到啦，就是小球旋转的速度。

老师：很好，那现在同学们再想一想，影响离心力大小的因素还有什么呢？一个小球，连接着一根绳子，我们还可以改变什么呢？哦，我听到这位同学说，和绳子的长短有关系，不错。我们再用实验来验证一下。现在请同学们，把绳子拿的短一点，以一个比较慢的速度开始旋转小球。好，感受一下绳子拉自己手的力量，一定要记住这个速度。好，现在，请同学们听我口令，把绳子拿的长一点，站的分散一点，再次旋转小球。这个速度一定要和刚才保持一致。好，感受一下绳子拉自己手的力量。好，我来问问这边的四位同学，你们觉得绳子长的时候力量大还是短的时候力量大？哦，他们觉得长的时候力量大。那后面的几位感觉怎么样呢？哦，他们也觉得绳子长的时候力量大。看来呀，绳子越长，离心力越怎么样？对，离心力越大。那反过来，绳子越短，离心力就越什么？小！很好，恭喜大家，影响离心力大小的第二个因素，我们找到啦，就是绳子的长度。

老师：很好，那现在同学们再想一想，影响离心力大小的因素还有什么呢？这位女生说，可能和球的大小有关系，那也就是说，和球的重量有关系。同样，我们来验证一下，请后面的学生把小球交到我这里，第一排的同学把球交给后面的同学。请你们四个人站到前面来，面向同学。好，站的分散一点。我再给他们发一个球。对，这个球会重一点。那这个时候，大家要注意了，我们要保证在旋转两个球的时候，两边的速度要保持怎么样？对，两边速度要一样。同时，两个球的绳子长度也要？一样。好，你们帮我看一看，两边绳子有没有一样长，我来调整。好，那现在，听我口令，开始同时旋转小球，两边球的速度要一样。好，我来问问，你觉得重的球力量大还是轻的球力量大呀？好，他们都觉得，重的球转起来力量大。那也就是说，小球越重，离心力越怎样？大！小球越轻，离心力越怎样？小。非常好！

设计思路

制的变量，分组回合制，尽可能多地让所有学生都参与课堂，提升课堂活跃度与学生参与感。

学情分析：

该环节如果只是老师单一地、死板地讲授知识点，由于内容偏深，随着时间延长，学生会逐渐丧失兴趣，难以坚持全程参与。要引导学生设计实验，结合队形争取每个人都能参与其中，增强学生参与探究学习的热情和兴趣。

教学策略：

首先通过设置问题，直接引出本环节的内容，明确主题。利用实验“小球转不停”，激发学生探究欲望，使学生切身感受到速度、绳长和重量是怎样影响到离心力大小的；引导学生发现实验规律，更好理解“控制变量法”。

教育活动脚本	设计思路
老师：看来同学们都很厉害，已经找到了影响离心力大小的三个因素。那我要来提问了，都有哪些因素呀？第一个因素是什么？好，他说和速度有关系。那速度越快的话，离心力就越怎样？很好，就越大，那速度越慢的话，离心力就越怎样？对，就越小。好，请给这三位同学鼓掌，回答正确。那影响离心力大小的第二个因素是什么呢？好，他说和绳子的长度有关系。那绳子越短的话，离心力就越？很好，就越小，那绳子越长的话，离心力就越怎样？对，就越大。好，请给这三位同学鼓掌，回答正确。那影响离心力大小的第三个因素是什么呢？对，小球的重量。小球重量越重，离心力就越？对，就越大。那小球重量越轻，离心力就越？很好，就越小。 老师：看来同学们掌握得不错，我们不仅通过实验学到了影响离心力大小的三个因素，还在不知不觉中，潜移默化中学到了一种科学方法。我们一起来回忆一下，首先第一个实验，我们在相同条件下，只改变了小球的速度；第二个实验，在相同条件下，只改变了绳子的长度；那第三个实验是什么？对，在相同条件下只改变小球的重量。大家发现，这三个实验有什么共同点没有？对，都是在相同条件下只改变一个量，那这种方法，我们在科学上叫作控制变量法。在实验的过程中，控制其他的条件全都一模一样，只改变其中的一个量，这种方法叫作控制变量法。	

第四阶段　迁移

阶段目标：了解离心力在人们日常生活中的应用，包括洗衣机甩干桶、汽车拐弯时的限速等，体验展项离心机。

教育活动脚本	设计思路
老师：我们用水流星和趣味转盘找到了离心现象产生的条件是什么呀？没错，旋转。大家请注意，这种旋转是像我这样自转呢？还是绕着一个圆在旋转呢？对，小圆盘再绕着一个圆旋转的时候，远离了中心往外跑，产生了离心现象。那同学们，你们思考一下，在日常生活中，你们都看到哪些事物存在离心现象或者利用了离心力呢？  老师：其实离心现象在我们日常生活中非常常见（上图为课堂实况），比如	

教育活动脚本

洗衣机的甩干桶，就是利用高速旋转产生的离心作用将衣物上的水分快速甩出，达到甩干衣物的目的。还有下雨天，你们会不会快速地转动雨伞的伞柄呀？那这个时候，什么被甩出去了呢？对，伞面上的雨滴被甩了出去。我们一起来解释一下其中的原理，旋转雨伞的过程中，雨水在做什么运动呀？对，再绕着一个圆旋转。产生了什么现象呢？离心现象，什么是离心现象呢？小雨滴在旋转的过程中会怎样呢？远离中心往外跑。这种现象叫作？离心现象。很好，还有没有别的例子呢？比如说，在吃饭的时候，桌子上都有一个可以旋转的大圆盘对吧？那什么在绕着一个圆旋转呀？很好，菜。但是菜为什么没有被甩出去呢？对了，因为菜转的速度很慢，离心力就会越什么？小。那如果谁比较淘气，把桌子转的很快，菜还是会被甩出去的。

老师：当然，不只是我们生活中有这样多的例子。在科技馆里，除了面前的趣味转盘，还有许多展项和离心力有关。那么接下来，我要带领大家前往四楼体验展项——离心机。

在太空环境适应过程中，航天员训练最多的是离心机，这是他们需要练就的一项基本功。通过高速离心机旋转，让身体去适应加速度带来的超荷载。训练时，航天员的面部肌肉会产生变形，眼泪自动往外流，同时还会伴有呼吸困难的情况。一个训练有素的宇航员可以持续承受 8 ~ 10G 过载并保持意识清醒，8 个 G 就相当于 8 倍的体重压在身上。现在请同学们依次排队进行体验，感受一下离心机的魅力吧！

老师：好啦，现在我们来解决最后一个问题，杯子里的水为什么不会洒出来？首先，水在做什么运动？旋转。旋转的过程中会产生什么现象？离心现象。那离心现象是什么呢？水在旋转的过程中会远离中心往外跑。中心在哪里呀？对，在我的手上。那水在往外跑的时候被什么挡住了呢？对，杯子。所以，水就紧紧地贴在了被子上，360 度旋转也不会洒出来。好，那有没有同学想要来试一试？好啦，以上就是本节课离心力的全部内容，同学们下课！

设计思路

该环节是对前几个阶段知识的扩展，在学生学完之后，引导学生继续思考生活当中的离心现象，并及时带领学生体验离心机，感受离心力的实际应用。

第五阶段 评价

通过开放性问题提问、小组互评等方式鼓励学生自评互评，给予学生、家长口头等多种形式的综合反馈。

★ 该项目获 2023 年“奋进科普新征程”全国科技馆联合行动优质科学教育资源项目一等奖 ★

认识我们的皮肤

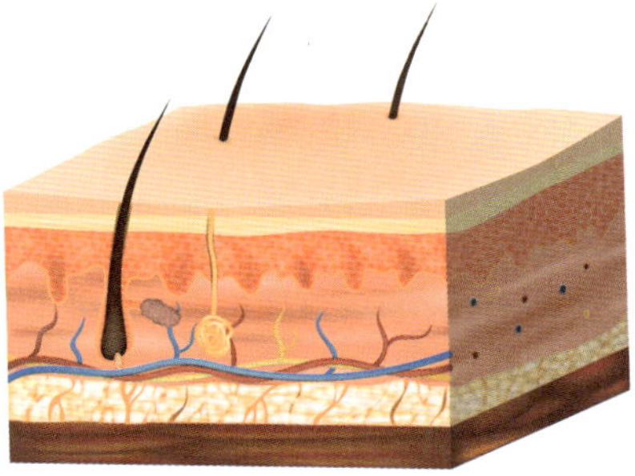

教育活动类型： 深度看展品

项目开发单位： 郑州科学技术馆

项 目 设 计 人： 孙茜

一、概述

结合《义务教育科学课程标准（2022 年版）》中“生命系统的构成层次”中关于“人体由多个系统组成”的学段目标，综合利用“生命科学”展区的展品“指纹识别”“皮肤与冷热感”，创设情境和实验器材为辅助开展活动。通过借助工具观察皮肤，让同学们对皮肤有一个初步的认识，激发学生探索和学习生命科学的兴趣，了解和认识皮肤的功能以及对于身体起到的保护作用，培养学生观察、研究、讨论、表达的能力，认识解决问题的多样性，寻找解决问题的最优方案。

二、教学对象

1. 本教育活动适宜的受众人数：10 ~ 15 人。

2. 本教案所针对的具体教学对象：小学低年级阶段学生。

3. 教学对象的学情分析：本次活动围绕认识我们的皮肤开展，基于该年龄段的认知基础，引导学生在深度体验的基础上感悟皮肤的结构特征和功能作用。学生通过学习，初步养成了一些观察、实验的习惯，逻辑思维能力慢慢增强，但对于抽象思维的能力依然不足，自制力不强，活动的自觉性、持久性较低，该阶段的孩子活泼好动且充满好奇心，常与兴趣相关联，喜欢动手体验的学习形式，生活化的场景设计必不可少。

三、教学目标

1. 科学观念：了解指纹的分类并能做出辨别，指纹是我们皮肤上关键又特殊的一部分；理解皮肤的功能；

知道皮肤中感受器的分布。认识皮肤的功能，并能在日常生活中正确使用这些术语，掌握保护皮肤的方法。

2. 科学思维：利用工具观察皮肤并描述，观察指纹收集信息并进行分析，学会辨别分类；通过活动的开展，培养快速处理信息，提升口头表达与交流的能力。

3. 探究实践：学会用观察、实验和归纳方法探究各种感觉的特点，培养学生的观察能力和自主学习能力；通过学习切实体会皮肤的作用，增加生活常识和技能。

4. 态度责任：在整个活动中通过观察、游戏、实验，能如实表达自己的发现和想法，学会关心他人，热爱生活，保护好自己的皮肤。

四、教学重难点

1. 教学重点：观察皮肤并描述，认识指纹。皮肤中有哪些感受器。了解皮肤感受器各自有什么作用。

2. 教学难点：皮肤中感受器的分布。对皮肤冷热感的理解。

五、教学场地与教学准备

1. 教学场地：三层展厅“生命科学展区”展品“指纹识别”“皮肤与冷热感”前的空地。

2. 教学准备：实验所需器材见下表。

序号	品名	数量
1	实验推车	1 个
2	简易小桌	3 个
3	放大镜	20 个
4	冷水（10 摄氏度左右）	3 杯
5	温水（25 摄氏度左右）	3 杯
6	热水（50 摄氏度左右）	3 杯
7	形状各异、材质不同、大小各异的物品	若干
8	铅笔	若干
9	指纹记录单	若干
10	实验记录单	若干
11	展板	3 块

3. 教育活动总时长：45 分钟。

六、教学活动设计与实施

1. 教学活动设计流程图

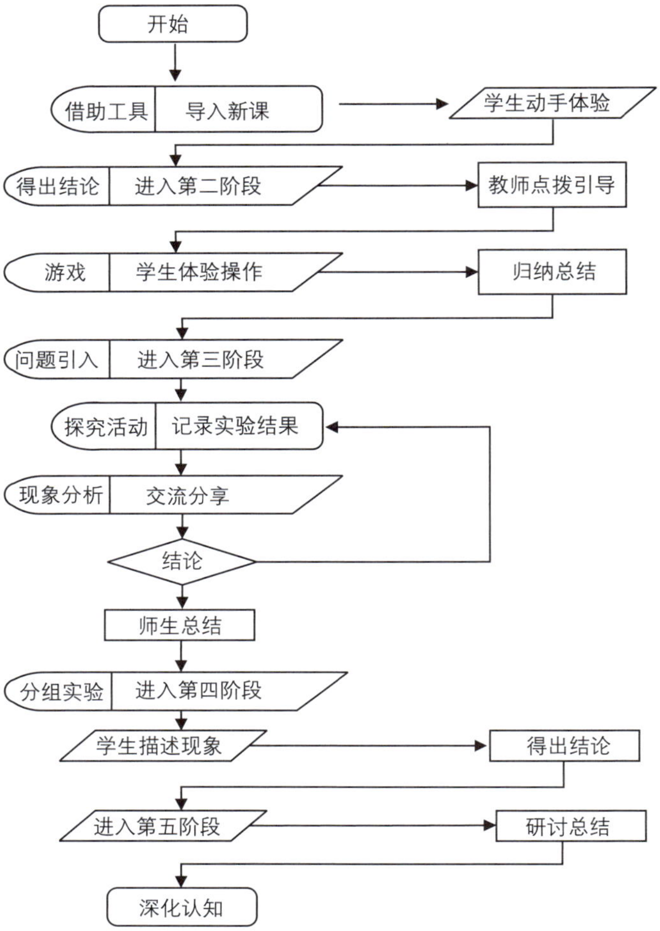

2. 活动步骤以及设计意图

第一阶段　通过认识指纹，开启探索“我们的皮肤”科学之旅

阶段目标：利用放大镜观察皮肤，通过体验展品，认识指纹引入教学内容。

教育活动脚本	设计思路
（1）介绍工具——放大镜（见右图），掌握使用方法。 （2）活动：观察自己的皮肤，思考皮肤是什么样的？上面有什么？ （3）学生分享观察所得。（预设：纹路、汗毛等附属物、指纹） 	**学情分析** 在日常生活中学生对于皮肤并不陌生，但对皮肤结构的认识还不够深入和全面，借

教育活动脚本

（4）指纹是什么？（预设：皮肤表面突起的纹线）你还了解指纹的什么信息？（预设：指纹开锁、指纹支付等）

（5）介绍指纹的三种形状。（科学家研究表明，指纹大致分为三类：箕形，斗形，弓形，见下图。）

弓形纹　　箕形纹　　斗形纹

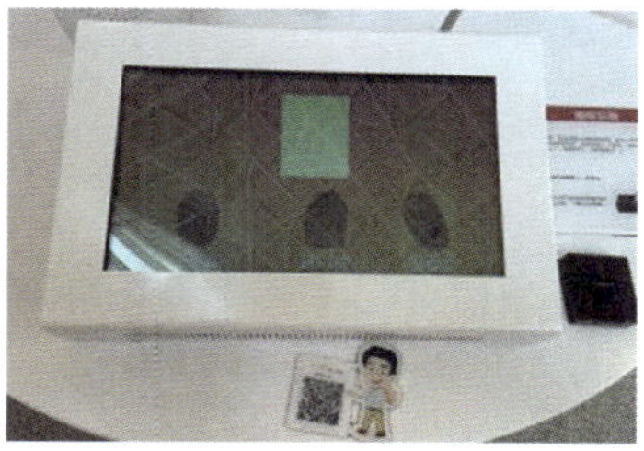

（6）体验展品，认识自己的指纹。

（7）活动：用肉眼观察或借助放大镜，辨认自己左手五个手指的指纹形状并完成指纹记录单（见下表），交流分享活动感受。（预设：每个人的指纹都是不一样的）

组别________　姓名__________

请你判断出指纹的形状，打“√”

	左手大拇指	左手食指	左手中指	左手无名指	左手小拇指
箕形					
斗形					
弓形					
无法判断					

设计思路

助工具观察皮肤拓展学生的认知。

设计意图

通过体验展品，利用观察对比记录的方法，激发学生的学习兴趣，认识指纹，指纹是我们皮肤上关键又特殊的一部分。

教学策略

基于体验式的学习与探究，帮助学生获得直观的信息，引导学生自主辨别指纹，加深对皮肤的理解。

第二阶段　通过游戏和对比实验，认识触觉

阶段目标：感受触觉，认识皮肤感受器。

教育活动脚本

老师：小朋友们，接下来我们做个游戏，这个游戏的名称叫作“快速找到它”。每组发放一个箱子，里面放有不同材质的物品，需要每组选出一位同学用手以触摸的方式快速找到任务卡上标注的物品，并分享自己成功的方法。（引导学生描述物品的大小、形状、软硬、冷热、表面光滑或粗糙等特征，如右图。）

设计思路

学情分析

通过上一阶段的学习，学生具有一定的观察和总结能力，通过游戏和对比实验，引导学生感受并触摸指纹。

教育活动脚本

通过游戏，唤起了学生在生活中对皮肤感觉功能的模糊认识并激发了浓厚的探究兴趣。

触觉定义：当我们身体的一个部位与外界物体接触时，会不同程度地感觉到物体的存在，甚至可能对物体的形状、硬度、光滑程度等情况做出一定判断，这就是触觉。

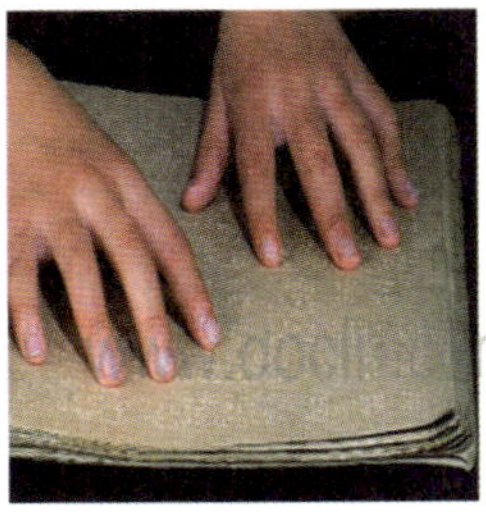
盲人用触觉『阅读』盲文

结论：人的皮肤具有触觉。

举例：盲人用触觉来阅读盲文，见右图。

思考 1：在上述试验中你是用手的哪一部分去触摸物体的？为什么不用手的其他部位？

猜想：手指的指尖对触觉较敏感。

实验 1：两人一组用铅笔做个小实验。一个人戴上眼罩根据触觉说出所感觉到的铅笔数量，另一个人一手并排握两支铅笔，笔尖对齐，并用笔尖轻戳蒙眼同学食指指尖，同时提问铅笔的数量。再以相同的力量用笔尖轻戳身体的其他部位（如手肘，手背，膝盖），同样提问铅笔的数量，见下图。

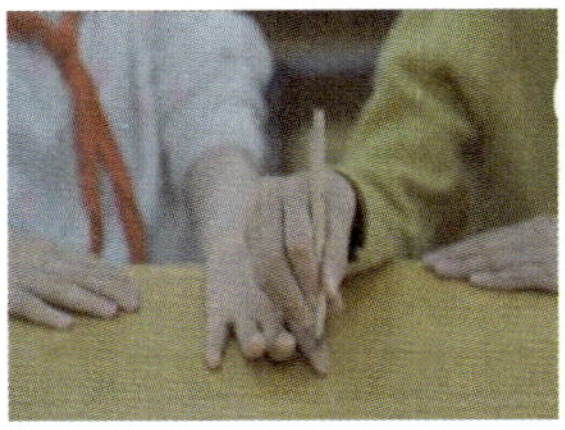
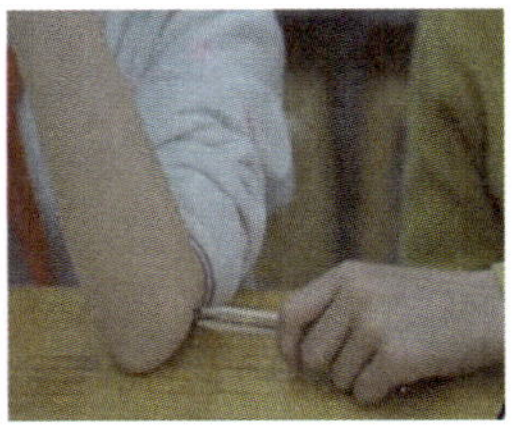
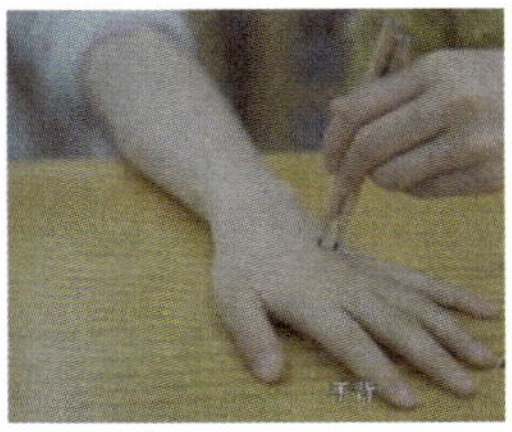

现象描述：学生描述，交流分享自己的认识。

结论：指尖的触觉神经末梢比较集中，手指的指尖对触觉比较敏感。

设计思路

设计意图

利用游戏和对比实验的探究性，吸引学生的注意力，调动其观察思考的积极性。

教学策略

与学生共同参与教学过程，在体验中发现问题，配合实验完成探究过程。举例说明，让学生将学习所获迁移到生活中进行科学解释。

第三阶段　通过实验现象和结论，让学生理解皮肤具有冷觉、热觉

阶段目标：深入思考，分组实验讨论，认识皮肤的冷热感。

教育活动脚本

老师：小朋友们，我们在不同的季节，依靠什么去判断我该穿什么衣服？是怎么感知温度呢？为什么能够感知温度呢？

引导学生发表自己的观点，表达对冷、热感觉的认知，并通过体验展品得出结论。

温度觉定义：当我们接触的外界物体的温度发生变化，使皮肤和黏膜的温度也发生变化时，我们就会觉得“冷了”或“热了”，这就是温度觉。

设计思路

学情分析

该阶段在实验和记录的过程中，帮助学生完成对知识的认知和总结，注重对学生正确观念的引导。

教育活动脚本

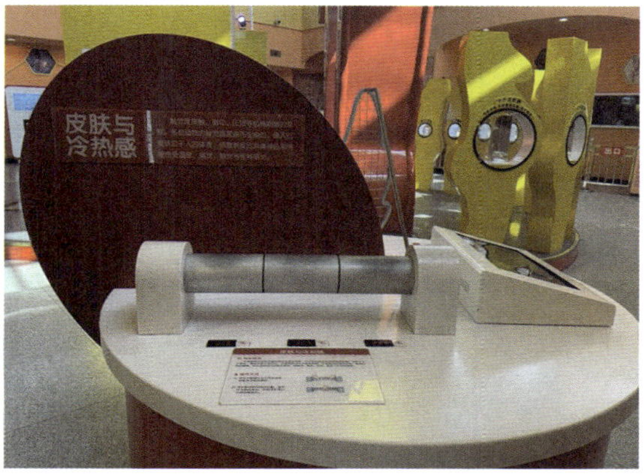

探究活动：皮肤感受“冷”“温”刺激的实验（见上图）。

人体能感到温度的变化，离不开皮肤中的温度觉感受器。当环境温度低于皮肤温度时会感到冷；当环境温度高于皮肤温度时会感到热。怎样利用实验的方法来体验温度觉？

方法步骤：

（1）准备三个水杯（见右图），分别记为1、2、3号水杯，然后向1号水杯加入温水（25摄氏度左右），2号加入热水（约50摄氏度的水），3号加入冷水（10摄氏度左右）。

冷水　温水　热水

（2）实验开始，先将左手的一个手指和右手一个手指分别浸入2号和3号水杯，持续10秒左右；然后将两个手指同时很快转入1号水杯1～2秒，这时注意体会左、右手指的感觉有何不同。

（3）小组同学分别做上述实验之后，交流各自的体验（见下表），看彼此的说法是否一致。

	1号（温）	2号（热）	3号（冷）
右手感觉	热	——	凉
左手感觉	冷	热	——

（4）记录实验结果。

现象分析：左手皮肤温度低于热水温度，人觉得热；右手皮肤温度高于冷水温度，人觉得凉；3分钟后两手同时放入温水中，左手皮肤温度高于温水温度，人觉得冷；右手皮肤温度低于温水温度，人觉得热。

总结归纳：皮肤温度感受器能够感受使皮肤温度发生变化的刺激。当刺激使皮肤温度下降时，会感觉“冷”；感受冷刺激（皮肤温度下降）的感受器叫冷感受器。当刺激使皮肤温度升高时，会感觉“温”；感受温刺激（皮肤温度升高）的感受器叫温感受器。

设计思路

设计意图

引导学生在分享成果的过程中表达自己的观点，树立积极正确的科学观。

教学策略

帮助学生巩固本阶段所学内容，并且对冷热感觉有了全面清晰的认识，树立正确的科学观念。

教育活动脚本	设计思路
举例说明：冬天，由于外界温度低，人体皮肤与外界之间温差大，人体皮肤散热快，人感觉到冷。夏天，由于外界温度高，人体皮肤与外界之间温差小，皮肤散热慢，感觉到热。 结论：皮肤具有冷觉和热觉，是皮肤真皮中的热敏小体和冷敏小体接受刺激的原因。皮肤的冷觉、热觉并不是物体温度的高低，而是皮肤散热的速率快慢。	

第四阶段　结合实验，引导学生描述感受，加深对痛觉的理解

阶段目标：认识痛觉。

教育活动脚本	设计思路
分组实验：用一支铅笔，分别用较轻或较重的力触碰手的同一地方（见下图），有什么感觉? 现象描述：（学生描述，交流分享自己的认识） 结论：过分强烈的刺激，会使皮肤产生痛觉。 提出问题：你能想象一个人如果没有痛觉会怎样吗? 据文献记载，至今世界上已发现62例先天无痛觉患者。他们由于先天无痛觉，幼年时往往在进食时自己将舌头咬破，行走时将关节扭伤而不知晓。因此，他们必须学会如何防止烫伤、碰撞等对身体的伤害。 	**学情分析** 引导学生动手实验通过深入思考和自主讨论分享学习和研究的成果。 **设计意图** 以小组为单位去实践、感受，在这个实验环节中加深学生对痛觉的理解，并学会保护自己。 **教学策略** 学生有了一定的了解后，通过信息发布会的形式进行表达和交流，相互促进提高。

第五阶段　研讨总结，深化认知，掌握保护皮肤的方法

阶段目标：了解皮肤的结构和感受器的分布以及作用，掌握保护皮肤的方法。

教育活动脚本	设计思路
结合展板让学生观察皮肤的内部结构，启发学生分享对皮肤已有的了解和认知，并引导学生细致地描述自己看到的皮肤构成： （1）表皮层，保护作用 。	

教育活动脚本

（2）真皮层，调节体温。

（3）皮下组织，支撑作用。

皮肤是人体面积最大，分布最广的感觉器官，见下图。

通过前四个阶段的学习，同学们对皮肤的感觉功能和分布有了新的认知，在这一阶段进行感悟、理解、归纳。

皮肤结构

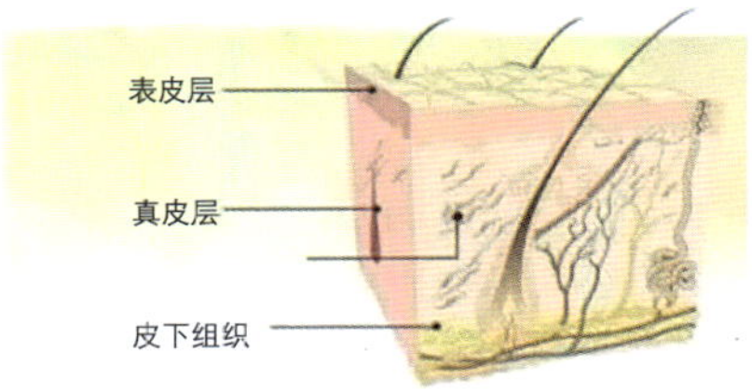

皮肤感觉器

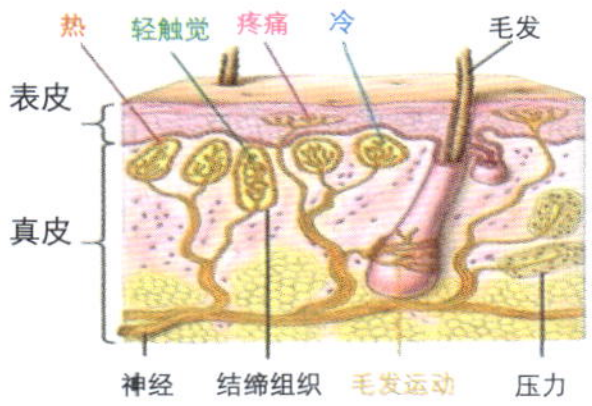

触觉——感受轻微触摸，分布在眼睑、嘴唇、手掌等，指尖最敏感。

冷觉、热觉——对温度变化的反应，分布在被衣服包裹处及手背等。

痛觉——感受对身体损伤性的刺激，有保护作用，几乎分布全身。

问题导入：通过设置问题，引导学生以小组为单位进行交流讨论，采用信息发布会的方式，表达观点，自主得出结论。

问题1：有一位同学的手被划了一下，但是没有出血，这是为什么呢？为什么我们冬天穿得厚，夏天穿得薄？皮肤的感觉功能有哪些？

结论：只伤到了表皮层，所以没有出血。皮肤是一个良好的保护罩，能阻挡水、尘土、病菌和有害光线等。皮肤是人体的“空调器”，可以凭借出汗等来调节体温。皮肤可以从外界接收到冷、热、痛、触觉等大量信息，并向大脑报告。

问题2：当你的皮肤受到针扎等损伤性刺激时，会有什么感觉？对人的健康生活有利还是有害？

结论：痛觉；有利。因为没有痛觉，人体就不能感知对身体的损伤性刺激，也就无法对损伤部位及时采取有效的应对措施，人就不能健康地生活下去。（在冷、热、触、痛四种感觉中，对人体保护意义最大的是痛觉）

问题3：生活中如何保护好我们的皮肤？

结论：

（1）经常清洁。皮肤保护人们免受细菌病毒的侵害，表面会附着大量的病菌和灰尘，此外皮肤组织细胞的死亡也会留下很多的垃圾，所以要勤洗脸和洗澡。

（2）注意饮食营养。饮食与皮肤健康息息相关，当营养不足时，人的皮肤就会显得暗淡，当营养足够时，皮肤就会有光泽。

（3）注意天气变化。保护皮肤一定要注意天气变化，太阳大的时候要进行防晒，天气热的时候要注意补充水分和矿物质，沙尘天气要注意使用衣物遮蔽身体和面部。

设计思路

学情分析

引导学生自主总结皮肤的构成和功能，深化对皮肤相关知识的认知。了解皮肤结构与功能的关联意义，引导学生去思考皮肤对我们的重要性，树立健康生活的意识。

设计意图

以问题式学习为主，通过引导学生发表自己见解，掌握在探究过程中进行观察、实验、记录、归纳、概括等方法解决问题，让学生有真切的代入感，增强学生的生活技能。

教学策略

学生有了一定的知识积累后，完成了“做中学”和“学中思”。让学生养成“动手做”解决问题的习惯，发掘更多有用的信息，培养学生的探究实践能力。

七、教育评价与反思

1. 评价

此次活动主要运用“观察并熟悉皮肤的表面特征——利用工具深化了解皮肤的基本特征一多种形式的感知活动一认知研究活动”的科学观察探究方式。坚持遵循渐进的原则，科学知识步步深入，在活动开展过程中，带领学生探索发现更多有用的信息，激发学生探究物体与物体之间、生物与生物之间、生物与环境之间存在的相互作用与平衡关系。在充分考虑学生身心发展规律的基础上，将学生发展的需要与科学素养的诸多要素有机地结合起来，追求科学性、实用性、教育性、普适性的统一。

2. 反思

（1）小学低年级的学生认识和理解能力还比较弱，更喜欢体验式的学习方式，应以学生为中心，突出学生的主导地位开展活动。

（2）在活动开展及实验过程中，老师要善于借助真实情景提出问题，引导学生通过讨论、探索，充分调动学生对科学现象理解的主动性、积极性和创造性，使学生在轻松愉快的探索活动中既学到了科学知识，又提高了解决实际问题的能力。

（3）在科学课中，动手和动脑是分不开的。特别是小学低年级的学生思维还处于直觉向形象过渡的阶段，学生对事物的理解往往要通过自己的亲身活动来实现。因此，面对整个活动要以学生的亲自感知、体验操作为主，注重调动学生主动参与的积极性。

★ 该项目获 2023 年“奋进科普新征程”全国科技馆联合行动优质科学教育资源项目二等奖 ★

星上通讯

教育活动类型： 活动课程

项目开发单位： 郑州科学技术馆

项 目 设 计 人： 母佰明、樊学峰、时婕

一、教学内容

本教学活动站在历史的发展角度以古往今来的通信技术为核心，并以光通信技术为探究点，用生动有趣、容易理解的实验，探究光通信技术的萌生、发展到实际应用。能够以轻松的状态了解到卫星之间的“光通话”，普及航天知识，明白技术的发展也是基于生活，并解决生活中的实际问题，点燃学生的“航天梦”。

二、教学对象

1. 本教育活动适宜的受众人数：24 人。

2. 本教案所针对的具体教学对象：五至七年级学生。

3. 教学对象的学情分析：该年龄段的学生通过学习已经能够识别来自光源的光或来自物体反射的光，而对光路和光强的可变性没有充分的理解，大多学生仅认为发出不同的光均为客观不变的。该年龄段的学生能够分析从古至今人们传递信息的方式，但对承载信息的载体本身没有建立认知，对信息载体的多样性了解较少。本课程将站在历史发展的角度，通过了解科学家们探索传输更快、更远的信息载体的过程并亲历科学家们所遇到的问题，在过程中学习科学家科学研究的方法，体会科学家坚持探索的精神。

三、教学目标

1. 科学观念：了解历史发展过程中的不同通讯方式，并了解利用光进行通讯的方式，知道通过控制光自身的闪烁频率作为一种信号进行传递。

2. 科学思维：对比不同闪烁频率的光对音响的影响，培养提出猜想和做出假设的能力。探究光传递至音响并发出声音实验并进行大胆测试，遇见光路传输问题并进行解决，培养独立思考和创新精神。

3. 科学态度：对光传递信息保持好奇心和探究欲，在质疑产生疑问时，能够做到积极的深入探究解决问题的态度。

4. 探究实践：了解光通信技术的发展推动人们生活交流更加便捷，更是给技术发展提供基础支撑。科学的发展也是基于生活，解决生活中的实际问题。

四、教学重点和难点

1. 教学重点：理解贝尔发明电话的工作原理，并利用电话的工作原理联系光通信技术。光通信技术是将电流信号放大影响光的闪烁，光的闪烁信号通过太阳能板接受后转变成电流信号。

2. 教学难点：能够自主解释光的闪烁传递信号的原因。接收器接收到光的闪烁，进而转化成变化的电流，从而再次转化成电信号传递给音响进行发声。

五、教学准备

1. 教学场地：科技馆展厅、教室。

2. 教学准备：120 厘米 ×50 厘米桌子 2 张、改装音响设备 1 套、60 厘米 ×60 厘米电流表设备 1 套、麦克风 1 个、麦克风连接线 1 条、自制土电话 1 套、音叉 1 个、光通信材料包 1 套。

3. 活动总时长：40 分钟。

六、知识原理

1. 随着时间变化的电流可作为信号进行传递。

2. 光的闪烁频率同样也是一种可以进行传输的信号。

七、教学过程

第一阶段　从古至今，信息远程传递的方式和载体

阶段目标：知道信息传递的方式如：狼烟、旗语、信鸽。对比不同传递信息方式，为信息的快速发展做铺垫。

教育活动脚本	设计思路
创设情境：假如穿越时空，回到远古时期，没有电话、电脑、手机等通讯工具，甚至没有电和纸，人们该如何记录并远程传递信号或信息呢?	

教育活动脚本

学生分组进行讨论，将远古时期存在的信息载体和传递信息的方式记录在下表中。

时期	记录 / 传递信息的方式	优点	不足
远古			
近代			
现代			

各组同学选派组长汇报分享远古时期能够进行记录和传递信息的方式，各组员倾听不同的答案并补充记录在统计表中。

以小组为单位分析表格中各种不同方式的优点和缺点，并记录到统计表中再进行组间分享。

老师展示自制的土电话套装（见下图），提出声音如何传递到耳朵里面，引出信息传递最简单、最普遍且最直观的方式。

实验：土电话传声。

实验材料：自制土电话 1 套、音叉。

实验操作：

（1）学生 2 将土电话绳线一端抛给学生 1。

（2）老师利用音叉振动传递到扩声桶。

（3）进行第二次实验，学生 1 将棉线松掉，导致声音信息无法通过棉线传递。

设计思路

设计意图

以远古时期没有科技发明的时代作为情境，引发学生站在历史的角度对信息传递的方式进行思考，通过讨论其方式的优点和缺点，体会出科技的发展是符合人类需求的。为本节课亲历科学家们寻找更快、更稳定的传输方式做铺垫。

用常见的传声玩具土电话作为第一个实验，呼应之前传递声音信息的方式。进行第二次实验时，棉线松弛无法有效的传递信息，证明传递信息具有局限性，并为电话的产生做出铺垫。

学情分析

在老师提出问题时，学生能够稳定地说出自己的猜想，并能够分析不同通讯方式的优点和不足。

教学策略

学生对于通讯方式的潜认知较多，在进行引入实验时，可以进行互动充足，增加学生的学习兴趣，深化信息传递的意义。

第二阶段 贝尔的电话机

阶段目标：了解电话机中电信号的工作方式，以便于更加清楚地理解如何利用光进行信息的传递。

教育活动脚本

（1）学生通过视频了解近代人们远距离传输信息的方式及其优缺点。

电报的发明，把人们想要传递的信息以每秒 30 万公里的速度传向远方。这是人类信息史上划时代的创举。但久而久之，人们又有点不满足了。因为发一份电报，需要先拟好电报稿，然后再译成电码，交报务员发送出去；对方报务员收到报文后，得先把电码译成文字，然后投送给收报人。这不仅手续繁多，而且不能及时地进行双向信息交流；要得到对方的回电，还需要等较长的时间。人们对电报的不满，促使科学家们开始新的探索。

（2）展示贝尔的发明——电话。

实验：电话传声

实验材料：60 厘米 ×60 厘米电流表设备 1 套、麦克风 1 个、麦克风连接线 1 条。

实验操作：介绍电话传输设备麦克风连接着扩音器，中间并联电流表，同时连接上 led 灯，电流在变化时 led 的亮度会发生改变（见下图）；学生使用手持麦克风设备进行呼叫方式；要求电话设备工作时每个小组进行观察记录在整个过程中电流表设备的变化，如下表观察并将观察到的结果进行记录。

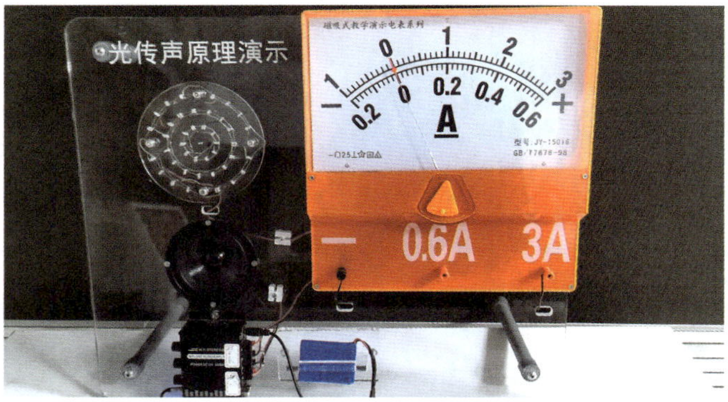

	未发出声音时	声音较小时	声音较大时	声音在循环变化时
电流表指针的变化				
串联 led 灯泡的亮度变化				
我的发现				

（3）老师引导学生进行综述：声音较大时，电流较大，声音较小时电流较小，麦克风能够产生变化的电流，这种变化的电流就是一种信号。扩音器接收到这种信号发出指定的声音。

设计思路

设计意图

看似土电话传声实验和电话传音实验对光通讯没有太大联系，但是能够真正理解光通信，必须理解前两个实验，才能够对光通信的工作过程深入了解。电话线代替棉线成为新世纪传递信息的方式，代表时代在变化，通信方式在优化。实验中特意将电话线的电流波动以电流表指针的摆动和灯盘闪烁的方式展现，更加直观地向学生解释电话的工作原理。将看不见的电信号变化转换成实物变化，直观明了地向学生说明声音信号转化成电信号又转化成声音信号的过程。

学情分析

学生对于电话线传递信息的原理理解较难。但是通过层层递进和探究解释的方式去解决这些问题，能够让学生能够简单轻松地理解电话传声的方式。

教学策略

在讲解学生不明白的实验原理时，需要层层递进让学生进行理解和分析。需要将模

教育活动脚本

（4）贝尔发明电话的故事。

19 世纪 30 年代之后，人们开始探索用电磁现象来传送声音信息。贝尔在做电报实验时，偶然发现了一块铁片在磁铁前振动会发出微弱声音的现象，如果声音转换为铁片的振动，而铁片又连接着电线，铁片振动进而转换为电流的变化，电流能快速地传递到更远的地方，并将该声音信息还原出来。

（5）学生分组讨论并汇报早期电话的优缺点，并将讨论结果记录在统计表中。

（6）思考核心问题，学生自由发表猜想：还有比电线传输信息更加快速且稳定的通道吗？

设计思路

糊的东西具体化，比如将看不见的电流变化转化成指针的跳动，这样更容易学生的理解。

第三阶段　信息传递的光话机

阶段目标：了解电信号的传递方式，并进行思考如何利用光进行传递信息，并进行信息的传递。

教育活动脚本

（1）带学生进行猜想如何使用光进行信息的传递。猜想一：光照在物体上面留下影子、光有不同的颜色；猜想二：光的闪烁代指一种信息。

（2）进行实验的测试，并让学生进行实验的记录，见下表。

实验一		
	将光照在接收器上	光不照在接收器上
接受光后扩音器的变化		
我观察到的现象：		

实验二		
	白光照在接收器上	将有一定闪烁规律的光照在接收器上
接受光后扩音器的变化		
我观察到的现象：		

设计思路

设计意图

实验操作的步步引入，用对比、猜想、观察等探究方式，让学生以轻松的状态并循序渐进地明白，太阳能板接收到不同的光信号进而转化成变化的电信号，紧接着用麦克风输入的电信号改变光的闪烁频率，使音响根据光的变化发出人的说话声音。之后使用创新形式，增加表现力的方式用 MP3 输入信号代替麦克风输出信号，从而实现声音信息的光传递。

教育活动脚本

实验三		
	将有一定闪烁规律的光照在接收器上	将频闪灯光照射在接收器上
接受光后扩音器的变化		
我观察到的现象：		

实验四		
	将频闪灯光照射在接收器上	利用传输线将 MP3 连接电筒
接受光后扩音器的变化		
我观察到的现象：		

（3）老师带领学生思考在进行不同实验时，接收器接收到光线变化时，扩音器的不同变化，见下图。

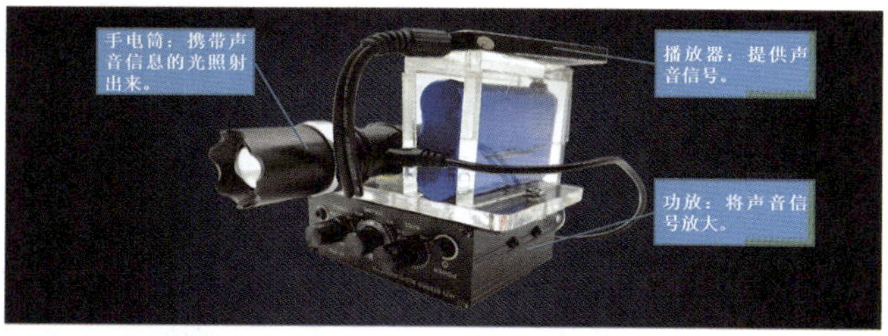

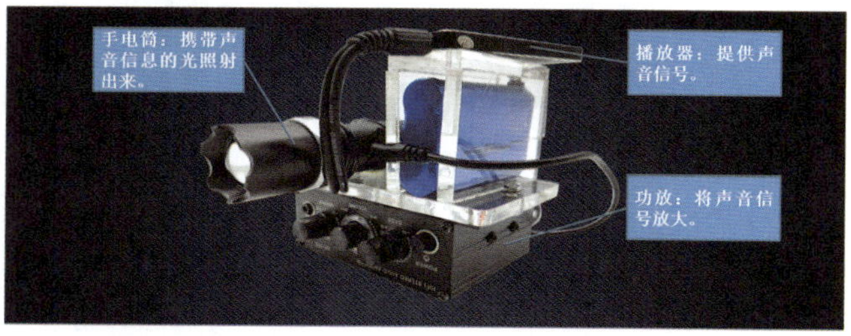

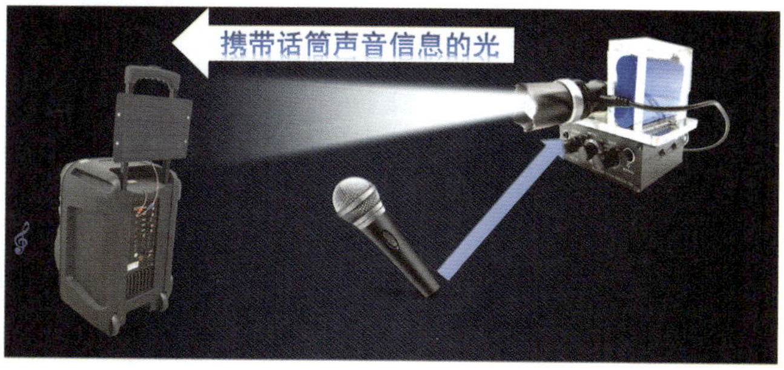

（4）总结并发现，光闪烁频率的变化，扩音器发出的声音发生改变。因此闪烁的光可以作为变化的信号。

设计思路

学情分析

学生更容易理解自己看得到摸得着的东西。对于光通信来说，他们无法深入理解，但是通过他们能够听得到的声音去表现光通信信息的传递，这样更容易被学生理解光通讯的真正意义。

教学策略

层层递进并深入浅出让学生理解电信号的传递方式。利用表格和实验数据来体现实验结果，让学生能够自主探究并获得实验结论，清楚地知道实验的原因。

教育活动脚本	设计思路
（5）创新与制作：分析和对比光通话所必需的几个结构；带领学生进行简易光通讯设备的制作；分析和体验光通讯作品，并进行相互之间的音乐信息传递，如下图所示。	

（6）总结评价：老师带领学生进行回顾分析在学习光通讯的过程中信息通讯的几种演变，分析在不同通讯时，信号的变化；老师让学生将自己的作品进行展示和演练，讲述自己在制作的过程中或者学习的过程中所遇见的问题，自己是如何解决问题的。

第四阶段 星上通讯

阶段目标：理解光通讯的实际作用。

教育活动脚本

（1）老师提出思考：在宇宙中若是想进行交流应该如何处理?

（2）学生进行猜想，老师进行解释不同答案之间的优缺点。

（3）分析光通讯在卫星通信上的优缺点，并给学生介绍光通讯在未来通信上的发展。激光通信技术由于其单色性好、方向性强、光功率集中、难以窃听、成本低、安装快等特点，引起了各国的高度重视。

设计思路

设计意图

将前沿科技的与实际用途相结合，让学生更理解科技源于生活并服务于生活。

学情分析

增加科技服务于生活的实力，让学生拥有喜欢科学、热爱科学。研究科学的探索心理。

教学策略

提出卫星之间的通信通常以无线电的方式，但是存在于很多问题，学生是不理解的，老师可以主动提出并加以解释。然后由学生进行分析光通信相对于无线电通信的优势。

八、实施情况与课程评价

调查问卷、显示评价情况，如下图所示。

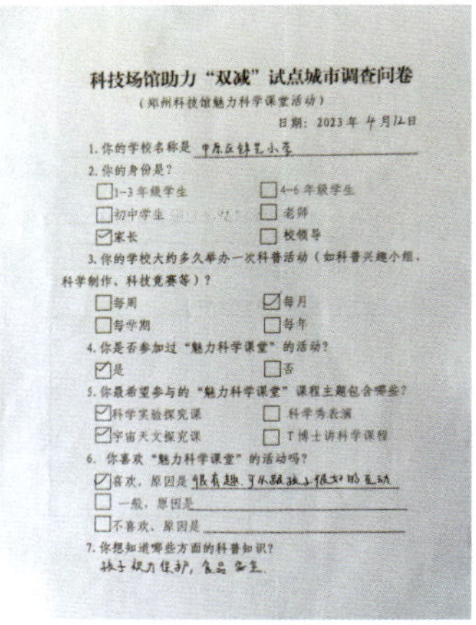

科技场馆助力“双减”试点城市调查问卷

（郑州科技馆魅力科学课堂活动）

日期：2023 年 4 月 12 日

1. 你的学校名称是

2. 你的身份是？

1-3 年级学生　4-6 年级学生　初中学生　老师　家长　校领导

3. 你的学校大约多久举办一次科普活动（如科普兴趣小组、科学制作、科技竞赛等）？

每周　每月　每学期　每年

4. 你是否参加过“魅力科学课堂”的活动？

是　否

5. 你最希望参与的“魅力科学课堂”课程主题包含哪些？

科学实验探究课　科学秀表演　宇宙天文探究课　T 博士讲科学课程

6. 你喜欢“魅力科学课堂”的活动吗？

喜欢，原因是

一般，原因是

不喜欢，原因是

7. 你想知道哪些方面的科普知识？

孩子视力保护，食品安全。

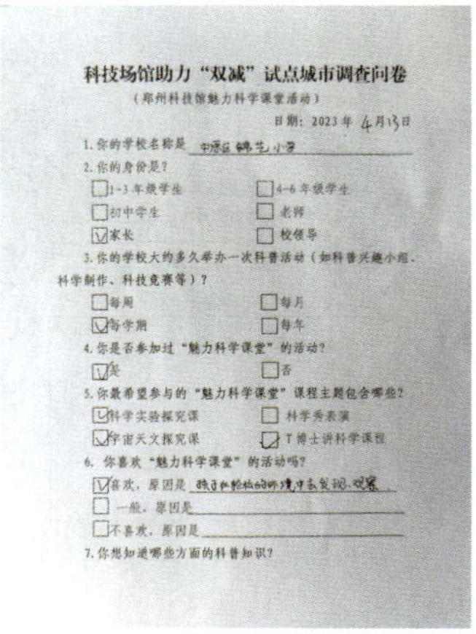

科技场馆助力“双减”试点城市调查问卷

（郑州科技馆魅力科学课堂活动）

日期：2023 年 4 月 13 日

1. 你的学校名称是

2. 你的身份是？

1-3 年级学生　4-6 年级学生　初中学生　老师　家长　校领导

3. 你的学校大约多久举办一次科普活动（如科普兴趣小组、科学制作、科技竞赛等）？

每周　每月　每学期　每年

4. 你是否参加过“魅力科学课堂”的活动？

是　否

5. 你最希望参与的“魅力科学课堂”课程主题包含哪些？

科学实验探究课　科学秀表演　宇宙天文探究课　T 博士讲科学课程

6. 你喜欢“魅力科学课堂”的活动吗？

喜欢，原因是

一般，原因是

不喜欢，原因是

7. 你想知道哪些方面的科普知识？

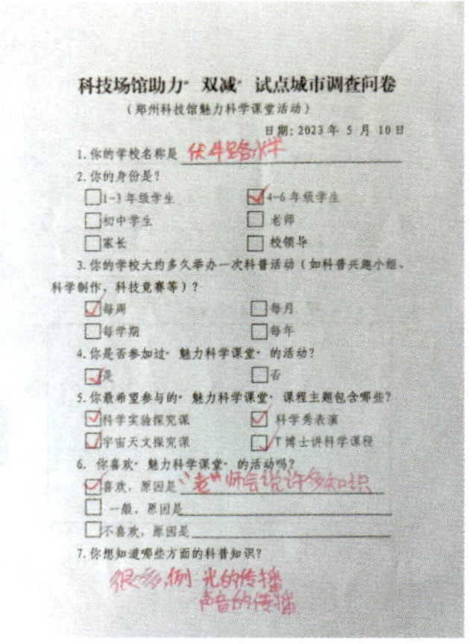

科技场馆助力“双减”试点城市调查问卷

（郑州科技馆魅力科学课堂活动）

日期：2023 年 5 月 10 日

1. 你的学校名称是

2. 你的身份是？

1-3 年级学生　4-6 年级学生　初中学生　老师　家长　校领导

3. 你的学校大约多久举办一次科普活动（如科普兴趣小组、科学制作、科技竞赛等）？

每周　每月　每学期　每年

4. 你是否参加过“魅力科学课堂”的活动？

是　否

5. 你最希望参与的“魅力科学课堂”课程主题包含哪些？

科学实验探究课　科学秀表演　宇宙天文探究课　T 博士讲科学课程

6. 你喜欢“魅力科学课堂”的活动吗？

喜欢，原因是

一般，原因是

不喜欢，原因是

7. 你想知道哪些方面的科普知识？

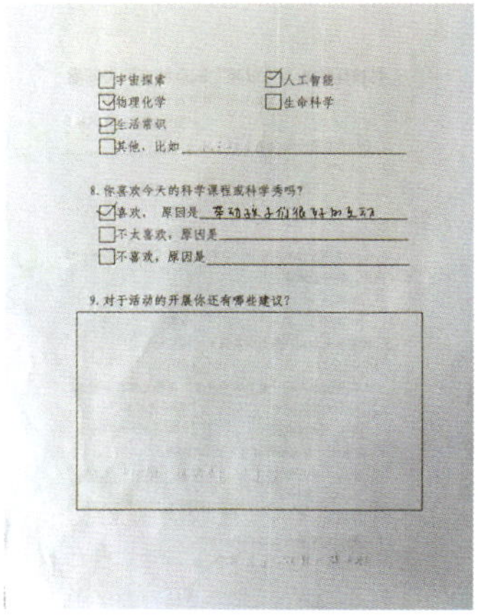

宇宙探索　人工智能　物理化学　生命科学　生活常识　其他，比如

8. 你喜欢今天的科学课程或科学秀吗？

喜欢，原因是

不太喜欢，原因是

不喜欢，原因是

9. 对于活动的开展你还有哪些建议？

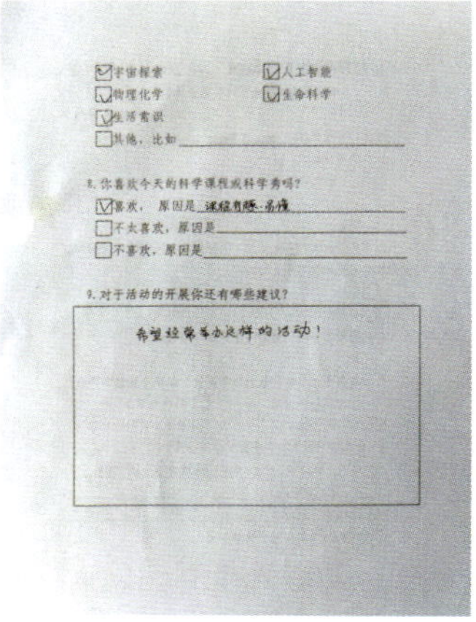

宇宙探索　人工智能　物理化学　生命科学　生活常识　其他，比如

8. 你喜欢今天的科学课程或科学秀吗？

喜欢，原因是

不太喜欢，原因是

不喜欢，原因是

9. 对于活动的开展你还有哪些建议？

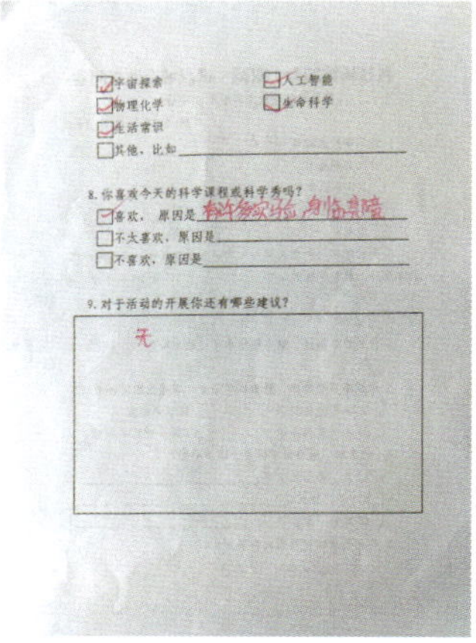

宇宙探索　人工智能　物理化学　生命科学　生活常识　其他，比如

8. 你喜欢今天的科学课程或科学秀吗？

喜欢，原因是

不太喜欢，原因是

不喜欢，原因是

9. 对于活动的开展你还有哪些建议？

无

九、综合评价

1. 讲述知识点较为前端，直白讲述可能学生不容易理解，将学生看不见的现象用另一种方式具体化，让学生能够直观地看到实验的变化，能够主动地探究出真正的实验结果。

2. 科技发展源自生活，选题应发源于生活应用于生活，解决生活中的刚需，能够让学生热爱科技，探索其中的奥秘。

★ 该项目获 2023 年“奋进科普新征程”全国科技馆联合行动优质科学教育资源项目二等奖 ★

走进蘑菇世界

教育活动类型： 实验探究 + 劳动实践

项目开发单位： 周口市农业科学院、河南省科学技术馆

项 目 设 计 人： 王敬文、闻亚美、侯书畅

一、概 述

蘑菇学名食用菌，是可供人类食用的大型真菌，具有极高的营养价值。本活动从合理营养与食品安全课程出发结合日常家庭食谱和饮食习惯产生认知冲突，吸引学习对象激发对菌物的兴趣，主动探索蘑菇世界中的奥秘，了解大型真菌的特点及其生长与繁殖。通过提供制作孢子画材料，指导学习对象利用食用菌材料进行孢子画的创作，从中真实地感受孢子的存在，培养学习对象的创意和创新能力。让学习对象结合自己的创作阐述对食用菌的认知和理解，老师通过发放菌包盒和观察记录表引导学习对象继续发展对食用菌的理解和应用技巧，通过一段时间的自主培养和记录，在实践中进一步加深对食用菌的理解，最终学习对象用自己培养出的食用菌按照自己制定的营养菜单做一道菜，在劳动实践中证明自己理解了食用菌的习性及营养价值，提升了自我劳动技能。学习对象通过该教育活动能够巩固和拓展学科知识，激发科学兴趣、培养科学与艺术创造力、增强实验和实践能力。

二、教学对象

1. 本教育活动适宜的受众人数：15 ~ 20 人。

2. 本教育活动针对的具体教学对象：12 ~ 15 岁。

3. 教学对象的学情分析：该阶段学习对象多数为刚接触生物学科，初步学习了真菌和合理营养与食品安全知识，本活动是进一步研究蘑菇在饮食健康中的重要性，与学生自身健康密切相关，学生有感性认识。现代中学生大都是“衣来伸手、饭来张口”，生活实践能力都较差。本活动教学定位是着重对学生进行创新创造力、实践能力的培养和情感体验的升华。

三、教学目标

1. 生命观念：指出蘑菇（食用菌）在饮食健康中扮演的重要作用，说出蘑菇的形态结构，阐明大型真菌与动植物、细菌的结构差异，了解大型真菌的生长特性。

2. 科学思维：通过对相关材料、图文、视频、表格等的分析和判断，锻炼自身归纳、总结等逻辑思维能力。

3. 探究实践：通过使用仪器观察对比、动手制作孢子印、自主培养蘑菇（食用菌）、烹饪美食等不同方式的探究实践，有助于培养自身科学与艺术创造力、增强实验和实践能力。

4. 态度责任：通过科学探究，培养大胆勇于创新的精神，养成善于交流，注重团队协作的学习品质；通过了解蘑菇（食用菌）认识到健康饮食的重要性，形成积极向上的生活态度，以及关爱生命、关心健康的社会责任感。

四、教学重难点

1. 教学重点：通过分析食用菌营养价值让学习对象认识到食用菌在健康饮食上的重要性；分析食用菌形态结构，制作孢子画树立学生生物学结构与功能观，培养学生的创新创造力；指导学习对象制定食用菌培养方案进行培养提升学习对象观察研究能力；指导学习对象制定营养菜单结合劳动实践开展美食制作。

2. 教学难点：食用菌材料的选择决定了孢子印的效果，学习对象的创造力决定着孢子画的艺术效果呈现；自主培养食用菌的记录表有效数据分析决定着对食用菌习性的认知；自制营养菜单和美食烹饪决定着对健康饮食的了解和自身健康饮食的技能水平。

五、教学场地与教学准备

1. 教学场地：教室、生物实验室、食用菌基地、科普场所等容纳 15 ~ 20 人的教学场地。

2. 教学准备：不同种类的食用菌、黑色卡纸、彩色画笔、印有孢子印的卡纸、食用菌培养皿、显微镜、菌包盲盒、食物卡片、PPT、视频、学习单、观察记录表、营养菜单等。

3. 活动总时长：40 分钟。

六、教学活动设计与实施

1. 教学活动设计流程图

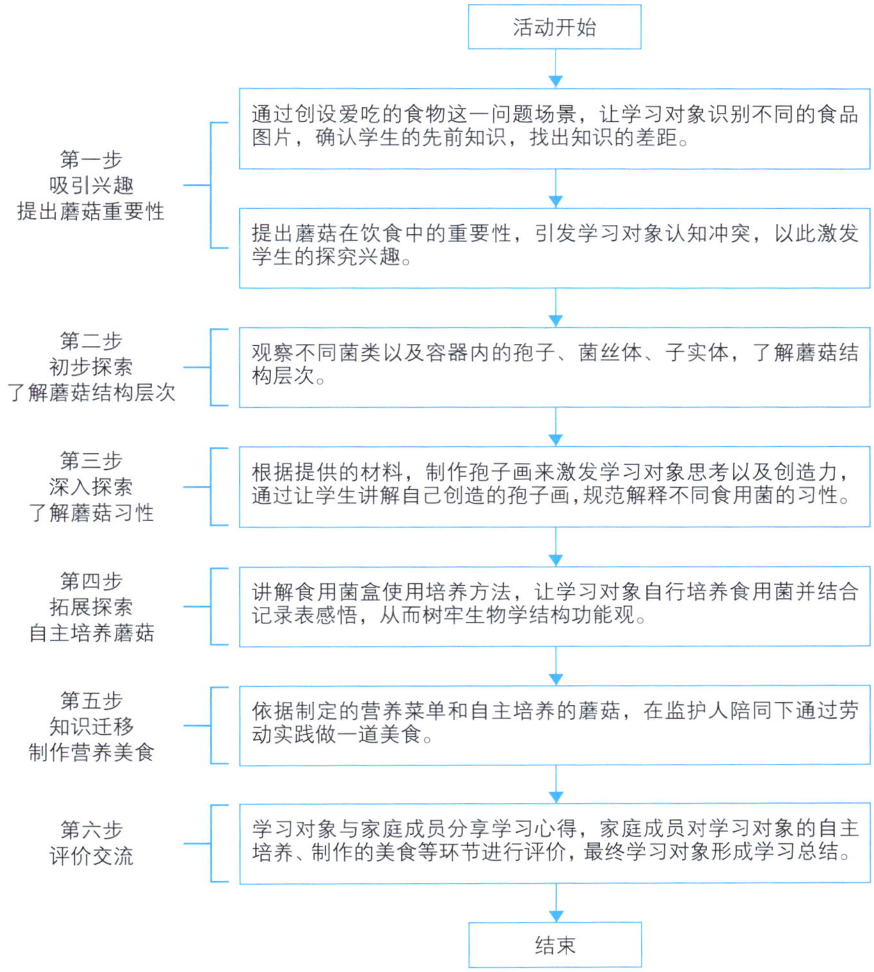

2. 活动步骤以及设计意图

第一阶段　导入问题，引发思考

阶段目标：通过提问喜爱的食物，选择自己喜欢的食物卡片，分析营养价值，提出蘑菇在饮食中的重要性，制造认知冲突来激发学生对蘑菇的学习兴趣，引发对蘑菇习性和营养价值的思考。

教育活动脚本	设计思路
本阶段创设情境如下列所示。 老师活动 1：在白板上放置食物卡片，提出问题。食物卡片内容为蛋、奶、肉、蔬菜、五谷、水果、油等，每种食物富有营养成分。 学生活动 1：学生相互讨论交流，根据自身喜好选择食物卡片。	

教育活动脚本

老师活动 2：选择 3 名学生的食物卡分析营养价值，重点对选择蘑菇的学生进行提问。

学生活动 2：学生回答蘑菇在饮食中的角色。

老师活动 3：提出“一荤一素一菇”是 21 世纪人类最合理的膳食结构，激发学生探索蘑菇习性的兴趣。

问题导入

老师：同学们，大家好！我是菌菌老师，菌菌老师想问一下大家今天在家都吃了什么饭？里面有哪些食物？哪位同学举手分享一下？

（学生举手回答）

学生：吃了青菜炒肉、米饭、清蒸鱼……

老师：回答得特别好，菌菌老师这里呢有一个白板，白板上有一些食物，下面菌菌老师选 3 名同学选取自己喜欢的食物卡。

（学生举手选取）

老师：那我们就选这 3 位同学吧，选好了吗？咱们依次说说为什么选择这几种食物？

学生 1：我选的是鸡蛋、青菜、肉，因为……

学生 2：我选的是鸡蛋、牛奶、鱼，因为……

学生 3：我选的是蔬菜、蘑菇、五谷，因为……

老师：非常棒，几位同学都根据自己的喜好选择了相应的食物，那菌菌老师发现这位小朋友选择了蘑菇，你为什么爱吃蘑菇？

学生：因为……

老师：这位同学说得非常好，我相信很多同学都吃过蘑菇，其实蘑菇的营养价值和在我们的饮食中扮演的角色非常重要，我们来一起看看蘑菇和其他食物的营养价值对比，如下表所示。

	蘑菇与其他食物营养价值对比
蘑菇	维生素 B_1、维生素 B_{12} 高于肉类
鲜蘑菇	蛋白质是大白菜的 3 倍，萝卜的 6 倍，苹果的 17 倍
干蘑菇	蛋白质是瘦肉的 2 倍，鸡蛋的 3 倍，牛奶的 12 倍
草菇	维生素 C 含量是辣椒的 1.2~2.8 倍，是柚、橙的 2~5 倍
香菇	维生素 D 含量是紫菜的 8 倍，甘薯的 7 倍，大豆的 21 倍
蘑菇类富含人体所需多种氨基酸和微量元素，并且高蛋白、低脂肪，是兼有荤素两者之长的高档食品，可以在荤素食品之间架起一个沟通的桥梁，帮助荤素食品营养互补吸收，调节机体免疫功能，使膳食结构更加的牢固。	

设计思路

学情分析

学生对于一般的食物有一定了解，但对于蘑菇的认识以及在食物中扮演的重要性知之甚少。对于蘑菇生长习性会产生一定的兴趣。同时，该阶段的学生具备一定的自主观察能力，能够描述蘑菇的一些基本性状。

设计意图

通过食物卡选择创设“问题情境”，制造认知冲突等方式，打开学生对蘑菇的新认知，对蘑菇的营养价值和重要性有初步的认知，通过进一步的引导思考激发学生探索蘑菇习性的兴趣。

教学策略

选择食物卡片：通过选择食物卡，使学生回顾课堂知识和发挥日常生活经验。引发思考：通过对学生选择进行交流评价，形成认知冲突。引导学生通过理性思考增进认知，同时激发探索兴趣。

教育活动脚本

老师：通过这个表我们能看到，要想营养更均衡仅有荤素是不行的，适当的摄入蘑菇才能让我们的膳食结构更加的牢固。因此，“一荤一素一菇”是 21 世纪人类最合理的膳食结构。那小朋友们知道蘑菇是动植物呢？还是真菌呢？或者是细菌呢？

学生：知道，知道，是植物、是细菌……

老师：哦……有的说是植物有的说是细菌，还有的说是动物？大家开动聪明的大脑好好想想。

学生：（思考）

设计思路

第二阶段 观察蘑菇，初步探索

阶段目标：以问题为导向，通过不同阶段的蘑菇形态比较观察，引导学生自主探究蘑菇的结构层次。

教育活动脚本

本阶段创设情境如下面所示。

老师活动 1：将蘑菇的孢子培养皿、菌丝体培养皿摆放在桌子上，让学生结合所学观察比较和动植物、细菌的异同。

学生活动 1：以小组的形式通过显微镜观察孢子和菌丝体，分析蘑菇的结构层次，对比蘑菇与动植物、细菌结构的异同，填写学习单，见下表。

种类	细胞核	细胞壁	叶绿体
蘑菇	□有□无	□有□无	□有□无
动物	□有□无	□有□无	□有□无
植物	□有□无	□有□无	□有□无
细菌	□有□无	□有□无	□有□无
结论			

老师活动 2：带领学生作对比分析，巩固结论，并播放视频。

学生活动 2：总结，观看视频巩固知识点。

老师活动 3：引导学生注意观察不同种类蘑菇的外观形态，启发学生探究不同种类蘑菇的结构差异，并填写学习单。

老师活动 4：结合学生探究记录，归纳总结蘑菇的形态结构。

设计思路

学情分析

学生对直接现象比较敏感，对于有趣的现象充满好奇，具有强烈的探索欲望。

设计意图

利用问题引发学生思考，通过对不同阶段的蘑菇以及不同种类的蘑菇观察，初步探究蘑菇的结构层次。

教学策略

以问题驱动，让学生有目的、有方向地观察蘑菇，体验科学探究的一般过程；小组合作探究，交流意见，促进学生进一步思考，完善自身观点。

教育活动脚本	设计思路

问题导入

老师：同学们，在大家面前桌子上放着装有蘑菇孢子、菌丝体的培养皿，现在咱们 5 个人一个小组，一起来根据学过的知识来判断一下蘑菇到底是动植物呢？还是真菌呢？或者是细菌呢？

学生根据观察现象回答。（填写蘑菇与动植物、细菌结构对比表）

老师：大家回答得很好，菌菌老师这里有一张图，咱们来一起看一下大家判断的对不对？

（内容为细菌、真菌、动植物细胞的结构。首先，细菌、真菌、植物细胞都有细胞壁，动物细胞没有；其次，细菌无成形的细胞核，真菌、动植物细胞有成形的细胞核；最后真菌比植物少了叶绿体）

老师：我们通过对比发现蘑菇有细胞壁、细胞核、无叶绿体，因此蘑菇属于真菌，接下来我们通过一个小视频来了解这种大型真菌。

老师：看完这个视频我们知道蘑菇是怎么样生长的了吧。

学生：知道。

老师：大家真棒，菌菌老师给大家桌子上放了香菇、平菇、金针菇，大家来一起看看它们的外观形态都有什么不同呢？

学生：交流发言，并填写不同种类蘑菇结构差异表，见下表。

种类	外观结构描述	与平菇的差异	与金针菇的差异
蘑菇			
平菇			
金针菇			

老师：大家说得非常好，有的脑袋大、有的身子长，有的皱皱巴巴，虽然它们长得外观不同，但是它们的结构是一样的，这个大大的脑袋叫作菌盖，这个皱皱巴巴的叫作菌褶，这个杆子叫作菌杆，整个蘑菇就是蘑菇的子实体，我们日常饮食中吃的就是这一部分。

第三阶段　提出制作任务，深入探究

阶段目标：以任务为驱动，带领学生将探究结果与实践创作相结合，加深对蘑菇结构的理解，树立生物学结构与功能观。

教育活动脚本

本阶段创设情境情况如下所示。

老师活动 1：发布制作任务，向学生讲解制作孢子印的材料，引导学生结合前面观看的视频思考如何制作孢子印。

学生活动 1：以小组为单位交流，探索如何利用现有材料制作孢子印。

问题导入

老师：同学们，刚刚我们一起了解了蘑菇的生长习性和结构，接下来菌菌老师带着大家动手做一个有趣的制作——孢子印画，大家期待吗?

学生：期待……

老师：我们还是以小组为单位进行制作，菌菌老师为大家准备了新鲜的香菇、平菇，纸杯、黑色卡纸，同学们想一想我们如何才能做出一个孢子印？咱们小组讨论一下。

学生：讨论。

老师：咱们哪个小组的同学分享一下，该怎么做出孢子印?

学生：把蘑菇放在卡纸上，有纸杯盖着。

老师：同学们说得非常好，想要印出一个好看的孢子印，我们首先要选择新鲜的、菌盖大的蘑菇，然后用剪刀把蘑菇的菌杆剪掉，将菌褶朝下放在黑色卡纸上，然后用纸杯罩在蘑菇上面平放在桌面静置一晚，第二天打开就能得到像菌菌老师手中黑色卡纸上的孢子印了。

老师活动 2：演示正确的孢子印制作方式，学生选择印有孢子印的黑色卡纸制作孢子画，如下图。

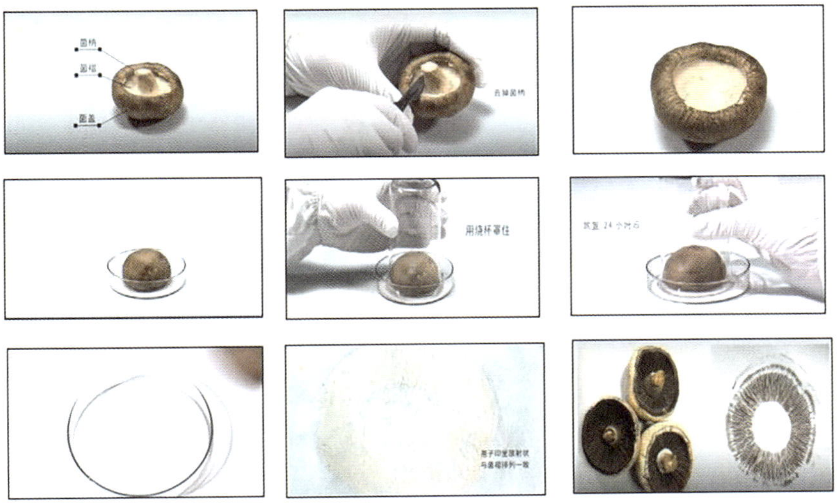

设计思路

学情分析

经过观察、探究、分析、对比等环节，学生已对蘑菇的习性和结构有了进一步的认识，可自主思考、选择完成制作任务。

设计意图

学生在了解蘑菇的习性和结构的主要内容后，通过制作孢子印，绘制孢子印画，真实感受孢子的存在，培养学生的想象力和创造力。

教学策略

在学生的探究基础上提供孢子印制画作材料，让学生充分发挥主观能动性，通过动手做加深对蘑菇的认知。

教育活动脚本	设计思路

学生活动 2：学生发挥想象力和创造力利用各色彩笔对孢子印进行艺术创作。

老师：菌菌老师用不同的蘑菇制作了一些孢子印，同学们可以挑选自己喜欢的孢子印用桌面上的画笔来画一幅画，给大家十分钟的时间，十分钟后咱们来看一看谁画的最好？

学生：选择卡纸，进行创作。

老师活动 3：选择 3 ~ 4 名学生分享自己的创作思想。

学生活动 3：学生进行分享。

老师：好了，同学们我们的时间到了，有没有小朋友愿意展示一下自己的画？

老师：好的，咱们来看一看这位同学画的是什么？

学生：我画的蝴蝶，我看这个孢子印像一对翅膀就画了蝴蝶。

老师：好棒啊，这位同学结合孢子印画了美丽的蝴蝶，咱们再找一位……

学生：……

老师：我看其他同学画的也都特别好，咱们可以把自己的画带回家给咱们的爸爸妈妈进行分享。

老师：通过制作孢子印，我们能看到成熟蘑菇释放孢子的过程，其实就是蘑菇的繁殖过程，在适宜的环境下这些孢子会长成菌丝体，再到成熟子实体，周而复始。

第四阶段　培养挑战，拓展探究

阶段目标：拓展蘑菇培养的知识，进一步锻炼学生的动手能力和观察、思考能力。

教育活动脚本	设计思路

本阶段创设情境情况如下。

老师活动 1：发放食用菌菌包盲盒，讲解食用菌菌包盲盒使用方法，提出培养要求。

学生活动 1：根据培养要求、学习单和观察纪律表进行自主培养，判断培养出的蘑菇种类。

学情分析

经过前面的学习，学生已掌握蘑菇相关知识，同时能够通过观察总结规律并进行一定的动手实践。

教育活动脚本

问题导入

老师：通过今天的活动，我相信大家对蘑菇有了全新的认识，那么菌菌老师这里还有两个任务需要同学们在家中完成。

第一个任务就是蘑菇的自主培养，菌菌老师为大家准备了菌包盲盒，同学们要通过科学的培养方法把蘑菇培养出来，然后结合我们的所学判断一下自己培养的是哪种蘑菇?

学生：拿到菌包盲盒。

老师：菌菌老师在这里讲一下如何培养，首先盲盒侧面划开，同位置菌包十字交叉划开，在适宜的温度湿度下进行培养，将每日培养温湿度、菌包状态在记录表记录，大概 5~10 天蘑菇就会长出来（见下图）。

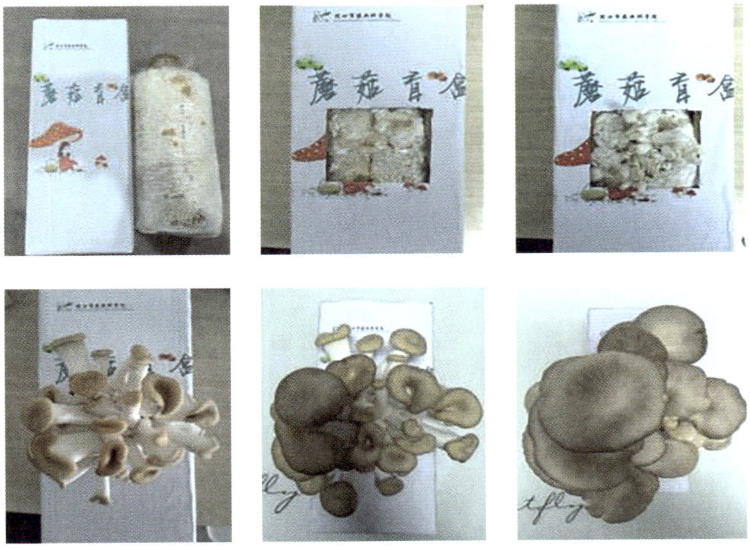

设计思路

设计意图

通过对菌包盒培养，观察记录蘑菇成长数据，进一步理解蘑菇的习性。

教学策略

通过培养，观察记录数据，结合所学知识点，进一步巩固对蘑菇的了解，同时，强化科学探究的实践过程。

第五阶段　学以致用，美食制作

阶段目标：小组合作制定含有蘑菇食物的营养菜单，结合所学知识将培养出的蘑菇按照菜单在家长陪同下制作美食。检验学习成果并提升劳动实践能力。

教育活动脚本

本阶段创设情境如下面所示。

老师活动 1：提出美食制作任务，给出食材范围。

学生活动 1：小组合作，结合食物制定本组营养菜单。

问题导入

老师：菌菌老师布置的第二个任务就是大家以小组为单位结合所学，利用老

设计思路

学情分析

传统教育注重学生知识的积累，学生在知识的正确应用上能力不足；

教育活动脚本	设计思路
师给定的食材，小组讨论制定出三道美食，等到自己的蘑菇盲盒培养出蘑菇后，根据对应的蘑菇种类制作美食。 学生：好。 老师：老师提供的食材分别为平菇、香菇、杏鲍菇、青菜、青椒、鸡肉、猪肉、牛肉、羊肉、面粉、鸡蛋，现在小朋友们以小组为单位选择平菇、香菇、杏鲍菇搭配其他食材制定出三道美食菜单。 学生：讨论并制定出三道美食。 老师活动 2：点评各组菜单营养价值，引导学生进一步完善。 学生活动 2：结合自己培养出的蘑菇种类选择菜单上的对应美食，在家长陪同下进行美食制作。 家长活动 1：家长指导孩子制作美食，做好安全防护。 老师：大家都制定好了吗？那我们来看看这个小组选择的是香菇、青椒、鸡肉，有荤有素有菇，真的很棒，可以做成一道香菇滑鸡的美食。我们再来看看其他小组制定的美食……好了，小朋友们，大家的美食菜单都完善的很好了，咱们回到家中后科学培养我们的蘑菇，等到蘑菇长出来后在我们家中的陪同下进行美食制作，一定要在家长陪同下进行，千万不能自己一个人制作，要注意用火安全。	该阶段的学生的劳动实践技能需要进一步锻炼。通过前几阶段的学习，学生已掌握了相关知识，通过劳动实践既能加深知识理解又能提升实践技能。 **设计意图** 基于前期的探究成果，学生通过对食用菌的生物结构层次和习性的理解，通过劳动实践体验学以致用的过程。 **教学策略** 通过劳动实践巩固学习成果；家长陪同进行制作，发挥家庭教育作用。

第六阶段 交流评价，巩固成果

阶段目标：通过交流讨论，巩固和深化学习成果。

教育活动脚本	设计思路
本阶段创设情境如下面所示。 学生活动 1：与家人分享自己种植蘑菇的培养经过和感受。 家长活动 1：对学生种植的蘑菇的培养过程进行评价。 学生活动 2：将制作好的蘑菇美食分享给家人品尝。 家长活动 2：品尝并点评学生制作的美食。 学生活动 3：撰写活动心得体会。	**学情分析** 经过一系列的自主探究过程，学生建立了有关食用菌的知识体系，但难以意识到自身的科学认知及完成的过程和方式，容易淡忘。 **教学策略** 通过“分享→交流→总结”的过程和方法，强化学生认识和新感悟，巩固学生活动中的收获。

七、教学评价与反思

1. 动态评价

本活动评价关注到学生在学习过程中不同阶段能力的变化和提升。关注到学生感性认识到理性判断再到实践验证的过程。从认识蘑菇到设计制作，内容和问题的设计由浅入深，有通过观察、操作可以直接得出答案的问题，也有需要利用所学知识，设计、种植培养、制作的问题。老师通过学生的听讲、学习单、思维创新、绘画制作、美食制作等情况，进行记载评价。

2. 多主体评价

本活动将学生自评与学生互评相结合，再综合老师评价、家长评价。活动前，建立“走进蘑菇世界”家长交流群；活动期间，特别是在学生自主完成老师布置的任务期间，家长就学生在家自主种植培养蘑菇、动手制作美食的学习情况以及自己对于活动的见解，在群中讨论分享；活动结束后，收集学生的学习心得，并通过发放调查问卷，了解学生和家长对活动的评价。通过家长、学生的多元化评价，能够有效地避免了因评价主体单一而造成的片面的，甚至是错误的评价，结合老师、学生、家长的多主体评价反馈的信息具有真正借鉴、指导的价值。

3. 总结与反思

“走进蘑菇世界”的活动课程融合了生物、美术等学科知识，注重培养学生科学意识，锻炼学生的创新思维、动手能力、语言表达能力等综合能力，有助于培养学生勇于质疑的科学态度和百折不挠的科学精神，提高学生的科学素养。在活动实施的过程中，有一些环节仍需不断优化。一是学生在自主观察培养阶段，应该增加观察成熟蘑菇释放孢子的过程，通过用自己培养的蘑菇观察收集孢子，这样更有利于学生了解蘑菇的整个循环的生长过程；二是制作劳动实践制作美食环节，应该考虑不同美食制作的难易程度，应尽量规避操作难度大的菜肴选择，避免易引起学生畏难情绪。

★ 该项目获 2023 年“奋进科普新征程”全国科技馆联合行动优质科学教育资源项目三等奖 ★

湖北省

平衡大师

教育活动类型：科学实验和动手制作类活动
项目开发单位：湖北省科学技术馆
项 目 设 计 人：马秋凤

一、概述

物体的平衡是力学中的一个基本问题，也是学生日常生活中常见的物理现象。在日常生活中，部分学过轮滑和篮球的学生有半蹲身体不容易倒的经验，但并不了解重心和平衡的概念，也不太清楚底部越重越容易保持平衡。本节课结合展品“高空自行车”，以与学生经验相冲突的现象激发学生的兴趣，通过分组实验、观察、比较、讨论、分享等活动，使学生认识并感悟物体底部越重越不容易倒，并与生活实际相联系。重心、平衡的概念相对比较抽象，对小学生来说理解起来有一定的难度，活动对概念不作详细讲解。

二、教学对象

1. 本教育活动适宜的受众人数：30 人。

2. 本教育活动针对的具体教学对象：6 ~ 8 岁学生。

3. 教学对象的学情分析：6 ~ 8 岁学生有一定的知识储备，对事物有了简单的判断和分析的能力，能够通过自己的感受、自己看到的现象来感知平衡。在日常生活中，有接触到底部需要比较重的实例，如电风扇、起重机、楼房地基等，但是没有“物体底部越重，越不容易倒”的相关概念，但是通过亲手实践，该阶段儿童能够理解这一概念。对于制作部分，该阶段的儿童喜欢动手活动，能够在老师的指导下完成制作部分。

三、教学目标

1. 科学观念：理解物体底部越重越不容易倒。

2. 科学思维：培养学生发现问题、解决问题的能力；培养学生对科学的兴趣。

3. 探究实践：通过活动中不断的尝试使物体处于平衡的过程，探索物体重量分布与平衡的关系。

4. 态度责任：通过小组合作共同完成任务，培养学生合作精神；培养学生将理论知识与实际应用相结合的能力。

四、教学重难点

1. 教学重点：探究物体底部越重越不容易倒。

2. 教学难点：设计实验，解决问题。

本次活动重难点的突破在于学生能够主动探索、分组活动中能够积极合作，这就需要老师进行引导，设计适合的难度。

五、教学场地与教学准备

1. 教学场地：科学教室“好奇屋”内。

2. 教学准备：不倒翁 DIY 套件、不倒翁模型、小丑模型、双面胶等，右图为教具展示图，下表为教具需求表。

3. 活动总时长：40 分钟。

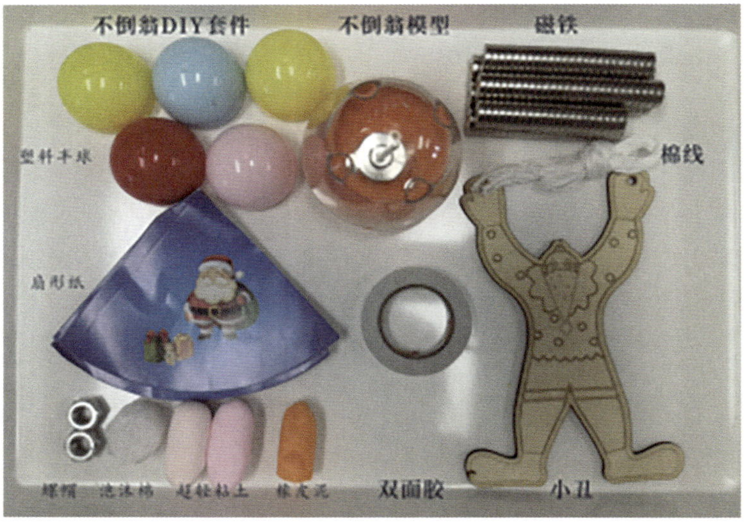

序号	品名	规格	数量
1	展品“高空自行车”视频	—	—
2	不倒翁 DIY 套件	若干种填充物可选	每人一套
3	不倒翁模型	重心可调节	一个
4	小丑模型（加若干枚圆形磁铁、棉线等）	杉木板切割	每组一套
5	双面胶	0.6 厘米宽	每组一卷

六、教学活动设计与实施

1. 教学活动设计流程图

吸引	体验展品“高空自行车” 提问：为什么在高空骑自行车不会倒？ 引导学生观察，做出猜想
探究	分组实验：选择材料， 制作一只不倒翁，总结制作关键点
解释	通过对比实验，感悟物体底部越重， 越不容易倒，结合生活实例进行理解
迁移	运用所学，探寻让小丑倒立走钢丝的方法
评价	再次回答“为什么在高空骑自行车不会倒？” 总结所学知识

2. 活动步骤以及设计意图

第一阶段　吸引

阶段目标：激发学生的好奇心，引发学生的兴趣，引导学生结合生活经验猜测原因。

教育活动脚本

本阶段创设情境情况如下。

老师：你们见过高空走钢丝吗?

学生：见过。

老师：你会高空走钢丝吗?

学生：当然不会。

老师：偷偷告诉你们，我除了是一名科学老师，还是一名杂技演员，你们相信吗?

学生：不相信!

老师：不相信呀？那让你们看看我的拿手好戏——高空骑自行车（见上图）。

设计思路

学情分析

在电视中学生可能见过高空走钢丝，印象中应该是比较危险的活动，但是在高空中普通人都能骑自行车是与学生现实经验相悖的现象，这能够强烈的吸引学生的好奇心。

教育活动脚本	设计思路

学生：哇，太厉害了！

老师：其实，这一点也不厉害。谁骑上这个高空自行车，都不会倒，你们知道为什么吗？

学生猜测原因。

老师：大家观察一下（右图），这个自行车与我们平时骑的自行车有什么不同吗？

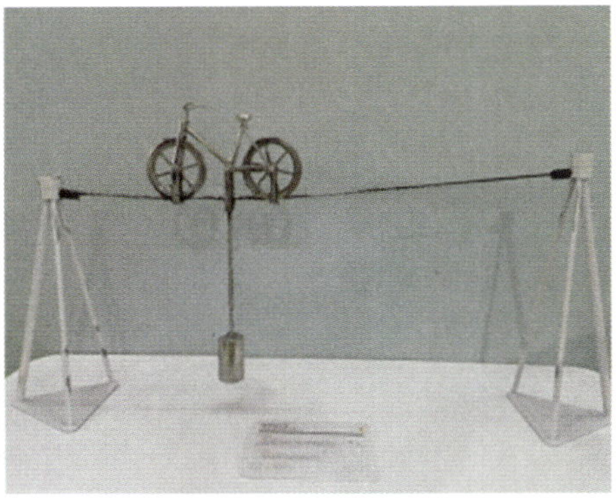

学生：下面挂有东西 / 轮子不同……

老师：这边有一个高空自行车的模型，大家来感受一下。你们觉得自行车不倒的最大可能性是与哪一部分有关系？

学生：下面的金属块。

老师：这个金属块有什么特点？

学生：非常重。

老师：你们对自行车不倒的原因有更多的想法吗？

学生分享思路，老师进行总结。

老师：我们的猜测对不对呢？让我们一起通过这节课的学习，来寻找答案吧！

（分组，按照座位划分 4 ~ 5 人一组，根据课堂中的表现给每组加分，每组每次加十分。）

设计意图

通过情境的引入，以与现实生活不符的有趣现象激发学生的兴趣，将学生引入活动核心知识原理的学习中。

教学策略

情境教学法。

第二阶段 探究

阶段目标：通过选择不同材料制作不倒翁，感悟底部越重、物体越不容易倒。

教育活动脚本	设计思路

分组实验：探究不倒翁的秘密。

老师：你们玩过不倒翁吗？

学生：玩过。

老师：你能形容一下不倒翁有什么特点吗？

学生分享。

老师：有同学能帮我总结下，不倒翁有什么共同的特点吗？

学生：底部是圆圆的 / 推不倒……

学情分析

不倒翁是学生非常熟悉的玩具，但是很多学生对不倒翁不倒的原因不清楚。1 ~ 2 年级的学生具备一定的逻辑思维能力，能够进行简单的归纳分析和总结。

教育活动脚本

老师：现在，你们有三分钟的时间进行小组内讨论，制作一个不倒翁，看看需要哪些材料。

学生讨论并分享答案。

老师：每组的答案都不太一样。桌面上给你们提供了几种材料，首先每人拿一张扇形的纸，将侧边的双面胶撕掉，粘成尖尖的小帽子。然后每人一个半球。

学生操作，助教辅助不能独立操作的学生完成。

老师：不倒翁完成了吗?

学生：没有，一放就倒。

老师：还缺什么?

学生：不倒翁肚子中需要放东西进去。

老师：接下来，你们需要在泡沫棉（剪成圆形，1 个）、超轻黏土（需提前测试用量，以不倒翁不能立起来为限，2 份）、橡皮泥（与超轻黏土量相同，但是不倒翁能立起来，1 份）、螺帽（2 个）中，挑选一个东西固定在半球底部，再带上尖尖的帽子（如下图所示）。

结果：填充泡沫棉和超轻黏土的不倒翁不能立起来，填充橡皮泥和螺帽的不倒翁能立起来。

老师：大家的不倒翁都完成了，请组内的同学相互分享一下，你的不倒翁成功了吗?

学生：有的一推就倒。

老师：我们有请几位成功和失败的同学分别展示一下他的作品，介绍不倒翁内的填充物。大家观察他们的不倒翁有什么不一样的地方?

学生：里面放的东西不一样。

老师：填充了哪些物体的不倒翁能成功? 填充了哪些物体的不倒翁不成功?

设计思路

设计意图

通过分组实验，组内成员通过讨论后，自行选择不同的填充物并观察能否成功制作不倒翁，认识到不倒翁不倒的关键是下部要比较重。

教学策略

探究式教学、分组讨论。

教育活动脚本	设计思路

学生：泡沫棉、超轻黏土不成功；橡皮泥、螺帽能成功。

老师：为什么呢？你知道原因吗？

学生：泡沫棉和超轻黏土轻，橡皮泥和螺帽重。

老师：那失败的同学试一下将泡沫棉和超轻黏土换成比较重的螺帽，再试一下能否成功。

学生：成功了。

老师：请各小组的同学讨论一下，你们觉得不倒翁不倒的关键是什么？

学生：不倒翁的底部要放比较重的东西。

老师：不倒翁不倒的关键在于底部比较重。

（为避免不倒翁干扰学生的注意力，本阶段结束后，请学生在不倒翁上做上专属标记，助教老师将不倒翁集中放置在置物筐内，下课后给学生带走）

第三阶段　解释

阶段目标：结合生活实例，形成物体底部越重越容易保持平衡的概念。

教育活动脚本	设计思路

本阶段带领学生认识重心越低越稳定。

老师：我这里有一个小玩具，你们认识吗？虽然变了样子，但是，我把它放到桌上，推一推，你们认出来是什么了吗？

学生：不倒翁。

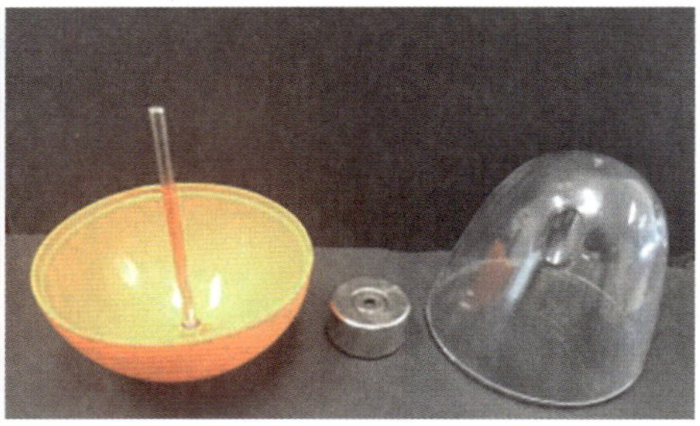

老师：这个不倒翁跟你们做的有点区别。不倒翁上面的盖子可以打开，下部有一个金属块，大家感受一下，这个金属块有什么特点？

学生：特别重。

老师：接下来，我将金属块放在比较上面的地方，现在这个不倒翁哪一部分比较重？你们猜，它会不会倒？

学情分析

学生没有重心的概念，但是日常生活中有接触到为了维持平衡，底部比较重的实例，比如高楼的地基很深；起重机的底座很重；台灯、电风扇等都有一个比较重的底座等等。

设计意图

通过调整不倒翁模型中配重的位置，让学生判断物体哪个部分最重，并预测不倒翁会不会倒，形成“重心越低，物体越不容易倒”的概念。

教育活动脚本	设计思路

教学策略

启发式策略、对比实验。

学生：上面比较重，会倒（见右图）。

老师：我将金属块的位置向下调一点，现在它哪一部分比较重？现在它会不会倒（见右图）？

学生：中间部分比较重，会倒/不会倒。

老师：我继续移动金属块，让它落到最低点，现在，不倒翁的哪一个部分比较重？它会不会倒（见右图）？

学生：底部比较重，不会倒。

老师：请大家小组内讨论一下，不倒翁哪一部分比较重的时候，才不会倒？

学生：底部比较重不容易倒。

老师：不倒翁头部和中间比较重的时候，会怎么样？

学生：会倒。

老师：对的，上轻下重的物体不容易倒，上重下轻的物体很容易倒。请小朋友想一下，你生活中有底部比较重不容易倒的例子吗？

分组比赛：寻找生活中“底部比较重不容易倒”例子。

每找出一个，该小组加十分。

（台灯、落地扇有较重的圆形底座；高楼地基比较深；起重机底部比较重；高塔上细下粗；矿泉水瓶下粗上细等）

第四阶段 迁移

阶段目标：尝试用所学知识解决问题，巩固内化知识。

教育活动脚本	设计思路

开展分组活动：如何让小丑倒立走钢丝？

教育活动脚本	设计思路

老师：刚才我们知道了“上轻下重的物体不容易倒，上重下轻的物体容易倒”。现在我需要你们帮忙解决一个问题。这里有个小丑，请小朋友尝试一下，让它倒立用嘴巴走钢丝，可行吗?

学生：不行。

老师：为什么?

学生：嘴巴这个支撑点太小 / 上下差不多重 / 太容易倒了。

老师：但是我这个小丑是一名杂技大师，它的拿手好戏是倒立走钢丝，现在到表演时候了，怎么办?

学生想办法。

老师：提示一下，利用我们之前学过的知识来解决。

学生：让下半部分变重。

老师：非常棒，怎么让小丑的下半部分变重呢?

学生：在下面挂比较重的东西。

老师：请你们小组讨论一下，利用桌面的材料（杉木板切割的小丑，绳子，圆形磁铁等），看哪一个小组能最快帮小丑倒立在绳子上。

（分工合作，一人分开磁铁，一人在小丑手上放磁铁，两人拉绳子，一人观察记录结果）

学生讨论，并上台演示、分享成功经验。

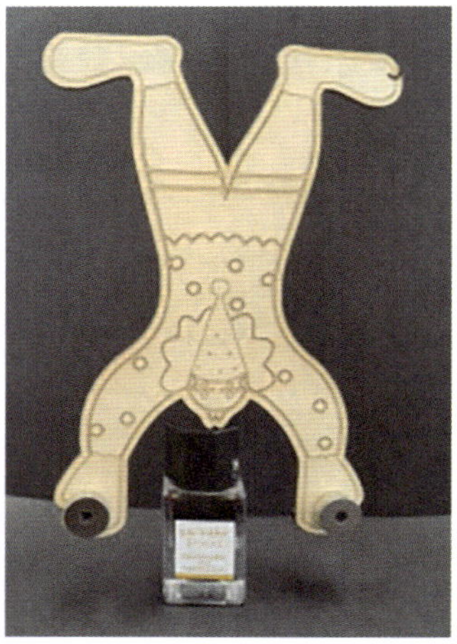

老师总结：将磁铁吸在不倒翁的手上，手部的质量增加。一边只放两个磁铁时，小丑还是不能倒立，因为底部不够重，还需要继续增加磁铁的数量。当每边放三个磁铁时，小丑就能够倒立了。推一推小丑，并不倒。继续增加磁铁的数量至每边六颗，发现需要花费更大的力量才能将小丑推歪，松手后小丑也会更快地回到倒立的状态。

请小组调整自己的作品，表演小丑倒立走钢丝。

小窍门：每只手上至少放三个磁铁才能让小丑倒立，磁铁越多，小丑倒立得越稳。

学情分析

这一阶段儿童尚不能完成复杂的分组活动，也比较难用逆向思维来解决问题，需要老师做好引导。

设计意图

通过小组讨论如何让小丑倒立的方式，横向拓展知识原理的运用场景，让学生运用所学理论解决新的问题。

教学策略

启发式分组讨论。

第五阶段 评价

阶段目标：分享收获，巩固所学。

教育活动脚本

老师：还记得我们最开始的问题吗？高空骑自行车，为什么车不会倒？现在你能回答了吗？

学生：应该是因为下面挂的金属块很重。

老师：对的，奥秘在自行车下面的配重上，这个金属块的质量非常大，“底部质量越大越稳定”，更科学的说法是“金属块使得自行车、人和配重形成的体系的重心在自行车之下”。高空自行车就像手上加了很多磁铁的小丑一样，人偏移之后，配重能够将偏移的自行车拉回来，除非你是几百斤的大胖子，不然你想将高空自行车骑倒都非常的难。

老师：愉快的活动即将结束啦，有没有小朋友能分享下今天的收获？

学生分享，老师总结。

设计思路

学情分析

这一阶段的学生总结能力不够，无须特别的完成，能大方分享、回答无错误即可。

设计意图

学生利用所学，再次回答高空自行车为什么不会倒的原因，巩固所学知识。

教学策略

讨论、分享。

七、教学评价与反思

本次活动采用分组活动，并根据活动中每个小组的表现给予奖励分来持续激发学生参与活动的积极性。活动中鼓励学生分享，鼓励学生认真倾听别人的意见并给予积极的反馈，同时，老师也可根据分享的正确性、完整性以及实验的完成度来判断学生掌握的情况。

这节课除了期望学生能形成“底部越重越稳定”的概念并能应用所学解决实际问题外，还期望能够锻炼低年段学生的动手能力、观察总结能力，以及小组合作能力。学生基本能够理解学习的概念，完成动手操作的部分，能够将知识联系到生活实际中，并且非常乐意变身“小小讲解员”，将爸爸、妈妈等拉到展品“高空自行车”旁讲解它的原理。

需要注意的是，低年段学生需要给予比较明确的指令才能完成任务，比如分组活动时，需要老师明确每个人的任务，才能比较好地合作，否则就会自己做自己的事情，完全忽视任务，所以老师需要不断优化自己的语言，提升对课堂的掌控力，才能更好地起到引导作用。

此外，活动中使用的磁铁为强磁铁，磁力很强，需要使用较大力气才能分开，有夹到手指的危险，建议更换为普通磁铁。

★ 该项目获 2023 年“奋进科普新征程”全国科技馆联合行动优质科学教育资源项目三等奖 ★

广西壮族自治区

打不倒的“小胖墩”

教育活动类型： 活动课程、研究型课程

项目开发单位： 广西壮族自治区科学技术馆

项 目 设 计 人： 杜琳、黎明、李金夏、黄志勇、李莉

一、教学内容

1. 猜谜语导入课程，加深对不倒翁特点的印象。

2. 尽情地玩不倒翁，让学生在玩中发现问题，提出问题，简单猜想，自行设计探究方法，自主经历探究过程，自行获得问题结论。

3. 拆不倒翁，经历“解暗箱”的科学探究过程，了解到物质具有一定的结构与功能，意识到从事物内部探究事物本质是可靠、科学、有效的方法。

4. 鼓励学生简单猜想“不倒翁不倒”的原因。

5. 设计游戏，实验探究，验证猜想，通过亲身实践将间接经验内化为直接经验。

6. 像科学家一样的自主查阅文献资料，经历思考、分析、探讨，在前人研究的基础上粗略了解重心与平衡的关系。

7. 鼓励学生发散思维，寻找生活中的不倒翁，了解相关原理在航空航天中的运用。

8. 化身小设计师，运用身边的物品及工具，融合科学、技术、工程、数学、美学设计制作美观、特色的不倒翁，体会科学与艺术的融合。在凸显学科核心概念的基础上，倡导采用 STEAM 理念建构跨学科课程内容，提高学生用综合知识解决实际问题的能力（见下图）。

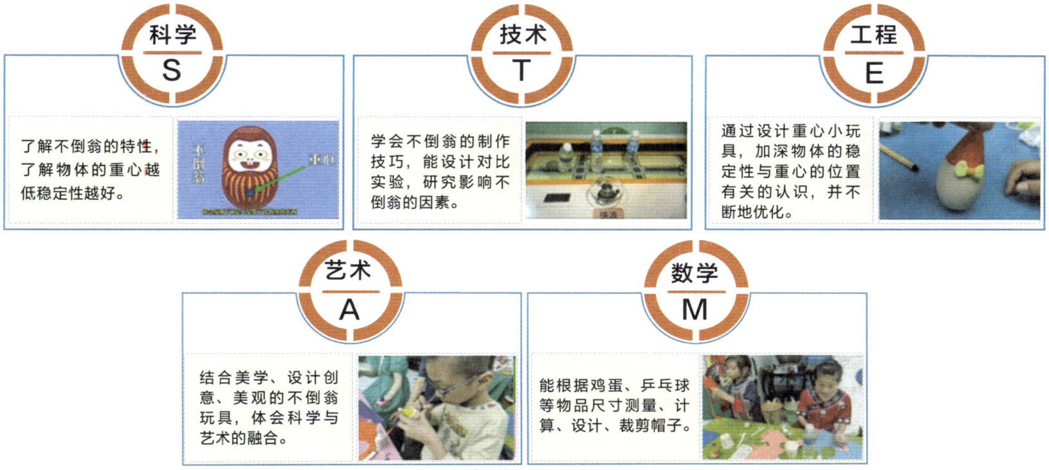

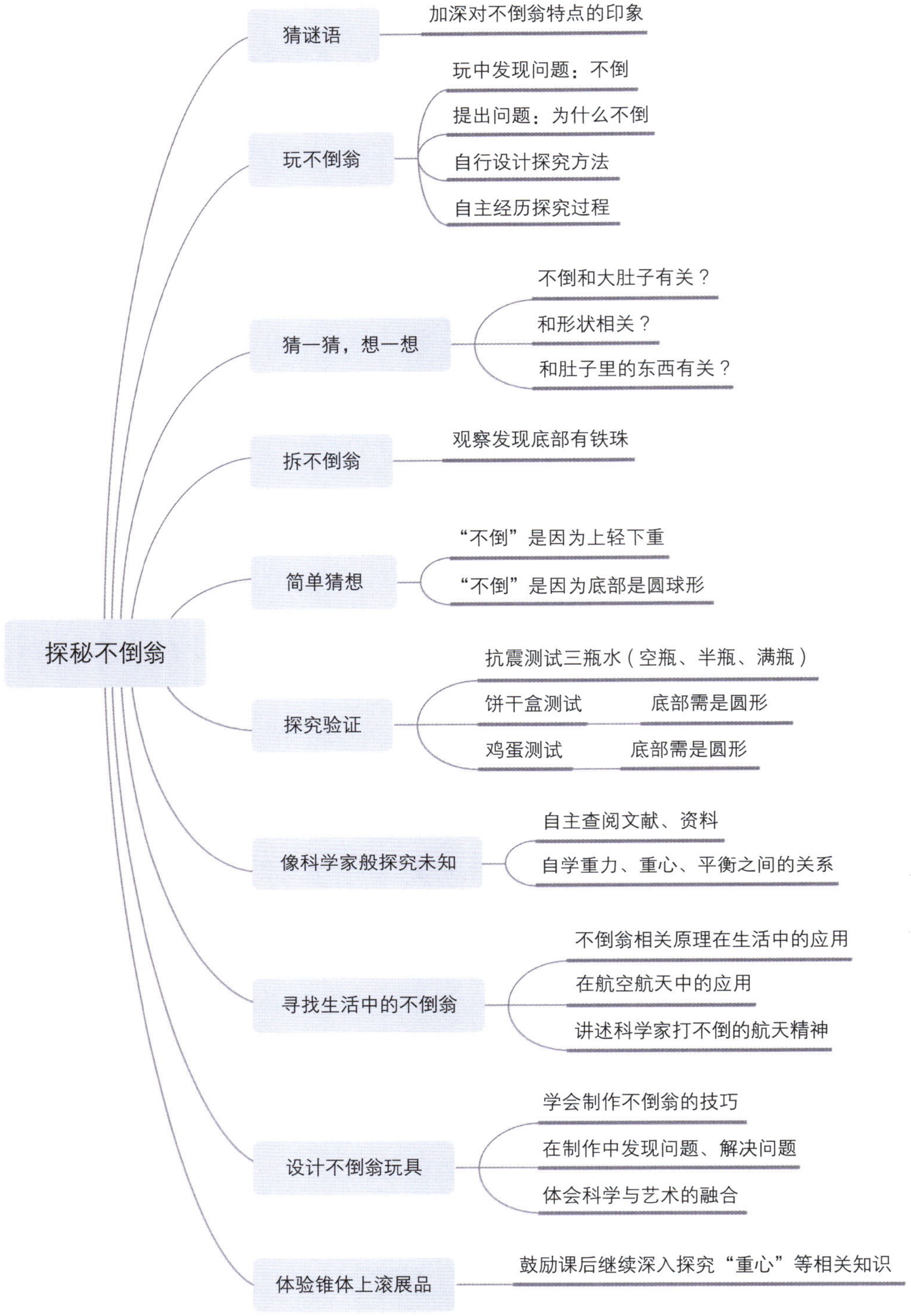

二、教学对象

1. 本教育活动适宜的受众人数：12 人。

2. 本教育活动针对的具体教学对象：8 ~ 10 岁学生。

3. 教学对象的学情分析：不倒翁被推倒后总能自行恢复直立，这种现象对于8~10岁学生来说，神奇、有趣。他们很想知道答案，但是，该阶段学生的动手能力有限，思维比较依赖感性认识。因此，学生可能很难在日常生活中发现不倒翁“不倒”的科学原理，需要老师引导开展探究活动。

三、教学目标

1. 科学观念：了解不倒翁的结构、功能以及在生产生活中的应用；了解不倒翁“不倒”的原因及相关科学原理；粗略了解重力、重心等概念。

2. 科学思维：培养学生通过玩、拆卸不倒翁，观察、发现问题，引导其提出简单猜想、假设，初步培养观察、猜想、验证等探究科学的方法及发散思维。

3. 探究实践：设计游戏，引导学生参与实验，体验探究科学的一般过程；引导学生选择身边合适的材料和工具，设计和制作美观、特色的不倒翁；发现作品出现倾斜、摔倒等问题，尝试寻找原因，提出解决方案。

4. 态度责任：在好奇心的驱使下，乐于动手操作感兴趣的事物；充分体验“科学就在身边”，产生在生活中发现、探索、交流、分享、倾听的兴趣；培养观察记录、分工合作、探究未知、不惧失败、团队合作的习惯。

四、教学重难点

1. 教学重点：引导学生通过玩、拆不倒翁，从内外结构上对不倒的原因进行探究，鼓励其大胆思考、简单猜想、分析、验证、总结、联想；模仿不倒翁的结构特点，选择合适的材料和工具，融合科学、技术、工程、美学，设计制作美观、特色的不倒翁。

2. 教学难点：发现作品倾斜、摔倒等问题，引导通过对比观察、思考分析，提出解决方案；引导自主查阅资料、思考、讨论，培养观察、分析、猜想、验证等一般科学研究方法。

五、教学场地与教学准备

1. 教学场地：探究实验室、科技馆展厅、校园、社区等。

2. 教具准备：不倒翁、乒乓球、气球、鸡蛋、螺帽、玻璃、铁珠、双面胶、剪刀、纸巾、水、彩笔、颜料、橡皮泥、卡纸等。

六、知识原理

1. 物质具有一定的结构与功能。

2. 不倒翁“不倒”的主要原因：上重下轻以及底部圆球形。

3. 重心位于比较重的部位，重心越低物体越稳定。

七、教学过程

第一阶段 解“暗盒”、敢猜想

阶段目标：观察不倒翁的内外特征，简单猜想“不倒”的原因。

教育活动脚本

（1）猜谜语（打一玩具）

老师：同学们，请猜谜。

老爷爷，笑眯眯，一天到晚不睡觉。

身体轻，劲不小，左推右推不摔倒。

学生：不倒翁。

（2）听一听不倒翁的故事（见下图）

老师：不倒翁是一种古老的中国儿童玩具，最早记载在《唐摭言》中，不倒翁是由唐代的“捕醉仙”转化而来 ......

（3）玩一玩不倒翁（见下图）

（4）猜一猜，不倒翁为什么不倒呢?

学生 1：我猜和它的大肚子有关。

学生 2：是不是和它的形状有关。

学生 3：可能和它肚子里的东西有关，重重的。

设计思路

设计意图

1. 通过猜谜导入课程，吸引学生注意力。

2. 讲述不倒翁的趣味故事，激发学生探究兴趣。

3. 引导学生玩、拆卸不倒翁，观察不倒翁的内外特征，大胆猜想“不倒”的原因。

学情分析

8~10 岁学生对事物充满好奇心，学生喜欢拆卸玩具去一探究竟，但动手能力及观察能力有限，需引导其耐心拆卸及细致观察；有些学生怕说错不敢开口，需老师鼓励其大胆猜想，乐于分享及倾听。

教学策略

1. 通过猜谜语、听故事、玩玩具、拆玩具等看似与上课无关的趣事，吸引学生的兴趣及热情。

2. 通过动手拆卸实物的实践，加深印象及认识，通过实践增加直接经验。

教育活动脚本	设计思路

老师：不倒翁不倒的秘密是什么呢？下面开启我们的探秘之旅。

（5）拆一拆，看看里面是什么？（见下图）

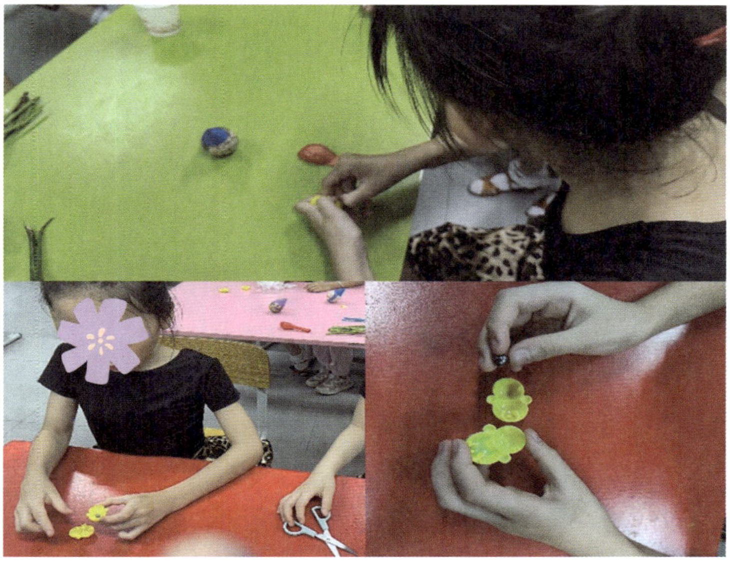

老师：下面每人发一个不倒翁玩具，大家可以把它拆开，认真观察外形特征和内部结构有什么特点？不倒的秘密是什么？

（6）说一说，你发现了不倒翁的什么秘密？

学生1：底部是圆的。

老师：还有什么发现呢？

学生2：底部有铁珠。

老师：大家猜猜铁珠是用来干什么呢？

学生：不懂。

老师：同学们把铁珠拿掉，把不倒翁拼起来看看有什么变化？

学生1：倒下了。

学生2：大肚子变轻了。

老师：大家猜出铁珠是用来干什么了吗？

学生：增加重量，使不倒翁下重上轻？

老师：对，同学们太棒了，大家想一想，这铁珠可以用什么代替呢？

学生：橡皮泥、螺帽、玻璃球。

（7）想一想，猜一猜，不倒翁为什么不倒？

学生：底部是圆的，上轻下重。

老师：接下来，我们一起验证一下大家的猜想。

第二阶段 “游戏”验证猜想（实验探究“不倒”的原因）

阶段目标：培养学生思考、观察、分析、总结等探究能力。

教育活动脚本

（1）找茬游戏一

老师：这有三个瓶子，分别装满水、装半瓶水、空着不装水，放到科普展厅的抗震台（见下图），大家猜猜哪个经历震动不容易倒?

学生：半瓶水的。

老师：为什么?

学生：像不倒翁上轻下重，看起来比较稳。

老师：我们按下震动按钮，验证看看。

设计思路

设计意图

1. 设计三个“找茬”游戏引导学生仔细观察，通过对比、试验，探究发现“不倒”的原因。

2. 培养观察、猜想、验证等科学研究方法，提高学生探究能力及科学素养。

学情分析

1.8 ~ 10 岁的学生实验经验不足，需老师加强引导。

教育活动脚本

老师：通过抗震测试大家发现了什么？

学生 1：半瓶水不容易倒。

学生 2：上轻下重比较稳。

老师：虽然上轻下重比较稳，相对不容易倒，但同学们试着用手推看看倒不倒？

（学生一推，水倒了）

老师：为什么不倒翁推不倒，而这水瓶推了会倒呢？我们再认真对比看看？水瓶和不倒翁有什么区别？

学生：矿泉水的底是圆的，不倒翁是球形的。

老师：看来底部是圆球形是不倒的条件之一，对吧？我们继续游戏。

（2）找“茬”游戏二

（老师拿出一个饼干盒，中间贴一颗铁珠，左右摇动，见下图）

老师：为什么这饼干的盒子也是圆的，只能左右摆动不能前后摆动呢？它和不倒翁有什么不同呢？

学生：饼干盒子不像不倒翁底部是圆球形的。

老师：同学们太棒了，又一次验证了底部是圆球形是“不倒”的条件之一。

（3）“找茬”游戏三

（老师拿出一个鸡蛋）

老师：你们说要圆球形，鸡蛋底部是圆球形的，为什么会倒呢？

学生：鸡蛋不像不倒翁，不是上面轻下面重。

老师：看来只满足底部是圆球形还不行，哪位同学总结下，通过刚才的游戏，

设计思路

2. 学生不善于总结或表达不够规范，老师可加以鼓励、引导。

教学策略

1. 设置游戏任务驱动学生认真对比观察、积极探究。
2. 设计游戏攻略（学习单）加深学生的理解及记忆。

教育活动脚本	设计思路

我们发现了什么？需要同时满足什么条件，不倒翁才能不倒？

学生 1：上面轻下面重。

学生 2：底部是圆球形的。

老师：看来同学们一开始通过观察是猜对了的，以后我们要大胆的猜想，勇于探究验证猜想，发现更多科学原理！

老师：下面请同学们写下游戏攻略，见下图，方便以后记忆。

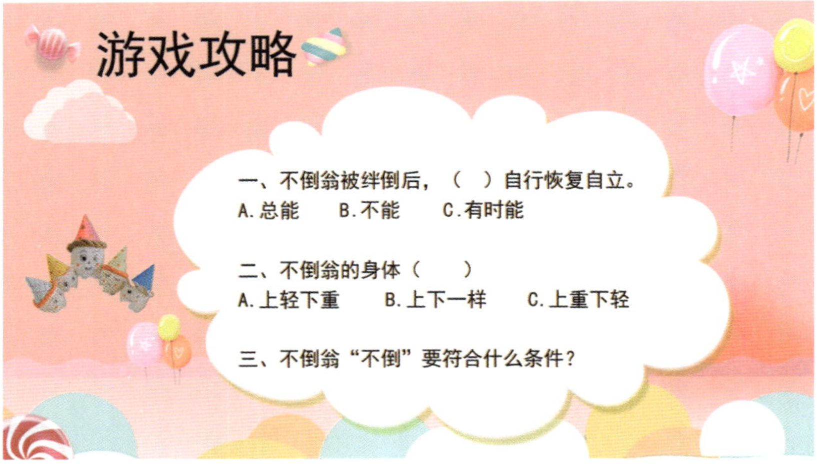

第三阶段 沉浸式职业体验，像科学家一般去探究

阶段目标：培养学生自主学习的习惯，激发他们热爱祖国、投身航天航空事业的情怀。

教育活动脚本	设计思路

（1）鼓励自学拓展知识

老师：同学们太棒了，能像科学家一样进行观察、猜想、分析、验证。同学们还想不想像科学家一样进一步的探究？

学生：想……

老师：上轻下重，为什么就不倒呢？如果科学家遇到问题会怎么样呢？

学生：查资料？做实验？

老师：没错，请同学们化身小科学家，像科学家一样的查资料，见右图，为什么

设计意图

1. 鼓励拓展知识，对于陌生的知识，鼓励学生像科学家一般去查阅资料，探究未知，培养自学、研究的能力，引导其打开科研的大门。

2. 让学生运用发散思维，联想不倒翁的应用，科普相关原理在航天航

教育活动脚本

不倒翁“不倒”呢？大家可以用手机、电脑查阅资料，分小组讨论、探讨。

老师：请每组派代表谈谈你们组调研讨论后的发现？

学生1：书上说科学家们发现，重心越低物体越稳，不倒翁重心低，所以稳。

老师：什么是重心呢？

学生2：我查到资料说，科学家们发现地球上所有的东西都会受到地球的地心引力吸引，这个吸引力其实就是重力。每个物体都会受到重力，一般我们把重力集中到一个点上，然后称这个点为重心。所有的东西都有重心，你们有我也有，桌子有不倒翁当然也有。

老师：重心在哪里？

学生1：一般都会在它偏重的那一部分，重心越低会越稳。

学生2：不倒翁的下面比较重，所以重心低，比较稳。

老师：重心低会比较稳，通过什么可以验证呢？

学生1：当我站着的时候，比较高，比较容易被推倒，但是我坐下来后，我的重心就会随着我往下走，难怪我感觉我坐下后比较稳，不容易倒。

学生2：难怪我们打篮球、踢足球的时候，总喜欢把肢体压低，经验告诉我们这样就不容易摔倒。

学生3：西安的网红不倒翁姐姐，底下弄了个重重的球，将重心降低，难怪不会倒。

老师：同学们太棒了，通过查阅资料、视频，自己学习、分析、讨论、联想，发现了重心和平衡的关系。下面让我们观看两个关于重力与重心的动画故事，加深了解（见右图）。

老师：查阅资料，学习前人的研究成果，是不是对我们的探究有很大的帮助呀？我们可是站在巨人的肩膀上，继续科学探究呢，相信同学们以后通过努力，会取得更大的科研成就。

（2）寻找生活中的不倒翁

老师：同学们再想想，还有什么像不倒翁上轻下重，重心越低越不容易倒的示例呢？

设计思路

空中的应用，认识到科学的作用。

学情分析

此阶段的学生虽然对重力、重心还很陌生，但随着网络的普及，许多学生可以搜索内容，鼓励引导其上网查阅资料，自主学习、思考，可以对后续的探究学习打下基础，培养自学能力。

教学策略

鼓励沉浸式职业体验，像科学家一样调研、思考、研究未知的科学知识。

教育活动脚本	设计思路

学生 1：电风扇、花瓶、水杯、台灯利用上轻下重比较稳定不容易倒下。

学生 2：很多建筑例如塔，上小下大。

学生 3：汽车，我以前听见爸爸说增加底盘重量，车稳。

（3）在航空航天领域的应用

老师：不仅如此，在航空航天领域，控制重心可以用于改善飞机、火箭等飞行器的稳定性和控制性能（下图老师分享该技术在航空领域的使用）。

学生 1：没想到不倒翁还和航空航天这些高大上的技术扯上关系。

老师：我们的天宫空间站其核心舱内就装有 6 个重达 1 吨的铁球，是为了控制空间站的重心而设计的。在空间站内部，重量的分配和重心的分布非常重要。质量分布均衡和重心控制直接决定着飞船的前行方向和姿态。天宫空间站的铁球并非特地为了增加其重量，而是为了保持其在太空中的平衡和稳定性，提高空间站的安全性（见下图）。

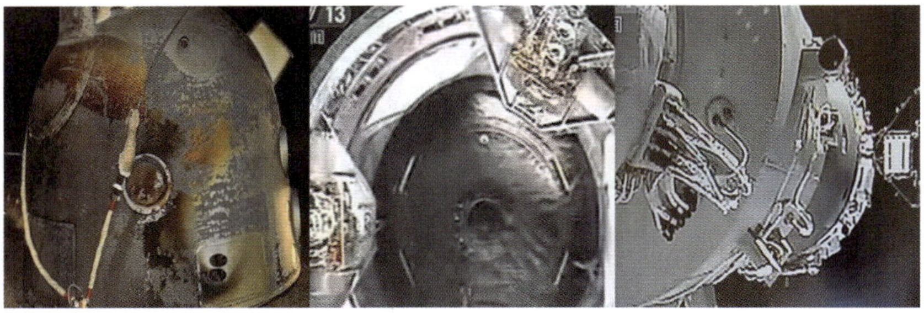

（4）讲述打不倒的航天科研精神故事，激发热爱祖国、投身航天航空事业的情怀。

第四阶段 化身小小设计师制作不倒翁

阶段目标：体会科学与艺术的融合；学习不倒的科学家精神。

教育活动脚本

（1）文创玩具设计邀请函

老师：我们收到科技馆寄来的一封信，请同学帮忙读下信上的内容（见下图）。

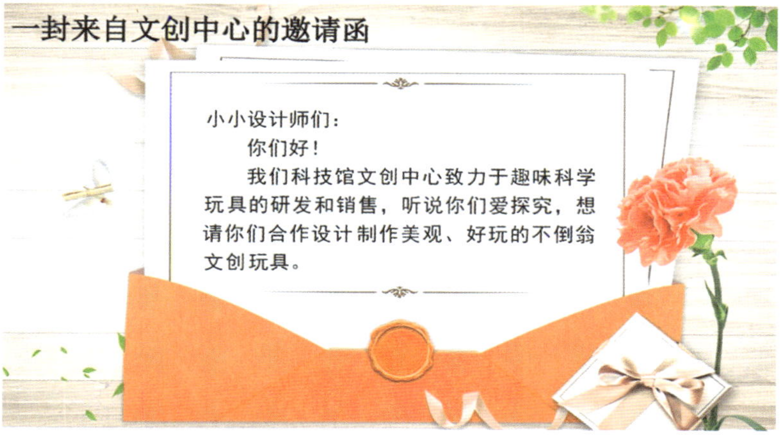
一封来自文创中心的邀请函

小小设计师们：

你们好！

我们科技馆文创中心致力于趣味科学玩具的研发和销售，听说你们爱探究，想请你们合作设计制作美观、好玩的不倒翁文创玩具。

老师：同学们是否愿意担任设计师，尝试设计好看有趣的不倒翁文创玩具呢？

学生：我想做玩具设计师，那一定很有趣！

老师：好，大家知道了不倒翁的秘密，让我们一起动手看看，能否制作出创意有特色的不倒翁玩具。

设计思路

设计意图

1. 设计文创玩具任务驱动学生运用创新思维，利用探究成果，通过科学、技术、工程、数学、艺术等解决实际问题。
2. 让学生体会科学与艺术融合的乐趣，培养想象力、创造力及审美能力。
3. 让学生发现作品中存在的问题并尝试提出解决方案。
4. 体验“锥体上滚”展品，鼓励课后继续探索“重心”相关问题。

学情分析

该年龄段学生实践制作经验不足，且对重心还是比较陌生，动手制作过程遇到不倒翁倾斜、倒下等问题，老师可借此引导学生进一步深入探究。

教学策略

1. 鼓励代入设计师角色，自由发挥尝试实践。
2. 引导学生通过实践发现新问题，分析解决新问题。
3. 体验展品，留下悬念，鼓励课后继续探究科学。

教育活动脚本	设计思路

老师：你设计的是什么，用的什么材料，这么漂亮？

学生：今天正好是壮族三月三节日，我们壮族三月三有画彩蛋的习俗，我用鸡蛋画绣球，里面加纸巾和水做成不倒翁，庆祝壮乡节日快乐。

老师：非常好，作为壮乡儿女，我们都要拥护民族团结。你画的什么？用的什么材料？

学生：我用气球设计宇宙飞船，底部贴了个螺母增加重量做成不倒翁，我长大想设计不倒翁飞船，让它像不倒翁一样安全降落永远不会翻船。

老师：你这画的是什么呢？用的什么材料？

学生：我画的牛顿，他发现了重力，我在乒乓球底部贴了铁珠，设计了一个牛顿不倒翁，我想像他一样有“不倒”的科学精神。

老师：太棒了，探究科学之路铺满了荆棘，希望同学们像不倒翁，不被困难打倒，耐得住研究的孤独，受得住实验失败的苦，追求真理，勇往直前。

学生：老师我以后也要做“打不倒”的科学家。

老师：同学们太棒了！

（2）实践出“真知”（见下图）

学生：老师我这个不倒翁怎么会倒呢？

教育活动脚本	设计思路

老师：各位小科学家请帮忙，看看这位设计师制作的不倒翁的和我们刚拆的不倒翁有什么区别?

学生：底部铁珠没固定。

（老师拿出不倒翁玩具翻倒，让同学们体验）

老师：不倒翁倒过来后，底部沉吗?

学生：不沉。

老师：大家看这视频（见下图），不倒翁翻倒时候，腰部有隔层不给水翻到另一边。

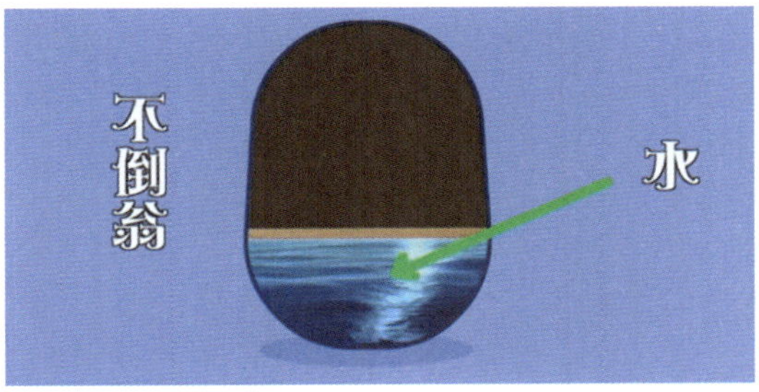

学生：我懂了，这说明不倒翁底部重量不会随着我们的动作而转移，也就是底部的重物要固定。

学生：老师我这个不倒翁为什么倾斜?（实验情况见下图）

老师：设计师们可以帮找找原因吗?

学生：这个重物没在底部重心，偏移了。

老师：为什么重物不在底部重心，会倾斜呢?

学生：不知道……

教育活动脚本	设计思路
老师：这个问题，留给同学们回家后，和爸爸妈妈一起，像科学家一样地去探究。 （3）体验“锥体上滚”展品（见下图） 老师：下面我们一起体验展厅的“锥体上滚”展品，希望大家回家后也能像科学家一样地去探究，为何锥体能自己上滚。 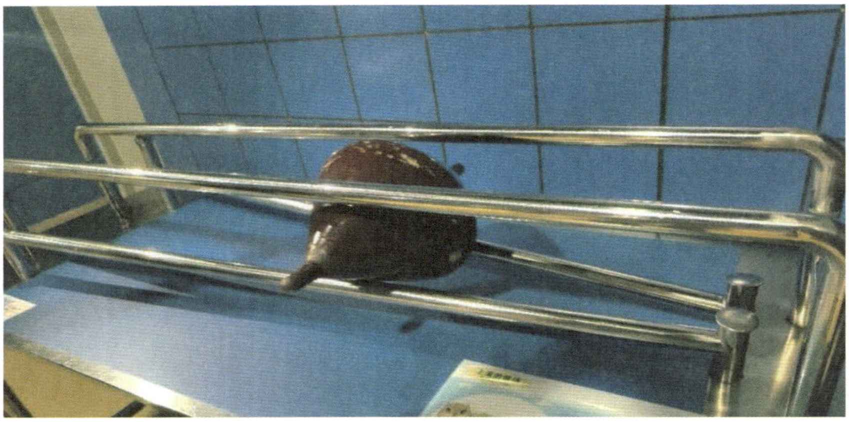	

八、实施情况与课程评价

通过课中学生踊跃参与，发现该课程设计的猜谜语、拆玩具、“找茬”探究游戏、玩具设计邀请等环节，极大地激发了学生的探究兴趣。通过学生创作设计的精美创意作品，以及创作过程中能发现问题、解决问题，看出学生对本节课的内容基本理解及掌握，并在课程中发挥了想象力及创造力，体验了科学、技术、工程、数学与艺术的融合。

课后收集了学生的评价反馈，发现大家对该课程给予了较高的评价，认为课本知识得到了很好延伸，纷纷表示希望多参与到这样的探究活动中。这些评价激励我们继续努力，不断改进，研发好玩有趣的 STEAM 科学课。

九、综合评价

邀请专家对该课程进行评审。专家认为该课让学生在玩中学，学中玩，引导学生体验了一般科学研究方法，培养了学生观察、自主学习的能力，让学生通过实践将间接经验转化为直接经验，在凸显学科核心概念的基础上，采用 STEAM 理念建构跨学科课程内容，提高了学生用综合知识解决实际问题的能力。

★ 该项目获 2023 年“奋进科普新征程”全国科技馆联合行动优质科学教育资源项目一等奖 ★

一起来称象

教育活动类型： STEM 类综合科技活动

项目开发单位： 广西壮族自治区科学技术馆

项 目 设 计 人： 欧俊、兰飞建

一、概述

本课程是以 STEM 教育理念为指导，采用探究式学习与 5E 相结合的教学模式开展的教学实践活动。课程以古代故事《曹冲称象》为探究素材，创造情境激发学生探究兴趣、引导学生自主设计和验证“称象”实验。通过实验培养学生的量感，提高跨学科探究能力和意识，增强实验操作技能和团队协作意识。

二、教学对象

1. 本教育活动适宜的受众人数：10 ~ 15 人。

2. 本教育活动针对的具体教学对象：小学四年级学生。

3. 教学对象的学情分析：四年级学生认知能力处于“具体运算阶段”的末期，思维方式以具象思维为主，逐步向抽象思维过渡和转化，养成了正向思维的习惯；他们求知欲强，喜欢动手但实践能力差，不熟悉实验仪器设备；学生初步具备了运用综合知识分析和解决问题的能力，有主见敢质疑，在考虑问题时欠缺全面性和完整性，有一定的团队合作交流经验。本资源从四年级学生学习特点出发，在项目教学中融入 STEM 教育理念，通过真实情境和问题展开教学实践活动。学生可以在活动中积累数学经验，熟悉实验仪器设备，增强合作意识，掌握跨学科知识分析和解决问题的能力；为培养和提升自身创造性思维、应用意识，发展量感等核心素养打下坚实基础。

三、教学目标

1. 科学观念：在动手“称象”的实验中体会科学步骤；感受测量的误差；理解“等量的等量相等”的原理，体会“等效替代”的科学方法。

2. 科学思维：能够有根据地进行推测，初步了解并运用分析、推理、类比进行分析、判断的科学思维方法。

3. 探究实践：初步了解并运用通过观察和实验发现分析问题的方法，收集、记录和分析数据的方法，针对问题设计实验方案并根据实验情况调整方案设计的方法。

4. 态度责任：可以将学到的科学思维和科学方法应用于社会生活实践的意识，培养敢质疑、勇求真的科学态度及团结合作的科学精神。

四、教学重难点

1. 教学重点：通过制定和实施“称象”实验方案，分析跨学科知识整合应用的实现路径；使用盘秤称量物体质量的方法；初步了解运用科学思维与探究实践的方法。

2. 教学难点：在探究“称象”实验过程中提高跨学科知识运用能力。

五、教学场地与教学准备

1. 教学场地：“小小月光社”科学教室。

2. 教学准备：学习单、罐头、2 千克指针盘秤、塑料保鲜盒、收纳箱、记号笔、弹珠、标签纸、塑料杯等。

3. 活动总时长：40 分钟。

六、教学活动设计与实施

1. 教学活动设计流程图

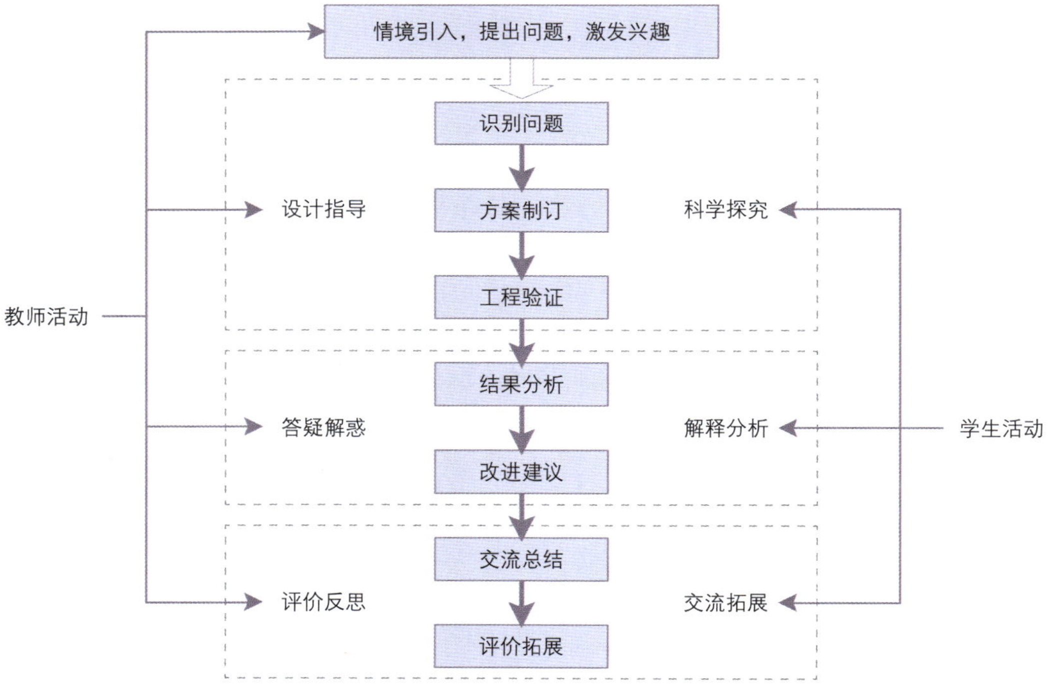

2. 活动步骤以及设计意图

第一阶段 情境引入，提出问题，激发兴趣

阶段目标：营造情景引出问题，唤醒学生内心质疑，激发学生探究兴趣。

教育活动脚本	设计思路
老师活动 1：播放木偶动画片《曹冲称象》称象片段（约 2 分钟）。在动画片中曹冲称象的结果是一斤不差完全准确的。再播放《三国志》中“曹冲称象”的原文及白话文。提出问题：动画片说曹冲称象的结果是十分准确的。“曹冲称象”的故事是来源于《三国志》，原文里只说了曹操派人按曹冲的方法去称象，结果如何没有记录。那么大家认为曹冲称象的结果是准还是不准呢? 学生活动 1：根据自己所学知识和生活经验提出不同的见解。 学生 1：结果是准确的，因为语文课本上说了结果是准确的，老师也是这么教的。 学生 2：可能是不准确的。家里给宠物洗澡很费劲，推测大象不可能老老实实上船，而且在船上待着不动，让人在船边画线进行测量。大象乱动的话，是没有办法测量的，更别说结果是否准确了。 学生 3：是不准确的。古代科技落后只能使用杆秤。现在生活中几乎没有见过杆秤，杆秤基本上被电子秤所替代了，这说明杆秤称重准确度低。 老师活动 2：学生们展开讨论，各自阐述观点和依据，无法达成一致意见。提出建议实践出真知，大家可以做实验模拟“曹冲称象”的整个过程，再分析称重结果。用实验来证明谁的观点是正确的。	**学情分析** 学生在二年级语文课上已经知道“按照曹冲的方法是可以准确称出大象重量”这一结论。部分学生联系日常生活中称重经验，内心对这个结论是有所怀疑的，但不愿直接质疑教科书结论和老师教学内容。 **设计意图** 通过观看木偶动画片“称象”片段和《三国志》原文，使学生能够结合古代工程技术背景分析称量大象体重的困难，引导学生联想生活中测量不准的情况，最终引出“曹冲称象的结果是否准确”的疑问；引发学生思考，激发学生探究兴趣。 **教学策略** 利用多媒体和历史记载创设情境，借用日常生活实例唤醒部分学生内心潜藏的质疑。引导学生表述看法，互动交流。

第二阶段 科学探究

阶段目标：团队合作制定出称重方案，集体协作完成“称象”模拟实验。

教育活动脚本

老师活动 1：在制订称重方案前，请大家以自愿组队为原则，五人一组组成实验团队并做好内部分工。分工要求为：实验操作员 2 名、实验数据记录分析员 2 名、实验流程观察员 1 名。

学生活动 1：按照要求完成分组分工。

老师活动 2：分组后，请大家根据自己的理解，用自己的话描述曹冲称量大象的基本步骤。

学生活动 2：能组织语言基本复述曹冲称象的步骤，但是语言表达不够流利和简练，有少量重复及前后矛盾的地方。在老师引导下总结称象的步骤如下。

步骤一，把大象赶上船。

步骤二，在船边划线做记号。

步骤三，把大象赶下船。

步骤四，往船上搬石头直到船边的记号与水位线平齐。

步骤五，把石头搬下船，用杆秤称量石头重量。

步骤六，观察记号线判断，船搭载一堆石头和大象时，水位都恰好与记号线平齐，推测出石头总重量等于大象重量。

老师活动 3：老师提出，总结中反复提到了大象、船、石头和秤。看来这四个物品就是还原称象的关键。现在我们能找到这四个物品直接还原称象实验吗?

学生活动 3：找不到这四个物品，教室也没有水池，不能用小船测量大象或者石头重量。

老师活动 4：提出问题，我们实验室有一些仪器和材料，请大家想一想找一找，能不能在里面找到大象、船、石头和秤的替代品?

学生活动 4：经过分组讨论，形成替换方案如下。

方案一，收纳箱装水模拟水池。

方案二，罐头替换大象——教室物品中罐头重量大体积大，跟大象性质相近。

方案三，塑料保鲜盒替换船。

方案四，弹珠替换石头。

方案五，盘秤替换杆秤。

老师活动 5：带领学生复习盘秤组成、使用方法和注意事项（2 分钟）。根据实验仪器和材料的情况，请大家开动脑筋思考，目前的替换方案有没有需要改动地方?

学生活动 5：认真观察物品后分组讨论后，根据现场情况，替换方案修改如下：

替换方案一，收纳箱装水模拟水池。

设计思路

学情分析

四年级学生对“曹冲称象”大概流程及科学原理有一定了解，但是尚未养成通过逻辑关系的依据来进行分析判断的思维方式。实验方案不能紧扣“曹冲称象”所包含的解决问题策略和数学思想方法来设计，缺乏可操作性。

学生在三年级科学课上学习过质量单位并能进行简单换算，同时也学习了盘秤、天平秤的称重操作，但是实际操作经验较少，并不能真正掌握仪器使用技巧。

设计意图

引导学生在设计科学实验的全过程，体会严谨的科学精神和工程设计概念；掌握盘秤使用方法。通过填写学习单体会科学思维和工程元素。

教学策略

通过预设条件引导的策略——在实验设计阶段预设条件提高要求，引导学生开拓思维寻找更优方案，避免引入旧实验方案的缺点。

分组合作的策略——以自愿为原则，让学生自由分组，形成五人一组分工合作的探究团队。这可以培养学生的合作意识和团队精神，也能够活跃课堂气氛，提升学生学习兴趣和讨论积极性。

教育活动脚本

替换方案二，罐头替换大象。

替换方案三，塑料保鲜盒替换船。

替换方案四，弹珠放入塑料杯整体替换小石子——弹珠在保鲜盒内容易滚动，全部放入一个塑料杯后就不会发生这种情况。

替换方案五，盘秤替换杆秤。

老师活动 6：请大家根据物品替换方案补充完善“称象”实验方案。

学生活动 6：“称象”实验最终设定方案如下。

最终方案一，脸盆装水模拟水池，不需要装得太满。

最终方案二，将塑料保鲜盒放入水池。

最终方案三，将罐头放在保鲜盒上，待保鲜盒稳定后将标签纸下边沿对准水线并贴上。（经过测试记号笔在保鲜盒上笔迹不清楚，容易被水泡散，改用标签纸）

最终方案四，拿走罐头，用塑料杯装适量弹珠；加减弹珠数量使标签纸下边沿与水面线完全重合。

最终方案五，用盘秤称量弹珠和塑料杯质量。得到罐头质量 1。

最终方案六，用盘秤称量罐头质量，得到罐头质量 2。

最终方案七，记录实验数据，对比罐头质量 1 与罐头质量 2 的误差，分析实验结果。

老师活动 7：调整后的替代方案更具可操作性。各小组依照方案进行模拟“称象”实验，并填写学习单，见下表。在实验操作和学习单填写上有困难的，可以向老师寻求指导和帮助。

“一起来称象”学习单

时　间	
地　点	
小组序号组员名单及分工	
实验地点	
实验目的	
实验所需仪器和物品	仪器： 物品： 替代关系：
实验过程	
实验结论及心得体会	

设计思路

学生独自填写学习单的难度较大，老师应及时给予指导和帮助。

第三阶段 解释分析

阶段目标：解释分析“称象”结果出现误差的原因。

教育活动脚本

老师活动 1：引导学生讨论“称象”实验的过程和结果有什么发现？

学生活动 1：根据实验方案用盘秤称量了小弹珠重量，得到罐头的质量 1；用盘秤直接测量罐头重量，得到质量 2。通过对比，发现两个结果有差别。

老师活动 2：请各小组实验流程观察员复述所观察到的实验流程，大家一起讨论分析造成误差的原因。

学生活动 2：根据观察员复述的实验流程，结合实验操作员对实验细节的回忆，总结误差产生的原因有以下两点。

（1）罐头没有放稳放正，在保鲜盒里移动，导致标签纸无法准确对齐水位线，影响后期计算。

（2）盘秤操作不当，指针未归零。

老师活动 3：针对上述可能造成误差的情况，请大家思考有什么措施和方法能够有效地降低甚至是消除误差？

学生活动 3：经过讨论，有以下几个建议。

（1）确定保鲜盒中心，用薄双面胶将罐头固定在中心上防止移动，待水面稳定后再进行测量。

（2）动画片中曹冲只画了一条水位线，实际测量中船身难免会向某一边倾斜而肉眼难以分辨，只对准一条水位线容易造成测量误差。可以在盒子四周多贴几张标签纸作为水位线标记。

（3）严格遵守盘秤称重规范，在称重前手动转动调整旋钮，让秤指针在“0”刻度上，确保指针归零。

老师活动 4：大家总结得很好。我们就在学习单“心得体会”一栏记录各自对实验步骤的反思，总结降低误差的经验和方法。大家可以在课后重做实验，验证上述经验和方法是否有效。

设计思路

学情分析

通过实验探究，部分学生发现称重误差较大，因缺乏科学思维的训练，对造成误差的原因未形成清晰的认识，只有模糊的概念，更无法有针对性地提出解决方案。

设计意图

通过解决在实验中遇到客观问题，营造真实情境，使学生能够有根据地进行推测，初步了解并运用分析、推理、类比进行分析、判断的科学思维方法。

教学策略

组织学生一起讨论回忆，通过复盘实验细节，核验记录数据，运用分析、推理、类比进行分析、判断的科学思维方法找出降低误差的方法。

第四阶段 评价拓展

阶段目标：引入多元评价，巩固课程学习成果，拓展学生知识视野。

教育活动脚本

老师活动 1：讨论交流开始，经过设计实验、验证实验、分析实验结果这三个步骤，请大家畅所欲言，分享自己的感受。

设计思路

教育活动脚本

学生活动 1：（1）测量结果误差较大，今天的实验是失败的。（2）“曹冲称象”的方法是有问题的，无法准确称量出大象的重量。

老师活动 2：有的同学认为今天“称象”的结果误差比较大，是失败的。我们换一个角度来看，我们证明了“曹冲称象”受限于古代科技发展水平，称量结果可能是有较大误差的。比起实验结果，探究实践的过程本身对同学们更有意义！同学们通过自己动手实践，把自己对实验设计操作的想法，转化为修正错误提高精度的具体措施，提高了跨学科知识运用能力，是有巨大收获的。有同学对“曹冲称象”科学性可行性产生了怀疑。在这里我们向大家介绍一个新知识点——船舶载重线。载重线表示船在允许的最大载重情况时水面位置的水平线（见下图）。

船在航行时，如果水位超过载重线某个特定刻度，就有可能是超载了，必须马上处理。载重线与“称象”过程中在船上画水位线是类似的设计，两者运用的科学思维和科学方法是近似的。这说明“曹冲称象”的原理和方法是具备科学性和实用性的，到今天还有用武之地。

现在大家可以利用称重实验设备和材料称量教室内其他合适的物品，在学习单上做好记录。我们的课程接近尾声了，在这里给大家留下课后的思考问题：曹冲用自己的智慧称得了大象的重量，在生活中也常常需要称量，我们一般用什么办法称量？生活中有哪些称量工具？它们有什么特点呢？怎样用它们进行称量呢？

设计思路

学情分析

四年级学生的思维能力正在逐渐成熟，能够进行初步的推理和判断，正向思维得到较充分的培养，逆向思维则缺乏锻炼。评价反思预设外的情况和结果时，偏向于从主观感受出发，无法认识到过程体验的重要性。

设计意图

针对学习成果引入多元评价，摒弃唯结果论。使学生认识到随着科学探究实践的不断深入而形成的科学观念和科学思维才是最宝贵的财富。巩固并强化学生在科学方法和科学思维层面的学习收获。

教学策略

使用“填写学习单和交流讨论”的策略。通过完整填写学习单，可以使学生有序整理课堂学习内容，记录各阶段的学习收获，使其逐渐累积知识获得感和喜悦感。通过交流讨论，扩充学生知识面，有效发散学生思维。

七、教学反思

教学设计中设置真实情境引出问题完成情况较好。在设计“称象”实验方案阶段，由于课程时间限制，只能引导学生使用预设的材料仪器去完成实验。应该提供更多的材料仪器供学生选择，请他们讲一讲自己的实验设计思路，请同学进行评价，看看哪一种方案好，还可以怎样完善。评价拓展环节，交流方式和内容比较单一。在评价交流中，仅可以通过实验结果来评价，还可以通过自我评价、同学评价、老师评价来进行全方位的评价，立体全面地对课堂教学和实验过程进行总结和反思，以此提高科学教育课程教学质量和培养学生科学素养。

★ 该项目获 2023 年“奋进科普新征程”全国科技馆联合行动优质科学教育资源项目一等奖 ★

悬浮的秘密——碰不到的“磁”

教育活动类型： 科学实验和动手制作类活动

项目开发单位： 广西科技馆

项 目 设 计 人： 蒙慧慧、郭飞玉、雷剑秋

一、概述

《悬浮的秘密——碰不到的“磁”》是依托小学《科学》课本二年级下册“磁铁”单元和四年级上册“运动和力”单元，根据《义务教育科学课程标准（2022 年版）》中物质的结构与性质、物质的运动与相互作用、工程设计与物化三个核心概念，结合“磁悬浮绣球”展项设计的科学教育活动。

目前关于磁铁的校内教案设计中，低年级多从磁铁体验出发，让学生感知到磁铁的特性；高年级从磁与电的关系出发，用奥斯特实验等经典实验让学生认识电与磁之间存在联系。低年级和高年级之间不设过渡。本教育活动旨在利用科技馆的活动场地和展项资源优势，补充校内教学，拓宽学生对于磁铁的认识，鼓励学生进行想象与创造，培养学生的工程师思维和动手能力。

活动以学生为中心，老师给予学生必要的提示和指导，把握活动节奏，组织活动顺利完成。学生在老师的引领下参与游戏、实验和制作，观察生活物品细节，总结磁铁的特性，尝试二力平衡实验，发挥想象力和创造力选择相应材料来制作模型，与同伴相互合作又相互评价。

此教育活动的设计有助于学生思维锻炼，更清晰地认识物理世界的逻辑性、规则和预见性；有助于让学生通过对“物质的结构与性质”“物质的运动与相互作用”“工程设计与物化”三个核心概念的学习，理解结构与功能、系统与模型两个跨学科概念。

二、教学对象

1. 本教育活动适宜的受众人数：8 ～ 12 人。

2. 本教育活动针对的具体教学对象：三至四年级学生。

3. 教学对象的学情分析：本教育活动的教学对象是三至四年级学生，该阶段的学生比较活跃，好奇心强，求知欲也强，想象力丰富；从知识层面上来看，他们已经对磁铁和力的知识有一定了解。从认知水平看，已经具备一定的观察能力、分析能力以及归纳总结的能力，但探究并设计制作的能力较为薄弱。因此，提高学生的设计制作能力是本节课的重要目标之一。

三、教学目标

1. 科学观念：通过观察生活中常见的物品，认识到生活中的物品是用磁体制成的；能通过动手实践，认识磁悬浮列车运行的原理。

2. 科学思维：综合分析磁铁的特性，用实验发现磁铁的特性和规律。选择适合的制作材料，发展思维的灵活性和独创性。

3. 探究实践：观察生活物品细节；能尝试二力平衡实验；结合选择的材料和工具，用实物模型表达自己的设计和想法。

4. 态度责任：对生活充满兴趣与热情；对实验探究感兴趣；知道磁悬浮列车是我国知名科技成果；在活动中愿意与同伴合作观察，共同配合，互相交流。

四、教学重难点

1. 教学重点：认识磁铁“同极相斥，异极相吸”的特点，理解“二力平衡”。

2. 教学难点：在理解“二力平衡”的基础上，结合磁铁“同极相斥，异极相吸”的特点，自主设计和制作磁悬浮物件。

五、教学场地与教学准备

1. 教学场地：设有多媒体屏幕、黑板、桌椅的科技馆活动室或教室。

2. 教学准备：耗材需准备橡皮泥、海绵、双面胶、透明胶、小磁环、扭扭棒；工具需准备剪刀、钳子、笔、细吸管；如此之外，还要准备磁悬浮笔材料包、活动 PPT、记录相机。

3. 活动总时长：45 分钟。

六、教学活动设计与实施

1. 教学活动设计流程图

教学环节	设计意图	学生技能思维过程	学生探究环节
大家来找“磁”	情境导入总结特性	从图片中发现磁铁的应用，与伙伴讨论总结出磁铁的性质	发现、交流与总结常见磁铁的性质和应用
实践出真知	探究验证引发思考	动手实验探究磁铁的特性，分析磁悬浮条件，深入思考磁铁这一特性如何利用	体会磁铁“同极相斥、异极相吸”的特性和学习磁悬浮现象背后的“二力平衡”条件
动脑动手造	概念应用设计制作	分析小车结构，画出草图，利用材料进行制作	利用材料制作磁悬浮作品，并给予相应评价

2. 活动步骤以及设计意图

第一阶段　大家来找“磁”

阶段目标：创设情境引发问题，通过观察生活中常见的物品，认识到生活中的物品有磁体制成的，初步从生活中常见材料总结出磁铁的特性。

教育活动脚本

首先，聚焦问题，观察物品。老师限定情境，展示不同生活场景如厨房、教室、街道的图片，提出问题，这些场景中哪些物品应用到了磁铁？结合“大家来找磁”游戏开展观察与思考。

然后，组织交流，相互补充。老师提出问题，磁铁的这些应用是因为它的什么特性？引导学生小组合作交流。在交流中，学生会暴露自己前概念的不完善之处。

最后，总结发现，说出规律。

厨房中的磁铁有刀架、冰箱门、冰箱贴等；教室里的磁铁有黑板磁贴、磁扣文具盒等；街道上的磁铁有女士包扣、磁吸灯箱、磁吸门帘等。磁铁的这些应用

设计思路

学情分析

学生已在先前的学习中认识了磁铁，一定程度上了解磁铁的特性；认识磁力、拉力、推力等力学名词；但可能对生活中的磁铁应用未产生过观察和分类，还无法用较准确的语言表达出磁铁的特性。

教育活动脚本

是因为它有吸引铁、钴、镍等金属的特性，右图为生活中出现的‘磁”。

老师：同学们，大家好。我们今天的活动里需要两两一组，请大家先和身边的同学组好队，确定伙伴。同学们都见过磁铁、认识磁铁对不对？磁铁在生活中有哪些应用呢？

学生：吸铁石、扣子、冰箱贴……

老师：听起来大家知道的还真不少。我们一起来看一组图片，玩一个“大家来找‘磁’”的游戏，头脑风暴想一想在图片展示的场景里，哪些地方会用到磁铁好吗？每想出一个应用所在小组就加一分。第一个场景是厨房。厨房里什么地方可能有磁铁呢？

学生1：冰箱贴！

学生2：冰箱门！

学生3：磁吸收纳架！

学生4：磁吸挂钩！

老师：请大家在学习单上写下来。第二个场景是教室。教室里的磁铁有哪些？

学生1：笔袋的扣子！

学生2：书包的扣子！

学生3：黑板上的磁贴！

老师：第三个场景是街道。大街上的磁铁可多了，大家能想到哪些呢？

学生1：挎包的扣子！

学生2：门帘！

老师：同学们知道的真不少，平时大家都有认真观察，做生活的有心人。我来给大家核算这个游戏环节的分数。这个时候给大家一个问题思考磁铁的这些应用是因为它的什么特性？请和你的伙伴讨论确定，等一会儿和大家分享。看看哪个小组的答案最准确。

老师：在大家来找“磁”的环节里暂时领先的是第1组！有请第4组的同学先来分享你们的答案。

学生4：因为磁铁可以吸东西的特性。

老师：说得不错。还有没有说法或者表达更准确、更科学的答案呢？

学生1：因为磁铁有吸引铁等一些金属的特性。

老师：这个答案更详细一些，磁铁的这些应用是因为它有吸引铁、钴、镍等金属的特性。

设计思路

设计意图

选择学生熟悉的生活场景以游戏的方式进行导入，可以激发学生的学习兴趣，同时也能基于学生现有概念水平，丰富其对磁铁应用场景的认识。学生观察日常生活中的磁铁，暴露前概念的不足之处，练习用语言准确总结出磁铁的这些应用是因为它有吸引铁、钴、镍等金属的特性。

教学策略

以学生为中心，老师以多媒体手段指引学生参与游戏，学生在轻松的心态下从游戏实践中获得知识；在讨论和交流中与伙伴初步建立联系和默契，为后续的团队合作设计制作奠下基础。

第二阶段　实践出真知

阶段目标：综合分析磁铁的特性，用实验发现磁铁的特性和规律，组织概念建构，认识“二力平衡”。

教育活动脚本

（1）动手探究，发现特性

老师发放磁铁实验器材，引导学生发现磁铁“同极相斥，异极相吸”。在平时的生活中，对磁铁“异极相吸”的应用更常见。引发下一步思考：同级相斥能不能应用呢?

（2）动手实验，深入思考

老师发放实验器材（吸管、磁环、笔架），引导学生开展如下两个实验。

实验 1:

操作：两块磁环同颜色同朝向串入一根吸管中。

现象：第二块放入的磁铁在吸管上悬浮。

原因：同极相斥，两块磁铁之间产生的斥力和第二块放入的磁铁重力相平衡，使得第二块放入的磁铁悬浮在吸管上。

实验 2:

操作：拼装磁悬浮笔。

现象：笔芯能在磁铁的作用下悬浮在空中。

原因：上下两组磁铁之间产生的斥力和上面一组磁铁与笔芯产生的重力相平衡，使得笔芯悬浮。

（3）总结发现，联想应用

得出磁铁可造成的悬浮现象后，老师引导学生联想“同极相斥”的应用，主要有磁悬浮绣球、磁悬浮家饰、磁悬浮列车、磁悬浮轴承。

老师：关于磁铁的性质，动手实践可以帮助我们探究得更深入一些。请你和伙伴又好又快地完成以下 2 个实验制作，并填写学习单，见右图，填出一个空格可加 1 分。我们来看第一个实验：吸管与磁铁。每个小组有一根吸管，两个小磁环。小磁环上的两面是两个颜色，同颜色代表着相同的磁极，红色是南极，蓝色是北极。

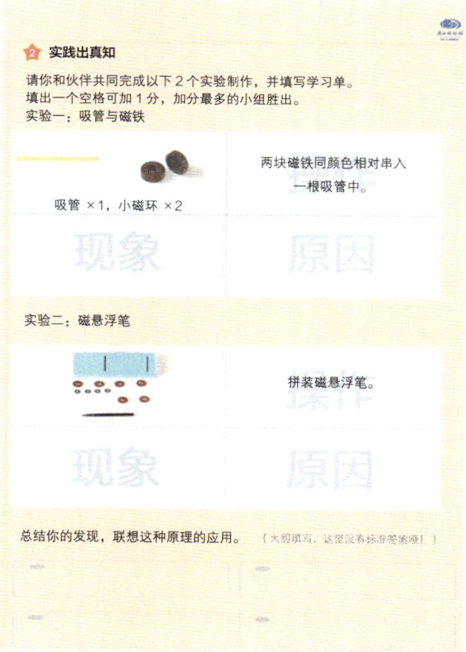

设计思路

学情分析

学生完善了概念“磁铁有吸引铁、钴、镍等金属的特性”，在先前的学习中可能制作过指南针认识到磁铁有两个磁极和它们的特点，但是可能未认识到重力的存在，从未发现过磁铁同极相斥的应用。

设计意图

完善学生的概念：磁铁“同极相斥，异极相吸”。引入重力、斥力等名词以便让学生理解与描述现象；组织学生通过实验发现“同极相斥”可产生的有趣悬浮现象，培养动手能力。

教学策略

以学生为中心，老师给予必要的保证安全性的指导和名词解释。学生自主完成两个实验，在动手过程中获得更为深刻的体验。

教育活动脚本	设计思路

老师：我们首先把吸管立在桌上，然后把一块磁环串在吸管上，蓝色朝下，红色朝上；再放入另一块磁环，同样也是蓝色朝下，红色朝上——毫无意外，异极相吸，它们贴在了一起。

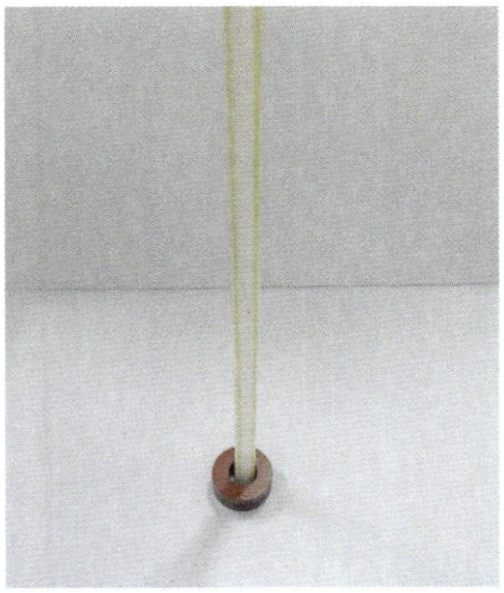

（学生尝试）

老师：如果我们把两个磁环同颜色相对串入一根吸管中，又会有什么现象呢？请仔细观察，记录发现，思考原因。

学生 2：下面一块红色朝下，蓝色朝上；上面一块就蓝色朝下，红色朝上吗？

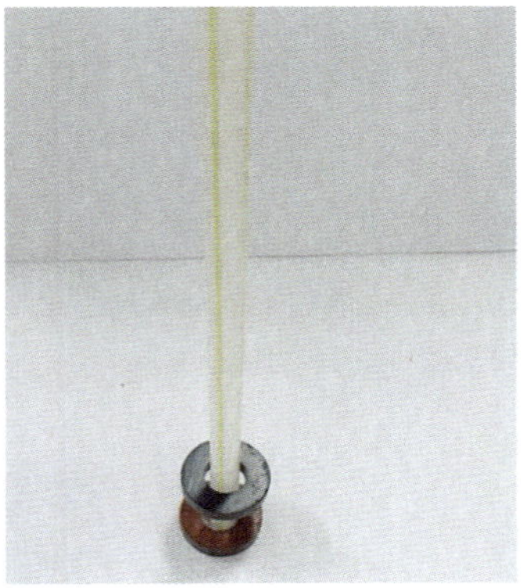

老师：是的。大家要把现象在学习单上记录下来，猜想它出现的原因。给大家 2 分钟的时间。

（学生操作与记录）

老师：时间到。现象是什么呢？原因可能是什么呢？有请第 3 组的同学分享你们的回答。

学生 3：现象是第二块放入的磁铁在吸管上悬浮。原因是磁铁同极相斥。

老师：说得不错。答出悬浮、同极相斥的小组都能获得这个环节的分数。老师深化解释一下，磁铁如果没有东西装着它、托着它，会往下掉。（展示）这是因为地球对它有吸引力，这种吸引力我们给它一个名字叫重力。同极相斥，两块磁铁之间产生的斥力和第二块放入的磁铁重力相平衡，使得第二块放入的磁铁悬浮在吸管上。

老师：接下来我们做第二个实验：磁悬浮笔。每个小组有一个材料包。请按说明书拼装和操作，观察现象，记录发现，思考原因。注意用上实验一里认识的“重力”“悬浮”和“同极相斥”。给大家 5 分钟的时间。

（学生操作与记录中，老师同步拼装一支磁悬浮笔作为引导和示范）

老师：时间到。有的同学已经成功找到悬浮状态了，有的还没有。我们请第 1 组的同学分享你们的记录与猜想，没有成功的同学活动结束后再尝试。

学生 1：笔芯能因为同极相斥悬浮。原因是上下两组磁铁之间同极相斥，对抗了上面磁铁和笔芯的重力（见右图）。

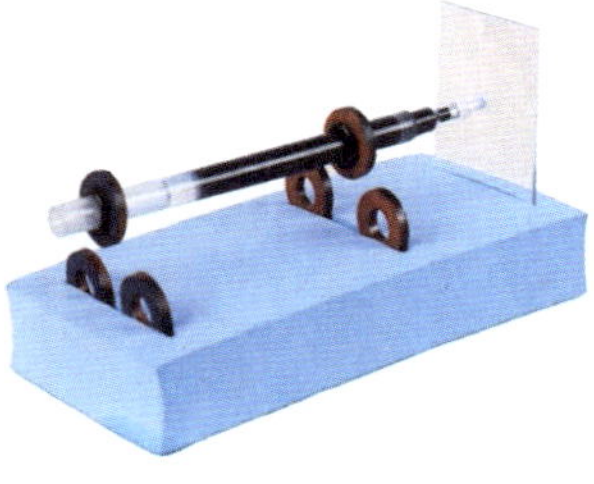

老师：答得真不错。我们在“大家来找‘磁’”里头脑风暴到的应用都围绕磁体的吸引力，那么“同极相斥”有哪些应用大家能想到吗？请写下来。

教育活动脚本	设计思路
（学生思考及记录） 老师：写出得比较少。我们看到有几个小组写的磁悬浮列车，还有同学见到了我们展厅里的磁悬浮绣球。磁悬浮绣球的绣球是金属制成的，和我们常见的工艺品不一样（见右图）。它上下都有装置，通电后可以产生磁力，也是磁力和它的重力相平衡，让它悬浮起来。活动结束后大家可以前往电磁展区观看，并且试着向其他游客讲解它的原理！	

第三阶段　动手动脑造

阶段目标：概念应用，自主设计。

教育活动脚本	设计思路
（1）视频介绍科技前沿 老师播放磁悬浮列车的相关视频，帮助学生认识磁悬浮列车的形态和工作原理，见下图。	**学情分析** 学生在先前的学习中听说过磁悬浮列车，但未曾搭乘过也未曾详细了解过；学生可以尝试比“观察月相”“做一顶帽子”“做一个指南针”等难度更高一些的小制作，初步尝试用实物模型表达自己的设计和想法。 **设计意图** 利用已有最先进科技成果唤起学生的自豪感，激起学生参与科学实践

教育活动脚本

（2）制作自己的磁悬浮列车

老师发放橡皮泥、海绵、磁铁等器材，让学生依照 PPT 和学习单上的步骤，见下图，在老师引导下，与同伴尝试制作磁悬浮小车。

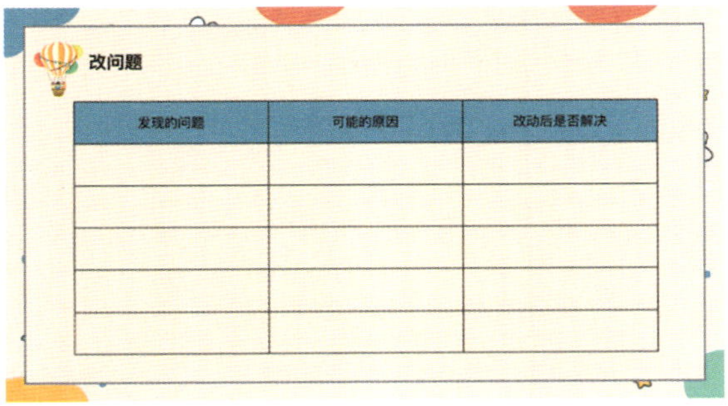

发现的问题	可能的原因	改动后是否解决

（3）展示自主设计模型特点

各小组依次展示设计的磁悬浮小车的形态、功能和是否能成功悬浮如下图所示。老师给予改进建议和打分。

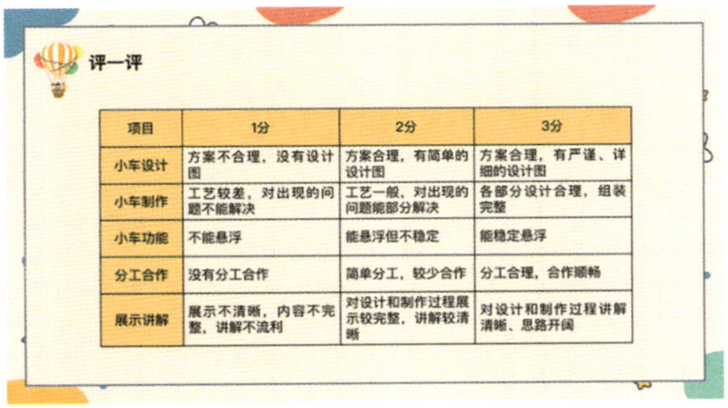

项目	1分	2分	3分
小车设计	方案不合理，没有设计图	方案合理，有简单的设计图	方案合理，有严谨、详细的设计图
小车制作	工艺较差，对出现的问题不能解决	工艺一般，对出现的问题能部分解决	各部分设计合理，组装完整
小车功能	不能悬浮	能悬浮但不稳定	能稳定悬浮
分工合作	没有分工合作	简单分工，较少合作	分工合理，合作顺畅
展示讲解	展示不清晰，内容不完整，讲解不流利	对设计和制作过程展示较完整，讲解较清晰	对设计和制作过程讲解清晰、思路开阔

（4）回顾本次活动知识点和技能点，宣布优胜小组

设计思路

的热情。完成科学探究、获得科学规律不是教学的终点。本环节旨在引导学生学以致用，发展思维的灵活性和独创性，培养解决问题的能力。

教学策略

以学生为中心，老师给予必要的保证安全性的指导。鼓励学生与同伴合作，互相交流，分工完成任务。游戏激励学生全程集中注意力参与活动。

教育活动脚本	设计思路
老师：磁悬浮列车就是磁铁“同极相斥”应用的有力证明。我们国家目前在磁悬浮列车的制造上也走在世界的前列。大家搭乘过磁悬浮列车吗? 学生：没有。 老师：我们来看一段视频了解它。 （视频播放） 老师：磁悬浮列车在运行的时候轮子是不和轨道接触的，它悬浮起来利用的磁铁比我们手上的磁环要复杂许多，但利用的也是磁铁的“同极相斥”。 老师：了解了这些，你们能自己设计一个磁悬浮小车吗？我们一起来尝试。我们的材料有橡皮泥、海绵、双面胶、透明胶、小磁环、扭扭棒等，请先依据这些材料的限制，想象你想要的磁悬浮小车长什么样子呀？然后把这个想象的样子画在学习单上。给大家 5 分钟的时间画，画个大致的结构和轮廓。 （学生绘画） 老师：看到大家都画了自己心仪的款式。接下来我们要花 15 分钟动手把它做出来。这个环节的分数会很多，大家可要加油，或者保持优势，或者逆风翻盘。使用剪刀等工具要小心。 （学生制作。老师针对性引导与帮助） 老师：时间到，有的同学做好了，有的同学没有做好。最后 10 分钟请做好的同学到前面来展示悬浮的效果，没有做好的同学利用这段时间继续完善。小组中一位同学展示，展示的过程中可能会发现一些问题，另一位同学记录问题，以便后续改进。老师会给你们的制作打分。 （依次展示与打分） 老师：展示环节结束。在宣布优胜者之前，我们一起来回顾一下今天大家完成了哪些任务。在第一个环节我们学会了? 学生：磁铁具有吸引铁、钴、镍等金属的特性。 老师：第二个环节我们学会了? 学生：磁铁“异极相吸，同极相斥”，磁力和物体重力平衡可以让物体悬浮。 老师：第三个环节我们尝试了? 学生：自己设计一个磁悬浮小车，并把它画出来、造出来。通过动手制作，我们初步了解了磁悬浮列车的秘密。 老师：真棒。祝同学们今后也像这样细心观察、善于总结、勤于动手。要想更加深入了解磁悬浮技术，同学们还需要好好学习、掌握知识，才能揭开更多科学的奥秘! 老师：今天的积分里获得优胜的是第 1 小组，祝贺他们！大家制作的小车、剩余材料和学习单都可以带回家里，继续完善自己的作品。	

七、教学评价与反思

1. 教学评价

此教育活动环节紧凑，层层递进，由易到难，较好地呈现了知识点，又让学生在“学—验—用”的过程中训练了逻辑思维，培养了动手能力，涵养了“爱科学、用科学”的态度。

第一环节大家来找“磁”由生活场景出发，将学生的真实体验和要学的新知相联系，更易于学生接受，更好汲取新的概念。第二环节实践出真知用两个实验拓展思维：实验一结合磁铁同极相斥、异极相吸的特性，用两个大小相同、质量相等的磁铁环通过吸管辅助达到磁悬浮平衡状态，从而引出二力平衡这个概念，同时，生动的实验现象易让学生茅塞顿开。实验二磁悬浮笔芯需要学生在找到两组磁铁平衡点的同时又能准确地放置带有磁铁的笔芯，从而达到磁悬浮状态，更考验学生自主动手能力的培养。第三环节动脑动手造是一个较难的开放式环节，通过学生自主设计磁悬浮小车，从外形到结构设计，充分展示出学生通过这堂课所学到的知识点的程度，也给予学生自由想象与创造的时间和空间。

整个活动又以一个积分制游戏串起，较好地吸引学生的兴趣，保持学生的注意力，促进学生与同伴默契配合，以便活动顺利完成。

2. 教学反思

这一教育活动以游戏的方式串起，学生兴致盎然，活动现场气氛活跃。学生能较好地理解所教授的科学观念，能够跟上老师把控的节奏发展科学思维，愿意尝试实验和有一定难度的制作等。整个活动可以较好地培养学生对于科学的热爱，引导学生迈向观察生活、理解规律、动手改造的科学探索道路。

此教育活动创新地搭建了学生在二年级和四年级之间知识获取与能力提升的桥梁，注重工程设计与制作，重点培养学生的工程师思维和动手能力，不仅“学”科学知识，更“用”科学知识，衔接补充校内教学，让学生的科学能力得到更充分的发展。

活动过程尚有改进之处：

第一，实践探究环节，让学生自主设计和不断改进方案展开探究，虽然放开了学生，注重了学生的本位，但如何引导学生深入探究，培养学生的证据意识，这方面还有待提升。如拼装磁悬浮笔这一环节，学生在实验过程中，极难在短时间内找到两组磁铁的平衡点，受时间限制不是每一组都能成功。

第二，实验材料的选择和教具的制作上需要进一步思考，因需要控制成本，所用材料包的实验现象不够突出，笔芯悬浮高度偏低。如何让材料更具结构性和可操作性等都是需要不断改进和研究的地方。

第三，学生思维挖掘的深度不够。解释磁悬浮现象，把关注点放在理解二力平衡上，没有把精力放在学生身上，应该让更多的学生说出他们的想法，而不是根据一两个学生的回答就早早下了结论。在课堂中应该充分尊重学生的想法，培养学生的独立思考能力。

★ 该项目获 2023 年“奋进科普新征程”全国科技馆联合行动优质科学教育资源项目三等奖 ★

《光与像》教育活动

教育活动类型： 科学实验和动手制作类

项目开发单位： 广西壮族自治区科学技术馆

项 目 设 计 人： 马梦莹、雷剑秋、罗柠米

一、概述

本教育活动紧密衔接《义务教育科学课程标准（2022 年版）》，依托科技馆展品杯中像拓展设计而成。活动针对 10 ~ 12 岁学生，时长约 40 分钟，以“物质的运动与相互作用”为核心概念，对应小学科学教材五年级上册第一章节“光”。活动以探究式学习为主，融入观察探究、实验探究、制作探究等方式，从学生的兴趣需求引入，循序渐进地引导学生自主探究，直观了解光的反射和折射现象，了解其相应的发明应用，理解科学技术的发展和应用深刻影响着社会的发展。

二、教学对象

1. 本教育活动适宜的受众人数：8 ~ 15 人 。

2. 本教育活动针对的具体教学对象：10 ~ 12 岁学生。

3. 教学对象的学情分析：该学龄段的学生还处于以形象思维为主的阶段。他们思维活跃，求知欲旺盛，有强烈的操作兴趣，对现象会进行仔细地观察，能根据现象进行课堂记录和简单分析、判断及解释。基于该阶段学生对于光已经具有一定的认知，对光的传播形式和现象具有较强的好奇心。活动中利用科技馆资源，将光路可视化，现象直观化，更好地促进学生对知识的理解，激发其主动探究的兴趣，满足学生对光的反射和折射的认知需求。

三、教学目标

1. 科学观念：通过活动能知道光在空气中沿直线传播，光的传播方向可改变；认识光的反射现象和光的折射现象。

2. 科学思维：学习运用观察、记录、比较、分享等方法进行科学探究。

3. 探究实践：能在老师指导下，通过观察展品和实验中反射与折射现象，提出猜想，并能自主进行简单的实验设计，进行探究，验证猜想。能在实践体验中，通过学习探究了解光的反射与折射在投影仪中的应用原理。

4. 态度责任：在学生探究光的传播特点、反射和折射现象中，培养学生大胆猜测、小心求证、开心分享的探究精神，用拓展思维看待事物，体验科学的魅力。

四、教学重难点

1. 教学重点：探究光的反射和折射现象和生活中的应用；解释杯中像、投影仪成像原理。

2. 教学难点：设计光的可视化、现象直观化的实验及探究内容；培养学生有意识运用科学思维与方法进行探究，自主设计简单的投影仪成像原理实验探究。

五、教学场地与教学准备

1. 教学场地：至少可容纳 18 人的安全场地，配备有相应数量的桌椅，可播放 PPT 的多媒体设备。

2. 教学准备：PPT（1 份）、学习单（按实际人数分发）。

实验一材料包：手电筒（聚光手电筒）、小镜子、黑色袋子、黑色雪弗板、夹子支架（可夹持手电筒和小镜子），5 份。

实验二材料包：三线光源折射实验套装、圆弧透镜，5 份。

实验三材料包：大中小三款水晶球，5 份。

制作探究：投影仪材料包，5 份。

3. 活动总时长：40 分钟。

六、教学活动设计与实施

1. 教学活动设计流程图

教学环节		学生技能 / 思维过程		学生探究环节
情景导入	→	从展品中感知光和观察相关现象	→	观察、感知
↓				↓
初探现象	→	设计、实验、记录、分析	→	实验探究
↓				↓
解释原理	→	对比、总结	→	回归展品
↓				↓
迁移运用	→	制作投影仪探究工作原理	→	制作探究
↓				↓
拓展提升	→	思考、联想	→	分享交流

2. 活动步骤以及设计意图

第一阶段 情景导入

阶段目标：学会仔细观察，简单运用控制变量法进行体验展品，提出关于展品现象的猜想。

教育活动脚本	设计思路
首先，创设情境，引导学生观察展品成像现象，提出猜想。 进行问题导入。 第一步，在我们科技馆中，有一项展品时而能将站在它前面的人的像时而变大，时而变小，时而还能旋转倒立。这项展品就叫杯中像，今天我们就要一起揭开它的奥秘，看看这展品中将人变大变小变倒的水晶球是因光的反射还是折射造成的? 第二步，分组（2～3人/组），分发学习单。 第三步，组织学生现场体验展品，通过选择展品中不同的水晶球（目标物）、调节观察的距离，观察目标物中的现象变化，记录到学习单中。 第四步，组织学生分析，引发猜想。	**学情分析** 该阶段学生基于生活经验和学校学习对于光已经具有一定的认知，对光的传播形式和现象具有较强的好奇心。 **设计意图** 创设情境让学生从体验、观察中获得真实感受，针对调整观距、目标物中的不同现象引发猜想，提出问题。 **教学策略** 建议让学生通过展品、实物、视频等有真实直观的体验、感知冲突，由此引发猜想。

第二阶段 初探现象

阶段目标：通过“捉光”游戏互动，在玩中学，理解光的反射现象，能够准确地画出游戏中的光路（迹）。结合“捉光”游戏回顾生活经验，知道反射现象是光照在不透明物体后，反射向其他方向的现象。通过三线光源折射实验探究光透过玻璃的折射现象。当光透过透明介质的两个边界时，光的路径会偏折，这种现象称为折射。

教育活动脚本	设计思路
本阶段创设情境情况如下。 组织引导学生进行“捉光”游戏——光的反射实验和三线光源折射——光的折射实验。 首先，问题导入。	**学情分析** 针对第一阶段引发的猜想，该阶段的学生基于已知知识无法准确判断

教育活动脚本

实验一："捉光"游戏——光的反射（见上图）

（1）引入游戏

老师：你认为光可以被捕捉到吗？你有什么办法可以捉到光吗？

学生：自由讨论。

老师：今天，老师将会给大家分发一个神奇的宝贝，让大家把光捉到老师的袋子里。一会捉光的时候需要大家一起完成，希望大家都能相互帮助共同合作完成挑战。

老师给学生分发小镜子，介绍游戏规则并演示游戏方法。

游戏规则：打开手电筒放在固定位置（桌面或地面），前方放置黑色袋子，调整小镜子角度使光照到袋子中则挑战成功。

游戏演示：老师（或请一名学生）手持黑色雪弗板遮挡在手电筒和黑色袋子中间保持不动。将学生分组有序的（可以提前安排学生接光的顺序）用小镜子接住手电筒射出的光线，接住光线后调整小镜子角度将光反射到另一个小镜子上，最后调整这个小镜子的角度，将光线反射入黑色袋子中。手电筒、雪弗板和黑色袋子之间的位置间隔约 1 米，可适当调整。

（2）开展"捉光"

引导小组开始进行"捉光"游戏。

（3）总结游戏

回顾"捉光"过程，画出光路图，分享在游戏的过程中是如何"捉"到光的？并想一想，生活中还有哪些反射现象？

实验二：三线光源折射实验——光的折射（见下图）

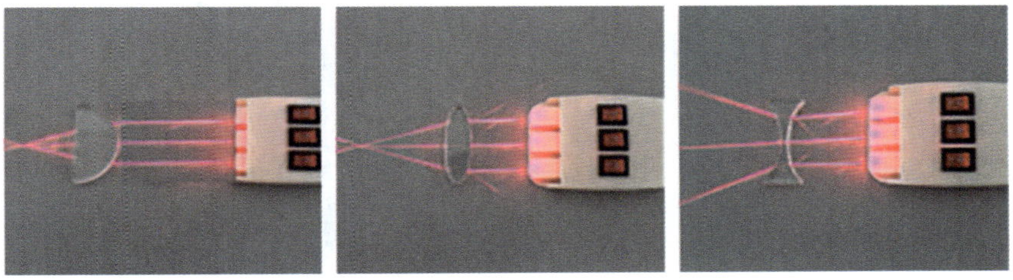

设计思路

展品现象造成原因是光的反射还是折射。

设计意图

利用学生形成的认知冲突驱使学生进一步进行实验探究，学习光的反射和折射现象。

教学策略

巧用游戏、竞赛等方式，激发学生活力，在玩中学；通过实验解释现象，相比直接说书更能取得良好效果。

教育活动脚本	设计思路

老师活动：刚刚我们发现了光照在不透明的物体上会发生反射现象，那光照到透明的物体中又会发生什么现象呢？请你们根据生活中的经验预测一下当光照到玻璃中可能会出现什么现象？

学生：光会透过玻璃。

老师：还会有其他现象吗？

让我们一起通过实验进行验证和探究。请仔细观察实验中的现象，并做好记录，如下表所示。

三线光源折射实验记录表

透 镜	光 路
实验结论	

第三阶段 解释原理

阶段目标：会简单运用控制变量法进行实验，并记录、分析和总结实验结论，理解展品成像原理是由于光的折射。

教育活动脚本	设计思路

本阶段创设情境如下。利用光与水晶球探索杯中像实验现象。

开展问题导入。

请想一想，目光在透过空气和不同形状的玻璃时，是否会发生折射现象？

实验三：光与水晶球

（1）选择水晶球，调节距离与水晶球的距离，用目光观察并记录现象。

（2）改用三光源照射观察并记录。

学情分析

学生通过实验了解光的反射和折射现象，具备了理论基础，可以进一步分析、验证展品杯中像现象原理。

设计意图

通过引导学生利用光与水晶球再现杯中像实验，

教育活动脚本	设计思路

（3）总结结论见下表。

光与水晶球实验记录表		
水晶球	距离（目光 / 三光源）	现　象
实验结论		

验证展品成像原理是由于光的折射。

教学策略

引导学生使用控制变量法来进行实验探究，用实验解释现象。

第四阶段　迁移应用

阶段目标：学生完成投影仪的制作并运用所学方法自主设计探究投影仪工作原理实验，开展探究；通过学习探究了解光的反射与折射在投影仪中的应用原理。

教育活动脚本	设计思路

通过视频了解投影仪，组织学生制作投影仪，开展问题导入。

老师：在了解光的反射和折射现象后，大家第一时间想到哪些相关的应用呢？除了展品外，我们现场就有一个相关的发明，大家可以找一找。没错，就是我们旁边高高挂起的投影仪。我们先来看一段投影仪的工作视频。

老师：组织学生制作投影仪。

学生：开展制作。

老师：引导学生运用所学方法自主设计探究投影仪工作原理实验，老师观察、记录学生活动情况，为后续总结学生实验做准备。

学生：设计实验，开展探究。

老师：对各小组实验进行总结，给予学生第三视角信息。

学情分析

经过前三个阶段的学习，学生对光的反射和折射现象有了较深了解，对展品的成像是运用了光的折射有清晰认知，已具备开展原理迁移运用的条件。

设计意图

让学生在制作中调高动手能力，在设计实验中熟悉科学探究思维与方法，提升迁移能力，提高解决问题的能力。

教学策略

注重将学生习得经验迁移到实际事物中进行练习；让学生将科学成果带回家，会对其习得经验起到强调作用。

第五阶段 拓展提升

阶段目标：知道生活中常见的运用光的反射、折射的发明应用，理解科技发展会深刻影响社会的发展。

教育活动脚本

创设情境，组织学生分享交流，开展问题导入。

老师：生活中你们还知道哪些发明利用光的反射现象、光的折射现象吗?

设计思路

学情分析

经过四个阶段的系统学习，学生们的科学思维和实践能力都有所提升，但关于光相关应用的知识面仍有限。

设计意图

开阔学生视野，拓展学生思维，在分享交流中夯实活动习得经验。

教学策略

加入分享交流环节，让学生有分享想法的机会，在交流中体验分享的乐趣。

七、教学评价与反思

本课程是一个寓教于乐的活动设计，课程紧密联系主体对象学情情况，针对课程内容以“抽象的光”为探究对象，学生抽象思维有待加强的情况，教学设计中注重运用可具象化探究光的游戏、实验和展品；教学目标设立适中，以激发学生兴趣为主，通过结构的学习和材料的加工，提升学生分析问题、解决问题的能力，让学生有获得感。

课程采用受众学生评价、辅导员老师自评及互评的综合评价模式，主要通过学生评价表、报名问答、问卷和课程记录评价表来收集学生反馈、老师评价等信息，基于有效信息对课程内容进行更新迭代，以求能更加契合教学对象需求，达成教学目标。

★ 该项目获 2023 年“奋进科普新征程”全国科技馆联合行动优质科学教育资源项目三等奖 ★

画出美好“蓝图”

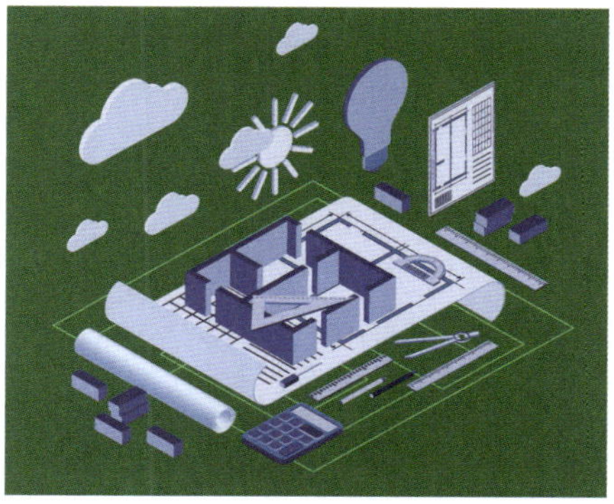

教育活动类型： 科学实验和动手制作类活动 STEM 类

项目开发单位： 广西壮族自治区科学技术馆

项 目 设 计 人： 庞承城、许世梅

一、概述

为什么我们在展望未来时常常提到“蓝图”？“蓝图”为什么选择蓝底白线的样式？为什么印刷图纸叫作“晒图”？“蓝图”是一种传统的工业、建筑设计图制作工艺，蓝底白线是由其使用材料决定的，这是一种在紫外线下会呈现蓝色的染料，是一种感光材料。那么什么是紫外线，感光材料还有哪些？通过这次活动我们来了解几种感光材料的使用方法，并且综合利用它们画出你自己的美好蓝图。

二、教学对象

1. 本教育活动适宜的受众人数：10 ~ 12 人。

2. 本教育活动针对的具体教学对象：中小学生。

3. 教学对象的学情分析：中小学生好奇心强，行动力强，操作不够精细，实践操作类活动能引起他们的兴趣并保持专注，低年级学生宜侧重动手体验、直观感受，突出实验变化效果。高年级学生有一定的科学知识积累，会将实验过程和已有知识进行比较，提出疑问，并有一定程度的阅读和逻辑分析能力，能将活动向纵深引导讨论。

三、教学目标

1. 科学观念：通过观察认识紫外线以及感光材料，能举例说明感光材料在生活中的应用。

2. 科学思维：能用对比实验法验证自己的猜想。

3. 探究实践：应用所学知识、利用特定材料绘制作品。

4. 态度责任：合作观察、互相交流，意识到科学技术一直都在不断发展中。

四、教学重难点

1. 教学重点：了解感光材料的概念及部分感光材料的特点。

2. 教学难点：应用知识，实现各种材料物尽其用，综合设计作品。

五、教学场地与教学准备

1. 教学场地：科技馆常设科普展厅、流动科普展厅、青少年工作室、学校教室等。

2. 教学准备：PPT、学习单、紫外线灯、A4 纸、UV 胶、蓝晒液、荧光笔、油性记号笔、水盆、纯净水、刷子、小碟子、透明板、人民币。

3. 活动总时长：40 ~ 60 分钟 。

六、教学活动设计与实施

1. 教学活动设计流程图

教学环节	学生技能 / 思维过程	学生探究过程
提出问题	聚焦生活，引发思考主题“蓝图是什么”	引起探究兴趣、培养科学观察能力
探究验证	实验验证，认识紫外线和部分感光材料	UV 胶硬化实验对比钱币中的感光材料
知识应用	利用感光材料绘制主题图画	绘制你的“蓝图”
交流研讨	分享作品制作的经验	思考“过时的技术”意义

2. 活动步骤以及设计意图

第一阶段 激趣导入，引发思考

阶段目标：聚焦问题、关注生活、探知主题“蓝图”的由来。

教育活动脚本	设计思路

本阶段问题导入。

（1）为什么印刷图纸叫作“晒图”？“晒图”出现案例如下图所示。

（2）为什么我们在展望未来时常常提到“蓝图”？“蓝图”出现案例如下图所示。

（3）“蓝图”为什么选择蓝底白线的样式？“蓝图”出现案例如下图所示。

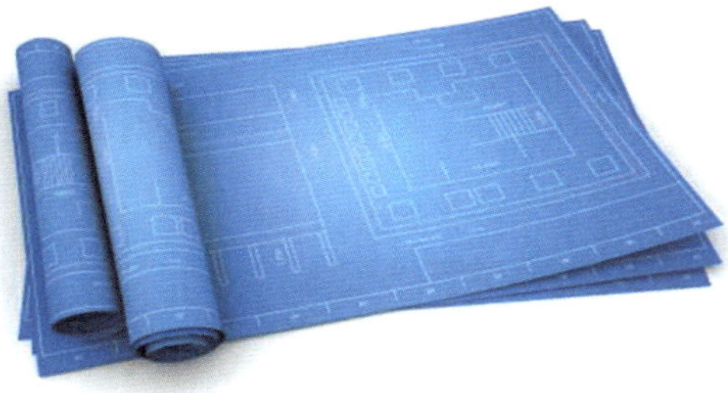

辅导员：在没有静电复印技术发明之前，图纸要批量复制，就用“晒图”的方法，晒出来的图纸是浅蓝色的，图案文字是深蓝色的，所以叫“蓝图”。引申开来，通常可用“蓝图”指代设计、规划。按现在的讲法，可以说是“愿景”。例如我们常听见的，我们一起描绘社会主义的宏伟蓝图。

学情分析

大多数学生对“蓝图”不了解但又听过“蓝图”的比喻，以生活中常见的场景引入，更容易引起学生探知欲望。

设计意图

与学生的生活经验相结合，选择他们比较常见但又不深入了解背后知识的生活现象作为活动引入，营造学生认知冲突可以引起好奇，触发思考。

教学策略

该引入环节选取的场景图片、视频越是大家生活中常见的越能引起学生熟见与不熟知的矛盾，可以最大程度激发学生探究的意愿。

第二阶段 探究实验、对比观察

阶段目标：对比实验现象，认识紫外光及了解部分感光材料的特性。

教育活动脚本	设计思路

本阶段问题导入。

辅导员：以前的“晒图法”就是利用了感光剂制成的蓝色感光纸在水银灯或者太阳光照射下得到白底蓝线图的，那什么是感光？生活中常见的感光材料有哪些，它们有什么特点？

感光是指感光体对光线感受的能力。材料感光后结构和性质有可能发生变化。制作蓝图的原材料就是一种感光后呈蓝色的颜料。感光材料还有哪些，除了变色还有其他什么表现，任何光线都可以让材料感光吗？让我们来探究一下。

（1）对比实验：UV 胶硬化对比实验

辅导员：大家桌面上放着的是 UV 胶，如右图所示，我们在生活中经常能够见到，它可以用来粘东西，接下来我们来做一个对比实验，通过观察来验证这种感光材料变化的现象、条件和效果，用下表记录实验结果。

UV 胶硬化对比实验		
时间	紫外光照射	无紫外光照射
10 秒		
20 秒		
……		

分享总结：UV 胶固化后完成透明，通过对比观察发现紫外线越强固化速度越快，固化时间一般在 10 ~ 40 秒左右。

无影胶 (UV 胶) 又称光敏胶、紫外光固化胶，无影胶是一种必须通过紫外线光照射才能固化的一类胶粘剂，它可以作为粘接剂使用，也可作为油漆、涂料、油墨等的胶料使用。

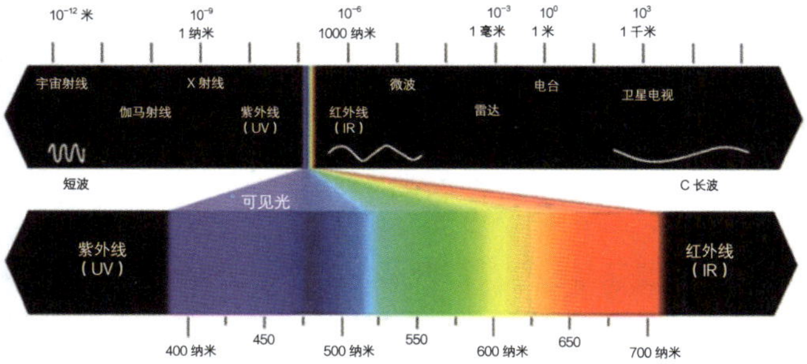

电磁波谱 · 光谱

学情分析

中小学生对实操更感兴趣，拥有生活经验的同时具备基本的对比实验的科学能力，且特别喜欢任务挑战竞技之类的游戏，实验操作、任务驱动游戏可以有效激励学生动手探究，深入了解部分感光材料特点及应用。

设计意图

1. 让学生亲自进行实验操作、亲身体验、直接感知，通过科学探究的方法发现材料变化条件和不同效果，进行抽象感光材料的科学认知学习，从而帮助学生获得关于感光材料的直接经验。

2. 以学生身边常见的钱币作为探知应用对象，引导学生在观察中了解感光材料的应用，使学生初步感受到人们正是利用材料的某些特点来满足功能需要，隐藏学习结构与功能这一跨学科概念。

教育活动脚本 | **设计思路**

（2）挑战游戏：发现钱币中的感光材料

我们熟悉的钱币中同样应用了感光材料以达到一定的防伪目的，请大家利用紫外光检测并记录下来你的发现。

真钞在紫光灯照射下，正面“中国人民银行”行名下面，会有一个金色的阿拉伯数字100，背面主景图案上方，会出现橘红色椭圆形灯光图案；真钞的水印在紫光灯下不可见，与之相反，假钞在紫外光下颜色暗淡。这就是紫外线防伪的标记。

无色荧光纤维是一种新型防伪技术，被应用在人民币防伪上，大大增强了第五套人民币的防伪性能。它是一种防伪荧光纤维，随机分布于纸张中，在特定波长紫外光下，可见黄色和蓝色荧光纤维。

教学策略

可能存在操作的细节不够精细，对实验结果造成影响，辅导员可借助学习单，引导学生关注实验数据、实验现象记录，通过各小组对比分析分享明确实验结果。进行操作改进。

第三阶段 知识应用，分享交流

阶段目标：任务挑战，综合利用已知材料设计完成一件“蓝图”作品。

教育活动脚本 | **设计思路**

辅导员：大家认识了“晒图”，又通过实验了解了部分感光材料的特性，那我们是否可以利用这些材料，设计描绘自己的“蓝图”作品呢？利用右图器材开展实验。

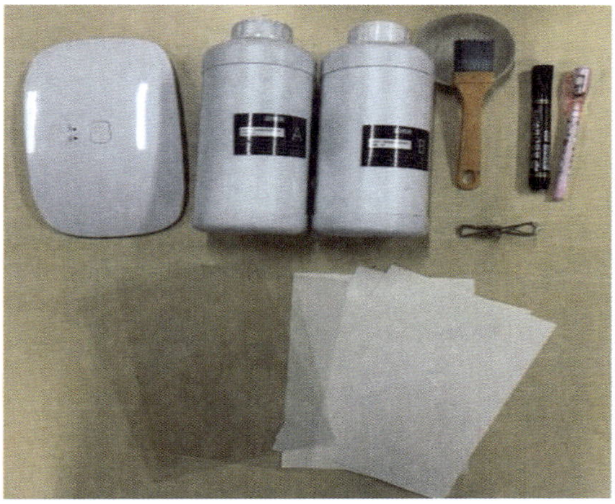

学情分析

学生在认识感光材料的基础上，期待实践应用来展示上一阶段学习的成果，并且多数学生都对这类有神秘色彩的设计、绘画感兴趣。

教育活动脚本	设计思路

步骤：

（1）设计图案。

（2）在透明层用黑色画出遮光部位，具体情况见下图。

（3）在底片涂蓝晒液，如下图所示。

（4）叠合照射紫外线，如下图所示。

（5）洗去颜料，如下图所示。

（6）用荧光颜料装饰，如下图所示。

（7）作品展示交流，如下图所示。

设计意图

这一阶段拓展应用着眼于知识迁移，组织学生完成任务挑战。通过设计“蓝图”引发对各种材料效果的自主思考，开拓思维设计创作具有观赏性的“蓝图”作品。引导学生像设计师一样完成绘图、制作、改进等科学工作流程，并且在分享交流环节学生通过对比了解反思制作过程中存在的问题，操作是否合理，合作是否有效，展开论证，达成共识，可以有效培养学生的批判精神。

教学策略

借助任务挑战可以极大地激发学生动手的意愿，借助作品展示可以搭建小组交流的平台，明确制作步骤可以保证作品效果，这一阶段也可以转化为项目研究，充分培养学生的问题解决能力。

第四阶段 交流研讨、活动升华

阶段目标：依托科幻小说《莱博维茨的赞歌》引起学生对技术的意义，拓展思考。

教育活动脚本	设计思路
开展问题研讨环节。 （1）“蓝图”技术已经过时了，我们为什么要了解它的历史？ （2）你还知道哪些技术已经过时了？ 随后达成共识。 辅导员：面对技术的过时我们不必伤感，伴随着老技术的消失，新技术也在不断进行开发、应用，科学技术一直都在不断地走向伟大的发展中。 进而拓展提升。 文学作品《莱博维茨的赞歌》阅读。 此书传达了“薪火相传”的传承信念，引人深思，给人以收获。	**设计意图** 拓展思维，触及单纯技术背后的科学精神。 **教学策略** 借助学生喜欢并关注的科幻小说引导学生通过了解那些曾经改变世界但随着科技发展又消失了的技术，树立科学技术一直都在不断地走向伟大的发展中的意识。

七、教学评价与反思

通过对语言中特定词汇的考察，了解科学技术对我们的生活、文化的影响和其本身的流变，实践体验了同种条件（紫外线）下，不同材料的变化效果，最后又将它们综合应用完成一件作品，引发对材料应用的自主思考和设计成就感。设计拓展阅读环节，深入探讨技术背后的科学精神。

课堂实践环节中工具较多耗时较长，特别是低龄观众操作易出现误差效果不佳。“蓝图”确实是比较老旧的技术，不是所有场合和受众都适合深入分析科学精神。

★ 该项目获 2023 年“奋进科普新征程”全国科技馆联合行动优质科学教育资源项目三等奖 ★

重庆市

火箭“救生员”

教育活动类型：主题活动

项目开发单位：重庆科技馆

项 目 设 计 人：江丽、陈彦宏、李艾玲

一、教学内容

《火箭“救生员”》是依托馆校结合综合实践活动平台，针对小学《科学》宇宙部分内容，基于场馆展品——“火箭家族”及辅助实验开发的馆校合作课程。

课程对象为 5 至 6 年级的学生，抓住他们对火箭相关知识的兴趣设计课程，探究“ 影响逃逸飞行器稳定的因素 ”，传递地球与宇宙科学领域中“关注我国空间技术的最新发展”这一重要概念，是学校科学课的拓展与延伸。

具体教学环节设计，采用“基于问题”教学模式，共包含 5 个部分。

第一部分“设置情景”，以展品体验进入课程，观察到载人火箭有逃逸飞行器，引起学生好奇“逃逸飞行器在逃生时怎么保持它的稳定性？”

第二部分“分析问题”，学生分小组观察逃逸飞行器模型、不同羽毛球的飞行状态，引导学生将羽毛球与逃逸飞行器相联系，分析影响逃逸飞行器飞行稳定的因素并设计实验方案。

第三部分“研究问题”，老师为学生提供可乐瓶（模拟逃逸塔）、发射器、螺帽、网格片、3M 胶、剪刀。学生根据分析的影响因素，以小组为单位自主探究，经历实施验证、调整方案再次验证的探究过程，探究逃逸飞行器飞行稳定与逃逸塔配重及栅格翼的关系。

第四部分“讨论评价”，通过小组分享、讨论，引导学生思考逃逸塔顶端配重和栅格翼能保持逃逸飞行器飞行姿态稳定的原因。

第五部分“老师总结”，通过观看逃逸飞行器的零高度飞行试验视频和老师讲授，了解我国目前载人火箭的发展，引导学生关注我国航天事业的发展。

二、教学对象

1. 本教育活动适宜的受众人数：50 人。

2. 本教育活动针对的具体教学对象：5 至 6 年级学生。

3. 教学对象的学情分析：5 至 6 年级学生通过平时的学习和生活中的相关新闻，部分学生知道长征二号 F 火箭及其结构，但多数学生对由逃逸塔、上部整流罩和栅格翼等部件组成的逃逸飞行器并不了解，也不清楚逃逸飞行器飞行姿态稳定的原因。该年龄段学生处于具体形象思维向抽象逻辑思维过渡阶段，具备了一定的观察能力和实验探究能力，但主动探究意识不强，因此教学过程中以小组为单位进行自主实验，引导学生发现逃逸塔顶端配重和栅格翼能够保持逃逸飞行器飞行姿态稳定，培养学生主动探究的意识，增强合作、比较、分析、综合思维的能力。

三、教学目标

1. 科学知识：顶端配重、底部增加栅格翼确保逃逸飞行器飞行稳定性。

2. 科学探究：能基于所学的知识，通过观察、实验等方式获取事物信息；能运用分析、比较、概括等方式，得出科学探究的结论。

3. 科学态度：表现出对事物的结构、功能进行科学探究的兴趣；在进行多人合作时，愿意沟通交流，综合考虑小组各成员的意见，形成集体的观点。

4. 科学、技术、社会与环境：了解人类的好奇和社会的需求是科学技术发展的动力，技术的发展和应用影响着社会发展。

四、教学重难点

1. 教学重点：顶端配重、底部增加栅格翼确保逃逸飞行器飞行稳定性。

2. 教学难点：在探究过程中，能结合实验情况与讨论分享获得启发，设计控制变量的实验，发现顶端配重、底部栅格翼与逃逸飞行器的关系。

五、教学场地与教学准备

1. 教学场地：展品“火箭家族”旁。

2. 教学准备：准备发射器、可乐瓶、网格片、剪刀、羽毛球、羽毛球拍、3M 胶、螺帽等器材。需要逃逸飞行器模型、长征 2 号 F 型火箭模型等教具，以及投影仪、笔记本电脑等设备。

3. 活动总时长：45 分钟。

六、教学过程

第一阶段 设置情景

阶段目标：通过展品“火箭家族”开展探究，激发学生兴趣，帮助学生明确课程主题。

教育活动脚本

老师：从古至今我们一直对太空有无限的向往，从神舟五号飞船到神舟十四号飞船，我国已成功将多名航天员送上了太空。神舟飞船是由哪个型号的火箭发射的呢？如果火箭在发射时出现故障，如何保障航天员的安全呢？

接下来请同学们通过观察体验展品“火箭家族”，找到中国的载人火箭，看看有什么发现。

老师：将全班学生分为 4 组，前 2 组先体验展品“火箭家族”，观看中国长征系列火箭模型及介绍，找到中国载人火箭，观察载人火箭的结构，并找出它与其他火箭最大的不同。后 2 组坐在位置上观看展品中的视频，随后互换。

学生：中国的载人火箭是长征二号 F 火箭，它与其他火箭最大的不同是有一个尖尖的逃逸塔。

老师：长征二号 F 火箭目前是我国唯一的载人火箭，火箭结构从下到上依次是助推器、芯一级火箭、芯二级火箭、整流罩、逃逸塔。它与普通火箭在外形上最显著的一个区别，就是它的顶端安装着一个尖尖的逃逸塔。

（老师参与：1. 借助展品中的视频介绍火箭结构；2. 介绍整流罩时指出神舟飞船安装在此处）

老师：载人火箭为什么要有这个尖尖的逃逸塔？

学生 1：帮助航天员逃生。

学生 2：逃生的工具。

学生 3：……

老师：逃逸塔顾名思义是帮助航天员逃生的，在火箭起飞前 90 秒至起飞后 120 秒的时间内，当火箭发生危及航天员性命的紧急情况时，逃逸塔、上部整流罩、栅格翼等部件组成逃逸飞行器，帮助航天员在 3 秒内快速逃生。

老师：逃逸飞行器在带着航天员迅速逃离的同时，更要保证飞船中航天员的生命安全。这就要求逃逸飞行器尽量平稳飞行，不能出现航天员生理上无法承受的翻滚、旋转等飞行状态，逃逸飞行器怎么保持它的稳定性呢？

设计思路

设计意图

在展品体验的过程中让学生对中国载人火箭的结构有一定认识，为后面学生展开分析研究指明方向。

学情分析

此年龄段学生通过平时的学习和生活中的相关新闻，部分学生知道长征二号 F 火箭及结构，但对逃逸塔的作用并不清楚。

教学策略

通过展品体验，让学生自己发现长征二号 F 火箭与其他火箭的不同，从而吸引学生的注意力，激发学生的好奇心与探究兴趣。

第二阶段 分析问题

阶段目标：通过实验探究，锻炼学生的观察问题与分析问题的能力。

教育活动脚本

老师：要弄清楚逃逸飞行器飞行过程中怎么保持稳定的，我们先来了解逃逸飞行器的外形结构。老师给同学们准备了逃逸飞行器的模型，同学们先来仔细观察一下。

学生活动 1：

活动材料：逃逸飞行器模型、长征 2 号 F 火箭模型（整流罩及以上部位）。

学生活动 1 的步骤：

（1）全班分为四个大组，每组 1 个逃逸飞行器模型、1 个长征 2 号 F 火箭模型。

（2）观察两个模型，找出逃逸飞行器组成结构和特点。

学生：逃逸飞行器从上到下依次是逃逸塔、上部整流罩、四个大小一样的栅格翼，并且栅格翼可以打开，栅格翼在逃逸飞行器的底部。

（老师补充：根据学生分享的内容进行补充）

老师：逃逸飞行器要保持飞行姿态稳定与它的哪些外部结构有关呢?

学生 1：外形上窄下宽。

学生 2：要有逃逸塔。

学生 3：要有四个栅格翼。

学生 4：……

老师：同学们说了自己的猜想，再给大家一点提示。同学们都打过羽毛球，羽毛球在空中飞行时速度很快但飞行状态是比较稳定的。逃逸飞行器在设计时也参考了羽毛球的结构特点，接下来我们通过比较观察三种羽毛球的飞行状态，看能否让大家获得启发。

学生活动 2：

活动材料：完好的羽毛球、羽毛缺损的羽毛球、无泡沫头的羽毛球、羽毛球拍。

学生活动 2 的步骤：

（1）全班分为四个大组，每组 1 个完好的羽毛球、1 个羽毛缺损的羽毛球、1 个无泡沫头的羽毛球、1 个羽毛球拍。

（2）对比观察 3 个羽毛球的不同之处。

（3）在指定位置用羽毛球拍从同一角度、同一力度分别拍打完好的羽毛球和无泡沫头的羽毛球，观察 2 个羽毛球在空中飞行时的状态。

（4）在指定位置用羽毛球拍从同一角度、同一力度分别拍打完好的羽毛球

设计思路

设计意图

学生以小组为单位经历活动探究，了解逃逸飞行器结构。比较不同羽毛球的飞行状态，猜想影响逃逸飞行器飞行稳定的因素，引导学生将羽毛球特点与逃逸塔、栅格翼相关联，明确后面要探究的因素，培养学生联想迁移的能力。

学情分析

该年龄段学生有一定的观察能力和实验探究能力，能以小组为单位开展探究活动，有分工协作的意识。

教学策略

以实验探究、学生讨论、交流分享的形式，老师引导分析逃逸塔飞行器保持稳定的原因。

教育活动脚本	设计思路

和羽毛缺损的羽毛球，观察 2 个羽毛球在空中飞行时的相同和不同之处。

（老师参与：1. 老师示范，提醒学生轻拍羽毛球即可，不要太用力；2. 提醒学生羽毛球不要打到他人，注意安全）

学生：羽毛球泡沫头比较重；泡沫端始终在飞行方向的前端；没有泡沫头和缺少羽毛的羽毛球飞行时旋转比较厉害，完好的羽毛球则要好一些。

老师：羽毛球的质量主要集中在泡沫头，羽毛球头部太轻会影响羽毛球的飞行稳定；缺少羽毛也会影响羽毛球的飞行稳定。

老师：观察了不同羽毛球的飞行状态，逃逸飞行器哪些地方和羽毛球相似才能稳定飞行呢?

学生 1：头部要重一点。

学生 2：在底部还是要安装四个栅格翼。

学生 3：……

老师：接下来，同学们就通过实验来探究逃逸飞行器飞行稳定与逃逸塔配重及栅格翼的关系。

（1）每五人一组，以小组为单位探究逃逸飞行器飞行稳定与逃逸塔配重及栅格翼的关系。

（2）老师展示供学生选择用于问题分析的物料：螺帽、发射器、可乐瓶、剪刀、3M 胶、网格片。

（3）发射空可乐瓶，观察可乐瓶的飞行状态。

（4）小组成员讨论，根据提供的物料，设计实验方案。

（老师参与：1. 帮助学生分析各种物料的作用；2. 引导学生做出恰当的解决方案，每次实验只验证一个因素，引导学生有控制变量的意识）

第三阶段 研究问题

阶段目标：以实验探究为基础，帮助学生了解逃逸塔配重与飞行器稳定的关系、了解栅格翼与飞行器稳定的关系。

教育活动脚本	设计思路

学生活动 1：逃逸塔配重与飞行稳定的关系

实验材料：可乐瓶（模拟逃逸塔）、发射器、螺帽、3M 胶。

本阶段实验步骤：每 5 人一组，每组 1 个可乐瓶、螺帽 3 个。

以下为学生可能的操作步骤：

教育活动脚本	设计思路

（1）将螺帽粘贴在可乐瓶顶部进行配重。

（2）将螺帽粘贴在可乐瓶中部进行配重。

（3）将螺帽粘贴在可乐瓶底部进行配重。

完成上述步骤，再将螺帽粘贴好后，可乐瓶拿到指定位置发射，可调整方案多次试验。

实验结论：将3个螺帽均匀装在可乐瓶顶部进行配重，可乐瓶瓶盖一端始终朝着飞行方向且飞得更稳。

（注意事项：每次发射时气压相同）

（老师参与：学生分小组进行实验探究的过程中，注意引导学生观察现象，提醒学生可尝试不同的方案）

小组总结：各小组根据多次试验所得的结果，得出实验结论：顶部配重的可乐瓶飞得更稳定。

学生活动2：栅格翼与飞行稳定的关系

实验材料：发射器、可乐瓶、网格片、厚双面胶、剪刀。

实验步骤：

（1）每5人一组，每组1个可乐瓶、1份网格片、1份3M胶、1把剪刀。

（2）修剪4个大小相同的网格片，安装在可乐瓶底部。

（3）将安装好网格片的可乐瓶拿到指定位置发射，可多次试验。

实验结论：在可乐瓶底部安装网格片，可乐瓶飞得更稳。

（注意事项：每次发射时气压相同）

（老师参与：1.学生修剪、安装网格片时，引导学生根据前面观察到的栅格翼数量、形状和位置，将网格片修剪为方形并且安装在可乐瓶底部；2.注意引导学生观察现象，提醒学生可尝试不同的方案）

小组总结：各小组根据多次试验所得的结果，得出实验结论：底部安装网格片的可乐瓶飞得更稳定。

同学们通过实验分别得出了逃逸塔配重、栅格翼对逃逸飞行器的影响，请同学们根据实验结论制作一个逃逸飞行器。

学生活动3：制作逃逸飞行器

活动材料：发射器、可乐瓶、网格片、3M胶、剪刀、螺帽。

实验步骤：

（1）在可乐瓶顶部安装螺帽，同时在底部安装网格片。

（2）将组装好的“逃逸飞行器”拿到指定位置发射。

小组总结：在顶部安装螺帽，同时底部安装网格片的可乐瓶，飞得最稳。

设计意图

通过自主实验，让学生发现逃逸飞行器稳定飞行与逃逸塔顶端配重、底部安装栅格翼有关；培养学生自主探究意识，提高观察、对比、分析能力。

学情分析

该年龄段学生处于具体形象思维向抽象逻辑思维过渡阶段，具备了一定的动手能力，但主动探究意识不强，因此教学过程中以小组为单位进行自主实验，引导学生发现逃逸塔顶端配重和栅格翼能够保持逃逸飞行器飞行姿态稳定，培养学生主动探究的意识，增强合作、比较、分析、综合思维的能力。

教学策略

以实验探究的形式，引导学生观察现象，分析原因，总结逃逸飞行器飞行姿态稳定与逃逸塔配重及栅格翼的关系。

第四阶段 讨论评价

阶段目标：通过小组分享、讨论的方式了解学生对课程知识的掌握情况，总结逃逸飞行器稳定飞行的因素，锻炼学生总结与表达能力。

教育活动脚本

各小组选派代表讲述本组的实验探究过程及实验结论，展示最后制作的“逃逸飞行器”，总结出在逃逸飞行器顶部配重、底部加栅格翼可以保证逃逸飞行器的稳定性，从而保障了航天员在逃生过程中的安全。

（老师参与：由老师组织学生进行发言，老师需认真倾听各小组的发言，尽量避免打断或干扰学生发言）

老师：为什么在逃逸飞行器顶部增加配重，下部加栅格翼可以保证它的稳定性呢?

学生：在顶部增加配重可以使质量分布往前移，加栅格翼的原因应该与飞机尾翼一样。

老师：在逃逸塔的顶部增加配重，能够有效调整逃逸飞行器质量中心的位置，使飞行器整体质量中心靠前。在底部加栅格翼，当栅格翼打开时，可以调整逃逸飞行器的气流压力中心向后。二者共同作用确保逃逸飞行器的飞行稳定性，保障了航天员在逃逸飞行过程中的安全。

设计思路

设计意图

通过小组分享、讨论的过程，总结逃逸飞行器稳定飞行的因素及其原因，增强学生对逃逸飞行器保障航天员安全的认识，关注我国航空航天的安全问题。

学情分析

通过前面环节的学习，知道了逃逸飞行器顶部配重、底部加栅格翼可以保证其稳定性，但并不清楚其中的原因。

教学策略

以学生讨论、交流、分享的方式，引导学生分析逃逸塔顶端配重和栅格翼能保持逃逸飞行器飞行姿态稳定的原因。

第五阶段 老师总结

阶段目标：引导学生有意识关注我国航天事业发展，了解学生对课程内容的掌握情况。

教育活动脚本

老师：逃逸飞行器其实非常复杂，今天我们是从它的外部结构进行分析，但是除了这两个外部特征，它还需要配合内部的其他机构共同作用才能成功地完成逃逸任务。接下来我们一起来观看一个完整的飞行器逃逸过程。

观看逃逸飞行器的零高度飞行试验视频。

设计思路

设计意图

了解我国载人火箭的最新发展，引导学生能有

教育活动脚本	设计思路
老师：到目前为止，我国的火箭逃逸系统一次也没有触发过，火箭整体的可靠性非常高。但是我们的航天人依然在对它进行不断地优化和升级，目前长征二号 F 系列载人火箭的安全性指标已经从 0.997 提升到 0.99996。在航天探索的过程中，“载人航天，人命关天”，只有把安全放在第一位，我们的载人火箭才能飞得更远。	意识地去关注我国航天事业的发展。 **学情分析** 通过前面的学习对火箭的逃逸飞行器有了一定的了解，但对火箭目前的安全性不太清楚。 **教学策略** 以视频及讲授的方式，让学生了解火箭的安全性；帮助学生对内容进行梳理总结。

七、实施情况与课程评价

1. 实施情况

《火箭“救生员”》依托馆校结合综合实践活动平台开发，目前共开展 3 次，受众 150 余人次，课程总体满意率 100%。

2. 课程评价

（1）老师反馈

为了解学校老师对课程设计的评价及建议，每次课后对所在班级负责老师进行访谈，访谈内容主要包含是否有助于实现课程标准中相关教学目标，是否有助于提升学生的学习能力。结果显示，通过课程体验，有助于学生科学思维的培养，提升对火箭探究的兴趣，且分析比较能力、表达能力、团队合作能力都有所提高。

（2）学生反馈

学生是课程实施的主体，效果调查以现场课堂观察为主。通过学生课堂表现，反映出对火箭相关知识兴趣浓厚，乐于参加课程探究，不断调整实验方案并验证，并且多数学生能在实验中有控制变量的意识。

★ 该项目获 2023 年“奋进科普新征程”全国科技馆联合行动优质科学教育资源项目一等奖 ★

原来这样“稳”

教育活动类型： 科学实验和动手制作类活动

项目开发单位： 重庆科技馆

项 目 设 计 人： 徐倩、潘玥

一、概述

本教育活动通过展品体验、互动游戏及实验探究等环节，引导学生逐步探索影响结构稳定性的三大因素——形状、支撑面的大小、重心的位置，帮助学生“基于实物的体验”和“基于实践的探究”实现对“直接经验”的认知。以此为基础，老师设置“搭建高塔”的任务挑战，学生以小组为单位动手制作，将课程所学进行迁移应用，努力搭建出又稳定又高的“高塔”，提高学生团队合作意识，引导学生像科学家一样思考问题，像工程师一样解决问题，进而培养学生的科学思维和工程思维。

二、教学对象

1. 本教育活动适宜的受众人数：50 人。

2. 本教育活动针对的具体教学对象：3 至 4 年级。

3. 教学对象的学情分析：3 至 4 年级学生通过在学校的学习、家庭与社会经验的积累对结构有一定的了解，如知道桥梁等建筑物结构中多应用三角形，但对结构的稳定性缺乏系统的认知，因此课程设置展品体验、互动游戏和实验探究等环节，帮助其在探究中逐步了解影响结构稳定性的因素，并加深对其认知。根据儿童认知发展理论，此年龄段学生处于“具体运算阶段”，能有逻辑的思考具体事件，抓住具体的类比含义，因此在动手实验探究环节中主要由学生横向联系游戏动作与实验材料进行实验来检验其假设是否正确，老师仅在探究关键处对学生进行引导，培养学生自主探究能力。

三、教学目标

1. 科学观念：知道影响结构稳定性的因素，并运用其解决实际问题。

2. 科学思维：能基于具体事物外在特征展开想象，突破生活中常见问题的思维定式，提出有一定新颖性和合理性的观点；基于事物之间的功能相似性进行类比。

3. 探究实践：初步具有交流、反思以及评价探究过程和结果的意识；能制作某种产品的简化实物模型并反映其中的部分科学原理，初步具有参与技术与工程实践的意识。

4. 态度责任：能在好奇心驱使下，乐于动手操作实验，知道科学学科的学习与实践要实事求是，能如实记录和报告观察与实验的信息，具有基于事实表达观点的意识，同时愿意分享自己的想法，乐于倾听他人观点，改进和完善探究活动。

四、教学重难点

1. 教学重点：影响结构稳定性的因素有：形状、支撑面的大小、重心的位置；支撑面与接触面的区别及支撑面的定义。

2. 教学难点：引导学生对于影响结构稳定性的因素自主提出猜想。应对策略为：课程设计人体平衡稳定游戏，让学生在参与游戏的过程中，通过亲身体验的游戏动作特征展开想象，对影响结构稳定性的因素有一定的猜想。引导学生自主设计实验，应对策略为：老师引导学生运用类比的科学思维，在游戏动作与实验材料间建立横向联系，针对游戏动作特征进行实验设计。

五、教学场地与教学准备

1. 教学场地：“桥梁稳定性”展项旁。

2. 教学准备：亚克力板子（带孔）、螺丝钉、螺帽（小号燕尾夹）、瓶子（高、矮）、薄板、PVC 管子、意大利面、超轻黏土，如右图所示。

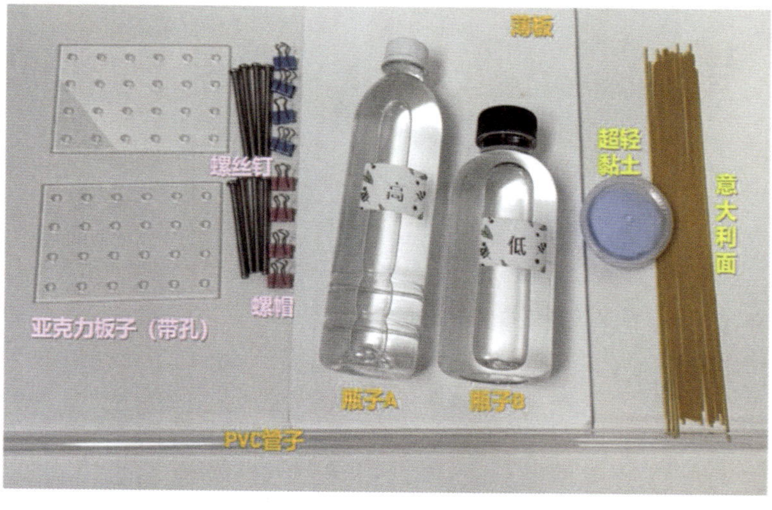

工具及设备：学习单、水彩笔、综合活动实践评价表、签字笔、投影机、幕布、音响、电脑、翻页笔、桌子、凳子。

3. 活动总时长：45 分钟。

六、教学活动设计与实施

1. 教学活动设计流程图

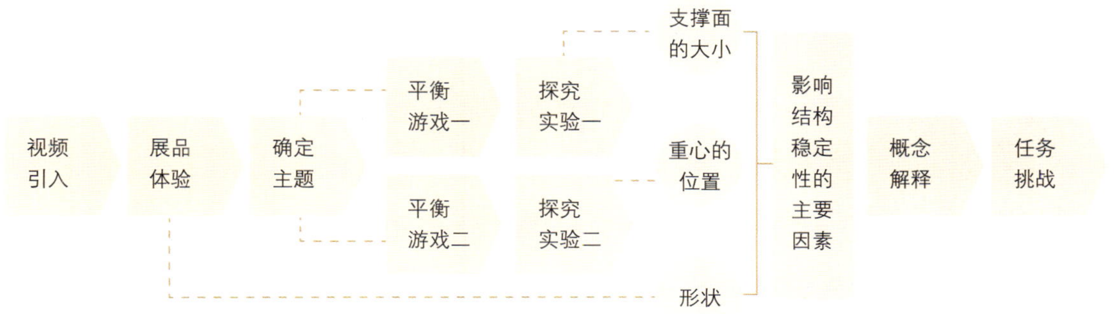

2. 活动步骤以及设计意图

第一阶段　引入

阶段目标：通过参观体验展品，直观认识两种不同的结构——三角形结构、四边形（直立）结构，知道形状会影响结构的稳定性，确定课程主题：探究影响结构稳定性的因素。

教育活动脚本

老师活动 1：播放视频：重庆桥梁发展史及桥梁类型，引导学生观察桥梁结构的形状。

学生活动 1：观看视频，发现桥梁结构中大量使用了三角形。

老师问题引入：在桥梁的建造中为什么会大量使用三角形呢?

学生回答：因为三角形具有稳定性。

老师活动 2：引导学生思考在建造桥梁时，平面的三角形和四边形转换为立体的三角形结构与四边形（直立）结构时，其稳定性是否会发生变化。

学生活动 2：讨论、分享，猜测稳定性不会发生变化。

老师活动 3：展品体验，将全班同学分为 12 组，每组 3 ~ 4 名同学，带领学生分组体验展品“桥梁稳定性”验证猜测并交流分享。

学生活动 3：采用相同的力度用手摇晃不同结构的桥梁模型，直观感受三角形结构和四边形（直立）结构的稳定性，并在学习单上做好记录。交流分享发现三角形结构比四边形（直立）结构更稳定，认为形状会影响结构的稳定性。

设计思路

设计意图

本阶段通过展品体验，让学生在已有知识与经验的基础上进行拓展、探究，直观认识形状会影响结构的稳定性。

学情分析

此学龄段的学生通过在学校的学习、家庭与社会经验的积累对结构有一定的了解，如知道桥梁等建筑物结构中多应用三角形，但对结构的稳定性缺乏系统的认知。

教育活动脚本	设计思路
 老师活动 4：引导学生了解结构稳定性的定义，确定课程主题，探究影响结构稳定性的因素。	**教学策略** 通过观察体验展品，认识不同结构，在体验过程中感受结构的稳定性，对其有简单的认知。

第二阶段　探究——解释

阶段目标：通过互动游戏及探究实验环节，直观认识重心的位置、支撑面的大小也是影响结构稳定性的因素，然后联系生活中的场景和物品进一步引导学生进行理解。培养学生科学实践要实事求是，能如实记录和报告观察与实验的信息，具有基于事实表达观点的意识。

教育活动脚本	设计思路
探究一。 老师活动 1：游戏引入，引导学生参与“人体平衡稳定游戏”——摇摆大师，从游戏中获得启发，猜测哪些因素会影响结构的稳定性。 学生活动 1：（1）参与游戏：采用不同姿势进行游戏（单脚、双脚并拢、双脚分开站立并左右摇晃身体）感受不同的姿势下人体稳定性的变化。（2）发现采用不同的姿势摇晃身体，保持平衡稳定的能力不同，由强到弱分别为：双脚分开站立＞双脚并拢站立＞单脚站立。（3）猜测与地面的接触面积会影响结构的稳定性。 老师活动 2：引出接触面，提出问题，为什么双脚分开与并拢站立时，接触面没变，稳定性却不同? 学生活动 2：简单了解接触面是指两个面相互接触的面积。接触面没变但两腿间的空地变大了，猜测两腿间的空地会影响结构的稳定性。 老师活动 3：介绍实验材料，带孔板子（螺丝钉可安装在任意孔处）、螺丝钉、螺帽（小号燕尾夹）各 2 套。 学生活动 3：认识实验材料，在人腿与桌腿间进行类比建立横向联系，设计实验进行探究。 老师活动 4：引导学生在游戏动作姿势与实验材料间建立横向联系进行探究实验。	**设计意图** 本阶段通过游戏，让学生对影响结构稳定性的因素有一定的猜测，学生能基于具体事物外在特征展开想象，提出有一定新颖性和合理性的观点。然后引导学生横向联系进行类比，设计实验进行验证，知道科学学科的学习与实践要实事求是，能如实记录和报告观察与实验的信息，具有基于事实表达观点的意识。 **学情分析** 此学龄段学生学习时容易被新颖的内容所吸引，

教育活动脚本

学生活动 4：探究实验一。分别在两块带孔的亚克力板子的不同位置上安装相同数量的螺丝钉，然后放置在桌面上按压测试其稳定性，并将现象记录在学习单上。

老师活动 5：组织学生交流分享实验过程中观察到的现象及小组结论。

学生活动 5：交流分享，发现 1 颗或 2 颗螺丝钉无论安装在哪个位置都很难保持稳定，而 3 颗或 4 颗螺丝钉安装的位置越分散，桌子越稳定。

老师活动 6：引导学生在学习单上标记螺丝钉的安装位置，并将标记点连起来，观察构成的形状特点。

学生活动 6：完成学习单后，观察发现连线组成形状越大，结构越稳定，如下图所示。

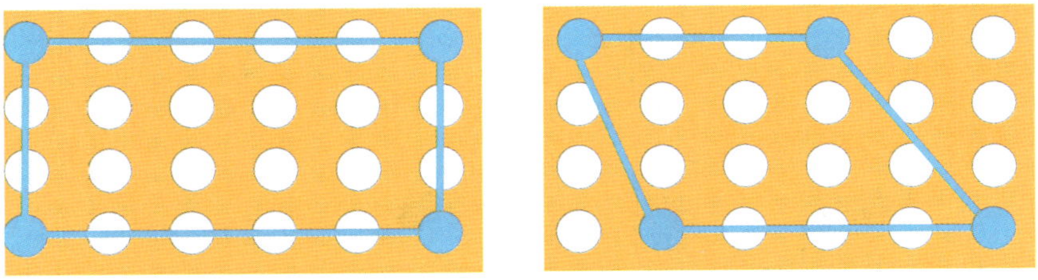

老师活动 7：引导学生根据实验结果，简单了解支撑面的定义物体与地面接触形成支撑点的连线与地面构成的面。得出探究结论结构支撑面的大小影响结构稳定性，支撑面越大，结构越稳定，如下图所示。

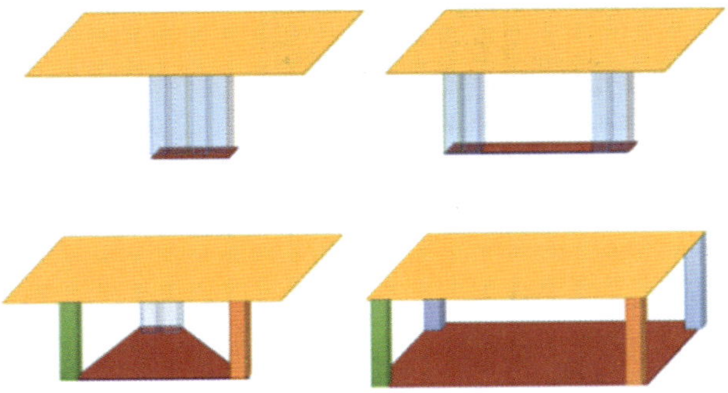

以下内容为探究二部分。

老师活动 1：游戏引入，引导学生参与"人体平衡稳定游戏"——推手之王，从游戏中获得启发，继续猜测还有什么因素会影响结构的稳定性。

学生活动 1：同学两两一组相对而站，双脚分开相同距离（尽量保证支撑面大小相同），两人掌心相对用力推对方，看谁会先站不稳。观察发现在双脚分开距离相同（支撑面不变）的情况下，大多是采取了下蹲姿势的同学获胜。猜测下蹲改变了什么，所以影响了结构的稳定性。

设计思路

注意力易集中但不够稳定，不易持久。学习从被动学习向主动学习转变，有自己的想法，但辨别能力有限。

教学策略

通过直观式的游戏教学和探究实验，充分调动了学生积极参与的热情，让学生在生动形象的环境里自觉自愿地进入到学习中，在自主互动尝试和体验的过程中获得探究的乐趣。

设计意图

联系生活中的场景和物品，如架子的侧面的支撑做成三角形，水坝的外形是梯形，风扇上轻下重等，进一步引导学生认识影响结构稳定性的因素。

教育活动脚本	设计思路

老师活动 2：结合同学的分享，从动作“下蹲”引出“重心”，引导学生进行实验。介绍实验材料质量相同但重心位置不同的两个瓶子（瓶 A：重心高，瓶 B：重心低）、薄板、管子。

学生活动 2：探究实验二：认识实验材料，选择不同的材料进行实验，验证猜想。将 A、B 两个瓶子放置在薄板上，慢慢抬起薄板的一端，观察瓶子状态。用手指采用相同力度依次推动 A、B 瓶子的相同位置，观察瓶子状态。用薄板或管子同时采用相同力度击打 A、B 两个瓶子相同位置，观察瓶子状态。

老师活动 3：引导学生选择实验材料，设计并实施对比实验，将观察到的现象记录在学习单上，并邀请学生交流分享。

学生活动 3：交流分享，在实验过程中，发现重心高的瓶子 A 易摇晃倾倒，重心低的瓶子 B 易保持稳定。

老师活动 4： 总结结论，结构重心的位置高低影响结构稳定性。重心越低，稳定性越好；重心越高，稳定性越差。

老师活动 5：概念解释，结构的稳定性是指结构在负载的作用下，维持其原有平衡状态的能力。

学生活动 5：联系生活中的场景，进一步认识结构稳定性。

老师活动 6：影响结构稳定性的因素有：

（1）形状。结构的几何形状影响结构的稳定性。各种形状的横截面构件所承受力的程度不一样，如在四边形、六边形构件中加上三角形支撑件，就可大大增加构件的牢固程度。

（2）支撑面的大小。支撑面是物体与地面接触形成支撑点的连线与地面构成的面，支撑面越大，结构越稳定。如大坝建成梯形，就是增大了与地面接触所形成的支撑面。

（3）重心的位置。重心就是物体所受重力的作用点，重心位置越低，结构越稳定。如落地扇的底座采用较重的材料，使重心降低结构稳定。

教育活动脚本	设计思路

知识延伸：影响结构稳定性的因素是相互关联的，需要综合考虑各种因素来讨论结构的稳定性。

第三阶段 完善——评价

阶段目标：通过发布任务，引导学生将课程已获得的知识，在实际中应用起来搭建高塔，并反映其中的部分科学原理。培养学生初步具有参与技术与工程实践的意识，愿意分享自己的想法，乐于倾听他人观点，改进和完善探究（制作）活动。

教育活动脚本	设计思路

老师活动 1：任务布置。以小组为单位，在有限的时间和材料（意大利面 20 根、超轻黏土 1 盒）内搭建“高塔”，见右图。在结构稳定不倒的情况下评选出高度最高的小组。

学生活动 1：任务挑战。设计并动手制作。再测试“高塔”的稳定性并测量高度。

老师活动 2：制作过程中遇到问题如何联系影响结构稳定性的因素来解决问题?

设计意图

通过任务挑战，学生根据已经掌握的影响结构稳定性的因素，设计搭建高塔，培养学生愿意分享自己的想法，乐于倾听他人观点的能力，并改进和完善高塔的搭建。

教育活动脚本

学生活动 2：分享交流，比如底座不稳，可以通过调节支撑面的大小来改进。

老师活动 3：给获奖小组颁发荣誉徽章，并邀请获奖小组代表交流分享。

学生活动 3：结合今天获得的知识简单阐述自己小组作品获奖的原因，如搭建过程中采用了比较多的三角形进行支撑等。

知识扩展：现实中桥梁等建筑物的结构设计不仅要考虑稳定性，还需考虑安全性（结构强度）、经济性、美观性等。

设计思路

学情分析

此年龄段学生参与挑战任务积极性高，有比拼精神，利于活动的开展。

教学策略

通过挑战任务，学生乐于尝试运用多种思路、多种方法完成高塔的搭建任务，体会创新乐趣。

七、教学评价与反思

1. 老师评价：观察记录学生在整个课程中的表现，如在小组合作探究实验中组员是否有明确分工，是否有良好的沟通交流，遇到问题如何解决等，顺利完成探究实验和任务挑战的小组具有的特点。具体呈现如绝大多数小组有明确的分工，遇到问题小组内会有讨论，相互质疑，互相说服，统一意见。

2. 学生评价：对学生进行随访谈话，认为课程主题新颖，贴近生活；互动游戏、探究实验生动有趣；布置的任务容易激发参与热情。

3. 教学反思：探究实验一教具改进，将固定螺丝的螺帽替换为更方便夹取的夹子；学习单改进，根据学生使用情况进行了内容和顺序的调整。

附件：“桥梁稳定性” 学习单

1. 体验展项，画一画两种不同的桥梁结构模型。

左右摇晃模型，______________

发现三角形结构：四边形（直立）结构：______________

结论：______________ 是影响结构稳定性的因素。

2.“人体平衡稳定游戏”——摇摆大师

（1）单脚站立（2）双脚并拢站立（3）双脚分开站立

请给不同动作姿势的稳定性进行排序：

________________ > ________________ > ________________

探究实验一：请将相同数量的小桌腿安装在桌面不同位置上进行对比实验。

桌腿数量	桌腿安装位置（请将安装位置涂上颜色）	稳定性测试	
		放置是否稳定	用相同力度摇晃桌子，桌子的状态
	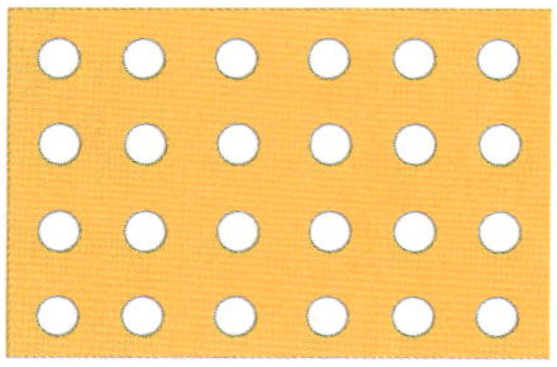		
	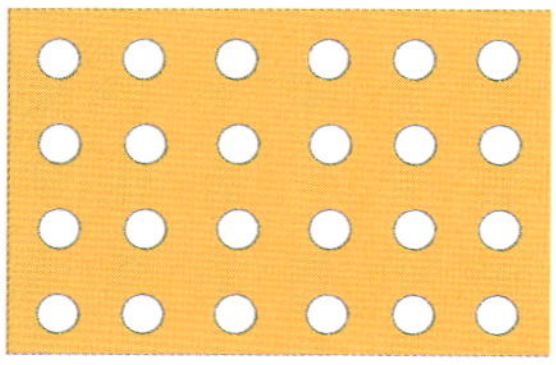		
	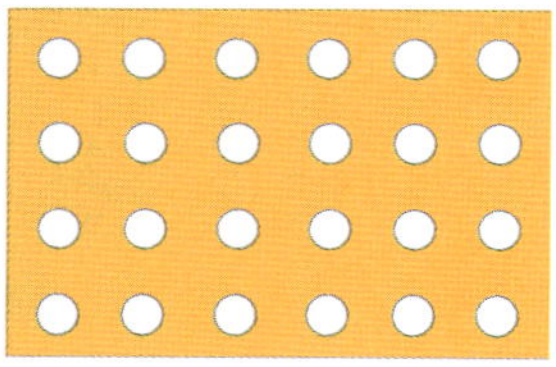		
	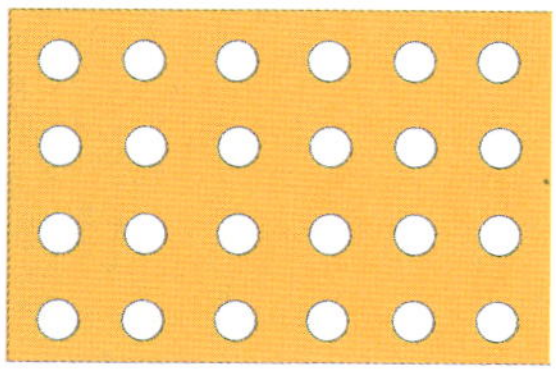		

结论：____________________________是影响结构稳定性的因素。

3.“人体平衡稳定游戏”——推手之王

探究实验二

（1）我们设计的实验步骤

（2）实验现象

瓶子	瓶子状态	不同点
瓶子 A		
瓶子 B		

（3）结论：________________________是影响结构稳定性的因素。

4. 影响结构稳定性的因素有：________________________________。

5. 任务挑战：运用所学知识，以小组为单位搭建“高塔”。

（1）我们的“高塔”设计。

（2）我们的“高塔”高度__________厘米。

★ 该项目获 2023 年“奋进科普新征程”全国科技馆联合行动优质科学教育资源项目一等奖 ★